中国国家标准汇编

504

GB 27500～27526

（2011 年制定）

中国标准出版社 编

中国标准出版社
北 京

图书在版编目(CIP)数据

中国国家标准汇编:2011年制定.504:GB 27500~27526/中国标准出版社编.—北京:中国标准出版社,2012
ISBN 978-7-5066-6971-9

Ⅰ.①中… Ⅱ.①中… Ⅲ.①国家标准-汇编-中国-2011 Ⅳ.①T-652.1

中国版本图书馆CIP数据核字(2012)第197816号

中国标准出版社出版发行
北京市朝阳区和平里西街甲2号(100013)
北京市西城区三里河北街16号(100045)

网址 www.spc.net.cn
总编室:(010)64275323 发行中心:(010)51780235
读者服务部:(010)68523946

中国标准出版社秦皇岛印刷厂印刷
各地新华书店经销

*

开本 880×1230 1/16 印张 44.25 字数 1 207 千字
2012年9月第一版 2012年9月第一次印刷

*

定价 220.00 元

出 版 说 明

1.《中国国家标准汇编》是一部大型综合性国家标准全集。自1983年起，按国家标准顺序号以精装本、平装本两种装帧形式陆续分册汇编出版。它在一定程度上反映了我国建国以来标准化事业发展的基本情况和主要成就，是各级标准化管理机构，工矿企事业单位，农林牧副渔系统，科研、设计、教学等部门必不可少的工具书。

2.《中国国家标准汇编》收入我国每年正式发布的全部国家标准，分为“制定”卷和“修订”卷两种编辑版本。

“制定”卷收入上一年度我国发布的、新制定的国家标准，顺延前年度标准编号分成若干分册，封面和书脊上注明“20××年制定”字样及分册号，分册号一直连续。各分册中的标准是按照标准编号顺序连续排列的，如有标准顺序号缺号的，除特殊情况注明外，暂为空号。

“修订”卷收入上一年度我国发布的、被修订的国家标准，视篇幅分设若干分册，但与“制定”卷分册号无关联，仅在封面和书脊上注明“20××年修订-1，-2，-3，……”字样。“修订”卷各分册中的标准，仍按标准编号顺序排列(但不连续)；如有遗漏的，均在当年最后一分册中补齐。需提请读者注意的是，个别非顺延前年度标准编号的新制定的国家标准没有收入在“制定”卷中，而是收入在“修订”卷中。

读者配套购买《中国国家标准汇编》“制定”卷和“修订”卷则可收齐由我社出版的上一年度我国制定和修订的全部国家标准。

3. 由于读者需求的变化，自1996年起，《中国国家标准汇编》仅出版精装本。

4. 2011年我国制修订国家标准共1 989项。本分册为“2011年制定”卷第504分册，收入国家标准GB 27500～27526的最新版本。

中国标准出版社

2012年8月

目　　录

ICS 71.040.01
N 53

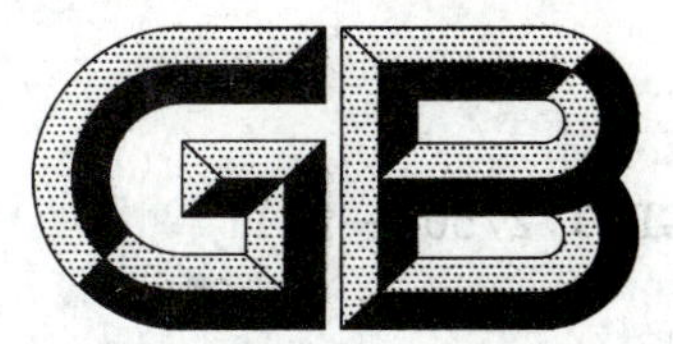

中华人民共和国国家标准

GB/T 27500—2011

pH值测定用复合玻璃电极

Combined glass electrodes for the measurement of pH value

2011-10-31 发布　　　　2012-01-01 实施

中华人民共和国国家质量监督检验检疫总局
中国国家标准化管理委员会　发布

前言

本标准按照GB/T 1.1—2009给出的规则起草。

请注意本文件的某些内容可能涉及专利。本文件的发布机构不承担识别这些专利的责任。

本标准由中国机械工业联合会提出。

本标准由全国工业过程测量和控制标准化技术委员会分析仪器分技术委员会(SAC/TC 124/SC 6)归口。

本标准起草单位:上海精密科学仪器有限公司、上海市计量测试技术研究院、华东师范大学、上海雷磁仪器厂浦东联营厂。

本标准主要起草人:吴建忠、王巧梅、金春法、王震涛、何品刚、何海东。

pH 值测定用复合玻璃电极

1 范围

本标准规定了复合玻璃电极的分类、要求、试验方法、检验规则、标志、包装、运输、贮存。

本标准适用于测定水溶液中 pH 值的复合玻璃电极(以下简称电极)。

2 规范性引用文件

下列文件对于本文件的应用是必不可少的。凡是注日期的引用文件，仅注日期的版本适用于本文件。凡是不注日期的引用文件，其最新版本(包括所有的修改单)适用于本文件。

GB/T 191—2008 包装储运图示标志(ISO 780:1997,MOD)

GB/T 2829—2002 周期检验计数抽样程序及表(适用于对过程稳定性的检验)

GB/T 11606—2007 分析仪器环境试验方法

GB/T 27501—2011 pH 值测定用缓冲溶液的制备方法

3 分类

3.1 使用场所

按使用场所分：

a) 实验室型；

b) 在线型。

3.2 被测水溶液温度

按被测水溶液的温度范围分：

a) 常温：(5～60)℃；

b) 高温：(40～95)℃。

3.3 电极的零点 pH

按与仪器匹配的零点 pH 分：

a) pH7 型；

b) pH2 型。

4 要求

4.1 电极正常工作条件

电极在下列条件下应能正常工作：

a) 环境温度：(5～40)℃；

b) 相对湿度：≤90%。

4.2 电极的百分理论斜率(PTS)

电极在(3～10)pH 范围内的百分理论斜率(PTS)应符合表1的要求。

表1 电极的百分理论斜率(PTS)

<table>
<tr><th rowspan="2">试验溶液温度
℃</th><th colspan="2">百分理论斜率(PTS)</th></tr>
<tr><th>实验室型</th><th>在线型</th></tr>
<tr><td>25(常温型)</td><td>≥97</td><td rowspan="2">≥95</td></tr>
<tr><td>60(高温型)</td><td>—</td></tr>
</table>

4.3 电极的零点 pH 值

电极的零点 pH 值应符合下列要求：

a) pH7 型：7±1；

b) pH2 型：2±1。

4.4 电极的内阻

电极的内阻应不大于 500 MΩ。

4.5 电极的碱误差

电极的碱误差应符合下列要求：

a) 常温型：≤15 mV；

b) 高温型：≤20 mV。

4.6 电极的实用响应时间

电极的实用响应时间应不大于 2 min。

4.7 实验室型电极的重复性

实验室型电极的重复性不大于 0.02pH。

4.8 在线型电极的稳定性

在线型电极的稳定性不超过±0.1pH/24 h。

4.9 电极参比部分的内阻

电极参比部分的内阻不大于 1×10^{4} Ω。

4.10 电极敏感膜的单点压力

球泡型电极的敏感膜应能承受 1 kg 的平面单点压力而不损坏。

4.11 电极的外观

电极的外观应符合下列要求：

a) 电极应粘结牢固，完整光洁，无气泡、裂纹；

b) 电极的导线不应有烫伤；芯线、屏蔽线与电极插头应接触良好、无松动现象；

c) 电极的标志应符合 7.1 的要求。

4.12 电极的运输、运输贮存基本环境适应性

电极经包装后，应符合 GB/T 11606—2007 中的相关要求，其中：

a) 低温贮存：(−15±2)℃；

b) 高温贮存：(55±2)℃；

c) 交变湿热：温度 55 ℃，相对湿度 95%；

d) 碰撞：加速度 100 m/s²，脉冲持续时间 16 ms，碰撞频率(60～100)次/min，碰撞次数(1 000±10)次；

e) 自由跌落：跌落高度 250 mm。

电极经上述试验后应满足 4.2～4.9、4.11 的要求。

5 试验方法

5.1 试验条件

电极的试验条件与设备、溶液要求：

a) 在 GB/T 11606—2007 规定的参比条件下进行试验；

b) 电极应预先在外参比溶液中浸泡 8 h(或按制造厂规定)；

c) 溶液温度除标准中另有规定外，常温型为(25±0.2)℃，高温型为(60±0.2)℃；

d) pH 计或离子计，其分辨率不低于 0.1 mV，输入阻抗大于 1×10^{12} Ω；

e) 电导率仪：不低于 2.0 级；

f) 除试验方法另有规定外，均在仪器的示值变化每分钟不超过 0.5 mV 时读数；

g) 电阻：100(1±2%)MΩ；

h) 台秤：最大秤量为 5 kg；

i) 秒表：分辨率优于 0.1 s；

j) 银丝：ϕ1 mm×150 mm；

k) 试验用标准缓冲溶液按 GB/T 27501—2011 制备；

l) 饱和氯化钾溶液。

5.2 电极的百分理论斜率

将被测电极的引线与 pH 计(或离子计)的测量端连接，将电极依次浸入标准缓冲溶液 B4 和 B9，测得其相对应的电极电位 E_{B4} 和 E_{B9}，则电极的百分理论斜率(PTS)按式(1)计算。

$$PTS=\frac{100(E_{B4}-E_{B9})}{K(\mathrm{pH}_{B9}-\mathrm{pH}_{B4})} \qquad (1)$$

式中：

E_{B4} ——电极对在标准缓冲溶液 B4 中测得的电位，单位为毫伏(mV)；

E_{B9} ——电极对在标准缓冲溶液 B9 中测得的电位，单位为毫伏(mV)；

pH_{B9}——标准缓冲溶液 B9 在规定温度时的 pH 值，25 ℃时为 9.182pH，60 ℃时为 8.968pH；

pH_{B4}——标准缓冲溶液 B4 在规定温度时的 pH 值，25 ℃时为 4.003pH，60 ℃时为 4.087pH；

K ——理论斜率因数，25 ℃时为 59.157 mV/pH，60 ℃时为 66.102 mV/pH。

5.3 电极的零点 pH 值

用 5.2 的电极电位 E_{B4} 等参数，按式(2)计算电极的零点 pH 值(pH_z)：

$$\mathrm{pH}_z=\mathrm{pH}_{B4}+\frac{100E_{B4}}{K\cdot PTS} \qquad (2)$$

5.4 电极的内阻

在 5.2 测得电极电位 E_{B4} 后，将 100 MΩ 的电阻 R_s 与被测电极 R_e 并联（见图 1），测得电极电位 E_2，按式(3)计算电极的内阻 R_e。

$$R_e = \frac{E_{B4} - E_2}{E_2} \times R_s \qquad \cdots\cdots(3)$$

式中：

E_2——电极并联电阻 R_s 后测得的电位，单位为毫伏(mV)。

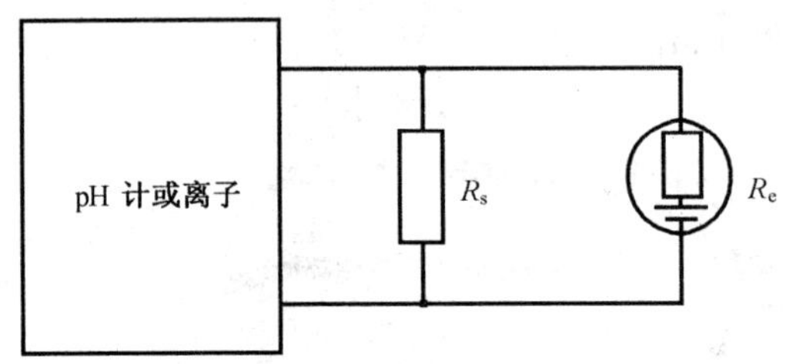

图 1 电极内阻试验接线图

5.5 电极的碱误差

将电极依次浸入标准缓冲溶液 B9 和 B12，测得其相应的电极电位 E_{B9} 和 E_{B12}，按用式(4)计算电极的碱误差 δ_E。

$$\delta_E = K(pH_{B12} - pH_{B9}) - (E_{B9} - E_{B12}) \qquad \cdots\cdots(4)$$

式中：

pH_{B12}——标准缓冲溶液 B12 在规定温度时的 pH 值，25 ℃时为 12.460pH，60 ℃时为11.426pH；

E_{B12} ——电极对在标准缓冲溶液 B12 中测得的电位，单位为毫伏(mV)。

5.6 电极的实用响应时间

将电极浸入标准缓冲溶液 B4 中的同时，用秒表开始计时，每 10 s 读数一次，当仪器显示值每分钟变化不超过 0.5 mV 时，停止计时，记录下来的这段时间减去 1 min 即为电极的实用响应时间。

5.7 实验室型电极重复性

将电极依次浸入 B4、B6、B9 三种标准缓冲溶液，在每种标准缓冲溶液中重复测量六次，每次测量时间间隔为 1 min，电极浸入标准缓冲溶液 2 min 读数，更换标准溶液时应清洗电极。

对每种标准缓冲溶液的每组记录值，按式(5)计算标准偏差 S_i，然后按式(6)计算三种标准缓冲溶液标准偏差的平均值 $\overline{S}$，即为电极的重复性。

$$S_i = \frac{\sqrt{\dfrac{\sum_{j=1}^{6}(E_{ij} - \overline{E}_i)^2}{5}}}{K} \qquad \cdots\cdots(5)$$

式中：

S_i ——第 i 组的标准偏差，pH；

E_{ij}——第 i 组的第 j 次测量值，单位为毫伏(mV)；

$\overline{E}_i$ ——第 i 组测量值的平均值，单位为毫伏(mV)。

$$\overline{S} = \frac{\sum_{i=1}^{3} S_i}{3} \qquad \cdots\cdots(6)$$

5.8 在线型电极的稳定性

将电极浸入标准缓冲溶液 B4 中 30 min 后读取电位值 E_0，以后每隔 1 h 记录一次，经 24 h 运行后，取与 E_0 偏离最大的读数 E_{max}，按式(7)计算漂移量 M 即为电极的稳定性。

$$M=\frac{E_{max}-E_0}{K} \tag{7}$$

式中：

M ——最大漂移量，pH；

E_{max}——与 E_0 偏离最大的读数，单位为毫伏(mV)；

E_0 ——电极浸入标准缓冲溶液 B4 中 30 min 后的读数，单位为毫伏(mV)。

5.9 电极参比部分的内阻

将电极和银丝浸入饱和氯化钾溶液中，溶液的液面应超过参比部分的液络部，用电导率仪进行测量，电导率仪上的常数设置为“1.00”，温度设置为“不补偿”状态。电极插头的参比端和银丝分别与电导率仪的两输入端连接，测得电导率示值，计算其倒数，即为电极参比部分的内阻。

5.10 电极敏感膜的单点压力

在台秤秤盘中心放一块光洁的有机玻璃板，调节台秤示值为零。手持球泡型电极使其垂直与有机玻璃板接触，并缓慢地下压，使膜受力，至台秤指示为 1 kg 时，缓缓地抬起电极检查敏感膜。

5.11 电极的外观

凭目视和手感在灯光下检验。

5.12 电极的运输、运输贮存基本环境适应性

将电极按 7.2 要求包装后，进行运输、运输贮存基本环境适应性试验。

a) 低温试验按 GB/T 11606—2007 中第 15 章规定的方法进行；

b) 高温试验按 GB/T 11606—2007 中第 16 章规定的方法进行；

c) 交变湿热试验按 GB/T 11606—2007 中第 8 章规定的方法进行；

d) 碰撞试验按 GB/T 11606—2007 中第 18 章规定的方法进行；

e) 自由跌落试验按 GB/T 11606—2007 中第 17 章规定的方法进行。

6 检验规则

6.1 检验分类

检验分出厂检验和型式检验。

6.2 出厂检验

6.2.1 每支电极须经检验部门检验合格后，并附有产品合格证方能出厂。

6.2.2 出厂检验项目为：4.2、4.3、4.6、4.10，不允许有不合格项出现。

6.2.3 若入库超过六个月再出厂，则必须重新进行出厂检验。

6.3 型式检验

6.3.1 在下列情况之一时，进行型式检验：

a) 电极设计定型时；

b) 当电极生产中断一年以上又恢复生产时；

c) 当电极的设计、工艺和材料有重大改变时；

d) 出厂检验结果与上次型式检验有较大差异时；

e) 正常生产，每年进行一次的周期性检验。

6.3.2 型式检验的电极必须在出厂检验合格的批中随机抽取，若发现电极玻壳冷爆，允许替换一次。型式检验方法采用 GB/T 2829—2002 周期检验一次抽样方案。其检验分组、检验项目、不合格质量水平(RQL)、判别水平(DL)及抽样方案(n/Ac,Re)应符合表 2 的规定。批质量以不合格品百分数表示。

表 2 型式检验

序号	检验分组	检验项目	要求章条	试验方法章条	不合格质量水平(RQL)	判别水平(DL)	抽样方案(n/Ac,Re)
1	A	电极的百分理论斜率(*PTS*)	4.2	5.2	25	Ⅱ	6/(0 1)
2		电极的零点 pH 值	4.3	5.3			
3		电极的实用响应时间	4.6	5.6			
4		电极的外观	4.11	5.11			
5	B	电极的内阻	4.4	5.4	50	Ⅱ	6/(1 2)
6		电极的碱误差	4.5	5.5			
7		实验室型电极的重复性	4.7	5.7			
8		在线型电极的稳定性	4.8	5.8			
9		电极参比部分的内阻	4.9	5.9			
10		电极敏感膜的单点压力	4.10	5.10			
11		电极的运输、运输贮存基本环境适应性	4.12	5.12			

6.3.3 型式检验不合格应分析原因，找出问题并落实措施，重新进行型式检验。若型式检验再次不合格，则应停产整顿，产品停止出厂检验，待解决问题，经型式检验合格后，方可恢复出厂检验。

6.3.4 若型式检验合格，经出厂检验合格的批，作为合格产品可以出厂或入库。

7 标志、包装、运输、贮存

7.1 标志

7.1.1 产品标志

电极标志应包括以下内容：

a) 电极的型号及名称；

b) 制造厂或供应商的名称、商标；

c) 生产日期和出厂编号；

d) 生产地址：如果标有相同识别标志(型号)的电极是在一个以上的生产地制造的，则对每一个生产地制造的电极，其标志应能识别出其生产地址；

注：生产地址的标志可以采用代码，而且不必标在电极的外部。

e) 法律法规和相关标准涉及的与安全有关的标志。

7.1.2 包装标志

电极包装标志应包括以下内容：

a) 电极型号及名称、制造标准编号、商标；

b) 制造厂或供应商的名称及详细地址；

c) 易碎物品、怕雨、温度极限、堆码质量极限、堆码层数极限等包装、储运图示标志的尺寸和颜色应符合 GB/T 191—2008；

d) 收、发货方名称及详细地址。

7.2 包装

电极应包装在具有防震措施的包装盒内，盒内附有使用说明书、产品合格证，然后再装入具有防震、防潮的外包装箱内。

7.3 运输

电极在运输时，应防止雨、雪淋袭，暴晒，腐蚀性物质侵袭和强烈的冲击震动。

7.4 贮存

电极应贮存在环境温度 0 ℃～45 ℃，相对湿度不大于 85%的库房中，库房中不得有腐蚀性气体。

ICS 71.040.01
N 53

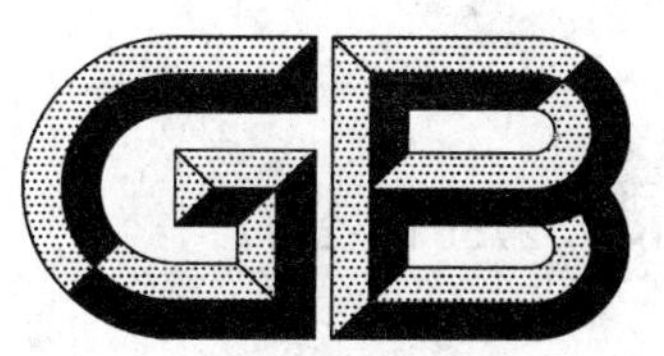

中华人民共和国国家标准

GB/T 27501—2011

pH 值测定用缓冲溶液制备方法

Preparation method of buffer solutions for the measurement of pH value

2011-10-31 发布　　2012-01-01 实施

中华人民共和国国家质量监督检验检疫总局
中国国家标准化管理委员会　发布

前　言

本标准按 GB/T 1.1—2009 给出的规则起草。

本标准由中国机械工业联合会提出。

本标准由全国工业过程测量和控制标准化技术委员会分析仪器分技术委员会(SAC/TC 124/SC 6)归口。

本标准起草单位:上海精密科学仪器有限公司、上海市计量测试技术研究院、华东师范大学、上海雷磁仪器厂浦东联营厂。

本标准主要起草人:金春法、王巧梅、吴建忠、叶泓、何品刚、何海东。

pH 值测定用缓冲溶液制备方法

1 范围

本标准规定了 pH 缓冲溶液的种类、试剂、仪器和设备、制备步骤。

本标准适用于 pH 值测定用缓冲溶液(以下简称溶液)的制备。

2 溶液的种类

2.1 本标准列有六种溶液，其温度、质量摩尔浓度及对应的 pH 值见表 1。

表 1 不同温度下溶液对应的 pH 值

温度 ℃	质量摩尔浓度					
	0.05 mol/kg 四草酸氢钾	25 ℃饱和酒石酸氢钾	0.05 mol/kg 邻苯二钾酸氢钾	0.025 mol/kg 混合磷酸盐	0.01 mol/kg 四硼酸钠	25 ℃饱和氢氧化钙
	pH 值					
	pH_{B1}	pH_{B3}	pH_{B4}	pH_{B6}	pH_{B9}	pH_{B12}
0	1.668	—	4.006	6.981	9.458	13.416
5	1.669	—	3.999	6.949	9.391	13.210
10	1.671	—	3.996	6.921	9.330	13.011
15	1.673	—	3.996	6.898	9.276	12.820
20	1.676	—	3.998	6.879	9.226	12.637
25	1.680	3.559	4.003	6.864	9.182	12.460
30	1.684	3.551	4.010	6.852	9.142	12.292
35	1.688	3.547	4.019	6.844	9.105	12.130
40	1.694	3.547	4.029	6.838	9.072	11.975
45	1.700	3.550	4.042	6.834	9.042	11.828
50	1.706	3.555	4.055	6.833	9.015	11.697
55	1.713	3.563	4.070	6.834	8.990	11.553
60	1.721	3.573	4.087	6.837	8.968	11.426
70	1.739	3.596	4.122	6.847	8.926	—
80	1.759	3.622	4.161	6.862	8.890	—
90	1.782	3.648	4.203	6.881	8.856	—
95	1.795	3.660	4.224	6.891	8.839	—

2.2 溶液使用温度范围:0 ℃～95 ℃。

3 试剂

3.1 化学试剂

配制溶液所需化学试剂及其要求：

a) 四草酸氢钾：分析纯；

b) 酒石酸氢钾：分析纯；

c) 邻苯二甲酸氢钾：分析纯；

d) 磷酸氢二钠：分析纯；

e) 磷酸二氢钾：分析纯；

f) 四硼酸钠：分析纯；

g) 氢氧化钙：分析纯。

注： 0.001 级仪器使用的溶液用基准试剂配制。

3.2 水

实验室一级水或电导率不大于 0.2×10^{-6} S/cm 的重蒸馏水或去离子水，煮沸并冷却后使用。

4 仪器和设备

制备溶液所需的仪器及设备：

a) 分析天平：最大秤量不大于 200 g，检定分度值为 0.1 mg；

b) 容量瓶：1 000 mL，A 级；

c) 恒温槽：温度波动度为±0.2 ℃；

d) 温度计：(0～50)℃，二等；

e) 电热干燥箱：(0～300)℃。

5 制备步骤

5.1 警告

使用本标准的人员应有正规实验室工作的实践经验。本标准并未指出所有可能的安全问题。使用者有责任采取适当的安全和健康措施，并保证符合国家有关法规规定的条件。

5.2 环境条件

溶液应在下列环境条件下制备：

a) 环境温度：(25±2)℃；

b) 相对湿度：不大于 85%。

5.3 溶液的组成与制备

5.3.1 溶液的组成

本标准六种溶液的组成和制备 1 L 溶液所需的标准物质见表 2。

表 2 溶液的组成

溶液代号	标准物质的名称	分子式	溶液的质量摩尔浓度 mol/kg	所需标准物质质量 g
B1	四草酸氢钾	$KH_3(C_2H_4)_2 \cdot 2H_2O$	0.05	12.61
B3	酒石酸氢钾	$KHC_4H_4O_6$	25 ℃饱和	>7
B4	邻苯二甲酸氢钾	$KHC_8H_4O_4$	0.05	10.12
B6	磷酸氢二钠	Na_2HPO_4	0.025	3.533
	磷酸二氢钾	KH_2PO_4	0.025	3.387
B9	四硼酸钠	$Na_2B_4O_7 \cdot 10H_2O$	0.01	3.80
B12	氢氧化钙	$Ca(OH)_2$	25 ℃饱和	>2

5.3.2 溶液的制备方法

六种溶液的制备方法：

a) B1：0.05 mol/kg 四草酸氢钾溶液

称取经(54±3)℃烘(4～5)h并在干燥器中冷却后的四草酸氢钾 12.61 g，用水溶解后转入 1 000 mL容量瓶中，在恒温槽(25±0.2)℃下稀释至刻度。

b) B3：饱和(25 ℃)酒石酸氢钾溶液

将过量的酒石酸氢钾(大于 7.0 g/L)和水加入磨口玻璃瓶或聚乙烯瓶中，温度控制在(25±3)℃，剧烈摇动(20～30)min，溶液澄清后，用倾泻法取清液备用。

c) B4：0.05 mol/kg 邻苯二甲酸氢钾溶液

称取经(110～120)℃烘 2 h 并在干燥器中冷却后的邻苯二甲酸氢钾 10.12 g，用水溶解后，转入 1 000 mL 容量瓶中，在恒温槽(25±0.2)℃下稀释至刻度。

d) B6：0.025 mol/kg 磷酸氢二钠和 0.025 mol/kg 磷酸二氢钾混合溶液

分别称取经(110～120)℃下烘(2～3)h 并在干燥容器中冷却后的磷酸氢二钠 3.533 g、磷酸二氢钾 3.387 g，用水溶解后转入 1 000 mL 容量瓶中，在恒温槽(25±0.2)℃下稀释至刻度。(如果用于 0.02 级以上的仪器，制备溶液所用的水，应预先煮沸(15～30)min，以除去溶解的二氧化碳，在冷却过程中亦应避免与空气接触，防止二氧化碳的污染。)

e) B9：0.01 mol/kg 四硼酸钠溶液

称取 3.80 g 四硼酸钠(注意！不能烘)，用水溶解后，转入 1 000 mL 容量瓶中，在恒温槽(25±0.2)℃下稀释至刻度。(如果用于 0.02 级以上的仪器，制备溶液所用的水，应预先煮沸(15～30)min，以除去溶解的二氧化碳，在冷却过程中亦应避免与空气接触，防止二氧化碳的污染。)

f) B12：饱和(25 ℃)氢氧化钙溶液

将过量的氢氧化钙(大于 2 g/L)加入磨口玻璃瓶或聚乙烯瓶中，温度控制在(25±3)℃，剧烈摇动(20～30)min，溶液澄清后，用倾泻法取清液备用。

6 溶液的不确定度

基准试剂制备的溶液不确定度为 0.005pH(k=3)；

其他试剂制备的溶液不确定度为 0.01pH(k=3)。

7 溶液的保存

7.1 B9 和 B12 两种碱性溶液，应装入低压高密度聚乙烯瓶中保存。

7.2 其他溶液一般放入冰箱可保存 2～3 个月，若发现有混浊、发霉或沉淀现象时不能继续使用。

ICS 71.040.01
N 53

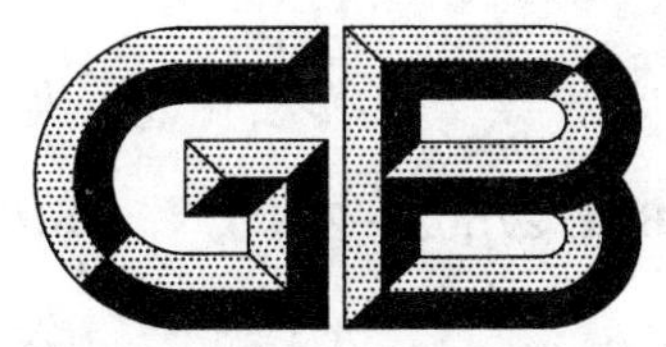

中华人民共和国国家标准

GB/T 27502—2011

电导率测量用校准溶液制备方法

Preparation method of reference solutions for the measurement of conductivity

2011-10-31 发布　　2012-01-01 实施

中华人民共和国国家质量监督检验检疫总局
中国国家标准化管理委员会　发布

前言

本标准按照 GB/T 1.1—2009 给出的规则起草。

本标准由中国机械工业联合会提出。

本标准由全国工业过程测量和控制标准化技术委员会分析仪器分技术委员会(SAC/TC 124/SC 6)归口。

本标准起草单位:上海精密科学仪器有限公司、上海市计量测试技术研究院、华东师范大学、上海雷磁仪器厂浦东联营厂。

本标准主要起草人:金春法、王巧梅、吴建忠、叶泓、何品刚、何海东。

电导率测量用校准溶液制备方法

1 范围

本标准规定了电导率测量用校准溶液制备用的试剂、仪器或设备、步骤、溶液的不确定度和溶液保存。

本标准适用于电导率仪、电导池常数校准用溶液(以下简称溶液)的制备。

2 氯化钾浓度电导率值

氯化钾浓度对应电导率值见表1。

表1 氯化钾浓度对应电导率值

溶液代号	近似浓度 mol/L	电导率 S/cm				
		15 ℃	18 ℃	20 ℃	25 ℃	35 ℃
A	1	0.092 12	0.097 80	0.101 70	0.111 31	0.131 10
B	0.1	0.010 455	0.011 163	0.011 644	0.012 852	0.015 353
C	0.01	0.001 141 4	0.001 220 0	0.001 273 7	0.001 408 3	0.001 687 6
D	0.001	0.000 118 5	0.000 126 7	0.000 132 2	0.000 146 5	0.000 176 5

3 试剂

制备校准溶液所需试剂:

a) 氯化钾:优级纯,在(220～240)℃下烘干 2 h,然后放入干燥器中冷却至室温;

b) 水:实验室一级水或电导率不大于 0.2×10^{-6} S/cm 的蒸馏水或去离子水(25 ℃时)。

4 仪器或设备

制备溶液所需仪器或设备:

a) 分析天平:最大秤量不大于 200 g,检定分度值为 0.1 mg;

b) 1 000 mL 容量瓶:A 级;

c) 100 mL 移液管:A 级;

d) 温度计:(0～50)℃,二等;

e) 恒温槽:温度波动度为±0.2 ℃;

f) 电热干燥箱:(0～300)℃。

5 制备步骤

5.1 环境条件

溶液应在下列条件下制备:

a) 环境温度:(23±2)℃;

b) 相对湿度:不大于85%。

5.2 溶液的组成

溶液的组成见表2。

表2 溶液的组成

溶液编号	近似摩尔浓度 mol/L	制备1 L溶液所需氯化钾 g
A	1	74.245 7
B	0.1	7.436 5
C	0.01	0.744 0
D	0.001	将100 mL的C溶液稀释10倍

5.3 溶液的制备

5.3.1 A溶液

称取干燥后的氯化钾74.245 7 g,用蒸馏水溶解后移入1 000 mL容量瓶中。将容量瓶浸入恒温槽内(20 ℃±0.2 ℃)恒温,并稀释至容量瓶刻度,充分混合。从恒温槽中取出备用。

5.3.2 B溶液

称取干燥后的氯化钾7.436 5 g,用蒸馏水溶解后移入1 000 mL容量瓶中。将容量瓶浸入恒温槽内(20 ℃±0.2 ℃)恒温,并稀释至容量瓶刻度,充分混合。从恒温槽中取出备用。

5.3.3 C溶液

称取干燥后的氯化钾0.744 0 g,用蒸馏水溶解后移入1 000 mL容量瓶中。将容量瓶浸入恒温槽内(20 ℃±0.2 ℃)恒温,并稀释至容量瓶刻度,充分混合。从恒温槽中取出备用。

5.3.4 D溶液

用100 mL无刻度移管吸取C溶液100 mL,移入1 000 mL容量瓶中。将容量瓶浸入恒温槽内(20 ℃±0.2 ℃)恒温,并稀释至容量瓶刻度,充分混合。从恒温槽中取出备用。

6 溶液的不确定度

溶液的电导率值总不确定度:0.3%(k=2)。

7 溶液的保存

7.1 溶液储存在密封玻璃容器内,置于室温(5~35)℃下。

7.2 溶液有效期三个月。

7.3 溶液出现沉淀或长霉时,不能使用。

ICS 71.040.01
N 53

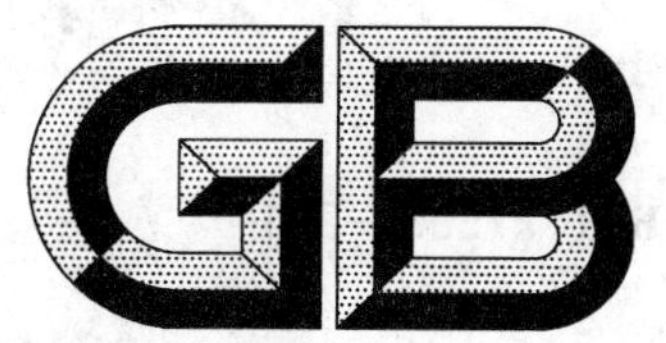

中华人民共和国国家标准

GB/T 27503—2011

电导率仪的试验溶液 氯化钠溶液制备方法

Test solutions of electrolytic conductivity analyzer—Preparation method of sodium chloride solutions

2011-10-31 发布

2012-01-01 实施

中华人民共和国国家质量监督检验检疫总局
中国国家标准化管理委员会 发布

前　言

本标准按照 GB/T 1.1—2009 给出的规则起草。

本标准由中国机械工业联合会提出。

本标准由全国工业过程测量和控制标准化技术委员会分析仪器分技术委员会(SAC/TC 124/SC 6)归口。

本标准起草单位:上海精密科学仪器有限公司、上海市计量测试技术研究院、华东师范大学、上海雷磁仪器厂浦东联营厂。

本标准主要起草人:金春法、王巧梅、吴建忠、叶泓、何品刚、何海东。

电导率仪的试验溶液 氯化钠溶液制备方法

1 范围

本标准规定了氯化钠溶液制备用试剂、仪器或设备、制备步骤和溶液浓度与电阻率的对应关系。

本标准适用于电导率仪试验时所需氯化钠溶液(以下简称溶液)的制备。

2 试剂

制备溶液所需试剂:

a) 氯化钠:分析纯;

b) 水:实验室一级水或电导率不大于 0.2×10^{-6} S/cm 的蒸馏水或去离子水。

3 仪器或设备

制备溶液所需仪器或设备:

a) 天平:最大秤量不大于 200 g,检定分度值为 0.1 mg;

b) 电热干燥箱:(0～300)℃。

4 制备步骤

4.1 环境条件

溶液应在下列环境条件下制备:

a) 环境温度:(20±2)℃;

b) 相对湿度:不大于 85%。

4.2 溶液制备方法

将氯化钠置于电热干燥箱内,温度控制在(220～240)℃范围,至少干燥 2 h,冷却到室温后,根据计算,称取一定量的氯化钠加入到一定质量的水中,充分混合,即得所需质量分数的溶液,其不确定度不超过 0.25%。

5 溶液的电阻率及电导率

5.1 溶液的电阻率

表 1 为 18 ℃时不同质量分数溶液的电阻率;

表 2 为(0～140)℃温度范围内的溶液的温度系数 α;

表 3 为在 5%低浓度范围内溶液的温度系数 α 的修正值;

其他温度时溶液的电阻率按式(1)计算。

$$\rho_t = \frac{\rho_{18}}{[1+\alpha(t-18)]} \qquad \cdots\cdots(1)$$

式中：

ρ_t ——某一温度时溶液的电阻率，单位为欧姆厘米（Ω·cm）；

ρ_{18}——18 ℃时溶液的电阻率，单位为欧姆厘米（Ω·cm）；

α ——温度系数；

t ——溶液的温度，单位为摄氏度（℃）。

5.2 溶液的电导率

电导率值按式（2）计算：

$$\kappa = \frac{1}{\rho} \qquad \cdots\cdots(2)$$

式中：

κ ——溶液的电导率，单位为西门子每厘米（S/cm）；

ρ ——溶液的电阻率，单位为欧姆厘米（Ω·cm）。

表 1 溶液的电阻率（18 ℃时）

单位为欧姆厘米

%NaCl	0	2	4	6	8	10
0.001 0	54 210	53 152	52 136	51 157	50 215	49 306
0.001 1	49 306	48 431	47 586	46 770	45 981	45 219
0.001 2	45 219	44 482	43 768	43 077	42 408	41 759
0.001 3	41 759	41 130	40 520	39 927	39 352	38 793
0.001 4	38 793	38 250	37 722	37 208	36 708	36 222
0.001 5	36 222	35 748	35 287	34 837	34 399	33 971
0.001 6	33 971	33 554	33 148	32 751	32 363	31 985
0.001 7	31 985	31 615	31 254	30 901	30 556	30 219
0.001 8	30 219	29 889	29 566	29 250	28 941	28 639
0.001 9	28 639	28 342	28 052	27 768	27 489	27 216
0.002 0	27 216	26 948	26 686	26 428	26 176	25 928
0.002 1	25 928	25 686	25 447	25 213	24 983	24 758
0.002 2	24 758	24 536	24 319	24 105	23 895	23 689
0.002 3	23 689	23 486	23 287	23 091	22 898	22 709
0.002 4	22 709	22 522	22 339	22 159	21 981	21 807
0.002 5	21 807	21 635	21 466	21 299	21 136	20 974
0.002 6	20 974	20 815	20 659	20 505	20 353	20 203
0.002 7	20 203	20 056	19 910	19 767	19 626	19 487
0.002 8	19 487	19 350	19 215	19 081	18 950	18 820
0.002 9	18 820	18 692	18 566	18 442	18 319	18 198
0.003 0	18 198	18 078	17 960	17 844	17 729	17 615
0.003 1	17 615	17 503	17 393	17 283	17 176	17 069
0.003 2	17 069	16 964	16 860	16 757	16 656	16 556
0.003 3	16 556	16 457	16 359	16 263	16 167	16 073
0.003 4	16 073	15 980	15 888	15 797	15 707	15 618
0.003 5	15 618	15 530	15 443	15 357	15 272	15 187
0.003 6	15 187	15 104	15 022	14 941	14 860	14 780

表 1（续）

单位为欧姆厘米

%NaCl	0	2	4	6	8	10
0.003 7	14 780	14 702	14 624	14 547	14 470	14 395
0.003 8	14 395	14 320	14 246	14 173	14 101	14 029
0.003 9	14 029	13 958	13 888	13 816	13 750	13 681
0.004 0	13 681	13 614	13 547	13 481	13 416	13 351
0.004 1	13 351	13 286	13 223	13 160	13 098	13 036
0.004 2	13 036	12 975	12 914	12 854	12 794	12 735
0.004 3	12 735	12 677	12 619	12 562	12 505	12 449
0.004 4	12 449	12 393	12 338	12 283	12 228	12 175
0.004 5	12 175	12 121	12 068	12 016	11 964	11 912
0.004 6	11 912	11 861	11 811	11 761	11 711	11 661
0.004 7	11 661	11 613	11 564	11 516	11 468	11 421
0.004 8	11 421	11 374	11 327	11 281	11 236	11 190
0.004 9	11 190	11 145	11 100	11 056	11 012	10 969
0.005 0	10 969	10 925	10 882	10 840	10 798	10 756
0.005 1	10 756	10 714	10 673	10 632	10 591	10 551
0.005 2	10 551	10 511	10 471	10 432	10 393	10 354
0.005 3	10 354	10 315	10 277	10 239	10 202	10 164
0.005 4	10 164	10 127	10 090	10 054	10 017	9 981
0.005 5	9 981	9 946	9 910	9 875	9 840	9 805
0.005 6	9 805	9 771	9 736	9 702	9 669	9 635
0.005 7	9 635	9 602	9 569	9 536	9 503	9 471
0.005 8	9 471	9 438	9 407	9 375	9 344	9 312
0.005 9	9 312	9 281	9 250	9 219	9 189	9 158
0.006 0	9 158	9 128	9 099	9 069	9 039	9 010
0.006 1	9 010	8 981	8 952	8 923	8 895	8 866
0.006 2	8 866	8 838	8 810	8 782	8 755	8 727
0.006 3	8 727	8 700	8 673	8 646	8 619	8 593
0.006 4	8 593	8 566	8 540	8 514	8 488	8 462
0.006 5	8 462	8 436	8 411	8 385	8 360	8 335
0.006 6	8 335	8 310	8 286	8 261	8 237	8 212
0.006 7	8 212	8 188	8 164	8 140	8 117	8 093
0.006 8	8 093	8 070	8 046	8 023	8 000	7 977
0.006 9	7 977	7 954	7 932	7 909	7 887	7 865
0.007 0	7 865	7 843	7 821	7 799	7 777	7 755
0.007 1	7 755	7 734	7 712	7 691	7 670	7 649
0.007 2	7 649	7 628	7 607	7 587	7 566	7 546
0.007 3	7 546	7 525	7 505	7 485	7 465	7 445
0.007 4	7 445	7 425	7 405	7 386	7 366	7 347
0.007 5	7 347	7 328	7 309	7 289	7 270	7 252
0.007 6	7 252	7 233	7 214	7 196	7 177	7 159
0.007 7	7 159	7 140	7 122	7 104	7 086	7 068
0.007 8	7 068	7 050	7 033	7 015	6 997	6 980
0.007 9	6 980	6 963	6 945	6 928	6 911	6 894

表 1（续）

单位为欧姆厘米

%NaCl	0	2	4	6	8	10
0.008 0	6 894	6 877	6 860	6 843	6 827	6 810
0.008 1	6 810	6 793	6 777	6 761	6 744	6 728
0.008 2	6 728	6 712	6 696	6 680	6 664	6 648
0.008 3	6 648	6 632	6 617	6 601	6 586	6 570
0.008 4	6 570	6 555	6 540	6 521	6 509	6 494
0.008 5	6 494	6 479	6 464	6 449	6 434	6 420
0.008 6	6 420	6 405	6 390	6 376	6 361	6 347
0.008 7	6 347	6 333	6 318	6 304	6 290	6 276
0.008 8	6 276	6 262	6 248	6 234	6 220	6 206
0.008 9	6 206	6 193	6 179	6 166	6 152	6 139
0.009 0	6 139	6 125	6 112	6 099	6 085	6 072
0.009 1	6 072	6 059	6 046	6 033	6 020	6 007
0.009 2	6 007	5 994	5 982	5 969	5 956	5 944
0.009 3	5 944	5 931	5 919	5 906	5 894	5 881
0.009 4	5 881	5 869	5 857	5 845	5 833	5 821
0.009 5	5 821	5 808	5 797	5 785	5 773	5 761
0.009 6	5 761	5 749	5 737	5 726	5 714	5 702
0.009 7	5 702	5 691	5 679	5 668	5 657	5 645
0.009 8	5 645	5 634	5 623	5 611	5 600	5 589
0.009 9	5 589	5 578	5 567	5 556	5 545	5 534
0.010	5 534.2	5 428.2	5 325.4	5 226.4	5 131.1	5 039.2
0.011	5 039.2	4 950.6	4 865.1	4 782.5	4 702.7	4 625.5
0.012	4 625.5	4 550.9	4 478.7	4 408.7	4 341.0	4 275.3
0.013	4 275.3	4 211.6	4 149.7	4 089.7	4 031.5	3 974.8
0.014	3 974.8	3 919.8	3 866.3	3 814.2	3 763.6	3 714.3
0.015	3 714.3	3 666.2	3 619.5	3 573.9	3 529.4	3 486.1
0.016	3 486.1	3 443.9	3 402.6	3 362.4	3 323.1	3 284.7
0.017	3 284.7	3 247.2	3 210.6	3 174.8	3 139.7	3 105.5
0.018	3 105.5	3 072.0	3 039.3	3 007.2	2 975.8	2 945.1
0.019	2 945.1	2 915.0	2 885.6	2 856.7	2 828.4	2 800.7
0.020	2 800.7	2 773.5	2 746.8	2 720.7	2 695.1	2 669.9
0.021	2 669.9	2 645.2	2 621.0	2 597.2	2 573.9	2 551.0
0.022	2 551.0	2 528.5	2 506.3	2 484.6	2 463.3	2 442.3
0.023	2 442.3	2 421.7	2 401.4	2 381.5	2 361.9	2 342.6
0.024	2 342.6	2 323.7	2 305.1	2 286.7	2 268.7	2 250.9
0.025	2 250.9	2 233.4	2 216.2	2 199.3	2 182.6	2 166.2
0.026	2 166.2	2 150.0	2 134.1	2 118.4	2 102.9	2 087.7
0.027	2 087.7	2 072.7	2 057.9	2 043.3	2 029.0	2 014.8
0.028	2 014.8	2 000.8	1 987.1	1 973.5	1 960.1	1 946.9
0.029	1 946.9	1 933.8	1 921.0	1 908.3	1 895.8	1 883.5
0.030	1 883.5	1 871.3	1 859.2	1 847.4	1 835.7	1 824.1
0.031	1 824.1	1 812.7	1 801.4	1 790.3	1 779.3	1 768.4
0.032	1 768.4	1 757.7	1 747.1	1 736.7	1 726.3	1 716.1

表 1（续）

单位为欧姆厘米

%NaCl	0	2	4	6	8	10
0.033	1 716.1	1 706.0	1 696.0	1 686.2	1 676.5	1 666.8
0.034	1 666.8	1 657.3	1 647.9	1 638.6	1 629.5	1 620.4
0.035	1 620.4	1 611.4	1 602.5	1 593.7	1 585.0	1 576.5
0.036	1 576.5	1 568.0	1 559.6	1 551.3	1 543.0	1 534.9
0.037	1 534.9	1 526.9	1 518.9	1 511.0	1 503.2	1 495.5
0.038	1 495.5	1 487.9	1 480.3	1 472.9	1 465.5	1 458.2
0.039	1 458.2	1 450.9	1 443.7	1 436.6	1 429.6	1 422.6
0.040	1 422.6	1 415.7	1 408.9	1 402.1	1 395.5	1 388.8
0.041	1 388.8	1 382.3	1 375.8	1 369.3	1 362.9	1 356.6
0.042	1 356.6	1 350.4	1 344.2	1 338.0	1 331.9	1 325.9
0.043	1 325.9	1 319.9	1 314.0	1 308.1	1 302.3	1 296.6
0.044	1 296.6	1 290.9	1 285.2	1 279.6	1 274.0	1 268.5
0.045	1 268.5	1 263.1	1 257.6	1 252.3	1 247.0	1 241.7
0.046	1 241.7	1 236.5	1 231.3	1 226.1	1 221.0	1 216.0
0.047	1 216.0	1 211.0	1 206.0	1 201.1	1 196.2	1 191.3
0.048	1 191.3	1 186.5	1 181.8	1 177.0	1 172.4	1 167.7
0.049	1 167.7	1 163.1	1 158.5	1 154.0	1 149.5	1 145.0
0.050	1 145.0	1 140.6	1 136.2	1 131.8	1 127.5	1 123.2
0.051	1 123.2	1 118.9	1 114.7	1 110.5	1 106.3	1 102.2
0.052	1 102.2	1 098.1	1 094.0	1 090.0	1 086.0	1 082.0
0.053	1 082.0	1 078.0	1 074.1	1 070.2	1 066.4	1 062.5
0.054	1 062.5	1 058.7	1 054.9	1 051.2	1 047.5	1 043.8
0.055	1 043.8	1 040.1	1 036.4	1 032.8	1 029.2	1 025.7
0.056	1 025.7	1 022.1	1 018.6	1 015.1	1 011.6	1 008.2
0.057	1 008.2	1 004.8	1 001.4	998.0	994.6	991.3
0.058	991.3	988.0	984.7	981.5	978.2	975.0
0.059	975.0	971.8	968.6	965.5	962.4	959.2
0.060	959.2	956.2	953.1	650.0	947.0	944.0
0.061	944.0	941.0	938.0	935.1	932.1	929.2
0.062	929.2	926.3	923.4	920.6	917.7	914.9
0.063	914.9	912.1	909.3	906.5	903.8	901.1
0.064	901.1	898.3	895.6	892.9	890.3	887.6
0.065	887.6	885.0	882.4	879.7	877.2	874.6
0.066	874.6	872.0	869.5	866.9	864.4	861.9
0.067	861.9	859.4	857.0	854.5	852.1	849.6
0.068	849.6	847.3	844.8	842.4	840.1	837.7
0.069	837.7	835.4	833.0	830.7	828.4	826.1
0.070	826.1	823.8	821.6	819.3	817.1	814.9
0.071	814.9	812.6	810.4	808.2	806.1	803.9
0.072	803.9	801.7	799.6	797.5	795.3	793.2
0.073	793.2	791.1	789.0	787.0	784.9	782.9
0.074	782.9	780.8	778.8	776.8	774.8	772.8
0.075	772.8	770.8	768.8	766.8	764.9	762.9

表 1(续)

单位为欧姆厘米

%NaCl	0	2	4	6	8	10
0.076	762.9	761.0	759.0	757.1	755.2	753.3
0.077	753.3	751.4	749.6	747.7	745.8	744.0
0.078	744.0	742.1	740.3	738.5	736.7	734.9
0.079	734.9	733.1	731.3	729.5	727.7	726.0
0.080	726.0	724.2	722.5	720.8	719.0	717.3
0.081	717.3	715.6	713.9	712.2	710.5	708.9
0.082	708.9	707.2	705.5	703.9	702.2	700.6
0.083	700.6	699.0	697.4	695.7	694.1	692.5
0.084	692.5	690.9	689.4	687.8	686.2	684.7
0.085	684.7	683.1	681.6	680.0	678.5	677.0
0.086	677.0	675.5	673.9	672.4	670.9	669.4
0.087	669.4	668.0	666.5	665.0	663.6	662.1
0.088	662.1	660.6	659.2	657.8	656.3	654.9
0.089	654.9	653.5	652.1	650.7	649.3	647.9
0.090	647.9	646.5	645.1	643.7	642.4	641.0
0.091	641.0	639.6	638.3	637.0	635.6	634.3
0.092	634.3	632.9	631.6	630.3	629.0	627.7
0.093	627.7	626.4	625.1	623.8	622.5	621.2
0.094	621.2	620.0	618.7	617.4	616.2	614.9
0.095	614.9	613.7	612.4	611.2	610.0	608.7
0.096	608.7	607.5	606.3	605.1	603.9	602.7
0.097	602.7	601.5	600.3	599.1	597.9	596.8
0.098	596.8	595.6	594.4	593.2	592.1	590.9
0.099	590.9	589.8	588.6	587.5	586.4	585.2
0.10	585.24	574.16	563.51	553.26	543.38	533.85
0.11	533.85	524.66	515.79	507.22	498.94	490.93
0.12	490.93	483.18	475.68	468.41	461.37	454.54
0.13	454.54	447.91	441.48	435.23	429.17	423.27
0.14	423.27	417.54	411.96	406.54	401.26	396.12
0.15	396.12	391.11	386.23	381.48	376.84	372.32
0.16	372.32	367.90	363.60	359.39	355.29	351.27
0.17	351.27	347.36	343.52	339.78	336.12	332.54
0.18	332.54	329.03	325.60	322.25	318.96	315.74
0.19	315.74	312.59	309.50	306.47	303.51	300.60
0.20	300.60	297.75	294.95	292.21	289.52	286.88
0.21	286.88	284.29	281.74	279.25	276.79	274.39
0.22	274.39	272.02	269.69	267.41	265.17	262.96
0.23	262.96	260.79	258.66	256.56	254.50	252.47
0.24	252.47	250.48	248.51	246.58	244.68	242.81
0.25	242.81	240.97	239.15	237.37	235.61	233.88
0.26	233.88	232.17	230.49	228.83	227.20	225.60
0.27	225.60	224.01	222.45	220.91	219.39	217.89
0.28	217.89	216.42	214.96	213.53	212.11	210.72

表 1（续）

单位为欧姆厘米

%NaCl	0	2	4	6	8	10
0.29	210.72	209.34	207.98	206.64	205.31	204.01
0.30	204.01	202.72	201.45	200.19	198.95	197.72
0.31	197.72	196.52	195.32	194.14	192.98	191.83
0.32	191.83	190.69	189.57	188.46	187.36	186.28
0.33	186.28	185.21	184.15	183.11	182.08	181.05
0.34	181.05	180.05	179.05	178.06	177.09	176.12
0.35	176.12	175.17	174.22	173.29	172.37	171.46
0.36	171.46	170.56	169.66	168.78	167.91	167.04
0.37	167.04	166.19	165.34	164.50	163.67	162.85
0.38	162.85	162.04	161.24	160.44	159.66	158.88
0.39	158.88	158.10	157.34	156.58	155.84	155.09
0.40	155.09	154.36	153.63	152.91	152.20	151.49
0.41	151.49	150.79	150.10	149.41	148.73	148.06
0.42	148.06	147.39	146.73	146.08	145.43	144.78
0.43	144.78	144.15	143.52	142.89	142.27	141.65
0.44	141.65	141.05	140.44	139.84	139.25	138.66
0.45	138.66	138.08	137.50	136.93	136.36	135.80
0.46	135.80	135.24	134.68	134.14	133.59	133.05
0.47	133.05	132.52	131.98	131.46	130.94	130.42
0.48	130.42	129.90	129.39	128.89	128.39	127.89
0.49	127.89	127.40	126.91	126.42	125.94	125.46
0.50	125.46	124.99	124.52	124.05	123.59	123.13
0.51	123.13	122.67	122.22	121.77	121.32	120.88
0.52	120.88	120.44	120.00	119.57	119.14	118.72
0.53	118.72	118.29	117.87	117.46	117.04	116.63
0.54	116.63	116.22	115.82	115.42	115.02	114.62
0.55	114.62	114.23	113.84	113.45	113.06	112.68
0.56	112.68	112.30	111.92	111.55	111.18	110.81
0.57	110.81	110.44	110.08	109.72	109.36	109.00
0.58	109.00	108.65	108.29	107.94	107.60	107.25
0.59	107.25	106.91	106.57	106.23	105.89	105.56
0.60	105.56	105.23	104.90	104.57	104.25	103.92
0.61	103.92	103.60	103.28	102.97	102.65	102.34
0.62	102.34	102.03	101.72	101.41	101.11	100.80
0.63	100.80	100.50	100.20	99.90	99.61	99.31
0.64	99.31	99.02	98.73	98.44	98.16	97.87
0.65	97.87	97.59	97.31	97.03	96.75	96.47
0.66	96.47	96.20	95.92	95.65	95.38	95.11
0.67	95.11	94.84	94.58	94.32	94.05	93.79
0.68	93.79	93.53	93.28	93.02	92.76	92.51
0.69	92.51	92.26	92.01	91.76	91.51	91.26
0.70	91.26	91.02	90.78	90.53	90.29	90.05
0.71	90.05	89.82	89.58	89.34	89.11	88.88

表 1（续）

单位为欧姆厘米

%NaCl	0	2	4	6	8	10
0.72	88.88	88.64	88.41	88.18	87.96	87.73
0.73	87.73	87.50	87.28	87.06	86.84	86.61
0.74	86.61	86.40	86.18	85.96	85.74	85.53
0.75	85.53	85.32	85.10	84.89	84.68	84.47
0.76	84.47	84.26	84.06	83.85	83.64	83.44
0.77	83.44	83.24	83.04	82.83	82.63	82.44
0.78	82.44	82.24	82.04	81.85	81.65	81.46
0.79	81.46	81.26	81.07	80.88	80.69	80.50
0.80	80.50	80.31	80.13	79.94	79.75	79.57
0.81	79.57	79.39	79.20	79.02	78.84	78.66
0.82	78.66	78.48	78.30	78.13	77.95	77.77
0.83	77.77	77.60	77.42	77.25	77.08	76.91
0.84	76.91	76.74	76.57	76.40	76.23	76.06
0.85	76.06	75.89	75.73	75.56	75.40	75.23
0.86	75.23	75.07	74.91	74.75	74.59	74.43
0.87	74.43	74.27	74.11	73.95	73.79	73.64
0.88	73.64	73.48	73.33	73.17	73.02	72.86
0.89	72.86	72.71	72.56	72.41	72.26	72.11
0.90	72.11	71.96	71.81	71.66	71.52	71.37
0.91	71.37	71.23	71.08	70.94	70.79	70.65
0.92	70.65	70.51	70.36	70.22	70.08	69.94
0.93	69.94	69.80	69.66	69.53	69.39	69.25
0.94	69.25	69.11	68.98	68.84	68.71	68.57
0.95	68.57	68.44	68.31	68.17	68.04	67.91
0.96	67.91	67.78	67.65	67.52	67.39	67.26
0.97	67.26	67.13	67.00	66.88	66.75	66.62
0.98	66.62	66.50	66.37	66.25	66.12	66.00
0.99	66.00	65.88	65.75	65.63	65.51	65.39
1.0	65.387	64.162	63.056	61.988	60.955	59.956
1.1	59.956	58.989	58.053	57.146	56.267	55.414
1.2	55.414	54.587	53.785	53.005	52.249	51.513
1.3	51.513	50.798	50.103	49.427	48.769	48.128
1.4	48.128	47.504	46.896	46.304	45.727	45.164
1.5	45.164	44.615	44.080	43.557	43.047	42.548
1.6	42.548	42.062	41.586	41.122	40.667	40.223
1.7	40.223	39.789	39.364	38.949	38.542	38.144
1.8	38.144	37.754	37.373	36.999	36.633	36.274
1.9	36.274	35.922	35.577	35.239	34.908	34.583
2.0	34.583	34.264	33.951	33.644	33.342	33.046
2.1	33.046	32.756	32.471	32.191	31.915	31.645
2.2	31.645	31.379	31.118	30.862	30.610	30.362
2.3	30.362	30.118	29.878	29.642	29.410	29.182
2.4	29.182	28.958	28.737	28.519	28.305	28.095

表 1（续）

单位为欧姆厘米

%NaCl	0	2	4	6	8	10
2.5	28.095	27.887	27.683	27.482	27.284	27.089
2.6	27.089	26.896	26.707	26.520	26.337	26.155
2.7	26.155	25.977	25.801	25.627	25.456	25.288
2.8	25.288	25.121	24.957	24.795	24.636	24.478
2.9	24.478	24.323	24.170	24.019	23.869	23.722
3.0	23.722	23.577	23.433	23.292	23.152	23.014
3.1	23.014	22.878	22.743	22.610	22.479	22.349
3.2	22.349	22.221	22.095	21.970	21.846	21.725
3.3	21.725	21.604	21.485	21.367	21.251	21.136
3.4	21.136	21.022	20.910	20.799	20.689	20.581
3.5	20.581	20.473	20.367	20.262	20.159	20.056
3.6	20.056	19.954	19.854	19.755	19.656	19.559
3.7	19.559	19.463	19.368	19.274	19.181	19.088
3.8	19.088	18.997	18.907	18.817	18.729	18.641
3.9	18.641	18.555	18.469	18.384	18.300	18.217
4.0	18.217	18.134	18.053	17.972	17.892	17.813
4.1	17.813	17.734	17.656	17.579	17.503	17.428
4.2	17.428	17.353	17.279	17.205	17.133	17.060
4.3	17.060	16.989	16.918	16.848	16.779	16.710
4.4	16.710	16.642	16.574	16.507	16.441	16.375
4.5	16.375	16.309	16.245	16.181	16.117	16.054
4.6	16.054	15.992	15.930	15.868	15.807	15.747
4.7	15.747	15.687	15.628	15.569	15.511	15.453
4.8	15.453	15.395	15.338	15.282	15.226	15.170
4.9	15.170	15.115	15.061	15.006	14.953	14.899
5.0	14.899	14.846	14.794	14.742	14.690	14.639
5.1	14.639	14.588	14.537	14.487	14.438	14.388
5.2	14.388	14.339	14.291	14.242	14.195	14.147
5.3	14.147	14.100	14.053	14.007	13.961	13.915
5.4	13.915	13.869	13.824	13.780	13.735	13.691
5.5	13.691	13.647	13.604	13.561	13.518	13.475
5.6	13.475	13.433	13.391	13.349	13.308	13.267
5.7	13.267	13.226	13.186	13.145	13.105	13.066
5.8	13.066	13.026	12.987	12.948	12.910	12.871
5.9	12.871	12.833	12.796	12.758	12.721	12.684
6.0	12.684	12.647	12.610	12.574	12.538	12.502
6.1	12.502	12.466	12.431	12.396	12.361	12.326
6.2	12.326	12.291	12.257	12.223	12.189	12.156
6.3	12.156	12.122	12.089	12.056	12.023	11.990
6.4	11.990	11.958	11.926	11.894	11.862	11.831
6.5	11.831	11.799	11.768	11.737	11.706	11.675
6.6	11.675	11.645	11.615	11.584	11.555	11.525
6.7	11.525	11.495	11.466	11.437	11.408	11.379

表 1（续）

单位为欧姆厘米

%NaCl	0	2	4	6	8	10
6.8	11.379	11.350	11.321	11.293	11.265	11.237
6.9	11.237	11.209	11.181	11.154	11.126	11.099
7.0	11.099	11.072	11.045	11.018	10.991	10.965
7.1	10.965	10.938	10.912	10.886	10.860	10.835
7.2	10.835	10.809	10.783	10.758	10.733	10.708
7.3	10.708	10.683	10.658	10.633	10.609	10.584
7.4	10.584	10.560	10.536	10.512	10.488	10.464
7.5	10.464	10.441	10.417	10.394	10.371	10.347
7.6	10.347	10.324	10.301	10.279	10.256	10.233
7.7	10.233	10.211	10.189	10.166	10.144	10.122
7.8	10.122	10.101	10.079	10.057	10.030	10.014
7.9	10.014	9.993	9.972	9.951	9.930	9.909
8.0	9.909	9.888	9.867	9.847	9.826	9.806
8.1	9.806	9.785	9.765	9.745	9.725	9.705
8.2	9.705	9.685	9.666	9.646	9.627	9.607
8.3	9.607	9.588	9.569	9.549	9.530	9.511
8.4	9.511	9.493	9.474	9.455	9.436	9.418
8.5	9.418	9.399	9.381	9.363	9.345	9.327
8.6	9.327	9.308	9.291	9.273	9.255	9.237
8.7	9.237	9.220	9.202	9.185	9.167	9.150
8.8	9.150	9.133	9.116	9.099	9.082	9.065
8.9	9.065	9.048	9.031	9.014	8.998	8.981
9.0	8.981	8.965	8.948	8.932	8.916	8.900
9.1	8.900	8.883	8.867	8.851	8.836	8.820
9.2	8.820	8.804	8.788	8.773	8.757	8.741
9.3	8.741	8.726	8.711	8.695	8.680	8.665
9.4	8.665	8.650	8.635	8.620	8.605	8.590
9.5	8.590	8.575	8.560	8.546	8.531	8.517
9.6	8.517	8.502	8.488	8.473	8.459	8.445
9.7	8.445	8.430	8.416	8.402	8.388	8.374
9.8	8.374	8.360	8.346	8.333	8.319	8.305
9.9	8.305	8.292	8.278	8.264	8.251	8.237
10	8.237	8.123	8.010	7.898	7.787	7.674
11	7.674	7.572	7.473	7.376	7.281	7.189
12	7.189	7.099	7.011	6.926	6.843	6.762
13	6.762	6.684	6.608	6.535	6.463	6.394
14	6.394	6.327	6.262	6.199	6.138	6.079
15	6.079	6.022	5.966	5.913	5.861	5.811
16	5.811	5.763	5.716	5.670	5.627	5.584
17	5.584	5.543	5.504	5.465	5.428	5.393
18	5.393	5.358	5.325	5.292	5.261	5.231
19	5.231	5.202	5.174	5.147	5.120	5.095
20	5.095	5.071	5.047	5.024	5.002	4.981

表 1（续）

单位为欧姆厘米

%NaCl	0	2	4	6	8	10
21	4.981	4.961	4.941	4.922	4.903	4.886
22	4.886	4.868	4.852	4.836	4.821	4.806
23	4.806	4.792	4.778	4.765	4.752	4.740
24	4.740	4.728	4.716	4.705	4.695	4.685
25	4.685	4.675	4.666	4.657	4.648	4.640
26	4.640	4.632	4.624	—	—	—
注：允许采用溶液电阻率的内插值法。						

表 2　氯化钠溶液的温度系数

温度 ℃	0	2	4	6	8	10
0	0.021 18	0.021 34	0.021 50	0.021 66	0.021 82	0.021 98
10	0.021 98	0.022 13	0.022 29	0.022 45	0.022 61	0.022 77
20	0.022 77	0.022 92	0.023 08	0.023 23	0.023 38	0.023 53
30	0.023 53	0.023 67	0.023 82	0.023 96	0.024 09	0.024 23
40	0.024 23	0.024 36	0.024 49	0.024 61	0.024 74	0.024 86
50	0.024 86	0.024 97	0.025 08	0.025 18	0.025 29	0.025 39
60	0.025 39	0.025 49	0.025 58	0.025 67	0.025 76	0.025 84
70	0.025 84	0.025 91	0.025 99	0.026 06	0.026 12	0.026 18
80	0.026 18	0.026 24	0.026 29	0.026 34	0.026 39	0.026 43
90	0.026 43	0.026 47	0.026 51	0.026 54	0.026 57	0.026 60
100	0.026 60	0.026 62	0.026 65	0.026 66	0.026 68	0.026 69
110	0.026 69	0.026 71	0.026 72	0.026 73	0.026 73	0.026 74
120	0.026 74	0.026 74	0.026 75	0.026 75	0.026 75	0.026 76
130	0.026 76	0.026 76	0.026 76	0.026 77	0.026 77	0.026 78
140	0.026 78	0.026 79	0.026 80	0.026 81	0.026 83	0.026 84
注：允许采用温度系数的内插值法。						

表 3　氯化钠溶液温度系数的修正值

温度 ℃	%NaCl			
	0.1	0.5	1.0	5.0
0	−0.000 1	−0.000 4	−0.000 9	−0.001 1
50	−0.000 1	−0.000 4	−0.000 7	−0.000 4
100	−0.000 2	−0.000 2	−0.000 4	+0.000 4
注：允许采用温度系数修正值的内插值法。				

6　应用举例

在 63.4 ℃时，0.024%溶液的电阻率：

a) 查表1,18 ℃时0.024%溶液的电阻率：ρ_{18}=2 342.6 Ω·cm；

b) 查表2,63.4 ℃时用内插值法计算的温度系数：b_t=0.025 55；

c) 查表3,温度系数b_t的浓度修正值：b_t=0；

d) 在63.4 ℃时该溶液的电阻率为：

$$\rho_t=\frac{2\ 342.6}{[1+0.025\ 55(63.4-18)]}=1\ 084.6\ \Omega\cdot\text{cm}$$

e) 在63.4 ℃时该溶液的电导率为：

$$\kappa=\frac{1}{1\ 084.6}=0.000\ 922\ 0\ \text{S/cm}=922.0\ \mu\text{S/cm}$$

ICS 17.100
N 11

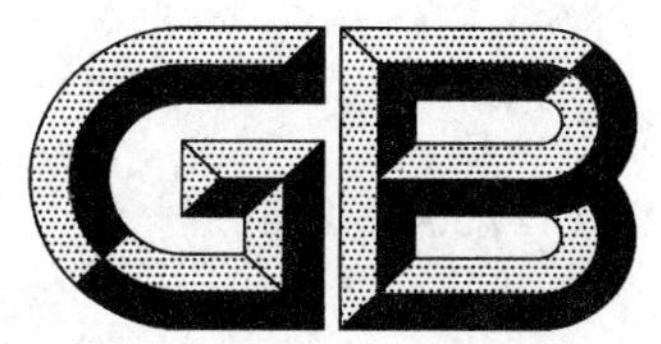

中华人民共和国国家标准

GB/T 27504—2011

压力表误差表

Pressure gauge error table

2011-10-31 发布

2012-01-01 实施

中华人民共和国国家质量监督检验检疫总局
中国国家标准化管理委员会 发布

前言

本标准由中国机械工业联合会提出。

本标准由全国工业过程测量和控制标准化技术委员会(SAC/TC 124)归口。

本标准负责起草单位:西安工业自动化仪表研究所。

本标准参加起草单位:西仪集团有限责任公司仪表制造厂、红旗仪表有限公司、宁波隆兴焊割科技有限公司、雷尔达仪表有限公司、北京康斯特仪表科技有限责任公司。

本标准主要起草人:罗娟、李正华。

压力表误差表

1 范围

本标准规定了压力表的基本误差限及回差、轻敲位移、环境温度影响等示值误差的允许值。

本标准适用于以弹性元件为敏感元件的不同精确度等级、测量范围的压力表(简称仪表)。

本标准规定了仪表工作环境温度偏离参比温度时的示值误差限,本标准仅适用于材料的弹性模量温度系数“K”为0.04%/℃的仪表。

2 规范性引用文件

下列文件中的条款通过本标准的引用而成为本标准的条款。凡是注日期的引用文件,其随后所有的修改单(不包括勘误的内容)或修订版均不适用于本标准,然而,鼓励根据本标准达成协议的各方研究是否可使用这些文件的最新版本。凡是不注日期的引用文件,其最新版本适用于本标准。

GB/T 8170 数值修约规则

3 技术要求

3.1 精确度等级

仪表的精确度等级分为:

0.1级,0.16级,0.25级,0.4级,1.0级,1.6级,2.5级,4.0级。

3.2 计量单位

本标准采用的计量单位分别为:Pa、kPa、MPa。

3.3 数值修约规则

本标准的数值修约按GB/T 8170规定的进舍规则执行。

3.4 基本误差限

3.4.1 基本误差限和精确度等级的对应关系按表1的规定。

表1 基本误差限

精确度等级	0.1	0.16	0.25	0.4	1.0	1.6	2.5	4.0
基本误差限 (量程的百分数)/%	±0.10	±0.16	±0.25	±0.4	±1	±1.6	±2.5	±4

3.4.2 不同精确度等级、测量范围的仪表,基本误差允许值按表2及表3的规定。

3.5 回差

3.5.1 回差和精确度等级的对应关系按表4的规定。

表 2　基本误差允许值

单位为兆帕

测量范围	精确度等级							
	0.1	0.16	0.25	0.4	1.0	1.6	2.5	4.0
0～0.06	±0.000 06	±0.000 096	±0.000 15	±0.000 24	±0.000 6	±0.000 96	±0.001 5	±0.002 4
0～0.1，-0.1～0	±0.000 10	±0.000 16	±0.000 25	±0.000 40	±0.001 0	±0.001 6	±0.002 5	±0.004 0
0～0.16，-0.1～0.06	±0.000 16	±0.000 256	±0.000 40	±0.000 64	±0.001 6	±0.002 56	±0.004 0	±0.006 4
0～0.25，-0.1～0.15	±0.000 25	±0.000 40	±0.000 625	±0.001 0	±0.002 5	±0.004 0	±0.006 25	±0.010
0～0.4，-0.1～0.3	±0.000 40	±0.000 64	±0.001 0	±0.001 6	±0.004 0	±0.006 4	±0.010	±0.016
0～0.6，-0.1～0.5	±0.000 60	±0.000 96	±0.001 5	±0.002 4	±0.006	±0.009 6	±0.015	±0.024
0～1，-0.1～0.9	±0.001 0	±0.001 6	±0.002 5	±0.004 0	±0.010	±0.016	±0.025	±0.040
0～1.6，-0.1～1.5	±0.001 6	±0.002 56	±0.004 0	±0.006 4	±0.016	±0.025 6	±0.040	±0.064
0～2.5，-0.1～2.4	±0.002 5	±0.004 0	±0.006 25	±0.010	±0.025	±0.040	±0.062 5	±0.10
0～4	±0.004 0	±0.006 4	±0.010	±0.016	±0.040	±0.064	±0.10	±0.16
0～6	±0.006 0	±0.009 6	±0.015	±0.024	±0.06	±0.096	±0.15	±0.24
0～10	±0.010	±0.016	±0.025	±0.040	±0.10	±0.16	±0.25	±0.40
0～16	±0.016	±0.025 6	±0.040	±0.064	±0.16	±0.256	±0.40	±0.64
0～25	±0.025	±0.040	±0.062 5	±0.10	±0.25	±0.40	±0.625	±1.0
0～40	±0.040	±0.064	±0.10	±0.16	±0.40	±0.64	±1.0	±1.6
0～60	±0.060	±0.096	±0.15	±0.24	±0.6	±0.96	±1.5	±2.4
0～100	±0.10	±0.16	±0.25	±0.40	±1.0	±1.6	±2.5	±4.0
0～160	±0.16	±0.256	±0.40	±0.64	±1.6	±2.56	±4.0	±6.4
0～250	±0.25	±0.40	±0.625	±1.0	±2.5	±4.0	±6.25	±10

表 3　基本误差允许值

单位为帕

测量范围	精确度等级		
	1.6	2.5	4.0
0～160，-160～0，-80～80	±2.56	±4.0	±6.4
0～250，-250～0	±4	±6.25	±10
-120～120	±3.84	±6	±9.6
0～400，-400～0，-200～200	±6.4	±10	±16
0～600，-600～0，-300～300	±9.6	±15	±24
0～1 000，-1 000～0，-500～500	±16	±25	±40
0～1 600，-1 600～0，-800～800	±25.6	±40	±64

表 3（续）

单位为帕

测量范围	精确度等级		
	1.6	2.5	4.0
0～2 500，－2 500～0	±40	±62.5	±100
－1 200～1 200	±38.4	±60	±96
0～4 000，－4 000～0，－2 000～2 000	±64	±100	±160
0～6 000，－6 000～0，－3 000～3 000	±96	±150	±240
0～10 000，－10 000～0，－5 000～5 000	±160	±250	±400
0～16 000，－16 000～0，－8 000～8 000	±256	±400	±640
0～25 000，－25 000～0	±400	±625	±1 000
－12 000～12 000	±384	±600	±960
0～40 000，－40 000～0，－20 000～20 000	±640	±1 000	±1 600

表 4　回差

精确度等级	0.1	0.16	0.25	0.4	1.0	1.6	2.5	4.0
回差（量程的百分数）	0.10	0.16	0.25	0.40	1.0	1.6	2.5	4.0

3.5.2　不同精确度等级、测量范围的仪表，回差允许值按表 5 及表 6 的规定。

表 5　回差允许值

单位为兆帕

测量范围	精确度等级							
	0.1	0.16	0.25	0.4	1.0	1.6	2.5	4.0
0～0.06	0.000 06	0.000 096	0.000 15	0.000 24	0.000 6	0.000 96	0.001 5	0.002 4
0～0.1， －0.1～0	0.000 10	0.000 16	0.000 25	0.000 4	0.001 0	0.001 6	0.002 5	0.004 0
0～0.16， －0.1～0.06	0.000 16	0.000 256	0.000 40	0.000 64	0.001 6	0.002 56	0.004 0	0.006 4
0～0.25， －0.1～0.15	0.000 25	0.000 40	0.000 625	0.001 0	0.002 5	0.004 0	0.006 25	0.010
0～0.4， －0.1～0.3	0.000 40	0.000 64	0.001 0	0.001 6	0.004 0	0.006 4	0.010	0.016
0～0.6， －0.1～0.5	0.000 60	0.000 96	0.001 5	0.002 4	0.006	0.009 6	0.015	0.024
0～1， －0.1～0.9	0.001 0	0.001 6	0.002 5	0.004 0	0.010	0.016	0.025	0.040
0～1.6， －0.1～1.5	0.001 6	0.002 56	0.004 0	0.006 4	0.016	0.025 6	0.040	0.064

表 5（续） 单位为兆帕

测量范围	精确度等级							
	0.1	0.16	0.25	0.4	1.0	1.6	2.5	4.0
0～2.5，－0.1～2.4	0.002 5	0.004 0	0.006 25	0.010	0.025	0.040	0.062 5	0.10
0～4	0.004 0	0.006 4	0.010	0.016	0.040	0.064	0.10	0.16
0～6	0.006 0	0.009 6	0.015	0.024	0.06	0.096	0.15	0.24
0～10	0.010	0.016	0.025	0.040	0.10	0.16	0.25	0.40
0～16	0.016	0.025 6	0.040	0.064	0.16	0.256	0.40	0.64
0～25	0.025	0.040	0.062 5	0.10	0.25	0.40	0.625	1.0
0～40	0.040	0.064	0.10	0.16	0.40	0.64	1.0	1.6
0～60	0.060	0.096	0.15	0.24	0.6	0.96	1.5	2.4
0～100	0.10	0.16	0.25	0.40	1.0	1.6	2.5	4.0
0～160	0.16	0.256	0.40	0.64	1.6	2.56	4.0	6.4
0～250	0.25	0.40	0.625	1.0	2.5	4.0	6.25	10

表 6 回差允许值 单位为帕

测量范围	精确度等级		
	1.6	2.5	4.0
0～160，－160～0，－80～80	2.56	4.0	6.4
0～250，－250～0	4	6.25	10
－120～120	3.84	6	9.6
0～400，－400～0，－200～200	6.4	10	16
0～600，－600～0，－300～300	9.6	15	24
0～1 000，－1 000～0，－500～500	16	25	40
0～1 600，－1 600～0，－800～800	25.6	40	64
0～2 500，－2 500～0	40	62.5	100
－1 200～1 200	38.4	60	96
0～4 000，－4 000～0，－2 000～2 000	64	100	160
0～6 000，－6 000～0，－3 000～3 000	96	150	240
0～10 000，－10 000～0，－5 000～5 000	160	250	400
0～16 000，－16 000～0，－8 000～8 000	256	400	640
0～25 000，－25 000～0	400	625	1 000
－12 000～12 000	384	600	960
0～40 000，－40 000～0，－20 000～20 000	640	1 000	1 600

3.6 轻敲位移

轻敲位移允许值按表7和表8的规定。

表7 轻敲位移允许值

单位为兆帕

测量范围	精确度等级							
	0.1	0.16	0.25	0.4	1.0	1.6	2.5	4.0
0～0.06	0.000 03	0.000 048	0.000 075	0.000 12	0.000 3	0.000 48	0.000 75	0.001 2
0～0.1,−0.1～0	0.000 05	0.000 08	0.000 125	0.000 20	0.000 5	0.000 8	0.001 25	0.002 0
0～0.16,−0.1～0.06	0.000 08	0.000 128	0.000 20	0.000 32	0.000 8	0.001 28	0.002 0	0.003 2
0～0.25,−0.1～0.15	0.000 125	0.000 20	0.000 312 5	0.000 5	0.001 25	0.002 0	0.003 125	0.005
0～0.4,−0.1～0.3	0.000 20	0.000 32	0.000 5	0.000 8	0.002 0	0.003 2	0.005	0.008
0～0.6,−0.1～0.5	0.000 30	0.000 48	0.000 75	0.001 2	0.003	0.004 8	0.007 5	0.012
0～1,−0.1～0.9	0.000 5	0.000 8	0.001 25	0.002 0	0.005	0.008	0.012 5	0.020
0～1.6,−0.1～1.5	0.000 8	0.001 28	0.002 0	0.003 2	0.008	0.012 8	0.020	0.032
0～2.5,−0.1～2.4	0.001 25	0.002 0	0.003 125	0.005	0.012 5	0.020	0.031 25	0.05
0～4	0.002 0	0.003 2	0.005	0.008	0.020	0.032	0.05	0.08
0～6	0.003 0	0.004 8	0.007 5	0.012	0.03	0.048	0.075	0.12
0～10	0.005	0.008	0.012 5	0.020	0.05	0.08	0.125	0.20
0～16	0.008	0.012 8	0.020	0.032	0.08	0.128	0.20	0.32
0～25	0.012 5	0.020	0.031 25	0.05	0.125	0.20	0.312 5	0.5
0～40	0.02	0.032	0.05	0.08	0.20	0.32	0.5	0.8
0～60	0.03	0.048	0.075	0.12	0.3	0.48	0.75	1.2
0～100	0.05	0.08	0.125	0.20	0.5	0.8	1.25	2.0
0～160	0.08	0.128	0.20	0.32	0.8	1.28	2.0	3.2
0～250	0.125	0.20	0.312 5	0.5	1.25	2.0	3.125	5.0

表8 轻敲位移允许值

单位为帕

测量范围	精确度等级		
	1.6	2.5	4.0
0～160,−160～0,−80～80	1.28	2.0	3.2
0～250,−250～0	2	3.125	5
−120～120	1.92	3	4.8
0～400,−400～0,−200～200	3.2	5	8
0～600,−600～0,−300～300	4.8	7.5	12
0～1 000,−1 000～0,−500～500	8	12.5	20
0～1 600,−1 600～0,−800～800	12.8	20	32
0～2 500,−2 500～0	20	31.25	50
−1 200～1 200	19.2	30	48
0～4 000,−4 000～0,−2 000～2 000	32	50	80
0～6 000,−6 000～0,−3 000～3 000	48	75	120
0～10 000,−10 000～0,−5 000～5 000	80	125	200
0～16 000,−16 000～0,−8 000～8 000	128	200	320
0～25 000,−25 000～0	200	312.5	500
−12 000～12 000	192	300	480
0～40 000,−40 000～0,−20 000～20 000	320	500	800

3.7 环境温度影响

3.7.1 仪表工作环境温度偏离参比温度时示值误差限由式(1)计算确定：

$$\Delta = \pm(\delta + K\Delta t) \qquad \cdots\cdots(1)$$

式中：

Δ ——当仪表工作环境温度偏离参比温度时仪表示值误差允许值，%。

δ ——用引用误差表示的仪表示值基本误差限的绝对值，%。

Δt ——$|t_2 - t_1|$，℃。

t_1 ——正常工作环境温度的上限值(下限值)。

t_2 ——参比温度的上限值(下限值)，当工作环境温度高于参比温度上限值时取参比温度上限值。当工作环境温度低于参比温度下限值时取参比温度下限值。

K ——温度系数，其值为 0.04%/℃。

3.7.2 工作环境温度上限值为 40 ℃(0.1 级、0.16 级仪表参比温度上限值为 21 ℃，0.25 级仪表参比温度上限值为 22 ℃，0.4 级仪表参比温度上限值为 23 ℃)和 70 ℃(仪表参比温度上限值为 25 ℃)时仪表示值误差限按表 9 的规定。

表 9 环境温度 40 ℃和 70 ℃时示值误差限

单位为兆帕

测量范围	环境温度							
	40 ℃				70 ℃			
	精确度等级							
	0.1	0.16	0.25	0.4	1.0	1.6	2.5	4.0
0～0.06	±0.000 516	±0.000 552	±0.000 582	±0.000 648	±0.001 68	±0.002 04	±0.002 58	±0.003 48
0～0.1，−0.1～0	±0.000 86	±0.000 92	±0.000 97	±0.001 08	±0.0028	±0.003 4	±0.004 3	±0.005 8
0～0.16，−0.1～0.06	±0.001 376	±0.001 472	±0.001 552	±0.001 728	±0.004 48	±0.005 44	±0.006 88	±0.009 28
0～0.25，−0.1～0.15	±0.002 15	±0.002 30	±0.002 425	±0.002 7	±0.007 0	±0.008 5	±0.010 75	±0.014 5
0～0.4，−0.1～0.3	±0.003 44	±0.003 68	±0.003 88	±0.004 32	±0.011 2	±0.013 6	±0.017 2	±0.023 2
0～0.6，−0.1～0.5	±0.005 16	±0.005 52	±0.005 82	±0.006 48	±0.016 8	±0.020 4	±0.025 8	±0.034 8
0～1，−0.1～0.9	±0.008 6	±0.009 2	±0.009 7	±0.010 8	±0.028	±0.034	±0.043	±0.058
0～1.6，−0.1～1.5	±0.013 76	±0.014 72	±0.015 52	±0.017 28	±0.044 8	±0.054 4	±0.068 8	±0.092 8
0～2.5，−0.1～2.4	±0.021 5	±0.023 0	±0.024 25	±0.027	±0.070	±0.085	±0.107 5	±0.145
0～4	±0.034 4	±0.036 8	±0.038 8	±0.043 2	±0.112	±0.136	±0.172	±0.232
0～6	±0.051 6	±0.055 2	±0.058 2	±0.064 8	±0.168	±0.204	±0.258	±0.348
0～10	±0.086	±0.092	±0.097	±0.108	±0.28	±0.34	±0.43	±0.58
0～16	±0.137 6	±0.147 2	±0.155 2	±0.172 8	±0.448	±0.544	±0.688	±0.928
0～25	±0.215	±0.230	±0.242 5	±0.27	±0.70	±0.85	±1.075	±1.45
0～40	±0.344	±0.368	±0.388	±0.432	±1.12	±1.36	±1.72	±2.32
0～60	±0.516	±0.552	±0.582	±0.648	±1.68	±2.04	±2.58	±3.48
0～100	±0.86	±0.92	±0.97	±1.08	±2.8	±3.4	±4.3	±5.8
0～160	±1.376	±1.472	±1.552	±1.728	±4.48	±5.44	±6.88	±9.28
0～250	±2.15	±2.30	±2.425	±2.7	±7.0	±8.5	±10.75	±14.5

3.7.3 工作环境温度下限值为5 ℃(0.1级、0.16级仪表参比工作温度下限值为19 ℃,0.25级仪表参比温度下限值为18 ℃,0.4级仪表参比温度下限值为17 ℃)和－40 ℃(仪表参比温度下限值为15 ℃)时,仪表示值误差限按表10的规定。

表10 环境温度5 ℃和－40 ℃时示值误差限

单位为兆帕

测量范围	环境温度							
	5 ℃				－40 ℃			
	精确度等级							
	0.1	0.16	0.25	0.4	1.0	1.6	2.5	4.0
0～0.06	±0.000 396	±0.000 432	±0.000 462	±0.000 528	±0.001 92	±0.002 28	±0.002 82	±0.003 72
0～0.1, －0.1～0	±0.000 66	±0.000 72	±0.000 77	±0.000 88	±0.003 2	±0.003 8	±0.004 7	±0.006 2
0～0.16, －0.1～0.06	±0.001 056	±0.001 152	±0.001 232	±0.001 408	±0.005 12	±0.006 08	±0.007 52	±0.009 92
0～0.25, －0.1～0.15	±0.001 65	±0.001 80	±0.001 925	±0.002 2	±0.008 0	±0.009 5	±0.011 75	±0.015 5
0～0.4, －0.1～0.3	±0.002 64	±0.002 88	±0.003 08	±0.003 52	±0.012 8	±0.015 2	±0.018 8	±0.024 8
0～0.6, －0.1～0.5	±0.003 96	±0.004 32	±0.004 62	±0.005 28	±0.019 2	±0.022 8	±0.028 2	±0.037 2
0～1, －0.1～0.9	±0.006 6	±0.007 2	±0.007 70	±0.008 8	±0.032	±0.038	±0.047	±0.062
0～1.6, －0.1～1.5	±0.010 56	±0.011 52	±0.012 32	±0.014 08	±0.051 2	±0.060 8	±0.075 2	±0.099 2
0～2.5, －0.1～2.4	±0.016 5	±0.018 0	±0.019 25	±0.022	±0.080	±0.095	±0.117 5	±0.155
0～4	±0.026 4	±0.028 8	±0.030 8	±0.035 2	±0.128	±0.152	±0.188	±0.248
0～6	±0.039 6	±0.043 2	±0.046 2	±0.052 8	±0.192	±0.228	±0.282	±0.372
0～10	±0.066	±0.072	±0.077	±0.088	±0.32	±0.38	±0.47	±0.62
0～16	±0.105 6	±0.115 2	±0.123 2	±0.140 8	±0.512	±0.608	±0.752	±0.992
0～25	±0.165	±0.180	±0.192 5	±0.22	±0.80	±0.95	±1.175	±1.55
0～40	±0.264	±0.288	±0.308	±0.352	±1.28	±1.52	±1.88	±2.48
0～60	±0.396	±0.432	±0.462	±0.528	±1.92	±2.28	±2.82	±3.72
0～100	±0.66	±0.72	±0.77	±0.88	±3.2	±3.8	±4.7	±6.2
0～160	±1.056	±1.152	±1.232	±1.408	±5.12	±6.08	±7.52	±9.92
0～250	±1.65	±1.80	±1.925	±2.2	±8.0	±9.5	±11.75	±15.5

3.7.4 工作环境温度上限值为50 ℃和55 ℃(参比温度上限值为25 ℃)时,仪表示值误差限按表11的规定。

表 11　环境温度 50 ℃和 55 ℃时示值误差限

单位为帕

测量范围	环境温度					
	50 ℃			55 ℃		
	精确度等级					
	1.6	2.5	4.0	1.6	2.5	4.0
0～160,－160～0,－80～80	±4.16	±5.6	±8.0	±4.48	±5.92	±8.32
0～250,－250～0	±6.5	±8.75	±12.5	±7	±9.25	±13
－120～120	±6.24	±8.4	±12	±6.72	±8.88	±12.48
0～400,－400～0,－200～200	±10.4	±14	±20	±11.2	±14.8	±20.8
0～600,－600～0,－300～300	±15.6	±21	±30	±16.8	±22.2	±31.2
0～1 000,－1 000～0,－500～500	±26	±35	±50	±28	±37	±52
0～1 600,－1 600～0,－800～800	±41.6	±56	±80	±44.8	±59.2	±83.2
0～2 500,－2 500～0	±65	±87.5	±125	±70	±92.5	±130
－1 200～1 200	±62.4	±84	±120	±67.2	±88.8	±124.8
0～4 000,－4 000～0,－2 000～2 000	±104	±140	±200	±112	±148	±208
0～6 000,－6 000～0,－3 000～3 000	±156	±210	±300	±168	±222	±312
0～10 000,－10 000～0,－5 000～5 000	±260	±350	±500	±280	±370	±520
0～16 000,－16 000～0,－8 000～8 000	±416	±560	±800	±448	±592	±832
0～25 000,－25 000～0	±650	±875	±1 250	±700	±925	±1 300
－12 000～12 000	±624	±840	±1 200	±672	±888	±1 248
0～40 000,－40 000～0,－20 000～20 000	±1 040	±1 400	±2 000	±1 120	±1 480	±2 080

3.7.5　工作环境温度下限值为－25 ℃和 0 ℃(参比温度下限值为 15 ℃)时,仪表示值误差限按表 12 的规定。

表 12　环境温度－25 ℃和 0 ℃时示值误差限

单位为帕

测量范围	环境温度					
	0 ℃			－25 ℃		
	精确度等级					
	1.6	2.5	4.0	1.6	2.5	4.0
0～160,－160～0,－80～80	±3.52	±4.96	±7.36	±5.12	±6.56	±8.96
0～250,－250～0	±5.5	±7.75	±11.5	±8	±10.25	±14
－120～120	±5.28	±7.44	±11.04	±7.68	±9.84	±13.44
0～400,－400～0,－200～200	±8.8	±12.4	±18.4	±12.8	±16.4	±22.4
0～600,－600～0,－300～300	±13.2	±18.6	±27.6	±19.2	±24.6	±33.6
0～1 000,－1 000～0,－500～500	±22	±31	±46	±32	±41	±56
0～1 600,－1 600～0,－800～800	±35.2	±49.6	+73.6	+51.2	+65.6	+89.6
0～2 500,－2 500～0	±55	±77.5	±115	±80	±102.5	±140
－1 200～1 200	±52.8	±74.4	±110.4	±76.8	±98.4	±134.4
0～4 000,－4 000～0,－2 000～2 000	±88	±124	±184	±12.8	±164	±224
0～6 000,－6 000～0,－3 000～3 000	±132	±186	±276	±192	±246	±336
0～10 000,－10 000～0,－5 000～5 000	±220	±310	±460	±320	±410	±560
0～16 000,－16 000～0,－8 000～8 000	±352	±496	±736	±512	±656	±896
0～25 000,－25 000～0	±550	±775	±1 150	±800	±1 025	±1 400
－12 000～12 000	±528	±744	±1 104	±768	±984	±1 344
0～40 000,－40 000～0,－20 000～20 000	±880	±1 240	±1 840	±1 280	±1 640	±2 240

3.7.6 工作环境温度上限值为 40 ℃(参比温度上限为 25 ℃)时,仪表示值误差限按表 13 的规定。

表 13 环境温度 40 ℃时示值误差限

单位为兆帕

精确度等级	测量范围							
	0～0.1	0～0.16	0～0.25	0～0.6	0～1.6	0～2.5	0～4	0～25
2.5	±0.003 1	±0.004 96	±0.007 75	±0.018 6	±0.049 6	±0.077 5	±0.124	±0.775

3.7.7 工作环境温度下限值为－20 ℃(参比温度下限值为 15 ℃)时,仪表示值误差限按表 14 的规定。

表 14 环境温度－20 ℃时示值误差限

单位为兆帕

精确度等级	测量范围							
	0～0.1	0～0.16	0～0.25	0～0.6	0～1.6	0～2.5	0～4	0～25
2.5	±0.003 9	±0.006 2	±0.009 75	±0.023	±0.062	±0.097 5	±0.156	±0.975

ICS 17.100
N 11

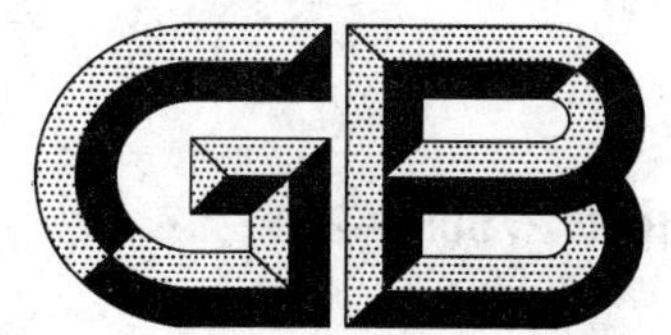

中华人民共和国国家标准

GB/T 27505—2011

压力控制器

Pressure controller

2011-10-31 发布　　2012-01-01 实施

中华人民共和国国家质量监督检验检疫总局
中国国家标准化管理委员会　发布

前　言

本标准的附录A为规范性附录。

本标准由中国机械工业联合会提出。

本标准由全国工业过程测量和控制标准化技术委员会(SAC/TC 124)归口。

本标准负责起草单位:西安工业自动化仪表研究所。

本标准参加起草单位:西仪集团有限责任公司仪表制造厂、北京康斯特仪表科技有限公司、秦川机床集团宝鸡仪表有限责任公司、宁波隆兴焊割科技股份有限公司、雷尔达仪表有限公司、红旗仪表(长兴)有限公司、安徽蓝德集团股份有限公司。

本标准主要起草人:王辉、袁文博、张少平、吴伟杰、周春龙。

压 力 控 制 器

1 范围

本标准规定了压力控制器的术语、产品分类、技术要求、试验方法、检验规则、标志、包装及贮存。

本标准适用于感压元件为膜片、膜盒、波纹管、弹簧管及活塞的压力、真空及压力真空无源控制器(以下统称控制器)。

2 规范性引用文件

下列文件中的条款通过本标准的引用而成为本标准的条款。凡是注日期的引用文件,其随后所有的修改单(不包括勘误的内容)或修订版均不适用于本标准,然而,鼓励根据本标准达成协议的各方研究是否可使用这些文件的最新版本。凡是不注日期的引用文件,其最新版本适用于本标准。

GB/T 13384 机电产品包装通用技术条件

JB/T 8220—1999 工业过程控制系统用位式控制器性能评定方法

JB/T 9329 仪器仪表运输、运输贮存 基本环境条件及试验方法

3 术语

下列术语和定义适用于本标准。

3.1

压力控制器 pressure controller

被测压力达到设定点时即可进行控制或报警,但没有指示被测压力功能的装置。

3.2

控压范围 controllable pressure range

控制器能够控制的压力范围。

3.3

设定点(值) set point

希望发生切换的输入压力值。

3.4

切换值 switching value

使控制器输出信号发生变化的压力值。

3.5

上切换值 upper switching value

输入压力上升时,使控制器输出信号发生变化时的压力值。

3.6

下切换值 lower switching value

输入压力下降时,使控制器输出信号发生变化时的压力值。

3.7

复位值 reset value

随着输入压力的上升,控制器的输出信号发生变化(即上切换),然后输入压力下降,使控制器信号

再次发生变化的压力值。反之亦然。

3.8

切换差 switching differential

上切换值(下切换值)与其对应的复位值之差的绝对值。

3.9

重复性误差 repeatability error

在同一条件下,输入压力按相同方法变化时连续多次测得的上切换值或下切换值的最大差值与量程之比的百分数。

3.10

切换值误差 switching value error

实际测得的切换值与预选的设定值之差与量程之比的百分数。

4 产品分类

4.1 按感压元件的类型,控制器分为:

a) 膜片式控制器;

b) 膜盒式控制器;

c) 波纹管式控制器;

d) 弹簧管式控制器;

e) 活塞式控制器。

4.2 按切换差是否可调,控制器分为:

a) 切换差可调型控制器;

b) 切换差不可调型控制器。

4.3 按设定点是否可调,控制器分为:

a) 设定点可调型控制器;

b) 设定点固定型控制器。

4.4 控制器的螺纹接头推荐采用外螺纹,M14×1.5,M20×1.5。也可按用户要求与制造商协商,确定控制器的连接方式与型式。

4.5 控制器的测量范围应符合表1的规定。

表 1

控制器的测量范围			计量单位
压力控制器 测量范围	真空控制器 测量范围	压力真空控制器 测量范围	
0～1;0～1.6; 0～2.5;0～4; 0～6;0～10; 0～16;0～25; 0～40;0～60	−1～0;−1.6～0; −2.5～0;−4～0; −6～0;−10～0; −16～0;−25～0; −40～0;−60～0	−1.2～1.2; −2～2; −3～3; −5～5; −8～8; −12～12; −20～20; −30～30	kPa

表 1（续）

控制器的测量范围			计量单位
压力控制器 测量范围	真空控制器 测量范围	压力真空控制器 测量范围	
0～0.1;0～0.16; 0～0.25;0～0.4; 0～0.6;0～1; 0～1.6;0～2.5; 0～4;0～6; 0～10;0～16; 0～25;0～40; 0～60;0～100; 0～160;0～250	−0.1～0	−0.1～0.06; −0.1～0.15; −0.1～0.3; −0.1～0.5; −0.1～0.9; −0.1～1.5; −0.1～2.4	MPa

4.6　控制器输出触头所能承受的交流额定电压与额定电流应不低于表 2 的要求：

表 2

交流额定电压/V	220	380
交流额定电流/A	3	2

5　技术要求

5.1　正常工作条件

a)　环境温度：−25℃～55℃；

b)　相对湿度：5%～95%。

5.2　参比工作条件

a)　环境温度：20℃±5℃；

b)　相对湿度：45%～75%。

5.3　控压范围

对设定点可调的控制器，控压范围应不小于表 3 的要求：

表 3

控　压　范　围	
压力控制器(控制器量程的%)	真空控制器(控制器量程的%)
15～95	95～15

注：压力真空控制器的控压范围，其压力部分按压力控制器的要求，真空部分按真空控制器的要求。

5.4　切换值误差

控制器切换值误差应不超过表 4 的规定。

5.5 重复性误差

控制器重复性误差应不大于表4的规定。

表4

切换值误差最大允许值	重复性误差最大允许值
以量程的%计	
±0.5;±1.0; ±1.5;±2.5; ±4	0.5;1;1.5; 2.5;4

5.6 切换差

控制器的切换差应不大于制造商提供的相应的最大切换差。

5.7 超(静)压

压力控制器及压力真空控制器的压力部分应按表5的规定,承受超(静)压试验,试验后控制器仍应符合5.3～5.6规定。

表5

压力部分上限值/MPa	负荷 (压力部分上限值%)		时间/h
	超压	静压	
<60	150	—	1/60
≥60	—	90～100	4

5.8 绝缘电阻

在环境温度为15 ℃～25 ℃、相对湿度为45%～75%的条件下,控制器下列端子之间的绝缘电阻应不小于20 MΩ。

a) 各接线端子与外壳之间;

b) 互不相联的接线端子之间;

c) 触头断开时,接线触头的两接线端子之间。

5.9 绝缘强度

控制器在5.8规定的环境条件下,应能承受频率为45 Hz～65 Hz,电压按本条a)、b)项内容规定的试验,漏电电流不大于0.5 mA,历时1 min而不发生击穿和飞弧现象。

a) 各接线端子与外壳及互不相联的接线端子之间承受1.5 kV;

b) 触头断开时,接线触头的两接线端子之间承受3倍额定工作电压。

5.10 环境温度影响

当控制器工作环境温度偏离20 ℃±5 ℃时,控制器切换值的变化量均应不超过式(1)规定的范围:

$$-K|t_2-t_1|\leqslant\delta_t\leqslant K|t_2-t_1| \quad\cdots\cdots(1)$$

式中：

δ_t ——当温度偏离 20 ℃±5 ℃时，控制器切换值的变化量，其值应以与量程之比的百分数表示，%；

K ——0.08%/℃；

t_2 ——本标准 5.1 规定的环境温度的任意值，℃；

t_1 ——参比温度范围的实际值，℃。

5.11 湿热影响

控制器应能承受相对湿度为 91%～95%、温度为 40 ℃±2 ℃的湿热试验。试验后控制器的切换值误差的变化量应不超过式(1)规定的范围，绝缘电阻应不小于 2 MΩ，控制器内部应无冷凝水聚集和元部件损坏。

5.12 交变负荷

控制器应在 4.6 所规定的额定负荷下，并承受表 6 规定的正弦波形的交变负荷试验，试验后仍应符合 5.4～5.6 的规定。

表 6

控制器的量程值/MPa	交变幅度（控制器的量程值的%）	交变次数/次
≤6	20～80	30 000
>10	30～70	

5.13 机械振动

控制器应按安装场所，在表 7 中选取相应参数进行机械振动试验。试验后，控制器应无机械损坏，且应符合 5.4～5.6 的规定。

表 7

安装场所	试验条件		
	振动频率/Hz	振幅峰值/mm	加速度峰值/(m/s²)
控制室(一般应用)	10～60	0.07	10
现场(低振动水平)	60～150		
现场(一般应用)	10～60	0.15	20
管道(低振动水平)	60～500		
管道(一般应用)	10～60	0.20	30
剧烈振动水平	60～2 000		

5.14 抗运输环境性能

控制器在运输包装条件下，应符合 JB/T 9329 的规定。其中：高温及湿热项目可免作，低温温度取 −40 ℃，自由跌落高度取 250 mm。试验后，控制器应符合 5.3～5.6 的规定。

5.15 外观

控制器的表面应光洁平整,镀层、涂层应均匀,不得有剥落,紧固件不得松动、损伤,接头螺纹应无明显毛刺和损伤。

6 试验方法

6.1 试验要求

6.1.1 试验顺序及时间间隔

控制器的型式试验顺序及项目之间时间间隔见附录A。

6.1.2 检验条件

按5.2参比工作条件。

6.1.3 检验点

控制器的压力检验点应至少包括15%和90%量程附近的两个点。

6.1.4 测量循环

在每一个检验点上,以上、下行程为一个测量循环,试验应至少进行三个测量循环。

6.1.5 标准仪器

标准仪器可选用精密压力表或数字压力表等。所用标准仪器基本误差限的绝对值应不大于被检控制器重复性误差最大允许值的1/4。

6.2 控压范围检验

对设定点可调的控制器(若切换差可调,先将切换差调至最小),将设定点调至最大,给控制器由零缓慢地增加压力至触点动作,在标准仪器上读出此时的压力值为设定点最大值的上切换值;再将设定点调至最小,使控制器压力缓慢减小至触点动作,在标准仪器上读出此时的压力值为设定点最小值的下切换值。

设定点最大值的上切换值与最小值的下切换值之差为控制器控压范围。

设定点固定型的不进行控压范围检验。

6.3 切换值误差检验

6.3.1 设定点可调而切换差不可调的控制器,将设定点调至控制器15%量程附近的标度值处,缓慢地由零(或满量程)增加(或减小)压力,当标准仪器的指示压力接近设定点时,负荷变化速度每秒不大于量程的1%,保证同行程的输入压力按相同方法逼近检验点至触点动作,在标准仪器上读出此时的压力值为上切换值(或下切换值)。然后缓慢地减小(或增加)压力至触点动作,在标准仪器上读出此时的压力值为复位值,如此进行三个测量循环可得三组上切换值或下切换值,以及相对应的复位值。再将设定点分别调至控制器90%量程附近的标度值处进行同样的检验。

实际测得的切换值与设定值之差的大者与量程之比的百分数为切换值误差。

a) 若控制器的设定值控制的是上切换值,则切换值误差为实测的上切换值与设定值之差最大值与量程之比的百分数。

b) 若控制器的设定值控制的是下切换值,则切换值误差为实测的下切换值与设定值之差最大值与量程之比的百分数。

6.3.2 对设定点可调、切换差也可调的控制器，将切换差调整至有效范围的最小位置，切换值误差检验方法同6.3.1。

6.3.3 对设定点固定的控制器，除设定点不调整外，具体检验方法按切换差是否可调分别同6.3.1及6.3.2。

6.4 重复性误差检验

检验方法同6.3，同一检验点三次测量所得的上切换值之间的最大差值或下切换值之间的最大差值与量程之比的百分数为重复性误差。

6.5 切换差检验

6.5.1 对切换差不可调的控制器，在6.3.1或6.3.3检验中，同一设定点上切换值(或下切换值)的平均值与相应复位值的平均值的差值为切换差。

6.5.2 对切换差可调的控制器，若控制器以上切换值作为设定点，则检验点应至少包括50%和90%量程附近的二点；若控制器以下切换值作为设定点，则检验点应至少包括15%和50%量程附近的二点。对设定点固定的控制器，检验点就是设定点。

a) 将切换差调至最小，给控制器由零(或满量程)缓慢地增加(或减小)压力，当标准仪器的指示压力接近设定值时，负荷变化速度每秒不大于量程的1%，保证同行程的输入压力按相同方法逼近检验点至触点动作，在标准仪器上读出此时的压力值为上切换值(或下切换值)，再从该处缓慢地减小(或增加)压力至触点动作，在标准仪器上读出此时的压力值为复位值，如此进行三个测量循环可得上切换值(或下切换值)平均值和复位值平均值的差值中的小者为最小切换差。

b) 将切换差调至最大，按a)同样的试验方法，可得控制器的最大切换差。

6.6 超(静)压

将控制器的设定点调整至50%量程(对设定点固定的控制器，设定点不调)附近处，若切换差可调，再将切换差调整至有效调整范围的中间位置，按6.3.1方法测定此时的切换值，然后按5.7规定试验。将压力降至零，超压试验后间隔5 min，静压试验后间隔1 h，按6.3～6.5检验。

6.7 绝缘电阻试验

在5.8规定的环境条件下，用额定直流电压为500 V的绝缘电阻表(兆欧表)分别测量5.8所规定接线端子之间的绝缘电阻。

6.8 绝缘强度试验

在5.8规定的环境条件下，将控制器需要试验的端子接到耐压测试仪上，使试验电压由零平稳的上升至5.9的规定值，保持1 min，应不出现击穿或飞弧；然后使试验电压平稳地下降至零，切断电源。

6.9 环境温度影响试验

将控制器的设定点调整至50%量程(对设定点固定的控制器，设定点不调)附近处，若切换差可调，再将切换差调整至有效调整范围的中间位置，按6.3.1方法测定此时的切换值。然后将控制器放入高(低)温实验箱内，按表8所规定的测试温度及顺序，逐渐升、降温，并给控制器施加50%量程的压力，待温度稳定后保温3 h，然后将控制器压力卸至零。在试验温度下，以升、降温前同样的方法检验控制器的切换值，考核控制器在试验温度与参比温度时切换值的变化量应符合5.10的要求。

表8

温度/℃	20	55	−25	55	20	−25	20

6.10 湿热影响试验

将控制器的设定点调整至50%量程(对设定点固定的控制器,设定点不调)附近处,若切换差可调,再将切换差调整至有效调整范围的中间位置,按6.3.1方法测定此时的切换值。然后将控制器放入湿热试验箱内,使试验箱的温度及湿度达到5.11的要求,并保持48 h。在此周期的最后4 h接通控制器电源,周期结束后立即按湿热试验前的方法测试控制器的切换值。试验前、后切换值应符合5.11的要求。

将控制器从试验箱中取出,立即测量控制器绝缘电阻。然后打开控制器外壳,目测控制器内部也应符合5.11的要求。

6.11 交变负荷试验

将控制器的设定点调整至50%量程(对设定点固定的控制器,设定点不调)附近处,若切换差可调,再将切换差调整至最小,然后将控制器安装在能产生正弦波形、频率为(60±5)次/min、交变幅度及次数符合表6规定的设备上,并通以4.6规定的额定电压和电流,使触点的通断随压力的交变而产生切换。试验后按6.3～6.5检验。

6.12 机械振动试验

将控制器的设定点调整至50%量程(对设定点固定的控制器,设定点不调)附近处,若切换差可调,再将切换差调整至有效调整范围的中间位置,按6.3.1的方法测定此时的切换值。然后将控制器按JB/T 8220—1999中6.3.3的方法和本标准5.13规定的参数进行机械振动试验。试验后目测控制器应无机械损坏,然后以振动试验前的方法测定控制器的切换值。试验前、后切换值应符合5.4的规定。最后控制器还应按6.3～6.5检验。

6.13 抗运输环境性能试验

控制器按JB/T 9329规定的方法及本标准5.14的要求进行试验,试验后按6.2～6.5检验。

6.14 外观检验

目测检验,应符合5.15的要求。

7 检验规则

7.1 出厂检验

7.1.1 检验项目

仪表出厂检验项目按表9的规定进行检验。

表9

序　号	出　厂　检　验　项　目　名　称	条　序
1	外观及标志	5.15及8.1
2	控压范围	5.3
3	切换值误差	5.4
4	重复性误差	5.5

表 9（续）

序号	出厂检验项目名称	条序
5	切换差	5.6
6	绝缘电阻	5.8
7	绝缘强度	5.9a)

7.1.2 检验及判定规则

控制器按所规定的出厂检验项目逐台进行检验。某台控制器若有一项检验项目不合格时，即判定该台控制器不合格。只有规定的出厂检验项目全部合格后，才能判定为合格品。合格品应附有合格证才能出厂。

7.2 型式试验

7.2.1 检验类别

在下列任一情况下，控制器应按本标准全部技术要求进行型式检验。

a) 新产品试制定型；

b) 当设计、工艺、材料等方面有重大变更，可能影响控制器的性能时；

c) 成批生产的控制器每 3 年检验一次；

d) 长期停产的控制器，恢复生产时。

注：c)、d)两种情况时，建议可不做抗运输环境性能试验。

7.2.2 抽样及判定规则

对 7.2.1a)、b)两种情况，型式检验抽取四台控制器，每台控制器的每个检验项目均应合格。对 7.2.1c)、d)两种情况，型式检验应从出厂检验合格的产品中随机抽取四台控制器，检验时，如果任一检验项目有两台或两台以上不合格，判该批产品为不合格产品；若不合格检验项目不超过两项且每项仅有一台不合格，允许再加倍抽取八台控制器，对不合格的项目进行逐台检验，如仍有不合格项目出现，则判该批产品为不合格产品。如果一次抽取的四台控制器的不合格项目不超过一项或加倍抽取的八台控制器复检项目均合格，则判该批产品为合格产品。

8 标志、包装和贮存

8.1 标志

8.1.1 控制器上一般应清晰牢固地标出下列内容：

a) 制造厂名或商标；

b) 产品名称或型号；

c) 测量范围；

d) 输出触头所能承受的额定电压和额定电流；

e) 制造日期及产品编号。

8.1.2 控制器或其说明书、包装物上应标有本标准编号及名称。说明书中还应注明控制器适用的安装场所和振动水平。

8.2 包装

控制器的包装应符合 GB/T 13384 的相应规定，其中防护类型由制造单位自行规定。

8.3 贮存

控制器应贮存在通风干燥的室内，室内空气应对控制器无腐蚀作用。

附　录　A
（规范性附录）
试验顺序及项目之间时间间隔

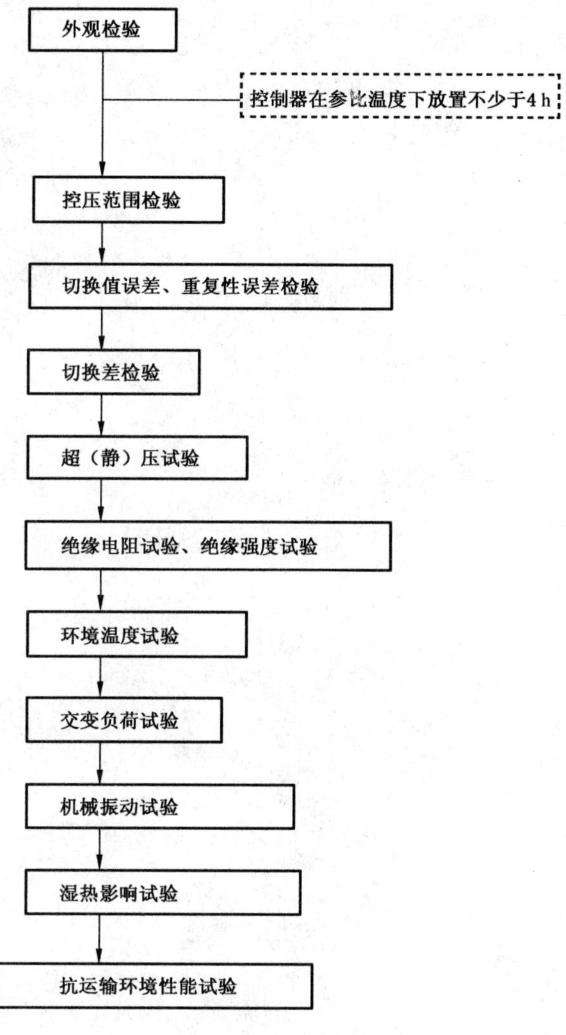

ICS 17.060
N 61

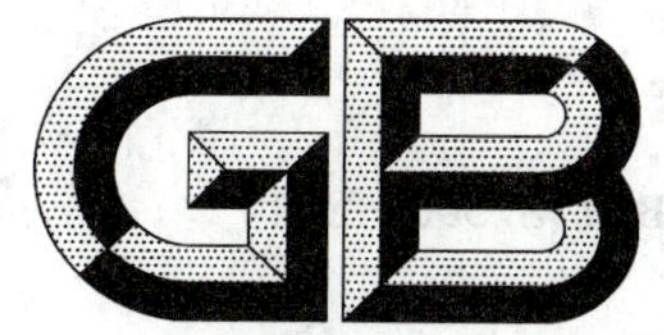

中华人民共和国国家标准

GB/T 27506—2011

机械称量式烘干法水分测定仪

Mechanical weighing moisture analyzer of oven drying

2011-10-31 发布　　2012-01-01 实施

中华人民共和国国家质量监督检验检疫总局
中国国家标准化管理委员会　发布

前　言

请注意本标准的某些内容有可能涉及专利，本标准的发布机构不应承担识别这些专利的责任。

本标准附录A是资料性附录。

本标准由中国机械工业联合会提出并归口。

本标准主要起草单位：上海精密科学仪器有限公司、长沙湘仪天平仪器设备有限公司、机械工业仪器仪表综合技术经济研究所、中国仪器仪表行业协会实验室仪器分会、上海舜宇恒平科学仪器有限公司、沈阳龙腾电子有限公司、长沙湘平科技发展有限公司。

本标准参加起草单位：上海良平仪器仪表有限公司、上海菁海仪器有限公司、上海民桥精密科学仪器有限公司、沈阳计量研究所、上海市计量测试技术研究院、湖南省计量检测研究院、常州市富月砝码有限公司。

本标准主要起草人：董莉、周凌嵘、金丽辉、王家龙、吴群、张志、熊一凡、李沪仓、张柏荣、归剑刚、杨秀英、朱俊、钟小军、忻秀月、邓爱群、冯晓升、张光荣。

机械称量式烘干法水分测定仪

1 范围

本标准规定了机械称量式烘干法水分测定仪的基本参数、要求、试验方法、检验规则、标志、包装、运输及贮存。

本标准适用于对 0 ℃～200 ℃物理形态和化学形态相对稳定的样品进行游离水分含量测定的机械称量式烘干法水分测定仪(以下简称水分仪)。

2 规范性引用文件

下列文件中的条款通过本标准的引用而成为本标准的条款。凡是注日期的引用文件,其随后所有的修改单(不包括勘误的内容)或修订版均不适用于本标准,然而,鼓励根据本标准达成协议的各方研究是否可使用这些文件的最新版本。凡是不注日期的引用文件,其最新版本适用于本标准。

GB/T 191—2008 包装储运图示标志(ISO 780:1997,MOD)

GB/T 2829—2002 周期检验计数抽样程序及表(适用于对过程稳定性的检验)

GB/T 9969—2008 工业产品使用说明书 总则

GB/T 11606—2007 分析仪器环境试验方法

JJG 98—2006 机械天平

3 基本参数

3.1 水分仪衡量装置的分度值

3.1.1 衡量装置的实际分度值

以质量单位表示的水分仪衡量装置相邻两个示值之差为水分仪的衡量装置的实际分度值,用 d 表示。

3.1.2 衡量装置的检定分度值

以质量单位表示的水分仪的衡量装置用于划分等级与进行计量检定的值为检定分度值,用 e 表示。

3.1.3 实际分度值 d 与检定分度值 e 的规定

实际分度值 d 等于检定分度值 e,它应当取 1×10^k 或 2×10^k 或 5×10^k 的形式,其中:k 为正整数、负整数或零。

3.2 准确度级别

3.2.1 水分仪按其衡量装置的检定分度值和检定分度数(衡量装置的最大秤量与检定分度值之比),划分成下列两个准确度级别:

a) 特种准确度级 符号为 (Ⅰ);

b) 高准确度级 符号为 (Ⅱ)。

3.2.2 准确度级别与检定分度值和检定分度数的关系应符合表 1 的规定。

表 1

准确度级别	分度值	分度数	
		最小	最大
(Ⅰ)	$e\leqslant0.001$ g	50 000	不限制
(Ⅱ)	0.001 g$<e\leqslant$0.05 g	100	100 000
	0.1 g$\leqslant e$	5 000	

3.3 正常工作条件

3.3.1 室内环境温度、相对湿度应符合表2的规定。

3.3.2 电源电压:220 V,具有－15%和＋10%的允许偏离额定值;频率:50 Hz,具有±2%的允许偏离额定值。

3.3.3 水分仪周围应无腐蚀性气体,无影响水分仪性能的振动和气流的存在。

表2

准确度级别	温度范围 ℃	温度波动度不大于 ℃/h	相对湿度不大于 %
Ⅰ	15～30	1	75
Ⅱ	10～32	2	80

4 要求

4.1 外观及结构

4.1.1 水分仪表面镀层或涂层,色泽应均匀,不应有露底、起层、起泡、水渍(水迹)、斑痕、毛刺、裂纹及明显的擦痕。

4.1.2 水分仪的各个开关应定位准确,运用自如。

4.1.3 水分仪的光学衡量装置投影窗中的微分标尺的刻线应清晰,不应有显见的歪斜,读数视准线的宽度不应大于投影窗中显见的微分标尺的刻线宽度,视准线应与该标尺的刻线相平行。

4.1.4 烘干装置内的温度计分度值不应大于2 ℃。

4.2 衡量装置

水分仪衡量装置的示值误差、重复性、分度值误差应符合表3的规定。

表3

准确度级别	示值误差	重复性	分度值误差
Ⅰ	$\pm e$	$\leqslant e$	+2/−1
Ⅱ	$\pm e$	$\leqslant e$	

4.3 烘干装置

水分仪的加热装置的温度显示允差、水分测定准确度应符合表4的规定。

表4

准确度级别	加热装置温度显示允差 ℃	水分测定准确度 %
Ⅰ	±2	±0.2
Ⅱ		±0.5

4.4 其他重要部件

4.4.1 标尺

刻度线分度的间距应相等或按一定规律变化(不小于1 mm),刻线宽度应均匀(不大于0.3 mm)。

4.4.2 指针

针尖宽度不应大于分度线的宽度,指针与标尺之间的距离不大于2 mm。

4.4.3 阻尼

指针偏离平衡位置5个分度时,在阻尼器的作用下,其摆动不应超过3周期。

4.4.4 试样盘

同一台水分仪中所有试样盘之间的质量差值不应大于该水分仪的分度值。

4.4.5 水准器

水准器灵敏度不应低于10′。

注：水准器灵敏度不大于水准器中水准泡公称角值的15%。

4.5 电压变化

在220 V，具有－15%和＋10%允许偏离额定值的交流电网供电时，水分仪基本性能应符合表3的规定。

4.6 安全要求

4.6.1 介电强度

在采用规定值的介电强度电压试验时，水分仪不应出现击穿或重复飞弧（电晕效应和类似现象可忽略不计）。

4.6.2 保护接地连续性

水分仪的保护导体端子与规定要采用保护连接的每一个可触及零部件之间的阻抗不应超过0.1 Ω（电源线的阻抗除外）。

4.6.3 接触电流

水分仪的接触电流是正弦波电流有效值，为0.5 mA。

4.7 运输、贮存适应性

水分仪在包装条件下，模拟运输、贮存基本环境条件，进行高温、低温、湿热、跌落和碰撞试验。每次试验结束后打开包装进行测试，其结果应符合4.1～4.4的规定。

5 试验方法

5.1 试验条件

水分仪的试验条件应符合3.3的规定。

5.2 试验设备

5.2.1 应配备一组标准砝码，其扩展不确定度（$k=2$）不应大于被检水分仪在该载荷下最大允许误差的三分之一。

5.2.2 应配备分度值不大于0.1 mg的天平。

5.2.3 其他有关试验用的器具如下：

a) 灵敏度不小于10′的水准仪；

b) 最大允许误差为±0.6 %的5 mL移液器；

c) 准确度为0.1 s的秒表；

d) 玻璃纤维滤纸；

e) 氯化钠国家标准物质（以下简称氯化钠标物），编号：GBW06103b。

5.3 外观及结构试验

用目视和手动操作的方法进行检测，其结果应符合4.1的规定。

5.4 衡量装置试验

5.4.1 衡量装置的示值误差试验

在水分仪的试样盘内加入相当于标尺全长所对应质量的标准砝码，打开并调整衡量装置，使指针与标尺零位分度线相重合或微分标尺零线与基准线相重合，然后按照标尺全长较均匀分为5个称量点（应包括：空载、标尺最大载荷点、最大秤量），分别依次减去称量点上的标准砝码，每个称量点上所产生的示值误差应符合表3的规定。

5.4.2 衡量装置的重复性及分度值误差试验

水分仪衡量装置的重复性、分度值误差试验按JJG 98—2006中5.3.4.2进行，其结果应符合表3的规定。

5.5 烘干装置试验

5.5.1 水分仪加热装置温度显示允差试验

用目视方法进行检测，观察时间不少于 30 min，其结果应符合 4.3 的规定。

5.5.2 水分测定准确度试验

5.5.2.1 试样配制

选取氯化钠标物，配备 5%±0.02%的标准氯化钠(NaCl)溶液(参见附录 A)。

5.5.2.2 试验步骤

试验步骤如下：

a) 将玻璃纤维滤纸放在水分仪试样盘上，在 105 ℃温度下预烘 10 min。关闭加热装置。

b) 调节秤盘上的砝码，使水分仪的指示刻度回到零点附近，记下此时秤盘上的砝码质量值 R。然后取走秤盘上 5 g 砝码，并用移液器移取 5 mL NaCl 溶液，将其均匀地滴在玻璃纤维滤纸上，开启衡量装置，待读数平稳后记下此时的刻度线示值 x_1 和秤盘上的砝码质量值 r_1。

c) 关闭衡量装置后打开加热装置，以平缓的升温速率使温度升至 105 ℃±2 ℃并保持 1 h 恒重时间。然后打开衡量装置，待读数稳定后记下此时的刻度线示值 x_2，如果示值超出了显示的范围，可以在秤盘上增减砝码并记下增减砝码的质量值 r_2 和最终的平衡位置 x_2，并按式(1)计算试样的水分准确度。

$$M_1=\frac{r_2+x_2-x_1}{|R-x_1-r_1|}\times 100\% \qquad \cdots\cdots(1)$$

式中：

M_1——水分测定准确度；

x_1——烘干前平衡位置的示值，单位为克(g)；

x_2——烘干后平衡位置的示值，单位为克(g)；

R——玻璃纤维滤纸预烘后，未加氯化钠溶液试样前，衡量装置处于平衡位置时，秤盘上砝码的质量值，单位为克(g)；

r_1——加 5%的氯化钠溶液试样后，烘干前秤盘上砝码的质量值，单位为克(g)；

r_2——烘干后，为使衡量装置平衡而向秤盘上添加砝码的质量值，单位为克(g)。

5.6 其他重要部件试验

5.6.1 标尺、指针、阻尼试验

用目视和手动操作的方法进行检测，其结果应符合 4.4.1、4.4.2、4.4.3 的规定。

5.6.2 试样盘试验

用天平分别称量试样盘，其结果应符合 4.4.4 的规定。

5.6.3 水准器试验

用水准仪进行测试，其结果应符合 4.4.5 的规定。

5.7 电压变化试验

水分仪在正常工作条件下稳定后，分别在最高工作电压、额定工作电压和最低工作电压时测试衡量装置，其结果应符合 4.5 的规定。

5.8 安全要求试验

5.8.1 介电强度试验

5.8.1.1 在正常工作条件下，水分仪处于非工作状态，电源开关置于接通位置。

5.8.1.2 使用耐压测试仪，在基本绝缘部位之间施加在电网电源电路的基本绝缘试验电压为 50 Hz 交流有效值 1 690 V。

注：基本绝缘部位是指在正常条件下是危险带电的电路(电源输入端)与保护导体端子连接的可触及零部件(例如与保护导体端子连接的金属外壳等)。

5.8.1.3 在进行试验时，电压要在5 s或5 s以内逐渐升高到规定值，使电压不出现明显的跳变，然后保持5 s，其结果应符合4.6.1的规定。

5.8.2 保护接地连续性试验

使用接地电阻测试仪，设置直流25 A或交流25 A、50 Hz，在一端为器具输入插座的接地销，以及另一端为保护连接要求与保护导体端子相连的可触及导电零部件之间进行接地连续性试验。通过施加试验电流1 min(试验电压不得超过12 V)，按式(2)计算阻抗，其结果应符合4.6.2的规定。

$$Z=\frac{U}{I} \qquad \cdots\cdots(2)$$

式中：

Z——阻抗；

U——试验电压；

I——试验电流。

5.8.3 接触电流

使用接触电流测试仪，设置电源供电电压242 V，水分仪处于工作状态。对具有保护导体端子或功能接地连接的水分仪，测量网络(测试棒)的一端应连接到保护导体端子上，另一端应连接到水分仪的任意可触及部分。按换相键，重复测试，其结果应符合4.6.3的规定。

5.9 运输、贮存适应性试验

5.9.1 高温试验

把外包装好的水分仪放在常温环境下达到温度平衡后，放入高温试验箱(室)内。将试验温度以不大于1 ℃/min的升温速率(不超过5 min的平均值)升温到55 ℃±3 ℃，保持4 h，再降温，待恢复至常温后将水分仪取出，在正常工作条件下放置24 h后进行测试，其结果应符合4.7的规定。

5.9.2 低温试验

把外包装好的水分仪放在常温环境下达到温度平衡后，放入低温试验箱(室)内。将试验温度以不大于1 ℃/min的降温速率(不超过5 min的平均值)降温到−40 ℃±3 ℃，保持4 h，再升温，待其恢复至常温后将水分仪取出，在正常工作条件下放置24 h后进行测试，其结果应符合4.7的规定。

5.9.3 湿热试验

把外包装好的水分仪放在常温环境下达到温湿度平衡后，放入湿热试验箱中，按照GB/T 11606—2007中第8章规定的(温度、相对湿度选贮运条件组)方法进行试验，试验后将水分仪在正常工作条件下放置24 h后进行测试，其结果应符合4.7的规定。

5.9.4 跌落试验

把外包装好的水分仪，按GB/T 11606—2007中第17章规定的方法进行试验，试验后在正常工作条件下放置24 h后进行测试，其结果应符合4.7的规定。

5.9.5 碰撞试验

把外包装好的水分仪按GB/T 11606—2007中第18章规定的方法进行试验，试验后在正常工作条件下放置24 h后进行测试，其结果应符合4.7的规定。

6 检验规则

6.1 检验分类

水分仪的检验分为：

a) 出厂检验；

b) 定型检验；

c) 周期检验。

6.2 出厂检验

6.2.1 水分仪的出厂检验由质量检验部门逐台检验，合格后签发产品合格证，方能出厂。

6.2.2 出厂检验的项目、要求及试验方法的条款号见表5。

表5

序号	检验项目	要求的条款号	试验方法的条款号	出厂检验	周期检验
1	外观及结构	4.1	5.3	●	●
2	衡量装置	4.2	5.4	●	●
3	烘干装置	4.3	5.5	●	●
4	其他重要部件	4.4	5.6	●	●
5	电压变化	4.5	5.7	—	●
6	介电强度	4.6.1	5.8.1	●	●
7	保护接地连续性	4.6.2	5.8.2	—	●
8	接触电流	4.6.3	5.8.3	—	●
9	运输、贮存适应性	4.7	5.9	—	●
注：符号“●”表示应检验的项目，符号“—”表示不必检验的项目。					

6.2.3 定型检验

6.2.3.1 水分仪定型检验的样本为3台，检验项目为4.1～4.7，所有项目应符合规定的要求。

6.2.3.2 经定型检验合格的水分仪应整修，更换寿命终了或接近终了的零部件，并重新进行出厂检验。检验合格后签发产品合格证，方能出厂。

6.3 周期检验

6.3.1 检验情况

在下列情况之一时进行周期检验：

a) 正常生产时应每年进行不少于一次的检验；

b) 产品停产一年后，恢复生产时；

c) 出厂检验结果与上次周期检验有较大差异时；

d) 质量监督机构要求时。

注：特殊订货或非批量生产的水分仪除外。

6.3.2 抽样方案及合格或不合格判断

6.3.2.1 周期检验采用GB/T 2829—2002中判别水平Ⅰ的一次抽样方案。周期检验的项目、要求及试验方法的条款号见表5。

6.3.2.2 周期检验项目的不合格分类、不合格质量水平(RQL)、判别水平(DL)及判定数组(Ac,Re)见表6。

6.3.2.3 周期检验按GB/T 2829—2002的规定进行合格或不合格判断，其中批质量以每百单位产品不合格数表示。

6.3.3 样本抽取

周期检验的样本应在出厂检验合格品中随机抽取。

6.3.4 周期检验后的处置

6.3.4.1 周期检验不合格，应分析原因，找出问题并落实措施，重新进行周期检验。若再次周期检验不合格，则应停产整顿，产品停止出厂检验，待解决问题周期检验合格后，方可恢复出厂检验。

6.3.4.2 若周期检验合格，经出厂检验合格的批可以作为合格品出厂或入库。

表 6

<table>
<tr><th rowspan="2">序号</th><th rowspan="2">不合格分类</th><th rowspan="2">检验项目</th><th rowspan="2">条款</th><th rowspan="2">不合格质量水平
(RQL)</th><th rowspan="2">判别水平
(DL)</th><th colspan="2">抽样方案</th></tr>
<tr><th>样本量 n</th><th>判定组数(Ac,Re)</th></tr>
<tr><td>1</td><td rowspan="6">A</td><td>外观</td><td>4.1</td><td rowspan="6">30</td><td rowspan="7">Ⅰ</td><td rowspan="7">3</td><td rowspan="6">(0,1)</td></tr>
<tr><td>2</td><td>衡量装置</td><td>4.2</td></tr>
<tr><td>3</td><td>烘干装置</td><td>4.3</td></tr>
<tr><td>4</td><td>其他重要部件</td><td>4.4</td></tr>
<tr><td>5</td><td>电压变化</td><td>4.5</td></tr>
<tr><td>6</td><td>安全要求</td><td>4.6</td></tr>
<tr><td>7</td><td>B</td><td>运输、贮存适应性</td><td>4.7</td><td>65</td><td>(1,2)</td></tr>
</table>

7 标志

7.1 必备标志

下列标志必备：

a) 产品名称及型号；

b) 制造计量器具许可证标志和编号；

c) 生产单位的名称；

d) 最大秤量 Max；

e) 分度值；

f) 准确度级别符号；

g) 出厂编号；

h) 高温警示标志。

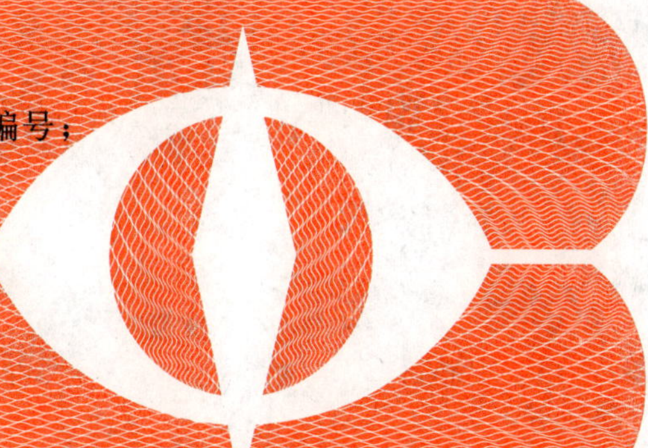

7.2 适当时的必备标志

下列标志适当时必备：

a) 出厂日期；

b) 水分仪的烘干温度范围：…℃/…℃；

c) 电源电压、频率的额定值；

d) 在满足正常工作要求时的特殊温度界限：…℃/…℃。

7.3 包装标志

包装标志应含下列内容：

a) 产品名称、型号及商标；

b) 执行产品标准号；

c) 包装储运图示标志(应符合 GB/T 191—2008 中“易碎物品”、“向上”、“怕雨”、“堆码层数极限”等的规定)；

d) 制造计量器具许可证标志和编号；

e) 生产单位名称、地址、邮政编码；

f) 包装箱外型尺寸及重量。

7.4 使用说明书

使用说明书的内容应符合 GB/T 9969—2008 的规定。

8 包装、运输、贮存

8.1 包装

8.1.1 水分仪的包装应符合设计图纸规定。

8.1.2 水分仪的随机文件应包括：

a） 装箱单；

b） 合格证；

c） 使用说明书。

8.2 运输

水分仪在包装完整的条件下，允许用一般交通工具运输。在运输过程中应防止受到剧烈震动、雨淋与暴晒。

8.3 贮存

水分仪应贮存在－10 ℃～＋55 ℃、相对湿度不大于85％ RH的通风库房中，库房中不应有腐蚀性气体和腐蚀性化学药品，贮存期不应超过一年。

附 录 A
（资料性附录）
氯化钠溶液的制备

A.1 国家标准物质氯化钠

本标准中选用的氯化钠应为国家标准物质，编号：GBW06103b。试验用水应符合 GB/T 6682—2008 中三级水的规格，氯化钠溶液的制备方法符合 GB/T 603—2002 中的有关规定。

A.2 氯化钠标准溶液的浓度

氯化钠标准溶液的浓度是该溶液在 20 ℃时的浓度。在氯化钠标准溶液标定、直接制备时若温度有差异，应根据 GB/T 601—2002 中附录 A 进行修正。

A.3 标定、直接制备和使用的器具

氯化钠标准溶液的标定、直接制备和使用时所用的分析天平、砝码、滴定管、容量瓶、单标线吸管、移液器等均为经过相应的检定机构检定合格的计量器具。

A.4 氯化钠标准溶液的配制和标定方法

A.4.1 配制

配制步骤如下：

a) 将氯化钠（国家标准物质，编号：GBW06103b）置于 105 ℃烘箱内烘至恒重；

b) 称取 10.000 g±0.001 g 氯化钠（国家标准物质，编号：GBW06103b），置于 250 mL 容量瓶中；

c) 向容量瓶中滴加 190.000 g±0.001 g 蒸馏水，摇匀。

A.4.2 标定

A.4.2.1 按 GB/T 9725—1988 的规定测定。其中：用移液器量取 5.00 mL 配制好的氯化钠溶液，加 40 mL 水、10 mL 淀粉溶液（10g/L），以 216 银电极作指示电极，217 型双盐桥饱和甘汞电极作参比电极，用硝酸银标准滴定溶液[$c(AgNO_3)=0.1$ mol/L]滴定，并按 GB/T 9725—1988 中 6.2.2 的规定计算 V_0。

A.4.2.2 氯化钠标准溶液的体积浓度，数值以摩尔每升（mol/L）表示，按式（A.1）计算：

$$c(\mathrm{NaCl})=\frac{V_0 c_1}{V} \qquad \text{(A.1)}$$

式中：

$c(\mathrm{NaCl})$——氯化钠标准溶液的体积浓度；

V_0——硝酸银标准滴定溶液的体积的数值，单位为毫升（mL）；

c_1——硝酸银标准滴定溶液的浓度的准确数值，单位为摩尔每升（mol/L）；

V——氯化钠溶液的体积的准确数值，单位为毫升（mL）。

A.4.2.3 查元素周期表得氯化钠的摩尔质量为 58.45 g/mol，根据式（A.2）获得氯化钠溶液的质量（W）除以体积浓度（V）。最后，取 50 mL 此溶液，测得其密度为 $\rho=1.030\ 7$ g/mL，根据式（A.3）得氯化钠溶液的质量浓度。

$$c_2(\mathrm{NaCl})=c(\mathrm{NaCl})\times m_{\mathrm{mol}}(\mathrm{NaCl}) \qquad \text{(A.2)}$$

式中：

c_2——氯化钠溶液的质量-体积浓度，单位为克每升（g/L）；

c——氯化钠溶液的体积浓度，单位为摩尔每升（mol/L）；

m_{mol}——氯化钠溶液的摩尔质量，单位为克每摩尔（g/mol）。

$$c_3(NaCl)=\frac{c_2(NaCl)}{\rho} \qquad \cdots\cdots(A.3)$$

式中：

c_3——氯化钠溶液的质量浓度，单位为克每升（g/L）。

示例：已知氯化钠标准溶液的浓度 $c(NaCl)$为 0.882 3 mol/L，根据其摩尔质量，得出氯化钠溶液的质量-体积浓度为（W/V）：$c_2(NaCl)$＝51.571 g/L＝0.051 571 g/mL，根据式（A.3），从而得氯化钠溶液的质量浓度为 5.003％。

A.4.2.4　标定标准氯化钠溶液的浓度时，须两人进行试验，分别各做四平行，每人四平行测定结果极差的相对值不得大于重复性临界极差［$C_rR_{95}(4)$］的相对值 0.15％，两人共八平行测定结果极差的相对值不得大于重复性临界极差［$C_rR_{95}(8)$］的相对值 0.18％。取两人八平行测定结果的平均值为测定结果。在运算过程中保留五位有效数字，浓度值报出结果取四位有效数字。

注 1：极差的相对值是指测定结果的极差值与浓度平均值的比值，以“％”表示。

注 2：重复性临界极差的相对值是指重复性临界极差与浓度平均值的比值，以“％”表示。

A.4.3　标准氯化钠溶液贮存

A.4.3.1　标准氯化钠溶液在常温（15 ℃～25 ℃）下保存时间一般不超过两个月。当溶液出现混浊、沉淀、颜色变化等现象时，应重新制备。

A.4.3.2　贮存标准氯化钠溶液的容器，其材料不应与溶液起理化作用，壁厚最薄处不小于 0.5 mm。

参 考 文 献

[1] GB/T 601—2002 化学试剂 标准滴定溶液的制备
[2] GB/T 603—2002 化学试剂 试验方法中所用制剂及制品的制备
[3] GB/T 6682—2008 分析实验室用水规格和试验方法
[4] GB/T 9725—1988 化学试剂 电位滴定法通则

ICS 37.060.01
N 42

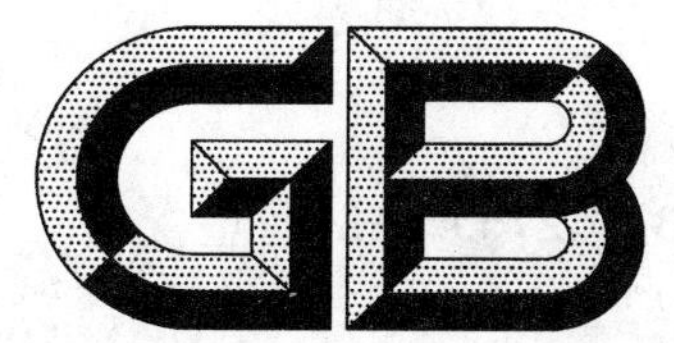

中华人民共和国国家标准

GB/T 27507—2011

35 mm 和 70 mm 电影倒片轴　尺寸

Rewind spindles for 35 mm and 70 mm motion picture—Dimensions

2011-10-31 发布　　　　2012-01-01 实施

中华人民共和国国家质量监督检验检疫总局
中国国家标准化管理委员会　发布

前　言

本标准修改采用 SMPTE RP 21—2004《35 mm 和 70 mm 电影倒片轴　尺寸》。

本标准与 SMPTE RP 21—2004 的主要差异为：将原图中键的高度 B 的标注方式进行了修改，数值进行了转换；删除了资料性附录，并按我国标准 GB/T 1.1—2000 作编辑性修改。

本标准由中国机械工业联合会提出。

本标准由机械工业电影和电教机械标准化技术委员会(TC 4)归口。

本标准起草单位：秦皇岛视听机械研究所、马鞍山市影星银幕有限公司、张家港市星星电教银幕厂、成都菲斯特科技有限公司、广州美视晶莹银幕有限公司、秦皇岛昌隆银幕有限公司、哈尔滨电影机械厂、广东珠江影视设备制造有限公司、天津市电影机械制造厂、南京金南影视听设备有限公司、中国人民解放军第五三一一厂、上海通业微电子科技有限公司、南京新世界长江仪器有限公司、上海市质量监督检验技术研究院、张家港市三星银屏器材有限公司。

本标准主要起草人：阎继华。

35 mm 和 70 mm 电影倒片轴　尺寸

1　范围

本标准规定了用于 35 mm 和 70 mm 电影放映机，规格为 8 mm(5/16 in)和 12.7 mm(1/2 in)电影倒片轴的形状和尺寸。

本标准适用于 35 mm 和 70 mm 电影放映机倒片轴。

2　形状和尺寸

2.1　片轴的形状和尺寸如图 1、图 2 和表 1 所示。

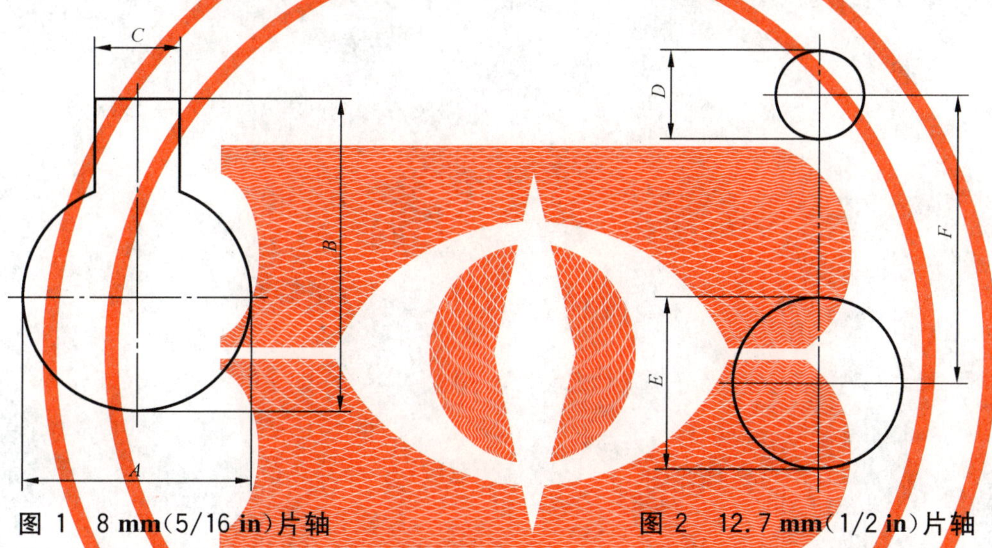

图 1　8 mm(5/16 in)片轴　　图 2　12.7 mm(1/2 in)片轴

表 1

尺寸	毫米(mm)	英寸(in)
A	$8^{0}_{-0.13}$	$0.315^{+0.000}_{-0.005}$
B	$11.0^{0}_{-0.25}$	$0.433^{0}_{-0.01}$
C	3.05±0.25	0.120±0.010
D	6.35±0.25	0.250±0.010
E	$12.70^{0}_{-0.20}$	$0.500^{+0.000}_{-0.008}$
F	19.86±0.25	0.782±0.010

ICS 37.060.01
A 15

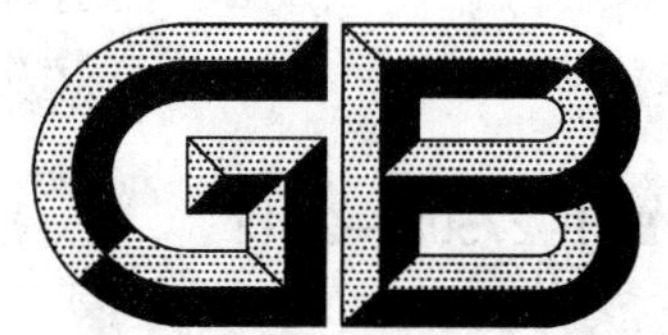

中华人民共和国国家标准

GB/T 27508—2011

70 mm、35 mm 和 16 mm 电影放映画面跳动和晃动等级测定方法

Method for determining the degree of jump and weave in 70 mm、35 mm and 16 mm motion-picture projected images

2011-10-31 发布　　2012-01-01 实施

中华人民共和国国家质量监督检验检疫总局
中国国家标准化管理委员会　发布

前　言

本标准修改采用SMPTE RP 105—2003《70 mm、35 mm和16 mm电影放映画面跳动和晃动等级测定方法》。

本标准和SMPTE RP 105—2003的差异为：

——删除了引言；

——删除了资料性附录A和附录B；

——将跳动和晃动的百分数表示法转换为数值表示法；

——只保留了70 mm检验片用(占画幅百分比/方块)表示的移动量数值；

——全篇按我国标准GB/T 1.1—2000作编辑性修改。

本标准由中国机械工业联合会提出。

本标准由机械工业电影和电教机械标准化技术委员会(TC 4)归口。

本标准起草单位：秦皇岛视听机械研究所、成都菲斯特科技有限公司、广州美视晶莹银幕有限公司、马鞍山市影星银幕有限公司、秦皇岛昌隆银幕有限公司、张家港市星星电教银幕厂、哈尔滨电影机械厂、广东珠江影视设备制造有限公司、天津市电影机械制造厂、南京金南影视听设备有限公司、中国人民解放军第五三一一厂、南京新世界长江仪器有限公司、上海通业微电子科技有限公司、上海市质量监督检验技术研究院、张家港市三星银屏器材有限公司。

本标准主要起草人：阎继华。

70 mm、35 mm 和 16 mm 电影放映画面跳动和晃动等级测定方法

1 范围

本标准规定了 70 mm、35 mm 和 16 mm 电影正片放映的画面不稳定性，对可接受的画面跳动和晃动实际范围进行分级。

本标准还规定了画面跳动和晃动的测定方法。

本标准适用于 70 mm、35 mm 和 16 mm 电影放映画面的测试。

2 规范性引用文件

下列文件中的条款通过本标准的引用而成为本标准的条款。凡是注日期的引用文件，其随后所有的修改单(不包括勘误的内容)或修订版均不适用于本标准，然而，鼓励根据本标准达成协议的各方研究是否可使用这些文件的最新版本。凡是不注日期的引用文件，其最新版本适用于本标准。

JB/T 9427.7　35 mm 电影放映画面检验片　技术条件

JB/T 9427.8　16 mm 电影放映画面检验片　技术条件

SMPTE RP 91　70 mm 电影放映画面检验片　技术条件

3 定义

下列术语和定义适用于本标准。

3.1

银幕画面表观大小　apparent size of screen image

观众对画面跳动和晃动的感觉效果与被放映影片尺寸和银幕画面的表观大小有关。本标准确定有下列四种表观大小类别：

a) 70 mm 大表观：

用 70 mm 影片放映，该银幕画面大表观为最后排观看距离小于或等于 3.7 倍的银幕高度。

b) 35 mm 和 16 mm 大表观：

该银幕画面大表观为最后排观看距离小于或等于 3.7 倍的银幕高度(垂直视场角为大于或等于 15°)。

c) 35 mm 和 16 mm 中表观：

该银幕画面中表观为最后排观看距离在 3.7 倍～5.7 倍的银幕高度之间(垂直视场角为 10°～15°)。

d) 35 mm 和 16 mm 小表观：

该银幕画面小表观为最后排观看距离大于 5.7 倍的银幕高度(垂直视场角为小于 10°)。

3.2

跳动　picture jump

放映画面上不希望有的在垂直方向的移动(在常规系统中影片运行是垂直的)。跳动是一种急速的运动，它的频率通常和电影的放映频率相同(24 格/s 等)。

3.3

晃动　picture weave

放映画面上不希望有的在水平方向的移动(在常规系统中影片运行是垂直的)。通常晃动的频率要比放映频率低得多，而且不太明显。

4 分级

4.1 对于不同类别银幕画面的表观大小，放映画面跳动和晃动可允许的实际可接受限度分级如表1所示。

表1 分级

单位为毫米

<table>
<tr><th colspan="2">表观级别</th><th>跳动</th><th>晃动</th></tr>
<tr><td colspan="2">70 mm 银幕画面大表观</td><td>0.020</td><td>0.050</td></tr>
<tr><td>35 mm</td><td rowspan="2">银幕画面大表观
（鉴定放映、首次放映）</td><td>0.015</td><td>0.040</td></tr>
<tr><td>16 mm</td><td>0.010</td><td>0.020</td></tr>
<tr><td>35 mm</td><td rowspan="2">银幕画面中表观
（鉴定放映、首轮影院）</td><td>0.025</td><td>0.055</td></tr>
<tr><td>16 mm</td><td>0.015</td><td>0.025</td></tr>
<tr><td>35 mm</td><td rowspan="2">银幕画面小表观</td><td>0.035</td><td>0.065</td></tr>
<tr><td>16 mm</td><td>0.020</td><td>0.030</td></tr>
</table>

4.2 当放映标准的检验片或放映以较精确的制造公差生产的普通发行正片时都应该可以达到上述所规定的数值。

5 测定方法

5.1 放映机应挂用带定位针摄影机制作的检验片，16 mm 电影放映画面检验片应符合 JB/T 9427.8 的规定，35 mm 电影放映画面检验片应符合 JB/T 9427.7 的规定，70 mm 电影放映画面检验片应符合 SMPTE RP 91 的规定。这些检验片整个画幅上均有黑白相间的方块图案，70 mm 电影放映画面检验片的方块图案如表2所示。

表2 测量

<table>
<tr><th colspan="2">70 mm 检验片</th><th>移动量
（占画幅百分比/方块）</th><th>移动量/方块
mm</th></tr>
<tr><td>垂直</td><td>100 个小方格</td><td>1.0%</td><td>0.22</td></tr>
<tr><td>水平</td><td>220 个小方格</td><td>0.46%</td><td>0.22</td></tr>
</table>

5.2 检验片应在额定条件下放映。对于 35 mm 和 16 mm 电影放映画面，应按照检验片所规定的要求和方法进行测量。

5.3 对于 70 mm 电影放映画面，可以在靠近银幕处放置一个合适的装置，如话筒架，使之在银幕上形成一个轮廓清晰的阴影。将此阴影的位置靠近任一个背景小方块，并观察其移动量。

ICS 37.040.10
N 45

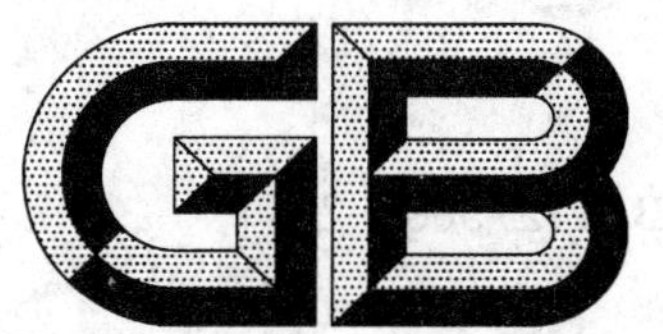

中华人民共和国国家标准

GB/T 27509—2011

透射式投影器　投影台尺寸

Overhead projectors—Projection stages dimensions

(ISO 7943-1:1987, Photography—Overhead projectors—Part 1: Projection stages—Dimensions, MOD)

2011-10-31 发布　　2012-01-01 实施

中华人民共和国国家质量监督检验检疫总局
中国国家标准化管理委员会　发布

前　言

本标准修改采用ISO 7943-1:1987《摄影　透射式投影器　第1部分:投影台　尺寸》。

本标准与ISO 7943-1:1987的主要差异为:

——删除了国际标准的前言;

——删除了国际标准的引言;

——修改了适用范围的陈述。

全篇按我国标准GB/T 1.1—2000作编辑性修改。

本标准由中国机械工业联合会提出。

本标准由机械工业电影和电教机械标准化技术委员会(TC 4)归口。

本标准起草单位:秦皇岛视听机械研究所、广州美视晶莹银幕有限公司、张家港市星星电教银幕厂、马鞍山市影星银幕有限公司、成都菲斯特科技有限公司、秦皇岛昌隆银幕有限公司、南京新世界长江仪器有限公司、南京金南影视听设备有限公司、哈尔滨电影机械厂、广东珠江影视设备制造有限公司、天津市电影机械制造厂、中国人民解放军第五三一一厂、上海通业微电子科技有限公司、上海市质量监督检验技术研究院、张家港市三星银屏器材有限公司。

本标准主要起草人:邓荣武、王宏伟。

透射式投影器　投影台尺寸

1　范围

本标准规定了 A 型(250 mm×250 mm)和 B 型(285 mm×285 mm)透射式投影器的投影台画面区尺寸、定位销位置、尺寸和平整区尺寸以及投影头支承杆的位置，两种台面投影器的显著不同在于画面区域尺寸。

本标准适用于 A 型(250 mm×250 mm)和 B 型(285 mm×285 mm)透射式投影器。

本标准兼容两种台面的投影器以及它们的透明胶片，不适用于其他特殊用途的投影器，不包括诸如射线照片投影用的专用设备。

2　术语和定义

下列术语和定义适用于本标准。

2.1

投影台　projection stage

投影器上放置投影片或其他材料以供投影的工作区。

2.2

平整区　clear area

投影台上对投影片或片卷无阻挡的部分。

2.3

物平面　object plane

投影台表面上放置供投影用投影片的部分。

2.4

画面区　picture area

投影台上以此投射出影像的区域(见图 1)。

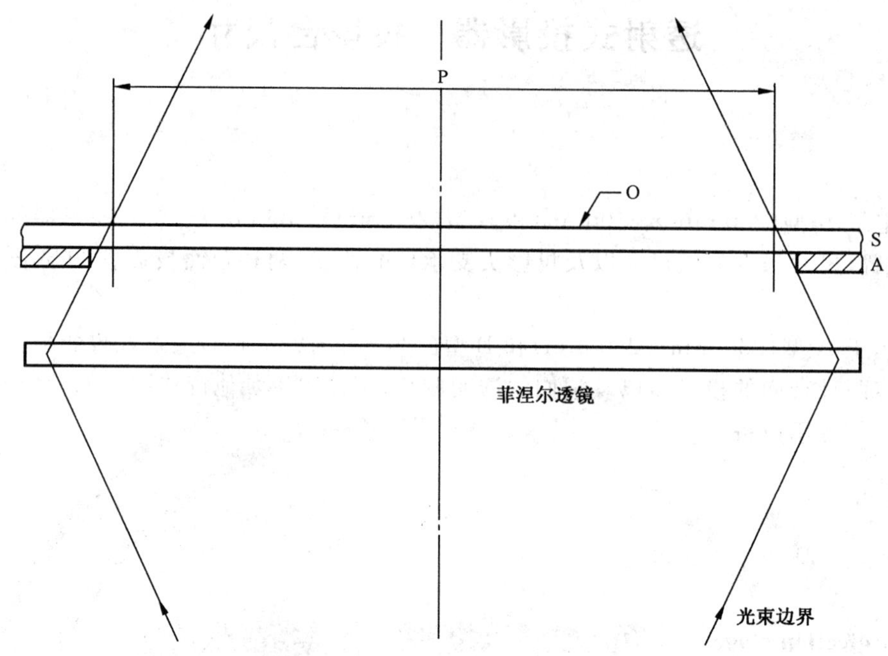

P——画面区；

O——物平面；

S——投影台；

A——投影台通光孔。

图 1 透射式投影器部分光路示意图

2.5

定位销 location pins

位于投影台上，为使带有相应定位孔的投影片定位于画面区的销钉。

2.6

投影台通光孔 projection stage aperture

投影台上用于限定入射于画面的光束边界的通孔。

3 画面区、定位销和平整区尺寸

3.1 画面区(包括圆形倒角或对角倒角)、定位销和平整区尺寸见表 1 和图 2、图 3、图 4、图 5 所示。

3.2 平整区内投影台原则上应平整，无突起，在不影响投影片平直度的情况下，允许在物平面和其周围平面接口处稍有凹状台阶，但不应大于 2 mm。

3.3 定位销

3.3.1 对于本标准，定位销的规定不是必须的。

3.3.2 如果装备了定位销，它们应符合表 1 中给定尺寸，且可伸缩，下缩时应低于投影台表面。

3.3.3 定位销的有效高度应能从投影台表面最高部分垂直测量。

表 1

单位为毫米

<table>
<tr><td colspan="3">投影器</td><td>A 型
(见图 2)</td><td>B 型
(见图 3)</td></tr>
<tr><td rowspan="2">画面区[a]</td><td colspan="2">主要尺寸</td><td>$250^{+5}_{-1}\times250^{+5}_{-1}$</td><td>$285\pm2\times285\pm2$</td></tr>
<tr><td colspan="2">倒角</td><td>半径 60_{max}</td><td>倒角 $40_{max}\times40_{max}$
半径 40_{max}[b]</td></tr>
<tr><td rowspan="5">定位销
(见 3.3)</td><td colspan="2">高度</td><td colspan="2">5.0±1.0</td></tr>
<tr><td rowspan="2">左侧及顶部
(见图 2、图 3)</td><td>中心距</td><td colspan="2">80±0.2</td></tr>
<tr><td>直径</td><td colspan="2">$5^{0}_{-0.2}$</td></tr>
<tr><td rowspan="2">底部
(见图 2、图 3)</td><td>中心距</td><td colspan="2">270±1.0</td></tr>
<tr><td>直径</td><td colspan="2">$5^{0}_{-0.2}$</td></tr>
<tr><td colspan="3">平整区(见 3.2)</td><td>见图 4</td><td>见图 5</td></tr>
<tr><td colspan="5">a 画面区是有用光线通过投影台的那部分,它限制了能投射到透明画面区的尺寸,见 2.4、2.6 和图 1。
b 圆形倒角不是必须的。</td></tr>
</table>

单位为毫米

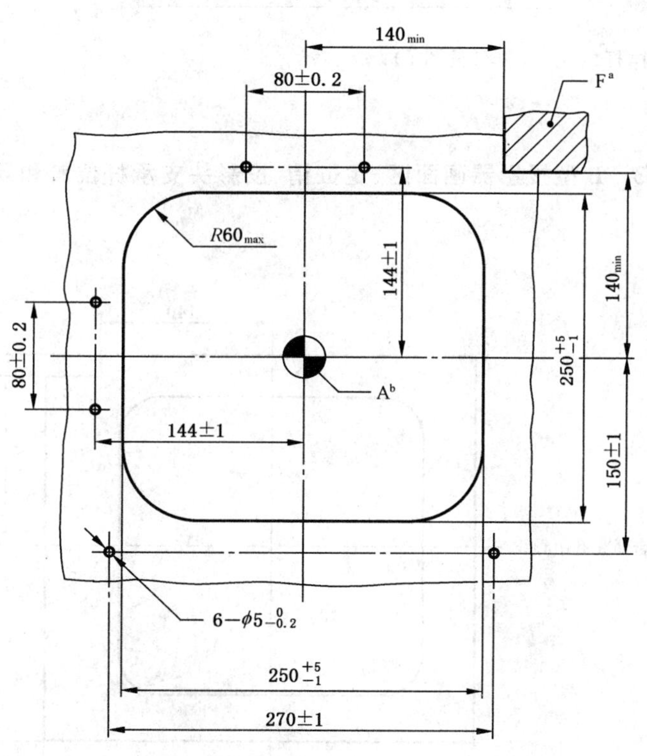

[a] 阴影区 F 为投影头支撑杆的位置(也可见图 4);

[b] A 是画面区光学中心。

图 2 A 型投影器画面区、定位销、投影头支承杆位置和尺寸

单位为毫米

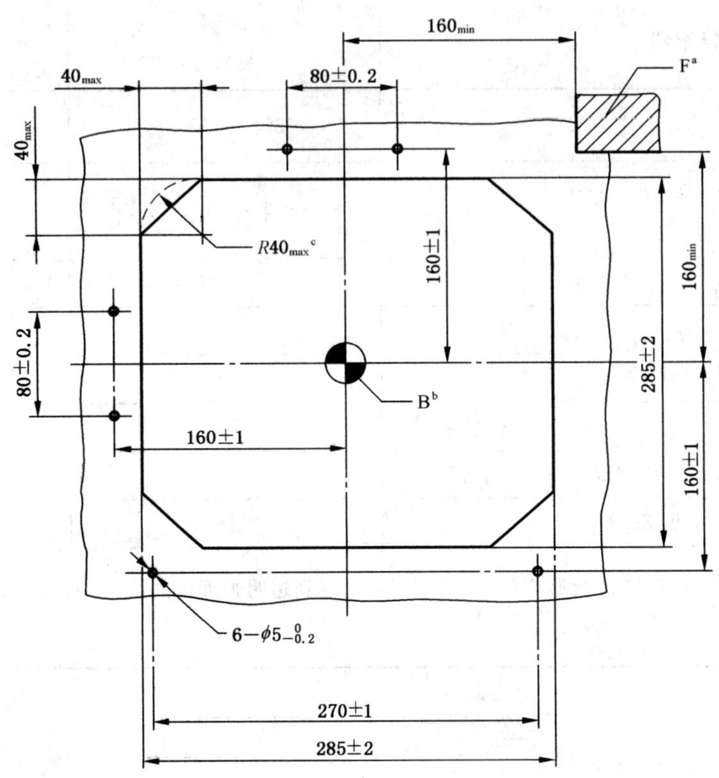

a 阴影区 F 为投影头支撑杆的位置(也可见图 5);

b B 是画面区光学中心;

c 圆形倒角不是必须的。

图 3 B 型投影器画面区、定位销、投影头支承杆位置和尺寸

单位为毫米

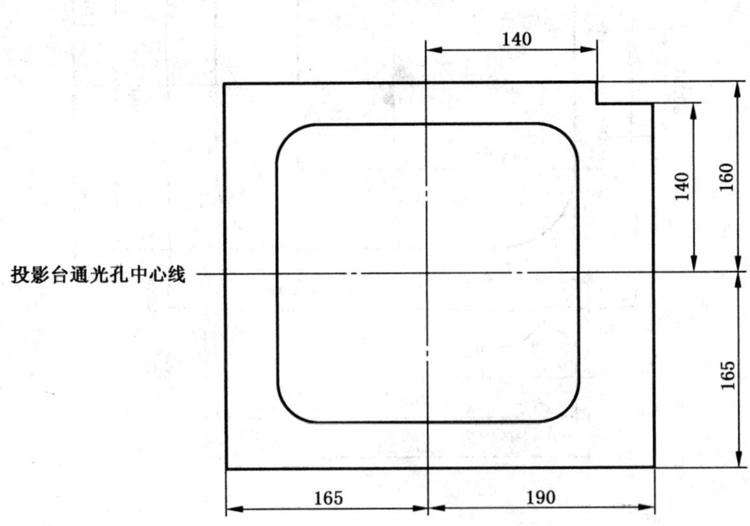

图 4 A 型投影器平整区尺寸

单位为毫米

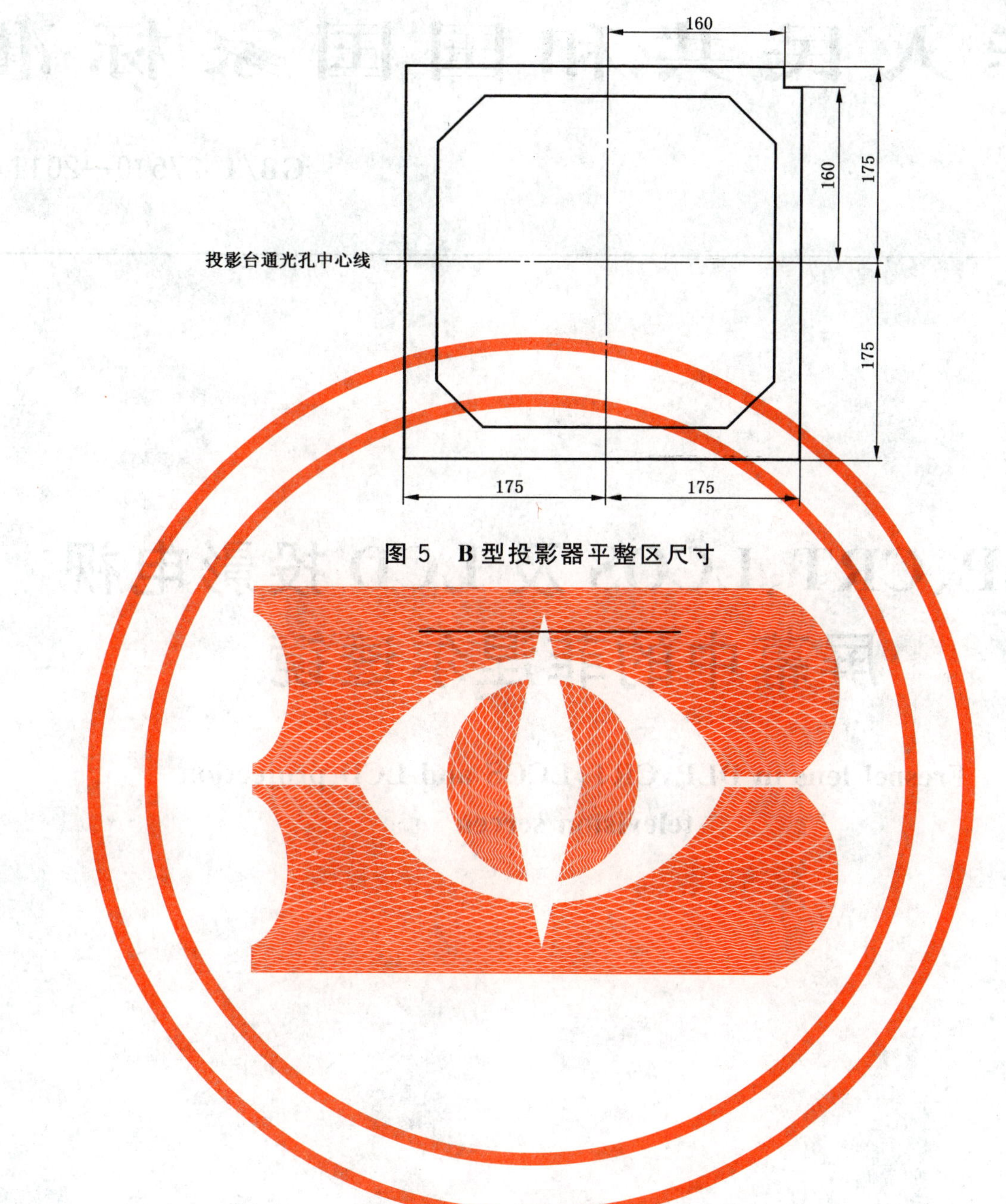

图 5 B 型投影器平整区尺寸

ICS 37.040.10
N 43

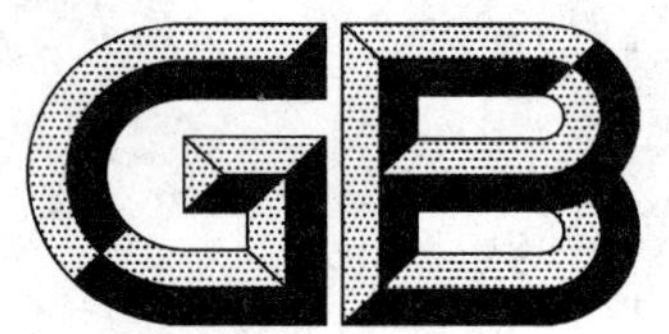

中华人民共和国国家标准

GB/T 27510—2011

DLP、CRT、LCOS及LCD投影电视屏幕中的菲涅尔透镜

Fresnel lens in DLP, CRT, LCOS and LCD projection television screen

2011-10-31 发布　　　　2012-01-01 实施

中华人民共和国国家质量监督检验检疫总局
中国国家标准化管理委员会　发布

前　言

本标准由中国机械工业联合会提出并归口。

本标准由秦皇岛视听机械研究所负责起草。

本标准起草单位:秦皇岛视听机械研究所、成都菲斯特科技有限公司、秦皇岛昌隆银幕有限公司。

本标准主要起草人:邓荣武、张益民、陈毅强、吴庆富、王宏伟、王祖熊、张凤楼、张华。

引　言

菲涅尔透镜是一种很薄的平面光学透镜，其表面是由一系列小而窄的同心圆组成，但焦距相同，从而确保光线能够统一集中在中心焦点。每两个同心圆之间都可以看做一个独立的小透镜，把光线调整成平行光或聚光。这种透镜消除了部分球形像差，为实现高质量图像提供了价格低廉的解决方案。菲涅尔透镜的最佳应用是在投影系统中准直和聚光，其优势是通过聚焦或调整光线准直从而增加整体显示亮度。

DLP、CRT、LCOS 及 LCD 投影电视屏幕中的菲涅尔透镜

1 范围

本标准规定了 DLP、CRT、LCOS、LCD 投影电视及投影显示用菲涅尔透镜(以下简称透镜)的形状及构造、技术要求、试验方法、检验规则和标志、包装、运输、贮存。

本标准适用于 43″～150″DLP、CRT、LCOS、LCD 投影电视屏幕及投影系统用的菲涅尔透镜。

2 规范性引用文件

下列文件中的条款通过本标准的引用而成为本标准的条款。凡是注日期的引用文件,其随后所有的修改单(不包括勘误的内容)或修订版均不适用于本标准,然而,鼓励根据本标准达成协议的各方研究是否可使用这些文件的最新版本。凡是不注日期的引用文件,其最新版本适用于本标准。

GB/T 2410—2008 透明塑料透光率和雾度的测定(ASTM D 1003:2007,MOD)

GB/T 13384 机电产品包装通用技术条件

JB/T 9329 仪器仪表 运输、运输贮存基本环境条件及试验方法

3 术语和定义

下列术语和定义适用于本标准。

3.1

透过率 total transmittance

透过试样的光通量和射到试样上的光通量之比,用百分数表示。

3.2

雾度 haze

透过试样而偏离入射光方向的散射光通量与透射光通量之比,用百分数表示(对于 GB/T 2410—2008 来说,仅把偏离入射光方向 2.5°以上的散射光通量用于计算雾度)。

3.3

焦距 focal length

一束平行光从透镜的主轴穿过,在透镜的另一侧被透镜汇聚成一点,为焦点。把透镜的几何中心作为光心,焦点到透镜标称光心的距离称为透镜的焦距。

3.4

节距 pitch

透镜微细结构两相邻的槽顶或槽根之间的距离。

3.5

工作角 slope angle

透镜微细结构的工作面与透镜平面之间的夹角。见图 1。

3.6

干扰角 draft angle

透镜微细结构的干扰面与透镜平面之间的夹角。

3.7

弯曲　bending

透镜屏幕变形大小的物理量。

3.8

偏心误差　deviation

菲涅尔透镜的标称中心与实测中心的误差。

4　透镜形状、构造及尺寸

4.1　透镜形状及构造如图1、图2、图3、图4所示。

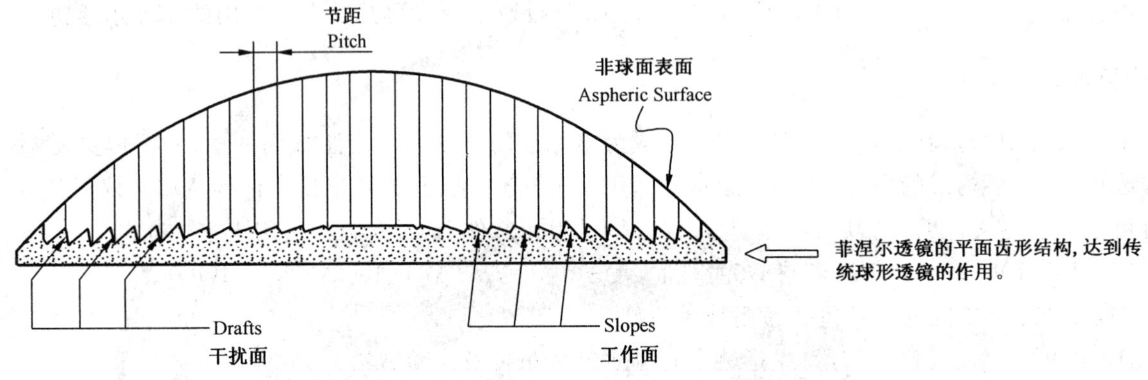

图1　菲涅尔透镜剖面图

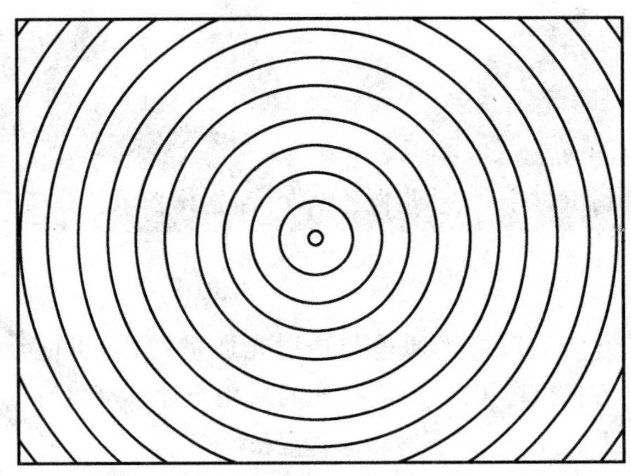

图2　正面观看透镜形状图

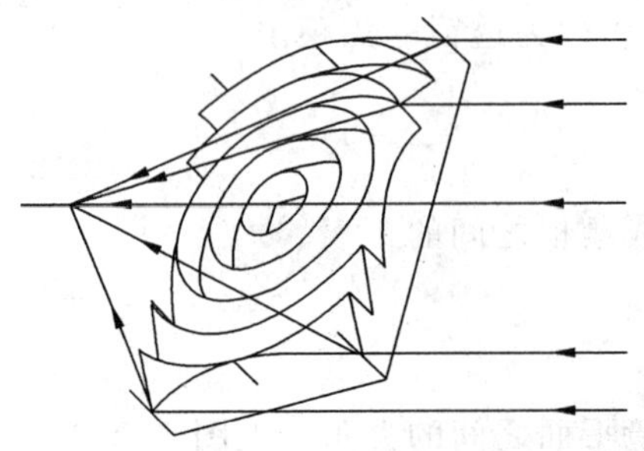

图3　菲涅尔透镜聚焦示意图

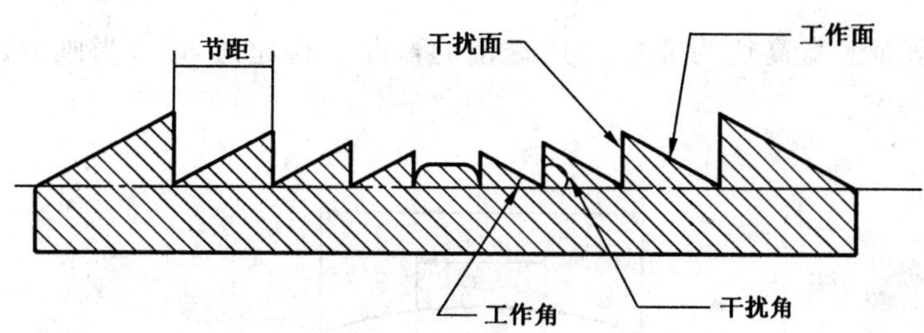

图 4 菲涅尔透镜齿形结构图

4.2 尺寸

4.2.1 透镜的外形尺寸如表 1 所示。

4.2.2 如图 5 所示，透镜的对角线尺寸：$|l_1-l_2|\leqslant 2$ mm。

表 1 外形尺寸

显示屏幕对角线尺寸		4∶3(显示面积)	16∶9(显示面积)	厚度/mm	节距/mm
in	mm	(标准款)mm^2	(宽屏款)mm^2		
43	1 092	873×655	950×535	2	＜0.115
48	1 219	975×731	1 060×597	2	＜0.115
50	1 270	1 016×762	1 104×622	2	＜0.115
52	1 320	1 056×792	1 149×647	2	＜0.115
60	1 524	1 219×914	1 325×746	2	＜0.115
65	1 651	1 320×990	1 436×809	2	＜0.115
67	1 701	1 361×1 021	1 480×833	2	＜0.115
72	1 828	1 463×1 097	1 591×896	2	0.16
75	1 905	1 524×1 143	1 657×933	5	0.16
84	2 133	1 706×1 280	1 856×1 045	5	0.16
90	2 286	1 828×1 371	1 988×1 120	5	0.25
100	2 540	2 032×1 524	2 209×1 244	5	0.25
120	3 048	2 438×1 828	2 651×1 493	5	0.25
150	3 810	3 048×2 286	3 314×1 866	6	0.25
注：长宽公差根据具体客户要求确定，如客户没有要求则长宽公差为±1.0 mm；厚度公差根据客户要求确定，如客户没有要求，则 45″～72″厚度公差为±0.2 mm，75″～150″厚度公差为±0.5 mm。					

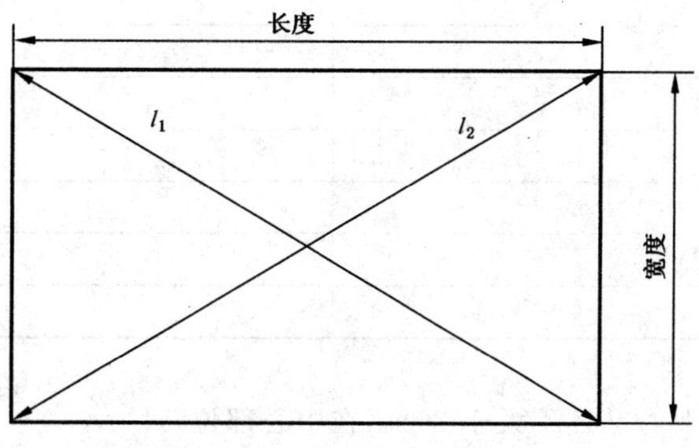

图 5 对角线尺寸

4.2.3 弯曲

如图 6 所示，当画面的宽高比为 4∶3 时，透镜的弯曲不得超过 5%；当画面的宽高比为 16∶9 时，透镜的弯曲不得超过 8%。

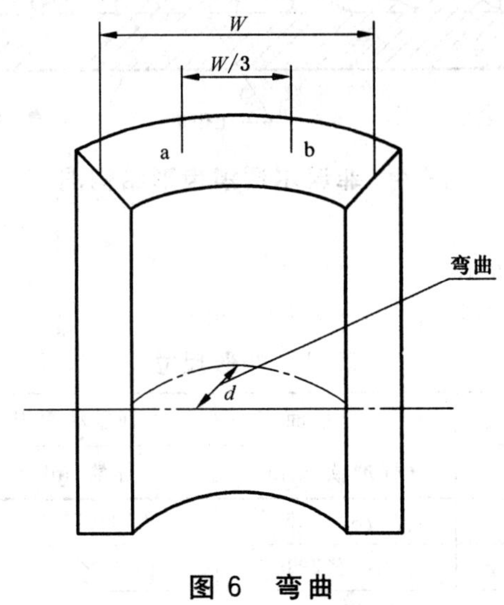

图 6 弯曲

4.2.4 偏心误差

上下：(0±5)mm；左右：(0±5)mm。

5 技术要求

5.1 外观

透镜的外观良好，没有影响画质的问题，例如：工作面环带粗糙度不均匀，凹凸、污染、脏物、瑕疵、碎片、弯曲等。

5.2 焦距误差

焦距的标称值 $F_{标}$ 如表 2 所示，也可根据客户要求定，但焦距误差应不大于 3%。

表 2 规格和焦距

规格/in	焦距($F_{标}$)/mm
43	661
48	732
50	775
61	917
65	975
67	1 000
72	1 350
84	1 600
100	2 100
120	2 700
150	2 700

5.3 全光线透过率和雾度

全光线透过率不小于 86%；雾度不大于 20%(在中心部位)。

5.4 环境要求

产品的耐热、耐冷、耐湿、热循环及户外测试在表 3 的条件下进行试验，应无异常，外观、光学特性无变化。

表 3 环境要求

测试项目	测试方法
耐热测试	放置于 60 ℃的高低循环箱中 12 h
耐冷测试	放置于－20 ℃度的高低温循环箱中 168 h
耐湿测试	放置于 40 ℃，相对湿度 80%RH 的高低温循环箱中 120 h
热循环测试	－20 ℃、60 ℃各 12 h，3 个周期
户外测试	放置于阳光下 48 h

5.5 标签标识

标识范围要求如图 7 所示。

单位为毫米

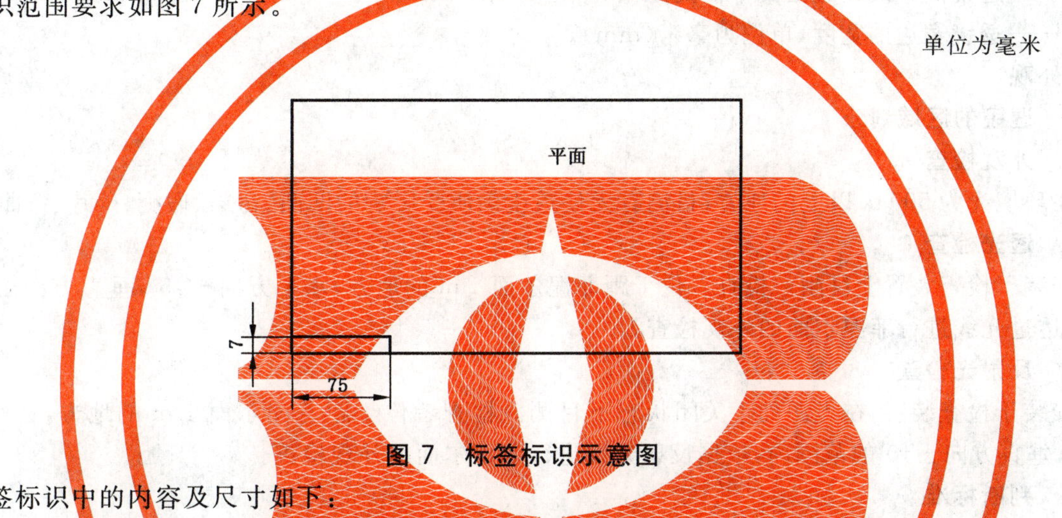

图 7 标签标识示意图

标签标识中的内容及尺寸如下：

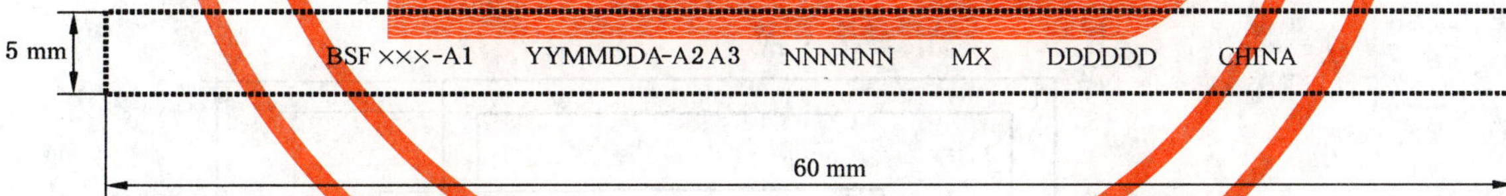

其中：

BSF——菲涅尔透镜代号。

×××——菲涅尔屏幕生产编号。

A1——客户代号，取客户(完整)名称的每个字拼音的第一个字母(大写)组合而成。例如：长虹的代号为“CH”、康佳为“KJ”、三星为“SX”，以此类推。

YYMMDD——依次表示为菲涅尔屏幕的生产日期：年-月-日(YY-MM-DD)以打标当日的日期为准。

A——检验班次：A 班：白班，B 班：中班，C 班：夜班。

A2——基板批次。

A3——涂层材料批次。

NNNNNN——菲涅尔屏幕生产累积编号，从 000001 开始。

MX——基板材料说明(M1：指 PMMA，M2：指 MS，M3：指 MBS，M4：指 PC，M5：指 PS，M6：指 PET，M7：指 PP)。

DDDDDD——生产单位英文名称。

6 试验方法

6.1 尺寸

6.1.1 用卷尺对透镜的外形尺寸、对角线尺寸及偏心误差进行测量。

6.1.2 弯曲

如图 6 所示，先将透镜的宽边设置 2 个悬挂点 a 点和 b 点（2 个悬挂点之间的距离是该边宽度 W 的 1/3），将透镜自由悬挂，然后把透镜紧靠一平面，用直尺（或卷尺）测量透镜离直线最远处到平面的距离 d，并按式(1)计算出弯曲。

$$弯曲=\frac{d}{W}\times 100\% \qquad \cdots\cdots(1)$$

式中：

d——透镜离直线最远处到平面的距离，单位为毫米(mm)；

W——透镜宽边的宽度，单位为毫米(mm)。

6.2 外观

6.2.1 透镜的区域划分

6.2.2 外观检查

在环境光为 500 lx 以上的地方，目测有无使透镜画质受影响的凹凸、污染、瑕疵、碎片、弯曲等缺陷。

6.2.3 透光检查

安装于检查装置上目测。检查者位于距菲涅尔面 1 m 的地方，水平方向±45°，垂直方向±10°的范围内，透过光线进行菲涅尔面的外观检查。

6.2.4 反射光检查

安装于检查装置、在光源处于关闭状态下目测。检查者位于距菲涅尔面 1 m 的地方，在水平方向±45°，垂直方向±10°的范围内，依据反射光线进行菲涅尔面的外观检查。

6.2.5 判断标准

见表 4、图 8。

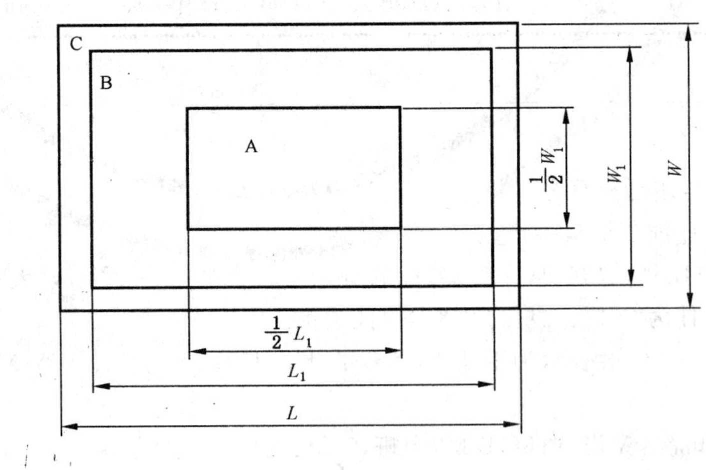

注：$L_1=L-25\ \text{mm}\times 2$；$W_1=W-25\ \text{mm}\times 2$

图 8 菲涅尔透镜的区域划分

表 4 判断标准

问题内容		规格			备　注
内容	状态	A 区	B 区	C 区	
污染脏物	污点(透明)	1 个以内	4 个以内	实用上无问题	计算 $0.5\ mm^2 \sim 5.0\ mm^2$ 的，这以上的没有
	黑点(不透明)	1 个以内	4 个以内	实用上无问题	计算 $0.3\ mm^2 \sim 0.5\ mm^2$ 的，这以上的没有
瑕疵		根据需要制定限度样本，并限度在样本以下			瑕疵是指该部分呈线状的明或暗物
离型斑		根据需要制定限度样本，并限度在样本以下			离型斑是指该部分比其他部分明或暗得多
碎片	切断的碎片	允许有碎片，但是可用毛刷刷掉			
弯曲		测量弯度大的地方，须在规格数值之内			上端悬掉下测量
其他		根据需要制定限度样本，并限度在样本以下			
注：可忽略从检查距离处看不见的问题。					

6.3 焦距误差

6.3.1 将光源置于透镜的平面一方，如图 9 所示，由式(2)计算出焦距。

$$F_{实} = U \times \frac{L}{U+L} \quad \cdots\cdots(2)$$

式中：

$F_{实}$——焦距，单位为毫米(mm)；

U——光源到菲涅尔透镜的距离，单位为毫米(mm)；

L——像距(光源通过透镜所成的像与透镜的距离)，单位为毫米(mm)。

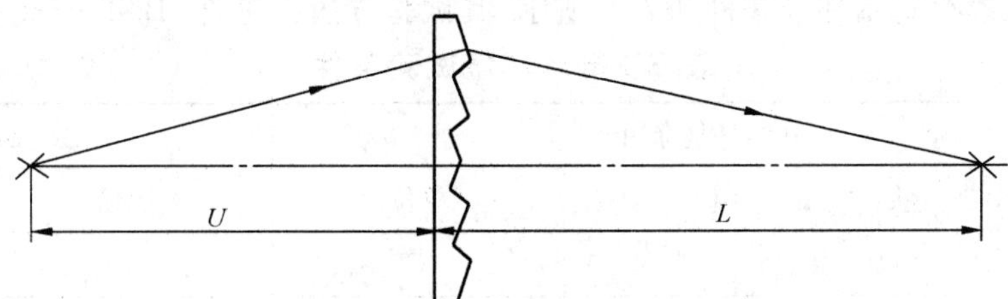

图 9 菲涅尔透镜

6.3.2 由 $F_{实}$ 和 $F_{标}$ 可计算出焦距的相对误差，即焦距误差。

6.4 全光线透过率和雾度

根据 GB/T 2410—2008 进行平面及菲涅尔面的测定。

6.5 环境要求

如表 3 所示对产品进行环境试验。

6.6 标签标识

按图 7 的标识用直尺及目视检查。

7 检验规则

7.1 出厂检验

7.1.1 对于已定型生产的透镜，均应进行出厂检验，检验项目为 4.2.2、4.2.3、4.2.4、5.1。

7.1.2 每片透镜按出厂检验项目均符合标准要求为合格，或按订货方合同要求进行检验和判定。

7.2 型式检验

7.2.1 下列情况之一时，应进行型式检验：

a) 新产品的定型鉴定；

b) 企业定期周期性自我检查；

c) 国家质量监督机构提出进行质量监督抽查检验；

d) 产品上等级时。

7.2.2 型式检验项目为4.2、5.1～5.5。

7.2.3 每片透镜按型式检验项目均符合标准要求为合格。

8 标志、包装、运输、贮存

8.1 标志

产品出厂时，应有标志。内容包括：

a) 产品名称、商标；

b) 产品型号、规格；

c) 生产单位、出厂编号及日期。

8.2 包装

8.2.1 应在洁净的环境中包装产品，轻拿轻放，防止划伤、吸附灰尘、吸附污渍及膜层转移。

8.2.2 产品应平放在包装箱内且不允许相对滑动，产品与产品之间应用缓冲材料隔离。

8.2.3 包装箱应有足够的强度支撑和缓冲来自外界的压力，贮运标识应明显。

8.2.4 成批透镜出厂时，应装在有防霉、防潮、防震的运输外包装箱内。

8.2.5 包装箱的标志及随机文件应符合GB/T 13384的有关规定。

8.3 运输、贮存

8.3.1 产品在运输和装卸过程中，严禁抛掷并避免雨雪的直接淋袭，不得受到严重机械碰撞。

8.3.2 产品应平放贮存在清洁、干燥、通风的仓库内，不得与腐蚀性气体的物品混放。

8.3.3 透镜的运输、贮存基本环境条件如表5所示，其试验方法应符合JB/T 9329的有关规定。

表5 基本环境试验条件

序号	基本环境条件			额定值	
	项　目		单位	运输	贮存
1	高　温		℃	+40	+40
2	低　温		℃	−25	+5
3	相对湿度(25 ℃)		%	95	75
4	碰撞	加速度	m/s^2	100	—
		脉冲持续时间	ms	11	—
5	跌落	自由跌落高度	mm	50	—

ICS 37.040.10
N 45

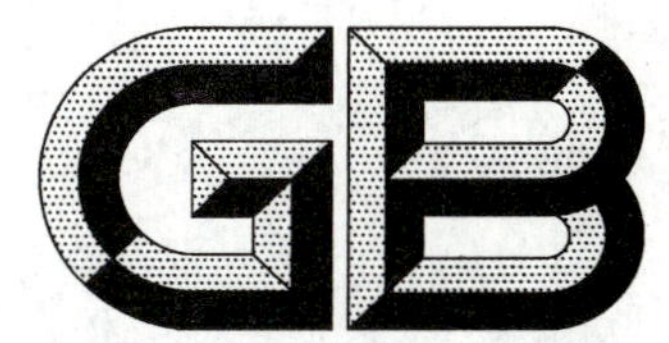

中华人民共和国国家标准

GB/T 27511—2011

35 mm 幻灯片 双画幅和单画幅规范

35 mm filmstrips—Specifications for double-frame and single-frame formats

(ISO 686:1985, Photography—35 mm filmstrips—Specifications for double-frame and single-frame formats, MOD)

2011-10-31 发布　　2012-01-01 实施

中华人民共和国国家质量监督检验检疫总局
中国国家标准化管理委员会　发布

前　言

本标准使用重新起草法修改采用 ISO 686:1985《摄影—35 mm 幻灯片、双画幅和单画幅规范》(英文版)。

本标准和 ISO 686:1985 的主要技术差异如下:

——修改了引言中的部分陈述;

——修改了适用范围的陈述;

——对于 ISO 686:1985 引用的其他国际标准中有对应于我国标准的,改为引用我国标准;

——ISO 543 已被 ISO 18906 代替。

为便于使用,本标准作了下列编辑性修改:

a) 把“本国际标准”一词改为“本标准”;

b) 删除了 ISO 686:1985 的前言;

c) 用我国的小数点符号“.”代替国际标准中的小数点符号“,”。

附录 A 为资料性附录。

本标准由中国机械工业联合会提出并归口。

本标准由秦皇岛视听机械研究所负责起草。

本标准起草单位:秦皇岛视听机械研究所、成都菲斯特科技有限公司、海宁中天检测有限公司、浙江宇立塑胶有限公司。

本标准主要起草人:陈毅强、邓荣武、王宏伟、吴庆富、沈国康、严忠良。

引　言

本标准规定的35 mm幻灯片双画幅和单画幅规格具有相同的纵横比,以便两种规格幻灯片可以由同种原图或复制图制造。为了从一系列幻灯片中简化35 mm幻灯片的生产,选择了双画幅规格尺寸与GB/T 21112《幻灯片　尺寸》所规定的标准24 mm×36 mm画面区域的遮幅窗尺寸一致。

35 mm 幻灯片　双画幅和单画幅规范

1　范围

本标准规定了35 mm双画幅和单画幅幻灯片的定义、胶片形式和尺寸、幻灯胶片布局和卷片方向。

本标准适用于包括有伴音或无伴音的35 mm双画幅和单画幅幻灯片的制作规范。不适用于个人照相机曝光的35 mm照片，这些照相的画面尺寸包含在ISO 1754中。

2　规范性引用文件

下列文件中的条款通过本标准的引用而成为本标准的条款。凡是注日期的引用文件，其随后所有的修改单(不包括勘误的内容)或修订版均不适用于本标准。然而，鼓励根据本标准达成协议的各方研究是否可使用这些文件的最新版本。凡是不注日期的引用文件，其最新版本适用于本标准。

ISO 491　摄影　35 mm电影胶片和磁性胶片　剪切和穿孔尺寸

ISO 18906　成像材料　摄影胶片　安全胶片规范

3　术语和定义

下列术语和定义适用于本标准。

3.1

幻灯片　filmstrip

一段携带连续画面并打孔、透明的柔性材料，主要用来通过放映这些静止画面来观看。

注：术语"幻灯胶片"、"幻灯放映片卷"和"幻灯片"是同义词，然而，它们通用时间不长并将被包含这些术语的国际标准修订为"幻灯片"所代替。

3.2

双画幅　double-frame format

画面尺寸为其间距等于两幅电影画面，即占有35 mm打孔影片的8个齿孔。

3.3

单画幅　single-frame format

画面尺寸为其间距等于一幅电影画面，即占有35 mm打孔影片的4个齿孔。

4　胶片形式和尺寸

4.1　包括片头和片尾的幻灯片应由安全生胶片制成，它包含下列两方面内容：

a)　符合ISO 18906的要求；

b)　片孔距为4.75 mm的P型齿孔应符合ISO 491的规定。

4.2　幻灯片的画幅尺寸和遮幅如下：

——双画幅幻灯片应如图1和表1所示；

——单画幅幻灯片应如图2和表2所示。

注1：某些幻灯机把放映的画幅夹在两块玻璃板之间，在外边的一块玻璃板上带有幻灯机的遮幅，当画面在银幕上调实时不聚焦在银幕上，因此，为了保证放映画面轮廓清晰，幻灯片上的画幅规定了不透明的边框。

注2：用于暗盒或某些设备一起使用的自动装片装置中的胶片应符合这种装置生产厂所规定的特殊要求，但幻灯片应符合本标准。

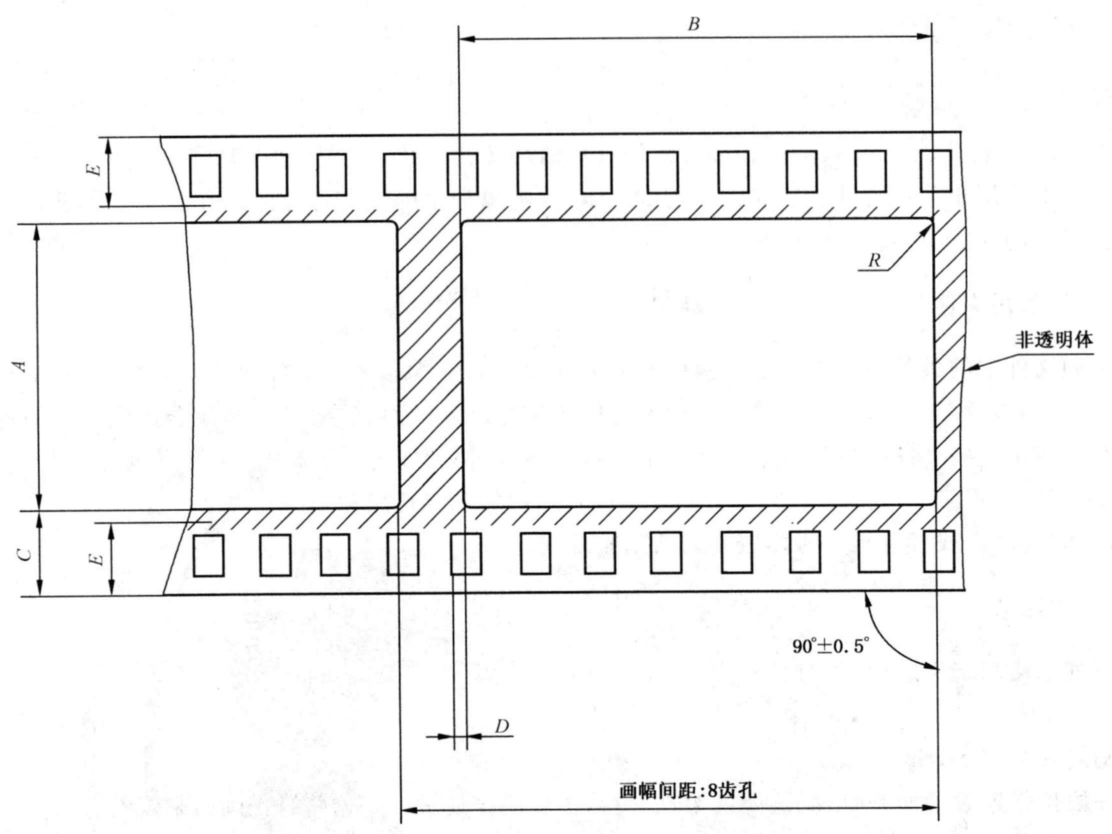

图1 双画幅幻灯片——画幅布局

表1 双画幅规格尺寸

尺寸	mm
A	$22.5_{-0.1}^{0}$
B	$34.3_{-0.1}^{0}$
C	6.25±0.10
D	见注
E	5.0_{max}
R	0.40_{max}
注:D尺寸未作规定,但幻灯片所有画幅该尺寸的最大偏差应不超过0.5 mm。	

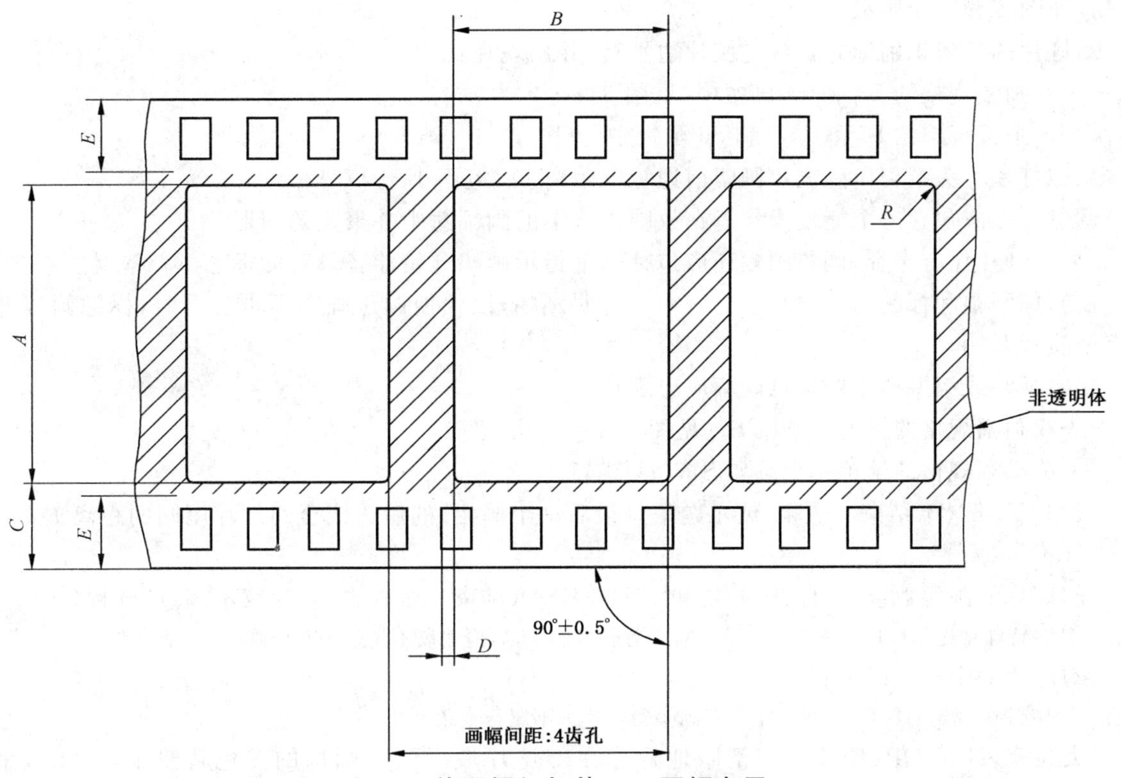

图2 单画幅幻灯片——画幅布局

表2 单画幅规格尺寸

尺寸	mm
A	$22.5_{-0.1}^{0}$
B(见注1)	$14.8_{-0.1}^{0}$
C	6.25±0.10
D	见注2
E	5.0_{max}
R	0.40_{max}
注1:众所周知,美国单画幅幻灯片目前实际的尺寸等于16.97±0.08。 注2:尺寸D未作规定,但幻灯片所有画幅该尺寸的最大偏差应不超过0.5 mm。	

5 幻灯片的布局

5.1 双画幅幻灯片的布局应如图3所示,单画幅幻灯片的布局应如图4所示,这些图表示了面向银幕操作者所观察到的胶片。

5.2 幻灯片片头和片尾的修整应在两片孔间与片边约成90°的位置直切,此切口到任意一个片孔的距离不小于1 mm。

5.3 幻灯片的前两个画幅(S1和S2)均应在深色背景上用清晰的印刷体大写字母“START(开始)”作标记,“START(开始)”应写在画幅最大尺寸的平行方向,如图3和图4所示。

注:对于非英语语言的国家,允许附加使用用国相应的和“START”同义的标志或文字。

5.3.1 对于彩色幻灯片,“START(开始)”画幅S1和S2的背景应是绿色的。

5.3.2 对于黑白幻灯片,“START(开始)”画幅S1和S2的背景应是黑色的。

5.3.3 如果使用识别点,它的直径应在3 mm和5 mm之间,并出现在“START(开始)”画幅画面区的左下角，如图 3 和图 4 所示。

5.4 幻灯片的任何识别标志都应与胶片边平行，并出现在：

——双画幅规格的 S3 和 S4 画幅中(见图 3)；

——单画幅规格的 S3、S4、S5 和 S6 画幅中(见图 4)。

5.5 从幻灯片片头端切口到调焦画幅前边缘的距离 D_L 应不小于 170 mm。

5.6 调焦画幅应包含一个能使操作者在放映银幕上的画幅对中并聚焦的图形。

如果幻灯片伴有声音，调焦画幅还应包括一个指示画幅开始伴音录音的标志。

5.7 在调焦画幅和标题画幅之间应有一幅不透明画幅，以便使调焦画幅不再观看时，标题画幅并不显示，直至演示开始。

5.8 标题画幅或第一幅主题信息画幅应出现在：

——双画幅规格的第七个画幅 S7(见图 3)；

——单画幅规格的第十一个画幅 S11(见图 4)。

5.9 从"THE END(结束)"画幅(或主题信息最后一个画幅)的后边线至幻灯片尾间的距离 D_T 应不小于 150 mm。

5.10 幻灯片的画幅数包括"标题"画幅和"THE END(结束)"画幅在内，建议不超过 50 幅。

注：某些特殊用途幻灯片如视听语言节目需要有较多的画幅，但建议不超过 100 个画幅(也见 5.11)。

5.11 幻灯片的全长建议不超过 2.3 m。

注：5.10 注中规定的具有 50 幅以上的双画幅幻灯片可不履行本条款。

5.12 大写字母"STOP(停止)"应清晰地标志在幻灯片最后两个画幅的深色背景上，如图 3 和图 4 所示。

注：对于非英语语言的国家，允许附加使用国相应的和"STOP"同义的标志或文字。

5.12.1 对于彩色幻灯片，"STOP(停止)"画幅的背景应是红色的。

5.12.2 对于黑白幻灯片，"STOP(停止)"画幅的背景应是黑色的。

5.13 任何一种幻灯片，所有的画面都在固定尺寸的画幅中。在整条幻灯片卷中各画幅的画面取向应该一致并符合如下：

5.13.1 双画幅幻灯片

优先的排列是画面的水平方向与幻灯片卷的边平行(见图 3)。

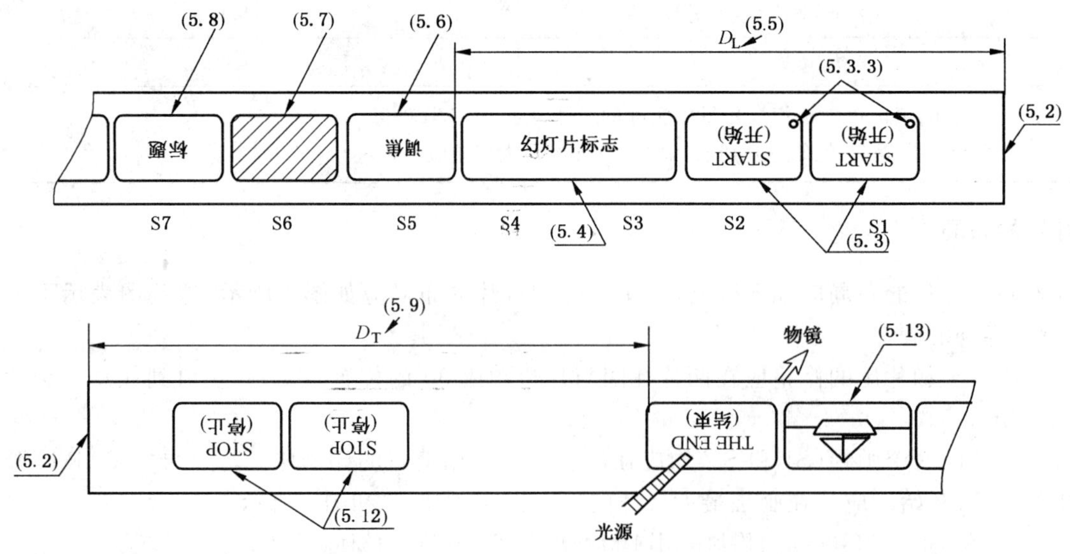

注：标有箭头的数字是指正文条款。

图 3 双画幅幻灯片的布局和画面优先取向

5.13.2 单画幅幻灯片

画面的水平方向应与幻灯片卷的边成直角(见图 4)。

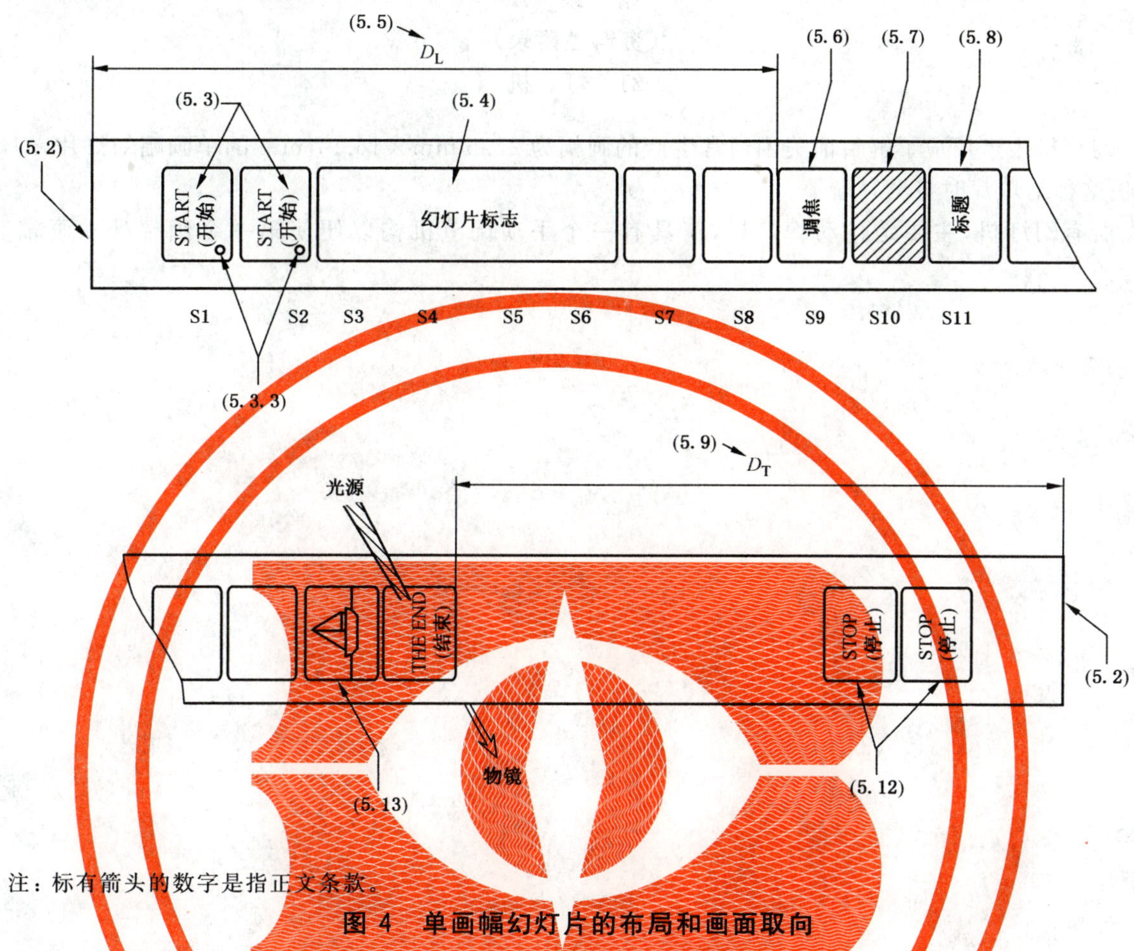

注：标有箭头的数字是指正文条款。

图 4 单画幅幻灯片的布局和画面取向

6 卷片方向

幻灯片卷应是采用这样的方式卷绕，即从片卷的外部观察直立画面时，这些画面的横向走向也是正确的。

附 录 A
（资料性附录）
幻 灯 机

A.1 幻灯机生产厂应了解目前美国通常生产的画幅为 22.5 mm×16.97 mm 的单画幅幻灯片，幻灯机在放映这种幻灯片时将没有渐晕。

A.2 所有幻灯机，主要是自动幻灯机，应具有一个手动调节机构以便使第一个画幅处在画幅区域中心。

参考文献

[1] GB/T 21112 幻灯片 尺寸(GB/T 21112—2007,ISO 1755:1987,MOD)
[2] ISO 1754 摄影 使用35 mm和更小胶片照相机 影像尺寸

ICS 23.020.30
J 74

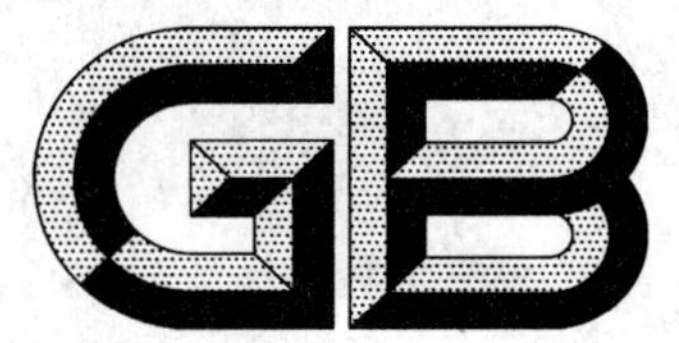

中华人民共和国国家标准

GB/T 27512—2011

埋地钢质管道风险评估方法

Risk assessment for buried steel pipeline

2011-11-21 发布　　　　2012-05-01 实施

中华人民共和国国家质量监督检验检疫总局
中国国家标准化管理委员会　发布

前　言

本标准由全国锅炉压力容器标准化技术委员会(SAC/TC 262)提出并归口。

本标准起草单位:中国特种设备检测研究院、西南石油大学、北京航空航天大学、中国石油工程设计有限公司西南分公司、中国市政工程华北设计研究院、国家质检总局特种设备安全监察局、上海市质量技术监督局、上海市政工程管理处、上海煤气第一管线工程有限公司、中石化集团管道储运公司、天津燃气集团有限公司、长庆油田第一输油处等。

本标准主要起草人:左尚志、陶雪荣、姚安林、张峥、何仁洋、章申远、李颜强、修长征、陈钢、王善江、张永钢、孟涛、杨永、李又绿、顾军、高河东、张天华、李佩、宋德琦、蒋宏业。

引　言

本标准是为适应国家有关法规、规章中关于埋地钢质管道风险评估要求和工程需要而提出的对埋地钢质管道进行风险评估的方法，主要用于在用埋地钢质管道的风险评估，也为埋地钢质管道在可行性论证阶段、设计审查阶段和竣工交付阶段的风险评估提供了一种方法。

本标准依据风险评估的基本原理，用于从发生事故的可能性和事故后果两个方面综合评估埋地钢质管道在其实际使用工况和环境下的风险程度，是一种适合于工程实际的半定量风险评估方法。

埋地钢质管道风险评估方法

1 范围

本标准规定了埋地钢质管道风险评估的术语、定义和符号，总则，风险评估基本工作流程，管道区段划分，失效可能性评价，失效后果评价，风险值计算，风险等级划分、降低风险措施的建议和风险再评估。

本标准适用于输送原油、成品油、腐蚀性液体、天然气介质的长输管道、集输管道，输送天然气、人工煤气、液化石油气介质的公用管道，输送腐蚀性液体介质的工业管道中的埋地钢质管道，用于其埋地部分、跨越部分和露管部分在可行性论证阶段、设计审查阶段、竣工验收阶段、在用阶段四个阶段的风险评估。

本标准不适用于非钢质长输管道、集输管道、公用管道、输送腐蚀性液体介质的工业管道的风险评估，也不适用于长输管道、集输管道、公用管道、输送腐蚀性液体介质的工业管道的站场中的各种装置、设备本身的风险评估。

2 规范性引用文件

下列文件对于本文件的应用是必不可少的，凡是注日期的引用文件，仅注日期的版本适用于本文件，凡是不注日期的引用文件，其最新版本(包括所有的修改单)适用于本文件。

GB/T 19285 埋地管道腐蚀防护工程检验

GB/T 19624 在用含缺陷压力容器安全评定

GB/T 20801.1—2006 压力管道规范 工业管道 第1部分：总则

GB/T 20801.2—2006 压力管道规范 工业管道 第2部分：材料

GB/T 20801.3—2006 压力管道规范 工业管道 第3部分：设计和计算

GB/T 20801.4—2006 压力管道规范 工业管道 第4部分：制作与安装

GB/T 20801.5—2006 压力管道规范 工业管道 第5部分：检验与试验

GB/T 20801.6—2006 压力管道规范 工业管道 第6部分：安全防护

GB 50028—2006 城镇燃气设计规范

GB 50251—2003 输气管道工程设计规范

GB 50253—2006 输油管道工程设计规范

GB 50350—2005 油气集输设计规范

JB/T 4730 承压设备无损检测

3 术语、定义和符号

3.1 术语、定义

下列术语和定义适用于本文件。

3.1.1

输气管道 long-distance gas transmiting pipeline

输送天然气、煤气、液化石油气介质的长输管道。

3.1.2

集气管道 gas gathering lines

油田内部自一级油气分离器至天然气的商品交接点之间的气管道。

3.1.3

输油管道 long-distance oil transmiting pipeline

输送原油、成品油的长输管道。

3.1.4

集油管道 crude gathering lines

油田内部计量分离器至有关场站间输送气液两相或未经处理的液流管道。

3.1.5

半定量风险评估 semi-quantity risk assessment

按照评分体系对影响失效可能性和失效后果的各种因素进行打分,并综合得出以分数表示的风险值的过程。

3.1.6

区段 section

为对管道进行风险评估而将管道划分成的各个部分,是管道风险评估的最小单位。

3.1.7

失效可能性 failure probability

管道发生事故的可能性,以分数表示。

3.1.8

失效可能性评分基本模型 basic model for failure probability assesement

在对管道失效可能性评分时,所采用的统一的失效可能性评分模型,该模型包括了影响管道失效的基本因素,即评分项,并给出了这些评分项的缺省权重。

3.1.9

失效可能性评分修正模型 modified model for failure probability assesement

针对所评价的管道所确定的失效可能性评分模型,即,根据所评价管道所处特定条件所确定的影响管道失效的因素,即评分项,并给出了这些评分项的权重。

3.1.10

第三方破坏 third-party damage

除管道业主、使用管理维护方之外的其他人员无意中对管道造成的破坏。

3.1.11

管道本质安全质量 pipeline essential safety quality

由管道设计、制造、施工、地质条件、自然灾害、缺陷等因素所决定的管道安全水平。

3.1.12

失效后果 failure consequence

潜在的管道泄漏、燃烧、爆炸等事故所可能引起的最严重的人员伤亡、直接经济损失、无形损失等后果,以分数表示。

3.1.13

直接经济损失 directly economic loss

由于管道泄漏、燃烧、爆炸等事故所造成的管道业主的不包括停工损失等间接损失的经济损失,在计算直接经济损失时不考虑由于该事故所引起的次生事故所造成的损失。

3.1.14

无形损失　imvisible loss

由于管道泄漏、燃烧、爆炸等事故所造成的非经济损失，包括政治、社会、军事等方面的损失。

3.1.15

风险值　risk value

以分数表示的失效可能性与失效后果的乘积。

3.1.16

风险绝对等级　risk absolute grade

将[0,15 000]划分为预先给定的若干个区间，根据风险值所属的区间所确定的等级。

3.1.17

风险相对等级　risk relative grade

将[同一管道上的风险最小值，同一管道上的风险最大值]划分为若干个区间，根据风险值所属的区间所确定的等级。

3.2　符号

本标准所用的符号含义如下：

a_{11}——针对设计审查阶段的失效可能性评分修正模型中设计控制得分的修正系数，无量纲；

a_{12}——针对设计审查阶段的失效可能性评分修正模型中施工控制得分的修正系数，无量纲；

a_{13}——针对设计审查阶段的失效可能性评分修正模型中第三方破坏控制得分的修正系数，无量纲；

a_{14}——针对设计审查阶段的失效可能性评分修正模型中腐蚀控制得分的修正系数，无量纲；

a_{21}——针对竣工交付阶段的失效可能性评分修正模型中第三方破坏得分的修正系数，无量纲；

a_{22}——针对竣工交付阶段的失效可能性评分修正模型中腐蚀得分的修正系数，无量纲；

a_{23}——针对竣工交付阶段的失效可能性评分修正模型中设备(装置)及人员培训得分的修正系数，无量纲；

a_{24}——针对竣工交付阶段的失效可能性评分修正模型中本质安全质量得分的修正系数，无量纲；

a_{31}——针对在用管道的失效可能性评分修正模型中第三方破坏得分的修正系数，无量纲；

a_{32}——针对在用管道的失效可能性评分修正模型中腐蚀得分的修正系数，无量纲；

a_{33}——针对在用管道的失效可能性评分修正模型中设备(装置)及操作得分的修正系数，无量纲；

a_{34}——针对在用管道的失效可能性评分修正模型中本质安全质量得分的修正系数，无量纲；

C——失效后果得分，无量纲；

C_d——泄漏系数，无量纲；

C_P——理想气体的恒压比热，$J \cdot g^{-1}/K$；

C_V——理想气体的恒积比热，$J \cdot g^{-1}/K$；

K——C_P 与 C_V 的比值，无量纲；

d_1——设计规范要求的覆土层最小厚度，mm；

d_2——设计的覆土层厚度，mm；

d_3——实际的覆土层厚度，mm；

g_c——转变系数，无量纲；

M——介质分子量，g/mol；

N——从管道投用后到所进行的风险评估期间，工作压力的波动次数，无量纲；

P——管道内介质压力，MPa；

P_1——管道设计压力，MPa；

P_{max}——管道组成件的最大允许工作压力，MPa；

P_{max2}——管道最高工作压力，MPa；

P_2——管道强度试验压力，MPa；

P_a——大气压力，MPa；

P_{trans}——临界压力，MPa；

P'——液体介质的静水压，MPa；

q——距离发生泄漏的区段最近的上下游紧急切断阀之间的介质量，kg；

Q——介质泄漏量，kg；

R——风险值，无量纲；

R'——理想气体常数，无量纲；

S——失效可能性得分，无量纲；

S_{11}——针对设计审查阶段的失效可能性评分中设计控制得分，无量纲；

S_{12}——针对设计审查阶段的失效可能性评分中施工控制得分，无量纲；

S_{13}——针对设计审查阶段的失效可能性评分中第三方破坏控制得分，无量纲；

S_{14}——针对设计审查阶段的失效可能性评分中腐蚀控制得分，无量纲；

S_{21}——针对竣工交付阶段的失效可能性评分中第三方破坏得分，无量纲；

S_{22}——针对竣工交付阶段的失效可能性评分中腐蚀得分，无量纲；

S_{23}——针对竣工交付阶段的失效可能性评分中设备（装置）及人员培训得分，无量纲；

S_{24}——针对竣工交付阶段的失效可能性评分中本质安全质量得分，无量纲；

S_{31}——针对在用阶段的失效可能性评分中第三方破坏得分，无量纲；

S_{32}——针对在用阶段的失效可能性评分中腐蚀得分，无量纲；

S_{33}——针对在用阶段的失效可能性评分中设备（装置）及人员培训得分，无量纲；

S_{34}——针对在用阶段的失效可能性评分中本质安全质量得分，无量纲；

S_k——泄漏孔面积，mm^2；

t——泄漏持续时间，s；

t_1——管道所需要的最小壁厚，为设计计算值（如果相应规范规定采用计算的方式确定壁厚）和相应设计规范要求的最小值（如果相应规范给出最小值）两者中的较大值，mm；

t_2——管道设计所选用的壁厚，mm；

t_3——管道实测最小壁厚，mm；

T——介质温度，K；

W_g——介质泄漏速度，kg/s；

y——从管道上次强度试验到所进行的风险评估之间的时间，年；

Y——埋地钢质管道外防腐层的电流衰减率，db/m；

ρ——介质在泄漏温度下的密度，g/cm^3；

ΔP——管道工作压力的最大波动幅度，MPa。

4 总则

4.1 一般要求

4.1.1 采用本标准进行埋地钢质管道风险评估时除应遵循本标准的规定外，还应遵守国家有关部门颁布的相关法律、法规和规章。

4.1.2 本标准对管道的各区段进行评价，以风险值的大小对管道各区段作出综合评价。

4.2 评估人员组成和评估单位的基本要求

4.2.1 评估单位的基本要求

4.2.1.1 进行埋地钢质管道风险评估的单位，应根据评估对象的实际工况和环境，对所评估的区段明确地给出其风险值，并对高风险的区段，明确给出降低风险措施的建议。

4.2.1.2 进行埋地钢质管道风险评估的单位，应对所评估管道的评估结论的正确性负责。

4.2.2 评估人员组成

应由熟悉本标准、有经验的检验人员、材料和腐蚀专业人员、管道工艺专业人员、使用管理人员等技术人员组成风险评估团队，对埋地钢质管道进行风险评估。

4.3 风险评估所需要的基本信息及来源

4.3.1 可行性论证阶段的埋地钢质管道的风险评估，需要以下基本信息：

a) 可行性论证单位资格；
b) 工程概况及其研究结论；
c) 环境评价单位资格及其报告、地质评价单位资格及其报告、地震评价单位资格及其报告；
d) 其他有关资料。

4.3.2 设计审查阶段的埋地钢质管道的风险评估，需要以下基本信息：

a) 管道设计单位资格、设计图纸及有关计算书；
b) 防腐设计单位资格、防腐设计资料；
c) 其他有关资料。

4.3.3 竣工交付阶段的埋地钢质管道的风险评估，需要以下基本信息：

a) 管道设计单位资格、设计图纸、安装施工图及有关计算书、设计变更单；
b) 管道安装单位资格、防腐设计单位资格、监检单位和监检人员资格、监理单位和监理人员资格；
c) 施工过程中的施工联络单、各种修改记录、各种检验记录、竣工交付资料；
d) 使用单位巡线规程、操作规程、设备维护规程、人员培训规定等质量管理体系文件和应急预案；
e) 其他有关资料。

4.3.4 在用埋地钢质管道的风险评估，需要以下基本信息：

a) 管道设计单位资格、设计图纸、安装施工图及有关计算书、设计变更单；
b) 管道安装单位资格、防腐设计单位资格、监检单位和监检人员资格、监理单位和监理人员资格；
c) 施工过程中的施工联络单、各种修改记录、各种检验记录、竣工交付资料；
d) 使用单位巡线规程、操作规程、设备维护规程、人员培训规定等质量管理体系文件和应急预案；
e) 管道运行记录、开停车记录、介质监测记录、检修记录、隐患监护措施实施情况记录、改造施工记录、巡线记录、故障处理记录、人员培训记录、人员考核记录；
f) 管道历次年度检查报告、全面检验或合于使用评价报告；
g) 其他有关资料。

4.3.5 对于竣工交付阶段和在用的埋地钢质管道，宜进行管道沿线环境调查和内检测或直接检测以获得实际调查和检测数据。

4.3.6 如果无法通过资料收集或实际调查和检测获得上述基本信息，则可以采用以下方式间接获取所评估管道的基本信息，但应在风险评估报告中明确指出结论的有效性有所降低：

a) 同地区的土壤检测数据；
b) 同地区其他同类管道的检测数据；

c) 不同地区其他同类管道的检测数据；
d) 同地区与被评估管道同期建设的其他同类管道的基本信息；
e) 与有关人员的访谈；
f) 评估人员的经验。

4.4 风险评估报告的基本要求

埋地钢质管道风险评估报告应至少包括以下方面的内容：

a) 所评估管道的基本情况概述；
b) 风险评估所需基本信息的来源；
c) 管道区段划分；
d) 失效可能性得分；
e) 失效后果得分；
f) 风险值；
g) 高风险区段的风险来源分析及降低风险的措施；
h) 风险评估周期。

5 风险评估基本工作流程

埋地钢质管道风险评估的基本工作流程如下：

a) 管道区段划分；
b) 对每一区段，确定失效可能性得分；
c) 对每一区段，确定失效后果得分；
d) 对每一区段，确定风险值；
e) 对每一区段，确定风险等级；
f) 对高风险区段，给出降低风险措施的建议。

6 管道区段划分

6.1 按照管道压力进行区段划分

按照管道压力进行区段划分。

6.2 按照管道规格进行区段划分

对按照 6.1 划分的每一区段，按照管道规格再次进行区段划分。

6.3 按照管道使用年数进行区段划分

对按照 6.2 划分的每一区段，按照管道使用年数再次进行区段划分。

6.4 按照管道输送介质的腐蚀性进行区段划分

对按照 6.3 划分的每一区段，按照管道输送介质的腐蚀性再次进行区段划分。

6.5 按照管道沿线人口密度进行区段划分

对按照 6.4 划分的每一区段，按照管道沿线人口密度再次进行区段划分。

6.6 按照管道沿线土壤的腐蚀性进行区段划分

对按照6.5划分的每一区段，按照管道沿线土壤的腐蚀性再次进行区段划分。

6.7 按照管道沿线杂散电流状况进行区段划分

对按照6.6划分的每一区段，按照管道沿线杂散电流状况再次进行区段划分。

6.8 按照管道外覆盖层状况进行区段划分

对按照6.7划分的每一区段，按照管道外覆盖层状况再次进行区段划分。

6.9 按照管道阴极保护状况进行区段划分

对按照6.8划分的每一区段，按照管道阴极保护状况再次进行区段划分。

6.10 按照管道沿线土壤工程地质条件进行区段划分

对按照6.9划分的每一区段，按照管道沿线土壤工程地质条件再次进行区段划分。

6.11 按照管道沿线附近建筑物的密集程度和重要程度进行区段划分

对按照6.10划分的每一区段，按照管道沿线附近建筑物的密集程度和重要程度再次进行区段划分。

7 失效可能性评价

7.1 评价模型的采用

如果风险评估的目的是为政府安全监察提供技术数据，则采用基本模型。

如果风险评估的目的是为企业安全管理提供技术数据，则采用修正模型。

如果风险评估的目的是既为政府安全监察提供技术数据，又为企业安全管理提供技术数据，则应同时采用基本模型和修正模型，形成两种风险评估结论。

采用修正模型时，应遵循以下原则：

a) 修正模型应根据企业营运管道所处环境条件的客观实际，在基本模型的架构下调整相关因素的评分权重，或增加所评估管道特有的风险因素，或在基本模型中剔除不影响所评管道各区段风险排序的风险因素；
b) 采用修正模型时应由熟悉本标准并且具有长期风险评估经验的评估单位在基本模型的基础上确定修正模型；
c) 修正模型仅适用于其所针对的管道。

7.2 埋地钢质管道可行性论证阶段的失效可能性评分

7.2.1 当采用基本模型进行失效可能性评分时，按照附录A规定的评分项、评分项的权重和评分细则进行评分，失效可能性得分 S 等于100减去各个评分项得分之和。

7.2.2 当采用修正模型进行失效可能性评分时，应针对所评价管道，结合管道可行性论证方面的专家意见，在基本模型的基础上确定针对具体情况的修正模型，并按照修正模型进行评分，失效可能性得分 S 等于100减去各个评分项得分之和。

7.3 埋地钢质管道设计审查阶段的失效可能性评分

7.3.1 当采用基本模型进行失效可能性评分时，按照附录B规定的评分项及其层次关系、评分的权重和评分细则进行评分，分别确定设计控制得分 S_{11}、施工控制得分 S_{12}、第三方破坏控制得分 S_{13}、腐蚀控制得分 S_{14}，按照式(1)计算失效可能性得分 S：

$$S = 100 - (0.40S_{11} + 0.15S_{12} + 0.30S_{13} + 0.15S_{14}) \quad \cdots\cdots(1)$$

7.3.2 当采用修正模型进行失效可能性评分时，应针对所评价管道，结合管道设计方面的专家意见，在基本模型的基础上确定针对具体情况的修正模型，确定评分项和评分项的权重，并且进行归一化处理，保证设计控制、施工控制、第三方破坏控制、腐蚀控制的权重均为100，同时各个评分项的权重等于由其分解而得到的各个子评分项的权重之和。按照修正模型进行评分，分别确定设计控制得分 S_{11}、施工控制得分 S_{12}、第三方破坏控制得分 S_{13}、腐蚀控制得分 S_{14}，按照式(2)计算失效可能性得分 S：

$$S = 100 - (a_{11}S_{11} + a_{12}S_{12} + a_{13}S_{13} + a_{14}S_{14}) \quad \cdots\cdots(2)$$

式中：

a_{11}——针对设计审查阶段的失效可能性评分修正模型中设计控制得分的修正系数；

a_{12}——针对设计审查阶段的失效可能性评分修正模型中施工控制得分的修正系数；

a_{13}——针对设计审查阶段的失效可能性评分修正模型中第三方破坏控制得分的修正系数；

a_{14}——针对设计审查阶段的失效可能性评分修正模型中腐蚀控制得分的修正系数；

$a_{11} + a_{12} + a_{13} + a_{14} = 1$。

7.3.3 如果所评估的区段中存在强度设计不满足相关标准、规范规定的最小强度要求的情况，应将失效可能性得分 S 调整为100分。

7.4 竣工交付阶段埋地钢质管道的失效可能性评分

7.4.1 当采用基本模型进行失效可能性评分时，按照附录C规定的评分项及其层次关系、评分的权重和评分细则进行评分，分别确定第三方破坏得分 S_{21}、腐蚀得分 S_{22}、设备(装置)及人员培训得分 S_{23}、本质安全质量得分 S_{24}，按照式(3)计算失效可能性得分 S：

$$S = 100 - (0.30S_{21} + 0.10S_{22} + 0.15S_{23} + 0.45S_{24}) \quad \cdots\cdots(3)$$

7.4.2 当采用修正模型进行失效可能性评分时，应针对所评价管道，结合当地的管道事故统计数据和设计、安装、使用、检验等方面的专家意见，在基本模型的基础上确定针对具体情况的修正模型，确定评分项和评分项的权重，并且进行归一化处理，保证第三方破坏、腐蚀、设备(装置)及人员培训、本质安全质量的权重均为100，同时各个评分项的权重等于由其分解而得到的各个子评分项的权重之和。按照修正模型进行评分，分别确定第三方破坏得分 S_{21}、腐蚀得分 S_{22}、设备(装置)及人员培训得分 S_{23}、本质安全质量得分 S_{24}，按照式(4)计算失效可能性得分 S：

$$S = 100 - (a_{21}S_{21} + a_{22}S_{22} + a_{23}S_{23} + a_{24}S_{24}) \quad \cdots\cdots(4)$$

式中：

a_{21}——针对竣工交付阶段的失效可能性评分修正模型中第三方破坏得分的修正系数；

a_{22}——针对竣工交付阶段的失效可能性评分修正模型中腐蚀得分的修正系数；

a_{23}——针对竣工交付阶段的失效可能性评分修正模型中设备(装置)及人员培训得分的修正系数；

a_{24}——针对竣工交付阶段的失效可能性评分修正模型中本质安全质量得分的修正系数；

$a_{21} + a_{22} + a_{23} + a_{24} = 1$。

7.4.3 如果所评估的区段中存在以下情况，应将失效可能性得分 S 调整为100分：

a) 管道组成件不满足设计要求；

b) 实测最小壁厚低于管道所需要的最小壁厚；

c) 含有不能通过按照GB/T 19624进行的安全评定的平面缺陷或体积型缺陷；

d） 安全保护装置和措施不满足设计要求。

7.5 在用埋地钢质管道的失效可能性评分

7.5.1 当采用基本模型进行失效可能性评分时，按照附录 D 规定的评分项及其层次关系、评分的权重和评分细则进行评分，分别确定第三方破坏得分 S_{31}、腐蚀得分 S_{32}、设备（装置）及人员操作得分 S_{33}、本质安全质量得分 S_{34}，长输管道和集输管道按照式(5)计算失效可能性得分 S：

$$S=100-(0.25S_{31}+0.25S_{32}+0.25S_{33}+0.25S_{34}) \quad \cdots\cdots(5)$$

城市燃气管道和输送腐蚀性液体介质的工业管道按照式(6)计算失效可能性得分 S：

$$S=100-(0.30S_{31}+0.30S_{32}+0.10S_{33}+0.30S_{34}) \quad \cdots\cdots(6)$$

7.5.2 当采用修正模型进行失效可能性评分时，应针对所评价管道，结合当地的管道事故统计数据和设计、安装、使用、检验等方面的专家意见，在通用模型的基础上确定针对具体情况的修正模型，确定评分项和评分项的权重，并且进行归一化处理，保证第三方破坏、腐蚀、设备（装置）及人员操作、本质安全质量的权重均为 100，同时各个评分项的权重等于由其分解而得到的各个子评分项的权重之和。按照修正模型进行评分，分别确定第三方破坏得分 S_{31}、腐蚀得分 S_{32}、设备（装置）及人员操作得分 S_{33}、本质安全质量得分 S_{34}，按照式(7)计算失效可能性得分 S：

$$S=100-(a_{31}S_{31}+a_{32}S_{32}+a_{33}S_{33}+a_{34}S_{34}) \quad \cdots\cdots(7)$$

式中：

a_{31}——针对在用阶段的失效可能性评分修正模型中第三方破坏得分的修正系数；

a_{32}——针对在用阶段的失效可能性评分修正模型中腐蚀得分的修正系数；

a_{33}——针对在用阶段的失效可能性评分修正模型中设备（装置）及人员操作得分的修正系数；

a_{34}——针对在用阶段的失效可能性评分修正模型中本质安全质量得分的修正系数；

$a_{31}+a_{32}+a_{33}+a_{34}=1$。

7.5.3 如果所评估的区段中存在以下情况，应将失效可能性得分 S 调整为 100 分：

a） 管道组成件不满足设计要求；

b） 工作压力超过设计压力；

c） 实测最小壁厚低于管道所需要的最小壁厚；

d） 含有不能通过按照 GB/T 19624 进行的安全评定的平面缺陷或体积型缺陷；

e） 安全保护装置和措施不满足设计要求。

8 失效后果评价

按照附录 E 规定的评分项及其层次关系、评分项的权重和评分细则进行评分，计算各个评分项得分之和，即为失效后果得分 C。

如果输气管道的区段存在下列情况之一，则将失效后果得分 C 调整为 150 分：

a） 未避开 GB 50251—2003 所规定的必须避开的区域及设施；

b） 未避开 GB 50251—2003 所规定的应避开的区域及设施，并且未采取安全保护措施。

如果输油管道的区段未避开 GB 50253—2006 所规定的不得通过的区域并且未采取安全保护措施，则将失效后果得分 C 调整为 150 分。

如果高压城市燃气管道的区段存在下列情况之一，则将失效后果得分 C 调整为 150 分：

a） 未避开 GB 50028—2006 所规定的不宜进入或通过的区域，并且与建筑物外墙的水平净距小于 GB 50028—2006 的规定或不满 GB 50028—2006 对分段阀门的规定；

b） 未避开 GB 50028—2006 所规定的不应通过的区域或设施，并且未采取安全保护措施。

9 风险值计算

按式(8)计算风险值 R

$$R=S\times C \tag{8}$$

式中：

S——失效可能性得分；

C——失效后果得分。

10 风险等级划分

10.1 风险绝对等级划分

10.1.1 低风险绝对等级

如果 $R\in[0,3\,600)$，则风险等级为低风险绝对等级。

10.1.2 中等风险绝对等级

如果 $R\in[3\,600,7\,800)$，则风险等级为中等风险绝对等级。

10.1.3 较高风险绝对等级

如果 $R\in[7\,800,12\,600)$，则风险等级为较高风险绝对等级。

10.1.4 高风险绝对等级

如果 $R\in[12\,600,15\,000]$，则风险等级为高风险绝对等级。

10.2 风险相对等级划分

10.2.1 低风险相对等级

设同一条管道上各区段的风险最小值为 Min，风险最大值为 Max，如果 $R\in[\mathrm{Min},\mathrm{Min}+(\mathrm{Max}-\mathrm{Min})\times 6/25)$，则风险等级为低风险相对等级。

10.2.2 中等风险相对等级

设同一条管道上各区段的风险最小值为 Min，风险最大值为 Max，如果 $R\in[\mathrm{Min}+(\mathrm{Max}-\mathrm{Min})\times 6/25,\mathrm{Min}+(\mathrm{Max}-\mathrm{Min})\times 13/25)$，则风险等级为中等风险相对等级。

10.2.3 较高风险相对等级

设同一条管道上各区段的风险最小值为 Min，风险最大值为 Max，如果 $R\in[\mathrm{Min}+(\mathrm{Max}-\mathrm{Min})\times 13/25,\mathrm{Min}+(\mathrm{Max}-\mathrm{Min})\times 21/25)$，则风险等级为较高风险相对等级。

10.2.4 高风险相对等级

设同一条管道上各区段的风险最小值为 Min，风险最大值为 Max，如果 $R\in[\mathrm{Min}+(\mathrm{Max}-\mathrm{Min})\times 21/25,\mathrm{Max}]$，则风险等级为高风险相对等级。

11 降低风险措施的建议

对于高风险绝对等级或高风险相对等级的区段，应分析其风险的主要来源，并针对其风险主要来源，提出相应的降低风险措施的建议。

12 风险再评估

当出现下列情况之一时，应对所评估的埋地钢质管道重新进行风险评估：

a) 采取降低风险措施；
b) 上次风险评估周期到期；
c) 管道进行重大修理改造；
d) 管道站场的设备进行重大修理改造；
e) 操作工况发生重大变化；
f) 管道所属业主的管理制度发生重大变化；
g) 沿线环境发生重大变化；
h) 下游用户发生重大变化。

附 录 A
（规范性附录）
埋地钢质管道可行性论证阶段失效可能性评分基本模型

A.1 一般要求

本附录提出了埋地钢质管道可行性论证阶段失效可能性评分基本模型，从单位资质和质量体系、与规划的符合性、管道基本情况和周围环境状况四个方面对埋地钢质管道可行性论证阶段失效可能性进行半定量评分。

每个方面的得分为其下设的一个或多个评分项得分之和，从每个评分项下设的各列项中单一选择最接近实际情况的列项，从而确定该评分项的得分。

A.2 单位资质和质量体系的评分

A.2.1 概述

单位资质和质量体系的得分，为以下各项得分之和：

a） 可行性论证单位资质和业绩；

b） 建设单位质量管理体系。

A.2.2 可行性论证单位资质和业绩的评分

a） 如果可行性论证单位不具备与所论证管道所属建设项目级别相应的咨询资质，则为 0 分；

b） 如果可行性论证单位具备与所论证管道所属建设项目级别相应的咨询资质，但无类似项目的论证经验，则为 1 分；

c） 如果可行性论证单位具备与所论证管道所属建设项目级别相应的咨询资质，存在类似项目的论证经验，则为 4 分；

d） 如果可行性论证单位具备与所论证管道所属建设项目级别相应的咨询资质，并且类似项目的论证经验丰富，则为 8 分。

A.2.3 建设单位质量管理体系的评分

a） 如果建设单位未建立质量管理体系，则为 0 分；

b） 如果建设单位已建立质量管理体系，但未获得认证证书，则为 3 分；

c） 如果建设单位已获得质量管理认证证书，则为 6 分。

A.3 与总体规划的符合性的评分

a） 如果设计与总体规划不符合，则为 0 分；

b） 如果设计与总体规划基本符合，则为 7 分；

c） 如果设计符合总体规划，则为 14 分。

A.4 管道基本情况的评分

A.4.1 概述

管道基本情况的得分，为以下各项得分之和：

a) 管道选材；

b) 防腐层和/或阴极保护系统；

c) 不良地质条件；

d) 加强措施；

e) 净距控制和/或安全保护措施。

A.4.2 管道选材的评分

按照 GB 50251—2003 确定输气管道对材料的要求，按照 GB 50253—2006 确定输油管道对材料的要求，按照 GB 50350—2005 确定集气管道和集油管道对材料的要求，按照 GB 50028—2006 确定城市燃气管道对材料的要求，按照 GB/T 20801—2006 确定输送腐蚀性液体介质的工业管道对材料的要求：

a) 如果拟采用的材料不满足相应标准规范的规定，则为 0 分；

b) 如果拟采用的材料满足相应标准规范的规定，则为 7 分。

A.4.3 防腐层和/或阴极保护系统的评分

a) 如果拟采用的防腐层和/或阴极保护系统不满足 GB/T 19285 的要求，则为 0 分；

b) 如果拟采用的防腐层和/或阴极保护系统基本满足 GB/T 19285 的要求，则为 3 分；

c) 如果拟采用的防腐层和/或阴极保护系统满足 GB/T 19285 的要求，则为 7 分。

A.4.4 不良地质条件的评分

a) 如果未对地质条件进行评价，则为 0 分；

b) 如果存在对可能的不良地质条件不能采取保护措施的情况，则为 0 分；

c) 如果存在对可能的不良地质条件只能采取一定的保护措施的情况，则为 5 分；

d) 如果对可能的不良地质条件可以采取有效的保护措施，则为 10 分；

e) 如果不可能存在不良地质条件，不需要保护措施，则为 10 分。

A.4.5 加强措施的评分

a) 如果存在对穿、跨越段不能采取加强措施的情况，则为 0 分；

b) 如果存在对穿、跨越段只能采取一定的加强措施的情况，则为 3 分；

c) 如果对穿、跨越段可以采取有效的加强措施，则为 6 分。

A.4.6 净距控制和/或安全保护措施的评分

按照 GB 50251—2003 确定输气管道对净距和/或安全保护措施的要求，按照 GB 50253—2006 确定输油管道对净距和/或安全保护措施的要求，按照 GB 50350—2005 确定集气管道和集油管道对净距和/或安全保护措施的要求，按照 GB 50028—2006 确定城市燃气管道对净距和/或安全保护措施的要求，按照 GB/T 20801—2006 确定输送腐蚀性液体介质的工业管道对净距和/或安全保护措施的要求：

a) 如果净距和/或安全保护措施不能满足相应标准规范的要求的情况普遍，则为 0 分；

b) 如果存在净距和/或安全保护措施不能满足相应标准规范的要求的情况，则为 3 分；

c) 如果净距和/或安全保护措施可以满足相应标准规范的要求，则为 6 分。

A.5 周围环境状况的评分

A.5.1 概述

周围环境状况的得分，为以下各项得分之和：

a) 拟建管道区段沿线人口密度；
b) 拟建管道区段沿线交通繁忙程度；
c) 大气腐蚀性；
d) 介质腐蚀性；
e) 土壤腐蚀性。

A.5.2 拟建管道区段沿线人口密度的评分

按照 GB 50251—2003 确定输气管道、集气管道、输油管道和集油管道沿线地区等级，按照 GB 50028—2006 确定城市燃气管道和输送腐蚀性液体介质的工业管道沿线地区等级：

a) 如果管道区段所在位置沿线主要是四级地区，并且地面 4 层及以上的建筑物普遍，则为 0 分；
b) 如果管道区段所在位置沿线主要是四级地区，则为 2 分；
c) 如果管道区段所在位置沿线主要是三级地区，则为 3 分；
d) 如果管道区段所在位置沿线主要是二级地区，则为 5 分；
e) 如果管道区段所在位置沿线主要是一级地区，则为 7 分。

A.5.3 拟建管道沿线交通繁忙程度的评分

a) 如果管道区段所在位置附近主要是铁路或公路交通主干线，则为 0 分；
b) 如果管道区段所在位置附近主要是公路交通干线，则为 4 分；
c) 如果管道区段所在位置附近主要是公路交通线、乡村公路、机耕道，则为 7 分；
d) 如果管道区段所在位置附近几乎没有车辆通行，则为 10 分。

A.5.4 大气腐蚀性的评分

对埋地段，大气腐蚀性的得分为 3 分。

对跨越段，按照以下规定确定大气腐蚀性的得分：

a) 如果未进行大气腐蚀性调查，则为 0 分；
b) 如果是海洋气候，并且含化学品，则为 0 分；
c) 如果是工业大气或一般大气，含化学品，并且湿度高，则为 1 分；
d) 如果是海洋气候并且不含化学品，则为 1.5 分；
e) 如果是工业大气或一般大气，不含化学品，并且湿度高、温度高，则为 2 分；
f) 如果是工业大气或一般大气，含化学品，并且湿度低，则为 2.5 分；
g) 如果是工业大气或一般大气，不含化学品，并且湿度低、温度低，则为 3 分。

A.5.5 介质腐蚀性的评分

a) 如果介质对所选材料的均匀腐蚀速率＞0.25 mm/年，或可能发生严重的点蚀、晶间腐蚀等局部腐蚀，或很可能发生氢脆、氢致开裂等氢损伤，则为 0 分；
b) 如果介质对所选材料的均匀腐蚀速率∈(0.025 mm/年，0.25 mm/年]，或可能发生点蚀、晶间腐蚀等局部腐蚀，或可能发生氢脆、氢致开裂等氢损伤，则为 4 分；
c) 如果介质对所选材料的均匀腐蚀速率≤0.025 mm/年，并且不可能发生点蚀、晶间腐蚀等局部腐蚀，也不可能发生氢脆、氢致开裂等氢损伤，则为 8 分。

A.5.6 土壤腐蚀性的评分

对跨越段，土壤腐蚀性的得分为 8 分。

对埋地段，按照以下规定确定土壤腐蚀性的得分：

a） 如果未进行土壤电阻率测量，则为 0 分；

b） 如果土壤电阻率＜20 Ω·m，则为 0 分；

c） 如果土壤电阻率∈[20 Ω·m，50 Ω·m]，则为 4 分；

d） 如果土壤电阻率＞50 Ω·m，则为 8 分。

附 录 B
（规范性附录）
埋地钢质管道设计审查阶段失效可能性评分基本模型

B.1 一般要求

本附录提出了埋地钢质管道设计审查阶段失效可能性评分基本模型，从设计控制、施工控制、第三方破坏控制和腐蚀控制四个方面对埋地钢质管道设计审查阶段失效可能性进行半定量评分。

每个方面的得分为其下设的一个或多个评分项得分之和，下设子评分项的得分为其下设所有子评分项得分之和。从每个评分项或子评分项下设的各列项中，单一选择最接近实际情况的列项，从而确定该评分项或子评分项的得分。

B.2 设计控制的评分

B.2.1 概述

设计控制的得分，为以下各项得分之和：

a） 设计单位资质；
b） 设计人员资质；
c） 设计规范选用；
d） 设计更改；
e） 设计文件审批；
f） 危险识别；
g） 与总体规划的符合性；
h） 风雪载荷；
i） 自然灾害及其防范措施；
j） 选材控制；
k） 壁厚控制；
l） 应力控制；
m） 锚固件的控制；
n） 安全保护装置的控制；
o） 净距控制或安全保护装置。

B.2.2 设计单位资质的评分

a） 如果设计单位不具备与所设计管道类别相应的设计资质，则为0分；
b） 如果设计单位具备与所设计管道类别相应的设计资质，但无类似项目的设计经验，则为1分；
c） 如果设计单位具备与所设计管道类别相应的设计资质，存在类似项目的设计经验，则为4分；
d） 如果设计单位具备与所设计管道类别相应的设计资质，类似项目的设计经验丰富，则为9分。

B.2.3 设计人员资质的评分

a） 如果设计人员不具备与所设计管道类别相应的设计资质，则为0分；

b） 如果设计人员具备与所设计管道类别相应的设计资质，但无类似项目的设计经验，则为 1 分；

c） 如果设计人员具备与所设计管道类别相应的设计资质，存在类似项目的设计经验，则为 4 分；

d） 如果设计人员具备与所设计管道类别相应的设计资质，类似项目的设计经验丰富，则为 9 分。

B.2.4 设计规范选用的评分

a） 如果未按标准规范设计或采用已经作废的标准规范，则为 0 分；

b） 如果采用现行标准规范，则为 9 分。

B.2.5 设计更改的评分

a） 如果设计文件更改手续不完整，则为 0 分；

b） 如果设计文件更改手续完整，则为 4 分；

c） 如果无设计更改，则为 4 分。

B.2.6 设计文件审批的评分

a） 如果设计文件未经过审批，则为 0 分；

b） 如果设计文件审批手续不完整，则为 2 分；

c） 如果设计文件审批手续完整，则为 5 分。

B.2.7 危险识别的评分

a） 如果没有事先制订设计方案，未进行危险识别分析，则为 0 分；

b） 如果设计方案不严密，由无资质的单位和人员进行危险识别分析，则为 2 分；

c） 如果完全按设计规范制定设计方案，进行了严格的危险识别分析，则为 5 分。

B.2.8 与总体规划的符合性的评分

a） 如果设计时未考虑与总体规划的符合性，则为 0 分；

b） 如果设计与总体规划基本符合，则为 2 分；

c） 如果设计符合总体规划，则为 5 分。

B.2.9 风雪载荷的评分

B.2.9.1 概述

风雪载荷的得分，为以下各项得分之和：

a） 风载荷；

b） 雪载荷。

B.2.9.2 风载荷的评分

a） 如果是跨越管段，并且未考虑抗风能力或考虑不足，则为 0 分；

b） 如果是跨越管段，考虑了足够的抗风能力，则为 2 分；

c） 如果是非跨越管段，则为 2 分。

B.2.9.3 雪载荷的评分

a） 如果是跨越管段，未考虑抗雪能力或考虑不足，则为 0 分；

b） 如果是跨越管段，考虑了足够的抗雪能力，则为 2 分；

c） 如果是非跨越管段，则为2分。

B.2.10 自然灾害及其防范措施的评分

B.2.10.1 概述

自然灾害及其防范措施的得分，为以下各项得分之和：

a） 滑坡及泥石流防范措施；
b） 防震措施；
c） 抵御洪水能力；
d） 其他地质稳定性。

B.2.10.2 滑坡及泥石流防范措施的评分

a） 如果未对滑坡及泥石流地质条件做评价，则为0分；
b） 如果在明显滑坡及泥石流地段未设计堡坎，则为0分；
c） 如果堡坎的设计强度不足，则为1分；
d） 如果在明显滑坡及泥石流地段设计有足够强度的堡坎，则为2分；
e） 如果在所有可能滑坡及泥石流地段均设计有足够强度的堡坎，则为5分。

B.2.10.3 防震措施的评分

a） 如果未对地震基本烈度评价，则为0分；
b） 如果地震烈度不小于相关标准、规范所规定的地震基本烈度，并且未采取防震措施，则为0分；
c） 如果设防烈度小于地震基本烈度，则为1分；
d） 如果设防烈度大于地震基本烈度，则为3分；
e） 如果不需要防震，则为5分。

B.2.10.4 抵御洪水能力的评分

a） 如果未考虑抵御洪水，则为0分；
b） 如果能抵御20年一遇洪水，则为1分；
c） 如果能抵御50年一遇洪水，则为1.5分；
d） 如果能抵御100年及更长时间一遇洪水，则为2分；
e） 如果不需要考虑抵御洪水，则为2分。

B.2.10.5 其他地质稳定性的评分

a） 如果未考虑其他地质稳定性，则为0分；
b） 如果充分考虑了其他地质稳定性并采取有效的措施，则为2分。

B.2.11 选材控制的评分

按照GB 50251—2003确定输气管道对材料的要求，按照GB 50253—2006确定输油管道对材料的要求，按照GB 50350—2005确定集气管道和集油管道对材料的要求，按照GB 50028—2006确定城市燃气管道对材料的要求，按照GB/T 20801—2006确定输送腐蚀性液体介质的工业管道对材料的要求：

a） 如果选用的材料不满足相关标准规范的规定，则为0分；
b） 如果选用的材料满足相关标准规范的规定，则为7分。

B.2.12　壁厚控制的评分

B.2.12.1　概述

壁厚控制的得分，为以下各项得分之和：

a)　壁厚计算与/或选择；

b)　额外壁厚。

B.2.12.2　壁厚计算与/或选择的评分

按照 GB 50251—2003 确定输气管道在壁厚计算与/或选择方面的要求，按照 GB 50253—2006 确定输油管道在壁厚计算与/或选择方面的要求，按照 GB 50350—2005 确定集气管道和集油管道在壁厚计算与/或选择方面的要求，按照 GB 50028—2006 确定城市燃气管道在壁厚计算与/或选择方面的要求，按照 GB/T 20801—2006 确定输送腐蚀性液体介质的工业管道在壁厚计算与/或选择方面的要求：

a)　如果壁厚计算与/或选择不满足相应标准规范的要求，则为 0 分；

b)　如果壁厚计算与/或选择满足相应标准规范的要求，则为 7 分。

B.2.12.3　额外壁厚的评分

按照式(B.1)计算额外壁厚的得分：

$$2.5\times\left(\frac{t_2}{t_1}-1\right) \qquad \cdots\cdots(B.1)$$

当额外壁厚的得分小于 0 时，取失效可能性得分 S 为 100。

当额外壁厚的得分大于 2 时，取额外壁厚的得分为 2。

B.2.13　应力控制的评分

B.2.13.1　概述

应力控制的得分，为以下各项得分之和：

a)　应力计算或校核；

b)　额外的压力安全裕度。

B.2.13.2　应力计算或校核的评分

按照 GB 50251—2003 确定输气管道在应力计算或校核方面的要求，按照 GB 50253—2006 确定输油管道在应力计算或校核方面的要求，按照 GB 50350—2005 确定集气管道和集油管道在应力计算或校核方面的要求，按照 GB 50028—2006 确定城市燃气管道在应力计算或校核方面的要求，按照 GB/T 20801—2006 确定输送腐蚀性液体介质的工业管道在应力计算或校核方面的要求：

a)　如果未进行应力计算或校核，则为 0 分；

b)　如果应力计算或校核结果不满足相应标准规范的要求，则为 0 分；

c)　如果应力计算或校核结果满足相应标准规范的要求，则为 8 分；

d)　如果不需要应力计算或校核，则为 8 分。

B.2.13.3　额外的压力安全裕度的评分

按照式(B.2)计算额外的压力安全裕度的得分：

$$\frac{P_{\max}}{P_1}-1 \qquad \cdots\cdots(B.2)$$

当额外的压力安全裕度的得分小于0时，取失效可能性得分 S 为100分。

当额外的压力安全裕度的得分大于1时，取额外的压力安全裕度的得分为1。

B.2.14 锚固件的控制的评分

按照GB 50251—2003确定输气管道对锚固件的要求，按照GB 50253—2006确定输油管道对锚固件的要求，按照GB 50350—2005确定集气管道和集油管道对锚固件的要求，按照GB 50028—2006确定城市燃气管道对锚固件的要求，按照GB/T 20801—2006确定输送腐蚀性液体介质的工业管道对锚固件的要求：

a） 如果锚固件的控制不满足相应标准规范的要求，则为0分；

b） 如果锚固件的控制满足相应标准规范的要求，则为3分；

c） 如果不需要对锚固件进行控制，则为3分。

B.2.15 安全保护装置的控制的评分

按照GB 50251—2003确定输气管道系统在安全保护装置方面的要求，按照GB 50253—2006确定输油管道系统在安全保护装置方面的要求，按照GB 50350—2005确定集气管道系统和集油管道系统在安全保护装置方面的要求，按照GB 50028—2006确定城市燃气管道系统在安全保护装置方面的要求，按照GB/T 20801—2006确定输送腐蚀性液体介质的工业管道系统在安全保护装置方面的要求：

a） 如果安全保护装置的控制不满足相应标准规范的要求，则为0分；

b） 如果安全保护装置的控制满足相应标准规范的要求，则为3分；

c） 如果不需要对安全保护装置进行控制，则为3分。

B.2.16 净距控制与/或安全保护距离的评分

按照GB 50251—2003确定输气管道对净距与/或安全保护距离的要求，按照GB 50253—2006确定输油管道对净距与/或安全保护距离的要求，按照GB 50350—2005确定集气管道和集油管道对净距与/或安全保护距离的要求，按照GB 50028—2006确定城市燃气管道对净距与/或安全保护距离的要求，按照GB/T 20801—2006确定输送腐蚀性液体介质的工业管道对净距与/或安全保护措施的要求：

a） 如果净距与/或安全保护距离不满足相应标准规范的要求，则为0分；

b） 如果净距与/或安全保护距离满足相应标准规范的要求，则为5分。

B.3 施工控制的评分

B.3.1 概述

施工控制的得分，为以下各项得分之和：

a） 管道元件质量控制的规定；

b） 管道安装质量控制的规定；

c） 管道监检的规定；

d） 管道监理的规定；

e） 管道建设单位质量管理。

B.3.2 管道元件质量控制的规定的评分

B.3.2.1 概述

管道元件质量控制的规定的得分，为以下各项得分之和：

a） 管道元件制造单位的资质；

b） 管道元件质量的规定。

B.3.2.2 管道元件制造单位的资质的评分

a） 如果未对管道元件制造单位的资质进行要求，则为 0 分；

b） 如果要求管道元件制造单位必须具备制造资质，则为 5 分。

B.3.2.3 管道元件质量的规定的评分

按照 GB 50251—2003 确定输气管道对管道元件的要求，按照 GB 50253—2006 确定输油管道对管道元件的要求，按照 GB 50350—2005 确定集气管道和集油管道对管道元件的要求，按照 GB 50028—2006 确定城市燃气管道对管道元件的要求，按照 GB/T 20801—2006 确定输送腐蚀性液体介质的工业管道对管道元件的要求：

a） 如果未规定元件必须满足相应标准和规范的要求，则为 0 分；

b） 如果规定元件必须满足相应标准和规范的要求，但无进货检验的规定，则为 5 分。

c） 如果规定元件必须满足相应标准和规范的要求，但进货检验的规定不完善，则为 10 分；

d） 如果规定元件必须满足相应标准和规范的要求，且进货检验的规定完善，则为 15 分。

B.3.3 管道安装质量控制的规定的评分

B.3.3.1 概述

管道安装质量控制的规定的得分，为以下各项得分之和：

a） 安装单位资质的规定；

b） 施工注意事项。

B.3.3.2 安装单位资质的规定的评分

a） 如果未规定安装单位必须具备与所安装管道类别相应的安装资质，则为 0 分；

b） 如果规定安装单位必须具备与所安装管道类别相应的安装资质，则为 4 分。

B.3.3.3 施工注意事项的评分

a） 如果设计文件中对影响管道安全的施工注意事项未进行规定，则为 0 分；

b） 如果设计文件中对影响管道安全的施工注意事项的规定不满足有关标准或规范的要求，则为 0 分；

c） 如果设计文件中对影响管道安全的施工注意事项的规定满足有关标准或规范的要求，则为 4 分。

B.3.4 管道监检的规定的评分

B.3.4.1 概述

管道监检的规定的得分，为以下各项得分之和：

a） 监检单位资质的规定；

b） 监检人员资质的规定。

B.3.4.2 监检单位资质的规定的评分

a） 如果管道安装时不进行监检，则为 0 分；

b） 如果未对监检单位的资质进行要求，则为0分；

c） 如果规定监检单位必须具备监检资质，则为15分。

B.3.4.3 监检人员资质的规定的评分

a） 如果管道安装时不进行监检，则为0分；

b） 如果未对监检人员的资质进行要求，则为0分；

c） 如果规定监检人员必须具备监检资质，则为15分。

B.3.5 管道监理的规定的评分

B.3.5.1 概述

管道监理的规定的得分，为以下各项得分之和：

a） 监理单位资质的规定；

b） 监理人员资质的规定。

B.3.5.2 监理单位资质的规定的评分

a） 如果管道安装时不进行监理，则为0分；

b） 如果未对监理单位的资质进行要求，则为0分；

c） 如果规定监理单位必须具备监理资质，则为12分。

B.3.5.3 监理人员资质的规定的评分

a） 如果管道安装时不进行监理，则为0分；

b） 如果未对监理人员的资质进行要求，则为0分；

c） 如果规定监理人员必须具备监理资质，则为12分。

B.3.6 管道建设单位质量管理的评分

B.3.6.1 概述

管道建设单位质量管理的得分，为以下各项得分之和：

a） 建设单位质量管理体系；

b） 项目管理机构。

B.3.6.2 建设单位质量管理体系的评分

a） 如果建设单位未建立质量管理体系，则为0分；

b） 如果建设单位已建立质量管理体系，但未获得认证证书，则为5分；

c） 如果建设单位已获得质量管理认证证书，则为10分。

B.3.6.3 项目管理机构的评分

a） 如果未设置项目管理机构，则为0分；

b） 如果设置专门的项目管理机构，但人员组成或人员经验有欠缺，则为3分；

c） 如果设置专门的项目管理机构，人员结构合理，经验丰富，则为6分。

B.4 第三方破坏控制的评分

B.4.1 概述

第三方破坏控制的得分，为以下各项得分之和：

a) 地面活动水平；
b) 地面装置及其保护措施；
c) 管道设计埋深；
d) 管道标识。

B.4.2 地面活动水平的评分

B.4.2.1 概述

输气管道、集气管道、输油管道和集油管道按照B.4.2.2的规定确定地面活动水平的得分，城市燃气管道和输送腐蚀性液体介质的工业管道按照B.4.2.3的规定确定地面活动水平的得分。

B.4.2.2 输气管道、集气管道、输油管道和集油管道地面活动水平的评分

B.4.2.2.1 概述

输气管道、集气管道、输油管道和集油管道地面活动水平的得分，为以下各项得分之和：

a) 地区等级；
b) 交通繁忙程度；
c) 农业生产活动。

B.4.2.2.2 地区等级的评分

按照GB 50251—2003确定管道区段设计位置沿线地区等级：

a) 如果是四级地区，则为0分；
b) 如果是三级地区，则为6分；
c) 如果是二级地区，则为12分；
d) 如果是一级地区，则为18分。

B.4.2.2.3 交通繁忙程度的评分

a) 如果管道区段设计位置附近有铁路或公路交通主干线，则为0分；
b) 如果管道区段设计位置附近有公路交通干线，则为5分；
c) 如果管道区段设计位置附近有公路交通线、乡村公路、机耕道，则为10分；
d) 如果管道区段设计位置附近几乎没有车辆通行，则为15分。

B.4.2.2.4 农业生产活动的评分

a) 如果在管道区段设计位置上方进行大型机械化耕种，打苕沟，犁地等较深挖掘，则为0分；
b) 如果在管道区段设计位置上有少量挖掘深度小于500 mm的浅土层农作物，则为1分；
c) 如果在管道区段设计位置上无农业生产活动，则为2分。

B.4.2.3 城市燃气管道和输送腐蚀性液体介质的工业管道地面活动水平的评分

B.4.2.3.1 概述

城市燃气管道和输送腐蚀性液体介质的工业管道地面活动水平的得分，为以下各项得分之和：

a) 人口密度；

b) 交通繁忙程度。

B.4.2.3.2 人口密度的评分

a) 如果2 km长度范围内，管道区段设计位置两侧各200 m的范围内，地上4层及以上建筑物普遍，则为0分；

b) 如果2 km长度范围内，管道区段设计位置与人员聚集的室内外场所的距离<30 m，则为0分；

c) 如果2 km长度范围内，管道区段设计位置两侧各200 m的范围内，存在地上4层及以上建筑物，则为4分；

d) 如果2 km长度范围内，管道区段设计位置与人员聚集的室内外场所的距离∈[30 m，90 m]，则为4分；

e) 如果2 km长度范围内，管道区段设计位置两侧各200 m的范围内，供人居住的单元数>80，但无地上4层及以上的建筑物，则为8分；

f) 如果2 km长度范围内，管道区段设计位置与人员聚集的室内外场所的距离>90 m，则为12分；

g) 如果2 km长度范围内，管道区段设计位置两侧各200 m的范围内，供人居住的单元数∈[12，80]，则为12分；

h) 如果2 km长度范围内，管道区段设计位置两侧各200 m的范围内，供人居住的单元数<12，则为20分。

B.4.2.3.3 交通繁忙程度的评分

a) 如果管道区段设计位置附近有铁路或公路交通主干线，则为0分；

b) 如果管道区段设计位置附近有公路交通干线，则为5分；

c) 如果管道区段设计位置附近有公路交通线，则为10分；

d) 如果管道区段设计位置附近几乎没有车辆通行，则为15分。

B.4.3 地面装置及其保护措施的评分

B.4.3.1 概述

地面装置及其保护措施的得分，为以下各项得分之和：

a) 地面装置与公路的距离；

b) 地面装置的围栏；

c) 地面装置的沟渠；

d) 地面装置的警示标志符号。

B.4.3.2 地面装置与公路的距离的评分

a) 如果所设计的地面装置与公路的距离不大于15 m，则为0分；

b) 如果所设计的地面装置与公路的距离大于15 m，则为5分；

c) 如果无地面装置，则为5分。

B.4.3.3 地面装置的围栏的评分

a) 如果所设计的地面装置没有保护围栏或者粗壮的树木将装置与路隔离，则为0分；

b) 如果所设计的地面装置设有保护围栏或者粗壮的树木将装置与路隔离，则为 4 分；

c) 如果无地面装置，则为 4 分。

B.4.3.4 地面装置的沟渠的评分

a) 如果所设计的地面装置与道路之间无不低于 1.2 m 深的沟渠，则为 0 分；

b) 如果所设计的地面装置与道路之间有不低于 1.2 m 深的沟渠，则为 4 分；

c) 如果无地面装置，则为 4 分。

B.4.3.5 地面装置的警示标志符号的评分

a) 如果所设计的地面装置无警示标志符号，则为 0 分；

b) 如果所设计的地面装置有警示标志符号，则为 2 分；

c) 如果无地面装置，则为 2 分。

B.4.4 管道设计埋深的评分

B.4.4.1 概述

对非水下穿越管道，按照 B.4.4.2 的规定确定管道设计埋深的得分，对水下穿越管道，按照 B.4.4.3 的规定确定管道设计埋深的得分。

B.4.4.2 非水下穿越管道设计埋深的评分

a) 如果是跨越段，则为 0 分；

b) 如果是埋地段，则按照式(B.3)计算陆地管道设计埋深的得分。

$$\mathrm{Min}\left(\frac{d_2}{64},35\right) \qquad \cdots\cdots\cdots\cdots (\mathrm{B.3})$$

各种保护措施按以下规定折算为覆土层厚度：

a) 每 50 mm 水泥保护层相当于增加 200 mm 的覆土厚度；

b) 每 100 mm 水泥保护层相当于增加 300 mm 的覆土厚度；

c) 管道套管相当于增加 600 mm 的覆土厚度；

d) 加强水泥盖板相当于增加 600 mm 的覆土厚度；

e) 警告标志带相当于增加 150 mm 覆土厚度；

f) 网栏围住相当于增加 460 mm 覆土厚度。

B.4.4.3 水下穿越管道设计埋深的评分

B.4.4.3.1 概述

水下穿越管道设计埋深的得分，为以下各项得分之和：

a) 可通航河道河底土壤表面(河床表面)与航船底面距离或未通航河道的水深；

b) 在河底的土壤设计埋深；

c) 保护措施。

B.4.4.3.2 可通航河道河底土壤表面(河床表面)与航船底面距离或未通航河道的水深的评分

a) 如果上述距离或深度∈[0 m～0.5 m)，则为 0 分；

b) 如果上述距离或深度∈[0.5 m～1.0 m)，则为 2 分；

c) 如果上述距离或深度∈[1.0 m～1.5 m)，则为 4 分；

d） 如果上述距离或深度∈[1.5 m～2.0 m)，则为6分；

e） 如果上述距离或深度>2.0 m，则为8分。

B.4.4.3.3 在河底的土壤设计埋深的评分

a） 如果埋深∈[0 m～0.5 m)，则为0分；

b） 如果埋深∈[0.5 m～1.0 m)，则为5分；

c） 如果埋深∈[1.0 m～1.5 m)，则为10分；

d） 如果埋深∈[1.5 m～2.0 m)，则为12分；

e） 如果埋深>2.0 m，则为15分。

B.4.4.3.4 保护措施的评分

a） 如果无保护措施，则为0分；

b） 如果采用石笼稳管、加设固定墩等稳管措施，则为6分；

c） 如果采用30 mm以上水泥保护层或其他能达到同样加固效果的措施，则为12分。

B.4.5 管道标识的评分

B.4.5.1 概述

输气管道、集气管道、输油管道和集油管道按照B.4.5.2的规定确定管道标识的得分，城市燃气管道和输送腐蚀性液体介质的工业管道按照B.4.5.3的规定确定管道标识的得分。

B.4.5.2 输气管道、集气管道、输油管道和集油管道标识的评分

按照GB 50251—2003确定输气管道对管道标识的要求，按照GB 50253—2006确定输油管道对管道标识的要求，按照GB 50350—2005确定集气管道和集油管道对管道标识的要求：

a） 如果未设计地面标志，则为0分；

b） 如果所设计的地面标志不完全满足相应设计标准规范的要求，则为8分；

c） 如果所设计的地面标志满足相应设计标准规范的要求，则为15分。

B.4.5.3 城市燃气管道和输送腐蚀性液体介质的工业管道标识的评分

按照GB 50028—2006确定城市燃气管道对管道标识的要求，参照GB 50028—2006确定输送腐蚀性液体介质的工业管道对管道标识的要求：

a） 如果未设计地面标志，则为0分；

b） 如果所设计的地面标志不完全满足相应设计标准规范的要求，则为8分；

c） 如果所设计的地面标志满足相应设计标准规范的要求，则为15分；

d） 如果不需要地面标志，则为15分。

B.5 腐蚀控制的评分

B.5.1 概述

腐蚀控制的得分，为以下各项得分之和：

a） 大气腐蚀控制；

b） 内腐蚀控制；

c） 土壤腐蚀控制。

B.5.2　大气腐蚀控制的评分

B.5.2.1　概述

埋地段按照 B.5.2.2 的规定确定大气腐蚀控制的得分，跨越段按照 B.5.2.3 的规定确定大气腐蚀控制的得分。

B.5.2.2　埋地段的大气腐蚀控制的评分

埋地段的大气腐蚀控制的得分为 10 分。

B.5.2.3　跨越段的大气腐蚀控制的评分

B.5.2.3.1　概述

跨越段的大气腐蚀控制的得分，为以下各项得分之和：

a)　跨越段的位置特点；
b)　跨越段的结构特点；
c)　大气腐蚀性；
d)　大气腐蚀防腐层。

B.5.2.3.2　跨越段的位置特点的评分

a)　如果于位于水与空气的界面，则为 0 分；
b)　如果位于土壤与空气界面，则为 1 分；
c)　如果位于空气中，则为 2 分。

B.5.2.3.3　跨越段的结构特点的评分

a)　如果加装套管，则为 0 分；
b)　如果存在支撑或吊架，则为 0.5 分；
c)　如果无上述情况，则为 1 分。

B.5.2.3.4　大气腐蚀性的评分

a)　如果未进行大气腐蚀性调查，则为 0 分；
b)　如果是海洋气候，并且含化学品，则为 0 分；
c)　如果是工业大气或一般大气，含化学品，并且湿度高，则为 1 分；
d)　如果是海洋气候并且不含化学品，则为 1.5 分；
e)　如果是工业大气或一般大气，不含化学品，并且湿度高、温度高，则为 2 分；
f)　如果是工业大气或一般大气，含化学品，并且湿度低，则为 2.5 分；
g)　如果是工业大气或一般大气，不含化学品，并且湿度低、温度低，则为 3 分。

B.5.2.3.5　大气腐蚀防腐层的评分

大气腐蚀防腐层的得分，为以下各项得分之和：

a)　大气腐蚀防腐层的适用性；
b)　大气腐蚀防腐层进货检验的规定；
c)　大气腐蚀防腐层施工质量控制的规定。

对于大气腐蚀防腐层的适用性，按以下规定评分：

a） 如果无大气腐蚀防腐层，则为 0 分；
b） 如果大气腐蚀防腐层不适合管道区段所处环境，则为 0 分；
c） 如果大气腐蚀防腐层不是专门为管道区段所处环境设计的，则为 0.5 分；
d） 如果大气腐蚀防腐层是适应管道区段所处环境的防腐层，则为 1 分。

对于大气腐蚀防腐层进货检验的规定，按以下规定评分：

a） 如果未采用大气腐蚀防腐层，则为 0 分；
b） 如果无大气腐蚀防腐层质量进货检验规定，则为 0 分；
c） 如果大气腐蚀防腐层质量进货检验的规定不完善，则为 0.5 分；
d） 如果大气腐蚀防腐层质量进货检验的规定完善，则为 1 分。

对于大气腐蚀防腐层施工质量控制的规定，按以下规定评分：

a） 如果未采用大气腐蚀防腐层，则为 0 分；
b） 如果无大气腐蚀防腐层施工质量控制规定，则为 0 分；
c） 如果大气腐蚀防腐层施工质量控制的规定不完善，则为 0.5 分；
d） 如果大气腐蚀防腐层施工质量控制的规定完善，则为 2 分。

B.5.3 内腐蚀控制的评分

B.5.3.1 概述

输气管道按照 B.5.3.2 的规定确定内腐蚀控制得分，集气管道按照 B.5.3.3 的规定确定内腐蚀控制得分，输油管道按照 B.5.3.4 的规定确定内腐蚀控制得分，集油管道按照 B.5.3.5 的规定确定内腐蚀控制得分，输送天然气、液化气介质的城市燃气管道按照 B.5.3.6 的规定确定内腐蚀控制得分，输送人工煤气介质的城市燃气管道按照 B.5.3.7 的规定确定内腐蚀控制得分，输送腐蚀性液体介质的工业管道按照 B.5.3.8 的规定确定内腐蚀控制得分。

B.5.3.2 输气管道内腐蚀控制的评分

B.5.3.2.1 概述

输气管道内腐蚀控制的得分，为以下各项得分之和：

a） 拟输送介质腐蚀性；
b） 拟采用的内防腐措施。

B.5.3.2.2 拟输送介质腐蚀性的评分

拟输送介质腐蚀性的得分，为以下各项得分之和：

a） 含水量；
b） 二氧化碳含量；
c） 硫化氢含量；
d） 介质流速。

对于含水量，按以下规定评分：

a） 如果有凝析水，则为 0 分；
b） 如果运行过程中有可能产生凝析水，则为 0 分；
c） 如果无凝析水，则为 5 分。

对于二氧化碳含量，按以下规定评分：

a） 如果二氧化碳分压＞0.21 MPa，则为 0 分；
b） 如果二氧化碳分压∈［0.021 MPa，0.21 MPa］，则为 1 分；

c) 如果二氧化碳分压<0.021 MPa,则为2分。

对于硫化氢含量,按以下规定评分:

a) 如果硫化氢含量>20 mg/m³,则为0分;

b) 如果硫化氢含量≤20 mg/m³,则为2分。

对于介质流速,按以下规定评分:

a) 如果介质流速<3 m/s,则为0分;

b) 如果介质流速≥3 m/s,则为1分。

B.5.3.2.3 拟采用的内防腐措施的评分

a) 如果无内防腐措施,则为0分;

b) 如果计划采用内腐蚀监测,则为1分;

c) 如果计划定期清管,则为2分;

d) 如果计划注入缓蚀剂,则为3分;

e) 如果计划采用防腐内覆盖层,则为4分;

f) 如果计划采用上述两种或两种以上的措施,则为5分;

g) 如果不需要采取措施,则为5分。

B.5.3.3 集气管道内腐蚀控制的评分

B.5.3.3.1 概述

集气管道内腐蚀控制的得分,为以下各项得分之和:

a) 拟输送介质腐蚀性;

b) 拟采用的内防腐措施。

B.5.3.3.2 拟输送介质腐蚀性的评分

拟输送介质腐蚀性的得分,为以下各项得分之和:

a) 含水量;

b) 氯离子含量;

c) pH值;

d) 二氧化碳含量;

e) 硫化氢含量;

f) 介质温度;

g) 介质流速。

对于含水量(包括冷凝水),按以下规定评分:

a) 如果不含游离水,则为0分;

b) 如果含游离水,则为10分。

对于氯离子含量,按以下规定评分:

a) 如果氯离子含量>60 000 mg/L,则为0分;

b) 如果氯离子含量∈[10 000 mg/L,60 000 mg/L],则为1分;

c) 如果氯离子含量∈[1 000 mg/L,10 000 mg/L),则为3分;

d) 如果氯离子含量<1 000 mg/L,则为4分。

对于pH值,按以下规定评分:

a) 如果pH≤3.5,则为0分;

b) 如果 pH 值∈(3.5,6.5],则为 2 分;

c) 如果 pH>6.5,则为 4 分;

对于二氧化碳含量,按以下规定评分:

a) 如果二氧化碳分压>0.21 MPa,则为 0 分;

b) 如果二氧化碳分压∈[0.021 MPa,0.21 MPa],则为 2 分;

c) 如果二氧化碳分压<0.021 MPa,则为 4 分。

对于硫化氢含量,按以下规定评分:

a) 如果硫化氢分压>1 MPa,则为 0 分;

b) 如果硫化氢分压∈[0.1 MPa,1 MPa],则为 1 分;

c) 如果硫化氢分压∈[0.01 MPa,0.1 MPa),则为 2 分;

d) 如果硫化氢分压∈[0.000 3 MPa,0.01 MPa),则为 3 分;

e) 如果硫化氢分压<0.000 3 MPa,则为 4 分。

对于介质温度,按以下规定评分:

a) 如果介质温度<60 ℃或>100 ℃,则为 0 分;

b) 如果介质温度∈[60 ℃,100 ℃],则为 2 分。

对于介质流速,按以下规定评分:

a) 如果介质流速<3 m/s,则为 0 分;

b) 如果介质流速>影响缓蚀剂膜稳定性的流速,则为 0 分;

c) 如果介质流速∈[3 m/s,影响缓蚀剂膜稳定性的流速],则为 2 分。

B.5.3.3.3 拟采用的内防腐措施的评分

a) 如果无内防腐措施,则为 0 分;

b) 如果计划采用内腐蚀监测,则为 4 分;

c) 如果计划定期清管,则为 8 分;

d) 如果计划注入缓蚀剂,则为 12 分;

e) 如果计划采用防腐内覆盖层,则为 16 分;

f) 如果计划采用上述两种或两种以上的措施,则为 20 分;

g) 如果不需要采取措施,则为 20 分。

B.5.3.4 输油管道内腐蚀控制的评分

B.5.3.4.1 概述

输油管道内腐蚀控制的得分,为以下各项得分之和:

a) 拟输送介质腐蚀性;

b) 拟采用的内防腐措施。

B.5.3.4.2 拟输送介质腐蚀性的评分

拟输送介质腐蚀性的得分,为以下各项得分之和:

a) 含水量;

b) 二氧化碳含量;

c) 硫化氢含量;

d) 蜡含量;

e) 介质温度;

f） 介质流速。

对于含水量，按以下规定评分：

a） 如果有凝析水，则为 0 分；

b） 如果运行过程中有可能产生凝析水，则为 0 分；

c） 如果无凝析水，则为 3 分。

对于二氧化碳含量，按以下规定评分：

a） 如果二氧化碳分压＞0.21 MPa，则为 0 分；

b） 如果二氧化碳分压∈［0.021 MPa，0.21 MPa］，则为 1 分；

c） 如果二氧化碳分压＜0.021 MPa，则为 2 分。

对于硫化氢含量，按以下规定评分：

a） 如果硫化氢含量＞20 mg/m³，则为 0 分；

b） 如果硫化氢含量≤20 mg/m³，则为 2 分。

对于蜡含量，按以下规定评分：

a） 如果蜡含量中等，则为 0 分；

b） 如果蜡含量低，则为 0.5 分；

c） 如果蜡含量高，则为 1 分。

对于介质温度，按以下规定评分：

a） 如果介质温度较高，则为 0 分；

b） 如果介质温度中等，则为 0.5 分；

c） 如果介质温度较低，则为 1 分。

对于介质流速，按以下规定评分：

a） 如果介质流速＜3 m/s，则为 0 分；

b） 如果介质流速≥3 m/s，则为 1 分。

B.5.3.4.3 拟采用的内防腐措施的评分

a） 如果无内防腐措施，则为 0 分；

b） 如果计划采用内腐蚀监测，则为 1 分；

c） 如果计划定期清管，则为 2 分；

d） 如果计划注入缓蚀剂，则为 3 分；

e） 如果计划采用防腐内覆盖层，则为 4 分；

f） 如果计划采用上述两种或两种以上的措施，则为 5 分；

g） 如果不需要采取措施，则为 5 分。

B.5.3.5 集油管道内腐蚀控制的评分

B.5.3.5.1 概述

集油管道内腐蚀控制的得分，为以下各项得分之和：

a） 拟输送介质腐蚀性；

b） 拟采用的内防腐措施。

B.5.3.5.2 拟输送介质腐蚀性的评分

拟输送介质腐蚀性的得分，为以下各项得分之和：

a） 含水量（包括冷凝水）；

b） 氯离子含量；

c） pH 值；

d） 二氧化碳含量；

e） 硫化氢含量；

f） 蜡含量；

g） 介质温度；

h） 介质流速。

对于含水量(包括冷凝水)，按以下规定评分：

a） 如果不含游离水，则为 0 分；

b） 如果含游离水，则为 8 分。

对于氯离子含量，按以下规定评分：

a） 如果氯离子含量>60 000 mg/L，则为 0 分；

b） 如果氯离子含量∈[10 000 mg/L，60 000 mg/L]，则为 1 分；

c） 如果氯离子含量∈[1 000 mg/L，10 000 mg/L)，则为 3 分；

d） 如果氯离子含量<1 000 mg/L，则为 4 分。

对于 pH 值，按以下规定评分：

a） 如果 pH≤3.5，则为 0 分；

b） 如果 pH 值∈(3.5，6.5]，则为 2 分；

c） 如果 pH>6.5，则为 4 分。

对于二氧化碳含量，按以下规定评分：

a） 如果二氧化碳分压>0.21 MPa，则为 0 分；

b） 如果二氧化碳分压∈[0.021 MPa，0.21 MPa]，则为 2 分；

c） 如果二氧化碳分压<0.021 MPa，则为 4 分。

对于硫化氢含量，按以下规定评分：

a） 如果硫化氢分压>1 MPa，则为 0 分；

b） 如果硫化氢分压∈[0.1 MPa，1 MPa]，则为 1 分；

c） 如果硫化氢分压∈[0.01 MPa，0.1 MPa)，则为 2 分；

d） 如果硫化氢分压∈[0.000 3 MPa，0.01 MPa)，则为 3 分；

e） 如果硫化氢分压<0.000 3 MPa，则为 4 分。

对于蜡含量，按以下规定评分：

a） 如果蜡含量中等，则为 0 分；

b） 如果蜡含量低，则为 1 分；

c） 如果蜡含量高，则为 2 分。

对于介质温度，按以下规定评分：

a） 如果介质温度较高，则为 0 分；

b） 如果介质温度中等，则为 1 分；

c） 如果介质温度较低，则为 2 分。

对于介质流速，按以下规定评分：

a） 如果介质流速<3 m/s，则为 0 分；

b） 如果介质流速>影响缓蚀剂膜稳定性的流速，则为 0 分；

c） 如果介质流速∈[3 m/s，影响缓蚀剂膜稳定性的流速]，则为 2 分。

B.5.3.5.3 拟采用的内防腐措施的评分

a） 如果无内防腐措施，则为 0 分；

b） 如果计划采用内腐蚀监测，则为 4 分；
c） 如果计划定期清管，则为 8 分；
d） 如果计划注入缓蚀剂，则为 12 分；
e） 如果计划采用防腐内覆盖层，则为 16 分；
f） 如果计划采用上述两种或两种以上的措施，则为 20 分；
g） 如果不需要采取措施，则为 20 分。

B.5.3.6 输送天然气、液化气介质的城市燃气管道内腐蚀控制的评分

B.5.3.6.1 概述

输送天然气、液化气介质的城市燃气管道内腐蚀控制的得分，为以下各项得分之和：
a） 拟输送介质腐蚀性；
b） 气质监测计划。

B.5.3.6.2 拟输送介质腐蚀性的评分

拟输送介质腐蚀性的得分，为以下各项得分之和：
a） 含水量；
b） 二氧化碳含量；
c） 硫化氢含量；
d） 介质流速。
对于含水量，按以下规定评分：
a） 如果有凝析水，则为 0 分；
b） 如果运行过程中有可能产生凝析水，则为 0 分；
c） 如果无凝析水，则为 2 分；
对于二氧化碳含量，按以下规定评分：
a） 如果二氧化碳分压＞0.21 MPa，则为 0 分；
b） 如果二氧化碳分压∈[0.021 MPa，0.21 MPa]，则为 0.5 分；
c） 如果二氧化碳分压＜0.021 MPa，则为 1 分。
对于硫化氢含量，按以下规定评分：
a） 如果硫化氢含量＞20 mg/m^3，则为 0 分；
b） 如果硫化氢含量≤20 mg/m^3，则为 1 分。
对于介质流速，按以下规定评分：
a） 如果介质流速＜3 m/s，则为 0 分；
b） 如果介质流速≥3 m/s，则为 1 分。

B.5.3.6.3 气质监测计划的评分

a） 如果无气质监测计划，则为 0 分；
b） 如果计划的气质监测周期过长，不满足实际需要，则为 1 分；
c） 如果计划的气质监测周期基本满足实际需要，则为 3 分；
d） 如果计划的气质监测周期满足实际需要，则为 5 分；
e） 如果不需要进行气质监测，则为 5 分。

B.5.3.7 输送人工煤气介质的城市燃气管道内腐蚀控制的评分

B.5.3.7.1 概述

输送人工煤气介质的城市燃气管道内腐蚀控制的得分，为以下各项得分之和：

a） 拟输送介质腐蚀性；

b） 气质监测计划。

B.5.3.7.2　拟输送介质腐蚀性的评分

拟输送介质腐蚀性的得分，为以下各项得分之和：

a） 含水量；

b） 氯离子含量；

c） pH 值；

d） 二氧化碳含量；

e） 硫化氢含量；

f） 介质流速。

对于含水量(包括冷凝水)，按以下规定评分：

a） 如果不含游离水，则为 0 分；

b） 如果含游离水，则为 5 分。

对于氯离子含量，按以下规定评分：

a） 如果氯离子含量>60 000 mg/L，则为 0 分；

b） 如果氯离子含量∈[10 000 mg/L，60 000 mg/L]，则为 0.3 分；

c） 如果氯离子含量∈[1 000 mg/L，10 000 mg/L)，则为 0.8 分；

d） 如果氯离子含量<1 000 mg/L，则为 1 分。

对于 pH 值，按以下规定评分：

a） 如果 pH≤3.5，则为 0 分；

b） 如果 pH 值∈(3.5，6.5]，则为 0.5 分；

c） 如果 pH>6.5，则为 1 分。

对于二氧化碳含量，按以下规定评分：

a） 如果二氧化碳分压>0.21 MPa，则为 0 分；

b） 如果二氧化碳分压∈[0.021 MPa，0.21 MPa]，则为 0.5 分；

c） 如果二氧化碳分压<0.021 MPa，则为 1 分。

对于硫化氢含量，按以下规定评分：

a） 如果硫化氢分压>1 MPa，则为 0 分；

b） 如果硫化氢分压∈[0.1 MPa，1 MPa]，则为 0.2 分；

c） 如果硫化氢分压∈[0.01 MPa，0.1 MPa)，则为 0.4 分；

d） 如果硫化氢分压∈[0.000 3 MPa，0.01 MPa)，则为 0.8 分；

e） 如果硫化氢分压<0.000 3 MPa，则为 1 分。

对于介质流速，按以下规定评分：

a） 如果介质流速<3 m/s，则为 0 分；

b） 如果介质流速大于影响缓蚀剂膜稳定性的流速，则为 0 分；

c） 如果介质流速∈[3 m/s，影响缓蚀剂膜稳定性的流速]，则为 1 分。

B.5.3.7.3　气质监测计划的评分

a） 如果无气质监测计划，则为 0 分；

b） 如果计划的气质监测周期过长，不满足实际需要，则为 2 分；

c） 如果计划的气质监测周期基本满足实际需要，则为 6 分；

d） 如果计划的气质监测周期满足实际需要，则为 10 分；

e) 如果不需要进行气质监测，则为10分。

B.5.3.8 输送腐蚀性液体介质的工业管道内腐蚀控制的评分

B.5.3.8.1 概述

输送腐蚀性液体介质的工业管道内腐蚀控制的得分，为以下各项得分之和：

a) 拟输送介质腐蚀性；

b) 拟采用的内防腐措施。

B.5.3.8.2 拟输送介质腐蚀性的评分

拟输送介质腐蚀性的得分，为以下各项得分之和：

a) 腐蚀性介质浓度及钝化性能；

b) 介质的pH值；

c) 介质中的氧化剂含量；

d) 介质流速；

e) 应力腐蚀敏感性。

对于腐蚀性介质浓度及钝化性能，按以下规定评分：

a) 如果不发生钝化，并且腐蚀性介质浓度高，则为0分；

b) 如果不发生钝化，并且腐蚀性介质浓度中等，则为5分；

c) 如果不发生钝化，并且腐蚀性介质浓度低，则为10分；

d) 如果发生钝化，则为15分。

对于介质的pH值，按以下规定评分：

a) 如果pH≤4.5或>12.5，则为0分；

b) 如果pH∈(4.5,5.5]或(11.5,12.5]，则为1分；

c) 如果pH∈(5.5,6]或(10.5,11.5]，则为4分；

d) 如果pH∈(6,6.5]或(8,10.5]，则为7分；

e) 如果pH∈(6.5,8]，则为10分。

对于介质中的氧化剂含量，按以下规定评分：

a) 如果介质中的氧化剂含量高，则为0分；

b) 如果介质中的氧化剂含量中等，则为4分；

c) 如果介质中的氧化剂含量低，则为8分。

对于介质流速，按以下规定评分：

a) 如果介质流速<3 m/s，则为0分；

b) 如果介质流速>影响缓蚀剂膜稳定性的流速，则为0分；

c) 如果介质流速∈[3 m/s，影响缓蚀剂膜稳定性的流速]，则为3分。

对于应力腐蚀敏感性，按以下规定评分：

a) 如果管道材料与介质形成应力腐蚀敏感性组合，则为0分；

b) 如果管道材料与介质不形成应力腐蚀敏感性组合，则为4分。

B.5.3.8.3 拟采用的内防腐措施的评分

a) 如果无内防腐措施，则为0分；

b) 如果计划采用内腐蚀监测，则为2分；

c) 如果计划注入缓蚀剂，则为4分；

d) 如果计划采用防腐内覆盖层，则为 8 分；

e) 如果计划采用上述两种或两种以上的措施，则为 10 分；

f) 如果不需要采取措施，则为 10 分。

B.5.4 土壤腐蚀控制的评分

B.5.4.1 概述

输气管道和输油管道按照 B.5.4.2 的规定确定土壤腐蚀控制得分，集气管道、集油管道和输送腐蚀性液体介质的工业管道按照 B.5.4.3 的规定确定土壤腐蚀控制得分，输送天然气、液化气介质的城市燃气管道按照 B.5.4.4 的规定确定土壤腐蚀控制得分，输送人工煤气介质的城市燃气管道按照 B.5.4.5 的规定确定土壤腐蚀控制得分。

B.5.4.2 输气管道和输油管道土壤腐蚀控制的评分

B.5.4.2.1 概述

输气管道和输油管道土壤腐蚀控制的得分，为以下各项得分之和：

a) 环境腐蚀性调查；

b) 防腐设计；

c) 外防腐层的规定；

d) 深根植被；

e) 阴极保护系统的规定。

B.5.4.2.2 环境腐蚀性调查的评分

环境腐蚀性调查的得分，为以下各项得分之和：

a) 土壤电阻率；

b) 直流杂散电流干扰其排流措施；

c) 交流杂散电流干扰。

对于土壤电阻率，按以下规定评分：

a) 如果未进行土壤电阻率测量，则为 0 分；

b) 如果土壤电阻率＜20 Ω·m，则为 0 分；

c) 如果土壤电阻率∈[20 Ω·m，50 Ω·m]，则为 4 分；

d) 如果土壤电阻率＞50 Ω·m，则为 8 分。

对于直流杂散电流干扰其排流措施，按照 GB/T 19285 确定直流杂散电流干扰程度，并按以下规定评分：

a) 如果直流杂散电流干扰程度大，并且未设置排流装置，则为 0 分；

b) 如果直流杂散电流干扰程度大，并且设置的排流装置不能完全满足排流的需要，则为 1 分；

c) 如果直流杂散电流干扰程度中或小，并且未设置排流装置，则为 1 分；

d) 如果直流杂散电流干扰程度中或小，并且设置的排流装置不能完全满足排流的需要，则为 2 分；

e) 如果设置的排流装置能满足排流的需要，则为 3 分；

f) 如果不存在直流杂散电流干扰，则为 3 分。

对于交流杂散电流干扰，按照 GB/T 19285 确定其干扰程度，并按以下规定评分：

a) 如果存在交流杂散电流干扰，则为 0 分；

b) 如果不存在交流杂散电流干扰，则为 1 分。

B.5.4.2.3 防腐设计的评分

防腐设计的得分，为以下各项得分之和：

a） 防腐设计单位的资质；

b） 防腐设计标准规范的选用；

c） 防腐设计的适用性。

对于防腐设计单位的资质，按以下规定评分：

a） 如果防腐设计单位不具备相应资质，则为 0 分；

b） 如果防腐设计单位具备相应资质，则为 4 分。

对于防腐设计标准规范的选用，按以下规定评分：

a） 如果管道防腐设计未按标准规范设计或采用已经作废的标准规范，则为 0 分；

b） 如果管道防腐设计采用现行标准规范，则为 4 分。

对于防腐设计的适用性，按照 GB/T 19285 确定防腐设计的要求，并按以下规定评分：

a） 如果外防腐层和/或阴极保护系统的设计不符合防腐设计标准规范要求，则为 0 分；

b） 如果外防腐层和/或阴极保护系统的设计基本符合防腐设计标准规范要求，则为 5 分；

c） 如果外防腐层和/或阴极保护系统的设计符合防腐设计标准规范要求，则为 10 分。

B.5.4.2.4 外防腐层的规定的评分

外防腐层的规定的得分，为以下各项得分之和：

a） 外防腐层制造质量控制的规定；

b） 外防腐层施工质量控制的规定。

外防腐层制造质量控制的规定的得分，为以下各项得分之和：

a） 外防腐层质量证明文件的规定；

b） 外防腐层复验的规定。

对于外防腐层质量证明文件的规定，按以下规定评分：

a） 如果无外防腐层，则为 0 分；

b） 如果未对外防腐层质量证明文件进行要求，则为 0 分；

c） 如果规定外防腐层质量证明文件必须齐全，则为 4 分；

d） 如果不需要外防腐层，则为 4 分。

对于外防腐层复验的规定，按以下规定评分：

a） 如果无外防腐层，则为 0 分；

b） 如果无防腐层复验的规定，则为 0 分；

c） 如果外防腐层复验的规定不满足 GB/T 19285 的要求，则为 0 分；

d） 如果外防腐层复验的规定满足 GB/T 19285 的要求，则为 6 分；

e） 如果不需要外防腐层，则为 6 分。

外防腐层施工质量控制的规定的得分，为以下各项得分之和：

a） 外防腐层补口补伤检验和下沟前检验的规定；

b） 外防腐层漏点检验的规定。

对于外防腐层补口补伤检验和下沟前检验的规定，按以下规定评分：

a） 如果无外防腐层，则为 0 分；

b） 如果无外防腐层补口补伤检验和下沟前检验的规定，则为 0 分；

c） 如果外防腐层补口补伤检验和下沟前检验的规定不满足 GB/T 19285 的要求，则为 0 分；

d） 如果外防腐层补口补伤检验和下沟前检验的规定满足 GB/T 19285 的要求，则为 6 分；

e) 如果不需要外防腐层，则为 6 分。

对于外防腐层漏点检验的规定，按以下规定评分：

a) 如果无外防腐层，则为 0 分；

b) 如果无防腐层漏点检验的规定，则为 0 分；

c) 如果外防腐层漏点检验的规定不满足 GB/T 19285 的要求，则为 0 分；

d) 如果外防腐层漏点检验的规定满足 GB/T 19285 的要求，则为 8 分；

e) 如果不需要外防腐层，则为 8 分。

B.5.4.2.5 深根植被的评分

a) 如果管道区段设计位置两侧各 5 m 范围内存在大量深根植物，则为 0 分；

b) 如果管道区段设计位置两侧各 5 m 范围内存在少量深根植物，则为 0.5 分；

c) 如果管道区段设计位置两侧各 5 m 范围内不存在深根植物，则为 1 分。

B.5.4.2.6 阴极保护系统的规定的评分

阴极保护系统的规定的得分，为以下各项得分之和：

a) 阴极保护系统设计文件审查；

b) 阴极保护系统制造质量控制的规定；

c) 阴极保护系统过程检验的规定；

d) 阴极保护系统投产测试的规定；

e) 阴极保护系统测试头设计间距；

对于阴极保护系统设计文件审查，按以下规定评分：

a) 如果未加阴极保护，则为 0 分；

b) 如果阴极保护系统设计文件未经过审查，则为 0 分；

c) 如果阴极保护系统设计文件审查手续不完整，则为 1 分；

d) 如果阴极保护系统设计文件审查手续完整，则为 4 分；

e) 如果不需要进行阴极保护，则为 4 分。

阴极保护系统制造质量控制的规定的得分，为以下各项得分之和：

a) 阴极保护系统制造单位的资质的规定；

b) 阴极保护系统质量证明文件的规定；

c) 阴极保护系统抽样复验的规定。

对于阴极保护系统制造单位的资质的规定，按以下规定评分：

a) 如果未加阴极保护，则为 0 分；

b) 如果未对阴极保护系统制造单位的资质进行要求，则为 0 分；

c) 如果规定阴极保护系统制造单位必须具备相应资质，则为 1 分；

d) 如果不需要进行阴极保护，则为 1 分。

对于阴极保护系统质量证明文件的规定，按以下规定评分：

a) 如果未加阴极保护，则为 0 分；

b) 如果未对阴极保护系统质量证明文件进行要求，则为 0 分；

c) 如果规定阴极保护系统质量证明文件必须齐全，则为 2 分；

d) 如果不需要进行阴极保护，则为 2 分。

对于阴极保护系统抽样复验的规定，按以下规定评分：

a) 如果未加阴极保护，则为 0 分；

b) 如果无阴极保护系统抽样复验规定，则为 0 分；

c) 如果阴极保护系统抽样复验规定不满足 GB/T 19285 的要求,则为 0 分;

d) 如果阴极保护系统抽样复验规定满足 GB/T 19285 的要求,则为 3 分;

e) 如果不需要进行阴极保护,则为 3 分。

对于阴极保护系统过程检验的规定,按以下规定评分:

a) 如果未加阴极保护,则为 0 分;

b) 如果无阴极保护系统过程检验规定,则为 0 分;

c) 如果阴极保护系统过程检验的规定不满足 GB/T 19285 的要求,则为 0 分;

d) 如果阴极保护系统过程检验的规定基本满足 GB/T 19285 的要求,则为 3 分;

e) 如果阴极保护系统过程检验的规定满足 GB/T 19285 的要求,则为 4 分;

f) 如果不需要进行阴极保护,则为 4 分。

对于阴极保护系统投产测试的规定,按以下规定评分:

a) 如果未加阴极保护,则为 0 分;

b) 如果无阴极保护系统投产测试规定,则为 0 分;

c) 如果阴极保护系统投产测试的规定不满足 GB/T 19285 的要求,则为 0 分;

d) 如果阴极保护系统投产测试的规定基本满足 GB/T 19285 的要求,则为 3 分;

e) 如果阴极保护系统投产测试的规定满足 GB/T 19285 的要求,则为 5 分;

f) 如果不需要进行阴极保护,则为 5 分。

对于阴极保护系统测试头设计间距,按以下规定评分:

a) 如果未加阴极保护,则为 0 分;

b) 如果测试头设计间距>3 km,则为 0 分;

c) 如果测试头设计间距∈[2 km,3 km],或有部分交叉管道和套管未监控,则为 0 分;

d) 如果测试头设计间距<2 km,并且对管道附近所有地下金属设施监控,则为 1 分;

e) 如果不需要进行阴极保护,则为 1 分。

B.5.4.3 集气管道、集油管道和输送腐蚀性液体介质的工业管道土壤腐蚀控制的评分

B.5.4.3.1 概述

集气管道、集油管道和输送腐蚀性液体介质的工业管道土壤腐蚀控制的得分,为以下各项得分之和:

a) 环境腐蚀性调查;

b) 防腐设计;

c) 外防腐层的规定;

d) 深根植被;

e) 阴极保护系统的规定。

B.5.4.3.2 环境腐蚀性调查的评分

环境腐蚀性调查的得分,为以下各项得分之和:

a) 土壤电阻率;

b) 直流杂散电流干扰其排流措施;

c) 交流杂散电流干扰。

对于土壤电阻率,按以下规定评分:

a) 如果未进行土壤电阻率测量,则为 0 分;

b) 如果土壤电阻率<20 Ω·m,则为 0 分;

c) 如果土壤电阻率∈[20 Ω·m,50 Ω·m],则为 1.5 分;

d) 如果土壤电阻率>50 Ω·m,则为 3 分。

对于直流杂散电流干扰其排流措施,按照 GB/T 19285 确定直流杂散电流干扰程度,并按以下规定评分:

a) 如果直流杂散电流干扰程度大,并且未设置排流装置,则为 0 分;

b) 如果直流杂散电流干扰程度大,并且设置的排流装置不能完全满足排流的需要,则为 0.5 分;

c) 如果直流杂散电流干扰程度中或小,并且未设置排流装置,则为 0.5 分;

d) 如果直流杂散电流干扰程度中或小,并且设置的排流装置不能完全满足排流的需要,则为 1 分;

e) 如果设置的排流装置能满足排流的需要,则为 2 分;

f) 如果不存在直流杂散电流干扰,则为 2 分。

对于交流杂散电流干扰,按照 GB/T 19285 确定其干扰程度,并按以下规定评分:

a) 如果存在交流杂散电流干扰,则为 0 分;

b) 如果不存在交流杂散电流干扰,则为 1 分。

B.5.4.3.3 防腐设计的评分

防腐设计的得分,为以下各项得分之和:

a) 防腐设计单位的资质;

b) 防腐设计标准规范的选用;

c) 防腐设计的适用性。

对于防腐设计单位的资质,按以下规定评分:

a) 如果防腐设计单位不具备相应资质,则为 0 分;

b) 如果防腐设计单位具备相应资质,则为 1 分。

对于防腐设计标准规范的选用,按以下规定评分:

a) 如果管道防腐设计未按标准规范设计或采用已经作废的标准规范,则为 0 分;

b) 如果管道防腐设计采用现行标准规范,则为 2 分。

对于防腐设计的适用性,按照 GB/T 19285 确定防腐设计的要求,并按以下规定评分:

a) 如果外防腐层和/或阴极保护系统的设计不符合防腐设计标准规范要求,则为 0 分;

b) 如果外防腐层和/或阴极保护系统的设计基本符合防腐设计标准规范要求,则为 2 分;

c) 如果外防腐层和/或阴极保护系统的设计符合防腐设计标准规范要求,则为 4 分。

B.5.4.3.4 外防腐层的规定的评分

外防腐层的规定的得分,为以下各项得分之和:

a) 外防腐层制造质量控制的规定;

b) 外防腐层施工质量控制的规定。

外防腐层制造质量控制的规定的得分,为以下各项得分之和:

a) 外防腐层质量证明文件的规定;

b) 外防腐层复验的规定。

对于外防腐层质量证明文件的规定,按以下规定评分:

a) 如果无外防腐层,则为 0 分;

b) 如果未对外防腐层质量证明文件进行要求,则为 0 分;

c) 如果规定外防腐层质量证明文件必须齐全,则为 1 分;

d) 如果不需要外防腐层,则为 1 分。

对于外防腐层复验的规定,按以下规定评分:

a) 如果无外防腐层,则为0分;

b) 如果无防腐层复验的规定,则为0分;

c) 如果外防腐层复验的规定不满足GB/T 19285的要求,则为0分;

d) 如果外防腐层复验的规定满足GB/T 19285的要求,则为3分;

e) 如果不需要外防腐层,则为3分。

外防腐层施工质量控制的规定的得分,为以下各项得分之和:

a) 外防腐层补口补伤检验和下沟前检验的规定;

b) 外防腐层漏点检验的规定。

对于外防腐层补口补伤检验和下沟前检验的规定,按以下规定评分:

a) 如果无外防腐层,则为0分;

b) 如果无外防腐层补口补伤检验和下沟前检验的规定,则为0分;

c) 如果外防腐层补口补伤检验和下沟前检验的规定不满足GB/T 19285的要求,则为0分;

d) 如果外防腐层补口补伤检验和下沟前检验的规定满足GB/T 19285的要求,则为3分;

e) 如果不需要外防腐层,则为3分。

对于外防腐层漏点检验的规定,按以下规定评分:

a) 如果无外防腐层,则为0分;

b) 如果无防腐层漏点检验的规定,则为0分;

c) 如果外防腐层漏点检验的规定不满足GB/T 19285的要求,则为0分;

d) 如果外防腐层漏点检验的规定满足GB/T 19285的要求,则为5分;

e) 如果不需要外防腐层,则为5分。

B.5.4.3.5 深根植被的评分

a) 如果管道区段设计位置两侧各5 m范围内存在大量深根植物,则为0分;

b) 如果管道区段设计位置两侧各5 m范围内存在少量深根植物,则为0.5分;

c) 如果管道区段设计位置两侧各5 m范围内不存在深根植物,则为1分。

B.5.4.3.6 阴极保护系统的规定的评分

阴极保护系统的规定的得分,为以下各项得分之和:

a) 阴极保护系统设计文件审查;

b) 阴极保护系统制造质量控制的规定;

c) 阴极保护系统过程检验的规定;

d) 阴极保护系统投产测试的规定;

e) 阴极保护系统测试头设计间距。

对于阴极保护系统设计文件审查,按以下规定评分:

a) 如果未加阴极保护,则为0分;

b) 如果阴极保护系统设计文件未经过审查,则为0分;

c) 如果阴极保护系统设计文件审查手续不完整,则为1分;

d) 如果阴极保护系统设计文件审查手续完整,则为2分;

e) 如果不需要进行阴极保护,则为2分。

阴极保护系统制造质量控制的规定的得分,为以下各项得分之和:

a) 阴极保护系统制造单位的资质的规定;

b) 阴极保护系统质量证明文件的规定;

c) 阴极保护系统抽样复验的规定。

对于阴极保护系统制造单位的资质的规定,按以下规定评分:

a) 如果未加阴极保护,则为0分;

b) 如果未对阴极保护系统制造单位的资质进行要求,则为0分;

c) 如果规定阴极保护系统制造单位必须具备相应资质,则为1分;

d) 如果不需要进行阴极保护,则为1分。

对于阴极保护系统质量证明文件的规定,按以下规定评分:

a) 如果未加阴极保护,则为0分;

b) 如果未对阴极保护系统质量证明文件进行要求,则为0分;

c) 如果规定阴极保护系统质量证明文件必须齐全,则为1分;

d) 如果不需要进行阴极保护,则为1分。

对于阴极保护系统抽样复验的规定,按以下规定评分:

a) 如果未加阴极保护,则为0分;

b) 如果无阴极保护系统抽样复验规定,则为0分;

c) 如果阴极保护系统抽样复验规定不满足GB/T 19285的要求,则为0分;

d) 如果阴极保护系统抽样复验规定满足GB/T 19285的要求,则为2分;

e) 如果不需要进行阴极保护,则为2分。

对于阴极保护系统过程检验的规定,按以下规定评分:

a) 如果未加阴极保护,则为0分;

b) 如果无阴极保护系统过程检验规定,则为0分;

c) 如果阴极保护系统过程检验的规定不满足GB/T 19285的要求,则为0分;

d) 如果阴极保护系统过程检验的规定基本满足GB/T 19285的要求,则为1.5分;

e) 如果阴极保护系统过程检验的规定满足GB/T 19285的要求,则为3分;

f) 如果不需要进行阴极保护,则为3分。

对于阴极保护系统投产测试的规定,按以下规定评分:

a) 如果未加阴极保护,则为0分;

b) 如果无阴极保护系统投产测试规定,则为0分;

c) 如果阴极保护系统投产测试的规定不满足GB/T 19285的要求,则为0分;

d) 如果阴极保护系统投产测试的规定基本满足GB/T 19285的要求,则为2分;

e) 如果阴极保护系统投产测试的规定满足GB/T 19285的要求,则为4分;

f) 如果不需要进行阴极保护,则为4分。

对于阴极保护系统测试头设计间距,按以下规定评分:

a) 如果未加阴极保护,则为0分;

b) 如果测试头设计间距>3 km,则为0分;

c) 如果测试头设计间距∈[2 km,3 km],或有部分交叉管道和套管未监控,则为0分;

d) 如果测试头设计间距<2 km,并且对管道附近所有地下金属设施监控,则为1分;

e) 如果不需要进行阴极保护,则为1分。

B.5.4.4 输送天然气、液化气介质的城市燃气管道土壤腐蚀控制的评分

B.5.4.4.1 概述

输送天然气、液化气介质的城市燃气管道土壤腐蚀控制的得分,为以下各项得分之和:

a) 环境腐蚀性调查;

b) 防腐设计;

c) 外防腐层的规定;

d) 深根植被;

e) 阴极保护系统的规定。

B.5.4.4.2 环境腐蚀性调查的评分

环境腐蚀性调查的得分,为以下各项得分之和:

a) 土壤电阻率;

b) 直流杂散电流干扰其排流措施;

c) 交流杂散电流干扰。

对于土壤电阻率,按以下规定评分:

a) 如果未进行土壤电阻率测量,则为0分;

b) 如果土壤电阻率<20 Ω·m,则为0分;

c) 如果土壤电阻率∈[20 Ω·m,50 Ω·m],则为4分;

d) 如果土壤电阻率>50 Ω·m,则为9分。

对于直流杂散电流干扰其排流措施,按照GB/T 19285确定直流杂散电流干扰程度,并按以下规定评分:

a) 如果直流杂散电流干扰程度大,并且未设置排流装置,则为0分;

b) 如果直流杂散电流干扰程度大,并且设置的排流装置不能完全满足排流的需要,则为1分;

c) 如果直流杂散电流干扰程度中或小,并且未设置排流装置,则为1分;

d) 如果直流杂散电流干扰程度中或小,并且设置的排流装置不能完全满足排流的需要,则为2分;

e) 如果设置的排流装置能满足排流的需要,则为4分;

f) 如果不存在直流杂散电流干扰,则为4分。

对于交流杂散电流干扰,按照GB/T 19285确定其干扰程度,并按以下规定评分:

a) 如果存在交流杂散电流干扰,则为0分;

b) 如果不存在交流杂散电流干扰,则为2分。

B.5.4.4.3 防腐设计的评分

防腐设计的得分,为以下各项得分之和:

a) 防腐设计单位的资质;

b) 防腐设计标准规范的选用;

c) 防腐设计的适用性。

对于防腐设计单位的资质,按以下规定评分:

a) 如果防腐设计单位不具备相应资质,则为0分;

b) 如果防腐设计单位具备相应资质,则为5分。

对于防腐设计标准规范的选用,按以下规定评分:

a) 如果管道防腐设计未按标准规范设计或采用已经作废的标准规范,则为0分;

b) 如果管道防腐设计采用现行标准规范,则为5分。

对于防腐设计的适用性,按照GB/T 19285确定防腐设计的要求,并按以下规定评分:

a) 如果外防腐层和/或阴极保护系统的设计不符合防腐设计标准规范要求,则为0分;

b) 如果外防腐层和/或阴极保护系统的设计基本符合防腐设计标准规范要求,则为5分;

c) 如果外防腐层和/或阴极保护系统的设计符合防腐设计标准规范要求,则为10分。

B.5.4.4.4　外防腐层的规定的评分

外防腐层的规定的得分，为以下各项得分之和：

a）外防腐层制造质量控制的规定；

b）外防腐层施工质量控制的规定。

外防腐层制造质量控制的规定的得分，为以下各项得分之和：

a）外防腐层质量证明文件的规定；

b）外防腐层复验的规定。

对于外防腐层质量证明文件的规定，按以下规定评分：

a）如果无外防腐层，则为0分；

b）如果未对外防腐层质量证明文件进行要求，则为0分；

c）如果规定外防腐层质量证明文件必须齐全，则为4分；

d）如果不需要外防腐层，则为4分。

对于外防腐层复验的规定，按以下规定评分：

a）如果无外防腐层，则为0分；

b）如果无防腐层复验的规定，则为0分；

c）如果外防腐层复验的规定不满足GB/T 19285的要求，则为0分；

d）如果外防腐层复验的规定满足GB/T 19285的要求，则为6分；

e）如果不需要外防腐层，则为6分。

外防腐层施工质量控制的规定的得分，为以下各项得分之和：

a）外防腐层补口补伤检验和下沟前检验的规定；

b）外防腐层漏点检验的规定。

对于外防腐层补口补伤检验和下沟前检验的规定，按以下规定评分：

a）如果无外防腐层，则为0分；

b）如果无外防腐层补口补伤检验和下沟前检验的规定，则为0分；

c）如果外防腐层补口补伤检验和下沟前检验的规定不满足GB/T 19285的要求，则为0分；

d）如果外防腐层补口补伤检验和下沟前检验的规定满足GB/T 19285的要求，则为6分；

e）如果不需要外防腐层，则为6分。

对于外防腐层漏点检验的规定，按以下规定评分：

a）如果无外防腐层，则为0分；

b）如果无防腐层漏点检验的规定，则为0分；

c）如果外防腐层漏点检验的规定不满足GB/T 19285的要求，则为0分；

d）如果外防腐层漏点检验的规定满足GB/T 19285的要求，则为8分；

e）如果不需要外防腐层，则为8分。

B.5.4.4.5　深根植被的评分

a）如果管道区段设计位置两侧各5 m范围内存在大量深根植物，则为0分；

b）如果管道区段设计位置两侧各5 m范围内存在少量深根植物，则为0.5分；

c）如果管道区段设计位置两侧各5 m范围内不存在深根植物，则为1分。

B.5.4.4.6　阴极保护系统的规定的评分

阴极保护系统的规定的得分，为以下各项得分之和：

a）阴极保护系统设计文件审查；

b） 阴极保护系统制造质量控制的规定；
c） 阴极保护系统过程检验的规定；
d） 阴极保护系统投产测试的规定；
e） 阴极保护系统测试头设计间距。

对于阴极保护系统设计文件审查，按以下规定评分：

a） 如果未加阴极保护，则为 0 分；
b） 如果阴极保护系统设计文件未经过审查，则为 0 分；
c） 如果阴极保护系统设计文件审查手续不完整，则为 2 分；
d） 如果阴极保护系统设计文件审查手续完整，则为 4 分；
e） 如果不需要进行阴极保护，则为 4 分。

阴极保护系统制造质量控制的规定的得分，为以下各项得分之和：

a） 阴极保护系统制造单位的资质的规定；
b） 阴极保护系统质量证明文件的规定；
c） 阴极保护系统抽样复验的规定。

对于阴极保护系统制造单位的资质的规定，按以下规定评分：

a） 如果未加阴极保护，则为 0 分；
b） 如果未对阴极保护系统制造单位的资质进行要求，则为 0 分；
c） 如果规定阴极保护系统制造单位必须具备相应资质，则为 1 分；
d） 如果不需要进行阴极保护，则为 1 分。

对于阴极保护系统质量证明文件的规定，按以下规定评分：

a） 如果未加阴极保护，则为 0 分；
b） 如果未对阴极保护系统质量证明文件进行要求，则为 0 分；
c） 如果规定阴极保护系统质量证明文件必须齐全，则为 2 分；
d） 如果不需要进行阴极保护，则为 2 分。

对于阴极保护系统抽样复验的规定，按以下规定评分：

a） 如果未加阴极保护，则为 0 分；
b） 如果无阴极保护系统抽样复验规定，则为 0 分；
c） 如果阴极保护系统抽样复验规定不满足 GB/T 19285 的要求，则为 0 分；
d） 如果阴极保护系统抽样复验规定满足 GB/T 19285 的要求，则为 3 分；
e） 如果不需要进行阴极保护，则为 3 分。

对于阴极保护系统过程检验的规定，按以下规定评分：

a） 如果未加阴极保护，则为 0 分；
b） 如果无阴极保护系统过程检验规定，则为 0 分；
c） 如果阴极保护系统过程检验的规定不满足 GB/T 19285 的要求，则为 0 分；
d） 如果阴极保护系统过程检验的规定基本满足 GB/T 19285 的要求，则为 2 分；
e） 如果阴极保护系统过程检验的规定满足 GB/T 19285 的要求，则为 4 分；
f） 如果不需要进行阴极保护，则为 4 分。

对于阴极保护系统投产测试的规定，按以下规定评分：

a） 如果未加阴极保护，则为 0 分；
b） 如果无阴极保护系统投产测试规定，则为 0 分；
c） 如果阴极保护系统投产测试的规定不满足 GB/T 19285 的要求，则为 0 分；
d） 如果阴极保护系统投产测试的规定基本满足 GB/T 19285 的要求，则为 2 分；
e） 如果阴极保护系统投产测试的规定满足 GB/T 19285 的要求，则为 5 分；

f) 如果不需要进行阴极保护,则为5分。

对于阴极保护系统测试头设计间距,按以下规定评分:

a) 如果未加阴极保护,则为0分;

b) 如果测试头设计间距>3 km,则为0分;

c) 如果测试头设计间距∈[2 km,3 km],或有部分交叉管道和套管未监控,则为0分;

d) 如果测试头设计间距<2 km,并且对管道附近所有地下金属设施监控,则为1分;

e) 如果不需要进行阴极保护,则为1分。

B.5.4.5 输送人工煤气介质的城市燃气管道土壤腐蚀控制的评分

B.5.4.5.1 概述

输送人工煤气介质的城市燃气管道土壤腐蚀控制的得分,为以下各项得分之和:

a) 环境腐蚀性调查;

b) 防腐设计;

c) 外防腐层的规定;

d) 深根植被;

e) 阴极保护系统的规定。

B.5.4.5.2 环境腐蚀性调查的评分

环境腐蚀性调查的得分,为以下各项得分之和:

a) 土壤电阻率;

b) 直流杂散电流干扰其排流措施;

c) 交流杂散电流干扰。

对于土壤电阻率,按以下规定评分:

a) 如果未进行土壤电阻率测量,则为0分;

b) 如果土壤电阻率<20 Ω·m,则为0分;

c) 如果土壤电阻率∈[20 Ω·m,50 Ω·m],则为4分;

d) 如果土壤电阻率>50 Ω·m,则为8分。

对于直流杂散电流干扰其排流措施,按照GB/T 19285确定直流杂散电流干扰程度,并按以下规定评分:

a) 如果直流杂散电流干扰程度大,并且未设置排流装置,则为0分;

b) 如果直流杂散电流干扰程度大,并且设置的排流装置不能完全满足排流的需要,则为1分;

c) 如果直流杂散电流干扰程度中或小,并且未设置排流装置,则为1分;

d) 如果直流杂散电流干扰程度中或小,并且设置的排流装置不能完全满足排流的需要,则为2分;

e) 如果设置的排流装置能满足排流的需要,则为3分;

f) 如果不存在直流杂散电流干扰,则为3分。

对于交流杂散电流干扰,按照GB/T 19285确定其干扰程度,并按以下规定评分:

a) 如果存在交流杂散电流干扰,则为0分;

b) 如果不存在交流杂散电流干扰,则为1分。

B.5.4.5.3 防腐设计的评分

防腐设计的得分,为以下各项得分之和:

a） 防腐设计单位的资质；

b） 防腐设计标准规范的选用；

c） 防腐设计的适用性。

对于防腐设计单位的资质，按以下规定评分：

a） 如果防腐设计单位不具备相应资质，则为 0 分；

b） 如果防腐设计单位具备相应资质，则为 4 分。

对于防腐设计标准规范的选用，按以下规定评分：

a） 如果管道防腐设计未按标准规范设计或采用已经作废的标准规范，则为 0 分；

b） 如果管道防腐设计采用现行标准规范，则为 4 分。

对于防腐设计的适用性，按照 GB/T 19285 确定防腐设计的要求，并按以下规定评分：

a） 如果外防腐层和/或阴极保护系统的设计不符合防腐设计标准规范要求，则为 0 分；

b） 如果外防腐层和/或阴极保护系统的设计基本符合防腐设计标准规范要求，则为 5 分；

c） 如果外防腐层和/或阴极保护系统的设计符合防腐设计标准规范要求，则为 10 分。

B.5.4.5.4 外防腐层的规定的评分

外防腐层的规定的得分，为以下各项得分之和：

a） 外防腐层制造质量控制的规定；

b） 外防腐层施工质量控制的规定。

外防腐层制造质量控制的规定的得分，为以下各项得分之和：

a） 外防腐层质量证明文件的规定；

b） 外防腐层复验的规定。

对于外防腐层质量证明文件的规定，按以下规定评分：

a） 如果无外防腐层，则为 0 分；

b） 如果未对外防腐层质量证明文件进行要求，则为 0 分；

c） 如果规定外防腐层质量证明文件必须齐全，则为 3 分；

d） 如果不需要外防腐层，则为 3 分。

对于外防腐层复验的规定，按以下规定评分：

a） 如果无外防腐层，则为 0 分；

b） 如果无防腐层复验的规定，则为 0 分；

c） 如果外防腐层复验的规定不满足 GB/T 19285 的要求，则为 0 分；

d） 如果外防腐层复验的规定满足 GB/T 19285 的要求，则为 5 分；

e） 如果不需要外防腐层，则为 5 分。

外防腐层施工质量控制的规定的得分，为以下各项得分之和：

a） 外防腐层补口补伤检验和下沟前检验的规定；

b） 外防腐层漏点检验的规定。

对于外防腐层补口补伤检验和下沟前检验的规定，按以下规定评分：

a） 如果无外防腐层，则为 0 分；

b） 如果无外防腐层补口补伤检验和下沟前检验的规定，则为 0 分；

c） 如果外防腐层补口补伤检验和下沟前检验的规定不满足 GB/T 19285 的要求，则为 0 分；

d） 如果外防腐层补口补伤检验和下沟前检验的规定满足 GB/T 19285 的要求，则为 5 分；

e） 如果不需要外防腐层，则为 5 分。

对于外防腐层漏点检验的规定，按以下规定评分：

a） 如果无外防腐层，则为 0 分；

b） 如果无防腐层漏点检验的规定，则为 0 分；

c） 如果外防腐层漏点检验的规定不满足 GB/T 19285 的要求，则为 0 分；

d） 如果外防腐层漏点检验的规定满足 GB/T 19285 的要求，则为 8 分；

e） 如果不需要外防腐层，则为 8 分。

B.5.4.5.5 深根植被的评分

a） 如果管道区段设计位置两侧各 5 m 范围内存在大量深根植物，则为 0 分；

b） 如果管道区段设计位置两侧各 5 m 范围内存在少量深根植物，则为 0.5 分；

c） 如果管道区段设计位置两侧各 5 m 范围内不存在深根植物，则为 1 分。

B.5.4.5.6 阴极保护系统的规定的评分

阴极保护系统的规定的得分，为以下各项得分之和：

a） 阴极保护系统设计文件审查；

b） 阴极保护系统制造质量控制的规定；

c） 阴极保护系统过程检验的规定；

d） 阴极保护系统投产测试的规定；

e） 阴极保护系统测试头设计间距。

对于阴极保护系统设计文件审查，按以下规定评分：

a） 如果未加阴极保护，则为 0 分；

b） 如果阴极保护系统设计文件未经过审查，则为 0 分；

c） 如果阴极保护系统设计文件审查手续不完整，则为 1 分；

d） 如果阴极保护系统设计文件审查手续完整，则为 3 分；

e） 如果不需要进行阴极保护，则为 3 分。

阴极保护系统制造质量控制的规定的得分，为以下各项得分之和：

a） 阴极保护系统制造单位的资质的规定；

b） 阴极保护系统质量证明文件的规定；

c） 阴极保护系统抽样复验的规定。

对于阴极保护系统制造单位的资质的规定，按以下规定评分：

a） 如果未加阴极保护，则为 0 分；

b） 如果未对阴极保护系统制造单位的资质进行要求，则为 0 分；

c） 如果规定阴极保护系统制造单位必须具备相应资质，则为 1 分；

d） 如果不需要进行阴极保护，则为 1 分。

对于阴极保护系统质量证明文件的规定，按以下规定评分：

a） 如果未加阴极保护，则为 0 分；

b） 如果未对阴极保护系统质量证明文件进行要求，则为 0 分；

c） 如果规定阴极保护系统质量证明文件必须齐全，则为 1 分；

d） 如果不需要进行阴极保护，则为 1 分。

对于阴极保护系统抽样复验的规定，按以下规定评分：

a） 如果未加阴极保护，则为 0 分；

b） 如果无阴极保护系统抽样复验规定，则为 0 分；

c） 如果阴极保护系统抽样复验规定不满足 GB/T 19285 的要求，则为 0 分；

d） 如果阴极保护系统抽样复验规定满足 GB/T 19285 的要求，则为 3 分；

e） 如果不需要进行阴极保护，则为 3 分。

对于阴极保护系统过程检验的规定，按以下规定评分：

a) 如果未加阴极保护，则为0分；

b) 如果无阴极保护系统过程检验规定，则为0分；

c) 如果阴极保护系统过程检验的规定不满足GB/T 19285的要求，则为0分；

d) 如果阴极保护系统过程检验的规定基本满足GB/T 19285的要求，则为2分；

e) 如果阴极保护系统过程检验的规定满足GB/T 19285的要求，则为4分；

f) 如果不需要进行阴极保护，则为4分。

对于阴极保护系统投产测试的规定，按以下规定评分：

a) 如果未加阴极保护，则为0分；

b) 如果无阴极保护系统投产测试规定，则为0分；

c) 如果阴极保护系统投产测试的规定不满足GB/T 19285的要求，则为0分；

d) 如果阴极保护系统投产测试的规定基本满足GB/T 19285的要求，则为2分；

e) 如果阴极保护系统投产测试的规定满足GB/T 19285的要求，则为5分；

f) 如果不需要进行阴极保护，则为5分。

对于阴极保护系统测试头设计间距，按以下规定评分：

a) 如果未加阴极保护，则为0分；

b) 如果测试头设计间距＞3 km，则为0分；

c) 如果测试头设计间距∈[2 km，3 km]，或有部分交叉管道和套管未监控，则为0分；

d) 如果测试头设计间距＜2 km，并且对管道附近所有地下金属设施监控，则为1分；

e) 如果不需要进行阴极保护，则为1分。

附　录　C
（规范性附录）
埋地钢质管道竣工交付阶段失效可能性评分基本模型

C.1　一般要求

本附录提出了埋地钢质管道竣工交付阶段失效可能性评分基本模型，从第三方破坏、腐蚀、设备（装置）及人员培训、管道本质安全质量四个方面对埋地钢质管道竣工交付阶段失效可能性进行半定量评分。

每个方面的得分为其下设的一个或多个评分项得分之和，下设子评分项的评分项的得分为其下设所有子评分项得分之和。从每个评分项或子评分项下设的各列项中单一选择最接近实际情况的列项，从而确定该评分项或子评分项的得分。

C.2　第三方破坏的评分

C.2.1　概述

输气管道、集气管道、输油管道和集油管道按照 C.2.2 的规定确定第三方破坏的得分，城市燃气管道和输送腐蚀性液体介质的工业管道按照 C.2.3 的规定确定第三方破坏的得分。

C.2.2　输气管道、集气管道、输油管道和集油管道第三方破坏的评分

C.2.2.1　概述

输气管道、集气管道、输油管道和集油管道第三方破坏的得分，为以下各项得分之和：

a）　地面活动水平；

b）　埋深；

c）　地面装置及其保护措施；

d）　占压；

e）　管道施工带条件；

f）　巡线；

g）　对公众进行管道安全教育的计划；

h）　公众对管道的保护意识。

C.2.2.2　地面活动水平的评分

C.2.2.2.1　概述

地面活动水平的得分，为以下各项得分之和：

a）　地区等级；

b）　地面活动频繁程度。

C.2.2.2.2　地区等级的评分

按照 GB 50251—2003 确定管道区段沿线地区等级：

a) 如果是四级地区,则为0分;

b) 如果是三级地区,则为2分;

c) 如果是二级地区,则为4分;

d) 如果是一级地区,则为6分。

C.2.2.2.3 地面活动频繁程度的评分

地面活动频繁程度的得分,为以下各项得分之和:

a) 建设活动;

b) 交通繁忙程度;

c) 农业生产活动;

d) 地质勘探活动;

e) 野生动物活动。

建设活动的得分,为以下各项得分之和:

a) 建设活动频繁程度;

b) 对建设活动施工单位的技术交底。

对于建设活动频繁程度,按以下规定进行评分:

a) 如果管道区段位于矿藏开发及重工业生产地区,则为0分;

b) 如果管道区段位于在建的经济技术开发区,则为1分;

c) 如果管道区段位于经常对周围地下设施进行维护的地区,则为1.5分;

d) 如果管道区段位于附近有清理水沟,修围墙等维护活动的地区,则为2分;

e) 如果管道区段位于没有建设活动的地区,则为3分。

对于对建设活动施工单位的技术交底,按以下规定进行评分:

a) 如果未交底,则为0分;

b) 如果进行图纸交底,则为1分;

c) 如果进行现场交底,则为3分。

对于交通繁忙程度,按以下规定进行评分:

a) 如果管道区段附近有铁路、公路交通主干线,则为0分;

b) 如果管道区段附近有公路交通干线,则为1分;

c) 如果管道区段附近有公路交通线、乡村公路、机耕道,则为3分;

d) 如果管道区段附近几乎没有车辆通行,则为4分。

对于农业生产活动,按以下规定进行评分:

a) 如果在管道区段上方进行大型机械化耕种,打苕沟,犁地等较深挖掘,则为0分;

b) 如果在管道区段上有少量挖掘深度小于500 mm的浅土层农作物,则为2分;

c) 如果在管道区段上无农业生产活动,则为3分。

对于地质勘探活动,按以下规定进行评分:

a) 如果管道区段附近有地质勘探活动,则为0分;

b) 如果管道区段附近无地质勘探活动,则为2分。

对于野生动物活动,按以下规定进行评分:

a) 如果管道区段附近有老鼠打洞等野生动物活动,则为0分;

b) 如果管道区段附近无老鼠打洞等野生动物活动,则为1分。

C.2.2.3 埋深的评分

C.2.2.3.1 概述

对非水下穿越管道，按照C.2.2.3.2的规定确定埋深的得分，对水下穿越管道，按照C.2.2.3.3的规定确定埋深的得分。

C.2.2.3.2 非水下穿越管道埋深的评分

a) 如果是跨越段或露管段，则为0分；

b) 如果是埋地段，则按照式(C.1)计算陆地管道埋深的得分。

$$\mathrm{Min}\left(\frac{d_3}{64},25\right) \qquad \cdots\cdots(C.1)$$

各种保护措施按以下规定折算为覆土层厚度：

a) 每50 mm水泥保护层相当于增加200 mm的覆土厚度；

b) 每100 mm水泥保护层相当于增加300 mm的覆土厚度；

c) 管道套管相当于增加600 mm的覆土厚度；

d) 加强水泥盖板相当于增加600 mm的覆土厚度；

e) 警告标志带相当于增加150 mm覆土厚度；

f) 网栏围住相当于增加460 mm覆土厚度。

C.2.2.3.3 水下穿越管道埋深的评分

水下穿越管道设计埋深的得分，为以下各项得分之和：

a) 可通航河道河底土壤表面(河床表面)与航船底面距离或未通航河道的水深；

b) 在河底的土壤埋深；

c) 保护措施。

对于可通航河道河底土壤表面(河床表面)与航船底面距离或未通航河道的水深，按以下规定评分：

a) 如果上述距离或深度∈[0 m～0.5 m)，则为0分；

b) 如果上述距离或深度∈[0.5 m～1.0 m)，则为2分；

c) 如果上述距离或深度∈[1.0 m～1.5 m)，则为3分；

d) 如果上述距离或深度∈[1.5 m～2.0 m)，则为4分；

e) 如果上述距离或深度≥2.0 m，则为6分。

对于在河底的土壤埋深，按以下规定评分：

a) 如果埋深∈[0 m～0.5 m)，则为0分；

b) 如果埋深∈[0.5 m～1.0 m)，则为3分；

c) 如果埋深∈[1.0 m～1.5 m)，则为6分；

d) 如果埋深∈[1.5 m～2.0 m)，则为9分；

e) 如果埋深≥2.0 m，则为12分。

对于保护措施，按以下规定评分：

a) 如果无保护措施，则为0分；

b) 如果采用石笼稳管、加设固定墩等稳管措施，则为4分；

c) 如果采用30 mm以上水泥保护层或其他能达到同样加固效果的措施，则为7分。

C.2.2.4 地面装置及其保护措施的评分

C.2.2.4.1 概述

地面装置及其保护措施的得分，为以下各项得分之和：

a） 地面装置与公路的距离；

b） 地面装置的围栏；

c） 地面装置的沟渠；

d） 地面装置的警示标志符号。

C.2.2.4.2 地面装置与公路的距离的评分

a） 如果地面装置与公路的距离不大于15 m，则为0分；

b） 如果地面装置与公路的距离大于15 m，则为5分；

c） 如果无地面装置，则为5分。

C.2.2.4.3 地面装置的围栏的评分

a） 如果地面装置没有保护围栏或者粗壮的树将装置与路隔离，则为0分；

b） 如果地面装置设有保护围栏或者粗壮的树将装置与路隔离，则为3分；

c） 如果无地面装置，则为3分。

C.2.2.4.4 地面装置的沟渠的评分

a） 如果地面装置与道路之间无不低于1.2 m深的沟渠，则为0分；

b） 如果地面装置与道路之间有不低于1.2 m深的沟渠，则为3分；

c） 如果无地面装置，则为3分。

C.2.2.4.5 地面装置的警示标志符号的评分

a） 如果地面装置无警示标志符号，则为0分；

b） 如果地面装置有警示标志符号，则为1分；

c） 如果无地面装置，则为1分。

C.2.2.5 占压的评分

a） 如果管道区段上占压现象严重(5处以上)，则为0分；

b） 如果管道区段上存在占压管道的现象(1～4处)，则为3分；

c） 如果管道区段上无占压现象，则为6分。

C.2.2.6 管道施工带条件的评分

a） 如果管道区段处于茂密的树林中或大块农田中，无法准确确认其位置，无任何标志，则为0分；

b） 如果有部分标志，但确定管道区段位置比较困难，则为2分；

c） 如果管道区段走向清晰可见，则为4分。

C.2.2.7 巡线的评分

C.2.2.7.1 概述

巡线的得分，为以下各项得分之和：

a） 巡线频率；

b） 巡线方式；

c） 线民密度。

C.2.2.7.2 巡线频率的评分

a) 如果从来不巡线,则为 0 分;
b) 如果巡线频率∈(0,每月 1 次],则为 1 分;
c) 如果巡线频率∈(每月 1 次,每月 2 次],则为 3 分;
d) 如果巡线频率∈(每月 2 次,每周 1 次],则为 4 分;
e) 如果巡线频率∈(每周 1 次,每两日 1 次],则为 5 分;
f) 如果巡线频率∈(每两日 1 次,每日 1 次],则为 6 分;
g) 如果聘有随时报告员,则为 7 分。

C.2.2.7.3 巡线方式的评分

a) 如果巡检乘车方便的管段,则为 0 分;
b) 如果巡检建设、挖掘频繁的管段,则为 1 分;
c) 如果逐一村社巡线,则为 2 分;
d) 如果沿管道区段逐步巡线,则为 3 分。

C.2.2.7.4 线民密度的评分

a) 如果没有人随时向管道操作员报告管道沿线的破坏行为,则为 0 分;
b) 如果随时报告管道沿线情况的线民密度∈(0,1 人/10 km],则为 1 分;
c) 如果随时报告管道沿线情况的线民密度∈(1 人/10 km,1 人/5 km],则为 2 分;
d) 如果随时报告管道沿线情况的线民密度∈(1 人/5 km,1 人/1 km],则为 3 分;
e) 如果管道巡线工能与随时报告管道沿线情况的线民有固定、可靠的联系,则为 4 分。

C.2.2.8 对公众进行管道安全教育的计划的评分

C.2.2.8.1 概述

对公众进行管道安全教育的计划的得分为以下各得分之和:
a) 与当地建筑商及其分包商会晤的计划;
b) 向当地可能的承包商、挖掘者发放宣传资料的计划;
c) 每年与当地干部举行联席会的计划;
d) 对社会团体进行定期教育的计划;
e) 与村镇签订联防协议的计划;
f) 给管道经过地区居民发放宣传资料的计划;
g) 对村民进行挨家挨户宣传教育的计划;
h) 张贴或书写宣传标语的计划。

C.2.2.8.2 与当地建筑商及其分包方会晤的计划的评分

a) 如果无此计划,则为 0 分;
b) 如果有此计划,则为 1 分。

C.2.2.8.3 向当地可能的承包商、挖掘者发放宣传资料的计划的评分

a) 如果无此计划,则为 0 分;
b) 如果有此计划,则为 1 分。

C.2.2.8.4　每年与当地干部举行联席会的计划的评分

a）如果无此计划，则为0分；
b）如果有此计划，则为1分。

C.2.2.8.5　对社会团体进行定期教育的计划的评分

a）如果无此计划，则为0分；
b）如果有此计划，则为1分。

C.2.2.8.6　与村镇签订联防协议的计划的评分

a）如果无此计划，则为0分；
b）如果有此计划，则为1分。

C.2.2.8.7　给管道经过地区居民发放宣传资料的计划的评分

a）如果无此计划，则为0分；
b）如果有此计划，则为1分。

C.2.2.8.8　对村民进行挨家挨户宣传教育的计划的评分

a）如果无此计划，则为0分；
b）如果有此计划，则为1分。

C.2.2.8.9　张贴或书写宣传标语的计划的评分

a）如果无此计划，则为0分；
b）如果有此计划，则为1分。

C.2.2.9　公众对管道的保护意识的评分

C.2.2.9.1　概述

公众对管道的保护意识的得分，为以下各项得分之和：

a）村镇文明建设；
b）村镇经济发达程度；
c）村镇社会治安状况；
d）居民文化素质；
e）当地政府的配合情况。

C.2.2.9.2　村镇文明建设的评分

a）如果管道区段沿线是从未获得文明称号的村镇，则为0分；
b）如果管道区段沿线是曾获得过1～2次文明称号的村镇，则为0.5分；
c）如果管道区段沿线是连续3次以上的文明村镇，则为1分。

C.2.2.9.3　村镇经济发达程度的评分

a）如果管道区段沿线村镇的人均年收入<1 500元人民币，则为0分；
b）如果管道区段沿线村镇的人均年收入∈[1 500,3 000)元人民币，则为1分；

c) 如果管道区段沿线村镇的人均年收入∈[3 000,5 000]元人民币,则为1.5分;

d) 如果管道区段沿线村镇的人均年收入＞5 000元人民币,则为2分。

C.2.2.9.4 村镇社会治安状况的评分

a) 如果管道区段沿线村镇每年都有治安和刑事案件发生,则为0分;

b) 如果管道区段沿线村镇近两年有1～2次治安和刑事案件发生,则为1分;

c) 如果管道区段沿线村镇近五年有1～2次治安和刑事案件发生,则为1.5分;

d) 如果管道区段沿线村镇从未发生过治安和刑事案件,则为2分。

C.2.2.9.5 居民文化素质的评分

a) 如果管道区段沿线村镇居民大多数为文盲或小学文化水平(占总人口70%以上),则为0分;

b) 如果管道区段沿线村镇居民基本为初中文化程度(占总人口70%以上),则为0.5分;

c) 如果管道区段沿线村镇居民有一些高中文化程度居民(至少占总人口10%),则为1分;

d) 如果管道区段沿线村镇居民有一些大学生(不到总人口10%),则为1.5分;

e) 如果管道区段沿线村镇居民大学生比例不小于10%,则为2分。

C.2.2.9.6 当地政府的配合情况的评分

a) 如果管道区段沿线当地政府对破坏管道行为不积极制止和惩罚,则为0分;

b) 如果管道区段沿线当地政府的配合被动,不得力,则为0.5分;

c) 如果管道区段沿线当地政府积极配合管道公司的工作,则为1分。

C.2.3 城市燃气管道和输送腐蚀性液体介质的工业管道第三方破坏的评分

C.2.3.1 概述

城市燃气管道和输送腐蚀性液体介质的工业管道第三方破坏的得分,为以下各项得分之和:

a) 地面活动水平;

b) 埋深;

c) 地面装置及其保护措施;

d) 占压;

e) 管道标识;

f) 巡线;

g) 公众教育计划。

C.2.3.2 地面活动水平的评分

C.2.3.2.1 概述

地面活动水平的得分,为以下各项得分之和:

a) 人口密度;

b) 地面活动频繁程度。

C.2.3.2.2 人口密度的评分

a) 如果2 km长度范围内,管道区段两侧各200 m的范围内,地上4层及以上建筑物普遍,则为0分;

b) 如果2 km长度范围内,管道区段与人员聚集的室内外场所的距离＜30 m,则为0分;

c) 如果 2 km 长度范围内,管道区段两侧各 200 m 的范围内,存在地上 4 层及以上建筑物,则为 1 分;
d) 如果 2 km 长度范围内,管道区段与人员聚集的室内外场所的距离∈[30 m,90 m],则为 1 分;
e) 如果 2 km 长度范围内,管道区段两侧各 200 m 的范围内,供人居住的单元数>80,但无地上 4 层及以上的建筑物,则为 2 分;
f) 如果 2 km 长度范围内,管道区段与人员聚集的室内外场所的距离>90 m,则为 3 分;
g) 如果 2 km 长度范围内,管道区段两侧各 200 m 的范围内,供人居住的单元数∈[12,80],则为 3 分;
h) 如果 2 km 长度范围内,管道区段两侧各 200 m 的范围内,供人居住的单元数<12,则为 5 分。

C.2.3.2.3 地面活动频繁程度的评分

地面活动频繁程度的得分,为以下各项得分之和:
a) 建设活动;
b) 交通繁忙程度;
c) 地质勘探活动。

建设活动的得分,为以下各项得分之和:
a) 建设活动频繁程度;
b) 对建设活动施工单位的技术交底。

对于建设活动频繁程度,按以下规定进行评分:
a) 如果管道区段位于矿藏开发及重工业生产地区,则为 0 分;
b) 如果管道区段位于在建的经济技术开发区,则为 1 分;
c) 如果管道区段位于经常对周围地下设施进行维护的地区,则为 3 分;
d) 如果管道区段位于附近有清理水沟,修围墙等维护活动的地区,则为 5 分;
e) 如果管道区段位于没有建设活动的地区,则为 7 分。

对于对建设活动施工单位的技术交底,按以下规定进行评分:
a) 如果未交底,则为 0 分;
b) 如果进行图纸交底,则为 4 分;
c) 如果进行现场交底,则为 7 分。

对于交通繁忙程度,按以下规定进行评分:
a) 如果管道区段附近有铁路、公路交通主干线,则为 0 分;
b) 如果管道区段附近有公路交通干线,则为 4 分;
c) 如果管道区段附近有公路交通线,则为 8 分;
d) 如果管道区段附近几乎没有车辆通行,则为 12 分。

对于地质勘探活动,按以下规定进行评分:
a) 如果管道区段附近有地质勘探活动,则为 0 分;
b) 如果管道区段附近无地质勘探活动,则为 4 分。

C.2.3.3 埋深的评分

C.2.3.3.1 概述

对非水下穿越管道,按照 C.2.3.3.2 的规定确定埋深的得分,对水下穿越管道,按照 C.2.3.3.3 的规定确定埋深的得分。

C.2.3.3.2 非水下穿越管道埋深的评分

a) 如果是跨越段或露管段,则为0分;

b) 如果是埋地段,按照GB 50028确定城市燃气管道对埋深的要求,参照GB 50028确定输送腐蚀性液体介质的工业管道对埋深的要求,并按照式(C.2)计算非水下穿越管道设计埋深的得分。

$$15 \times \left\{1 - \frac{\max[d_1 - d_3),0]}{d_1}\right\} \qquad \cdots\cdots (C.2)$$

各种保护措施按以下规定折算为覆土层厚度:

a) 每50 mm水泥保护层相当于增加200 mm的覆土厚度;

b) 每100 mm水泥保护层相当于增加300 mm的覆土厚度;

c) 管道套管相当于增加600 mm的覆土厚度;

d) 加强水泥盖板相当于增加600 mm的覆土厚度;

e) 警告标志带相当于增加150 mm覆土厚度;

f) 网栏围住相当于增加460 mm覆土厚度。

C.2.3.3.3 水下穿越管道埋深的评分

水下穿越管道埋深的得分,为以下各项得分之和:

a) 可通航河道河底土壤表面(河床表面)与航船底面距离或未通航河道的水深;

b) 在河底的土壤埋深;

c) 保护措施。

对于可通航河道河底土壤表面(河床表面)与航船底面距离或未通航河道的水深,按以下规定评分:

a) 如果上述距离或深度∈[0 m~0.5 m),则为0分;

b) 如果上述距离或深度∈[0.5 m~1.0 m),则为1分;

c) 如果上述距离或深度∈[1.0 m~1.5 m),则为2分;

d) 如果上述距离或深度∈[1.5 m~2.0 m),则为2.5分;

e) 如果上述距离或深度≥2.0 m,则为3分。

对于在河底的土壤埋深,按以下规定评分:

a) 如果埋深∈[0 m~0.5 m),则为0分;

b) 如果埋深∈[0.5 m~1.0 m),则为2分;

c) 如果埋深∈[1.0 m~1.5 m),则为4分;

d) 如果埋深∈[1.5 m~2.0 m),则为6分。

e) 如果埋深≥2.0 m,则为8分。

对于保护措施,按以下规定评分:

a) 如果无保护措施,则为0分;

b) 如果采用石笼稳管、加设固定墩等稳管措施,则为2分;

c) 如果采用30 mm以上水泥保护层或其他能达到同样加固效果的措施,则为4分。

C.2.3.4 地面装置及其保护措施的评分

C.2.3.4.1 概述

地面装置及其保护措施的得分,为以下各项得分之和:

a) 地面装置与公路的距离;

b) 地面装置的围栏;

c) 地面装置的沟渠；
d) 地面装置的警示标志符号。

C.2.3.4.2 地面装置与公路的距离的评分

a) 如果地面装置与公路的距离不大于15 m,则为0分；
b) 如果地面装置与公路的距离大于15 m,则为5分；
c) 如果无地面装置,则为5分。

C.2.3.4.3 地面装置的围栏的评分

a) 如果地面装置没有保护围栏或者粗壮的树将装置与路隔离,则为0分；
b) 如果地面装置设有保护围栏或者粗壮的树将装置与路隔离,则为4分；
c) 如果无地面装置,则为4分。

C.2.3.4.4 地面装置的沟渠的评分

a) 如果地面装置与道路之间无不低于1.2 m深的沟渠,则为0分；
b) 如果地面装置与道路之间有不低于1.2 m深的沟渠,则为4分；
c) 如果无地面装置,则为4分。

C.2.3.4.5 地面装置的警示标志符号的评分

a) 如果地面装置无警示标志符号,则为0分；
b) 如果地面装置有警示标志符号,则为2分；
c) 如果无地面装置,则为2分。

C.2.3.5 占压的评分

a) 如果管道区段上占压现象严重(5处以上),则为0分；
b) 如果管道区段上存在占压管道的现象(1～4处),则为3分；
c) 如果管道区段上无占压现象,则为6分。

C.2.3.6 管道标识的评分

a) 如果无地面标志,则为0分；
b) 如果部分地面标志损坏,则为3分；
c) 如果地面标志完好,但有些地面标志不显著,则为6分；
d) 如果地面标志完好、清晰可见,则为8分；
e) 如果不需要地面标志,则为8分。

C.2.3.7 巡线的评分

C.2.3.7.1 概述

巡线的得分,为以下各项得分之和：
a) 巡线频率；
b) 巡线方式。

C.2.3.7.2 巡线频率的评分

a) 如果从来不巡线,则为0分；

b） 如果巡线频率∈(0,每月1次],则为1分；
c） 如果巡线频率∈(每月1次,每月2次],则为2分；
d） 如果巡线频率∈(每月2次,每周1次],则为4分；
e） 如果巡线频率∈(每周1次,每两日1次],则为6分；
f） 如果巡线频率∈(每两日1次,每日1次],则为8分；
g） 如果聘有随时报告员,则为9分。

C.2.3.7.3 巡线方式的评分

a） 如果巡检乘车方便的管段,则为0分；
b） 如果巡检建设、挖掘频繁的管段,则为1分；
c） 如果沿管道区段逐步巡线,则为3分。

C.2.3.8 公众教育计划的评分

a） 如果与公安部门、居民委员会等部门没有联系,并且不开展宣传工作,则为0分；
b） 如果与公安部门、居民委员会等部门没有联系,但开展一定程度的宣传工作,则为1分；
c） 如果与公安部门、居民委员会等部门没有联系,但开展大量的宣传工作,则为2分；
d） 如果与公安部门、居民委员会等部门有一定的联系,但不开展宣传工作,则为3分；
e） 如果与公安部门、居民委员会等部门有一定的联系,并且开展一定程度的宣传工作,则为4分；
f） 如果与公安部门、居民委员会等部门有一定的联系,并且开展大量的宣传工作,则为5分；
g） 如果与公安部门、居民委员会等部门密切联系,但不开展宣传工作。则为6分；
h） 如果与公安部门、居民委员会等部门密切联系,并且开展一定程度的宣传工作,则为7分；
i） 如果与公安部门、居民委员会等部门密切联系,并且开展大量的宣传工作,则为9分。

C.3 腐蚀的评分

C.3.1 概述

腐蚀的得分,为以下各项得分之和：

a） 大气腐蚀；
b） 内腐蚀；
c） 土壤腐蚀。

C.3.2 大气腐蚀的评分

C.3.2.1 概述

埋地段按照C.3.2.2的规定确定大气腐蚀的得分,跨越段按照C.3.2.3的规定确定大气腐蚀的得分。

C.3.2.2 埋地段的大气腐蚀的评分

埋地段的大气腐蚀的得分为10分。

C.3.2.3 跨越段的大气腐蚀的评分

C.3.2.3.1 概述

跨越段的大气腐蚀的得分,为以下各项得分之和：

a) 跨越段的位置特点；
b) 跨越段的结构特点；
c) 大气腐蚀性；
d) 大气腐蚀防腐层。

C.3.2.3.2 跨越段的位置特点的评分

a) 如果位于水与空气的界面，则为 0 分；
b) 如果位于土壤与空气界面，则为 1 分；
c) 如果位于空气中，则为 2 分。

C.3.2.3.3 跨越段的结构特点的评分

a) 如果加装套管，则为 0 分；
b) 如果存在支撑或吊架，则为 0.5 分；
c) 如果无上述情况，则为 1 分。

C.3.2.3.4 大气腐蚀性的评分

a) 如果未进行大气腐蚀性调查，则为 0 分；
b) 如果是海洋气候，并且含化学品，则为 0 分；
c) 如果是工业大气或一般大气，含化学品，并且湿度高，则为 1 分；
d) 如果是海洋气候并且不含化学品，则为 1.5 分；
e) 如果是工业大气或一般大气，不含化学品，并且湿度高、温度高，则为 2 分；
f) 如果是工业大气或一般大气，含化学品，并且湿度低，则为 2.5 分；
g) 如果是工业大气或一般大气，不含化学品，并且湿度低、温度低，则为 3 分。

C.3.2.3.5 大气腐蚀防腐层的评分

大气腐蚀防腐层的得分，为以下各项得分之和：
a) 大气腐蚀防腐层的适用性；
b) 大气腐蚀防腐层施工质量；
c) 大气腐蚀防腐层的日常检查的规定；
d) 大气腐蚀防腐层的修补更换的规定。
对于大气腐蚀防腐层的适用性，按以下规定评分：
a) 如果无大气腐蚀防腐层，则为 0 分；
b) 如果大气腐蚀防腐层不适合管道区段所处环境，则为 0 分；
c) 如果大气腐蚀防腐层不是专门为管道区段所处环境设计的，则为 0.5 分；
d) 如果大气腐蚀防腐层是适应管道区段所处环境的防腐层，则为 1 分。
对于大气腐蚀防腐层施工质量，按以下规定评分：
a) 如果无大气腐蚀防腐层，则为 0 分；
b) 如果施工步骤疏漏，没有进行环境控制，则为 0 分；
c) 如果施工步骤齐全，但操作不规范，则为 0.5 分；
d) 如果施工步骤齐全，操作较规范，但没有正规的质量控制程序，则为 0.8 分；
e) 如果有详细的规范说明，采用适当的质量控制系统，则为 1 分。
对于大气腐蚀防腐层的日常检查的规定，按以下规定评分：
a) 如果无大气腐蚀防腐层，则为 0 分；

b) 如果不检查大气腐蚀防腐层，则为 0 分；

c) 如果规定的检查周期过长，不满足实际需要，或未规定由经过专门培训的检查人员进行检查，则为 0.5 分；

d) 如果规定的检查时间间隔合理，并且规定由经过专门培训的检查人员进行检查，则为 1 分。

对于大气腐蚀防腐层的修补更换的规定，按以下规定评分：

a) 如果无大气腐蚀防腐层，则为 0 分；

b) 如果未规定修补、更换损坏的大气腐蚀防腐层，则为 0 分；

c) 如果未规定报告和修复缺陷，则为 0.5 分；

d) 如果未规定制定修复时间表并按该时间表进行修复，则为 0.8 分；

e) 如果规定制定修复时间表并按该时间表进行修复，则为 1 分。

C.3.3 内腐蚀的评分

C.3.3.1 概述

输气管道按照 C.3.3.2 的规定确定内腐蚀得分，集气管道按照 C.3.3.3 的规定确定内腐蚀得分，输油管道按照 C.3.3.4 的规定确定内腐蚀得分，集油管道按照 C.3.3.5 的规定确定内腐蚀得分，输送天然气、液化气介质的城市燃气管道按照 C.3.3.6 的规定确定内腐蚀得分，输送人工煤气介质的城市燃气管道按照 C.3.3.7 的规定确定内腐蚀得分，输送腐蚀性液体介质的工业管道按照 C.3.3.8 的规定确定内腐蚀得分。

C.3.3.2 输气管道内腐蚀的评分

C.3.3.2.1 概述

输气管道内腐蚀的得分，为以下各项得分之和：

a) 拟输送介质腐蚀性；

b) 拟采用的内防腐措施和内检测。

C.3.3.2.2 拟输送介质腐蚀性的评分

拟输送介质腐蚀性的得分，为以下各项得分之和：

a) 含水量(包括冷凝水)；

b) 二氧化碳含量；

c) 硫化氢含量；

d) 介质流速。

对于含水量，按以下规定评分：

a) 如果有凝析水，则为 0 分；

b) 如果运行过程中有可能产生凝析水，则为 0 分；

c) 如果无凝析水，则为 5 分。

对于二氧化碳含量，按以下规定评分：

a) 如果二氧化碳分压$>$0.21 MPa，则为 0 分；

b) 如果二氧化碳分压$\in$[0.021 MPa，0.21 MPa]，则为 1 分；

c) 如果二氧化碳分压$<$0.021 MPa，则为 2 分。

对于硫化氢含量，按以下规定评分：

a) 如果硫化氢含量$>$20 mg/m^3，则为 0 分；

b) 如果硫化氢含量$\leqslant$20 mg/m^3，则为 2 分。

对于介质流速，按以下规定评分：

a） 如果介质流速<3 m/s，则为 0 分；

b） 如果介质流速≥3 m/s，则为 1 分。

C.3.3.2.3 拟采用的内防腐措施和内检测的评分

拟采用的内防腐措施和内检测的得分，为以下各项得分之和：

a） 拟采用的内防腐措施；

b） 内检测周期的规定。

对于拟采用的内防腐措施，按以下规定评分：

a） 如果无内防腐措施，则为 0 分；

b） 如果计划采用内腐蚀监测，则为 0.5 分；

c） 如果计划定期清管，则为 1 分；

d） 如果计划注入缓蚀剂，则为 1.5 分；

e） 如果计划采用防腐内覆盖层，则为 2 分；

f） 如果计划采用上述两种或两种以上的措施，则为 3 分；

g） 如果不需要采取措施，则为 3 分。

对于内检测周期的规定，按以下规定评分：

a） 如果不进行内检测，则为 0 分；

b） 如果内检测周期>8 年，则为 0 分；

c） 如果内检测周期∈(5 年，8 年]，则为 1 分；

d） 如果内检测周期∈[3 年，5 年]，则为 1.5 分；

e） 如果内检测周期<3 年，则为 2 分；

f） 如果不需要进行内检测，则为 2 分。

C.3.3.3 集气管道内腐蚀的评分

C.3.3.3.1 概述

集气管道内腐蚀的得分，为以下各项得分之和：

a） 拟输送介质腐蚀性；

b） 拟采用的内防腐措施和内检测。

C.3.3.3.2 拟输送介质腐蚀性的评分

拟输送介质腐蚀性的得分，为以下各项得分之和：

a） 含水量；

b） 氯离子含量；

c） pH 值；

d） 二氧化碳含量；

e） 硫化氢含量；

f） 介质温度；

g） 介质流速。

对于含水量(包括冷凝水)，按以下规定评分：

a） 如果不含游离水，则为 0 分；

b） 如果含游离水，则为 10 分。

对于氯离子含量，按以下规定评分：

a） 如果氯离子含量＞ 60 000 mg/L，则为 0 分；

b） 如果氯离子含量∈[10 000 mg/L，60 000 mg/L]，则为 1 分；

c） 如果氯离子含量∈[1 000 mg/L，10 000 mg/L)，则为 3 分；

d） 如果氯离子含量＜1 000 mg/L，则为 4 分。

对于 pH 值，按以下规定评分：

a） 如果 pH≤3.5，则为 0 分；

b） 如果 pH 值∈(3.5，6.5]，则为 2 分；

c） 如果 pH＞6.5，则为 4 分。

对于二氧化碳含量，按以下规定评分：

a） 如果二氧化碳分压＞0.21 MPa，则为 0 分；

b） 如果二氧化碳分压∈[0.021 MPa，0.21 MPa]，则为 2 分；

c） 如果二氧化碳分压＜0.021 MPa，则为 4 分。

对于硫化氢含量，按以下规定评分：

a） 如果硫化氢分压＞1 MPa，则为 0 分；

b） 如果硫化氢分压∈[0.1 MPa，1 MPa]，则为 1 分；

c） 如果硫化氢分压∈[0.01 MPa，0.1 MPa)，则为 2 分；

d） 如果硫化氢分压∈[0.000 3 MPa，0.01 MPa)，则为 3 分；

e） 如果硫化氢分压＜0.000 3 MPa，则为 4 分。

对于介质温度，按以下规定评分：

a） 如果介质温度＜60 ℃或＞100 ℃，则为 0 分；

b） 如果介质温度∈[60 ℃，100 ℃]，则为 2 分。

对于介质流速，按以下规定评分：

a） 如果介质流速＜3 m/s，则为 0 分；

b） 如果介质流速＞影响缓蚀剂膜稳定性的流速，则为 0 分；

c） 如果介质流速∈[3 m/s，影响缓蚀剂膜稳定性的流速]，则为 2 分。

C.3.3.3.3 拟采用的内防腐措施和内检测的评分

拟采用的内防腐措施和内检测的得分，为以下各项得分之和：

a） 拟采用的内防腐措施；

b） 内检测周期的规定。

对于拟采用的内防腐措施，按以下规定评分：

a） 如果无内防腐措施，则为 0 分；

b） 如果计划采用内腐蚀监测，则为 2 分；

c） 如果计划定期清管，则为 4 分；

d） 如果计划注入缓蚀剂，则为 6 分；

e） 如果计划采用防腐内覆盖层，则为 8 分；

f） 如果计划采用上述两种或两种以上的措施，则为 12 分；

g） 如果不需要采取措施，则为 12 分。

对于内检测周期的规定，按以下规定评分：

a） 如果不进行内检测，则为 0 分；

b） 如果内检测周期＞5 年，则为 0 分；

c） 如果内检测周期∈(3 年，5 年]，则为 2 分；

d） 如果内检测周期∈[2年,3年],则为4分；

e） 如果内检测周期<2年,则为8分；

f） 如果不需要进行内检测,则为8分。

C.3.3.4 输油管道内腐蚀的评分

C.3.3.4.1 概述

输油管道内腐蚀的得分,为以下各项得分之和：

a） 拟输送介质腐蚀性；

b） 拟采用的内防腐措施和内检测。

C.3.3.4.2 拟输送介质腐蚀性的评分

拟输送介质腐蚀性的得分,为以下各项得分之和：

a） 含水量；

b） 二氧化碳含量；

c） 硫化氢含量；

d） 蜡含量；

e） 介质温度；

f） 介质流速。

对于含水量,按以下规定评分：

a） 如果有凝析水,则为0分；

b） 如果运行过程中有可能产生凝析水,则为0分；

c） 如果无凝析水,则为3分。

对于二氧化碳含量,按以下规定评分：

a） 如果二氧化碳分压>0.21 MPa,则为0分；

b） 如果二氧化碳分压∈[0.021 MPa,0.21 MPa],则为1分；

c） 如果二氧化碳分压<0.021 MPa,则为2分。

对于硫化氢含量,按以下规定评分：

a） 如果硫化氢含量>20 mg/m^3,则为0分；

b） 如果硫化氢含量≤20 mg/m^3,则为2分。

对于蜡含量,按以下规定评分：

a） 如果蜡含量中等,则为0分；

b） 如果蜡含量低,则为0.5分；

c） 如果蜡含量高,则为1分。

对于介质温度,按以下规定评分：

a） 如果介质温度较高,则为0分；

b） 如果介质温度中等,则为0.5分；

c） 如果介质温度较低,则为1分。

对于介质流速,按以下规定评分：

a） 如果介质流速<3 m/s,则为0分；

b） 如果介质流速≥3 m/s,则为1分。

C.3.3.4.3 拟采用的内防腐措施和内检测的评分

拟采用的内防腐措施和内检测的得分,为以下各项得分之和：

a） 拟采用的内防腐措施；

b） 内检测周期的规定。

对于拟采用的内防腐措施，按以下规定评分：

a） 如果无内防腐措施，则为 0 分；

b） 如果计划采用内腐蚀监测，则为 0.5 分；

c） 如果计划定期清管，则为 1 分；

d） 如果计划注入缓蚀剂，则为 1.5 分；

e） 如果计划采用防腐内覆盖层，则为 2 分；

f） 如果计划采用上述两种或两种以上的措施，则为 3 分；

g） 如果不需要采取措施，则为 3 分。

对于内检测周期的规定，按以下规定评分：

a） 如果不进行内检测，则为 0 分；

b） 如果内检测周期＞8 年，则为 0 分；

c） 如果内检测周期∈（5 年，8 年］，则为 1 分；

d） 如果内检测周期∈［3 年，5 年］，则为 1.5 分；

e） 如果内检测周期＜3 年，则为 2 分；

f） 如果不需要进行内检测，则为 2 分。

C.3.3.5 集油管道内腐蚀的评分

C.3.3.5.1 概述

集油管道内腐蚀的得分，为以下各项得分之和：

a） 拟输送介质腐蚀性；

b） 拟采用的内防腐措施和内检测。

C.3.3.5.2 拟输送介质腐蚀性的评分

拟输送介质腐蚀性的得分，为以下各项得分之和：

a） 含水量（包括冷凝水）；

b） 氯离子含量；

c） pH 值；

d） 二氧化碳含量；

e） 硫化氢含量；

f） 蜡含量；

g） 介质温度；

h） 介质流速。

对于含水量（包括冷凝水），按以下规定评分：

a） 如果不含游离水，则为 0 分；

b） 如果含游离水，则为 8 分。

对于氯离子含量，按以下规定评分：

a） 如果氯离子含量＞60 000 mg/L，则为 0 分；

b） 如果氯离子含量∈［10 000 mg/L，60 000 mg/L］，则为 1 分；

c） 如果氯离子含量∈［1 000 mg/L，10 000 mg/L），则为 3 分；

d） 如果氯离子含量＜1 000 mg/L，则为 4 分。

对于 pH 值,按以下规定评分:

a) 如果 pH≤3.5,则为 0 分;

b) 如果 pH 值∈(3.5,6.5],则为 2 分;

c) 如果 pH>6.5,则为 4 分。

对于二氧化碳含量,按以下规定评分:

a) 如果二氧化碳分压>0.21 MPa,则为 0 分;

b) 如果二氧化碳分压∈[0.021 MPa,0.21 MPa],则为 2 分;

c) 如果二氧化碳分压<0.021 MPa,则为 4 分。

对于硫化氢含量,按以下规定评分:

a) 如果硫化氢分压>1 MPa,则为 0 分;

b) 如果硫化氢分压∈[0.1 MPa,1 MPa],则为 1 分;

c) 如果硫化氢分压∈[0.01 MPa,0.1 MPa),则为 2 分;

d) 如果硫化氢分压∈[0.000 3 MPa,0.01 MPa),则为 3 分;

e) 如果硫化氢分压<0.000 3 MPa,则为 4 分。

对于蜡含量,按以下规定评分:

a) 如果蜡含量中等,则为 0 分;

b) 如果蜡含量低,则为 1 分;

c) 如果蜡含量高,则为 2 分。

对于介质温度,按以下规定评分:

a) 如果介质温度较高,则为 0 分;

b) 如果介质温度中等,则为 1 分;

c) 如果介质温度较低,则为 2 分。

对于介质流速,按以下规定评分:

a) 如果介质流速<3 m/s,则为 0 分;

b) 如果介质流速>影响缓蚀剂膜稳定性的流速,则为 0 分;

c) 如果介质流速∈[3 m/s,影响缓蚀剂膜稳定性的流速],则为 2 分。

C.3.3.5.3 拟采用的内防腐措施和内检测的评分

拟采用的内防腐措施和内检测的得分,为以下各项得分之和:

a) 拟采用的内防腐措施;

b) 内检测周期的规定。

对于拟采用的内防腐措施,按以下规定评分:

a) 如果无内防腐措施,则为 0 分;

b) 如果计划采用内腐蚀监测,则为 2 分;

c) 如果计划定期清管,则为 4 分;

d) 如果计划注入缓蚀剂,则为 6 分;

e) 如果计划采用防腐内覆盖层,则为 8 分;

f) 如果计划采用上述两种或两种以上的措施,则为 12 分;

g) 如果不需要采取措施,则为 12 分。

对于内检测周期的规定,按以下规定评分:

a) 如果不进行内检测,则为 0 分;

b) 如果内检测周期>5 年,则为 0 分;

c) 如果内检测周期∈(3 年,5 年],则为 2 分;

d) 如果内检测周期∈[2 年,3 年],则为 4 分;
e) 如果内检测周期<2 年,则为 8 分;
f) 如果不需要进行内检测,则为 8 分。

C.3.3.6 输送天然气、液化气介质的城市燃气管道内腐蚀的评分

C.3.3.6.1 概述

输送天然气、液化气介质的城市燃气管道内腐蚀的得分,为以下各项得分之和:
a) 拟输送介质腐蚀性;
b) 气质监测计划。

C.3.3.6.2 拟输送介质腐蚀性的评分

拟输送介质腐蚀性的得分,为以下各项得分之和:
a) 含水量;
b) 二氧化碳含量;
c) 硫化氢含量;
d) 介质流速。
对于含水量,按以下规定评分:
a) 如果有凝析水,则为 0 分;
b) 如果运行过程中有可能产生凝析水,则为 0 分;
c) 如果无凝析水,则为 2 分。
对于二氧化碳含量,按以下规定评分:
a) 如果二氧化碳分压>0.21 MPa,则为 0 分;
b) 如果二氧化碳分压∈[0.021 MPa,0.21 MPa],则为 0.5 分;
c) 如果二氧化碳分压<0.021 MPa,则为 1 分。
对于硫化氢含量,按以下规定评分:
a) 如果硫化氢含量>20 mg/m^3,则为 0 分;
b) 如果硫化氢含量≤20 mg/m^3,则为 1 分。
对于介质流速,按以下规定评分:
a) 如果介质流速<3 m/s,则为 0 分;
b) 如果介质流速≥3 m/s,则为 1 分。

C.3.3.6.3 气质监测计划的评分

a) 如果无气质监测计划,则为 0 分;
b) 如果计划的气质监测周期过长,不满足实际需要,则为 1 分;
c) 如果计划的气质监测周期基本满足实际需要,则为 3 分;
d) 如果计划的气质监测周期满足实际需要,则为 5 分;
e) 如果不需要进行气质监测,则为 5 分。

C.3.3.7 输送人工煤气介质的城市燃气管道内腐蚀的评分

C.3.3.7.1 概述

输送人工煤气介质的城市燃气管道内腐蚀的得分,为以下各项得分之和:
a) 拟输送介质腐蚀性;

b） 气质监测计划。

C.3.3.7.2 拟输送介质腐蚀性的评分

拟输送介质腐蚀性的得分，为以下各项得分之和：

a） 含水量；
b） 氯离子含量；
c） pH 值；
d） 二氧化碳含量；
e） 硫化氢含量；
f） 介质流速。

对于含水量(包括冷凝水)，按以下规定评分：

a） 如果不含游离水，则为 0 分；
b） 如果含游离水，则为 5 分。

对于氯离子含量，按以下规定评分：

a） 如果氯离子含量＞ 60 000 mg/L，则为 0 分；
b） 如果氯离子含量∈[10 000 mg/L，60 000 mg/L]，则为 0.3 分；
c） 如果氯离子含量∈[1 000 mg/L，10 000 mg/L)，则为 0.8 分；
d） 如果氯离子含量＜1 000 mg/L，则为 1 分。

对于 pH 值，按以下规定评分：

a） 如果 pH≤3.5，则为 0 分；
b） 如果 pH 值∈(3.5，6.5]，则为 0.5 分；
c） 如果 pH＞6.5，则为 1 分。

对于二氧化碳含量，按以下规定评分：

a） 如果二氧化碳分压＞0.21 MPa，则为 0 分；
b） 如果二氧化碳分压∈[0.021 MPa，0.21 MPa]，则为 0.5 分；
c） 如果二氧化碳分压＜0.021 MPa，则为 1 分。

对于硫化氢含量，按以下规定评分：

a） 如果硫化氢分压＞1 MPa，则为 0 分；
b） 如果硫化氢分压∈[0.1 MPa，1 MPa]，则为 0.2 分；
c） 如果硫化氢分压∈[0.01 MPa，0.1 MPa)，则为 0.4 分；
d） 如果硫化氢分压∈[0.000 3 MPa，0.01 MPa)，则为 0.8 分；
e） 如果硫化氢分压＜0.000 3 MPa，则为 1 分。

对于介质流速，按以下规定评分：

a） 如果介质流速＜3 m/s，则为 0 分；
b） 如果介质流速＞影响缓蚀剂膜稳定性的流速，则为 0 分；
c） 如果介质流速∈[3 m/s，影响缓蚀剂膜稳定性的流速]，则为 1 分。

C.3.3.7.3 气质监测计划的评分

a） 如果无气质监测计划，则为 0 分；
b） 如果计划的气质监测周期过长，不满足实际需要，则为 2 分；
c） 如果计划的气质监测周期基本满足实际需要，则为 6 分；
d） 如果计划的气质监测周期满足实际需要，则为 10 分；
e） 如果不需要进行气质监测，则为 10 分。

C.3.3.8 输送腐蚀性液体介质的工业管道内腐蚀的评分

C.3.3.8.1 概述

输送腐蚀性液体介质的工业管道内腐蚀的得分，为以下各项得分之和：

a) 拟输送介质腐蚀性；

b) 拟采用的内防腐措施。

C.3.3.8.2 拟输送介质腐蚀性的评分

拟输送介质腐蚀性的得分，为以下各项得分之和：

a) 腐蚀性介质浓度及钝化性能；

b) 介质的 pH 值；

c) 介质中的氧化剂含量；

d) 介质流速；

e) 应力腐蚀敏感性。

对于腐蚀性介质浓度及钝化性能，按以下规定评分：

a) 如果不发生钝化，并且腐蚀性介质浓度高，则为 0 分；

b) 如果不发生钝化，并且腐蚀性介质浓度中等，则为 5 分；

c) 如果不发生钝化，并且腐蚀性介质浓度低，则为 10 分；

d) 如果发生钝化，则为 15 分。

对于介质的 pH 值，按以下规定评分：

a) 如果 pH≤4.5 或>12.5，则为 0 分；

b) 如果 pH∈(4.5,5.5]或(11.5,12.5]，则为 1 分；

c) 如果 pH∈(5.5,6]或(10.5,11.5]，则为 4 分；

d) 如果 pH∈(6,6.5]或(8,10.5]，则为 7 分；

e) 如果 pH∈(6.5,8]，则为 10 分。

对于介质中的氧化剂含量，按以下规定评分：

a) 如果介质中的氧化剂含量高，则为 0 分；

b) 如果介质中的氧化剂含量中等，则为 4 分；

c) 如果介质中的氧化剂含量低，则为 8 分。

对于介质流速，按以下规定评分：

a) 如果介质流速<3 m/s，则为 0 分；

b) 如果介质流速>影响缓蚀剂膜稳定性的流速，则为 0 分；

c) 如果介质流速∈[3 m/s，影响缓蚀剂膜稳定性的流速]，则为 3 分。

对于应力腐蚀敏感性，按以下规定评分：

a) 如果管道材料与介质形成应力腐蚀敏感性组合，则为 0 分；

b) 如果管道材料与介质不形成应力腐蚀敏感性组合，则为 4 分。

C.3.3.8.3 拟采用的内防腐措施的评分

a) 如果无内防腐措施，则为 0 分；

b) 如果计划采用内腐蚀监测，则为 2 分；

c) 如果计划注入缓蚀剂，则为 4 分；

d) 如果计划采用防腐内覆盖层，则为 8 分；

e) 如果计划采用上述两种或两种以上的措施,则为 10 分;

f) 如果不需要采取措施,则为 10 分。

C.3.4 土壤腐蚀的评分

C.3.4.1 概述

输气管道和输油管道按照 C.3.4.2 的规定确定土壤腐蚀得分,集气管道、集油管道和输送腐蚀性液体介质的工业管道按照 C.3.4.3 的规定确定土壤腐蚀得分,输送天然气、液化气介质的城市燃气管道按照 C.3.4.4 的规定确定土壤腐蚀得分,输送人工煤气介质的城市燃气管道按照 C.3.4.5 的规定确定土壤腐蚀得分。

C.3.4.2 输气管道和输油管道土壤腐蚀的评分

C.3.4.2.1 概述

输气管道和输油管道土壤腐蚀的得分,为以下各项得分之和:

a) 环境腐蚀性调查;

b) 防腐设计;

c) 外防腐层;

d) 深根植被;

e) 阴极保护系统。

C.3.4.2.2 环境腐蚀性调查的评分

环境腐蚀性调查的得分,为以下各项得分之和:

a) 土壤电阻率;

b) 直流杂散电流干扰及其排流措施;

c) 交流杂散电流干扰。

对于土壤电阻率,按以下规定评分:

a) 如果未进行土壤电阻率测量,则为 0 分;

b) 如果土壤电阻率<20 Ω·m,则为 0 分;

c) 如果土壤电阻率∈[20 Ω·m,50 Ω·m],则为 3 分;

d) 如果土壤电阻率>50 Ω·m,则为 6 分。

对于直流杂散电流干扰及其排流措施,按照 GB/T 19285 确定直流杂散电流干扰程度,并按以下规定评分:

a) 如果直流杂散电流干扰程度大,并且未设置排流装置,则为 0 分;

b) 如果直流杂散电流干扰程度大,并且设置的排流装置不能完全满足排流的需要,则为 1 分;

c) 如果直流杂散电流干扰程度中或小,并且未设置排流装置,则为 1 分;

d) 如果直流杂散电流干扰程度中或小,并且设置的排流装置不能完全满足排流的需要,则为 2 分;

e) 如果设置的排流装置能满足排流的需要,则为 4 分;

f) 如果不存在直流杂散电流干扰,则为 4 分。

对于交流杂散电流干扰,按照 GB/T 19285 确定其干扰程度,并按以下规定评分:

a) 如果存在交流杂散电流干扰,则为 0 分;

b) 如果不存在交流杂散电流干扰,则为 2 分。

C.3.4.2.3 防腐设计的评分

防腐设计的得分，为以下各项得分之和：

a) 防腐设计单位的资质；

b) 防腐设计标准规范的选用；

c) 防腐设计的适用性。

对于防腐设计单位的资质，按以下规定评分：

a) 如果防腐设计单位不具备相应资质，则为 0 分；

b) 如果防腐设计单位具备相应资质，则为 1 分。

对于防腐设计标准规范的选用，按以下规定评分：

a) 如果管道防腐设计未按标准规范设计或采用设计当时已经作废的标准规范，则为 0 分；

b) 如果管道防腐设计采用设计当时有效的旧版本标准规范，则为 1 分；

c) 如果管道防腐设计采用现行标准规范，则为 2 分。

对于防腐设计的适用性，按照 GB/T 19285 确定防腐设计的要求，并按以下规定评分：

a) 如果外防腐层和/或阴极保护系统的设计不符合防腐设计标准规范要求，则为 0 分；

b) 如果外防腐层和/或阴极保护系统的设计基本符合防腐设计标准规范要求，则为 3 分；

c) 如果外防腐层和/或阴极保护系统的设计符合防腐设计标准规范要求，则为 5 分。

C.3.4.2.4 外防腐层的评分

外防腐层的得分，为以下各项得分之和：

a) 外防腐层类型；

b) 外防腐层制造质量；

c) 外防腐层施工质量；

d) 外防腐层全面检验的规定；

e) 外防腐层维护的规定。

对于外防腐层类型，按以下规定评分：

a) 如果无外防腐层，则为 0 分；

b) 如果是防锈油漆，则为 1 分；

c) 如果是高密度聚乙烯，则为 2 分；

d) 如果是沥青加玻璃布，则为 3 分；

e) 如果是煤焦油瓷漆或环氧煤沥青，则为 3.5 分；

f) 如果是三层 PE 复合涂层，则为 4 分；

g) 如果不需要外防腐层，则为 4 分。

外防腐层制造质量的得分，为以下各项得分之和：

a) 外防腐层质量证明文件；

b) 外防腐层复验。

对于外防腐层质量证明文件，按以下规定评分：

a) 如果无外防腐层，则为 0 分；

b) 如果外防腐层无质量证明文件，则为 0 分；

c) 如果外防腐层质量证明文件齐全，则为 2 分；

d) 如果不需要外防腐层，则为 2 分。

对于外防腐层复验，按以下规定评分：

a) 如果无外防腐层，则为 0 分；

b) 如果未进行外防腐层复验,则为0分;

c) 如果外防腐层复验不合格,则为0分;

d) 如果外防腐层复验合格,则为6分;

e) 如果不需要进行外防腐层复验,则为6分;

f) 如果不需要外防腐层,则为6分。

外防腐层施工质量的得分,为以下各项得分之和:

a) 外防腐层补口补伤检验和下沟前检验;

b) 外防腐层漏点检验。

对于外防腐层补口补伤检验和下沟前检验,按以下规定评分:

a) 如果无外防腐层,则为0分;

b) 如果未进行外防腐层补口补伤检验和下沟前检验,则为0分;

c) 如果外防腐层补口补伤检验或下沟前检验不合格,则为0分;

d) 如果外防腐层补口补伤检验和下沟前检验合格,则为8分;

e) 如果不需要外防腐层,则为8分。

对于外防腐层漏点检验,按以下规定评分:

a) 如果无外防腐层,则为0分;

b) 如果未进行外防腐层漏点检验,则为0分;

c) 如果外防腐层漏点检验不合格,则为0分;

d) 如果外防腐层漏点检验合格,则为10分;

e) 如果不需要外防腐层,则为10分。

外防腐层全面检验的规定的得分,为以下各项得分之和:

a) 全面检验人员资质的规定;

b) 全面检验项目和周期的规定。

对于全面检验人员资质的规定,按以下规定评分:

a) 如果无外防腐层,则为0分;

b) 如果不进行外防腐层全面检验,则为0分;

c) 如果未对外防腐层全面检验人员的资质进行要求,则为0分;

d) 如果规定外防腐层全面检验人员必须具备相应的资质,则为1分;

e) 如果不需要外防腐层,则为1分。

对于全面检验项目和周期的规定,按以下规定评分:

a) 如果无外防腐层,则为0分;

b) 如果不进行外防腐层全面检验,则为0分;

c) 如果未规定外防腐层全面检验项目和周期,则为0分;

d) 如果外防腐层全面检验项目或周期的规定不满足GB/T 19285的要求,则为0分;

e) 如果外防腐层全面检验项目和周期的规定满足GB/T 19285的要求,则为2分;

f) 如果不需要外防腐层,则为2分。

对于外防腐层维护的规定,按以下规定评分:

a) 如果无外防腐层,则为0分;

b) 如果无外防腐层维护的规定,则为0分;

c) 如果未规定报告和修复缺陷,则为0.5分;

d) 如果未规定制定修复时间表并按该时间表进行修复,则为0.8分;

e) 如果规定制定修复时间表并按该时间表进行修复,则为1分。

C.3.4.2.5 深根植被的评分

a) 如果管道区段两侧各 5 m 范围内存在大量深根植物，则为 0 分；
b) 如果管道区段两侧各 5 m 范围内存在少量深根植物，则为 0.5 分；
c) 如果管道区段两侧各 5 m 范围内不存在深根植物，则为 1 分。

C.3.4.2.6 阴极保护系统的评分

阴极保护系统的得分，为以下各项得分之和：
a) 阴极保护系统产品质量；
b) 阴极保护系统安装质量；
c) 阴极保护系统在线检查的规定；
d) 阴极保护系统全面检验的规定；
e) 阴极保护系统测试头间距。

阴极保护系统产品质量的得分，为以下各项得分之和：
a) 阴极保护系统产品质量证明文件；
b) 阴极保护系统产品抽样复验。

对于阴极保护系统产品质量证明文件，按以下规定评分：
a) 如果未加阴极保护，则为 0 分；
b) 如果阴极保护系统产品无质量证明文件，则为 0 分；
c) 如果阴极保护系统产品质量证明文件齐全，则为 2 分；
d) 如果不需要进行阴极保护，则为 2 分。

对于阴极保护系统产品抽样复验，按以下规定评分：
a) 如果未加阴极保护，则为 0 分；
b) 如果未进行阴极保护系统产品抽样复验，则为 0 分；
c) 如果阴极保护系统产品抽样复验不合格，则为 0 分；
d) 如果阴极保护系统产品抽样复验合格，则为 3 分；
e) 如果不需要进行阴极保护，则为 3 分。

阴极保护系统安装质量的得分，为以下各项得分之和：
a) 阴极保护系统安装过程质量控制；
b) 阴极保护系统投产测试。

对于阴极保护系统安装过程质量控制，按以下规定评分：
a) 如果未加阴极保护，则为 0 分；
b) 如果未进行阴极保护系统安装过程质量控制，则为 0 分；
c) 如果阴极保护系统安装过程质量控制不满足 GB/T 19285 的要求，则为 0 分；
d) 如果阴极保护系统安装过程质量控制基本满足 GB/T 19285 的要求，则为 1.5 分；
e) 如果阴极保护系统安装过程质量控制满足 GB/T 19285 的要求，则为 3 分；
f) 如果不需要进行阴极保护，则为 3 分。

对于阴极保护系统投产测试，按以下规定评分：
a) 如果未加阴极保护，则为 0 分；
b) 如果未进行阴极保护系统投产测试，则为 0 分；
c) 如果阴极保护系统投产测试结果不满足 GB/T 19285 的要求，则为 0 分；
d) 如果阴极保护系统投产测试结果基本满足 GB/T 19285 的要求，则为 3 分；
e) 如果阴极保护系统投产测试结果满足 GB/T 19285 的要求，则为 7 分；

f) 如果不需要进行阴极保护,则为 7 分。

对于阴极保护系统在线检查的规定,按以下规定评分:

a) 如果未加阴极保护,则为 0 分;

b) 如果未规定进行在线检查,则为 0 分;

c) 如果在线检查项目或周期的规定不满足 GB/T 19285 的要求,则为 0 分;

d) 如果在线检查项目和周期的规定满足 GB/T 19285 的要求,则为 1 分;

e) 如果不需要进行阴极保护,则为 1 分。

阴极保护系统全面检验的规定的得分,为以下各项得分之和:

a) 全面检验人员资质的规定;

b) 全面检验项目和周期的规定。

对于全面检验人员资质的规定,按以下规定评分:

a) 如果未加阴极保护,则为 0 分;

b) 如果不进行阴极保护系统全面检验,则为 0 分;

c) 如果未对阴极保护系统全面检验人员的资质进行要求,则为 0 分;

d) 如果规定阴极保护系统全面检验人员必须具备相应的资质,则为 1 分;

e) 如果不需要进行阴极保护,则为 1 分。

对于全面检验人员资质的规定,按以下规定评分:

a) 如果未加阴极保护,则为 0 分;

b) 如果不进行阴极保护系统全面检验,则为 0 分;

c) 如果未规定阴极保护系统全面检验项目和周期,则为 0 分;

d) 如果阴极保护系统全面检验项目或周期的规定不满足 GB/T 19285 的要求,则为 0 分;

e) 如果阴极保护系统全面检验项目和周期的规定满足 GB/T 19285 的要求,则为 2 分;

f) 如果不需要进行阴极保护,则为 2 分。

对于阴极保护系统测试头间距,按以下规定评分:

a) 如果未加阴极保护,则为 0 分;

b) 如果测试头间距>3 km,则为 0 分;

c) 如果测试头间距∈[2 km,3 km],或有部分交叉管道和套管未监控,则为 0 分;

d) 如果测试头间距<2 km,并且对管道附近所有地下金属设施有监控,则为 1 分;

e) 如果不需要进行阴极保护,则为 1 分。

C.3.4.3 集气管道、集油管道和输送腐蚀性液体介质的工业管道土壤腐蚀的评分

C.3.4.3.1 概述

集气管道、集油管道和输送腐蚀性液体介质的工业管道土壤腐蚀的得分,为以下各项得分之和:

a) 环境腐蚀性调查;

b) 防腐设计;

c) 外防腐层;

d) 深根植被;

e) 阴极保护系统。

C.3.4.3.2 环境腐蚀性调查的评分

环境腐蚀性调查的得分,为以下各项得分之和:

a) 土壤电阻率;

b) 直流杂散电流干扰及其排流措施；

c) 交流杂散电流干扰。

对于土壤电阻率，按以下规定评分：

a) 如果未进行土壤电阻率测量，则为0分；

b) 如果土壤电阻率＜20 Ω·m，则为0分；

c) 如果土壤电阻率∈[20 Ω·m,50 Ω·m]，则为4分；

d) 如果土壤电阻率＞50 Ω·m，则为8分。

对于直流杂散电流干扰及其排流措施，按照GB/T 19285确定直流杂散电流干扰程度，并按以下规定评分：

a) 如果直流杂散电流干扰程度大，并且未设置排流装置，则为0分；

b) 如果直流杂散电流干扰程度大，并且设置的排流装置不能完全满足排流的需要，则为0.5分；

c) 如果直流杂散电流干扰程度中或小，并且未设置排流装置，则为0.5分；

d) 如果直流杂散电流干扰程度中或小，并且设置的排流装置不能完全满足排流的需要，则为1分；

e) 如果设置的排流装置能满足排流的需要，则为2分；

f) 如果不存在直流杂散电流干扰，则为2分。

对于交流杂散电流干扰，按照GB/T 19285确定其干扰程度，并按以下规定评分：

a) 如果存在交流杂散电流干扰，则为0分；

b) 如果不存在交流杂散电流干扰，则为1分。

C.3.4.3.3 防腐设计的评分

防腐设计的得分，为以下各项得分之和：

a) 防腐设计单位的资质；

b) 防腐设计标准规范的选用；

c) 防腐设计的适用性。

对于防腐设计单位的资质，按以下规定评分：

a) 如果防腐设计单位不具备相应资质，则为0分；

b) 如果防腐设计单位具备相应资质，则为1分。

对于防腐设计标准规范的选用，按以下规定评分：

a) 如果管道防腐设计未按标准规范设计或采用设计当时已经作废的标准规范，则为0分；

b) 如果管道防腐设计采用设计当时有效的旧版本标准规范，则为0.5分；

c) 如果管道防腐设计采用现行标准规范，则为1分。

对于防腐设计的适用性，按照GB/T 19285确定防腐设计的要求，并按以下规定评分：

a) 如果外防腐层和/或阴极保护系统的设计不符合防腐设计标准规范要求，则为0分；

b) 如果外防腐层和/或阴极保护系统的设计基本符合防腐设计标准规范要求，则为1分；

c) 如果外防腐层和/或阴极保护系统的设计符合防腐设计标准规范要求，则为3分。

C.3.4.3.4 外防腐层的评分

外防腐层的得分，为以下各项得分之和：

a) 外防腐层类型；

b) 外防腐层制造质量；

c) 外防腐层施工质量；

d) 外防腐层全面检验的规定；

e） 外防腐层维护的规定。

对于外防腐层类型，按以下规定评分：

a） 如果无外防腐层，则为0分；

b） 如果是防锈油漆，则为0.5分；

c） 如果是高密度聚乙烯，则为0.8分；

d） 如果是沥青加玻璃布，则为1分；

e） 如果是煤焦油瓷漆或环氧煤沥青，则为1.5分；

f） 如果是三层PE复合涂层，则为2分；

g） 如果不需要外防腐层，则为2分。

外防腐层制造质量的得分，为以下各项得分之和：

a） 外防腐层质量证明文件；

b） 外防腐层复验。

对于外防腐层质量证明文件，按以下规定评分：

a） 如果无外防腐层，则为0分；

b） 如果外防腐层无质量证明文件，则为0分；

c） 如果外防腐层质量证明文件齐全，则为1分；

d） 如果不需要外防腐层，则为1分。

对于外防腐层复验，按以下规定评分：

a） 如果无外防腐层，则为0分；

b） 如果未进行外防腐层复验，则为0分；

c） 如果外防腐层复验不合格，则为0分；

d） 如果外防腐层复验合格，则为2分；

e） 如果不需要进行外防腐层复验，则为2分；

f） 如果不需要外防腐层，则为2分。

外防腐层施工质量的得分，为以下各项得分之和：

a） 外防腐层补口补伤检验和下沟前检验；

b） 外防腐层漏点检验。

对于外防腐层补口补伤检验和下沟前检验，按以下规定评分：

a） 如果无外防腐层，则为0分；

b） 如果未进行外防腐层补口补伤检验和下沟前检验，则为0分；

c） 如果外防腐层补口补伤检验或下沟前检验不合格，则为0分；

d） 如果外防腐层补口补伤检验和下沟前检验合格，则为2分；

e） 如果不需要外防腐层，则为2分。

对于外防腐层漏点检验，按以下规定评分：

a） 如果无外防腐层，则为0分；

b） 如果未进行外防腐层漏点检验，则为0分；

c） 如果外防腐层漏点检验不合格，则为0分；

d） 如果外防腐层漏点检验合格，则为4分；

e） 如果不需要外防腐层，则为4分。

外防腐层全面检验的规定的得分，为以下各项得分之和：

a） 全面检验人员资质的规定；

b） 全面检验项目和周期的规定。

对于全面检验人员资质的规定，按以下规定评分：

a） 如果无外防腐层，则为0分；
b） 如果不进行外防腐层全面检验，则为0分；
c） 如果未对外防腐层全面检验人员的资质进行要求，则为0分；
d） 如果规定外防腐层全面检验人员必须具备相应的资质，则为1分；
e） 如果不需要外防腐层，则为1分。

对于全面检验项目和周期的规定，按以下规定评分：
a） 如果无外防腐层，则为0分；
b） 如果不进行外防腐层全面检验，则为0分；
c） 如果未规定外防腐层全面检验项目和周期，则为0分；
d） 如果外防腐层全面检验项目或周期的规定不满足GB/T 19285的要求，则为0分；
e） 如果外防腐层全面检验项目和周期的规定满足GB/T 19285的要求，则为2分；
f） 如果不需要外防腐层，则为2分。

对于外防腐层维护的规定，按以下规定评分：
a） 如果无外防腐层，则为0分；
b） 如果无外防腐层维护的规定，则为0分；
c） 如果未规定报告和修复缺陷，则为0.5分；
d） 如果未规定制定修复时间表并按该时间表进行修复，则为0.8分；
e） 如果规定制定修复时间表并按该时间表进行修复，则为1分。

C.3.4.3.5 深根植被的评分

a） 如果管道区段两侧各5 m范围内存在大量深根植物，则为0分；
b） 如果管道区段两侧各5 m范围内存在少量深根植物，则为0.5分；
c） 如果管道区段两侧各5 m范围内不存在深根植物，则为1分。

C.3.4.3.6 阴极保护系统的评分

阴极保护系统的得分，为以下各项得分之和：
a） 阴极保护系统产品质量；
b） 阴极保护系统安装质量；
c） 阴极保护系统在线检查的规定；
d） 阴极保护系统全面检验的规定；
e） 阴极保护系统测试头间距。

阴极保护系统产品质量的得分，为以下各项得分之和：
a） 阴极保护系统产品质量证明文件；
b） 阴极保护系统产品抽样复验。

对于阴极保护系统产品质量证明文件，按以下规定评分：
a） 如果未加阴极保护，则为0分；
b） 如果阴极保护系统产品无质量证明文件，则为0分；
c） 如果阴极保护系统产品质量证明文件齐全，则为1分；
d） 如果不需要进行阴极保护，则为1分。

对于阴极保护系统产品抽样复验，按以下规定评分：
a） 如果未加阴极保护，则为0分；
b） 如果未进行阴极保护系统产品抽样复验，则为0分；
c） 如果阴极保护系统产品抽样复验不合格，则为0分；

d） 如果阴极保护系统产品抽样复验合格，则为 2 分；
e） 如果不需要进行阴极保护，则为 2 分。

阴极保护系统安装质量的得分，为以下各项得分之和：
a） 阴极保护系统安装过程质量控制；
b） 阴极保护系统投产测试。

对于阴极保护系统安装过程质量控制，按以下规定评分：
a） 如果未加阴极保护，则为 0 分；
b） 如果未进行阴极保护系统安装过程质量控制，则为 0 分；
c） 如果阴极保护系统安装过程质量控制不满足 GB/T 19285 的要求，则为 0 分；
d） 如果阴极保护系统安装过程质量控制基本满足 GB/T 19285 的要求，则为 1 分；
e） 如果阴极保护系统安装过程质量控制满足 GB/T 19285 的要求，则为 2 分；
f） 如果不需要进行阴极保护，则为 2 分。

对于阴极保护系统投产测试，按以下规定评分：
a） 如果未加阴极保护，则为 0 分；
b） 如果未进行阴极保护系统投产测试，则为 0 分；
c） 如果阴极保护系统投产测试结果不满足 GB/T 19285 的要求，则为 0 分；
d） 如果阴极保护系统投产测试结果基本满足 GB/T 19285 的要求，则为 1.5 分；
e） 如果阴极保护系统投产测试结果满足 GB/T 19285 的要求，则为 3 分；
f） 如果不需要进行阴极保护，则为 3 分。

对于阴极保护系统在线检查的规定，按以下规定评分：
a） 如果未加阴极保护，则为 0 分；
b） 如果未规定进行在线检查，则为 0 分；
c） 如果在线检查项目或周期的规定不满足 GB/T 19285 的要求，则为 0 分；
d） 如果在线检查项目和周期的规定满足 GB/T 19285 的要求，则为 1 分；
e） 如果不需要进行阴极保护，则为 1 分。

阴极保护系统全面检验的规定的得分，为以下各项得分之和：
a） 全面检验人员资质的规定；
b） 全面检验项目和周期的规定。

对于全面检验人员资质的规定，按以下规定评分：
a） 如果未加阴极保护，则为 0 分；
b） 如果不进行阴极保护系统全面检验，则为 0 分；
c） 如果未对阴极保护系统全面检验人员的资质进行要求，则为 0 分；
d） 如果规定阴极保护系统全面检验人员必须具备相应的资质，则为 1 分；
e） 如果不需要进行阴极保护，则为 1 分。

对于全面检验项目和周期的规定，按以下规定评分：
a） 如果未加阴极保护，则为 0 分；
b） 如果不进行阴极保护系统全面检验，则为 0 分；
c） 如果未规定阴极保护系统全面检验项目和周期，则为 0 分；
d） 如果阴极保护系统全面检验项目或周期的规定不满足 GB/T 19285 的要求，则为 0 分；
e） 如果阴极保护系统全面检验项目和周期的规定满足 GB/T 19285 的要求，则为 2 分；
f） 如果不需要进行阴极保护，则为 2 分。

对于阴极保护系统测试头间距，按以下规定评分：
a） 如果未加阴极保护，则为 0 分；

b) 如果测试头间距>3 km,则为0分;

c) 如果测试头间距∈[2 km,3 km],或有部分交叉管道和套管未监控,则为0分;

d) 如果测试头间距<2 km,并且对管道附近所有地下金属设施监控,则为1分;

e) 如果不需要进行阴极保护,则为1分。

C.3.4.4 输送天然气、液化气介质的城市燃气管道土壤腐蚀的评分

C.3.4.4.1 概述

输送天然气、液化气介质的城市燃气管道土壤腐蚀的得分,为以下各项得分之和:

a) 环境腐蚀性调查;

b) 防腐设计;

c) 外防腐层;

d) 深根植被;

e) 阴极保护系统。

C.3.4.4.2 环境腐蚀性调查的评分

环境腐蚀性调查的得分,为以下各项得分之和:

a) 土壤电阻率;

b) 直流杂散电流干扰及其排流措施;

c) 交流杂散电流干扰。

对于土壤电阻率,按以下规定评分:

a) 如果未进行土壤电阻率测量,则为0分;

b) 如果土壤电阻率<20 Ω·m,则为0分;

c) 如果土壤电阻率∈[20 Ω·m,50 Ω·m],则为3分;

d) 如果土壤电阻率>50 Ω·m,则为6分。

对于直流杂散电流干扰及其排流措施,按照GB/T 19285确定直流杂散电流干扰程度,并按以下规定评分:

a) 如果直流杂散电流干扰程度大,并且未设置排流装置,则为0分;

b) 如果直流杂散电流干扰程度大,并且设置的排流装置不能完全满足排流的需要,则为1分;

c) 如果直流杂散电流干扰程度中或小,并且未设置排流装置,则为1分;

d) 如果直流杂散电流干扰程度中或小,并且设置的排流装置不能完全满足排流的需要,则为2分;

e) 如果设置的排流装置能满足排流的需要,则为4分;

f) 如果不存在直流杂散电流干扰,则为4分。

对于交流杂散电流干扰,按照GB/T 19285确定其干扰程度,并按以下规定评分:

a) 如果存在交流杂散电流干扰,则为0分;

b) 如果不存在交流杂散电流干扰,则为2分。

C.3.4.4.3 防腐设计的评分

防腐设计的得分,为以下各项得分之和:

a) 防腐设计单位的资质;

b) 防腐设计标准规范的选用;

c) 防腐设计的适用性。

对于防腐设计单位的资质，按以下规定评分：

a) 如果防腐设计单位不具备相应资质，则为0分；

b) 如果防腐设计单位具备相应资质，则为2分。

对于防腐设计标准规范的选用，按以下规定评分：

a) 如果管道防腐设计未按标准规范设计或采用设计当时已经作废的标准规范，则为0分；

b) 如果管道防腐设计采用设计当时有效的旧版本标准规范，则为1分；

c) 如果管道防腐设计采用现行标准规范，则为2分。

对于防腐设计的适用性，按照GB/T 19285确定防腐设计的要求，并按以下规定评分：

a) 如果外防腐层和/或阴极保护系统的设计不符合防腐设计标准规范要求，则为0分；

b) 如果外防腐层和/或阴极保护系统的设计基本符合防腐设计标准规范要求，则为3分；

c) 如果外防腐层和/或阴极保护系统的设计符合防腐设计标准规范要求，则为6分。

C.3.4.4.4 外防腐层的评分

外防腐层的得分，为以下各项得分之和：

a) 外防腐层类型；

b) 外防腐层制造质量；

c) 外防腐层施工质量；

d) 外防腐层全面检验的规定；

e) 外防腐层维护的规定。

对于外防腐层类型，按以下规定评分：

a) 如果无外防腐层，则为0分；

b) 如果是防锈油漆，则为1分；

c) 如果是高密度聚乙烯，则为2分；

d) 如果是沥青加玻璃布，则为3分；

e) 如果是煤焦油瓷漆或环氧煤沥青，则为3.5分；

f) 如果是三层PE复合涂层，则为4分；

g) 如果不需要外防腐层，则为4分。

外防腐层制造质量的得分，为以下各项得分之和：

a) 外防腐层质量证明文件；

b) 外防腐层复验。

对于外防腐层质量证明文件，按以下规定评分：

a) 如果无外防腐层，则为0分；

b) 如果外防腐层无质量证明文件，则为0分；

c) 如果外防腐层质量证明文件齐全，则为3分；

d) 如果不需要外防腐层，则为3分。

对于外防腐层复验，按以下规定评分：

a) 如果无外防腐层，则为0分；

b) 如果未进行外防腐层复验，则为0分；

c) 如果外防腐层复验不合格，则为0分；

d) 如果外防腐层复验合格，则为6分；

e) 如果不需要进行外防腐层复验，则为6分；

f) 如果不需要外防腐层，则为6分。

外防腐层施工质量的得分，为以下各项得分之和：

a） 外防腐层补口补伤检验和下沟前检验；
b） 外防腐层漏点检验。
对于外防腐层补口补伤检验和下沟前检验，按以下规定评分：
a） 如果无外防腐层，则为 0 分；
b） 如果未进行外防腐层补口补伤检验和下沟前检验，则为 0 分；
c） 如果外防腐层补口补伤检验或下沟前检验不合格，则为 0 分；
d） 如果外防腐层补口补伤检验和下沟前检验合格，则为 8 分；
e） 如果不需要外防腐层，则为 8 分。
对于外防腐层漏点检验，按以下规定评分：
a） 如果无外防腐层，则为 0 分；
b） 如果未进行外防腐层漏点检验，则为 0 分；
c） 如果外防腐层漏点检验不合格，则为 0 分；
d） 如果外防腐层漏点检验合格，则为 12 分；
e） 如果不需要外防腐层，则为 12 分。
外防腐层全面检验的规定的得分，为以下各项得分之和：
a） 全面检验人员资质的规定；
b） 全面检验项目和周期的规定。
对于全面检验人员资质的规定，按以下规定评分：
a） 如果无外防腐层，则为 0 分；
b） 如果不进行外防腐层全面检验，则为 0 分；
c） 如果未对外防腐层全面检验人员的资质进行要求，则为 0 分；
d） 如果规定外防腐层全面检验人员必须具备相应的资质，则为 1 分；
e） 如果不需要外防腐层，则为 1 分。
对于全面检验项目和周期的规定，按以下规定评分：
a） 如果无外防腐层，则为 0 分；
b） 如果不进行外防腐层全面检验，则为 0 分；
c） 如果未规定外防腐层全面检验项目和周期，则为 0 分；
d） 如果外防腐层全面检验项目或周期的规定不满足 GB/T 19285 的要求，则为 0 分；
e） 如果外防腐层全面检验项目和周期的规定满足 GB/T 19285 的要求，则为 2 分；
f） 如果不需要外防腐层，则为 2 分。
对于外防腐层维护的规定，按以下规定评分：
a） 如果无外防腐层，则为 0 分；
b） 如果无外防腐层维护的规定，则为 0 分；
c） 如果未规定报告和修复缺陷，则为 0.5 分；
d） 如果未规定制定修复时间表并按该时间表进行修复，则为 0.8 分；
e） 如果规定制定修复时间表并按该时间表进行修复，则为 1 分。

C.3.4.4.5 深根植被的评分

a） 如果管道区段两侧各 5 m 范围内存在大量深根植物，则为 0 分；
b） 如果管道区段两侧各 5 m 范围内存在少量深根植物，则为 0.5 分；
c） 如果管道区段两侧各 5 m 范围内不存在深根植物，则为 1 分。

C.3.4.4.6 阴极保护系统的评分

阴极保护系统的得分，为以下各项得分之和：

a） 阴极保护系统产品质量；
b） 阴极保护系统安装质量；
c） 阴极保护系统在线检查的规定；
d） 阴极保护系统全面检验的规定；
e） 阴极保护系统测试头间距。

阴极保护系统产品质量的得分，为以下各项得分之和：

a） 阴极保护系统产品质量证明文件；
b） 阴极保护系统产品抽样复验。

对于阴极保护系统产品质量证明文件，按以下规定评分：

a） 如果未加阴极保护，则为0分；
b） 如果阴极保护系统产品无质量证明文件，则为0分；
c） 如果阴极保护系统产品质量证明文件齐全，则为2分；
d） 如果不需要进行阴极保护，则为2分。

对于阴极保护系统产品抽样复验，按以下规定评分：

a） 如果未加阴极保护，则为0分；
b） 如果未进行阴极保护系统产品抽样复验，则为0分；
c） 如果阴极保护系统产品抽样复验不合格，则为0分；
d） 如果阴极保护系统产品抽样复验合格，则为3分；
e） 如果不需要进行阴极保护，则为3分。

阴极保护系统安装质量的得分，为以下各项得分之和：

a） 阴极保护系统安装过程质量控制；
b） 阴极保护系统投产测试。

对于阴极保护系统安装过程质量控制，按以下规定评分：

a） 如果未加阴极保护，则为0分；
b） 如果未进行阴极保护系统安装过程质量控制，则为0分；
c） 如果阴极保护系统安装过程质量控制不满足GB/T 19285的要求，则为0分；
d） 如果阴极保护系统安装过程质量控制基本满足GB/T 19285的要求，则为1.5分；
e） 如果阴极保护系统安装过程质量控制满足GB/T 19285的要求，则为3分；
f） 如果不需要进行阴极保护，则为3分。

对于阴极保护系统投产测试，按以下规定评分：

a） 如果未加阴极保护，则为0分；
b） 如果未进行阴极保护系统投产测试，则为0分；
c） 如果阴极保护系统投产测试结果不满足GB/T 19285的要求，则为0分；
d） 如果阴极保护系统投产测试结果基本满足GB/T 19285的要求，则为3分；
e） 如果阴极保护系统投产测试结果满足GB/T 19285的要求，则为7分；
f） 如果不需要进行阴极保护，则为7分。

对于阴极保护系统在线检查的规定，按以下规定评分：

a） 如果未加阴极保护，则为0分；
b） 如果未规定进行在线检查，则为0分；
c） 如果在线检查项目或周期的规定不满足GB/T 19285的要求，则为0分；
d） 如果在线检查项目和周期的规定满足GB/T 19285的要求，则为1分；
e） 如果不需要进行阴极保护，则为1分。

阴极保护系统全面检验的规定的得分，为以下各项得分之和：

a) 全面检验人员资质的规定；

b) 全面检验项目和周期的规定。

对于全面检验人员资质的规定，按以下规定评分：

a) 如果未加阴极保护，则为0分；

b) 如果不进行阴极保护系统全面检验，则为0分；

c) 如果未对阴极保护系统全面检验人员的资质进行要求，则为0分；

d) 如果规定阴极保护系统全面检验人员必须具备相应的资质，则为1分；

e) 如果不需要进行阴极保护，则为1分。

对于全面检验项目和周期的规定，按以下规定评分：

a) 如果未加阴极保护，则为0分；

b) 如果不进行阴极保护系统全面检验，则为0分；

c) 如果未规定阴极保护系统全面检验项目和周期，则为0分；

d) 如果阴极保护系统全面检验项目或周期的规定不满足GB/T 19285的要求，则为0分；

e) 如果阴极保护系统全面检验项目和周期的规定满足GB/T 19285的要求，则为2分；

f) 如果不需要进行阴极保护，则为2分。

对于阴极保护系统测试头间距，按以下规定评分：

a) 如果未加阴极保护，则为0分；

b) 如果测试头间距＞3 km，则为0分；

c) 如果测试头间距∈[2 km，3 km]，或有部分交叉管道和套管未监控，则为0分；

d) 如果测试头间距＜2 km，并且对管道附近所有地下金属设施监控，则为1分；

e) 如果不需要进行阴极保护，则为1分。

C.3.4.5 输送人工煤气介质的城市燃气管道土壤腐蚀的评分

C.3.4.5.1 概述

输送人工煤气介质的城市燃气管道土壤腐蚀的得分，为以下各项得分之和：

a) 环境腐蚀性调查；

b) 防腐设计；

c) 外防腐层；

d) 深根植被；

e) 阴极保护系统。

C.3.4.5.2 环境腐蚀性调查的评分

环境腐蚀性调查的得分，为以下各项得分之和：

a) 土壤电阻率；

b) 直流杂散电流干扰及其排流措施；

c) 交流杂散电流干扰。

对于土壤电阻率，按以下规定评分：

a) 如果未进行土壤电阻率测量，则为0分；

b) 如果土壤电阻率＜20 Ω·m，则为0分；

c) 如果土壤电阻率∈[20 Ω·m，50 Ω·m]，则为4分；

d) 如果土壤电阻率＞50 Ω·m，则为8分。

对于直流杂散电流干扰及其排流措施，按照GB/T 19285确定直流杂散电流干扰程度，并按以下规定评分：

a） 如果直流杂散电流干扰程度大，并且未设置排流装置，则为0分；

b） 如果直流杂散电流干扰程度大，并且设置的排流装置不能完全满足排流的需要，则为1分；

c） 如果直流杂散电流干扰程度中或小，并且未设置排流装置，则为1分；

d） 如果直流杂散电流干扰程度中或小，并且设置的排流装置不能完全满足排流的需要，则为2分；

e） 如果设置的排流装置能满足排流的需要，则为3分；

f） 如果不存在直流杂散电流干扰，则为3分。

对于交流杂散电流干扰，按照GB/T 19285确定其干扰程度，并按以下规定评分：

a） 如果存在交流杂散电流干扰，则为0分；

b） 如果不存在交流杂散电流干扰，则为2分。

C.3.4.5.3 防腐设计的评分

防腐设计的得分，为以下各项得分之和：

a） 防腐设计单位的资质；

b） 防腐设计标准规范的选用；

c） 防腐设计的适用性。

对于防腐设计单位的资质，按以下规定评分：

a） 如果防腐设计单位不具备相应资质，则为0分；

b） 如果防腐设计单位具备相应资质，则为1分。

对于防腐设计标准规范的选用，按以下规定评分：

a） 如果管道防腐设计未按标准规范设计或采用设计当时已经作废的标准规范，则为0分；

b） 如果管道防腐设计采用设计当时有效的旧版本标准规范，则为1分；

c） 如果管道防腐设计采用现行标准规范，则为2分。

对于防腐设计的适用性，按照GB/T 19285确定防腐设计的要求，并按以下规定评分：

a） 如果外防腐层和/或阴极保护系统的设计不符合防腐设计标准规范要求，则为0分；

b） 如果外防腐层和/或阴极保护系统的设计基本符合防腐设计标准规范要求，则为3分；

c） 如果外防腐层和/或阴极保护系统的设计符合防腐设计标准规范要求，则为5分。

C.3.4.5.4 外防腐层的评分

外防腐层的得分，为以下各项得分之和：

a） 外防腐层类型；

b） 外防腐层制造质量；

c） 外防腐层施工质量；

d） 外防腐层全面检验的规定；

e） 外防腐层维护的规定。

对于外防腐层类型，按以下规定评分：

a） 如果无外防腐层，则为0分；

b） 如果是防锈油漆，则为1分；

c） 如果是高密度聚乙烯，则为1.5分；

d） 如果是沥青加玻璃布，则为2分；

e） 如果是煤焦油瓷漆或环氧煤沥青，则为2.5分；

f） 如果是三层PE复合涂层，则为3分；

g） 如果不需要外防腐层，则为3分。

外防腐层制造质量的得分，为以下各项得分之和：

a） 外防腐层质量证明文件；

b） 外防腐层复验。

对于外防腐层质量证明文件，按以下规定评分：

a） 如果无外防腐层，则为0分；

b） 如果外防腐层无质量证明文件，则为0分；

c） 如果外防腐层质量证明文件齐全，则为2分；

d） 如果不需要外防腐层，则为2分。

对于外防腐层复验，按以下规定评分：

a） 如果无外防腐层，则为0分；

b） 如果未进行外防腐层复验，则为0分；

c） 如果外防腐层复验不合格，则为0分；

d） 如果外防腐层复验合格，则为6分；

e） 如果不需要进行外防腐层复验，则为6分；

f） 如果不需要外防腐层，则为6分。

外防腐层施工质量的得分，为以下各项得分之和：

a） 外防腐层补口补伤检验和下沟前检验；

b） 外防腐层漏点检验。

对于外防腐层补口补伤检验和下沟前检验，按以下规定评分：

a） 如果无外防腐层，则为0分；

b） 如果未进行外防腐层补口补伤检验和下沟前检验，则为0分；

c） 如果外防腐层补口补伤检验或下沟前检验不合格，则为0分；

d） 如果外防腐层补口补伤检验和下沟前检验合格，则为8分；

e） 如果不需要外防腐层，则为8分。

对于外防腐层漏点检验，按以下规定评分：

a） 如果无外防腐层，则为0分；

b） 如果未进行外防腐层漏点检验，则为0分；

c） 如果外防腐层漏点检验不合格，则为0分；

d） 如果外防腐层漏点检验合格，则为10分；

e） 如果不需要外防腐层，则为10分。

外防腐层全面检验的规定的得分，为以下各项得分之和：

a） 全面检验人员资质的规定；

b） 全面检验项目和周期的规定。

对于全面检验人员资质的规定，按以下规定评分：

a） 如果无外防腐层，则为0分；

b） 如果不进行外防腐层全面检验，则为0分；

c） 如果未对外防腐层全面检验人员的资质进行要求，则为0分；

d） 如果规定外防腐层全面检验人员必须具备相应的资质，则为1分；

e） 如果不需要外防腐层，则为1分。

对于全面检验项目和周期的规定，按以下规定评分：

a） 如果无外防腐层，则为0分；

b） 如果不进行外防腐层全面检验，则为0分；

c) 如果未规定外防腐层全面检验项目和周期,则为 0 分;

d) 如果外防腐层全面检验项目或周期的规定不满足 GB/T 19285 的要求,则为 0 分;

e) 如果外防腐层全面检验项目和周期的规定满足 GB/T 19285 的要求,则为 2 分;

f) 如果不需要外防腐层,则为 2 分。

对于外防腐层维护的规定,按以下规定评分:

a) 如果无外防腐层,则为 0 分;

b) 如果无外防腐层维护的规定,则为 0 分;

c) 如果未规定报告和修复缺陷,则为 0.5 分;

d) 如果未规定制定修复时间表并按该时间表进行修复,则为 0.8 分;

e) 如果规定制定修复时间表并按该时间表进行修复,则为 1 分。

C.3.4.5.5 深根植被的评分

a) 如果管道区段两侧各 5 m 范围内存在大量深根植物,则为 0 分;

b) 如果管道区段两侧各 5 m 范围内存在少量深根植物,则为 0.5 分;

c) 如果管道区段两侧各 5 m 范围内不存在深根植物,则为 1 分。

C.3.4.5.6 阴极保护系统的评分

阴极保护系统的得分,为以下各项得分之和:

a) 阴极保护系统产品质量;

b) 阴极保护系统安装质量;

c) 阴极保护系统在线检查的规定;

d) 阴极保护系统全面检验的规定;

e) 阴极保护系统测试头间距。

阴极保护系统产品质量的得分,为以下各项得分之和:

a) 阴极保护系统产品质量证明文件;

b) 阴极保护系统产品抽样复验。

对于阴极保护系统产品质量证明文件,按以下规定评分:

a) 如果未加阴极保护,则为 0 分;

b) 如果阴极保护系统产品无质量证明文件,则为 0 分;

c) 如果阴极保护系统产品质量证明文件齐全,则为 1 分;

d) 如果不需要进行阴极保护,则为 1 分。

对于阴极保护系统产品抽样复验,按以下规定评分:

a) 如果未加阴极保护,则为 0 分;

b) 如果未进行阴极保护系统产品抽样复验,则为 0 分;

c) 如果阴极保护系统产品抽样复验不合格,则为 0 分;

d) 如果阴极保护系统产品抽样复验合格,则为 3 分;

e) 如果不需要进行阴极保护,则为 3 分。

阴极保护系统安装质量的得分,为以下各项得分之和:

a) 阴极保护系统安装过程质量控制;

b) 阴极保护系统投产测试。

对于阴极保护系统安装过程质量控制,按以下规定评分:

a） 如果未加阴极保护，则为 0 分；

b） 如果未进行阴极保护系统安装过程质量控制，则为 0 分；

c） 如果阴极保护系统安装过程质量控制不满足 GB/T 19285 的要求，则为 0 分；

d） 如果阴极保护系统安装过程质量控制基本满足 GB/T 19285 的要求，则为 1.5 分；

e） 如果阴极保护系统安装过程质量控制满足 GB/T 19285 的要求，则为 3 分；

f） 如果不需要进行阴极保护，则为 3 分。

对于阴极保护系统投产测试，按以下规定评分：

a） 如果未加阴极保护，则为 0 分；

b） 如果未进行阴极保护系统投产测试，则为 0 分；

c） 如果阴极保护系统投产测试结果不满足 GB/T 19285 的要求，则为 0 分；

d） 如果阴极保护系统投产测试结果基本满足 GB/T 19285 的要求，则为 3 分；

e） 如果阴极保护系统投产测试结果满足 GB/T 19285 的要求，则为 6 分；

f） 如果不需要进行阴极保护，则为 6 分。

对于阴极保护系统在线检查的规定，按以下规定评分：

a） 如果未加阴极保护，则为 0 分；

b） 如果未规定进行在线检查，则为 0 分；

c） 如果在线检查项目或周期的规定不满足 GB/T 19285 的要求，则为 0 分；

d） 如果在线检查项目和周期的规定满足 GB/T 19285 的要求，则为 1 分；

e） 如果不需要进行阴极保护，则为 1 分。

阴极保护系统全面检验的规定的得分，为以下各项得分之和：

a） 全面检验人员资质的规定；

b） 全面检验项目和周期的规定。

对于全面检验人员资质的规定，按以下规定评分：

a） 如果未加阴极保护，则为 0 分；

b） 如果未进行阴极保护系统全面检验，则为 0 分；

c） 如果未对阴极保护系统全面检验人员的资质进行要求，则为 0 分；

d） 如果规定阴极保护系统全面检验人员必须具备相应的资质，则为 1 分；

e） 如果不需要进行阴极保护，则为 1 分。

对于全面检验项目和周期的规定，按以下规定评分：

a） 如果未加阴极保护，则为 0 分；

b） 如果未进行阴极保护系统全面检验，则为 0 分；

c） 如果未规定阴极保护系统全面检验项目和周期，则为 0 分；

d） 如果阴极保护系统全面检验项目或周期的规定不满足 GB/T 19285 的要求，则为 0 分；

e） 如果阴极保护系统全面检验项目和周期的规定满足 GB/T 19285 的要求，则为 2 分；

f） 如果不需要进行阴极保护，则为 2 分。

对于阴极保护系统测试头间距，按以下规定评分：

a） 如果未加阴极保护，则为 0 分；

b） 如果测试头间距＞3 km，则为 0 分；

c） 如果测试头间距∈[2 km，3 km]，或有部分交叉管道和套管未监控，则为 0 分；

d） 如果测试头间距＜2 km，并且对管道附近所有地下金属设施监控，则为 1 分；

e） 如果不需要进行阴极保护，则为 1 分。

C.4 设备(装置)及人员培训的评分

C.4.1 概述

设备(装置)及人员培训的得分,为以下各项得分之和:

a) 设备(装置)功能及安全质量;

b) 设备(装置)维护保养规程;

c) 设备(装置)操作规程;

d) 人员培训与考核;

e) 安全管理制度;

f) 防错装置。

C.4.2 设备(装置)功能及安全质量的评分

C.4.2.1 概述

设备(装置)功能及安全质量的得分,为以下各项得分之和:

a) 设备(装置)性能和操作性;

b) 设备(装置)质量证明文件;

c) 设备(装置)检验;

d) 设备(装置)计量;

e) 超压保护装置;

f) 通讯系统。

C.4.2.2 设备(装置)性能和操作性的评分

a) 如果设备(装置)不满足技术要求,则为 0 分;

b) 如果设备(装置)满足技术要求,但性能稳定性较差,操作不方便,则为 5 分;

c) 如果设备(装置)满足技术要求,安全可靠,但操作不方便,则为 10 分;

d) 如果设备(装置)满足技术要求,安全可靠,操作方便,则为 12 分。

C.4.2.3 设备(装置)质量证明文件的评分

a) 如果设备(装置)无质量证明文件,则为 0 分;

b) 如果设备(装置)质量证明文件齐全,则为 2 分。

C.4.2.4 设备(装置)检验的评分

a) 如果设备(装置)不检验,则为 0 分;

b) 如果设备(装置)检验结果表明应停止使用或报废,则为 0 分;

c) 如果设备(装置)检验结果表明应监控使用,则为 1 分;

d) 如果设备(装置)检验结果表明应在限定条件下安全使用,则为 4 分;

e) 如果设备(装置)检验结果表明可在设计条件下安全使用,则为 8 分;

f) 如果设备(装置)不需要检验,则为 8 分。

C.4.2.5 设备(装置)计量的评分

a) 如果设备(装置)不计量,则为 0 分;

b） 如果设备（装置）超过计量有效期，则为0分；

c） 如果设备（装置）在计量有效期内，则为7分；

d） 如果设备（装置）不需要计量，则为7分。

C.4.2.6 超压保护装置的评分

a） 如果无超压保护或报警系统，则为0分；

b） 如果具备超压报警装置，则为1分；

c） 如果具备超压手动保护系统，则为3分；

d） 如果具备超压自动保护系统，则为6分。

C.4.2.7 通讯系统的评分

a） 如果通讯设备未固定专用，则为0分；

b） 如果各个站间配有专用通讯系统和工具，则为5分。

C.4.3 设备（装置）维护保养规程的评分

a） 如果无设备（装置）维护保养规程，则为0分；

b） 如果设备（装置）维护保养规程不完整，则为3分；

c） 如果设备（装置）维护保养规程完整、正确，则为5分。

C.4.4 设备（装置）操作规程的评分

a） 如果无设备（装置）操作规程，则为0分；

b） 如果设备（装置）操作规程不完整，则为2分；

c） 如果设备（装置）操作规程完整、正确，但未放置于操作现场，则为4分；

d） 如果设备（装置）操作规程完整、正确，并且放置于操作现场，则为6分。

C.4.5 人员培训与考核的评分

C.4.5.1 概述

人员培训与考核的得分，为以下各项得分之和：

a） 培训制度；

b） 培训内容；

c） 培训材料；

d） 培训及考核方式；

e） 培训激励。

C.4.5.2 培训制度的评分

a） 如果无培训制度，由领导临时决定是否进行培训，则为0分；

b） 如果没有建立培训制度，只对部分岗位的员工进行培训，则为1分；

c） 如果培训写入企业管理规章制度中，但仅对部分员工进行培训，则为3分；

d） 如果培训写入企业管理规章制度中，并得到良好执行，则为5分。

C.4.5.3 培训内容的评分

a） 如果不进行培训，则为0分；

b） 如果培训无实质性内容，则为0分；

c） 如果培训内容不全面，但进行了简单的培训，则为2分；

d） 如果培训内容全面，包括操作、操作规程、岗位对人员素质的要求等全部内容，则为4分。

C.4.5.4 培训材料的评分

a） 如果不进行培训，则为0分；

b） 如果没有正式培训材料，则为0分；

c） 如果培训材料简单，未经专家审核，则为2分；

d） 如果培训材料完整，并由行业内专家审核，则为4分。

C.4.5.5 培训及考核方式的评分

a） 如果不进行培训，则为0分；

b） 如果进行没有考核的简单一次性培训，则为0分；

c） 如果进行一次性培训，培训结束后对员工进行笔试，则为2分；

d） 如果定期持续培训，培训结束对员工进行面试、笔试评估等，则为4分。

C.4.5.6 培训激励的评分

C.4.5.6.1 概述

培训激励的得分，为以下各项得分之和：

a） 对培训考核成绩优异的员工的奖励；

b） 对员工自发参加相关培训班的奖励；

c） 实际操作考察。

C.4.5.6.2 对培训考核成绩优异的员工的奖励的评分

a） 如果不对培训考核成绩优异的员工进行奖励，则为0分；

b） 如果对培训考核成绩优异的员工进行奖励，则为1分。

C.4.5.6.3 对员工自发参加相关培训班的奖励的评分

a） 如果不对员工自发参加相关培训班进行奖励，则为0分；

b） 如果对员工自发参加相关培训班进行奖励，则为1分。

C.4.5.6.4 实际操作考查的评分

a） 如果不注重对员工进行实际操作考察，则为0分；

b） 如果注重对员工进行实际操作考察，则为1分。

C.4.6 安全管理制度的评分

C.4.6.1 概述

安全管理制度的得分，为以下各项得分之和：

a） 安全责任制；

b） 安全机构和人员。

C.4.6.2 安全责任制的评分

a） 如果无安全责任制，则为0分；

b) 如果有安全责任制,但未严格执行,则为2分;
c) 如果安全责任制健全,并严格执行,则为4分。

C.4.6.3 安全机构和人员的评分

a) 如果无安全机构和人员,则为0分;
b) 如果设置安全机构,但人员缺乏,则为2分;
c) 如果设置安全机构,配备充足的专、兼职人员,则为4分。

C.4.7 防错装置的评分

C.4.7.1 概述

防错装置的得分,为以下各项得分之和:
a) 防止误操作的硬件措施;
b) 联锁装置;
c) 通过计算机软件控制操作步骤的顺序。

C.4.7.2 防止误操作的硬件措施的评分

C.4.7.2.1 概述

防止误操作的硬件措施的得分,为以下各项得分之和:
a) 硬件的适用性;
b) 硬件制造单位的资质。

C.4.7.2.2 硬件的适用性的评分

a) 如果硬件不适用于防止误操作,则为0分;
b) 如果硬件设计合理,适用于防止误操作,则为3分。

C.4.7.2.3 硬件制造单位的资质的评分

a) 如果硬件制造单位无相应制造资质,则为0分;
b) 如果硬件制造单位有相应制造资质,则为4分;
c) 如果硬件制造单位不需要制造资质,则为4分。

C.4.7.3 联锁装置的评分

a) 如果无联锁装置,则为0分;
b) 如果具有可靠的自动联锁装置,则为7分。

C.4.7.4 通过计算机软件控制操作步骤的评分

a) 如果不通过计算机软件控制操作步骤控制,则为0分;
b) 如果通过计算机软件控制操作步骤控制,但软件的可靠性和健壮性未经证实,则为0分;
c) 如果通过计算机软件控制操作步骤控制,并且已经证实软件的可靠性和健壮性,则为7分。

C.5 管道本质安全质量的评分

C.5.1 概述

管道本质安全质量的得分,为以下各项得分之和:

a） 设计施工控制；

b） 检测及评价计划；

c） 自然灾害及其防范措施。

C.5.2 设计施工控制的评分

C.5.2.1 概述

设计施工控制的得分，为以下各项得分之和：

a） 设计控制；

b） 管道元件控制；

c） 安装及验收；

d） 附加安全裕度；

e） 安全保护措施；

f） 监检；

g） 监理；

h） 记录和图纸。

C.5.2.2 设计控制的评分

C.5.2.2.1 概述

设计控制的得分，为以下各项得分之和：

a） 设计单位的资质；

b） 设计人员的资质；

c） 设计标准规范；

d） 选材控制；

e） 壁厚计算与/或选择；

f） 设计文件审批；

g） 危险识别。

C.5.2.2.2 设计单位的资质的评分

a） 如果设计单位不具备与管道类别相应的设计资质，则为 0 分；

b） 如果设计单位具备与管道类别相应的设计资质，则为 1 分。

C.5.2.2.3 设计人员的资质的评分

a） 如果设计人员不具备与管道类别相应的设计资质，则为 0 分；

b） 如果设计人员具备与管道类别相应的设计资质，则为 1 分。

C.5.2.2.4 设计标准规范的评分

a） 如果未按照标准规范设计或采用设计当时已经作废的标准规范，则为 0 分；

b） 如果采用设计当时有效的旧版本的标准规范，则为 0.5 分；

c） 如果采用现行标准规范，则为 1 分。

C.5.2.2.5 选材控制的评分

按照 GB 50251—2003 确定输气管道对材料的要求，按照 GB 50253—2006 确定输油管道对材料的要求，按照 GB 50350—2005 确定集气管道和集油管道对材料的要求，按照 GB 50028—2006 确定城市燃气管道对材料的要求，按照 GB/T 20801—2006 确定输送腐蚀性液体介质的工业管道对材料的要求

a) 如果选用的材料不满足相关标准规范的规定，则为 0 分；

b) 如果选用的材料满足相关标准规范的规定，则为 2 分。

C.5.2.2.6 壁厚计算与/或选择的评分

按照 GB 50251—2003 确定输气管道在壁厚计算与/或选择方面的要求，按照 GB 50253—2006 确定输油管道在壁厚计算与/或选择方面的要求，按照 GB 50350—2005 确定集气管道和集油管道在壁厚计算与/或选择方面的要求，按照 GB 50028—2006 确定城市燃气管道在壁厚计算与/或选择方面的要求，按照 GB/T 20801—2006 确定输送腐蚀性液体介质的工业管道在壁厚计算与/或选择方面的要求

a) 如果壁厚计算与/或选择不满足相应标准规范的要求，则为 0 分；

b) 如果壁厚计算与/或选择满足相应标准规范的要求，则为 2 分。

C.5.2.2.7 设计文件审批的评分

a) 如果设计文件未经过审批，则为 0 分；

b) 如果设计文件经过专人严格审批，则为 1 分。

C.5.2.2.8 危险识别的评分

a) 如果没有事先制定设计方案，未进行危险识别分析，则为 0 分；

b) 如果设计方案不严密，由无资质的单位和人员进行危险识别分析，则为 1 分；

c) 如果完全按设计规范制定设计方案，进行了严格的危险识别分析，则为 2 分。

C.5.2.3 管道元件控制的评分

C.5.2.3.1 概述

管道元件控制的得分，为以下各项得分之和：

a) 管道元件制造单位的资质；

b) 管道元件质量。

C.5.2.3.2 管道元件制造单位的资质的评分

a) 如果管道元件制造单位不具备制造资质，则为 0 分；

b) 如果管道元件制造单位具备制造资质，则为 1 分。

C.5.2.3.3 管道元件质量的评分

管道元件质量的得分，为以下各项得分之和：

a) 管道元件质量证明文件；

b) 管道元件进货检验；

c) 管道元件储存与搬运。

对于管道元件质量证明文件，按以下规定进行评分：

a) 如果无管道元件质量证明文件，则为 0 分；

b) 如果管道元件质量证明文件齐全，则为 1 分。

对于管道元件进货检验，按以下规定进行评分：

a) 如果未进行进货检验，则为 0 分；

b) 如果进货检验不合格,则为 0 分;

c) 如果进货检验合格,则为 2 分。

对于管道元件储存与搬运,按以下规定进行评分:

a) 如果储存与搬运过程中管道元件受到严重的机械损坏,影响其安全性能,则为 0 分;

b) 如果储存与搬运过程中管道元件受到一定程度的机械损坏,但不影响其安全性能,则为 1 分;

c) 如果储存与搬运过程中管道元件无机械损坏,则为 2 分。

C.5.2.4 安装及验收的评分

C.5.2.4.1 概述

安装及验收的得分,为以下各项得分之和:

a) 安装单位资质;

b) 施工组织;

c) 管道元件预处理;

d) 材料误用、混用状况;

e) 开槽控制;

f) 焊接及其检验;

g) 回填控制;

h) 强度试验;

i) 严密性试验;

j) 清管和/或干燥。

C.5.2.4.2 安装单位的资质的评分

a) 如果安装单位不具备与管道类别相应的安装资质,则为 0 分;

b) 如果安装单位具备与管道类别相应的安装资质,但经验不足,则为 0.5 分;

c) 如果安装单位具备与管道类别相应的安装资质,经验丰富,则为 1 分。

C.5.2.4.3 施工组织的评分

施工组织的得分,为以下各项得分之和:

a) 项目管理;

b) 施工指导;

c) 例会;

d) 施工质量控制。

对于项目管理,按以下规定进行评分:

a) 如果未实现严格的项目管理,则为 0 分;

b) 如果实现严格的项目管理,则为 1 分。

对于施工指导,按以下规定进行评分:

a) 如果未由经验丰富的设计代表现场指导施工,则为 0 分;

b) 如果由经验丰富的设计代表现场指导施工,则为 1 分。

对于例会,按以下规定进行评分:

a) 如果未做到每天召开例会、及时发现施工中的问题并立即处理,则为 1 分;

b) 如果每天召开例会、及时发现施工中的问题并立即处理,则为 1 分。

对于施工质量管理,按以下规定进行评分:

a) 如果未在施工过程中实行严格的质量控制，则为 0 分；
b) 如果在施工过程中实行严格的质量控制，则为 1 分。

C.5.2.4.4 管道元件预处理的评分

a) 如果管道元件表面有可见的油渍和污垢，或者有附着不牢的氧化皮、铁锈和涂料涂层等附着物，则为 0 分；
b) 如果管道元件表面无可见的油渍和污垢，并且没有附着不牢的氧化皮、铁锈和涂料涂层等附着物，则为 1 分；
c) 如果管道元件表面无可见的油渍、污垢、氧化皮、铁锈和涂料涂层等附着物，表面显示均匀金属光泽，则为 2 分。

C.5.2.4.5 材料误用、混用情况的评分

a) 如果存在材料误用、混用，则为 0 分；
b) 如果不存在材料误用、混用，则为 4 分。

C.5.2.4.6 开槽控制的评分

按照 GB 50251—2003 确定输气管道在开槽方面的要求，按照 GB 50253—2006 确定输油管道在开槽方面的要求，按照 GB 50350—2005 确定集气管道和集油管道在开槽方面的要求，按照GB 50028—2006 确定城市燃气管道在开槽方面的要求，参照 GB 50028—2006 确定输送腐蚀性液体介质的工业管道在开槽方面的要求：

a) 如果未进行开槽控制，则为 0 分；
b) 如果开槽不满足相应标准规范的要求，则为 0 分；
c) 如果开槽满足相应标准规范的要求，则为 1 分。

C.5.2.4.7 焊接及其检验的评分

焊接及其检验的得分，为以下各项得分之和：

a) 焊接操作人员资质；
b) 焊接工艺程序及焊接工艺评定记录；
c) 焊接检测；
d) 焊接质量。

对于焊接操作人员资质，按以下规定进行评分：

a) 如果焊接操作人员无相应资质，则为 0 分；
b) 如果焊接操作人员有相应的资质，则为 1 分。

对于焊接工艺程序及焊接工艺评定记录，按以下规定进行评分：

a) 如果没有焊接工艺程序及焊接工艺评定记录，则为 0 分；
b) 如果有焊接工艺程序，但无相应的焊接工艺评定记录，则为 1 分；
c) 如果焊接工艺程序和焊接工艺评定记录齐全，则为 1 分。

对于焊接检测，按以下规定进行评分：

a) 如果检测单位或人员不具备检测资质，则为 0 分；
b) 如果检测单位或人员具备检测资质，但未按照 JB 4730 进行检测，则为 0 分；
c) 如果检测单位或人员具备检测资质，并且严格按照 JB 4730 进行检测，则为 1 分。

对于焊接质量，按以下规定进行评分：

a) 如果焊缝含有不能通过按照 GB/T 19624 进行的安全评定的缺陷，则取失效可能性 S 为 100；

b） 如果焊缝含有能通过按照 GB/T 19624 进行的安全评定的缺陷，则为 2 分；

c） 如果焊缝不含缺陷，则为 4 分。

C.5.2.4.8 回填控制的评分

按照 GB 50251—2003 确定输气管道在回填方面的要求，按照 GB 50253—2006 确定输油管道在回填方面的要求，按照 GB 50350—2005 确定集气管道和集油管道在回填方面的要求，按照GB 50028—2006 确定城市燃气管道在回填方面的要求，参照 GB 50028—2006 确定输送腐蚀性液体介质的工业管道在回填方面的要求：

a） 如果回填工艺或回填土质量、厚度不满足相应标准规范的要求，则为 0 分；

b） 如果回填工艺和回填土质量、厚度均满足相应标准规范的要求，则为 1 分。

C.5.2.4.9 强度试验的评分

按照 GB 50251—2003 确定输气管道在试压方面的要求，按照 GB 50253—2006 确定输油管道在试压方面的要求，参照 GB 50251—2003 确定集气管道和城市燃气管道在试压方面的要求，参照 GB 50253—2006 确定集油管道在试压方面的要求，按照 GB/T 20801—2006 确定输送腐蚀性液体介质的工业管道在试压方面的要求：

a） 如果未进行强度试验，则为 0 分；

b） 如果强度试验不符合相关标准规范的规定，则为 0 分；

c） 如果进行了符合相关标准规范的规定的强度试验，则按式(C.3)计算强度试验的得分。

$$5-3\times(3-2P_2/P_1) \qquad \cdots\cdots(\text{C.3})$$

如果强度试验的得分小于 0，则取强度试验的得分为 0；

如果强度试验的得分大于 5，则取强度试验的得分为 5。

C.5.2.4.10 严密性试验的评分

按照 GB 50251—2003 确定输气管道在试压方面的要求，按照 GB 50253—2006 确定输油管道在试压方面的要求，参照 GB 50251—2003 确定集气管道和城市燃气管道在试压方面的要求，参照 GB 50253—2006 确定集油管道，按照 GB/T 20801—2006 确定输送腐蚀性液体介质的工业管道在试压方面的要求：

a） 如果未进行严密性试验，则为 0 分；

b） 如果严密性试验不符合相关标准规范的规定，则为 0 分；

c） 如果严密性试验符合相关标准规范的规定，则为 1 分。

C.5.2.4.11 清管和/或干燥的评分

a） 如果未清管和/或干燥，则为 0 分；

b） 如果清管和/或干燥不满足与管道类别相应的标准规范的要求，则为 0 分；

c） 如果清管和/或干燥基本满足与管道类别相应的标准规范的要求，则为 1 分；

d） 如果清管和/或干燥满足与管道类别相应的标准规范的要求，则为 3 分；

e） 如果不需要清管和/或干燥，则为 3 分。

C.5.2.5 附加安全裕度的评分

按照式(C.4)计算附加安全裕度的得分：

$$2.5\times\left(\frac{t_3}{t_1}-1\right) \qquad \cdots\cdots(\text{C.4})$$

当附加安全裕度的得分小于0时，取失效可能性 S 为100；

当附加安全裕度的得分大于2时，取附加安全裕度的得分为2。

C.5.2.6 安全保护措施的评分

C.5.2.6.1 概述

输气管道、集气管道和城市燃气管道按照C.5.2.6.2的规定确定安全保护措施的得分，输油管道、集油管道和输送腐蚀性液体介质的工业管道按照C.5.2.6.3的规定确定安全保护措施的得分。

C.5.2.6.2 输气管道、集气管道和城市燃气管道的安全保护措施的评分

输气管道、集气管道和城市燃气管道的安全保护措施的得分，为以下各项得分之和：

a) 翻越点后低洼段、泵站出站段的安全保护装置；

b) 穿越公路的安全保护措施；

c) 穿越河流的安全保护措施。

对于翻越点后低洼段、泵站出站段的安全保护装置，按以下规定进行评分：

a) 如果无安全保护装置，则为0分；

b) 如果设有安全保护装置，但设备选型不合理，则为1分；

c) 如果设有安全保护装置，并且设备选型合理，则为2分；

d) 如果是非翻越点后低洼段、泵站出站段，则为2分。

对于穿越公路的安全保护措施，按以下规定进行评分：

a) 如果未加厚管壁或采用其他安全保护措施，则为0分；

b) 如果采取加厚管壁或采用其他有效的安全保护措施，则为2分；

c) 如果是非穿越公路的区段，则为2分。

对于穿越河流的安全保护措施，按以下规定进行评分：

a) 如果未加设防震措施或采用其他安全保护措施，则为0分；

b) 如果加设防震措施或采用其他有效的安全保护措施，则为2分；

c) 如果是非穿越河流的区段，则为2分。

C.5.2.6.3 输油管道、集油管道和输送腐蚀性液体介质的工业管道的安全保护措施的评分

输油管道、集油管道和输送腐蚀性液体介质的工业管道的安全保护措施的得分，为以下各项得分之和：

a) 翻越点后低洼段、泵站出站段的安全保护装置；

b) 穿越公路的安全保护措施；

c) 穿越河流的安全保护措施；

d) 防止水击的安全保护措施；

e) 大落差段的安全保护措施。

对于翻越点后低洼段、泵站出站段的安全保护装置，按以下规定进行评分：

a) 如果无安全保护装置，则为0分；

b) 如果设有安全保护装置，但设备选型不合理，则为0.5分；

c) 如果设有安全保护装置，并且设备选型合理，则为1分；

d) 如果是非翻越点后低洼段、泵站出站段，则为1分。

对于穿越公路的安全保护措施，按以下规定进行评分：

a) 如果未加厚管壁或采用其他安全保护措施，则为0分；

b) 如果采取加厚管壁或采用其他有效的安全保护措施,则为1分;
c) 如果是非穿越公路的区段,则为1分。

对于穿越河流的安全保护措施,按以下规定进行评分:
a) 如果未加设防震措施或采用其他安全保护措施,则为0分;
b) 如果加设防震措施或采用其他有效的安全保护措施,则为1分;
c) 如果是非穿越河流的区段,则为1分。

对于防止水击的安全保护措施,按以下规定进行评分:
a) 如果无防止水击的安全保护措施,则为0分;
b) 如果设置了缓冲罐或慢速关闭装置,则为0.5分;
c) 如果设置了缓冲罐和慢速关闭装置等安全保护措施,则为1分;
d) 如果根据流体密度和弹性模数,发生水击的可能性很小,不需要防止水击的安全保护措施,则为1分。

对于大落差段的安全保护措施,按以下规定进行评分:
a) 如果未采用变径管或其他安全保护措施,则为0分;
b) 如果采用变径管或其他有效的安全保护措施,则为2分。

C.5.2.7 监检的评分

C.5.2.7.1 概述

监检的得分,为以下各项得分之和:
a) 监检单位及人员的资质;
b) 监检工作执行情况;
c) 监检结论。

C.5.2.7.2 监检单位及人员的资质的评分

a) 如果管道安装时未进行监检,则为0分;
b) 如果管道监检单位或人员不具备监检资质,则为0分;
c) 如果管道监检单位和人员具备监检资质,则为1分。

C.5.2.7.3 监检工作执行情况的评分

a) 如果管道安装时未进行监检,则为0分;
b) 如果监检工作未按照监检大纲(或计划)进行,则为0分;
c) 如果监检工作严格按照监检大纲(或计划)进行,则为1分。

C.5.2.7.4 监检结论的评分

a) 如果管道安装时未进行监检,则为0分;
b) 如果无监检报告,则为0分;
c) 如果监检结论为“不合格”,则为0分;
d) 如果监检结论为“合格”,则为4分。

C.5.2.8 监理的评分

C.5.2.8.1 概述

监理的得分,为以下各项得分之和:

a） 监理单位及人员的资质；
b） 监理工作执行情况；
c） 监理结论。

C.5.2.8.2 监理单位及人员的资质的评分

a） 如果管道安装时未进行监理，则为 0 分；
b） 如果管道监理单位或人员不具备监理资质，则为 0 分；
c） 如果管道监理单位和人员具备监理资质，则为 1 分。

C.5.2.8.3 监理工作执行情况的评分

a） 如果管道安装时未进行监理，则为 0 分；
b） 如果监理工作未按照监理大纲（或计划）进行，则为 0 分；
c） 如果监理工作严格按照监理大纲（或计划）进行，则为 1 分。

C.5.2.8.4 监理结论的评分

a） 如果管道安装时未进行监理，则为 0 分；
b） 如果无监理报告，则为 0 分；
c） 如果监理结论为“不合格”，则为 0 分；
d） 如果监理结论为“合格”，则为 4 分。

C.5.2.9 记录和图纸的评分

C.5.2.9.1 概述

记录和图纸的得分，为以下各项得分之和：
a） 材料使用记录；
b） 施工检验记录；
c） 图纸。

C.5.2.9.2 材料使用记录的评分

a） 如果无材料使用记录，则为 0 分；
b） 如果材料使用记录不完整，则为 1 分；
c） 如果有完整、详细的材料使用记录，则为 2 分。

C.5.2.9.3 施工检验记录的评分

a） 如果无任何检验记录，则为 0；
b） 如果无修补记录，其他记录完整，则为 1 分；
c） 如果检验记录不连续，则为 1.5 分；
d） 如果只有焊口探伤检验记录，无其他记录，则为 2 分；
e） 如果重要施工环节有检验记录，其他环节无检验记录，则为 3 分；
f） 如果施工全过程均有完整的检验记录，则为 4 分。

C.5.2.9.4 图纸的评分

a） 如果无图纸，则为 0 分；

b) 如果图纸不齐全,则为 1 分;

c) 如果图纸齐全,则为 2 分。

C.5.3 检测及评价计划的评分

C.5.3.1 概述

检测及评价计划的得分,为以下各项得分之和:

a) 泄漏检测计划;

b) 管体缺陷检验及评价计划。

C.5.3.2 泄漏检测计划的评分

a) 如果不进行泄漏检测,则为 0 分;

b) 如果计划的泄漏检测周期过长,不满足实际需要,则为 1 分;

c) 如果计划的泄漏检测周期基本满足实际需要,则为 2 分;

d) 如果计划的泄漏检测周期满足实际需要,则为 4 分。

C.5.3.3 管体缺陷检验及评价计划的评分

a) 如果不进行管体缺陷检验及评价,则为 0 分;

b) 如果计划的缺陷检验及评价周期过长,不满足实际需要,则为 1 分;

c) 如果计划的缺陷检验及评价周期基本满足实际需要,则为 2 分;

d) 如果计划的缺陷检验及评价周期满足实际需要,则为 4 分。

C.5.4 自然灾害及其防范措施的评分

C.5.4.1 概述

自然灾害及其防范措施的得分,为以下各项得分之和:

a) 风载荷及其防范;

b) 雪载荷及其防范;

c) 滑坡、泥石流及其防范;

d) 地震及其防范;

e) 抵抗洪水能力;

f) 土壤移动;

g) 其他地质稳定性;

h) 自然灾害区域的监测计划。

C.5.4.2 风载荷及其防范的评分

a) 如果是跨越段,跨距/外径>200,且历史最大风力≥设计时考虑的风力,则为 0 分;

b) 如果是跨越段,跨距/外径∈(100,200],且历史最大风力≥设计时考虑的风力,则为 0.5 分;

c) 如果是跨越段,跨距/外径∈[30,100],且历史最大风力≥设计时考虑的风力,则为 0.8 分;

d) 如果是跨越段,跨距/外径<30,且历史最大风力≥设计时考虑的风力,则为 1 分;

e) 如果是跨越段,但历史最大风力<设计时考虑的风力,则为 1 分;

f) 如果是非跨越段,则为 1 分。

C.5.4.3　雪载荷及其防范的评分

a）如果是跨越段，跨距/外径＞200，且历史最大降雪量≥设计时考虑的降雪量，则为0分；
b）如果是跨越段，跨距/外径∈（100，200]，且历史最大降雪量≥设计时考虑的降雪量，则为0.5分；
c）如果是跨越段，跨距/外径∈[30，100]，且历史最大降雪量≥设计时考虑的降雪量，则为0.8分；
d）如果是跨越段，跨距/外径＜30，且历史最大降雪量≥设计时考虑的降雪量，则为1分；
e）如果是跨越段，但历史最大降雪量＜设计时考虑的降雪量，则为1分；
f）如果是非跨越段，则为1分。

C.5.4.4　滑坡、泥石流及其防范的评分

C.5.4.4.1　概述

滑坡、泥石流及其防范的得分，为以下各项得分之和：
a）年降雨量；
b）斜坡及穿越；
c）排水设施；
d）滑坡及泥石流预防措施。

C.5.4.4.2　年降雨量的评分

a）如果年降雨量＞1 270 mm，则为0分；
b）如果年降雨量∈[305 mm，1 270 mm]，则为0.5分；
c）如果年降雨量＜305 mm，则为1分。

C.5.4.4.3　斜坡及穿越的评分

a）如果管道区段所在处的斜坡度数＞30°，则为0分；
b）如果管道区段穿越铁路或有10吨以上大卡车经过的公路，则为0分；
c）如果管道区段所在处的斜坡度数∈[10°，30°]，则为0.5分；
d）如果管道区段穿越有10吨以下车辆经过的公路，则为0.5分；
e）如果管道区段所在处的斜坡度数＜10°并且管道区段不穿越公路或铁路，则为1分。

C.5.4.4.4　排水设施的评分

a）如果无排水沟，或者在管道区段附近形成积水池，水流直接冲击管道，则为0分；
b）如果有排水沟，但是不清理，常堵塞，可能形成水流冲击管道，则为0.5分；
c）如果有排水沟，并且排水沟定期清理疏通，设置合理，不可能形成水流冲击管道，则为1分。

C.5.4.4.5　滑坡及泥石流预防措施的评分

a）如果未对滑坡及泥石流地质条件做评价，则为0分；
b）如果在明显滑坡及泥石流地段未设计堡坎，则为0分；
c）如果堡坎的设计强度不足，则为0.5分；
d）如果在明显滑坡及泥石流地段设计有足够强度的堡坎，则为1分；
e）如果在所有可能滑坡及泥石流地段均设计有足够强度的堡坎，则为2分。

C.5.4.5 地震及其防范的评分

C.5.4.5.1 概述

地震及其防范的得分,为以下各项得分之和:

a) 地震断裂带;

b) 防震措施。

C.5.4.5.2 地震断裂带的评分

a) 如果未对地震地质条件做评价,则为0分;

b) 如果管道区段位于地震断裂带,则为0分;

c) 如果管道区段不位于地震断裂带,则为2分。

C.5.4.5.3 防震措施的评分

a) 如果未对地震基本烈度评价,则为0分;

b) 如果地震烈度不小于相关标准、规范所规定的地震基本烈度,并且未采取防震措施,则为0分;

c) 如果设防烈度小于地震基本烈度,则为1分;

d) 如果设防烈度大于地震基本烈度,则为2分;

e) 如果不需要防震,则为3分。

C.5.4.6 抵御洪水能力的评分

a) 如果未考虑抵御洪水,则为0分;

b) 如果能抵御20年一遇洪水,则为0.5分;

c) 如果能抵御50年一遇洪水,则为0.8分;

d) 如果能抵御100年或更长时间一遇洪水,则为1分;

e) 如果不需要考虑抵御洪水,则为1分。

C.5.4.7 土壤移动的评分

C.5.4.7.1 概述

土壤移动的得分,为以下各项得分之和:

a) 土壤类型;

b) 地基土沉降监测计划。

C.5.4.7.2 土壤类型的评分

a) 如果管道区段所在处土壤是黄土、淤泥土、沙土、黏性土、粉质黏土等,则为0.5分;

b) 如果管道区段所在处土壤是沙岩、泥岩、风化岩壁,则为1分。

C.5.4.7.3 地基土沉降监测计划的评分

a) 如果不监测,则为0分;

b) 如果至少每年监测一次,则为1分;

c) 如果连续监测,则为2分;

d) 如果不需要监测,则为2分。

C.5.4.8 其他地质稳定性的评分

a) 如果管道区段处容易发生崩塌,则为0分;
b) 如果管道区段处曾经发生沉降,或者位于采矿区,则为0.5分;
c) 如果管道区段位于斜坡段、活断层、液化区等,地质不稳定,则为0.8分;
d) 如果管道区段处地质稳定,则为1分。

C.5.4.9 自然灾害区域的监测计划的评分

a) 如果不监测,则为0分;
b) 如果监测周期≥1年,则为0.2分;
c) 如果监测周期∈[半年,1年),则为0.5分;
d) 如果监测周期∈[1周,半年),则为0.8分;
e) 如果监测周期<1周,则为1分;
f) 如果不需要监测,则为1分。

附 录 D
（规范性附录）
埋地钢质管道在用阶段失效可能性评分基本模型

D.1 一般要求

本附录提出了埋地钢质管道在用阶段失效可能性评分基本模型，从第三方破坏、腐蚀、设备（装置）及操作、管道本质安全质量四个方面对埋地钢质管道在用阶段失效可能性进行半定量评分。

每个方面的得分为其下设的一个或多个评分项得分之和，下设子评分项的评分项的得分为其下设所有子评分项得分之和。从每个评分项或子评分项下设的各列项中单一选择最接近实际情况的列项，从而确定该评分项或子评分项的得分。

D.2 第三方破坏的评分

D.2.1 概述

输气管道、集气管道、输油管道和集油管道按照 D.2.2 的规定确定第三方破坏的得分，城市燃气管道和输送腐蚀性液体介质的工业管道按照 D.2.3 的规定确定第三方破坏的得分。

D.2.2 输气管道、集气管道、输油管道和集油管道第三方破坏的评分

D.2.2.1 概述

输气管道、集气管道、输油管道和集油管道第三方破坏的得分，为以下各项得分之和：

a) 地面活动水平；
b) 埋深；
c) 地面装置及其保护措施；
d) 占压；
e) 管道施工带条件；
f) 巡线；
g) 对公众进行管道安全教育；
h) 公众对管道的保护意识。

D.2.2.2 地面活动水平的评分

D.2.2.2.1 概述

地面活动水平的得分，为以下各项得分之和：

a) 地区等级；
b) 地面活动频繁程度。

D.2.2.2.2 地区等级的评分

按照 GB 50251—2003 确定管道区段沿线地区等级

a) 如果是四级地区，则为 0 分；

b) 如果是三级地区,则为 2 分;

c) 如果是二级地区,则为 4 分;

d) 如果是一级地区,则为 6 分。

D.2.2.2.3 地面活动频繁程度的评分

地面活动频繁程度的得分,为以下各项得分之和:

a) 建设活动;

b) 交通繁忙程度;

c) 农业生产活动;

d) 地质勘探活动;

e) 野生动物活动。

建设活动的得分,为以下各项得分之和:

a) 建设活动频繁程度;

b) 对建设活动施工单位的技术交底。

对于建设活动频繁程度,按以下规定进行评分:

a) 如果管道区段位于矿藏开发及重工业生产地区,则为 0 分;

b) 如果管道区段位于在建的经济技术开发区,则为 1 分;

c) 如果管道区段位于经常对周围地下设施进行维护的地区,则为 1.5 分;

d) 如果管道区段位于附近有清理水沟,修围墙等维护活动的地区,则为 2 分;

e) 如果管道区段位于没有建设活动的地区,则为 3 分。

对于对建设活动施工单位的技术交底,按以下规定进行评分:

a) 如果未交底,则为 0 分;

b) 如果进行图纸交底,则为 1 分;

c) 如果进行现场交底,则为 3 分。

对于交通繁忙程度,按以下规定进行评分:

a) 如果管道区段附近有铁路、公路交通主干线,则为 0 分;

b) 如果管道区段附近有公路交通干线,则为 0.5 分;

c) 如果管道区段附近有公路交通线、乡村公路、机耕道,则为 1 分;

d) 如果管道区段附近几乎没有车辆通行,则为 2 分。

对于农业生产活动,按以下规定进行评分:

a) 如果在管道区段上方进行大型机械化耕种,打苕沟,犁地等较深挖掘,则为 0 分;

b) 如果在管道区段上有少量挖掘深度小于 500 mm 的浅土层农作物,则为 1 分;

c) 如果在管道区段上无农业生产活动,则为 2 分。

对于地质勘探活动,按以下规定进行评分:

a) 如果管道区段附近有地质勘探活动,则为 0 分;

b) 如果管道区段附近无地质勘探活动,则为 1 分。

对于野生动物活动,按以下规定进行评分:

a) 如果管道区段附近有老鼠打洞等野生动物活动,则为 0 分;

b) 如果管道区段附近无老鼠打洞等野生动物活动,则为 1 分。

D.2.2.3 埋深的评分

D.2.2.3.1 概述

对非水下穿越管道,按照 D.2.2.3.2 的规定确定埋深的得分,对水下穿越管道,按照 D.2.2.3.3 的规定确定埋深的得分。

D.2.2.3.2 非水下穿越管道埋深的评分

a) 如果是跨越段或露管段，则为0分；

b) 如果是埋地段，则按照式(D.1)计算非水下穿越管道埋深的得分。

$$\mathrm{Min}\left(\frac{d_3}{80},20\right) \qquad\qquad \text{(D.1)}$$

各种保护措施按以下规定折算为覆土层厚度：

a) 每50 mm水泥保护层相当于增加200 mm的覆土厚度；

b) 每100 mm水泥保护层相当于增加300 mm的覆土厚度；

c) 管道套管相当于增加600 mm的覆土厚度；

d) 加强水泥盖板相当于增加600 mm的覆土厚度；

e) 警告标志带相当于增加150 mm覆土厚度；

f) 网栏围住相当于增加460 mm覆土厚度。

D.2.2.3.3 水下穿越管道埋深的评分

水下穿越管道埋深的得分，为以下各项得分之和：

a) 可通航河道河底土壤表面(河床表面)与航船底面距离或未通航河道的水深；

b) 在河底的土壤埋深；

c) 保护措施。

对于可通航河道河底土壤表面(河床表面)与航船底面距离或未通航河道的水深，按以下规定评分：

a) 如果上述距离或深度∈[0 m～0.5 m)，则为0分；

b) 如果上述距离或深度∈[0.5 m～1.0 m)，则为2分；

c) 如果上述距离或深度∈[1.0 m～1.5 m)，则为3分；

d) 如果上述距离或深度∈[1.5 m～2.0 m)，则为4分；

e) 如果上述距离或深度≥2.0 m，则为5分。

对于在河底的土壤埋深，按以下规定评分：

a) 如果埋深∈[0 m～0.5 m)，则为0分；

b) 如果埋深∈[0.5 m～1.0 m)，则为3分；

c) 如果埋深∈[1.0 m～1.5 m)，则为5分；

d) 如果埋深∈[1.5 m～2.0 m)，则为7分；

e) 如果埋深≥2.0 m，则为10分。

对于保护措施，按以下规定评分：

a) 如果无保护措施，则为0分；

b) 如果采用石笼稳管、加设固定墩等稳管措施，则为3分；

c) 如果采用30 mm以上水泥保护层或其他能达到同样加固效果的措施，则为5分。

D.2.2.4 地面装置及其保护措施的评分

D.2.2.4.1 概述

地面装置及其保护措施的得分，为以下各项得分之和：

a) 地面装置与公路的距离；

b) 地面装置的围栏。

c) 地面装置的沟渠；

d）地面装置的警示标志符号。

D.2.2.4.2 地面装置与公路的距离的评分

a）如果地面装置与公路的距离不大于 15 m，则为 0 分；
b）如果地面装置与公路的距离大于 15 m，则为 4 分；
c）如果无地面装置，则为 4 分。

D.2.2.4.3 地面装置的围栏的评分

a）如果地面装置没有保护围栏或者粗壮的树将装置与路隔离，则为 0 分；
b）如果地面装置设有保护围栏或者粗壮的树将装置与路隔离，则为 2 分；
c）如果无地面装置，则为 2 分。

D.2.2.4.4 地面装置的沟渠的评分

a）如果地面装置与道路之间无不低于 1.2 m 深的沟渠，则为 0 分；
b）如果地面装置与道路之间有不低于 1.2 m 深的沟渠，则为 2 分；
c）如果无地面装置，则为 2 分。

D.2.2.4.5 地面装置的警示标志符号的评分

a）如果地面装置无警示标志符号，则为 0 分；
b）如果地面装置有警示标志符号，则为 1 分；
c）如果无地面装置，则为 1 分。

D.2.2.5 占压的评分

a）如果管道区段上占压现象严重(5 处以上)，则为 0 分；
b）如果管道区段上存在占压管道的现象(1～4 处)，则为 3 分；
c）如果管道区段上无占压现象，则为 6 分。

D.2.2.6 管道施工带条件的评分

a）如果管道区段处于茂密的树林中或大块农田中，无法准确确认其位置，无任何标志，则为 0 分；
b）如果有部分标志，但确定管道区段位置比较困难，则为 2 分；
c）如果管道区段走向清晰可见，则为 4 分。

D.2.2.7 巡线的评分

D.2.2.7.1 概述

巡线的得分，为以下各项得分之和：
a）巡线频率；
b）巡线方式；
c）巡线人员的能力；
d）线民密度。

D.2.2.7.2 巡线频率的评分

a）如果从来不巡线，则为 0 分；

b) 如果巡线频率∈(0,每月1次],则为1分;
c) 如果巡线频率∈(每月1次,每月2次],则为3分;
d) 如果巡线频率∈(每月2次,每周1次],则为4分;
e) 如果巡线频率∈(每周1次,每两日1次],则为5分;
f) 如果巡线频率∈(每两日1次,每日1次],则为6分;
g) 如果聘有随时报告员,则为8分。

D.2.2.7.3 巡线方式的评分

a) 如果只巡检乘车方便的管段,则为0分;
b) 如果只巡检建设、挖掘频繁的管段,则为1分;
c) 如果逐一村社巡线,则为2分;
d) 如果沿管道区段逐步巡线,则为4分。

D.2.2.7.4 巡线人员的能力的评分

a) 如果巡线人员不能胜任巡线工作,则为0分;
b) 如果巡线人员基本胜任巡线工作,则为2分;
c) 如果巡线人员能胜任巡线工作,则为3分。

D.2.2.7.5 线民密度的评分

a) 如果没有人随时向管道操作员报告管道沿线的破坏行为,则为0分;
b) 如果随时报告管道沿线情况的线民密度∈(0,1人/10 km],则为1分;
c) 如果随时报告管道沿线情况的线民密度∈(1人/10 km,1人/5 km],则为2分;
d) 如果随时报告管道沿线情况的线民密度∈(1人/5 km,1人/1 km],则为3分;
e) 如果管道巡线工能与随时报告管道沿线情况的线民有固定、可靠的联系,则为4分。

D.2.2.8 对公众进行管道安全教育的评分

D.2.2.8.1 概述

对公众进行管道安全教育的得分为以下各得分之和:
a) 与当地建筑商及其分包商会晤;
b) 向当地可能的承包商、挖掘者发放宣传资料;
c) 每年与当地干部举行联席会;
d) 对社会团体进行定期教育;
e) 与村镇签订联防协议;
f) 向管道经过地区居民发放宣传资料;
g) 对村民进行挨家挨户宣传教育;
h) 张贴或书写宣传标语。

D.2.2.8.2 与当地建筑商及其分包商会晤的评分

a) 如果未进行会晤,则为0分;
b) 如果进行了会晤,则为2分。

D.2.2.8.3 向当地可能的承包商、挖掘者发放宣传资料的评分

a) 如果未发放资料,则为0分;

b) 如果发放了资料,则为4分。

D.2.2.8.4 每年与当地干部举行联席会的评分

a) 如果未进行会议,则为0分;
b) 如果进行了会议,则为2分。

D.2.2.8.5 对社会团体进行定期教育的评分

a) 如果未进行教育,则为0分;
b) 如果进行了教育,则为2分。

D.2.2.8.6 与村镇签订联防协议的评分

a) 如果未签定协议,则为0分;
b) 如果签定了协议,则为1分。

D.2.2.8.7 向管道经过地区居民发放宣传资料的评分

a) 如果未发放资料,则为0分;
b) 如果发放了资料,则为2分。

D.2.2.8.8 对村民进行挨家挨户宣传教育的评分

a) 如果未进行教育,则为0分;
b) 如果进行了教育,则为2分。

D.2.2.8.9 张贴或书写宣传标语的评分

a) 如果未宣传,则为0分;
b) 如果进行了宣传,则为1分。

D.2.2.9 公众对管道的保护意识的评分

D.2.2.9.1 概述

公众对管道的保护意识的得分,为以下各项得分之和:

a) 村镇文明建设;
b) 村镇经济发达程度;
c) 村镇社会治安状况;
d) 居民文化素质;
e) 当地政府的配合情况。

D.2.2.9.2 村镇文明建设的评分

a) 如果管道区段沿线是从未获得文明称号的村镇,则为0分;
b) 如果管道区段沿线是曾获得过1~2次文明称号的村镇,则为0.5分;
c) 如果管道区段沿线是连续3次以上的文明村镇,则为1分。

D.2.2.9.3 村镇经济发达程度的评分

a) 如果管道区段沿线村镇的人均年收入<1 500元人民币,则为0分;

b) 如果管道区段沿线村镇的人均年收入∈[1 500,3 000)元人民币,则为1分;

c) 如果管道区段沿线村镇的人均年收入∈[3 000,5 000]元人民币,则为1.5分;

d) 如果管道区段沿线村镇的人均年收入>5 000元人民币,则为2分。

D.2.2.9.4 村镇社会治安状况的评分

a) 如果管道区段沿线村镇每年都有治安和刑事案件发生,则为0分;

b) 如果管道区段沿线村镇近两年有1~2次治安和刑事案件发生,则为1分;

c) 如果管道区段沿线村镇近五年有1~2次治安和刑事案件发生,则为1.5分;

d) 如果管道区段沿线村镇从未发生过治安和刑事案件,则为2分。

D.2.2.9.5 居民文化素质的评分

a) 如果管道区段沿线村镇居民大多数为文盲或小学文化水平(占总人口70%以上),则为0分;

b) 如果管道区段沿线村镇居民基本为初中文化程度(占总人口70%以上),则为0.5分;

c) 如果管道区段沿线村镇居民有一些高中文化程度居民(至少占总人口10%),则为1分;

d) 如果管道区段沿线村镇居民有一些大学生(不到总人口10%),则为1.5分;

e) 如果管道区段沿线村镇居民大学生比例不小于10%,则为2分。

D.2.2.9.6 当地政府的配合情况的评分

a) 如果管道区段沿线当地政府对破坏管道行为不积极制止和惩罚,则为0分;

b) 如果管道区段沿线当地政府的配合被动,不得力,则为0.5分;

c) 如果管道区段沿线当地政府积极配合管道公司的工作,则为1分。

D.2.3 城市燃气管道和输送腐蚀性液体介质的工业管道第三方破坏的评分

D.2.3.1 概述

城市燃气管道和输送腐蚀性液体介质的工业管道第三方破坏的得分,为以下各项得分之和:

a) 地面活动水平;

b) 埋深;

c) 地面装置及其保护措施;

d) 占压;

e) 管道标识;

f) 巡线;

g) 公众教育。

D.2.3.2 地面活动水平的评分

D.2.3.2.1 概述

地面活动水平的得分,为以下各项得分之和:

a) 人口密度;

b) 地面活动频繁程度。

D.2.3.2.2 人口密度的评分

a) 如果2 km长度范围内,管道区段两侧各200 m的范围内,地上4层及以上建筑物普遍,则为0分;

b) 如果 2 km 长度范围内，管道区段与人员聚集的室内外场所的距离＜30 m，则为 0 分；

c) 如果 2 km 长度范围内，管道区段两侧各 200 m 的范围内，存在地上 4 层及以上建筑物，则为 1 分；

d) 如果 2 km 长度范围内，管道区段与人员聚集的室内外场所的距离∈[30 m，90 m]，则为 1 分；

e) 如果 2 km 长度范围内，管道区段两侧各 200 m 的范围内，供人居住的单元数＞80，但无地上 4 层及以上的建筑物，则为 2 分；

f) 如果 2 km 长度范围内，管道区段与人员聚集的室内外场所的距离＞90 m，则为 3 分；

g) 如果 2 km 长度范围内，管道区段两侧各 200 m 的范围内，供人居住的单元数∈[12，80]，则为 3 分；

h) 如果 2 km 长度范围内，管道区段两侧各 200 m 的范围内，供人居住的单元数＜12，则为 5 分。

D.2.3.2.3 地面活动频繁程度的评分

地面活动频繁程度的得分，为以下各项得分之和：

a) 建设活动；

b) 交通繁忙程度；

c) 地质勘探活动。

建设活动的得分，为以下各项得分之和：

a) 建设活动频繁程度；

b) 对建设活动施工单位的技术交底。

对于建设活动频繁程度，按以下规定进行评分：

a) 如果管道区段位于矿藏开发及重工业生产地区，则为 0 分；

b) 如果管道区段位于在建的经济技术开发区，则为 1 分；

c) 如果管道区段位于经常对周围地下设施进行维护的地区，则为 3 分；

d) 如果管道区段位于附近有清理水沟，修围墙等维护活动的地区，则为 5 分；

e) 如果管道区段位于没有建设活动的地区，则为 7 分。

对于对建设活动施工单位的技术交底，按以下规定进行评分：

a) 如果未交底，则为 0 分；

b) 如果进行图纸交底，则为 4 分；

c) 如果进行现场交底，则为 7 分。

对于交通繁忙程度，按以下规定进行评分：

a) 如果管道区段附近有铁路、公路交通主干线，则为 0 分；

b) 如果管道区段附近有公路交通干线，则为 2 分；

c) 如果管道区段附近有公路交通线，则为 5 分；

d) 如果管道区段附近几乎没有车辆通行，则为 8 分。

对于地质勘探活动，按以下规定进行评分：

a) 如果管道区段附近有地质勘探活动，则为 0 分；

b) 如果管道区段附近无地质勘探活动，则为 3 分。

D.2.3.3 埋深的评分

D.2.3.3.1 概述

对非水下穿越管道，按照 D.2.3.3.2 的规定确定埋深的得分，对水下穿越管道，按照 D.2.3.3.3 的规定确定埋深的得分。

D.2.3.3.2 非水下穿越管道埋深的评分

a) 如果是跨越段或露管段，则为0分；

b) 如果是埋地段，按照GB 50028—2006确定城市燃气管道对埋深的要求，参照GB 50028—2006确定输送腐蚀性液体介质的工业管道对埋深的要求，并按照式(D.2)计算非水下穿越管道埋深的得分。

$$8\times\left\{1-\frac{\max[(d_1-d_3),0]}{d_1}\right\} \qquad \cdots\cdots(D.2)$$

各种保护措施按以下规定折算为覆土层厚度：

a) 每50 mm水泥保护层相当于增加200 mm的覆土厚度；

b) 每100 mm水泥保护层相当于增加300 mm的覆土厚度；

c) 管道套管相当于增加600 mm的覆土厚度；

d) 加强水泥盖板相当于增加600 mm的覆土厚度；

e) 警告标志带相当于增加150 mm覆土厚度；

f) 网栏围住相当于增加460 mm覆土厚度。

D.2.3.3.3 水下穿越管道埋深的评分

水下穿越管道埋深的得分，为以下各项得分之和：

a) 可通航河道河底土壤表面(河床表面)与航船底面距离或未通航河道的水深；

b) 在河底的土壤设计埋深；

c) 保护措施。

对于可通航河道河底土壤表面(河床表面)与航船底面距离或未通航河道的水深，按以下规定评分：

a) 如果上述距离或深度∈[0 m～0.5 m)，则为0分；

b) 如果上述距离或深度∈[0.5 m～1.0 m)，则为0.5分；

c) 如果上述距离或深度∈[1.0 m～1.5 m)，则为1分；

d) 如果上述距离或深度∈[1.5 m～2.0 m)，则为1.5分；

e) 如果上述距离或深度≥2.0 m，则为2分。

对于在河底的土壤埋深，按以下规定评分：

a) 如果埋深∈[0 m～0.5 m)，则为0分；

b) 如果埋深∈[0.5 m～1.0 m)，则为1分；

c) 如果埋深∈[1.0 m～1.5 m)，则为2分；

d) 如果埋深∈[1.5 m～2.0 m)，则为3分；

e) 如果埋深≥2.0 m，则为4分。

对于保护措施，按以下规定评分：

a) 如果无保护措施，则为0分；

b) 如果采用石笼稳管、加设固定墩等稳管措施，则为1分；

c) 如果采用30 mm以上水泥保护层或其他能达到同样加固效果的措施，则为2分；

D.2.3.4 地面装置及其保护措施的评分

D.2.3.4.1 概述

地面装置及其保护措施的得分，为以下各项得分之和：

a) 地面装置与公路的距离；

b) 地面装置的围栏；

c） 地面装置的沟渠；

d） 地面装置的警示标志符号。

D.2.3.4.2 地面装置与公路的距离的评分

a） 如果地面装置与公路的距离不大于 15 m，则为 0 分；

b） 如果地面装置与公路的距离大于 15 m，则为 3 分；

c） 如果无地面装置，则为 3 分。

D.2.3.4.3 地面装置的围栏的评分

a） 如果地面装置没有保护围栏或者粗壮的树将装置与路隔离，则为 0 分；

b） 如果地面装置设有保护围栏或者粗壮的树将装置与路隔离，则为 2 分；

c） 如果无地面装置，则为 2 分。

D.2.3.4.4 地面装置的沟渠的评分

a） 如果地面装置与道路之间无不低于 1.2 m 深的沟渠，则为 0 分；

b） 如果地面装置与道路之间有不低于 1.2 m 深的沟渠，则为 2 分；

c） 如果无地面装置，则为 2 分。

D.2.3.4.5 地面装置的警示标志符号的评分

a） 如果地面装置无警示标志符号，则为 0 分；

b） 如果地面装置有警示标志符号，则为 1 分；

c） 如果无地面装置，则为 1 分。

D.2.3.5 占压的评分

a） 如果管道区段上占压现象严重（5 处以上），则为 0 分；

b） 如果管道区段上存在占压管道的现象（1～4 处），则为 3 分；

c） 如果管道区段上无占压现象，则为 6 分。

D.2.3.6 管道标识的评分

a） 如果无地面标志，则为 0 分；

b） 如果部分地面标志损坏，则为 3 分；

c） 如果地面标志完好，但有些地面标志不显著，则为 6 分；

d） 如果地面标志完好、清晰可见，则为 8 分；

e） 如果不需要地面标志，则为 8 分。

D.2.3.7 巡线的评分

D.2.3.7.1 概述

巡线的得分，为以下各项得分之和：

a） 巡线频率；

b） 巡线方式；

c） 巡线人员的能力。

D.2.3.7.2 巡线频率的评分

a) 如果从来不巡线,则为0分;
b) 如果巡线频率∈(0,每月1次],则为2分;
c) 如果巡线频率∈(每月1次,每月2次],则为4分;
d) 如果巡线频率∈(每月2次,每周1次],则为6分;
e) 如果巡线频率∈(每周1次,每两日1次],则为8分;
f) 如果巡线频率∈(每两日1次,每日1次],则为10分;
g) 如果聘有随时报告员,则为12分。

D.2.3.7.3 巡线方式的评分

a) 如果只巡检乘车方便的管段,则为0分;
b) 如果只巡检建设、挖掘频繁的管段,则为4分;
c) 如果沿管道区段逐步巡线,则为8分。

D.2.3.7.4 巡线人员的能力的评分

a) 如果巡线人员不能胜任巡线工作,则为0分;
b) 如果巡线人员能基本胜任巡线工作,则为3分;
c) 如果巡线人员能胜任巡线工作,则为5分。

D.2.3.8 公众教育的评分

a) 如果与公安部门、居民委员会等部门没有联系,并且未进行宣传工作,则为0分;
b) 如果与公安部门、居民委员会等部门没有联系,但进行了一定程度的宣传工作,则为3分;
c) 如果与公安部门、居民委员会等部门没有联系,但进行了大量的宣传工作,则为7分;
d) 如果与公安部门、居民委员会等部门有一定的联系,但未进行宣传工作,则为7分;
e) 如果与公安部门、居民委员会等部门有一定的联系,并且进行了一定程度的宣传工作,则为9分;
f) 如果与公安部门、居民委员会等部门有一定的联系,并且进行了大量的宣传工作,则为11分;
g) 如果与公安部门、居民委员会等部门密切联系,但未进行宣传工作,则为11分;
h) 如果与公安部门、居民委员会等部门密切联系,并且进行了一定程度的宣传工作,则为13分;
i) 如果与公安部门、居民委员会等部门密切联系,并且进行了大量的宣传工作,则为15分。

D.3 腐蚀的评分

D.3.1 概述

腐蚀的得分,为以下各项得分之和:

a) 大气腐蚀;
b) 内腐蚀;
c) 土壤腐蚀。

D.3.2 大气腐蚀的评分

D.3.2.1 概述

埋地段按照D.3.2.2的规定确定大气腐蚀的得分,跨越段按照D.3.2.3的规定确定大气腐蚀的得分。

D.3.2.2 埋地段的大气腐蚀的评分

埋地段的大气腐蚀的得分为10分。

D.3.2.3 跨越段的大气腐蚀的评分

D.3.2.3.1 概述

跨越段的大气腐蚀的得分，为以下各项得分之和：

a) 跨越段的位置特点；
b) 跨越段的结构特点；
c) 大气腐蚀性；
d) 大气腐蚀防腐层。

D.3.2.3.2 跨越段的位置特点的评分

a) 如果位于水与空气的界面，则为0分；
b) 如果位于土壤与空气界面，则为1分；
c) 如果位于空气中，则为2分。

D.3.2.3.3 跨越段的结构特点的评分

a) 如果加装套管，则为0分；
b) 如果存在支撑或吊架，则为0.5分；
c) 如果无上述情况，则为1分。

D.3.2.3.4 大气腐蚀性的评分

a) 如果未进行大气腐蚀性调查，则为0分；
b) 如果是海洋气候，并且含化学品，则为0分；
c) 如果是工业大气或一般大气，含化学品，并且湿度高，则为1分；
d) 如果是海洋气候并且不含化学品，则为1.5分；
e) 如果是工业大气或一般大气，不含化学品，并且湿度高、温度高，则为2分；
f) 如果是工业大气或一般大气，含化学品，并且湿度低，则为2.5分；
g) 如果是工业大气或一般大气，不含化学品，并且湿度低、温度低，则为3分。

D.3.2.3.5 大气腐蚀防腐层的评分

大气腐蚀防腐层的得分，为以下各项得分之和：

a) 大气腐蚀防腐层的适用性；
b) 大气腐蚀防腐层的施工质量；
c) 大气腐蚀防腐层的日常检查；
d) 大气腐蚀防腐层的修补更换。

对于大气腐蚀防腐层的适用性，按以下规定评分：

a) 如果无大气腐蚀防腐层，则为0分；
b) 如果大气腐蚀防腐层不适合管道区段所处环境，则为0分；
c) 如果大气腐蚀防腐层不是专门为管道区段所处环境设计的，则为0.5分；

d） 如果大气腐蚀防腐层是适应管道区段所处环境的防腐层，则为1分。

对于大气腐蚀防腐层的施工质量，按以下规定评分：

a） 如果无大气腐蚀防腐层，则为0分；

b） 如果施工步骤疏漏，没有进行环境控制，则为0分；

c） 如果施工步骤齐全，但操作不规范，则为0.5分；

d） 如果施工步骤齐全，操作较规范，但没有正规的质量控制程序，则为0.8分；

e） 如果有详细的规范说明，采用适当的质量控制系统，则为1分。

对于大气腐蚀防腐层的日常检查，按以下规定评分：

a） 如果无大气腐蚀防腐层，则为0分；

b） 如果未检查大气腐蚀防腐层，则为0分；

c） 如果很少检查，偶尔查看常出问题的地方，则为0.5分；

d） 如果检查不正规，检查人员未经专门培训或检查时间间隔过长，则为0.8分；

e） 如果进行正规彻底的检查，检查人员经专门培训，检查时间间隔合理，则为1分。

对于大气腐蚀防腐层的修补更换，按以下规定评分：

a） 如果无大气腐蚀防腐层，则为0分；

b） 如果不修补、更换损坏的大气腐蚀防腐层，则为0分；

c） 如果不坚持报告和修复缺陷，则为0.5分；

d） 如果不正式报告缺陷，仅在方便的时候才进行修复，则为0.8分；

e） 如果立即报告缺陷，并有文件记录安排修复时间，按照时间安排和规范进行修复，则为1分。

D.3.3 内腐蚀的评分

D.3.3.1 概述

输气管道按照D.3.3.2的规定确定内腐蚀得分，集气管道按照D.3.3.3的规定确定内腐蚀得分，输油管道按照D.3.3.4的规定确定内腐蚀得分，集油管道按照D.3.3.5的规定确定内腐蚀得分，输送天然气、液化气介质的城市燃气管道按照D.3.3.6的规定确定内腐蚀得分，输送人工煤气介质的城市燃气管道按照D.3.3.7的规定确定内腐蚀得分，输送腐蚀性液体介质的工业管道按照D.3.3.8的规定确定内腐蚀得分。

D.3.3.2 输气管道内腐蚀的评分

D.3.3.2.1 概述

输气管道内腐蚀的得分，为以下各项得分之和：

a） 介质腐蚀性；

b） 内防腐措施和内检测。

D.3.3.2.2 介质腐蚀性的评分

介质腐蚀性的得分，为以下各项得分之和：

a） 含水量；

b） 二氧化碳含量；

c） 硫化氢含量；

d） 介质流速。

对于含水量，按以下规定评分：

a） 如果有凝析水，则为0分；

b) 如果运行过程中有可能产生凝析水,则为0分;

c) 如果无凝析水,则为3分。

对于二氧化碳含量,按以下规定评分:

a) 如果二氧化碳分压>0.21 MPa,则为0分;

b) 如果二氧化碳分压∈[0.021 MPa,0.21 MPa],则为1分;

c) 如果二氧化碳分压<0.021 MPa,则为2分。

对于硫化氢含量,按以下规定评分:

a) 如果硫化氢含量>20 mg/m^3,则为0分;

b) 如果硫化氢含量≤20 mg/m^3,则为2分。

对于介质流速,按以下规定评分:

a) 如果介质流速<3 m/s,则为0分;

b) 如果介质流速≥3 m/s,则为1分。

D.3.3.2.3 内防腐措施和内检测的评分

内防腐措施和内检测的得分,为以下各项得分之和:

a) 内防腐措施;

b) 内检测。

对于内防腐措施,按以下规定评分:

a) 如果无内防腐措施,则为0分;

b) 如果采用内腐蚀监测,则为0.5分;

c) 如果定期清管,则为1分;

d) 如果注入缓蚀剂,则为1.5分;

e) 如果采用防腐内覆盖层,则为2分;

f) 如果采用上述两种或两种以上的措施,则为3分;

g) 如果不需要采取措施,则为3分。

内检测的得分,为以下各项得分之和:

a) 内检测周期;

b) 内检测结果。

对于内检测周期,按以下规定评分:

a) 如果未进行内检测,则为0分;

b) 如果内检测周期>8年,则为0分;

c) 如果内检测周期∈(5年,8年],则为1分;

d) 如果内检测周期∈[3年,5年],则为1.5分;

e) 如果内检测周期<3年,则为2分;

f) 如果不需要进行内检测,则为2分。

对于内检测结果,按以下规定评分:

a) 如果未进行内检测,则为0分;

b) 如果发现的腐蚀缺陷数量≥5,则为0分;

c) 如果发现的腐蚀缺陷数量∈[1,5),则为1分;

d) 如果未发现腐蚀缺陷,则为2分;

e) 如果不需要进行内检测,则为2分。

D.3.3.3 集气管道内腐蚀的评分

D.3.3.3.1 概述

集气管道内腐蚀的得分，为以下各项得分之和：

a) 介质腐蚀性；

b) 内防腐措施和内检测。

D.3.3.3.2 介质腐蚀性的评分

介质腐蚀性的得分，为以下各项得分之和：

a) 含水量；

b) 氯离子含量；

c) pH 值；

d) 二氧化碳含量；

e) 硫化氢含量；

f) 介质温度；

g) 介质流速。

对于含水量(包括冷凝水)，按以下规定评分：

a) 如果含游离水，则为 0 分；

b) 如果不含游离水，则为 6 分。

对于氯离子含量，按以下规定评分：

a) 如果氯离子含量>60 000 mg/L，则为 0 分；

b) 如果氯离子含量∈[10 000 mg/L，60 000 mg/L]，则为 1 分；

c) 如果氯离子含量∈[1 000 mg/L，10 000 mg/L)，则为 3 分；

d) 如果氯离子含量<1 000 mg/L，则为 4 分。

对于 pH 值，按以下规定评分：

a) 如果 pH≤3.5，则为 0 分；

b) 如果 pH 值∈(3.5，6.5]，则为 2 分；

c) 如果 pH>6.5，则为 4 分。

对于二氧化碳含量，按以下规定评分：

a) 如果二氧化碳分压>0.21 MPa，则为 0 分；

b) 如果二氧化碳分压∈[0.021 MPa，0.21 MPa]，则为 2 分；

c) 如果二氧化碳分压<0.021 MPa，则为 4 分。

对于硫化氢含量，按以下规定评分：

a) 如果硫化氢分压>1 MPa，则为 0 分；

b) 如果硫化氢分压∈[0.1 MPa，1 MPa]，则为 1 分；

c) 如果硫化氢分压∈[0.01 MPa，0.1 MPa)，则为 2 分；

d) 如果硫化氢分压∈[0.000 3 MPa，0.01 MPa)，则为 3 分；

e) 如果硫化氢分压<0.000 3 MPa，则为 4 分。

对于介质温度，按以下规定评分：

a) 如果介质温度<60 ℃或>100 ℃，则为 0 分；

b) 如果介质温度∈[60 ℃，100 ℃]，则为 2 分。

对于介质流速，按以下规定评分：

a） 如果介质流速＜3 m/s，则为 0 分；

b） 如果介质流速＞影响缓蚀剂膜稳定性的流速，则为 0 分；

c） 如果介质流速∈［3 m/s，影响缓蚀剂膜稳定性的流速］，则为 2 分。

D.3.3.3.3 内防腐措施和内检测的评分

内防腐措施和内检测的得分，为以下各项得分之和：

a） 内防腐措施；

b） 内检测。

对于内防腐措施，按以下规定评分：

a） 如果无内防腐措施，则为 0 分；

b） 如果采用内腐蚀监测，则为 2 分；

c） 如果定期清管，则为 4 分；

d） 如果注入缓蚀剂，则为 6 分；

e） 如果采用防腐内覆盖层，则为 8 分；

f） 如果采用上述两种或两种以上的措施，则为 10 分；

g） 如果不需要采取措施，则为 10 分。

内检测的得分，为以下各项得分之和：

a） 内检测周期；

b） 内检测结果。

对于内检测周期，按以下规定评分：

a） 如果未进行内检测，则为 0 分；

b） 如果内检测周期＞5 年，则为 0 分；

c） 如果内检测周期∈（3 年，5 年］，则为 2 分；

d） 如果内检测周期∈［2 年，3 年］，则为 4 分；

e） 如果内检测周期＜2 年，则为 6 分；

f） 如果不需要进行内检测，则为 6 分。

对于内检测结果，按以下规定评分：

a） 如果未进行内检测，则为 0 分；

b） 如果发现的腐蚀缺陷数量≥5，则为 0 分；

c） 如果发现的腐蚀缺陷数量∈［1，5），则为 4 分；

d） 如果未发现腐蚀缺陷，则为 8 分；

e） 如果不需要进行内检测，则为 8 分。

D.3.3.4 输油管道内腐蚀的评分

D.3.3.4.1 概述

输油管道内腐蚀的得分，为以下各项得分之和：

a） 介质腐蚀性；

b） 内防腐措施和内检测。

D.3.3.4.2 介质腐蚀性的评分

介质腐蚀性的得分，为以下各项得分之和：

a） 含水量；

b） 二氧化碳含量；

c） 硫化氢含量；

d） 蜡含量；

e） 介质温度；

f） 介质流速。

对于含水量，按以下规定评分：

a） 如果有凝析水，则为 0 分；

b） 如果运行过程中有可能产生凝析水，则为 0 分；

c） 如果无凝析水，则为 3 分。

对于二氧化碳含量，按以下规定评分：

a） 如果二氧化碳分压＞0.21 MPa，则为 0 分；

b） 如果二氧化碳分压∈[0.021 MPa，0.21 MPa]，则为 0.5 分；

c） 如果二氧化碳分压＜0.021 MPa，则为 1 分。

对于硫化氢含量，按以下规定评分：

a） 如果硫化氢含量＞20 mg/m^3，则为 0 分；

b） 如果硫化氢含量≤20 mg/m^3，则为 1 分。

对于蜡含量，按以下规定评分：

a） 如果蜡含量中等，则为 0 分；

b） 如果蜡含量低，则为 0.5 分；

c） 如果蜡含量高，则为 1 分。

对于介质温度，按以下规定评分：

a） 如果介质温度较高，则为 0 分；

b） 如果介质温度中等，则为 0.5 分；

c） 如果介质温度较低，则为 1 分。

对于介质流速，按以下规定评分：

a） 如果介质流速＜3 m/s，则为 0 分；

b） 如果介质流速≥3 m/s，则为 1 分。

D.3.3.4.3 内防腐措施和内检测的评分

内防腐措施和内检测的得分，为以下各项得分之和：

a） 内防腐措施；

b） 内检测。

对于内防腐措施，按以下规定评分：

a） 如果无内防腐措施，则为 0 分；

b） 如果采用内腐蚀监测，则为 0.5 分；

c） 如果定期清管，则为 1 分；

d） 如果注入缓蚀剂，则为 1.5 分；

e） 如果采用防腐内覆盖层，则为 2 分；

f） 如果采用上述两种或两种以上的措施，则为 3 分；

g） 如果不需要采取措施，则为 3 分。

内检测的得分，为以下各项得分之和：

a） 内检测周期；

b） 内检测结果。

对于内检测周期,按以下规定评分:

a） 如果未进行内检测,则为0分;

b） 如果内检测周期＞8年,则为0分;

c） 如果内检测周期∈(5年,8年],则为1分;

d） 如果内检测周期∈[3年,5年],则为1.5分;

e） 如果内检测周期＜3年,则为2分;

f） 如果不需要进行内检测,则为2分。

对于内检测结果,按以下规定评分:

a） 如果未进行内检测,则为0分;

b） 如果发现的腐蚀缺陷数量≥5,则为0分;

c） 如果发现的腐蚀缺陷数量∈[1,5),则为1分;

d） 如果未发现腐蚀缺陷,则为2分;

e） 如果不需要进行内检测,则为2分。

D.3.3.5 集油管道内腐蚀的评分

D.3.3.5.1 概述

集油管道内腐蚀的得分,为以下各项得分之和:

a） 介质腐蚀性;

b） 内防腐措施和内检测。

D.3.3.5.2 介质腐蚀性的评分

介质腐蚀性的得分,为以下各项得分之和:

a） 含水量(包括冷凝水);

b） 氯离子含量;

c） pH值;

d） 二氧化碳含量;

e） 硫化氢含量;

f） 蜡含量;

g） 介质温度;

h） 介质流速。

对于含水量(包括冷凝水),按以下规定评分:

a） 如果含游离水,则为0分;

b） 如果不含游离水,则为8分。

对于氯离子含量,按以下规定评分:

a） 如果氯离子含量＞60 000 mg/L,则为0分;

b） 如果氯离子含量∈[10 000 mg/L,60 000 mg/L],则为1分;

c） 如果氯离子含量∈[1 000 mg/L,10 000 mg/L),则为2分;

d） 如果氯离子含量＜1 000 mg/L,则为3分。

对于pH值,按以下规定评分:

a） 如果pH≤3.5,则为0分;

b） 如果pH值∈(3.5,6.5],则为1.5分;

c） 如果pH＞6.5,则为3分。

对于二氧化碳含量,按以下规定评分:

a) 如果二氧化碳分压>0.21 MPa,则为0分;

b) 如果二氧化碳分压∈[0.021 MPa,0.21 MPa],则为1.5分;

c) 如果二氧化碳分压<0.021 MPa,则为3分。

对于硫化氢含量,按以下规定评分:

a) 如果硫化氢分压>1 MPa,则为0分;

b) 如果硫化氢分压∈[0.1 MPa,1 MPa],则为1分;

c) 如果硫化氢分压∈[0.01 MPa,0.1 MPa),则为1分;

d) 如果硫化氢分压∈[0.000 3 MPa,0.01 MPa),则为2分;

e) 如果硫化氢分压<0.000 3 MPa,则为3分。

对于蜡含量,按以下规定评分:

a) 如果蜡含量中等,则为0分;

b) 如果蜡含量低,则为1分;

c) 如果蜡含量高,则为2分。

对于介质温度,按以下规定评分:

a) 如果介质温度较高,则为0分;

b) 如果介质温度中等,则为1分;

c) 如果介质温度较低,则为2分。

对于介质流速,按以下规定评分:

a) 如果介质流速<3 m/s,则为0分;

b) 如果介质流速>影响缓蚀剂膜稳定性的流速,则为0分;

c) 如果介质流速∈[3 m/s,影响缓蚀剂膜稳定性的流速],则为2分。

D.3.3.5.3 内防腐措施和内检测的评分

内防腐措施和内检测的得分,为以下各项得分之和:

a) 内防腐措施;

b) 内检测。

对于内防腐措施,按以下规定评分:

a) 如果无内防腐措施,则为0分;

b) 如果采用内腐蚀监测,则为2分;

c) 如果定期清管,则为4分;

d) 如果注入缓蚀剂,则为6分;

e) 如果采用防腐内覆盖层,则为8分;

f) 如果采用上述两种或两种以上的措施,则为10分;

g) 如果不需要采取措施,则为10分。

内检测的得分,为以下各项得分之和:

a) 内检测周期;

b) 内检测结果。

对于内检测周期,按以下规定评分:

a) 如果未进行内检测,则为0分;

b) 如果内检测周期>5年,则为0分;

c) 如果内检测周期∈(3年,5年],则为2分;

d) 如果内检测周期∈[2年,3年],则为4分;

e) 如果内检测周期<2 年,则为 6 分;

f) 如果不需要进行内检测,则为 6 分。

对于内检测结果,按以下规定评分:

a) 如果未进行内检测,则为 0 分;

b) 如果发现的腐蚀缺陷数量≥5,则为 0 分;

c) 如果发现的腐蚀缺陷数量∈[1,5),则为 4 分;

d) 如果未发现腐蚀缺陷,则为 8 分;

e) 如果不需要进行内检测,则为 8 分。

D.3.3.6 输送天然气、液化气介质的城市燃气管道内腐蚀的评分

D.3.3.6.1 概述

输送天然气、液化气介质的城市燃气管道内腐蚀的得分,为以下各项得分之和:

a) 介质腐蚀性;

b) 气质监测。

D.3.3.6.2 介质腐蚀性的评分

介质腐蚀性的得分,为以下各项得分之和:

a) 含水量;

b) 二氧化碳含量;

c) 硫化氢含量;

d) 介质流速。

对于含水量,按以下规定评分:

a) 如果有凝析水,则为 0 分;

b) 如果运行过程中有可能产生凝析水,则为 0 分;

c) 如果无凝析水,则为 2 分。

对于二氧化碳含量,按以下规定评分:

a) 如果二氧化碳分压>0.21 MPa,则为 0 分;

b) 如果二氧化碳分压∈[0.021 MPa,0.21 MPa],则为 0.5 分;

c) 如果二氧化碳分压<0.021 MPa,则为 1 分。

对于硫化氢含量,按以下规定评分:

a) 如果硫化氢含量>20 mg/m^3,则为 0 分;

b) 如果硫化氢含量≤20 mg/m^3,则为 1 分。

对于介质流速,按以下规定评分:

a) 如果介质流速<3 m/s,则为 0 分;

b) 如果介质流速≥3 m/s,则为 1 分。

D.3.3.6.3 气质监测的评分

a) 如果未进行气质监测,则为 0 分;

b) 如果气质监测周期过长,不满足实际需要,则为 1 分;

c) 如果气质监测周期基本满足实际需要,则为 3 分;

d) 如果气质监测周期满足实际需要,则为 5 分;

e) 如果不需要进行气质监测,则为 5 分。

D.3.3.7 输送人工煤气介质的城市燃气管道内腐蚀的评分

D.3.3.7.1 概述

输送人工煤气介质的城市燃气管道内腐蚀的得分，为以下各项得分之和：

a) 介质腐蚀性；

b) 气质监测。

D.3.3.7.2 介质腐蚀性的评分

介质腐蚀性的得分，为以下各项得分之和：

a) 含水量；

b) 氯离子含量；

c) pH 值；

d) 二氧化碳含量；

e) 硫化氢含量；

f) 介质流速。

对于含水量(包括冷凝水)，按以下规定评分：

a) 如果含游离水，则为 0 分；

b) 如果不含游离水，则为 5 分。

对于氯离子含量，按以下规定评分：

a) 如果氯离子含量＞60 000 mg/L，则为 0 分；

b) 如果氯离子含量∈[10 000 mg/L，60 000 mg/L]，则为 0.3 分；

c) 如果氯离子含量∈[1 000 mg/L，10 000 mg/L)，则为 0.8 分；

d) 如果氯离子含量＜1 000 mg/L，则为 1 分。

对于 pH 值，按以下规定评分：

a) 如果 pH≤3.5，则为 0 分；

b) 如果 pH 值∈(3.5，6.5]，则为 0.5 分；

c) 如果 pH＞6.5，则为 1 分。

对于二氧化碳含量，按以下规定评分：

a) 如果二氧化碳分压＞0.21 MPa，则为 0 分；

b) 如果二氧化碳分压∈[0.021 MPa，0.21 MPa]，则为 0.5 分；

c) 如果二氧化碳分压＜0.021 MPa，则为 1 分。

对于硫化氢含量，按以下规定评分：

a) 如果硫化氢分压＞1 MPa，则为 0 分；

b) 如果硫化氢分压∈[0.1 MPa，1 MPa]，则为 0.2 分；

c) 如果硫化氢分压∈[0.01 MPa，0.1 MPa)，则为 0.4 分；

d) 如果硫化氢分压∈[0.000 3 MPa，0.01 MPa)，则为 0.8 分；

e) 如果硫化氢分压＜0.000 3 MPa，则为 1 分。

对于介质流速，按以下规定评分：

a) 如果介质流速＜3 m/s，则为 0 分；

b) 如果介质流速＞影响缓蚀剂膜稳定性的流速，则为 0 分；

c) 如果介质流速∈[3 m/s，影响缓蚀剂膜稳定性的流速]，则为 1 分。

D.3.3.7.3 气质监测的评分

a) 如果未进行气质监测,则为0分;
b) 如果气质监测周期过长,不满足实际需要,则为2分;
c) 如果气质监测周期基本满足实际需要,则为6分;
d) 如果气质监测周期满足实际需要,则为10分;
e) 如果不需要进行气质监测,则为10分。

D.3.3.8 输送腐蚀性液体介质的工业管道内腐蚀的评分

D.3.3.8.1 概述

输送腐蚀性液体介质的工业管道内腐蚀的得分,为以下各项得分之和:
a) 介质腐蚀性;
b) 内防腐措施。

D.3.3.8.2 介质腐蚀性的评分

介质腐蚀性的得分,为以下各项得分之和:
a) 腐蚀性介质浓度及钝化性能;
b) 介质的pH值;
c) 介质中的氧化剂含量;
d) 介质流速;
e) 应力腐蚀敏感性。
对于腐蚀性介质浓度及钝化性能,按以下规定评分:
a) 如果不发生钝化,并且腐蚀性介质浓度高,则为0分;
b) 如果不发生钝化,并且腐蚀性介质浓度中等,则为4分;
c) 如果不发生钝化,并且腐蚀性介质浓度低,则为8分;
d) 如果发生钝化,则为12分。
对于介质的pH值,按以下规定评分:
a) 如果pH≤4.5或>12.5,则为0分;
b) 如果pH∈(4.5,5.5]或(11.5,12.5],则为1分;
c) 如果pH∈(5.5,6]或(10.5,11.5],则为3分;
d) 如果pH∈(6,6.5]或(8,10.5],则为6分;
e) 如果pH∈(6.5,8],则为8分。
对于介质中的氧化剂含量,按以下规定评分:
a) 如果介质中的氧化剂含量高,则为0分;
b) 如果介质中的氧化剂含量中等,则为3分;
c) 如果介质中的氧化剂含量低,则为6分。
对于介质流速,按以下规定评分:
a) 如果介质流速<3 m/s,则为0分;
b) 如果介质流速>影响缓蚀剂膜稳定性的流速,则为0分;
c) 如果介质流速∈[3 m/s,影响缓蚀剂膜稳定性的流速],则为3分。
对于应力腐蚀敏感性,按以下规定评分:
a) 如果管道材料与介质形成应力腐蚀敏感性组合,则为0分;

b） 如果管道材料与介质不形成应力腐蚀敏感性组合，则为 3 分。

D.3.3.8.3 内防腐措施的评分

a） 如果无内防腐措施，则为 0 分；
b） 如果采用内腐蚀监测，则为 4 分；
c） 如果注入缓蚀剂，则为 8 分；
d） 如果采用防腐内覆盖层，则为 15 分；
e） 如果采用上述两种或两种以上的措施，则为 18 分；
f） 如果不需要采取措施，则为 18 分。

D.3.4 土壤腐蚀的评分

D.3.4.1 概述

输气管道和输油管道按照 D.3.4.2 的规定确定土壤腐蚀得分，集气管道、集油管道和输送腐蚀性液体介质的工业管道按照 D.3.4.3 的规定确定土壤腐蚀得分，输送天然气、液化气介质的城市燃气管道按照 D.3.4.4 的规定确定土壤腐蚀得分，输送人工煤气介质的城市燃气管道按照 D.3.4.5 的规定确定土壤腐蚀得分。

D.3.4.2 输气管道和输油管道土壤腐蚀的评分

D.3.4.2.1 概述

输气管道和输油管道土壤腐蚀的得分，为以下各项得分之和：
a） 环境腐蚀性调查；
b） 防腐设计；
c） 外防腐层；
d） 深根植被；
e） 阴极保护系统。

D.3.4.2.2 环境腐蚀性调查的评分

环境腐蚀性调查的得分，为以下各项得分之和：
a） 土壤电阻率；
b） 直流杂散电流干扰其排流措施；
c） 交流杂散电流干扰。

对于土壤电阻率，按以下规定评分：
a） 如果未进行土壤电阻率测量，则为 0 分；
b） 如果土壤电阻率＜20 Ω·m，则为 0 分；
c） 如果土壤电阻率∈[20 Ω·m，50 Ω·m]，则为 3 分；
d） 如果土壤电阻率＞50 Ω·m，则为 6 分。

对于直流杂散电流干扰及其排流措施，按照 GB/T 19285 确定直流杂散电流干扰程度，并按以下规定评分：
a） 如果直流杂散电流干扰程度大，并且未设置排流装置，则为 0 分；
b） 如果直流杂散电流干扰程度大，并且设置的排流装置不能完全满足排流的需要，则为 1 分；
c） 如果直流杂散电流干扰程度中或小，并且未设置排流装置，则为 1 分；
d） 如果直流杂散电流干扰程度中或小，并且设置的排流装置不能完全满足排流的需要，则为

2 分；

e） 如果设置的排流装置能满足排流的需要，则为 4 分；

f） 如果不存在直流杂散电流干扰，则为 4 分。

对于交流杂散电流干扰，按照 GB/T 19285 确定其干扰程度，并按以下规定评分：

a） 如果存在交流杂散电流干扰，则为 0 分；

b） 如果不存在交流杂散电流干扰，则为 2 分。

D.3.4.2.3 防腐设计的评分

防腐设计的得分，为以下各项得分之和：

a） 防腐设计单位的资质；

b） 防腐设计标准规范的选用；

c） 防腐设计的适用性。

对于防腐设计单位的资质，按以下规定评分：

a） 如果防腐设计单位不具备相应资质，则为 0 分；

b） 如果防腐设计单位具备相应资质，则为 1 分。

对于防腐设计标准规范的选用，按以下规定评分：

a） 如果管道防腐设计未按标准规范设计或采用当时已经作废的设计标准规范，则为 0 分；

b） 如果管道防腐设计采用当时有效的旧版本管道设计标准规范，则为 1 分；

c） 如果管道防腐设计采用现行标准规范，则为 2 分。

对于防腐设计的适用性，按照 GB/T 19285 确定防腐设计的要求，并按以下规定评分：

a） 如果外防腐层和/或阴极保护系统的设计不符合防腐设计标准规范要求，则为 0 分；

b） 如果外防腐层和/或阴极保护系统的设计基本符合防腐设计标准规范要求，则为 3 分；

c） 如果外防腐层和/或阴极保护系统的设计符合防腐设计标准规范要求，则为 5 分。

D.3.4.2.4 外防腐层的评分

外防腐层的得分，为以下各项得分之和：

a） 外防腐层类型；

b） 外防腐层制造质量；

c） 外防腐层施工质量；

d） 外防腐层全面检验；

e） 外防腐层维护。

对于外防腐层类型，按以下规定评分：

a） 如果无外防腐层，则为 0 分；

b） 如果是防锈油漆，则为 1 分；

c） 如果是高密度聚乙烯，则为 1.5 分；

d） 如果是沥青加玻璃布，则为 2 分；

e） 如果是煤焦油瓷漆或环氧煤沥青，则为 2.5 分；

f） 如果是三层 PE 复合涂层，则为 3 分；

g） 如果不需要外防腐层，则为 3 分。

外防腐层制造质量的得分，为以下各项得分之和：

a） 外防腐层质量证明文件；

b） 外防腐层复验。

对于外防腐层质量证明文件，按以下规定评分：

a) 如果无外防腐层,则为 0 分;
b) 如果外防腐层无质量证明文件,则为 0 分;
c) 如果外防腐层质量证明文件齐全,则为 1 分;
d) 如果不需要外防腐层,则为 1 分。

对于外防腐层复验,按以下规定评分:
a) 如果无外防腐层,则为 0 分;
b) 如果未进行外防腐层复验,则为 0 分;
c) 如果外防腐层复验不合格,则为 0 分;
d) 如果外防腐层复验合格,则为 3 分;
e) 如果不需要进行外防腐层复验,则为 3 分;
f) 如果不需要外防腐层,则为 3 分。

外防腐层施工质量的得分,为以下各项得分之和:
a) 外防腐层补口补伤检验和下沟前检验;
b) 外防腐层漏点检验。

对于外防腐层补口补伤检验和下沟前检验,按以下规定评分:
a) 如果无外防腐层,则为 0 分;
b) 如果未进行外防腐层补口补伤检验和下沟前检验,则为 0 分;
c) 如果外防腐层补口补伤检验或下沟前检验不合格,则为 0 分;
d) 如果外防腐层补口补伤检验和下沟前检验合格,则为 3 分;
e) 如果不需要外防腐层,则为 3 分。

对于外防腐层漏点检验,按以下规定评分:
a) 如果无外防腐层,则为 0 分;
b) 如果未进行外防腐层漏点检验,则为 0 分;
c) 如果外防腐层漏点检验不合格,则为 0 分;
d) 如果外防腐层漏点检验合格,则为 4 分;
e) 如果不需要外防腐层,则为 4 分。

外防腐层全面检验的得分,为以下各项得分之和:
a) 外防腐层全面检验人员资质;
b) 外防腐层全面检验项目和周期;
c) 外防腐层全面检验结果。

对于外防腐层全面检验人员资质,按以下规定评分:
a) 如果无外防腐层,则为 0 分;
b) 如果未进行外防腐层全面检验,则为 0 分;
c) 如果外防腐层全面检验人员无相应资质,则为 0 分;
d) 如果外防腐层全面检验人员具备相应资质,则为 2 分;
e) 如果不需要外防腐层,则为 2 分。

对于外防腐层全面检验项目和周期,按以下规定评分:
a) 如果无外防腐层,则为 0 分;
b) 如果未进行外防腐层全面检验,则为 0 分;
c) 如果外防腐层全面检验项目或周期不满足 GB/T 19285 的要求,则为 0 分;
d) 如果外防腐层全面检验项目和周期满足 GB/T 19285 的要求,则为 4 分;
e) 如果不需要外防腐层,则为 4 分。

对于外防腐层全面检验结果,按以下规定评分:

a） 如果无外防腐层，则为 0 分；

b） 如果不进行外防腐层全面检验，则为 0 分；

c） 如果管道区段的最大电流衰减率 $Y>0.023$，则为 0 分；

d） 如果管道区段的最大电流衰减率 $Y\in(0.015,0.023]$，则为 5 分；

e） 如果管道区段的最大电流衰减率 $Y\in(0.011,0.015]$，则为 9 分；

f） 如果管道区段的最大电流衰减率 $Y\leqslant 0.011$，则为 12 分；

g） 如果不需要外防腐层，则为 12 分。

对于外防腐层维护，按以下规定评分：

a） 如果无外防腐层，则为 0 分；

b） 如果很少或者不关注外防腐层缺陷，则为 0 分；

c） 如果仅对部分外防腐层缺陷进行报告和修复，则为 0.5 分；

d） 如果非正式报告外防腐层缺陷，并在方便的时候才进行修复，则为 1 分；

e） 如果正式报告外防腐层缺陷，并形成修复计划，按计划进行修复，则为 2 分；

f） 如果不需要外防腐层，则为 2 分。

D.3.4.2.5 深根植被的评分

a） 如果管道区段两侧各 5 m 范围内存在大量深根植物，则为 0 分；

b） 如果管道区段两侧各 5 m 范围内存在少量深根植物，则为 0.5 分；

c） 如果管道区段两侧各 5 m 范围内不存在深根植物，则为 1 分。

D.3.4.2.6 阴极保护系统的评分

阴极保护系统的得分，为以下各项得分之和：

a） 阴极保护系统产品质量；

b） 阴极保护系统安装质量；

c） 阴极保护系统年度检查；

d） 阴极保护系统全面检验；

e） 阴极保护系统测试头间距。

阴极保护系统产品质量的得分，为以下各项得分之和：

a） 阴极保护系统产品质量证明文件；

b） 阴极保护系统产品抽样复验。

对于阴极保护系统产品质量证明文件，按以下规定评分：

a） 如果未加阴极保护，则为 0 分；

b） 如果阴极保护系统产品无质量证明文件，则为 0 分；

c） 如果阴极保护系统产品质量证明文件齐全，则为 1 分；

d） 如果不需要进行阴极保护，则为 1 分。

对于阴极保护系统产品抽样复验，按以下规定评分：

a） 如果未加阴极保护，则为 0 分；

b） 如果未进行阴极保护系统产品抽样复验，则为 0 分；

c） 如果阴极保护系统产品抽样复验不合格，则为 0 分；

d） 如果阴极保护系统产品抽样复验合格，则为 2 分；

e） 如果不需要进行阴极保护，则为 2 分。

阴极保护系统安装质量的得分，为以下各项得分之和：

a） 阴极保护系统安装过程质量控制；

b) 阴极保护系统投产测试。

对于阴极保护系统安装过程质量控制,按以下规定评分:

a) 如果未加阴极保护,则为0分;
b) 如果未进行阴极保护系统安装过程质量控制,则为0分;
c) 如果阴极保护系统安装过程质量控制不满足GB/T 19285的要求,则为0分;
d) 如果阴极保护系统安装过程质量控制基本满足GB/T 19285的要求,则为0.5分;
e) 如果阴极保护系统安装过程质量控制满足GB/T 19285的要求,则为1分;
f) 如果不需要进行阴极保护,则为1分。

对于阴极保护系统投产测试,按以下规定评分:

a) 如果未加阴极保护,则为0分;
b) 如果未进行阴极保护系统投产测试,则为0分;
c) 如果阴极保护系统投产测试结果不满足GB/T 19285的要求,则为0分;
d) 如果阴极保护系统投产测试结果基本满足GB/T 19285的要求,则为1分;
e) 如果阴极保护系统投产测试结果满足GB/T 19285的要求,则为2分;
f) 如果不需要进行阴极保护,则为2分。

阴极保护系统年度检查的得分,为以下各项得分之和:

a) 阴极保护系统年度检查项目和周期;
b) 阴极保护系统年度检查结果及异常情况处理。

对于阴极保护系统年度检查项目和周期,按以下规定评分:

a) 如果未加阴极保护,则为0分;
b) 如果未进行阴极保护系统年度检查,则为0分;
c) 如果阴极保护系统年度检查项目或周期不满足GB/T 19285的要求,则为0分;
d) 如果阴极保护系统年度检查项目和周期满足GB/T 19285的要求,则为1分;
e) 如果不需要进行阴极保护,则为1分。

对于阴极保护系统年度检查结果及异常情况处理,按以下规定评分:

a) 如果未加阴极保护,则为0分;
b) 如果未进行阴极保护系统年度检查,则为0分;
c) 如果阴极保护系统年度检查结果不满足GB/T 19285的要求,并且未进行相应处理或处理不当,则为0分;
d) 如果阴极保护系统年度检查结果不满足GB/T 19285的要求,但及时进行了适当处理,则为2分;
e) 如果阴极保护系统年度检查结果满足GB/T 19285的要求,则为2分;
f) 如果不需要进行阴极保护,则为2分。

阴极保护系统全面检验的得分,为以下各项得分之和:

a) 阴极保护系统全面检验人员资质;
b) 阴极保护系统全面检验项目和周期;
c) 阴极保护系统全面检验结果及异常情况处理。

对于阴极保护系统全面检验人员资质,按以下规定评分:

a) 如果未加阴极保护,则为0分;
b) 如果未进行阴极保护系统全面检验,则为0分;
c) 如果阴极保护系统全面检验人员无相应的资质,则为0分;
d) 如果阴极保护系统全面检验人员具备相应的资质,则为1分;
e) 如果不需要进行阴极保护,则为1分。

对于阴极保护系统全面检验项目和周期,按以下规定评分:

a） 如果未加阴极保护，则为0分；
b） 如果未进行阴极保护系统全面检验，则为0分；
c） 如果阴极保护系统全面检验项目或周期不满足GB/T 19285的要求，则为0分；
d） 如果阴极保护系统全面检验项目和周期满足GB/T 19285的要求，则为2分；
e） 如果不需要进行阴极保护，则为2分。

对于阴极保护系统全面检验结果及异常情况处理，按以下规定评分：

a） 如果未加阴极保护，则为0分；
b） 如果未进行阴极保护系统全面检验，则为0分；
c） 如果阴极保护系统全面检验结果不满足GB/T 19285的要求，并且未进行相应处理或处理不当，则为0分；
d） 如果阴极保护系统全面检验结果不满足GB/T 19285的要求，但及时进行了适当处理，则为7分；
e） 如果阴极保护系统全面检验结果满足GB/T 19285的要求，则为7分；
f） 如果不需要进行阴极保护，则为7分。

对于阴极保护系统测试头间距，按以下规定评分：

a） 如果未加阴极保护，则为0分；
b） 如果测试头间距＞3 km，则为0分；
c） 如果测试头间距∈[2 km，3 km]，或有部分交叉管道和套管未监控，则为0分；
d） 如果测试头间距＜2 km，并且对管道附近所有地下金属设施监控，则为1分；
e） 如果不需要进行阴极保护，则为1分。

D.3.4.3 集气管道、集油管道和输送腐蚀性液体介质的工业管道土壤腐蚀的评分

D.3.4.3.1 概述

集气管道、集油管道和输送腐蚀性液体介质的工业管道土壤腐蚀的得分，为以下各项得分之和：

a） 环境腐蚀性调查；
b） 防腐设计；
c） 外防腐层；
d） 深根植被；
e） 阴极保护系统。

D.3.4.3.2 环境腐蚀性调查的评分

环境腐蚀性调查的得分，为以下各项得分之和：

a） 土壤电阻率；
b） 直流杂散电流干扰其排流措施；
c） 交流杂散电流干扰。

对于土壤电阻率，按以下规定评分：

a） 如果未进行土壤电阻率测量，则为0分；
b） 如果土壤电阻率＜20 Ω·m，则为0分；
c） 如果土壤电阻率∈[20 Ω·m，50 Ω·m]，则为1.5分；
d） 如果土壤电阻率＞50 Ω·m，则为3分。

对于直流杂散电流干扰及其排流措施，按照GB/T 19285确定直流杂散电流干扰程度，并按以下规定评分：

a） 如果直流杂散电流干扰程度大，并且未设置排流装置，则为0分；

b） 如果直流杂散电流干扰程度大，并且设置的排流装置不能完全满足排流的需要，则为0.5分；

c） 如果直流杂散电流干扰程度中或小，并且未设置排流装置，则为0.5分；

d） 如果直流杂散电流干扰程度中或小，并且设置的排流装置不能完全满足排流的需要，则为1分；

e） 如果设置的排流装置能满足排流的需要，则为2分；

f） 如果不存在直流杂散电流干扰，则为2分。

对于交流杂散电流干扰，按照GB/T 19285确定其干扰程度，并按以下规定评分：

a） 如果存在交流杂散电流干扰，则为0分；

b） 如果不存在交流杂散电流干扰，则为1分。

D.3.4.3.3 防腐设计的评分

防腐设计的得分，为以下各项得分之和：

a） 防腐设计单位的资质；

b） 防腐设计标准规范的选用；

c） 防腐设计的适用性。

对于防腐设计单位的资质，按以下规定评分：

a） 如果防腐设计单位不具备相应资质，则为0分；

b） 如果防腐设计单位具备相应资质，则为1分。

对于防腐设计标准规范的选用，按以下规定评分：

a） 如果管道防腐设计未按标准规范设计或采用当时已经作废的设计标准规范，则为0分；

b） 如果管道防腐设计采用当时有效的旧版本管道设计标准规范，则为0.5分；

c） 如果管道防腐设计采用现行标准规范，则为1分。

对于防腐设计的适用性，按照GB/T 19285确定防腐设计的要求，并按以下规定评分：

a） 如果外防腐层和/或阴极保护系统的设计不符合防腐设计标准规范要求，则为0分；

b） 如果外防腐层和/或阴极保护系统的设计基本符合防腐设计标准规范要求，则为1分；

c） 如果外防腐层和/或阴极保护系统的设计符合防腐设计标准规范要求，则为3分。

D.3.4.3.4 外防腐层的评分

外防腐层的得分，为以下各项得分之和：

a） 外防腐层类型；

b） 外防腐层制造质量；

c） 外防腐层施工质量；

d） 外防腐层全面检验；

e） 外防腐层维护。

对于外防腐层类型，按以下规定评分：

a） 如果无外防腐层，则为0分；

b） 如果是防锈油漆，则为0.5分；

c） 如果是高密度聚乙烯，则为0.8分；

d） 如果是沥青加玻璃布，则为1分；

e） 如果是煤焦油瓷漆或环氧煤沥青，则为1.5分；

f） 如果是三层PE复合涂层，则为2分；

g） 如果不需要外防腐层，则为2分。

外防腐层制造质量的得分，为以下各项得分之和：

a） 外防腐层质量证明文件；

b） 外防腐层复验。

对于外防腐层质量证明文件，按以下规定评分：

a） 如果无外防腐层，则为0分；

b） 如果外防腐层无质量证明文件，则为0分；

c） 如果外防腐层质量证明文件齐全，则为1分；

d） 如果不需要外防腐层，则为1分。

对于外防腐层复验，按以下规定评分：

a） 如果无外防腐层，则为0分；

b） 如果未进行外防腐层复验，则为0分；

c） 如果外防腐层复验不合格，则为0分；

d） 如果外防腐层复验合格，则为1分；

e） 如果不需要进行外防腐层复验，则为1分；

f） 如果不需要外防腐层，则为1分。

外防腐层施工质量的得分，为以下各项得分之和：

a） 外防腐层补口补伤检验和下沟前检验；

b） 外防腐层漏点检验。

对于外防腐层补口补伤检验和下沟前检验，按以下规定评分：

a） 如果无外防腐层，则为0分；

b） 如果未进行外防腐层补口补伤检验和下沟前检验，则为0分；

c） 如果外防腐层补口补伤检验或下沟前检验不合格，则为0分；

d） 如果外防腐层补口补伤检验和下沟前检验合格，则为1分；

e） 如果不需要外防腐层，则为1分。

对于外防腐层漏点检验，按以下规定评分：

a） 如果无外防腐层，则为0分；

b） 如果未进行外防腐层漏点检验，则为0分；

c） 如果外防腐层漏点检验不合格，则为0分；

d） 如果外防腐层漏点检验合格，则为1分；

e） 如果不需要外防腐层，则为1分。

外防腐层全面检验的得分，为以下各项得分之和：

a） 外防腐层全面检验人员资质；

b） 外防腐层全面检验项目和周期；

c） 外防腐层全面检验结果。

对于外防腐层全面检验人员资质，按以下规定评分：

a） 如果无外防腐层，则为0分；

b） 如果未进行外防腐层全面检验，则为0分；

c） 如果外防腐层全面检验人员无相应资质，则为0分；

d） 如果外防腐层全面检验人员具备相应资质，则为1分；

e） 如果不需要外防腐层，则为1分。

对于外防腐层全面检验项目和周期，按以下规定评分：

a） 如果无外防腐层，则为0分；

b） 如果未进行外防腐层全面检验，则为0分；

c) 如果外防腐层全面检验项目或周期不满足 GB/T 19285 的要求,则为 0 分;
d) 如果外防腐层全面检验项目和周期满足 GB/T 19285 的要求,则为 2 分;
e) 如果不需要外防腐层,则为 2 分。

对于外防腐层全面检验结果,按以下规定评分:
a) 如果无外防腐层,则为 0 分;
b) 如果不进行外防腐层全面检验,则为 0 分;
c) 如果管道区段的最大电流衰减率 $Y>0.023$,则为 0 分;
d) 如果管道区段的最大电流衰减率 $Y\in(0.015,0.023]$,则为 2 分;
e) 如果管道区段的最大电流衰减率 $Y\in(0.011,0.015]$,则为 3 分;
f) 如果管道区段的最大电流衰减率 $Y\leqslant 0.011$,则为 4 分;
g) 如果不需要外防腐层,则为 4 分。

对于外防腐层维护,按以下规定评分:
a) 如果无外防腐层,则为 0 分;
b) 如果很少或者不关注外防腐层缺陷,则为 0 分;
c) 如果仅对部分外防腐层缺陷进行报告和修复,则为 0.5 分;
d) 如果非正式报告外防腐层缺陷,并在方便的时候才进行修复,则为 0.8 分;
e) 如果正式报告外防腐层缺陷,并形成修复计划,按计划进行修复,则为 1 分;
f) 如果不需要外防腐层,则为 1 分。

D.3.4.3.5 深根植被的评分

a) 如果管道区段两侧各 5 m 范围内存在大量深根植物,则为 0 分;
b) 如果管道区段两侧各 5 m 范围内存在少量深根植物,则为 0.5 分;
c) 如果管道区段两侧各 5 m 范围内不存在深根植物,则为 1 分。

D.3.4.3.6 阴极保护系统的评分

阴极保护系统的得分,为以下各项得分之和:
a) 阴极保护系统产品质量;
b) 阴极保护系统安装质量;
c) 阴极保护系统年度检查;
d) 阴极保护系统全面检验;
e) 阴极保护系统测试头间距。

阴极保护系统产品质量的得分,为以下各项得分之和:
a) 阴极保护系统产品质量证明文件;
b) 阴极保护系统产品抽样复验。

对于阴极保护系统产品质量证明文件,按以下规定评分:
a) 如果未加阴极保护,则为 0 分;
b) 如果阴极保护系统产品无质量证明文件,则为 0 分;
c) 如果阴极保护系统产品质量证明文件齐全,则为 1 分;
d) 如果不需要进行阴极保护,则为 1 分。

对于阴极保护系统产品抽样复验,按以下规定评分:
a) 如果未加阴极保护,则为 0 分;
b) 如果未进行阴极保护系统产品抽样复验,则为 0 分;
c) 如果阴极保护系统产品抽样复验不合格,则为 0 分;

d） 如果阴极保护系统产品抽样复验合格，则为1分；

e） 如果不需要进行阴极保护，则为1分。

阴极保护系统安装质量的得分，为以下各项得分之和：

a） 阴极保护系统安装过程质量控制；

b） 阴极保护系统投产测试。

对于阴极保护系统安装过程质量控制，按以下规定评分：

a） 如果未加阴极保护，则为0分；

b） 如果未进行阴极保护系统安装过程质量控制，则为0分；

c） 如果阴极保护系统安装过程质量控制不满足GB/T 19285的要求，则为0分；

d） 如果阴极保护系统安装过程质量控制基本满足GB/T 19285的要求，则为0.5分；

e） 如果阴极保护系统安装过程质量控制满足GB/T 19285的要求，则为1分；

f） 如果不需要进行阴极保护，则为1分。

对于阴极保护系统投产测试，按以下规定评分：

a） 如果未加阴极保护，则为0分；

b） 如果未进行阴极保护系统投产测试，则为0分；

c） 如果阴极保护系统投产测试结果不满足GB/T 19285的要求，则为0分；

d） 如果阴极保护系统投产测试结果基本满足GB/T 19285的要求，则为0.5分；

e） 如果阴极保护系统投产测试结果满足GB/T 19285的要求，则为1分；

f） 如果不需要进行阴极保护，则为1分。

阴极保护系统年度检查的得分，为以下各项得分之和：

a） 阴极保护系统年度检查项目和周期；

b） 阴极保护系统年度检查结果及异常情况处理。

对于阴极保护系统年度检查项目和周期，按以下规定评分：

a） 如果未加阴极保护，则为0分；

b） 如果未进行阴极保护系统年度检查，则为0分；

c） 如果阴极保护系统年度检查项目或周期不满足GB/T 19285的要求，则为0分；

d） 如果阴极保护系统年度检查项目和周期满足GB/T 19285的要求，则为1分；

e） 如果不需要进行阴极保护，则为1分。

对于阴极保护系统年度检查结果及异常情况处理，按以下规定评分：

a） 如果未加阴极保护，则为0分；

b） 如果未进行阴极保护系统年度检查，则为0分；

c） 如果阴极保护系统年度检查结果不满足GB/T 19285的要求，并且未进行相应处理或处理不当，则为0分；

d） 如果阴极保护系统年度检查结果不满足GB/T 19285的要求，但及时进行了适当处理，则为2分；

e） 如果阴极保护系统年度检查结果满足GB/T 19285的要求，则为2分；

f） 如果不需要进行阴极保护，则为2分。

阴极保护系统全面检验的得分，为以下各项得分之和：

a） 阴极保护系统全面检验人员资质；

b） 阴极保护系统全面检验项目和周期；

c） 阴极保护系统全面检验结果及异常情况处理。

对于阴极保护系统全面检验人员资质，按以下规定评分：

a） 如果未加阴极保护，则为0分；

b) 如果未进行阴极保护系统全面检验,则为0分;
c) 如果阴极保护系统全面检验人员无相应的资质,则为0分;
d) 如果阴极保护系统全面检验人员具备相应的资质,则为1分;
e) 如果不需要进行阴极保护,则为1分。

对于阴极保护系统全面检验项目和周期,按以下规定评分:
a) 如果未加阴极保护,则为0分;
b) 如果未进行阴极保护系统全面检验,则为0分;
c) 如果阴极保护系统全面检验项目或周期不满足 GB/T 19285 的要求,则为0分;
d) 如果阴极保护系统全面检验项目和周期满足 GB/T 19285 的要求,则为2分;
e) 如果不需要进行阴极保护,则为2分。

对于阴极保护系统全面检验结果及异常情况处理,按以下规定评分:
a) 如果未加阴极保护,则为0分;
b) 如果未进行阴极保护系统全面检验,则为0分;
c) 如果阴极保护系统全面检验结果不满足 GB/T 19285 的要求,并且未进行相应处理或处理不当,则为0分;
d) 如果阴极保护系统全面检验结果不满足 GB/T 19285 的要求,但及时进行了适当处理,则为3分;
e) 如果阴极保护系统全面检验结果满足 GB/T 19285 的要求,则为3分;
f) 如果不需要进行阴极保护,则为3分。

对于阴极保护系统测试头间距,按以下规定评分:
a) 如果未加阴极保护,则为0分;
b) 如果测试头间距>3 km,则为0分;
c) 如果测试头间距∈[2 km,3 km],或有部分交叉管道和套管未监控,则为0分;
d) 如果测试头间距<2 km,并且对管道附近所有地下金属设施监控,则为1分;
e) 如果不需要进行阴极保护,则为1分。

D.3.4.4 输送天然气、液化气介质的城市燃气管道土壤腐蚀的评分

D.3.4.4.1 概述

输送天然气、液化气介质的城市燃气管道土壤腐蚀的得分,为以下各项得分之和:
a) 环境腐蚀性调查;
b) 防腐设计;
c) 外防腐层;
d) 深根植被;
e) 阴极保护系统。

D.3.4.4.2 环境腐蚀性调查的评分

环境腐蚀性调查的得分,为以下各项得分之和:
a) 土壤电阻率;
b) 直流杂散电流干扰其排流措施;
c) 交流杂散电流干扰。

对于土壤电阻率,按以下规定评分:
a) 如果未进行土壤电阻率测量,则为0分;

b） 如果土壤电阻率<20 Ω·m,则为0分；

c） 如果土壤电阻率∈[20 Ω·m,50 Ω·m],则为3分；

d） 如果土壤电阻率>50 Ω·m,则为6分。

对于直流杂散电流及干扰其排流措施，按照GB/T 19285确定直流杂散电流干扰程度，并按以下规定评分：

a） 如果直流杂散电流干扰程度大，并且未设置排流装置，则为0分；

b） 如果直流杂散电流干扰程度大，并且设置的排流装置不能完全满足排流的需要，则为1分；

c） 如果直流杂散电流干扰程度中或小，并且未设置排流装置，则为1分；

d） 如果直流杂散电流干扰程度中或小，并且设置的排流装置不能完全满足排流的需要，则为2分；

e） 如果设置的排流装置能满足排流的需要，则为4分；

f） 如果不存在直流杂散电流干扰，则为4分。

对于交流杂散电流干扰，按照GB/T 19285确定其干扰程度，并按以下规定评分：

a） 如果存在交流杂散电流干扰，则为0分；

b） 如果不存在交流杂散电流干扰，则为2分。

D.3.4.4.3 防腐设计的评分

防腐设计的得分，为以下各项得分之和：

a） 防腐设计单位的资质；

b） 防腐设计标准规范的选用；

c） 防腐设计的适用性。

对于防腐设计单位的资质，按以下规定评分：

a） 如果防腐设计单位不具备相应资质，则为0分；

b） 如果防腐设计单位具备相应资质，则为2分。

对于防腐设计标准规范的选用，按以下规定评分：

a） 如果管道防腐设计未按标准规范设计或采用当时已经作废的设计标准规范，则为0分；

b） 如果管道防腐设计采用当时有效的旧版本管道设计标准规范，则为1分；

c） 如果管道防腐设计采用现行标准规范，则为2分。

对于防腐设计的适用性，按照GB/T 19285确定防腐设计的要求，并按以下规定评分：

a） 如果外防腐层和/或阴极保护系统的设计不符合防腐设计标准规范要求，则为0分；

b） 如果外防腐层和/或阴极保护系统的设计基本符合防腐设计标准规范要求，则为4分；

c） 如果外防腐层和/或阴极保护系统的设计符合防腐设计标准规范要求，则为6分。

D.3.4.4.4 外防腐层的评分

外防腐层的得分，为以下各项得分之和：

a） 外防腐层类型；

b） 外防腐层制造质量；

c） 外防腐层施工质量；

d） 外防腐层全面检验；

e） 外防腐层维护。

对于外防腐层类型，按以下规定评分：

a） 如果无外防腐层，则为0分；

b） 如果是防锈油漆，则为1分；

c) 如果是高密度聚乙烯,则为 1.5 分;

d) 如果是沥青加玻璃布,则为 2 分;

e) 如果是煤焦油瓷漆或环氧煤沥青,则为 2.5 分;

f) 如果是三层 PE 复合涂层,则为 3 分;

g) 如果不需要外防腐层,则为 3 分。

外防腐层制造质量的得分,为以下各项得分之和:

a) 外防腐层质量证明文件;

b) 外防腐层复验。

对于外防腐层质量证明文件,按以下规定评分:

a) 如果无外防腐层,则为 0 分;

b) 如果外防腐层无质量证明文件,则为 0 分;

c) 如果外防腐层质量证明文件齐全,则为 1 分;

d) 如果不需要外防腐层,则为 1 分。

对于外防腐层复验,按以下规定评分:

a) 如果无外防腐层,则为 0 分;

b) 如果未进行外防腐层复验,则为 0 分;

c) 如果外防腐层复验不合格,则为 0 分;

d) 如果外防腐层复验合格,则为 3 分;

e) 如果不需要进行外防腐层复验,则为 3 分;

f) 如果不需要外防腐层,则为 3 分。

外防腐层施工质量的得分,为以下各项得分之和:

a) 外防腐层补口补伤检验和下沟前检验;

b) 外防腐层漏点检验。

对于外防腐层补口补伤检验和下沟前检验,按以下规定评分:

a) 如果无外防腐层,则为 0 分;

b) 如果未进行外防腐层补口补伤检验和下沟前检验,则为 0 分;

c) 如果外防腐层补口补伤检验或下沟前检验不合格,则为 0 分;

d) 如果外防腐层补口补伤检验和下沟前检验合格,则为 3 分;

e) 如果不需要外防腐层,则为 3 分。

对于外防腐层漏点检验,按以下规定评分:

a) 如果无外防腐层,则为 0 分;

b) 如果未进行外防腐层漏点检验,则为 0 分;

c) 如果外防腐层漏点检验不合格,则为 0 分;

d) 如果外防腐层漏点检验合格,则为 5 分;

e) 如果不需要外防腐层,则为 5 分。

外防腐层全面检验的得分,为以下各项得分之和:

a) 外防腐层全面检验人员资质;

b) 外防腐层全面检验项目和周期;

c) 外防腐层全面检验结果。

对于外防腐层全面检验人员资质,按以下规定评分:

a) 如果无外防腐层,则为 0 分;

b) 如果未进行外防腐层全面检验,则为 0 分;

c) 如果外防腐层全面检验人员无相应资质,则为 0 分;

d) 如果外防腐层全面检验人员具备相应资质,则为 2 分;

e) 如果不需要外防腐层,则为 2 分。

对于外防腐层全面检验项目和周期,按以下规定评分:

a) 如果无外防腐层,则为 0 分;

b) 如果未进行外防腐层全面检验,则为 0 分;

c) 如果外防腐层全面检验项目或周期不满足 GB/T 19285 的要求,则为 0 分;

d) 如果外防腐层全面检验项目和周期满足 GB/T 19285 的要求,则为 4 分;

e) 如果不需要外防腐层,则为 4 分。

对于外防腐层全面检验结果,按以下规定评分:

a) 如果无外防腐层,则为 0 分;

b) 如果不进行外防腐层全面检验,则为 0 分;

c) 如果管道区段的最大电流衰减率 $Y>0.023$,则为 0 分;

d) 如果管道区段的最大电流衰减率 $Y\in(0.015,0.023]$,则为 5 分;

e) 如果管道区段的最大电流衰减率 $Y\in(0.011,0.015]$,则为 10 分;

f) 如果管道区段的最大电流衰减率 $Y\leqslant0.011$,则为 14 分;

g) 如果不需要外防腐层,则为 14 分。

对于外防腐层维护,按以下规定评分:

a) 如果无外防腐层,则为 0 分;

b) 如果很少或者不关注外防腐层缺陷,则为 0 分;

c) 如果仅对部分外防腐层缺陷进行报告和修复,则为 0.5 分;

d) 如果非正式报告外防腐层缺陷,并在方便的时候才进行修复,则为 1 分;

e) 如果正式报告外防腐层缺陷,并形成修复计划,按计划进行修复,则为 2 分;

f) 如果不需要外防腐层,则为 2 分。

D.3.4.4.5 深根植被的评分

a) 如果管道区段两侧各 5 m 范围内存在大量深根植物,则为 0 分;

b) 如果管道区段两侧各 5 m 范围内存在少量深根植物,则为 0.5 分;

c) 如果管道区段两侧各 5 m 范围内不存在深根植物,则为 1 分。

D.3.4.4.6 阴极保护系统的评分

阴极保护系统的得分,为以下各项得分之和:

a) 阴极保护系统产品质量;

b) 阴极保护系统安装质量;

c) 阴极保护系统年度检查;

d) 阴极保护系统全面检验;

e) 阴极保护系统测试头间距。

阴极保护系统产品质量的得分,为以下各项得分之和:

a) 阴极保护系统产品质量证明文件;

b) 阴极保护系统产品抽样复验。

对于阴极保护系统产品质量证明文件,按以下规定评分:

a) 如果未加阴极保护,则为 0 分;

b) 如果阴极保护系统产品无质量证明文件,则为 0 分;

c) 如果阴极保护系统产品质量证明文件齐全,则为 1 分;

d） 如果不需要进行阴极保护，则为1分。

对于阴极保护系统产品抽样复验，按以下规定评分：

a） 如果未加阴极保护，则为0分；
b） 如果未进行阴极保护系统产品抽样复验，则为0分；
c） 如果阴极保护系统产品抽样复验不合格，则为0分；
d） 如果阴极保护系统产品抽样复验合格，则为2分；
e） 如果不需要进行阴极保护，则为2分。

阴极保护系统安装质量的得分，为以下各项得分之和：

a） 阴极保护系统安装过程质量控制；
b） 阴极保护系统投产测试。

对于阴极保护系统安装过程质量控制，按以下规定评分：

a） 如果未加阴极保护，则为0分；
b） 如果未进行阴极保护系统安装过程质量控制，则为0分；
c） 如果阴极保护系统安装过程质量控制不满足GB/T 19285的要求，则为0分；
d） 如果阴极保护系统安装过程质量控制基本满足GB/T 19285的要求，则为0.5分；
e） 如果阴极保护系统安装过程质量控制满足GB/T 19285的要求，则为1分；
f） 如果不需要进行阴极保护，则为1分。

对于阴极保护系统投产测试，按以下规定评分：

a） 如果未加阴极保护，则为0分；
b） 如果未进行阴极保护系统投产测试，则为0分；
c） 如果阴极保护系统投产测试结果不满足GB/T 19285的要求，则为0分；
d） 如果阴极保护系统投产测试结果基本满足GB/T 19285的要求，则为1分；
e） 如果阴极保护系统投产测试结果满足GB/T 19285的要求，则为2分；
f） 如果不需要进行阴极保护，则为2分。

阴极保护系统年度检查的得分，为以下各项得分之和：

a） 阴极保护系统年度检查项目和周期；
b） 阴极保护系统年度检查结果及异常情况处理。

对于阴极保护系统年度检查项目和周期，按以下规定评分：

a） 如果未加阴极保护，则为0分；
b） 如果未进行阴极保护系统年度检查，则为0分；
c） 如果阴极保护系统年度检查项目或周期不满足GB/T 19285的要求，则为0分；
d） 如果阴极保护系统年度检查项目和周期满足GB/T 19285的要求，则为1分；
e） 如果不需要进行阴极保护，则为1分。

对于阴极保护系统年度检查结果及异常情况处理，按以下规定评分：

a） 如果未加阴极保护，则为0分；
b） 如果未进行阴极保护系统年度检查，则为0分；
c） 如果阴极保护系统年度检查结果不满足GB/T 19285的要求，并且未进行相应处理或处理不当，则为0分；
d） 如果阴极保护系统年度检查结果不满足GB/T 19285的要求，但及时进行了适当处理，则为2分；
e） 如果阴极保护系统年度检查结果满足GB/T 19285的要求，则为2分；
f） 如果不需要进行阴极保护，则为2分。

阴极保护系统全面检验的得分，为以下各项得分之和：

a) 阴极保护系统全面检验人员资质；
b) 阴极保护系统全面检验项目和周期；
c) 阴极保护系统全面检验结果及异常情况处理。

对于阴极保护系统全面检验人员资质，按以下规定评分：

a) 如果未加阴极保护，则为0分；
b) 如果未进行阴极保护系统全面检验，则为0分；
c) 如果阴极保护系统全面检验人员无相应的资质，则为0分；
d) 如果阴极保护系统全面检验人员具备相应的资质，则为1分；
e) 如果不需要进行阴极保护，则为1分。

对于阴极保护系统全面检验项目和周期，按以下规定评分：

a) 如果未加阴极保护，则为0分；
b) 如果未进行阴极保护系统全面检验，则为0分；
c) 如果阴极保护系统全面检验项目或周期不满足GB/T 19285的要求，则为0分；
d) 如果阴极保护系统全面检验项目和周期满足GB/T 19285的要求，则为2分；
e) 如果不需要进行阴极保护，则为2分。

对于阴极保护系统全面检验结果及异常情况处理，按以下规定评分：

a) 如果未加阴极保护，则为0分；
b) 如果未进行阴极保护系统全面检验，则为0分；
c) 如果阴极保护系统全面检验结果不满足GB/T 19285的要求，并且未进行相应处理或处理不当，则为0分；
d) 如果阴极保护系统全面检验结果不满足GB/T 19285的要求，但及时进行了适当处理，则为7分；
e) 如果阴极保护系统全面检验结果满足GB/T 19285的要求，则为7分；
f) 如果不需要进行阴极保护，则为7分。

对于阴极保护系统测试头间距，按以下规定评分：

a) 如果未加阴极保护，则为0分；
b) 如果测试头间距＞3 km，则为0分；
c) 如果测试头间距∈[2 km,3 km]，或有部分交叉管道和套管未监控，则为0分；
d) 如果测试头间距＜2 km，并且对管道附近所有地下金属设施监控，则为1分；
e) 如果不需要进行阴极保护，则为1分。

D.3.4.5 输送人工煤气介质的城市燃气管道土壤腐蚀的评分

D.3.4.5.1 概述

输送人工煤气介质的城市燃气管道土壤腐蚀的得分，为以下各项得分之和：

a) 环境腐蚀性调查；
b) 防腐设计；
c) 外防腐层；
d) 深根植被；
e) 阴极保护系统。

D.3.4.5.2 环境腐蚀性调查的评分

环境腐蚀性调查的得分，为以下各项得分之和：

a) 土壤电阻率；

b) 直流杂散电流干扰其排流措施；

c) 交流杂散电流干扰。

对于土壤电阻率，按以下规定评分：

a) 如果未进行土壤电阻率测量，则为 0 分；

b) 如果土壤电阻率<20 Ω·m，则为 0 分；

c) 如果土壤电阻率∈[20 Ω·m,50 Ω·m]，则为 2.5 分；

d) 如果土壤电阻率>50 Ω·m，则为 5 分。

对于直流杂散电流干扰其排流措施，按照 GB/T 19285 确定直流杂散电流干扰程度，并按以下规定评分：

a) 如果直流杂散电流干扰程度大，并且未设置排流装置，则为 0 分；

b) 如果直流杂散电流干扰程度大，并且设置的排流装置不能完全满足排流的需要，则为 1 分；

c) 如果直流杂散电流干扰程度中或小，并且未设置排流装置，则为 1 分；

d) 如果直流杂散电流干扰及程度中或小，并且设置的排流装置不能完全满足排流的需要，则为 2 分；

e) 如果设置的排流装置能满足排流的需要，则为 3 分；

f) 如果不存在直流杂散电流干扰，则为 3 分。

对于交流杂散电流干扰，按照 GB/T 19285 确定其干扰程度，并按以下规定评分：

a) 如果存在交流杂散电流干扰，则为 0 分；

b) 如果不存在交流杂散电流干扰，则为 2 分。

D.3.4.5.3 防腐设计的评分

防腐设计的得分，为以下各项得分之和：

a) 防腐设计单位的资质；

b) 防腐设计标准规范的选用；

c) 防腐设计的适用性。

对于防腐设计单位的资质，按以下规定评分：

a) 如果防腐设计单位不具备相应资质，则为 0 分；

b) 如果防腐设计单位具备相应资质，则为 1 分。

对于防腐设计标准规范的选用，按以下规定评分：

a) 如果管道防腐设计未按标准规范设计或采用当时已经作废的设计标准规范，则为 0 分；

b) 如果管道防腐设计采用当时有效的旧版本管道设计标准规范，则为 1 分；

c) 如果管道防腐设计采用现行标准规范，则为 2 分。

对于防腐设计的适用性，按照 GB/T 19285 确定防腐设计的要求，并按以下规定评分：

a) 如果外防腐层和/或阴极保护系统的设计不符合防腐设计标准规范要求，则为 0 分；

b) 如果外防腐层和/或阴极保护系统的设计基本符合防腐设计标准规范要求，则为 3 分；

c) 如果外防腐层和/或阴极保护系统的设计符合防腐设计标准规范要求，则为 5 分。

D.3.4.5.4 外防腐层的评分

外防腐层的得分，为以下各项得分之和：

a) 外防腐层类型；

b) 外防腐层制造质量；

c) 外防腐层施工质量；

d） 外防腐层全面检验；

e） 外防腐层维护。

对于外防腐层类型，按以下规定评分：

a） 如果无外防腐层，则为 0 分；

b） 如果是防锈油漆，则为 1 分；

c） 如果是高密度聚乙烯，则为 1.5 分；

d） 如果是沥青加玻璃布，则为 2 分；

e） 如果是煤焦油瓷漆或环氧煤沥青，则为 2.5 分；

f） 如果是三层 PE 复合涂层，则为 3 分；

g） 如果不需要外防腐层，则为 3 分。

外防腐层制造质量的得分，为以下各项得分之和：

a） 外防腐层质量证明文件；

b） 外防腐层复验。

对于外防腐层质量证明文件，按以下规定评分：

a） 如果无外防腐层，则为 0 分；

b） 如果外防腐层无质量证明文件，则为 0 分；

c） 如果外防腐层质量证明文件齐全，则为 1 分；

d） 如果不需要外防腐层，则为 1 分。

对于外防腐层复验，按以下规定评分：

a） 如果无外防腐层，则为 0 分；

b） 如果未进行外防腐层复验，则为 0 分；

c） 如果外防腐层复验不合格，则为 0 分；

d） 如果外防腐层复验合格，则为 2 分；

e） 如果不需要进行外防腐层复验，则为 2 分；

f） 如果不需要外防腐层，则为 2 分。

外防腐层施工质量的得分，为以下各项得分之和：

a） 外防腐层补口补伤检验和下沟前检验；

b） 外防腐层漏点检验。

对于外防腐层补口补伤检验和下沟前检验，按以下规定评分：

a） 如果无外防腐层，则为 0 分；

b） 如果未进行外防腐层补口补伤检验和下沟前检验，则为 0 分；

c） 如果外防腐层补口补伤检验或下沟前检验不合格，则为 0 分；

d） 如果外防腐层补口补伤检验和下沟前检验合格，则为 3 分；

e） 如果不需要外防腐层，则为 3 分。

对于外防腐层漏点检验，按以下规定评分：

a） 如果无外防腐层，则为 0 分；

b） 如果未进行外防腐层漏点检验，则为 0 分；

c） 如果外防腐层漏点检验不合格，则为 0 分；

d） 如果外防腐层漏点检验合格，则为 4 分；

e） 如果不需要外防腐层，则为 4 分。

外防腐层全面检验的得分，为以下各项得分之和：

a） 外防腐层全面检验人员资质；

b） 外防腐层全面检验项目和周期；

c） 外防腐层全面检验结果。

对于外防腐层全面检验人员资质，按以下规定评分：

a） 如果无外防腐层，则为 0 分；

b） 如果未进行外防腐层全面检验，则为 0 分；

c） 如果外防腐层全面检验人员无相应资质，则为 0 分；

d） 如果外防腐层全面检验人员具备相应资质，则为 2 分；

e） 如果不需要外防腐层，则为 2 分。

对于外防腐层全面检验项目和周期，按以下规定评分：

a） 如果无外防腐层，则为 0 分；

b） 如果未进行外防腐层全面检验，则为 0 分；

c） 如果外防腐层全面检验项目或周期不满足 GB/T 19285 的要求，则为 0 分；

d） 如果外防腐层全面检验项目和周期满足 GB/T 19285 的要求，则为 4 分；

e） 如果不需要外防腐层，则为 4 分。

对于外防腐层全面检验结果，按以下规定评分：

a） 如果无外防腐层，则为 0 分；

b） 如果不进行外防腐层全面检验，则为 0 分；

c） 如果管道区段的最大电流衰减率 $Y>0.023$，则为 0 分；

d） 如果管道区段的最大电流衰减率 $Y\in(0.015,0.023]$，则为 4 分；

e） 如果管道区段的最大电流衰减率 $Y\in(0.011,0.015]$，则为 9 分；

f） 如果管道区段的最大电流衰减率 $Y\leqslant 0.011$，则为 12 分；

g） 如果不需要外防腐层，则为 12 分。

对于外防腐层维护，按以下规定评分：

a） 如果无外防腐层，则为 0 分；

b） 如果很少或者不关注外防腐层缺陷，则为 0 分；

c） 如果仅对部分外防腐层缺陷进行报告和修复，则为 0.5 分；

d） 如果非正式报告外防腐层缺陷，并在方便的时候才进行修复，则为 1 分；

e） 如果正式报告外防腐层缺陷，并形成修复计划，按计划进行修复，则为 2 分；

f） 如果不需要外防腐层，则为 2 分。

D.3.4.5.5 深根植被的评分

a） 如果管道区段两侧各 5 m 范围内存在大量深根植物，则为 0 分；

b） 如果管道区段两侧各 5 m 范围内存在少量深根植物，则为 0.5 分；

c） 如果管道区段两侧各 5 m 范围内不存在深根植物，则为 1 分。

D.3.4.5.6 阴极保护系统的评分

阴极保护系统的得分，为以下各项得分之和：

a） 阴极保护系统产品质量；

b） 阴极保护系统安装质量；

c） 阴极保护系统年度检查；

d） 阴极保护系统全面检验；

e） 阴极保护系统测试头间距。

阴极保护系统产品质量的得分，为以下各项得分之和：

a) 阴极保护系统产品质量证明文件；

b) 阴极保护系统产品抽样复验。

对于阴极保护系统产品质量证明文件，按以下规定评分：

a) 如果未加阴极保护，则为 0 分；

b) 如果阴极保护系统产品无质量证明文件，则为 0 分；

c) 如果阴极保护系统产品质量证明文件齐全，则为 1 分；

d) 如果不需要进行阴极保护，则为 1 分。

对于阴极保护系统产品抽样复验，按以下规定评分：

a) 如果未加阴极保护，则为 0 分；

b) 如果未进行阴极保护系统产品抽样复验，则为 0 分；

c) 如果阴极保护系统产品抽样复验不合格，则为 0 分；

d) 如果阴极保护系统产品抽样复验合格，则为 2 分；

e) 如果不需要进行阴极保护，则为 2 分。

阴极保护系统安装质量的得分，为以下各项得分之和：

a) 阴极保护系统安装过程质量控制；

b) 阴极保护系统投产测试。

对于阴极保护系统安装过程质量控制，按以下规定评分：

a) 如果未加阴极保护，则为 0 分；

b) 如果未进行阴极保护系统安装过程质量控制，则为 0 分；

c) 如果阴极保护系统安装过程质量控制不满足 GB/T 19285 的要求，则为 0 分；

d) 如果阴极保护系统安装过程质量控制基本满足 GB/T 19285 的要求，则为 0.5 分；

e) 如果阴极保护系统安装过程质量控制满足 GB/T 19285 的要求，则为 1 分；

f) 如果不需要进行阴极保护，则为 1 分。

对于阴极保护系统投产测试，按以下规定评分：

a) 如果未加阴极保护，则为 0 分；

b) 如果未进行阴极保护系统投产测试，则为 0 分；

c) 如果阴极保护系统投产测试结果不满足 GB/T 19285 的要求，则为 0 分；

d) 如果阴极保护系统投产测试结果基本满足 GB/T 19285 的要求，则为 1 分；

e) 如果阴极保护系统投产测试结果满足 GB/T 19285 的要求，则为 2 分；

f) 如果不需要进行阴极保护，则为 2 分。

阴极保护系统年度检查的得分，为以下各项得分之和：

a) 阴极保护系统年度检查项目和周期；

b) 阴极保护系统年度检查结果及异常情况处理。

对于阴极保护系统年度检查项目和周期，按以下规定评分：

a) 如果未加阴极保护，则为 0 分；

b) 如果未进行阴极保护系统年度检查，则为 0 分；

c) 如果阴极保护系统年度检查项目或周期不满足 GB/T 19285 的要求，则为 0 分；

d) 如果阴极保护系统年度检查项目和周期满足 GB/T 19285 的要求，则为 1 分；

e) 如果不需要进行阴极保护，则为 1 分。

对于阴极保护系统年度检查结果及异常情况处理，按以下规定评分：

a) 如果未加阴极保护，则为 0 分；

b) 如果未进行阴极保护系统年度检查，则为 0 分；

c) 如果阴极保护系统年度检查结果不满足 GB/T 19285 的要求，并且未进行相应处理或处理不当，则为 0 分；
d) 如果阴极保护系统年度检查结果不满足 GB/T 19285 的要求，但及时进行了适当处理，则为 2 分；
e) 如果阴极保护系统年度检查结果满足 GB/T 19285 的要求，则为 2 分；
f) 如果不需要进行阴极保护，则为 2 分。

阴极保护系统全面检验的得分，为以下各项得分之和：
a) 阴极保护系统全面检验人员资质；
b) 阴极保护系统全面检验项目和周期；
c) 阴极保护系统全面检验结果及异常情况处理。

对于阴极保护系统全面检验人员资质，按以下规定评分：
a) 如果未加阴极保护，则为 0 分；
b) 如果未进行阴极保护系统全面检验，则为 0 分；
c) 如果阴极保护系统全面检验人员无相应的资质，则为 0 分；
d) 如果阴极保护系统全面检验人员具备相应的资质，则为 1 分；
e) 如果不需要进行阴极保护，则为 1 分。

对于阴极保护系统全面检验项目和周期，按以下规定评分：
a) 如果未加阴极保护，则为 0 分；
b) 如果未进行阴极保护系统全面检验，则为 0 分；
c) 如果阴极保护系统全面检验项目或周期不满足 GB/T 19285 的要求，则为 0 分；
d) 如果阴极保护系统全面检验项目和周期满足 GB/T 19285 的要求，则为 2 分；
e) 如果不需要进行阴极保护，则为 2 分。

对于阴极保护系统全面检验结果及异常情况处理，按以下规定评分：
a) 如果未加阴极保护，则为 0 分；
b) 如果未进行阴极保护系统全面检验，则为 0 分；
c) 如果阴极保护系统全面检验结果不满足 GB/T 19285 的要求，并且未进行相应处理或处理不当，则为 0 分；
d) 如果阴极保护系统全面检验结果不满足 GB/T 19285 的要求，但及时进行了适当处理，则为 5 分；
e) 如果阴极保护系统全面检验结果满足 GB/T 19285 的要求，则为 5 分；
f) 如果不需要进行阴极保护，则为 5 分。

对于阴极保护系统测试头间距，按以下规定评分：
a) 如果未加阴极保护，则为 0 分；
b) 如果测试头间距>3 km，则为 0 分；
c) 如果测试头间距∈[2 km，3 km]，或有部分交叉管道和套管未监控，则为 0 分；
d) 如果测试头间距<2 km，并且对管道附近所有地下金属设施监控，则为 1 分；
e) 如果不需要进行阴极保护，则为 1 分。

D.4 设备(装置)及操作的评分

D.4.1 概述

设备(装置)及操作的得分，为以下各项得分之和：
a) 设备(装置)功能及安全质量；

b) 设备(装置)维护保养；

c) 设备(装置)操作；

d) 人员培训与考核；

e) 安全管理制度；

f) 防错装置。

D.4.2 设备(装置)功能及安全质量的评分

D.4.2.1 概述

设备(装置)功能及安全质量的得分，为以下各项得分之和：

a) 设备(装置)性能和操作性；

b) 设备(装置)质量证明文件；

c) 设备(装置)检验；

d) 设备(装置)计量；

e) 超压保护装置；

f) 通讯系统。

D.4.2.2 设备(装置)性能和操作性的评分

a) 如果设备(装置)不满足技术要求，则为0分；

b) 如果设备(装置)满足技术要求，但性能稳定性较差，操作不方便，则为1分；

c) 如果设备(装置)满足技术要求，安全可靠，但操作不方便，则为3分；

d) 如果设备(装置)满足技术要求，安全可靠，操作方便，则为5分。

D.4.2.3 设备(装置)质量证明文件的评分

a) 如果设备(装置)无质量证明文件，则为0分；

b) 如果设备(装置)质量证明文件齐全，则为2分。

D.4.2.4 设备(装置)检验的评分

D.4.2.4.1 概述

设备(装置)检验的得分，为以下各项得分之和：

a) 设备(装置)检验周期；

b) 设备(装置)检验结果。

D.4.2.4.2 设备(装置)检验周期的评分

a) 如果设备(装置)不检验，则为0分；

b) 如果设备(装置)检验周期不满足有关法规的要求，则为0分；

c) 如果设备(装置)检验周期满足有关法规的要求，则为2分；

d) 如果设备(装置)不需要检验，则为2分。

D.4.2.4.3 设备(装置)检验结果的评分

a) 如果设备(装置)不检验，则为0分；

b) 如果设备(装置)检验结果表明应停止使用或报废，则为0分；

c) 如果设备(装置)检验结果表明应监控使用，则为1分；

d） 如果设备（装置）检验结果表明应在限定条件下安全使用，则为3分；
e） 如果设备（装置）检验结果表明可在设计条件下安全使用，则为5分；
f） 如果设备（装置）不需要检验，则为5分。

D.4.2.5 设备（装置）计量的评分

D.4.2.5.1 概述

设备（装置）计量的得分，为以下各项得分之和：
a） 设备（装置）计量周期；
b） 设备（装置）计量状态。

D.4.2.5.2 设备（装置）计量周期的评分

a） 如果设备（装置）不计量，则为0分；
b） 如果设备（装置）计量周期不满足有关法规、标准和质量体系文件的要求，则为0分；
c） 如果设备（装置）检验周期满足有关法规、标准和质量体系文件的要求，则为2分；
d） 如果设备（装置）不需要计量，则为2分。

D.4.2.5.3 设备（装置）计量状态的评分

a） 如果设备（装置）不计量，则为0分；
b） 如果设备（装置）超过计量有效期，则为0分；
c） 如果设备（装置）在计量有效期内，则为4分；
d） 如果设备（装置）不需要计量，则为4分。

D.4.2.6 超压保护装置的评分

a） 如果无超压保护或报警系统，则为0分；
b） 如果具备超压报警装置，则为1分；
c） 如果具备超压手动保护系统，则为2分；
d） 如果具备超压自动保护系统，则为3分。

D.4.2.7 通讯系统的评分

a） 如果通讯设备未固定专用，则为0分；
b） 如果各个站间配有专用通讯系统和工具，则为2分。

D.4.3 设备（装置）维护保养的评分

D.4.3.1 概述

设备（装置）维护保养的得分，为以下各项得分之和：
a） 维护保养规程；
b） 维护保养规程执行情况。

D.4.3.2 维护保养规程的评分

a） 如果无设备（装置）维护保养规程，则为0分；
b） 如果设备（装置）维护保养规程不完整，则为3分；
c） 如果设备（装置）维护保养规程完整、正确，则为5分。

D.4.3.3 维护保养规程执行情况的评分

D.4.3.3.1 概述

维护保养规程执行情况的得分，为以下各项得分之和：

a) 维护保养计划；

b) 维护保养方式；

c) 维护保养记录。

D.4.3.3.2 维护保养计划的评分

a) 如果无维护计划，则为0分；

b) 如果进行不定期维护，则为1分；

c) 如果进行定期维护，则为2分。

D.4.3.3.3 维护保养方式的评分

a) 如果不维护保养，则为0分；

b) 如果仅进行保养，不修理或更换，则为2分；

c) 如果进行保养，并且必要时修理，则为3分；

d) 如果进行保养，并且必要时更换，则为5分。

D.4.3.3.4 维护保养记录的评分

a) 如果未进行维护保养，则为0分；

b) 如果无维护保养记录和相关图纸，则为0分；

c) 如果维护保养记录和相关图纸不完整，则为1分；

d) 如果维护保养记录和相关图纸齐全，则为3分。

D.4.4 设备(装置)操作的评分

D.4.4.1 概述

设备(装置)操作的得分，为以下各项得分之和：

a) 操作规程；

b) 操作规程执行情况；

c) 操作员工的素质。

D.4.4.2 操作规程的评分

a) 如果无设备(装置)操作规程，则为0分；

b) 如果设备(装置)操作规程不完整，则为2分；

c) 如果设备(装置)操作规程完整、正确，但未放置于操作现场，则为4分；

d) 如果设备(装置)操作规程完整、正确，并且放置于操作现场，则为6分。

D.4.4.3 操作规程执行情况的评分

D.4.4.3.1 概述

操作规程执行情况的得分，为以下各项得分之和：

a) 操作规程执行情况的审查；
b) 操作记录和日志。

D.4.4.3.2 操作规程执行情况的审查的评分

a) 如果对操作规程执行情况未进行审查，则为 0 分；
b) 如果对操作规程执行情况进行一级审查（内部审查），则为 4 分；
c) 如果对操作规程执行情况进行二级审查（内部审查、外部审查），则为 6 分；
d) 如果对操作规程执行情况进行三级审查（内审、外审、第三方审查），则为 8 分。

D.4.4.3.3 操作记录和日志的评分

a) 如果无操作记录和日志，则为 0 分；
b) 如果操作记录和日志不齐全，则为 2 分；
c) 如果操作记录和日志齐全，则为 5 分。

D.4.4.4 操作员工的素质的评分

D.4.4.4.1 概述

操作员工的素质的得分，为以下各项得分之和：
a) 操作员工的专业；
b) 操作员工的经验。

D.4.4.4.2 操作员工的专业的评分

a) 如果操作员工未在相关专业中专或大专完成系统学习，则为 0 分；
b) 如果操作员工在相关专业中专或大专完成了系统学习，则为 1 分。

D.4.4.4.3 操作员工的经验的评分

a) 如果操作员工无相关岗位工作经验，则为 0 分；
b) 如果操作员工具备相关岗位 3 年以下工作经验，则为 1 分；
c) 如果操作员工具备相关岗位 3 年及 3 年以上工作经验，则为 3 分。

D.4.5 人员培训与考核的评分

D.4.5.1 概述

人员培训与考核的得分，为以下各项得分之和：
a) 培训制度；
b) 培训内容；
c) 培训材料；
d) 培训及考核方式；
e) 培训激励。

D.4.5.2 培训制度的评分

a) 如果无培训制度，由领导临时决定是否进行培训，则为 0 分；
b) 如果没有建立培训制度，只对部分岗位的员工进行培训，则为 1 分；
c) 如果培训写入企业管理规章制度中，但仅对部分员工进行培训，则为 3 分；

d) 如果培训写入企业管理规章制度中，并得到良好执行，则为5分。

D.4.5.3 培训内容的评分

a) 如果不进行培训，则为0分；
b) 如果培训无实质性内容，则为0分；
c) 如果培训内容不全面，但进行了简单的培训，则为2分；
d) 如果培训内容全面，包括操作、操作规程、岗位对人员素质的要求等全部内容，则为4分。

D.4.5.4 培训材料的评分

a) 如果不进行培训，则为0分；
b) 如果没有正式培训材料，则为0分；
c) 如果培训材料简单，未经专家审核，则为2分；
d) 如果培训材料完整，并由行业内专家审核，则为4分。

D.4.5.5 培训及考核方式的评分

a) 如果不进行培训，则为0分；
b) 如果进行没有考核的简单一次性培训，则为0分；
c) 如果进行一次性培训，培训结束后对员工进行笔试，则为2分；
d) 如果定期持续培训，培训结束对员工进行面试、笔试评估等，则为4分。

D.4.5.6 培训激励的评分

D.4.5.6.1 概述

培训激励的得分，为以下各项得分之和：
a) 对培训考核成绩优异的员工的奖励；
b) 对员工自发参加相关培训班的奖励；
c) 实际操作考察。

D.4.5.6.2 对培训考核成绩优异的员工的奖励的评分

a) 如果不对培训考核成绩优异的员工进行奖励，则为0分；
b) 如果对培训考核成绩优异的员工进行奖励，则为1分。

D.4.5.6.3 对员工自发参加相关培训班的奖励的评分

a) 如果不对员工自发参加相关培训班进行奖励，则为0分；
b) 如果对员工自发参加相关培训班进行奖励，则为1分。

D.4.5.6.4 实际操作考查的评分

a) 如果不注重对员工进行实际操作考察，则为0分；
b) 如果注重对员工进行实际操作考察，则为1分。

D.4.6 安全管理制度的评分

D.4.6.1 概述

安全管理制度的得分，为以下各项得分之和：

a） 安全责任制；

b） 安全机构和人员。

D.4.6.2 安全责任制的评分

a） 如果无安全责任制，则为0分；

b） 如果有安全责任制，但未严格执行，则为2分；

c） 如果安全责任制健全，并严格执行，则为4分。

D.4.6.3 安全机构和人员的评分

a） 如果无安全机构和人员，则为0分；

b） 如果设置安全机构，但人员缺乏，则为2分；

c） 如果设置安全机构，配备充足的专、兼职人员，则为4分。

D.4.7 防错装置的评分

D.4.7.1 概述

防错装置的得分，为以下各项得分之和：

a） 防止误操作的硬件措施；

b） 联锁装置；

c） 通过计算机软件控制操作步骤的顺序。

D.4.7.2 防止误操作的硬件措施的评分

D.4.7.2.1 概述

防止误操作的硬件措施的得分，为以下各项得分之和：

a） 硬件的适用性；

b） 硬件制造单位的资质。

D.4.7.2.2 硬件的适用性的评分

a） 如果硬件不适用于防止误操作，则为0分；

b） 如果硬件设计合理，适用于防止误操作，则为1分。

D.4.7.2.3 硬件制造单位的资质的评分

a） 如果硬件制造单位无相应制造资质，则为0分；

b） 如果硬件制造单位有相应制造资质，则为2分；

c） 如果硬件制造单位不需要制造资质，则为2分。

D.4.7.3 联锁装置的评分

a） 如果无联锁装置，则为0分；

b） 如果具有可靠的自动联锁装置，则为3分。

D.4.7.4 通过计算机软件控制操作步骤的评分

a） 如果不通过计算机软件控制操作步骤控制，则为0分；

b） 如果通过计算机软件控制操作步骤控制，但软件的可靠性和健壮性未经证实，则为0分；

c) 如果通过计算机软件控制操作步骤控制，并且已经证实软件的可靠性和健壮性，则为3分。

D.5 管道本质安全质量的评分

D.5.1 概述

管道本质安全质量的得分，为以下各项得分之和：

a) 设计施工控制；

b) 检测及评价；

c) 自然灾害及其防范措施；

d) 其他评价项。

D.5.2 设计施工控制的评分

D.5.2.1 概述

设计施工控制的得分，为以下各项得分之和：

a) 设计控制；

b) 管道元件控制；

c) 安装及验收；

d) 附加安全裕度；

e) 安全保护措施；

f) 监检；

g) 监理；

h) 记录和图纸。

D.5.2.2 设计控制的评分

D.5.2.2.1 概述

设计控制的得分，为以下各项得分之和：

a) 设计单位和人员的资质；

b) 设计标准规范；

c) 设计文件审批；

d) 危险识别。

D.5.2.2.2 设计单位和人员的资质的评分

a) 如果设计单位或人员不具备与管道类别相应的设计资质，则为0分；

b) 如果设计单位和人员具备与管道类别相应的设计资质，则为1分。

D.5.2.2.3 设计标准规范的评分

a) 如果未按标准规范设计或采用当时已经作废的设计标准规范，则为0分；

b) 如果采用当时有效的旧版本管道设计标准规范，则为0.5分；

c) 如果采用现行标准规范，则为1分。

D.5.2.2.4 设计文件审批的评分

a) 如果设计文件未经过审批，则为0分；

b） 如果设计文件经过专人严格审批，则为 1 分。

D.5.2.2.5 危险识别的评分

a） 如果没有事先制订设计方案，未进行危险识别分析，则为 0 分；

b） 如果设计方案不严密，由无资质的单位和人员进行危险识别分析，则为 1 分；

c） 如果完全按设计规范制定设计方案，进行了严格的危险识别分析，则为 2 分。

D.5.2.3 管道元件控制的评分

D.5.2.3.1 概述

管道元件控制的得分，为以下各项得分之和：

a） 管道元件制造单位的资质；

b） 管道元件质量。

D.5.2.3.2 管道元件制造单位的资质的评分

a） 如果管道元件制造单位不具备制造资质，则为 0 分；

b） 如果管道元件制造单位具备制造资质，则为 1 分。

D.5.2.3.3 管道元件质量的评分

管道元件质量的得分，为以下各项得分之和：

a） 管道元件质量证明文件；

b） 管道元件进货检验；

c） 管道元件储存与搬运。

对于管道元件质量证明文件，按以下规定进行评分：

a） 如果无管道元件质量证明文件，则为 0 分；

b） 如果管道元件质量证明文件齐全，则为 1 分。

对于管道元件进货检验，按以下规定进行评分：

a） 如果未进行进货检验，则为 0 分；

b） 如果进货检验不合格，则为 0 分；

c） 如果进货检验合格，则为 1 分。

对于管道元件储存与搬运，按以下规定进行评分：

a） 如果储存与搬运过程中管道元件受到严重的损坏，影响其安全性能，则为 0 分；

b） 如果储存与搬运过程中管道元件受到一定程度的损坏，但不影响其安全性能，则为 0.5 分；

c） 如果储存与搬运过程中管道元件无损坏，则为 1 分。

D.5.2.4 安装及验收的评分

D.5.2.4.1 概述

安装及验收的得分，为以下各项得分之和：

a） 安装单位资质；

b） 施工组织；

c） 管道元件预处理；

d） 材料误用、混用状况；

e） 开槽控制；

f） 焊接及其检验；

g） 回填控制；

h） 强度试验；

i） 严密性试验；

j） 清管和/或干燥；

k） 竣工验收。

D.5.2.4.2 安装单位的资质的评分

a） 如果安装单位不具备与管道类别相应的安装资质，则为0分；

b） 如果安装单位具备与管道类别相应的安装资质，但经验不足，则为0.5分；

c） 如果安装单位具备与管道类别相应的安装资质，经验丰富，则为1分。

D.5.2.4.3 施工组织的评分

施工组织的得分，为以下各项得分之和：

a） 项目管理；

b） 施工指导；

c） 例会；

d） 施工质量控制。

对于项目管理，按以下规定进行评分：

a） 如果未实现严格的项目管理，则为0分；

b） 如果实现严格的项目管理，则为1分。

对于施工指导，按以下规定进行评分：

a） 如果未由经验丰富的设计代表现场指导施工，则为0分；

b） 如果由经验丰富的设计代表现场指导施工，则为1分。

对于例会，按以下规定进行评分：

a） 如果未做到每天召开例会、及时发现施工中的问题并立即处理，则为0分；

b） 如果每天召开例会、及时发现施工中的问题并立即处理，则为1分。

对于施工质量管理，按以下规定进行评分：

a） 如果未在施工过程中实行严格的质量控制，则为0分；

b） 如果在施工过程中实行严格的质量控制，则为1分。

D.5.2.4.4 管道元件预处理的评分

a） 如果管道元件表面有可见的油渍和污垢，或者有附着不牢的氧化皮、铁锈和涂料涂层等附着物，则为0分；

b） 如果管道元件表面无可见的油渍和污垢，并且没有附着不牢的氧化皮、铁锈和涂料涂层等附着物，则为0.5分；

c） 如果管道元件表面无可见的油渍、污垢、氧化皮、铁锈和涂料涂层等附着物，表面显示均匀金属光泽，则为1分。

D.5.2.4.5 材料误用、混用情况的评分

a） 如果存在材料误用、混用，则为0分；

b） 如果不存在材料误用、混用，则为1分。

D.5.2.4.6 开槽控制的评分

按照 GB 50251—2003 确定输气管道在开槽方面的要求，按照 GB 50253—2006 确定输油管道在开槽方面的要求，按照 GB 50350—2005 确定集气管道和集油管道在开槽方面的要求，按照 GB 50028—2006 确定城市燃气管道在开槽方面的要求，参照 GB 50028—2006 确定输送腐蚀性液体介质的工业管道在开槽方面的要求：

a） 如果未进行开槽控制，则为 0 分；

b） 如果开槽不满足相应标准规范的要求，则为 0 分；

c） 如果开槽满足相应标准规范的要求，则为 1 分。

D.5.2.4.7 焊接及其检验的评分

焊接及其检验的得分，为以下各项得分之和：

a） 焊接操作人员资质；

b） 焊接工艺程序及焊接工艺评定记录；

c） 焊接检测；

d） 焊接质量。

对于焊接操作人员资质，按以下规定进行评分：

a） 如果焊接操作人员无相应资质，则为 0 分；

b） 如果焊接操作人员有相应的资质，则为 1 分。

对于焊接工艺程序及焊接工艺评定记录，按以下规定进行评分：

a） 如果没有焊接工艺程序及焊接工艺评定记录，则为 0 分；

b） 如果有焊接工艺程序，但无相应的焊接工艺评定记录，则为 1 分；

c） 如果焊接工艺程序和焊接工艺评定记录齐全，则为 1 分。

对于焊接检测，按以下规定进行评分：

a） 如果检测单位或人员不具备检测资质，则为 0 分；

b） 如果检测单位或人员具备检测资质，但未按照 JB/T 4730 进行检测，则为 0 分；

c） 如果检测单位或人员具备检测资质，并且严格按照 JB/T 4730 进行检测，则为 1 分。

对于焊接质量，按以下规定进行评分：

a） 如果焊缝含有不能通过按照 GB/T 19624 进行的安全评定的缺陷，则取失效可能性 S 为 100；

b） 如果焊缝含有能通过按照 GB/T 19624 进行的安全评定的缺陷，则为 1.5 分；

c） 如果焊缝不含缺陷，则为 3 分。

D.5.2.4.8 回填控制的评分

按照 GB 50251—2003 确定输气管道在回填方面的要求，按照 GB 50253—2006 确定输油管道在回填方面的要求，按照 GB 50350—2005 确定集气管道和集油管道在回填方面的要求，按照 GB 50028—2006 确定城市燃气管道在回填方面的要求，参照 GB 50028—2006 确定输送腐蚀性液体介质的工业管道在回填方面的要求：

a） 如果回填工艺或回填土质量、厚度不满足相应标准规范的要求，则为 0 分；

b） 如果回填工艺和回填土质量、厚度均满足相应标准规范的要求，则为 1 分。

D.5.2.4.9 强度试验的评分

按照 GB 50251—2003 确定输气管道在试压方面的要求，按照 GB 50253—2006 确定输油管道在试压方面的要求，参照 GB 50251—2003 确定集气管道和城市燃气管道在试压方面的要求，参照

GB 50253—2006 确定集油管道在试压方面的要求，按照 GB/T 20801—2006 确定输送腐蚀性液体介质的工业管道在试压方面的要求：

a） 如果未进行强度试验，则为 0 分；

b） 如果强度试验不符合相关标准规范的规定，则为 0 分；

c） 如果进行了符合相关标准规范的规定的强度试验，则按式(D.3)计算强度试验的得分。

$$3-1.8\times\left(3-2\frac{P_2}{P_{\max 2}}\right)-0.12y \qquad \cdots\cdots(D.3)$$

式中：

y 为从上次强度试验到所进行的风险评估的年数，如果 y 大于 10，取 y 等于 10；

如果强度试验的得分小于 0，则取强度试验的得分为 0；

如果强度试验的得分大于 3，则取强度试验的得分为 3。

D.5.2.4.10 严密性试验的评分

按照 GB 50251—2003 确定输气管道在试压方面的要求，按照 GB 50253—2006 确定输油管道在试压方面的要求，参照 GB 50251—2003 确定集气管道和城市燃气管道在试压方面的要求，参照 GB 50253—2006 确定集油管道在试压方面的要求，按照 GB/T 20801—2006 确定输送腐蚀性液体介质的工业管道在试压方面的要求：

a） 如果未进行严密性试验，则为 0 分；

b） 如果严密性试验不符合相关标准规范的规定，则为 0 分；

c） 如果严密性试验符合相关标准规范的规定，则为 1 分。

D.5.2.4.11 清管和/或干燥的评分

a） 如果未清管和/或干燥，则为 0 分；

b） 如果清管和/或干燥不满足与管道类别相应的标准规范的要求，则为 0 分；

c） 如果清管和/或干燥基本满足与管道类别相应的标准规范的要求，则为 1 分；

d） 如果清管和/或干燥满足与管道类别相应的标准规范的要求，则为 2 分；

e） 如果不需要清管和/或干燥，则为 2 分。

D.5.2.4.12 竣工验收的评分

竣工验收的得分，为以下各项得分之和：

a） 施工单位自验收；

b） 业务组织专家验收。

对于施工单位自验收，按以下规定评分：

a） 如果未进行施工单位自验收，则为 0 分；

b） 如果施工单位自验收不合格，则为 0 分；

c） 如果施工单位自验收合格，则为 1 分。

对于业务组织专家验收，按以下规定评分：

a） 如果未进行业务组织专家验收，则为 0 分；

b） 如果业务组织专家验收不合格，则为 0 分；

c） 如果业务组织专家验收合格，则为 1 分。

D.5.2.5 附加安全裕度的评分

按照式(D.4)计算附加安全裕度的得分：

$$2.5\times(t_3/t_1-1) \qquad\qquad (D.4)$$

当附加安全裕度的得分小于0时，取失效可能性 S 为100；

当附加安全裕度的得分大于2时，取附加安全裕度的得分为2。

D.5.2.6 安全保护措施的评分

D.5.2.6.1 概述

输气管道、集气管道和城市燃气管道按照D.5.2.6.2的规定确定安全保护措施的得分，输油管道、集油管道和输送腐蚀性液体介质的工业管道按照D.5.2.6.3的规定确定安全保护措施的得分。

D.5.2.6.2 输气管道、集气管道和城市燃气管道的安全保护措施的评分

输气管道、集气管道和城市燃气管道的安全保护措施的得分，为以下各项得分之和：

a) 翻越点后低洼段、泵站出站段的安全保护装置；

b) 穿越公路的安全保护措施；

c) 穿越河流的安全保护措施。

对于翻越点后低洼段、泵站出站段的安全保护装置，按以下规定进行评分：

a) 如果无安全保护装置，则为0分；

b) 如果设有安全保护装置，但设备选型不合理，则为0.5分；

c) 如果设有安全保护装置，并且设备选型合理，则为1分；

d) 如果是非翻越点后低洼段、泵站出站段，则为1分。

对于穿越公路的安全保护措施，按以下规定进行评分：

a) 如果未加厚管壁或采用其他安全保护措施，则为0分；

b) 如果采取加厚管壁或采用其他有效的安全保护措施，则为1分；

c) 如果是非穿越公路的区段，则为1分。

对于穿越河流的安全保护措施，按以下规定进行评分：

a) 如果未加设防震措施或采用其他安全保护措施，则为0分；

b) 如果加设防震措施或采用其他有效的安全保护措施，则为1分；

c) 如果是非穿越河流的区段，则为1分。

D.5.2.6.3 输油管道、集油管道和输送腐蚀性液体介质的工业管道的安全保护措施的评分

输油管道、集油管道和输送腐蚀性液体介质的工业管道的安全保护措施的得分，为以下各项得分之和：

a) 翻越点后低洼段、泵站出站段的安全保护装置；

b) 穿越公路的安全保护措施；

c) 穿越河流的安全保护措施；

d) 防止水击的安全保护措施；

e) 大落差段的安全保护措施。

对于翻越点后低洼段、泵站出站段的安全保护装置，按以下规定进行评分：

a) 如果无安全保护装置，则为0分；

b) 如果设有安全保护装置，但设备选型不合理，则为0.5分；

c) 如果设有安全保护装置，并且设备选型合理，则为1分；

d) 如果是非翻越点后低洼段、泵站出站段，则为1分。

对于穿越公路的安全保护措施，按以下规定进行评分：

a） 如果未加厚管壁或采用其他安全保护措施，则为0分；
b） 如果采取加厚管壁或采用其他有效的安全保护措施，则为1分；
c） 如果是非穿越公路的区段，则为1分。

对于穿越河流的安全保护措施，按以下规定进行评分：
a） 如果未加设防震措施或采用其他安全保护措施，则为0分；
b） 如果加设防震措施或采用其他有效的安全保护措施，则为1分；
c） 如果是非穿越河流的区段，则为1分。

对于防止水击的安全保护措施，按以下规定进行评分：
a） 如果无防止水击的安全保护措施，则为0分；
b） 如果设置了缓冲罐或慢速关闭装置0.5；
c） 如果设置了缓冲罐和慢速关闭装置等安全保护措施，则为1；
d） 如果根据流体密度和弹性模数，发生水击的可能性很小，不需要防止水击的安全保护措施，则为1分。

对于大落差段的安全保护措施，按以下规定进行评分：
a） 如果未采用变径管或其他安全保护措施，则为0分；
b） 如果采用变径管或其他有效的安全保护措施，则为1分。

D.5.2.7 监检的评分

D.5.2.7.1 概述

监检的得分，为以下各项得分之和：
a） 监检单位及人员的资质；
b） 监检工作执行情况；
c） 监检结论。

D.5.2.7.2 监检单位及人员的资质的评分

a） 如果管道安装时未进行监检，则为0分；
b） 如果管道监检单位或人员不具备监检资质，则为0分；
c） 如果管道监检单位和人员具备监检资质，则为1分。

D.5.2.7.3 监检工作执行情况的评分

a） 如果管道安装时未进行监检，则为0分；
b） 如果监检工作未按照监检大纲（或计划）进行，则为0分；
c） 如果监检工作严格按照监检大纲（或计划）进行，则为1分。

D.5.2.7.4 监检结论的评分

a） 如果管道安装时未进行监检，则为0分；
b） 如果无监检报告，则为0分；
c） 如果监检结论为“不合格”，则为0分；
d） 如果监检结论为“合格”，则为1分。

D.5.2.8 监理的评分

D.5.2.8.1 概述

监理的得分，为以下各项得分之和：

a） 监理单位及人员的资质；

b） 监理工作执行情况；

c） 监理结论。

D.5.2.8.2 监理单位及人员的资质的评分

a） 如果管道安装时未进行监理，则为 0 分；

b） 如果管道监理单位或人员不具备监理资质，则为 0 分；

c） 如果管道监理单位和人员具备监理资质，则为 1 分。

D.5.2.8.3 监理工作执行情况的评分

a） 如果管道安装时未进行监理，则为 0 分；

b） 如果监理工作未按照监理大纲（或计划）进行，则为 0 分；

c） 如果监理工作严格按照监理大纲（或计划）进行，则为 1 分。

D.5.2.8.4 监理结论的评分

a） 如果管道安装时未进行监理，则为 0 分；

b） 如果无监理报告，则为 0 分；

c） 如果监理结论为"不合格"，则为 0 分；

d） 如果监理结论为"合格"，则为 1 分。

D.5.2.9 记录和图纸的评分

D.5.2.9.1 概述

记录和图纸的得分，为以下各项得分之和：

a） 材料使用记录；

b） 施工检验记录；

c） 图纸。

D.5.2.9.2 材料使用记录的评分

a） 如果无材料使用记录，则为 0 分；

b） 如果材料使用记录不完整，则为 0.5 分；

c） 如果有完整、详细的材料使用记录，则为 1 分。

D.5.2.9.3 施工检验记录的评分

a） 如果无任何检验记录，则为 0；

b） 如果无修补记录，其他记录完整，则为 0.5 分；

c） 如果检验记录不连续，则为 1 分；

d） 如果只有焊口探伤检验记录，无其他记录，则为 1.5 分；

e） 如果重要施工环节有检验记录，其他环节无检验记录，则为 1.8 分；

f） 如果施工全过程均有完整的检验记录，则为 2 分。

D.5.2.9.4 图纸的评分

a） 如果无图纸，则为 0 分；

b) 如果图纸不齐全，则为 0.5 分；
c) 如果图纸齐全，则为 1 分。

D.5.3 检测及评价的评分

D.5.3.1 概述

输气管道和集气管道，按照 D.5.3.2 的规定确定检测及评价的得分，输油管道、集油管道和输送腐蚀性液体介质的工业管道，按照 D.5.3.3 的规定确定检测及评价的得分，城市燃气管道，按照 D.5.3.4 的规定确定检测及评价的得分。

D.5.3.2 输气管道和集气管道检测及评价的评分

D.5.3.2.1 概述

输气管道和集气管道检测及评价的得分，为以下各项得分之和：
a) 管道使用年数；
b) 泄漏检测；
c) 管体缺陷检验及评价。

D.5.3.2.2 管道使用年数的评分

a) 如果管道使用年数≤5 年或管道使用年数≥25 年，则为 0 分；
b) 如果管道使用年数∈(5 年，25 年)，则为 5 分。

D.5.3.2.3 泄漏检测的评分

a) 如果未进行泄漏检测，则为 0 分；
b) 如果泄漏检测周期过长，不满足实际需要，则为 1 分；
c) 如果泄漏检测周期基本满足实际需要，则为 2 分；
d) 如果泄漏检测周期满足实际需要，则为 4 分。

D.5.3.2.4 管体缺陷检验及评价的评分

管体缺陷检验及评价的得分，为以下各项得分之和：
a) 管体缺陷检验单位及人员的资质；
b) 管体缺陷检验及评价周期；
c) 管体缺陷检验及评价结果。

对于管体缺陷检验单位及人员的资质，按以下规定评分：
a) 如果未进行管体缺陷检验及评价，则为 0 分；
b) 如果检验单位或人员无相应资质，则为 0 分；
c) 如果检验单位和人员具备相应资质，则为 4 分。

对于管体缺陷检验及评价周期，按以下规定评分：
a) 如果未进行管体缺陷检验及评价，则为 0 分；
b) 如果管体缺陷检验及评价周期过长，不满足实际需要，则为 1 分；
c) 如果管体缺陷检验及评价周期基本满足实际需要，则为 2 分；
d) 如果管体缺陷检验及评价周期满足实际需要，则为 5 分。

对于管体缺陷检验及评价结果，按以下规定评分：
a) 如果未进行管体缺陷检验及评价，则为 0 分；

b) 如果管体含有不能通过按照 GB/T 19624 进行的安全评定的缺陷，则取失效可能性 S 为 100；

c) 如果管体含有能通过按照 GB/T 19624 进行的安全评定的缺陷，则为 10 分；

d) 如果管体不含缺陷，则为 15 分。

D.5.3.3 输油管道、集油管道和输送腐蚀性液体介质的工业管道检测及评价的评分

D.5.3.3.1 概述

输油管道、集油管道和输送腐蚀性液体介质的工业管道检测及评价的得分，为以下各项得分之和：

a) 管道使用年数；

b) 泄漏检测；

c) 管体缺陷检验及评价。

D.5.3.3.2 管道使用年数的评分

a) 如果管道使用年数≤5 年或管道使用年数≥25 年，则为 0 分；

b) 如果管道使用年数∈(5 年，25 年)，则为 5 分。

D.5.3.3.3 泄漏检测的评分

a) 如果未进行泄漏检测，则为 0 分；

b) 如果泄漏检测周期过长，不满足实际需要，则为 1 分；

c) 如果泄漏检测周期基本满足实际需要，则为 2 分；

d) 如果泄漏检测周期满足实际需要，则为 4 分。

D.5.3.3.4 管体缺陷检验及评价的评分

管体缺陷检验及评价的得分，为以下各项得分之和：

a) 管体缺陷检验单位及人员的资质；

b) 管体缺陷检验及评价周期；

c) 管体缺陷检验及评价结果。

对于管体缺陷检验单位及人员的资质，按以下规定评分：

a) 如果未进行管体缺陷检验及评价，则为 0 分；

b) 如果检验单位或人员无相应资质，则为 0 分；

c) 如果检验单位和人员具备相应资质，则为 3 分。

对于管体缺陷检验及评价周期，按以下规定评分：

a) 如果未进行管体缺陷检验及评价，则为 0 分；

b) 如果管体缺陷检验及评价周期过长，不满足实际需要，则为 1 分；

c) 如果管体缺陷检验及评价周期基本满足实际需要，则为 2 分；

d) 如果管体缺陷检验及评价周期满足实际需要，则为 4 分。

对于管体缺陷检验及评价结果，按以下规定评分：

a) 如果未进行管体缺陷检验及评价，则为 0 分；

b) 如果管体含有不能通过按照 GB/T 19624 进行的安全评定的缺陷，则取失效可能性 S 为 100；

c) 如果管体含有能通过按照 GB/T 19624 进行的安全评定的缺陷，则为 10 分；

d) 如果管体不含缺陷，则为 15 分。

D.5.3.4 城市燃气管道检测及评价的评分

D.5.3.4.1 概述

城市燃气管道检测及评价的得分,为以下各项得分之和:

a) 管道使用年数;

b) 泄漏检测;

c) 管体缺陷检验及评价。

D.5.3.4.2 管道使用年数的评分

a) 如果管道使用年数≤5 年或管道使用年数≥25 年,则为 0 分;

b) 如果管道使用年数∈(5 年,25 年),则为 5 分。

D.5.3.4.3 泄漏检测的评分

a) 如果未进行泄漏检测,则为 0 分;

b) 如果泄漏检测周期过长,不满足实际需要,则为 1 分;

c) 如果泄漏检测周期基本满足实际需要,则为 2 分;

d) 如果泄漏检测周期满足实际需要,则为 4 分。

D.5.3.4.4 管体缺陷检验及评价的评分

管体缺陷检验及评价的得分,为以下各项得分之和:

a) 管体缺陷检验单位及人员的资质;

b) 管体缺陷检验及评价周期;

c) 管体缺陷检验及评价结果。

对于管体缺陷检验单位及人员的资质,按以下规定评分:

a) 如果未进行管体缺陷检验及评价,则为 0 分;

b) 如果检验单位或人员无相应资质,则为 0 分;

c) 如果检验单位和人员具备相应资质,则为 4 分。

对于管体缺陷检验及评价周期,按以下规定评分:

a) 如果未进行管体缺陷检验及评价,则为 0 分;

b) 如果管体缺陷检验及评价周期过长,不满足实际需要,则为 1 分;

c) 如果管体缺陷检验及评价周期基本满足实际需要,则为 2 分;

d) 如果管体缺陷检验及评价周期满足实际需要,则为 5 分。

对于管体缺陷检验及评价结果,按以下规定评分:

a) 如果未进行管体缺陷检验及评价,则为 0 分;

b) 如果管体含有不能通过按照 GB/T 19624 进行的安全评定的缺陷,则取失效可能性 S 为 100;

c) 如果管体含有能通过按照 GB/T 19624 进行的安全评定的缺陷,则为 14 分;

d) 如果管体不含缺陷,则为 18 分。

D.5.4 自然灾害及其防范措施的评分

D.5.4.1 概述

自然灾害及其防范措施的得分,为以下各项得分之和:

a) 风载荷及其防范;

b） 雪载荷及其防范；

c） 滑坡、泥石流及其防范；

d） 地震及其防范；

e） 抵抗洪水能力；

f） 土壤移动；

g） 其他地质稳定性；

h） 自然灾害区域的监测。

D.5.4.2 风载荷及其防范的评分

a） 如果是跨越段，跨距/外径＞200，且历史最大风力大于等于设计时考虑的风力，则为0分；

b） 如果是跨越段，跨距/外径∈(100，200]，且历史最大风力大于等于设计时考虑的风力，则为0.5分；

c） 如果是跨越段，跨距/外径∈[30，100]，且历史最大风力大于等于设计时考虑的风力，则为0.8分；

d） 如果是跨越段，跨距/外径＜30，且历史最大风力大于等于设计时考虑的风力，则为1分；

e） 如果是跨越段，但历史最大风力小于设计时考虑的风力，则为1分；

f） 如果是非跨越段，则为1分。

D.5.4.3 雪载荷及其防范的评分

a） 如果是跨越段，跨距/外径＞200，且历史最大降雪量大于等于设计时考虑的降雪量，则为0分；

b） 如果是跨越段，跨距/外径∈(100，200]，且历史最大降雪量大于等于设计时考虑的降雪量，则为0.5分；

c） 如果是跨越段，跨距/外径∈[30，100]，且历史最大降雪量大于等于设计时考虑的降雪量，则为0.8分；

d） 如果是跨越段，跨距/外径＜30，且历史最大降雪量大于等于设计时考虑的降雪量，则为1分；

e） 如果是跨越段，但历史最大降雪量小于设计时考虑的降雪量，则为1分；

f） 如果是非跨越段，则为1分。

D.5.4.4 滑坡、泥石流及其防范的评分

D.5.4.4.1 概述

滑坡、泥石流及其防范的得分，为以下各项得分之和：

a） 年降雨量；

b） 斜坡及穿越；

c） 排水设施；

d） 滑坡及泥石流预防措施。

D.5.4.4.2 年降雨量的评分

a） 如果年降雨量＞1 270 mm，则为0分；

b） 如果年降雨量∈[305 mm，1 270 mm]，则为0.5分；

c） 如果年降雨量＜305 mm，则为1分。

D.5.4.4.3 斜坡及穿越的评分

a） 如果管道区段所在处的斜坡度数＞30°，则为0分；

b） 如果管道区段穿越铁路或有10吨以上大卡车经过的公路，则为0分；

c） 如果管道区段所在处的斜坡度数∈[10°,30°]，则为0.5分；

d） 如果管道区段穿越有10吨以下车辆经过的公路，则为0.5分；

e） 如果管道区段所在处的斜坡度数<10°并且管道区段不穿越公路或铁路，则为1分。

D.5.4.4.4 排水设施的评分

a） 如果无排水沟，或者在管道区段附近形成积水池，水流直接冲击管道，则为0分；

b） 如果有排水沟，但是不清理，常堵塞，可能形成水流冲击管道，则为0.5分；

c） 如果有排水沟，并且排水沟定期清理疏通，设置合理，不可能形成水流冲击管道，则为1分。

D.5.4.4.5 滑坡及泥石流预防措施的评分

a） 如果未对滑坡及泥石流地质条件做评价，则为0分；

b） 如果在明显滑坡及泥石流地段未设计堡坎，则为0分；

c） 如果堡坎的设计强度不足，则为0.5分；

d） 如果在明显滑坡及泥石流地段设计有足够强度的堡坎，则为1分；

e） 如果在所有可能滑坡及泥石流地段均设计有足够强度的堡坎，则为2分。

D.5.4.5 地震及其防范的评分

D.5.4.5.1 概述

地震及其防范的得分，为以下各项得分之和：

a） 地震断裂带；

b） 防震措施。

D.5.4.5.2 地震断裂带的评分

a） 如果未对地震地质条件做评价，则为0分；

b） 如果管道区段位于地震断裂带，则为0分；

c） 如果管道区段不位于地震断裂带，则为2分。

D.5.4.5.3 防震措施的评分

a） 如果未对地震基本烈度评价，则为0分；

b） 如果地震烈度不小于相关标准、规范所规定的地震基本烈度，并且未采取防震措施，则为0分；

c） 如果设防烈度小于地震基本烈度，则为1分；

d） 如果设防烈度大于地震基本烈度，则为3分；

e） 如果不需要防震，则为4分。

D.5.4.6 抵御洪水能力的评分

a） 如果未考虑抵御洪水，则为0分；

b） 如果能抵御20年一遇洪水，则为0.5分；

c） 如果能抵御50年一遇洪水，则为0.8分；

d） 如果能抵御100年或更长时间一遇洪水，则为1分；

e） 如果不需要考虑抵御洪水，则为1分。

D.5.4.7 土壤移动的评分

D.5.4.7.1 概述

土壤移动的得分，为以下各项得分之和：

a) 土壤类型；

b) 地基土沉降监测。

D.5.4.7.2 土壤类型的评分

a) 如果管道区段所在处土壤是黄土、淤泥土、沙土、黏性土、粉质黏土等，则为 0.5 分；

b) 如果管道区段所在处土壤是沙岩、泥岩、风化岩壁，则为 1 分。

D.5.4.7.3 地基土沉降监测的评分

a) 如果不监测，则为 0 分；

b) 如果至少每年监测一次，则为 1 分；

c) 如果连续监测，则为 2 分；

d) 如果不需要监测，则为 2 分。

D.5.4.8 其他地质稳定性的评分

a) 如果管道区段处容易发生崩塌，则为 0 分；

b) 如果管道区段处曾经发生沉降或者位于采矿区，则为 0.5 分；

c) 如果管道区段位于斜坡段、活断层、液化区等，地质不稳定，则为 0.8 分；

d) 如果管道区段处地质稳定，则为 1 分。

D.5.4.9 自然灾害区域的监测的评分

a) 如果不监测，则为 0 分；

b) 如果监测周期≥1 年，则为 0.2 分；

c) 如果监测周期∈[半年，1 年)，则为 0.5 分；

d) 如果监测周期∈[1 周，半年)，则为 0.8 分；

e) 如果监测周期<1 周，则为 1 分；

f) 如果不需要监测，则为 1 分。

D.5.5 其他评价项的评分

D.5.5.1 概述

城市燃气管道，按照 D.5.5.2 的规定确定其他评价项的得分，输气管道、集气管道、输油管道、集油管道和输送腐蚀性液体介质的工业管道，按照 D.5.5.3 的规定确定其他评价项的得分。

D.5.5.2 城市燃气管道的其他评价项的评分

城市燃气管道的其他评分项的得分为 0。

D.5.5.3 输气管道、集气管道、输油管道、集油管道和输送腐蚀性液体介质的工业管道的其他评价项的评分

a) 如果 $\Delta P/P_{\max 2}\in(90\%,100\%]$，并且 $N<10^3$，则为 1.5 分；

b) 如果 $\Delta P/P_{max2}\in(90\%,100\%]$,并且 $N\in[10^3,10^4)$,则为 1 分;
c) 如果 $\Delta P/P_{max2}\in(90\%,100\%]$,并且 $N\in[10^4,10^5)$,则为 0.6 分;
d) 如果 $\Delta P/P_{max2}\in(90\%,100\%]$,并且 $N\in[10^5,10^6]$,则为 0.4 分;
e) 如果 $\Delta P/P_{max2}\in(90\%,100\%]$,并且 $N>10^6$,则为 0 分;
f) 如果 $\Delta P/P_{max2}\in(75\%,90\%]$,并且 $N<10^3$,则为 1.6 分;
g) 如果 $\Delta P/P_{max2}\in(75\%,90\%]$,并且 $N\in[10^3,10^4)$,则为 1.2 分;
h) 如果 $\Delta P/P_{max2}\in(75\%,90\%]$,并且 $N\in[10^4,10^5)$,则为 1 分;
i) 如果 $\Delta P/P_{max2}\in(75\%,90\%]$,并且 $N\in[10^5,10^6]$,则为 0.6 分;
j) 如果 $\Delta P/P_{max2}\in(75\%,90\%]$,并且 $N>10^6$,则为 0.4 分;
k) 如果 $\Delta P/P_{max2}\in(50\%,75\%]$,并且 $N<10^3$,则为 1.8 分;
l) 如果 $\Delta P/P_{max2}\in(50\%,75\%]$,并且 $N\in[10^3,10^4)$,则为 1.5 分;
m) 如果 $\Delta P/P_{max2}\in(50\%,75\%]$,并且 $N\in[10^4,10^5)$,则为 1.2 分;
n) 如果 $\Delta P/P_{max2}\in(50\%,75\%]$,并且 $N\in[10^5,10^6]$,则为 0.8 分;
o) 如果 $\Delta P/P_{max2}\in(50\%,75\%]$,并且 $N>10^6$,则为 0.6 分;
p) 如果 $\Delta P/P_{max2}\in(25\%,50\%]$,并且 $N<10^3$,则为 2 分;
q) 如果 $\Delta P/P_{max2}\in(25\%,50\%]$,并且 $N\in[10^3,10^4)$,则为 1.8 分;
r) 如果 $\Delta P/P_{max2}\in(25\%,50\%]$,并且 $N\in[10^4,10^5)$,则为 1.4 分;
s) 如果 $\Delta P/P_{max2}\in(25\%,50\%]$,并且 $N\in[10^5,10^6]$,则为 1 分;
t) 如果 $\Delta P/P_{max2}\in(25\%,50\%]$,并且 $N>10^6$,则为 0.8 分;
u) 如果 $\Delta P/P_{max2}\in(10\%,25\%]$,并且 $N<10^3$,则为 2.2 分;
v) 如果 $\Delta P/P_{max2}\in(10\%,25\%]$,并且 $N\in[10^3,10^4)$,则为 2 分;
w) 如果 $\Delta P/P_{max2}\in(10\%,25\%]$,并且 $N\in[10^4,10^5)$,则为 1.6 分;
x) 如果 $\Delta P/P_{max2}\in(10\%,25\%]$,并且 $N\in[10^5,10^6]$,则为 1.2 分;
y) 如果 $\Delta P/P_{max2}\in(10\%,25\%]$,并且 $N>10^6$,则为 1 分;
z) 如果 $\Delta P/P_{max2}\in(5\%,10\%]$,并且 $N<10^3$,则为 2.6 分;
aa) 如果 $\Delta P/P_{max2}\in(5\%,10\%]$,并且 $N\in[10^3,10^4)$,则为 2.2 分;
bb) 如果 $\Delta P/P_{max2}\in(5\%,10\%]$,并且 $N\in[10^4,10^5)$,则为 1.8 分;
cc) 如果 $\Delta P/P_{max2}\in(5\%,10\%]$,并且 $N\in[10^5,10^6]$,则为 1.4 分;
dd) 如果 $\Delta P/P_{max2}\in(5\%,10\%]$,并且 $N>10^6$,则为 1.2 分;
ee) 如果 $\Delta P/P_{max2}\leqslant 5\%$,并且 $N<10^3$,则为 3 分;
ff) 如果 $\Delta P/P_{max2}\leqslant 5\%$,并且 $N\in[10^3,10^4)$,则为 2.5 分;
gg) 如果 $\Delta P/P_{max2}\leqslant 5\%$,并且 $N\in[10^4,10^5)$,则为 2 分;
hh) 如果 $\Delta P/P_{max2}\leqslant 5\%$,并且 $N\in[10^5,10^6]$,则为 1.5 分;
ii) 如果 $\Delta P/P_{max2}\leqslant 5\%$,并且 $N>10^6$,则为 1.4 分。

附　录　E
（规范性附录）
埋地钢质管道失效后果评分模型

E.1　总则

本附录提出了埋地钢质管道失效后果评分模型，从介质的短期危害性、介质的最大泄漏量、介质的扩散性、人口密度、沿线环境、泄漏原因和供应中断对下游用户影响七个方面对埋地钢质管道失效后果进行半定量评分。

失效后果得分为每个方面的得分之和。每个方面的得分为其下设的一个或多个评分项得分之和，下设子评分项的评分项的得分为其下设所有子评分项得分之和。从每个评分项或子评分项下设的各列项中单一选择最接近实际情况的列项，从而确定该评分项或子评分项的得分。

E.2　介质的短期危害性的评分

E.2.1　概述

介质的短期危害性的得分，为以下各项得分之和

a）　介质燃烧性；

b）　介质反应性；

c）　介质毒性。

E.2.2　介质燃烧性的评分

a）　如果介质不可燃，则为 0 分；

b）　如果介质可燃，介质闪点＞93 ℃，则为 3 分；

c）　如果介质可燃，介质闪点∈(38 ℃，93 ℃]，则为 6 分；

d）　如果介质可燃，介质闪点≤38 ℃并且介质沸点≤38 ℃，则为 9 分；

e）　如果介质可燃，介质闪点≤23 ℃并且介质沸点≤38 ℃，则为 12 分。

E.2.3　介质反应性的评分

E.2.3.1　概述

介质反应性的得分，为以下各项得分之和：

a）　低放热值的峰值温度；

b）　最高工作压力。

E.2.3.2　低放热值的峰值温度的评分

a）　如果峰值温度＞400 ℃，则为 0 分；

b）　如果峰值温度∈(305 ℃，400 ℃]，则为 2 分；

c）　如果峰值温度∈(215 ℃，305 ℃]，则为 4 分；

d）　如果峰值温度∈(125 ℃，215 ℃]，则为 6 分；

e）　如果峰值温度≤125 ℃，则为 8 分。

E.2.3.3 最高工作压力的评分

E.2.3.3.1 概述

如果管道所输送介质为液体状态，则按照 E.2.3.3.2 的规定确定最高工作压力的得分，如果管道所输送介质为气体状态，则按照 E.2.3.3.3 的规定确定最高工作压力的得分。

E.2.3.3.2 管道所输送介质为液体状态时的最高工作压力的评分

a） 如果 $P_{max2} \leqslant 0.68$ MPa，则为 0 分；

b） 如果 $P_{max2} > 0.68$ MPa，则为 4 分。

E.2.3.3.3 管道所输送介质为气体状态时的最高工作压力的评分

a） 如果 $P_{max2} \leqslant 0.34$ MPa，则为 0 分；

b） 如果 $P_{max2} \in (0.34\ \text{MPa}, 1.36\ \text{MPa}]$，则为 2 分；

c） 如果 $P_{max2} > 1.36$ MPa，则为 4 分。

E.2.4 介质毒性的评分

a） 如果介质无毒性，则为 0 分；

b） 如果介质有轻度危害毒性，则为 4 分；

c） 如果介质有中度危害毒性，则为 8 分；

d） 如果介质有高度危害毒性，则为 10 分；

e） 如果介质有极度危害毒性，则为 12 分。

E.3 介质的最大泄漏量的评分

E.3.1 可能的最大泄漏量的估算

E.3.1.1 概述

可能的最大泄漏量按照以下规定估算：

a） 计算介质泄漏速度；

b） 估算泄漏的时间；

c） 估算泄漏量；

d） 调整泄漏量。

E.3.1.2 计算介质泄漏速度

E.3.1.2.1 计算液体介质泄漏速度

对于液体介质，按照式(E.1)计算介质泄漏速度 W_g：

$$W_g = 0.03 C_d S_k \sqrt{(P + P')\rho} \qquad \cdots\cdots\cdots\cdots\cdots\cdots (\text{E.1})$$

式中：

C_d——泄漏系数，取 0.61；

S_k——泄漏面积，单位为平方毫米(mm^2)，可保守地取 S_k 为所计算管道的横截面积，但最大不超过 129 717 mm^2。

E.3.1.2.2 计算气体介质泄漏速度

对于气体介质，按如下步骤计算介质泄漏速度 W_g：

按式(E.2)计算气体临界压力 P_{trans}

$$P_{trans}=P_a\left(\frac{K+1}{2}\right)^{\frac{K}{K-1}} \qquad (E.2)$$

如果 $P<P_{trans}$，则介质泄漏速率 W_g 按式(E.3)计算：

$$W_g=0.005\,6C_dS_kP\sqrt{\frac{K}{R'T}g_c\frac{2K}{K-1}\left(\frac{P_a}{P}\right)^{\frac{2}{K}}\left[1-\left(\frac{P_a}{P}\right)^{\frac{K-1}{K}}\right]} \qquad (E.3)$$

式中：

C_d ——泄漏系数，取 0.85；

S_k ——泄漏面积，单位为平方毫米(mm^2)，可保守地取 S_k 为计算管道的横截面积，但最大不超过 129 717 mm^2；

R' ——气体常数，8.314 J $mol^{-1}K^{-1}$；

g_c ——转变系数，取 32.2。

如果气体压力 $P\geqslant P_{trans}$，则介质泄漏速率 W_g 按式(E.4)计算：

$$W_g=0.005\,6C_dS_kP\sqrt{\frac{KM}{R'T}g_c\left(\frac{2}{K+1}\right)^{\frac{K+1}{K-1}}} \qquad (E.4)$$

E.3.1.3 估算泄漏时间

按所评估管道的实际情况，确定泄漏持续时间，如果不能实际确定，则按表 E.1 和表 E.2 确定监测系统和切断系统的等级，并按表 E.3 估算泄漏持续时间 t。

表 E.1 监测系统等级

监测系统类型	等级
监测关键参数的变化从而间接监测介质流失的专用设备	A
直接监测介质实际流失的灵敏的探测器	B
目测，摄像头等	C

表 E.2 切断系统等级

切断系统类型	等级
由监测设备或探测器激活的自动切断装置	A
由操作员在操作室或其他远离泄漏点的位置人为切断装置	B
人工操作的切断阀	C

表 E.3 泄漏时间估算

监测系统等级	切断系统等级	泄漏时间估算
A	A	小规模泄漏为 1 200 s；中等规模泄漏为 600 s；较大规模泄漏为 300 s
A	B	小规模泄漏为 1 800 s；中等规模泄漏为 1 800 s；较大规模泄漏为 600 s

表 E.3（续）

监测系统等级	切断系统等级	泄漏时间估算
A	C	小规模泄漏为 2 400 s；中等规模泄漏为 1 800 s；较大规模泄漏为 1 200 s
B	A 或 B	小规模泄漏为 2 400 s；中等规模泄漏为 1 800 s；较大规模泄漏为 1 200 s
B	C	小规模泄漏为 3 600 s；中等规模泄漏为 1 800 s；较大规模泄漏为 1 200 s
C	A、B 或 C	小规模泄漏为 3 600 s；中等规模泄漏为 2 400 s；较大规模泄漏为 1 200 s
注：小规模指泄漏面积小于 15 mm^2，中等规模指泄漏面积小于 500 mm^2，较大规模泄漏指泄漏面积大于 500 mm^2。		

E.3.1.4 估算泄漏量

泄漏量 Q 按式(E.5)估算：

$$Q = \min(W_g \times t, q) \quad \cdots\cdots(E.5)$$

E.3.1.5 调整泄漏量

分别按照表 E.4、表 E.5 和表 E.6 调整泄漏量，得到可能的最大泄漏量。

表 E.4 按照监测与切断系统调整泄漏量

监测系统等级	切断系统等级	泄漏量的调整
A	A	减小 25%
A	B	减小 20%
A 或 B	C	减小 10%
B	C	减小 15%
C	C	不调整

表 E.5 按照消防系统调整泄漏量

消防系统	泄漏量的调整
紧急泄放系统，且装备有 A 级或 B 级切断系统	减小 25%
消防水喷淋和监测系统	减小 20%
泡沫喷射系统	减小 15%
消防水监测系统	减小 5%

表 E.6 按照应急预案调整泄漏量

应急预案	泄漏量的调整
应急预案完整可靠，经常演习	减小 20%
应急预案不完整，或缺乏演习	减小 10%
无应急预案	不调整

E.3.2 介质的最大泄漏量的评分

a） 如果可能的介质最大泄漏量≤450 kg，则为 1 分；

b） 如果可能的介质最大泄漏量∈(450 kg，4 500 kg]，则为 8 分；

c） 如果可能的介质最大泄漏量∈(4 500 kg，45 000 kg]，则为 12 分；

d） 如果可能的介质最大泄漏量∈(45 000 kg，450 000 kg]，则为 16 分；

e） 如果可能的介质最大泄漏量＞450 000 kg，则为 20 分。

E.4 介质的扩散性的评分

E.4.1 概述

液体介质按照 E.4.2 的规定确定介质的扩散性的得分，气体介质按照 E.4.3 的规定确定介质的扩散性的得分。

E.4.2 液体介质的扩散性的评分

a） 如果可能的泄漏处具有密封隔离层(渗透率为 0)，则为 3 分；

b） 如果可能的泄漏处土壤为泥土、密集的硬黏土或无缝岩石(渗透率＜10^{-7} cm/s)，则为 6 分；

c） 如果可能的泄漏处土壤为泥沙、淤泥、黄土、黏泥及沙石(渗透率∈[10^{-7} cm/s，10^{-5} cm/s])，则为 9 分；

d） 如果可能的泄漏处土壤为细砂、粉砂和中等程度碎石(渗透率∈[10^{-5} cm/s，10^{-3} cm/s])，则为 12 分；

e） 如果可能的泄漏处土壤为砂砾、沙子和大块碎石(渗透率＞10^{-3} cm/s)，则为 15 分。

E.4.3 气体介质的扩散性的评分

E.4.3.1 概述

气体介质的扩散性的得分，为以下各项得分之和：

a） 地形；

b） 风速。

E.4.3.2 地形的评分

a） 如果可能的泄漏处地形闭塞，则为 1 分；

b） 如果可能的泄漏处地形开阔，则为 6 分。

E.4.3.3 风速的评分

a） 如果可能的泄漏处年平均风速低，则为 2 分；

b） 如果可能的泄漏处年平均风速中等，则为 6 分；

c） 如果可能的泄漏处年平均风速高，则为 9 分。

E.5 人口密度的评分

a） 如果可能的泄漏处是荒芜人烟地区，则为 0 分；

b） 如果可能的泄漏处 2 km 长度范围内，管道区段两侧各 200 m 的范围内，人口数量∈[1，100)，则为 6 分；

c） 如果可能的泄漏处 2 km 长度范围内，管道区段两侧各 200 m 的范围内，人口数量∈[100，300)，则为 12 分；

d） 如果可能的泄漏处 2 km 长度范围内，管道区段两侧各 200 m 的范围内，人口数量∈[300，500]，则为 16 分；

e） 如果可能的泄漏处 2 km 长度范围内，管道区段两侧各 200 m 的范围内，人口数量＞500，则为 20 分。

E.6 沿线环境（财产密度）的评分

a） 如果可能的泄漏处是荒芜人烟地区，则为 0 分；

b） 如果可能的泄漏处 2 km 长度范围内，管道区段两侧各 200 m 的范围内，大多为农业生产区，则为 3 分；

c） 如果可能的泄漏处 2 km 长度范围内，管道区段两侧各 200 m 的范围内，大多为住宅、宾馆、娱乐休闲地，则为 6 分；

d） 如果可能的泄漏处 2 km 长度范围内，管道区段两侧各 200 m 的范围内，大多为商业区，则为 9 分；

e） 如果可能的泄漏处 2 km 长度范围内，管道区段两侧各 200 m 的范围内，大多为仓库、码头、车站等，则为 12 分；

f） 如果可能的泄漏处 2 km 长度范围内，管线两侧各 200 m 的范围内，大多为工业生产区，则为 15 分。

E.7 泄漏原因的评分

a） 如果最可能的泄漏原因是操作失误，则为 1 分；

b） 如果最可能的泄漏原因是焊接质量或腐蚀穿孔，则为 5 分；

c） 如果最可能的泄漏原因是第三方破坏或自然灾害，则为 8 分。

E.8 供应中断对下游用户的影响的评分

E.8.1 概述

供应中断对下游用户的影响的得分，为以下各项得分之和：

a） 抢修时间；

b） 供应中断的影响范围和程度；

c） 用户对管道所输送介质的依赖性。

E.8.2 抢修时间的评分

a） 如果抢修时间＜1 天，则为 1 分；

b） 如果抢修时间∈[1 天，2 天)，则为 3 分；

c） 如果抢修时间∈[2 天，4 天)，则为 5 分；

d） 如果抢修时间∈[4 天，7 天)，则为 7 分；

e） 如果抢修时间≥7 天，则为 9 分。

E.8.3 供应中断的影响范围和程度的评分

a) 如果无重要用户,供应中断对其他单位影响一般,则为3分;
b) 如果供应中断影响小城市、小城镇的工业用燃料,则为6分;
c) 如果供应中断影响小企业、小城市生活,则为9分;
d) 如果供应中断影响一般的工业生产、中型城市生活,则为12分;
e) 如果供应中断影响国家重要大型企业、大型中心城市的生产、生活,则为15分。

E.8.4 用户对管道所输送介质的依赖性的评分

a) 如果供应中断的影响很小,则为3分;
b) 如果有替代介质可用,则为6分;
c) 如果有自备储存设施,则为9分;
d) 如果用户对管道所输送介质绝对依赖,则为12分。

ICS 23.020.30
J 74

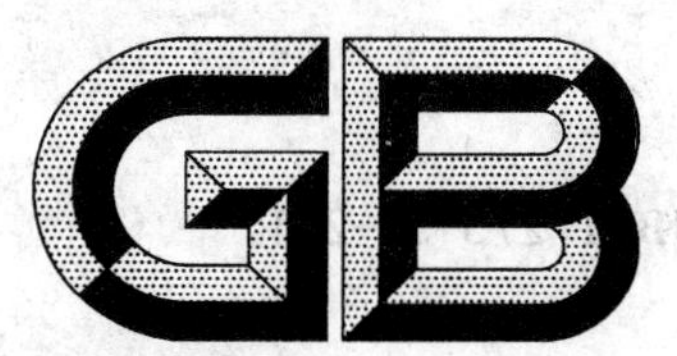

中华人民共和国国家标准

GB/T 27513—2011

载人低压舱

Hypobaric chamber for human occupancy

2011-11-21 发布　　　　2012-05-01 实施

中华人民共和国国家质量监督检验检疫总局
中国国家标准化管理委员会　发布

前　言

本标准按照 GB/T 1.1—2009 给出的规则起草。

本标准由全国锅炉压力容器标准化技术委员会(SAC/TC 262)提出并归口。

本标准负责起草单位:中国人民解放军第三军医大学、贵州风雷航空军械有限责任公司。

本标准主要起草人:高钰琪、曹利飞、陈德明、蔡晓、张建明、蔡浩。

载人低压舱

1 范围

本标准规定了载人低压舱的材料、设计、制造、试验方法和标志、包装、运输、贮存的要求。

本标准适用于舱内介质为空气、最高气压高度不大于10 000 m(26.50 kPa)用于医学研究、治疗、仪器与装备高原环境试验、航空训练、低氧训练健身的单人和多人低压舱。

2 规范性引用文件

下列文件对于本文件的应用是必不可少的。凡是注日期的引用文件,仅注日期的版本适用于本文件。凡是不注日期的引用文件。其最新版本(包括所有的修改单)适用于本文件。

GB 150.1~150.4 压力容器

GB/T 191 包装储运图示标志

GB 3096 声环境质量标准

GB 3531 低温压力容器用低合金钢板

GB/T 7134 浇铸型工业有机玻璃板材

GB 9706.1—2007 医用电气设备 第1部分:安全通用要求

GB 15763.2—2005 建筑用安全玻璃 第2部分:钢化玻璃

GB 17790 家用和类似用途空调器安装规范

GB 18581 室内装饰装修材料 溶剂型木器涂料中有害物质限量

JB/T 4730.2 承压设备无损检测 第2部分:射线检测

固定式压力容器安全技术监察规程(以下简称《容规》)

3 术语和定义

下列术语和定义适用于本文件。

3.1

载人低压舱 hypobaric chamber for human occupancy(以下简称低压舱)

使用密封开放式减压系统,将低压舱内气压降低至10 000 m海拔高度(不低于26.5 kPa)以下,进行生物体实验(训练),也可进行装备试验的低压低氧容器。

3.2

密封开放减压系统 airproof be open to decompress system

工作时,低压舱外常压空气经新风进气管路及调节阀减压后进入舱内,再经真空泵排出舱外的密封的不断交换空气的管路、容器和设备系统。

3.3

主舱 main chamber

用于低压、低氧试验或训练的舱室。

3.4

过渡舱　transition chamber

用于从舱外环境向舱内环境传递物品或设备进、出的舱室。

3.5

低压低氧　hypobaric hypoxia

气压低于 101.32 kPa、氧分压低于 20.9 kPa 的状态。

3.6

气压高度　air pressure altitude

在不同的海拔高度下相对应不同的大气压值。

3.7

高度升、降速率　altitude rise drop rate

舱内气压高度上升、下降的平均速度，单位为 m/s。

3.8

标准空气流量　standard airflow value

气体压力为 101.32 kPa，温度 20 ℃时的空气流量值，单位为 m^3/h。

3.9

空气流量　airflow value

不同气压、不同温度条件下，单位时间内通过流体截面的空气量，单位为 m^3/h。

3.10

低温低压舱　low temperature hypobaric chamber

舱内工作温度在 0 ℃以下的低压舱。

3.11

示值误差　instruct value error

在规定的检定条件下，仪器的示值与标准值之差。

3.12

报警误差　alarm error

在规定的检定条件下，实际报警值与仪器的报警设定值之差。

4　产品分类

低压舱按使用情况分为以下两类：

a)　A 类——多人低压舱，由主舱和过渡舱构成，人均舱容不小于 3 m^3；

b)　B 类——单人低压舱，舱容不小于 1.5 m^3。

注：用于动物试验，但需要实验人员在舱内工作的低压舱，也适用本标准。

5　材料

5.1　低压舱的舱体可使用金属材料、非金属材料制造。

5.2　低压舱内使用的绝热、防水材料必须对生物体无毒。

5.3　金属材料舱体上的递物筒、加强件、接管及其他连接件和承压元件的材料选用应符合 GB 150.1～150.4 的规定。

5.4　低压舱观察窗应选用有机玻璃板材或钢化玻璃，有机玻璃板材应当符合 GB/T 7134 中一等品的规定。钢化玻璃应当符合 GB 15763.2—2005 中第 5 章规定。

5.5 低压舱供氧管路的材料应当选用紫铜、黄铜、铜镍合金、不锈钢，抗氧化的铝管，无毒抗氧化软管。软管材料为尼龙、聚四氟乙烯(PTFE)和橡胶。

5.6 低压舱消声装置的吸声材料应采用环保型无污染、无异味材料。

5.7 低压舱减压系统管路的材料应当采用无缝钢管或不锈钢管，管路阀门密封件材料应当采用铜质金属或合成橡胶，严禁使用对生物体有害的材料。

5.8 舱内装饰材料应符合5.8.1～5.8.2的规定。

5.8.1 低压舱内部的涂层应使用金属喷涂或溶剂型涂料，涂料中有害物质的含量，应当符合GB 18581的要求。

5.8.2 低温低压舱内装饰应当采用耐冲击、不变性、耐候性佳、防潮性好的材料。

5.9 低压舱卫生间的排污管路和排污器皿材料应当采用耐腐蚀、抗氧化的金属或非金属材料。

5.10 舱内侧低温绝热结构的防水层应采用蒸汽透阻大于30(m^2·h·mmHg)/g的环保低毒材料。

6 设计

6.1 舱体

6.1.1 低压舱舱体及配套压力容器采用钢制材料的应当符合GB 150.1～150.4和《固定式压力容器安全技术监察规程》(以下简称《容规》)中的有关规定。对超标准的大开孔、观察窗、中间隔壁等特殊结构，可参照国内外有关标准、规范进行设计。低温容器钢制的材料应当符合GB 3531，采用其他材料制造的舱体及配套压力容器应当符合相应的标准和规范要求。没有相应国内外标准、规范的，其设计应当由设计单位负责人批准。

6.1.2 低压舱舱体主要由壳体、舱门、观察窗、递物筒、通舱管件等组成。低温低压舱体的通舱管件和装饰构件在穿过绝热层和隔气防潮层时不应当形成“冷桥”。

6.1.3 金属材料舱体的横切面应当采用矩形或圆形，其结构设计应符合GB 150.1～150.4和《容规》中的相关规定。

6.1.4 舱体上的门应当为矩形或圆形，矩形门的透光宽度应不小于650 mm，圆形门的透光直径应不小于750 mm。设有自动控制的舱门应当配有手动操作机构，手动操作关或开舱门的时间不大于1 min。

6.1.5 单人舱应当设置两个以上透光直径不小于150 mm的观察窗，多人低压舱观察窗的实际尺寸、数量、形状和安装位置，应当便于从舱外观察舱内人员的状况，舱内人员可以看到舱外。

6.1.6 观察窗采用平面有机玻璃时，应当能承受短时临界压力(STCP)，短时临界压力不应小于5倍设计压力(允许采用经技术负责人批准的试验数据)。

6.1.7 多人舱的主舱和过渡舱，应当分别设置至少一个内径不小于300 mm的递物筒，递物筒上应当设置真空压力表和进、排气阀等安全装置和防护装置。

6.1.8 舱体上设置通舱件时，应当将气体、液体、电气、通风、测试的通舱件分开设置。

6.1.9 舱体上应当设置在舱内常压状态下可以进行通风换气的装置。

6.2 参数检测及控制系统

6.2.1 低压舱应当设置高度(气压)、温度、相对湿度、新风量、O_2浓度、CO_2浓度等参数的监视仪器仪表。

6.2.2 设置绝对压力传感器测量工作压力的多人舱，在过渡舱上升到主舱的气压高度时，气压高度平衡的精度小于或等于15 m。

6.2.3 低压舱的气压高度升、降速率在0.5 m/s～10 m/s范围内可调，最大高度升、降速率不大于 20 m/s。

6.2.4 舱内的氧浓度变化范围为 5.5%～21%。

6.2.5 舱内工作压力与气压高度对照见表 1。

表 1

气压/kPa	84.56	79.50	70.12	61.66	54.05	47.22	41.11	35.65	30.80	26.50
气压高度/m	1 500	2 000	3 000	4 000	5 000	6 000	7 000	8 000	9 000	10 000

6.2.6 采用自动控制操作系统的低压舱(含气动、电动调节阀或遥控操舱、计算机集成操舱),必须同时设置手动操作系统。自动控制操作系统对气压高度控制的控制精度应不低于表 2 的规定。

表 2

气压高度/m	0～5 000	5 000～10 000
控制精度/m	±5	±10

6.2.7 自动控制系统故障状态下的应急断开装置(自动断开或手动断开)均应当是所有新风进气和排气通道同时断开。

6.2.8 自动控制系统应当保证操作人员在任意时刻均能及时切断自动控制系统,并有效实施手动控制。

6.3 舱内布置及设施

6.3.1 配置有状态显示设备的舱室,至少应当显示气压高度、气压高度升降速率、O_2 含量、CO_2 含量、温度和相对湿度等运行参数。

6.3.2 设置有卫生间的舱室,其卫生间面积不小于 1.5 m^2,宽度不小于 1 m。

6.3.3 卫生间排污管应设置防污物回喷装置,其排污器皿的容积应满足使用要求。

6.4 减压系统

6.4.1 低压舱的主舱和过渡舱应当分别设置独立的减压系统,减压系统应当设置两组以上的真空泵,每组真空泵和减压系统的选择与设计,应当满足舱室在不同气压高度下新风量的要求。

6.4.2 在工作状态下,新风量应不小于 30 m^3/h 每人。

6.4.3 新风进气口应避开各种污染源且离开地面高度 3 m 以上。新风进气口前应当设置粉尘颗粒度不大于 10 μm 的空气过滤除尘装置。

6.4.4 各舱室内、外部应设置舱压应急恢复阀门,并在该阀门附近标有其使用说明铭牌。在真空泵停机状态下,可使用安全速率下降到当地气压高度。

6.4.5 减压系统应当设置减震和消声装置。在最大海拔高度下,舱内的噪声按照 GB 3096 中 1 类要求,且不大于 55 dB(A)。

6.4.6 减压系统气密性应当满足在舱室最高设计气压高度下其泄漏率不大于 6.0%/h。

6.5 通风系统

6.5.1 舱内新风进气管的设计应当满足不同气压高度、载人数量需要的新风进气量的要求。舱内排气口和舱外排气管的设计应当满足保持舱内不同气压高度下抽出最大空气量的要求。舱内不同工作压力下气体流量值与新风进气标方值的转换关系见本标准8.9。

6.5.2 低压舱内新风管和新风口、抽气口和抽气管的设计,应保证舱内空气充分交换,不应形成舱内气流短路。

6.5.3 舱内新风进气管采用变径管时,进气管变径截面积设计的要求应当满足新风各进气口分配的最大气体流量。

6.5.4 舱内排气口采用变径管时,排气管变径截面积设计的要求应当满足排气口分配的最大气体流量。

6.6 温度调节系统

6.6.1 每个舱室应设置不少于一个的温度监视仪表,温度监视仪表的精度不大于±2 ℃。

6.6.2 配置温度调节系统的舱室,舱内温度变化率不大于3 ℃/min,温度均匀度不大于2 ℃。

6.6.3 舱内仅温度调节系统工作时的噪声应不大于55 dB(A)。

6.6.4 低温低压舱工作温度为0 ℃以下时,温度控制精度为±1 ℃。

6.6.5 低温低压舱的新风进气预冷设备应当温度可控和具有除霜功能,应当设置除霜积水排水功能。

6.7 电气及照明系统

6.7.1 低压舱的供电电源为:交流电压:(220±22)V、(380±38)V;频率:(50±0.5)Hz。

6.7.2 低压舱应当设置正常照明和应急照明。正常照明时舱内平均照度应不小于80 lx,照度不均匀度应不大于60%。科研实验或有特殊要求的舱内正常照明照度,按用户要求适当增加。

6.7.3 低压舱应配置应急电源保护装置,当供电网路中断时,应急电源应当自动投入运行,保持应急照明、应急呼叫、对讲通讯和气压高度测量仪表正常工作时间不少于30 min。

6.7.4 低压舱接地装置的接地电阻值应当不大于4 Ω。舱体与接地装置之间应用镀锌扁(圆)钢可靠连接,在舱体和接地装置的连接处应当标有接地符号标记"⏚"。舱内设置的仪器、装置、设备均应符合接地的要求。

6.7.5 电源输入端子与舱体之间应当能承受50 Hz、1 500 V、历时1 min的正弦波试验电压,无闪络和击穿现象。

6.7.6 若配置生物电插座时,生物电插座各插针(接线柱)之间、各插针(接线柱)与舱体间的绝缘电阻应当不小于100 MΩ。

6.7.7 内部配置有视频音响设备的,其电源应当通过通舱电缆取得,也可直接从舱内设置的电源插座上取得,电源插座应有保护装置。

6.7.8 低压舱的导线和电缆应与输送气体和液体的任何管路分开,且单独敷设。

6.7.9 舱内各类照明和电气设备的电源开关应便于分组识别。

6.8 检测接口

6.8.1 舱体上设置的舱内、外生理电信号连接电气接口,接口应当符合绝缘和密封要求。

6.8.2 舱体上设置的常压气体输入接口,应当符合密封要求。

6.9 安全保障系统

6.9.1 减压系统的新风进气管路和排气管路应设置真空电磁阀,保证停电时阀门关闭,维持舱内工作压力不变。

6.9.2 操纵台应设置航空气压高度表、上升下降速率表,气体物理参数等显示仪表。

6.9.3 操纵台应设置气压高度、停电、停水等声光报警装置,气压高度的报警误差应不大于1%。

6.9.4 设置医用氧供氧系统，氧气源可由供氧中心集中供氧或由独立氧源供氧，向舱内供氧压力应高于工作舱压 0.4 MPa 但大于工作舱压 0.7 MPa，舱内供氧接口不少于舱内设计人数的 40%。

6.9.5 低压舱内各舱室之间应设置通讯系统和应急呼叫装置，应急呼叫装置在操纵台上应设置声、光信号发生装置，舱内人员按动呼叫按钮时应持续发出声、光报警信号，声、光报警信号只能由操纵台上工作人员切断。应急呼叫按钮应有明显标记。

6.9.6 设有监视系统的低压舱，其监视系统观察视野不应有死角。

6.9.7 低压舱应采用手提式水型灭火器。

6.9.8 舱内发生应急情况启动灭火系统时应立即切断电源，但应保持通讯畅通。

7 制造与安装

7.1 舱体制造

7.1.1 低压舱舱体的加工、焊接、热处理和压力试验应符合 GB 150.1～150.4 和《容规》中的相关规定。

7.1.2 低压舱舱体的对接焊缝应按 JB/T 4730.2 中的要求进行 20%的射线探伤检测，对接焊缝的合格级别不低于Ⅲ级，透照质量不低于 A B级。

7.1.3 低压舱总装完成后，应按试验压力进行气密性试验，保压时间为 1 h，泄漏率小于或等于 5%/h。

7.1.4 低压舱外观表面涂层应平整光滑、色泽均匀，不得有气泡和擦伤痕迹；人员出入和操作中接触的舱体内外表面应平整光滑，不得有尖角及锐边现象。

7.1.5 低压舱所有管路安装要牢固，应当使用胶垫及弹性管夹固定管路，防止管路振动、磨损。

7.1.6 递物筒上应当配置真空压力表，且精度不低于 1.6 级，压力表直径不小于 100 mm。舱内送物筒门应有连锁装置。

7.2 数据测量与控制系统

7.2.1 操纵台上各参数仪表的显示数据应当和舱内各参数仪表的显示数据一致，压力变送器、O_2、CO_2、温度和相对湿度传感器应进行压力补偿和校准。

7.2.2 低温低压舱内设置的各类仪器、仪表和传感元件，应当符合低温、低压状态的要求。

7.3 舱内设施

7.3.1 舱内设置的 O_2、CO_2、温度等检测传感器和压力变送器引压管应安装在舱体中上部。

7.3.2 在舱内壁上应当设置存放物品的储物柜。

7.3.3 舱内设置有热水源的，其热水源装置应当由舱外操作人员控制。

7.3.4 卫生间的生活污水排污管应设置防止污物回喷装置。收集污物的器皿应当设置液位指示报警、真空压力表和排污管阀等装置。

7.3.5 卫生间应设置新风进气口和用于排除异味的排气口。

7.4 减压系统

7.4.1 真空泵的选择应满足舱内设计气压高度下需要的空气流量和速率的要求。

7.4.2 减压系统的控制阀门应当选用对数型减压调节阀。

7.4.3 管路系统中所配置的电磁阀，其绝缘等级不低于 E 级。

7.4.4 减压系统管路和舱内应当设置消声装置，舱内设计气压高度工作时的噪声值小于或等于 55 dB(A)。

7.5 通风系统

7.5.1 低压舱连接室外大气的新风进气口应避开各种污染源,新风进气管入口处应设置过滤器。

7.5.2 在新风进气管路上应设置测量新风标方值的流量检测装置。

7.5.3 进排气管路上设置的所有变径管路截面面积应当满足所需进、排气体的最大流量值,并不得产生啸叫和谐振现象。

7.6 温度调节系统

7.6.1 低温舱应当设置保温层。保温层的厚度,应当满足在25 ℃以下、90%相对湿度时外表面不凝露。

7.6.2 空调器安装应符合GB 17790的要求,室外部分应安装牢固,通风良好,防止阳光直射。

7.6.3 采用水冷式温度调节设备应当设置循环水冷却塔,水泵进水口应安装过滤网。

7.6.4 设置的空调冷凝水、低温融霜水的排水管道、阀门、排水贮水罐和进气阀,应在负压条件下排水通畅。

7.6.5 卫生间排污贮罐应设置液面观察液位计。

7.7 电气及照明系统

7.7.1 舱内电气设备的导线与器件的接点必须采用焊接连接,并应当牢固可靠。

7.7.2 低压舱内电气设备使用的开关、插座、插头及接线盒应满足安全用电要求。

7.7.3 低压舱电气及照明系统所用的导线和电缆必须采用套管加以保护。导线和电缆最大外径应当小于保护套管内径的80%。

7.7.4 设置在舱内的设备及元器件应当隐蔽安装,便于维护和检修。

7.8 安全保障和生命安全系统

7.8.1 舱内和操纵台设置0 m~10 000 m气压高度表、0 m/s~±50 m/s上升下降速率表,以及数字式气压高度、速率指示仪表。在突发停电事故时,气压高度表和上升下降速率表应能准确指示舱内高度,顺利进行手动下降;数字式气压高度、速率指示仪表应具有数据存储、报警和打印功能。

7.8.2 应设置功率不小于2 kW、连续工作时间不少于30 min的在线式应急电源,提供舱内应急照明和控制系统备份电源。

7.8.3 供氧系统的医用瓶装氧气应设置氧气汇流排,氧气汇流排上设置减压阀和不低于1.6级的氧气压力表。

7.8.4 每一舱室应当设置至少一套对讲和呼叫装置。

7.8.5 减压系统的新风进气管和排气管上分别设置常闭式电磁阀,防止减压或稳压过程中停电或真空泵停转造成舱内快速升压引起的人员气压伤。

7.8.6 设置视频监视系统,监控、记录舱内人员的缺氧反应情况。低温舱应采用耐低温监控摄像头。

8 检验方法

8.1 壳体

检查压力容器的有关证明材料。其结果应符合6.1.1、7.1.1 ~ 7.1.3的规定。

8.2 舱门

检查舱门的形状结构应符合6.1.4的规定。

8.3 观察窗

用通用量具测量观察窗的尺寸,应符合6.1.5的规定。

检查观察窗透光材料制造厂的产品合格证;用目视法借助放大倍数5倍以上的放大镜进行银纹检查,其结果应符合5.4的规定。

8.4 递物筒

检查递物筒的安全装置和防护装置的可靠性,并用通用量具测量递物筒内径,其结果应符合6.1.7的规定。

8.5 人均舱容的检查

低压舱每个舱室人均舱容按式(1)分别计算,其值应符合本标准第4章的规定。

$$\text{人均舱容} = \frac{\text{舱室容积}}{\text{舱室设计人数}} \quad \cdots\cdots\cdots\cdots(1)$$

式中:

舱室容积——按舱室几何尺寸计算所得的容积,单位为立方米(m^3)。

8.6 自动控制系统的检查

8.6.1 主舱和过渡舱分别上升时,其高度分别控制,但是,过渡舱上升高度达到主舱高度与主舱对接时,控制系统应自动地将过渡舱的高度控制转换为主舱的高度-气压信号控制,过渡舱下降后,控制系统应自动地将过渡舱的高度控制转换为过渡舱自身的高度-气压信号控制。

8.6.2 检查自动控制系统和备用手动控制系统,其结果应符合6.2.6的规定。

8.7 舱室高度升、降速率检验

8.7.1 上升速率检验

打开真空泵,使舱室由当地气压高度 H_a 升至海拔高度 H(高度差大于或等于2 000 m),用秒表测出升高所需时间 t,按式(2)计算所得值应符合6.3的规定。

$$V_s = \frac{H - H_a}{t} \quad \cdots\cdots\cdots\cdots(2)$$

式中:

V_s——舱室升高速率,单位为米每秒(m/s);

H——升高后的舱室高度,单位为米(m);

H_a——舱室当地气压高度,单位为米(m);

t——升高时间,单位为秒(s)。

8.7.2 下降速率检验

打开真空泵,使舱室预置在海拔高度 H(高度大于或等于5 000 m),将高度降至 H' 且使 H' 大于当地气压高度500 m,用秒表测出降低高度所需时间 t,按式(3)计算所得值应符合6.2.3的规定。

$$V_j = \frac{H - H'}{t} \quad \cdots\cdots\cdots\cdots(3)$$

式中:

V_j——舱室降低高度速率,单位为米每秒(m/s);

H——舱室预置高度,单位为米(m);

H'——舱室降低至气压高度，单位为米(m)；

t ——降低高度时间，单位为秒(s)。

8.8 低压舱室及管路的气密性试验

舱室及管路的气密性试验应符合表3的规定。

表3

试验部位	试验压力	泄漏率 %/h	试验时间 h
供氧系统的高压管路	该管路系统最高工作压力	≤1.0	10
供氧系统的低压管路	该管路系统最高工作压力	≤4.0	10
舱室气密性	舱室 26.50 kPa(绝对压力)	≤5.0	1

8.9 不同高度标准空气流量值试验

检查测量装置的测量范围应与设计标方值一致。新风量应符合6.4.2规定。

新风标准空气流量值与状态值的转换关系按式(4)计算：

$$L_1=\frac{L_0 p_0 T_1}{p_1 T_0} \quad \cdots\cdots\cdots(4)$$

式中：

L_1——不同气压下的空气流量值，单位为立方米每小时(m^3/h)；

L_0——气压为101.32 kPa；温度为20 ℃时的标准空气流量值，单位为立方米每小时(m^3/h)；

p_0——气压101.32 kPa；

T_1——p_1气压下的空气温度，单位为开尔文(K)；

p_1——不同高度的气压，单位为千帕(kPa)；

T_0——气压101.32 kPa时的空气温度，293 K。

8.10 舱内噪声检验

8.10.1 声级计及测试点的要求

选用精度不低于Ⅱ级的声级计。测试单人舱时，声级计放置在无门一端中间平面位置上；多人舱测试时，声级计放置在舱体中间平面位置且距噪声源1 m远的测点上。

8.10.2 测试方法

关闭舱门，打开真空泵，在设计新风量下，使舱内升高速率为5 m/s，当舱由当地气压高度升至4 000 m气压高度，测出的噪声值应符合6.4.5的规定。

8.11 空调、低温效果检验

8.11.1 温度测试仪器

采用铂、铑热电偶或其他类似温度传感器组成并满足下列要求的测温系统：

a) 传感器时间常数：不大于20 s；

b) 系统的精度：±0.5 ℃。

8.11.2 温度测试方法

8.11.2.1 测试点的位置及数量

单人舱舱室的几何中心点为测量点；多人舱通过舱室的几何中心的中间层面为测试面，有5个测试点（几何中心点、其余4个测试点为各自边长的1/10）。

8.11.2.2 测试方法

在温度可调范围内，选取最低（最高）标称温度或用户要求的温度作为测试温度。

在中心测试点温度第一次达到测试温度并稳定30 min后，每隔2 min测试所有测试点温度1次，在30 min内共测15次，隔30 min再测试一次，共测2 h。

检查空调冷凝水、低温融霜水在减压高度下是否能正常排放。

8.11.2.3 测试结果的计算与评定

将各测试点的温度值按测试仪表的修正值修正。

在30 min内，5次测试数据中，求出每次测试中最高与最低温度之差的算术平均值为该标称温度下的温度均匀度。其结果应符合6.6.2、6.6.4的规定。

8.11.3 温度变化速率测试方法

8.11.3.1 测试点的位置为舱室几何中心点。

8.11.3.2 测试方法

在温度可调范围内，选取最低（最高）标称温度作为测试温度。

开启空调，使舱室由室温降到最低标称温度，稳定30 min后，再升到室温，降温和升温时间，每隔5 min记录1次，直到试验结束。

8.11.3.3 测试结果的计算与评定

按式(5)计算升降温过程中每5 min内温度平均变化速率，其结果应符合6.6.2、6.6.4的规定。

$$V=\frac{\Delta T}{5} \qquad \cdots\cdots(5)$$

式中：

V ——温度的平均变化速率，单位为摄氏度每分钟（℃/min）；

ΔT ——每5 min的温度变化值，单位为摄氏度（℃）。

8.11.4 空调低温噪声测试

关闭舱门，在常压下启动空调或低温系统，用精度不低于Ⅱ级的声级计进行测量。测试单人舱时，声级计放置在无门一端中间平面位置上；多人舱测试时，声级计放置在舱体中间平面位置且距噪声源1 m远的测点上。测出的噪声值应符合6.6.3的规定。

8.12 舱内照度值和照度不均匀度的检验

8.12.1 单人压舱的照度测试

测量单人舱时，照度计放置于单人低压舱舱室的几何中心点上，测量一点。

8.12.2 多人舱的照度测试

测量多人舱时，通过舱室的几何中心的中间层面为测试面，有 5 个测试点（几何中心点、其余 4 个测试点为各自边长的 1/10）。照度计放置于 5 个测试点上进行测量。

8.12.3 照度计算

舱内的平均照度值按式(6)计算：

$$E=\sum\frac{E_i}{n} \qquad \cdots\cdots(6)$$

式中：

E ——舱内平均照度值，单位为勒克斯(lx)；

E_i——各测试点的照度值，单位为勒克斯(lx)；

n ——测试点数。

8.12.4 照度不均匀度计算

舱内照度不均匀度值按式(7)计算：

$$\zeta=\frac{E_{max}-E_{min}}{E} \qquad \cdots\cdots(7)$$

式中：

ζ ——舱内照度不均匀度值；

E_{max}——该次测量中所得的照度最大值，单位为勒克斯(lx)；

E_{min}——该次测量中所得的照度最小值，单位为勒克斯(lx)；

E ——该次测量中所得的舱内平均照度值，单位为勒克斯(lx)。

其结果应符合 6.7.2 的规定。

8.13 通讯装置的检验

检查低压舱的通讯装置，其结果应符合 6.9.5 的规定。

8.14 应急电源的检验

低压舱工作中切断正常电源网供电检查应急电源、应急照明、应急呼叫、对讲通讯、高度指示仪表等工作情况，并用计时表记录上述设备工作时间，其结果应符合 6.7.3 的规定。

8.15 接地装置的接地电阻测试

使用接地电阻测量仪，调整量程范围为 0 Ω～10 Ω，两个测量用插针尽可能远离接地装置，断开接地导线与接地装置的连接点，测量接地装置对大地的电阻。测试结果应符合 6.7.4 的规定。

8.16 电介质强度检验

使用交流耐压测试仪，应按 GB 9706.1—2007 中 20.4 的规定，测试电气设备电源输入端与舱体(控制台)之间的绝缘强度，其结果应符合 6.7.5 的规定。

8.17 生物电插座的绝缘电阻值的检验

选用量程 250 MΩ、试验电压 250 V、精度不低于 1.0 级的兆欧表，分别测量生物电插座各插针(接线柱)之间和各插针(接线柱)分别对舱体的绝缘电阻，其结果应符合 6.7.6 的规定。

8.18 进舱导线和电缆的检查

检查进舱导线和电缆，其结果应符合7.7.1、7.7.3的规定。

9 检验规则

9.1 检验分类

低压舱分出厂检验和型式检验。

9.2 出厂检验

低压舱应在产品完成后，由制造单位技术检验部门进行逐台检验（出厂检验），检验合格并出具检验产品质量证明文件后方可提交验收。

9.3 型式检验

在下列情况之一时，应进行型式检验：

a) 新产品或老产品的转厂生产或试制定型鉴定时；

b) 正式生产的产品在结构、材料、工艺有较大改变，可能影响产品性能时；

c) 产品长期停产后，恢复生产时。

9.4 检验规则

9.4.1 低压舱设计定型鉴定后不随安装条件而改变的项目（如舱门尺寸、观察窗直径等），可不作为出厂检验。

9.4.2 出厂检验和型式检验应按本标准中规定的技术要求全部进行检验。

9.5 检验判定

表4为对应条款所属类别划分表。

表4

序号	检测项目	对应条款	类别
1	材料要求	5.2、5.3、5.4、5.5、5.6、5.7、5.8.1	A
2	设计要求	6.1.1、6.1.3、6.1.6、6.2.1、6.2.7、6.2.8、6.9.1、6.9.2、6.9.5、6.9.8、7.1.6、7.2.1、7.2.2	A
3	加工制造安装要求	6.4.3、6.9.4、6.9.7、7.1.1、7.1.2、7.1.3、7.1.4、7.1.5、7.3.1、7.7.1、7.7.2、7.8.3、7.8.4、9.2、9.3、10.1、10.2、11.1、11.2	B
4	结构尺寸要求	6.1.2、6.1.3、6.1.4、6.1.5、6.1.7、6.3.2、6.3.3、6.4.4、6.6.5、7.6.1、7.6.5	B
5	技术指标要求	6.2.2、6.2.3、6.2.6、6.4.2、6.4.5、6.4.6、6.6.1、6.6.2、6.6.3、6.6.4、6.7.2、6.7.3、6.7.4、6.7.5、6.7.6、6.9.3、7.4.4、7.8.2	A
注1：对于A类条款对应的要求，必须符合本标准要求。 注2：对于B类条款对应的要求，不符合项目不得大于两项。			

10 使用说明和维护

10.1 低压舱应按照生产制造企业提供的产品使用说明书使用和维护。

10.2 产品使用说明书中至少应包括以下内容：

a) 产品名称、型号；

b) 制造厂名称、地址、电话、传真、服务电话；

c) 主要规格、技术性能和结构原理及适用范围；

d) 操作使用方法；

e) 安全注意事项；

f) 应急处理程序；

g) 日常维护和用户自己进行的定期检验内容；

h) 主要元器件的使用寿命和更换要求。

11 标志、包装、贮存和运输要求

11.1 标志

低压舱应有铭牌标志，铭牌上至少应当包括如下内容：

a) 产品名称及型号；

b) 产品标准；

c) 商标；

d) 舱室设计人数；

e) 工作介质；

f) 舱室最高气压高度；

g) 制造厂名称；

h) 制造日期；

i) 制造许可证编号；

j) 监检标记。

11.2 包装

11.2.1 包装箱上至少应当有下列标志：

a) 产品名称及型号；

b) 产品标准；

c) 出厂编号；

d) 出厂日期；

e) 制造厂邮政编码；

f) 制造厂名称及地址；

g) 制造厂联系电话；

h) 重量；

i) 体积(长×宽×高)；

j) 贮运图示标志的方法应符合 GB/T 191 的规定。

11.2.2 包装要求

a） 装箱前应予以清理，箱内不允许有污染物，低压舱管道接口应密封以防止污染物进入；
b） 包装箱内垫防水膜(层)防止雨水及尘埃与低压舱接触；
c） 低压舱在包装箱内应牢固固定，防止在运输中松动和擦伤；
d） 包装箱内应有装箱单，装箱单应有制造厂提供的技术文件。

11.3 贮存

低压舱应贮存在不受雨淋和阳光直接照射的室内，贮存环境应无腐蚀性气体及化学药品，且通风良好。

贮存期长达1年以上的低压舱，应重新进行出厂检验，合格后方能使用。

11.4 运输

低压舱的运输方式及要求应按订货合同执行，在运输中应避免造成设备损害和污染。

ICS 65.020.40
B 61

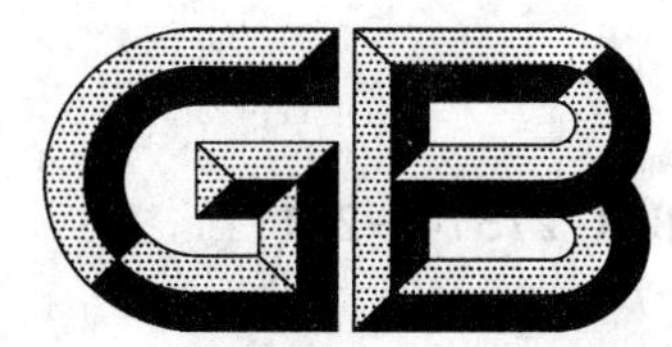

中华人民共和国国家标准

GB/T 27514—2011

沙地草场牧草补播技术规程

Technical regulation of reseeding on sandy grassland

2011-11-21 发布　　2012-03-01 实施

中华人民共和国国家质量监督检验检疫总局
中国国家标准化管理委员会　发布

前言

本标准按照 GB/T 1.1—2009 给出的规则起草。

本标准由中华人民共和国农业部提出。

本标准由全国畜牧业标准化技术委员会(SAC/TC 274)归口。

本标准由内蒙古草原勘察设计院负责起草,内蒙古自治区草原工作站、内蒙古呼伦贝尔市草原科学研究所(工作站)参加起草。

本标准主要起草人:丛子杰、邢旗、黄国安、山薇、马伟杰、敖艳红、舒拉、宝柱、叶红、敖日格乐、朝克图、朱立博、张木兰、乌兰。

沙地草场牧草补播技术规程

1 范围

本标准规定了沙地草场补播地段的选择、草种的选择、种子质量要求，补播改良技术及管理措施。

本标准适用于沙地草场适宜补播牧草的地区。

2 规范性引用文件

下列文件对于本文件的应用是必不可少的。凡是注日期的引用文件，仅注日期的版本适用于本文件。凡是不注日期的引用文件，其最新版本(包括所有的修改单)适用于本文件。

GB/T 2930.2 牧草种子检验规程 净度分析

GB/T 2930.3 牧草种子检验规程 其他植物种子数测定

GB/T 2930.4 牧草种子检验规程 发芽试验

GB/T 2930.8 牧草种子检验规程 水分测定

GB 6141 豆科草种子质量分级

GB 6142 禾本科草种子质量分级

GB 7908 林木种子质量分级

NY/T 1237 草原围栏建设技术规程

NY/T 1239 飞播种草技术规范

3 术语和定义

下列术语和定义适用于本文件。

3.1

沙地草场 sandy grassland

在草原带沙地上可供家畜利用的天然草地。

3.2

草场补播 reseeding

在不破坏或少破坏草地原有植被的情况下，补播牧草的技术。

3.3

有苗面积 seedling area

补播区内达到补播牧草植株数要求的面积。

3.4

补播盖度 cverage of reseeding

补播牧草投影在地面上所覆盖的面积占取样面积的百分比。

4 补播地段的选择

在年降水量不少于 200 mm 的区域，选择植被盖度在 20％以下的沙地草场。

5 补播草种的选择

以地方优良草种为主的原则，选择适应性强、抗旱、抗寒、抗风沙等抗逆强的草种。如：沙蒿、差巴嘎蒿、籽蒿、油蒿、黄柳、沙柳、胡枝子、山竹子、羊柴、白花草木樨、沙打旺、草木樨状黄芪、小叶锦鸡儿、紫花苜蓿、羊草、披碱草、无芒雀麦、老芒麦、蒙古冰草、沙生冰草、沙米、花棒伏地肤、碱蓬、膜荚黄芪等。

6 种子质量要求及处理

6.1 种子质量

补播牧草种子经过检验、检疫，种子质量标准按照 GB/T 2930.2、GB/T 2930.3、GB/T 2930.4、GB/T 2930.8、GB 6141、GB 6142 执行，灌木种子按照 GB 7908—1999 执行，达到国家规定的三级以上。

6.2 种子处理

在播种前对种子进行选种、浸种、消毒，硬实处理、根瘤菌接种和去芒去杂。

7 沙障设置

7.1 设置沙障地段

在流动沙丘、半流动沙丘及风沙活动明显的地段，应设置沙障。沙障应设置在风口或沙丘迎风面，并与当地主风方向垂直。

7.2 生物沙障

常用材料的枝条，长 1 m～1.3 m。由沙丘底部沿等高线向沙丘上部一行一行地栽植，挖深 50 cm、宽 25 cm 的沟，行距 4 m～8 m，地下埋深 40 cm～50 cm，株距为 10 cm～20 cm，深埋少露。平缓沙丘栽至沙丘的 2/3 处，较陡沙丘栽至 1/2 处为止。可先栽活沙障，再补播灌草种。

7.3 物理沙障

用粘土、灌木、作物秸秆设置机械沙障，沿等高线从沙丘底部开始设置，规格为(1 m～2 m)×(1 m～2 m)，在沙障方格内补播灌草种。

8 确定补播期的原则和播期

8.1 原则

躲过风季，抢在雨季前，确保安全越冬。

8.2 补播期

在水分条件优越的地区，采用春季补播；在干旱多风地区，选择风停和雨季来临前的夏季抢雨补播，一般在 6 月上中旬至 7 月上旬。

9 播种量

常用牧草播种量见表1。

表1 沙地草场适宜补播的灌草植物种参考播种量

灌草名称	播种量 kg/hm²	覆土深度 cm
紫花苜蓿	7.5～15	2～3
沙打旺	3.75～7.5	1～2
草木樨	7.5～15	2～3
无芒雀麦	22～30	2～3
老芒麦	20～30	2～3
羊草	22～30	2～3
披碱草	20～30	2～3
冰草	15～22	2～3
蒙古冰草	15～22	2～3
沙生冰草	15～22	2～3
柠条锦鸡儿	10～15	2～3
小叶锦鸡儿	10～15	2～3
羊柴	15～22	2～3
花棒	9～18	2～3
籽蒿	3～4.5	0.5～1
油蒿	3～4.5	0.5～1
沙拐枣	6～7.5	1～2

10 补播方式

10.1 条播

用机械条播，按一定行距一行或多行同时开沟、补播、覆土一次完成。行距，灌木、半灌木 1 m～2 m，禾本科牧草 15 cm，豆科牧草 30 cm 或 45 cm。

10.2 带状补播

每隔一段间距（隔离带），设置一条补播带，按照一定的规格进行浅翻播种，覆土镇压；隔离带是保留一定的天然植被带。带宽根据补播面积、地形来确定。一般面积在 30 hm^2～60 hm^2，隔离带宽 20 m～40 m，补播带宽 10 m～20 m 为宜。

10.3 撒播

利用羊只悬挂简易播种筒，放牧同时进行补播的方式，也可骑马、骑驼用人工撒播，并可起到覆土的作用。

10.4 飞播

在补播面积大,地形变化较大的地段进行飞播,技术方法按照 NY/T 1239 执行。

11 覆盖与镇压

补播后要覆土。对特别细小的种子覆土时,采用耱地覆土。

12 管理

12.1 实行围栏封育保护,严禁放牧利用。网围栏建设技术按照 NY/T 1237 执行。

12.2 在鼠虫危害严重的地区,应在补播前进行彻底灭鼠灭虫,或将药物与牧草种子同时撒播。

12.3 对有苗面积率达不到标准的地块,应及时移栽或补播。

12.4 补播草本的地段应禁用两年,第三年后可进行秋季打草或冬季放牧。补播灌木或同时补播灌木和草本的地段,要禁用三年,第四年可利用。

12.5 放牧利用的灌木补播草场或建立灌木带的补播草场,要对灌木进行有计划的平茬。

ICS 65.020.01
B 40

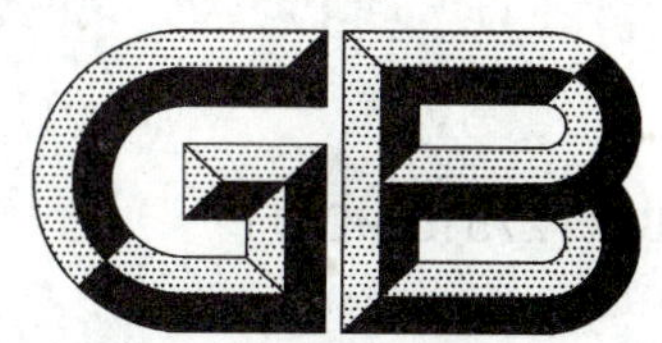

中华人民共和国国家标准

GB/T 27515—2011

天然割草地轮刈技术规程

Technical regulation for rotational mowing on natural grassland

2011-11-21 发布　　2012-03-01 实施

中华人民共和国国家质量监督检验检疫总局
中国国家标准化管理委员会　发布

前　言

本标准按照 GB/T 1.1—2009 给出的规则起草。

本标准由中华人民共和国农业部提出。

本标准由全国畜牧业标准化技术委员会(SAC/TC 274)归口。

本标准起草单位:内蒙古畜牧业科学院草原勘察设计所。

本标准主要起草人:吉木色、邢旗、高娃、卫智军、黄国安、仲延凯、马成杰、旗河、哈斯、孟淑红、建原、王春兰、牧兰、双全。

天然割草地轮刈技术规程

1 范围

本标准规定了天然割草地轮刈技术方案。

本标准适用于温性草甸草原、温性典型草原及隐域性的低地草甸和沼泽草地。

2 术语和定义

下列术语和定义适用于本文件。

2.1

天然割草地 native mowing grassland

用于刈割的天然草地。

2.2

轮刈 rotational mowing

不同地段割草地逐年轮流更换刈割方式。

2.3

刈割时间 mowing time

根据草地产草量、营养物质含量及气候等因素确定刈割时间。

2.4

留茬高度 stubble height

牧草刈割后的存留高度。

2.5

抽穗期 heading stage

禾本科牧草 50%花穗从顶部叶鞘伸出时期。

2.6

现蕾期 budding stage

豆科牧草及杂类草 50%形成花苞时期。

2.7

开花期 flowering stage

花冠(禾草为稃壳)张开,雄蕊伸出,开始散布花粉时期。

2.8

结实期 seed set stage

由受粉至种子完全成熟时期。

2.9

漏割带 leakage cutting zone

在每区割草时为种子更新和积雪而留的条块地带,宽为 15 m～30 m。

3 割草地轮刈

3.1 割草地具备的条件

割草地选择地形平坦、低于15°的坡地、无石块和灌丛，便于机械化作业。牧草组成以上繁草为主，草群叶层高度不低于35 cm，草群盖度不低于50%。

3.2 刈割时间

3.2.1 禾本科牧草为抽穗期刈割。

3.2.2 豆科牧草及杂类草为开花期或隔年在结实期刈割。

3.2.3 个别提前或推迟割草地类型：

a) 以芦苇为优势的割草地，在抽穗前刈割。

b) 以针茅为优势的割草地，在针茅的芒针形成前刈割。

c) 蒿类为优势的割草地，降霜后刈割。一般8 d～12 d内完成。

d) 牧草最晚刈割时间在牧草停止生长前25 d～30 d结束。

3.3 刈割次数

一般天然草地一年刈割一次。

3.4 留茬高度

3.4.1 温性典型草原留茬高度不低于12 cm。

3.4.2 温性草甸草原、低地草甸及沼泽类草地留茬高度不低于9 cm。

3.4.3 休闲的割草地翌年留茬高度不低于7 cm。

3.5 轮刈方案

3.5.1 三年三区轮刈方案

把一块割草场分成三个区，采用逐区逐年，根据牧草不同物候期轮刈（见表1）。在每一区割草时留15 m～30 m宽的漏割带。割草区方向与冬季主风向垂直，有利于积雪和种子的传播。

表1 三年三区割草地轮刈方式

年 度	第一区	第二区	第三区
第一年	抽穗（现蕾）期	开花期	种子成熟期
第二年	开花期	种子成熟期	抽穗（现蕾）期
第三年	种子成熟期	抽穗（现蕾）期	开花期

3.5.2 四年四区轮休轮刈

把一块割草场分成四个区，采用休闲、施肥、灌溉、补播等技术在内的轮休轮刈等方案（见表2）。在每一区割草时留15 m～30 m宽的漏割带。割草区与休闲（短时期禁止刈割、繁殖更新）区的方向与冬季主风向垂直。

表 2 四年四区割草地轮刈方式

年 度	第一区	第二区	第三区	第四区
第一年	休闲	抽穗（现蕾）期	开花期	种子成熟期
第二年	抽穗（现蕾）期	开花期	种子成熟期	休闲
第三年	开花期	种子成熟期	休闲	抽穗（现蕾）期
第四年	种子成熟期	休闲	抽穗（现蕾）期	开花期

3.5.3 二年二区轮刈

把一块割草场根据牧草物候期划分成两个区，采用逐区逐年轮刈，刈割时期分为开花期（7 月中旬至 8 月上旬）和种子成熟期（8 月中旬至 9 月下旬）两个时间段（见表 3）。

表 3 二年二区割草地轮刈方式

年 度	第一区	第二区
第一年	开花初期	种子成熟期
第二年	种子成熟期	开花初期

ICS 65.020.01
B 05

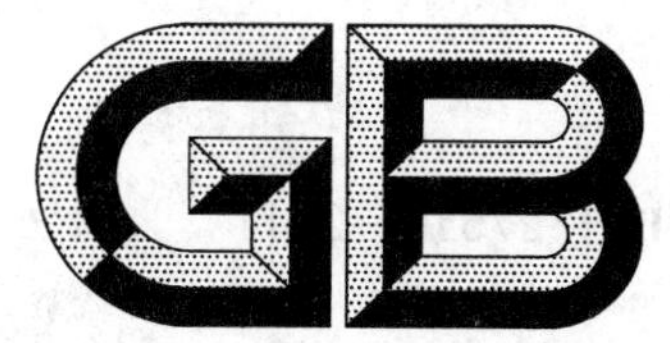

中华人民共和国国家标准

GB/T 27516—2011

驼绒藜属植物栽培技术规程

Technical regulation for ceratoides cultivation

2011-11-21 发布　　2012-03-01 实施

中华人民共和国国家质量监督检验检疫总局
中国国家标准化管理委员会　发布

前　言

本标准由中华人民共和国农业部提出。

本标准由全国畜牧业标准化技术委员会(SAC/TC 274)归口。

本标准起草单位:内蒙古畜牧科学院草原勘察设计所。

本标准主要起草人:双全、邢旗、倪小光、黄国安、敖艳红、金玉、巴根那、赵富根、吉木色。

驼绒藜属植物栽培技术规程

1 范围

本标准规定了驼绒藜属(*Ceratoides*)植物栽培的主要技术参数及管理方案。

本标准适用于驼绒藜属植物种植栽培及管理。

2 栽培区域

2.1 气候条件

适宜在半干旱及干旱的气候条件下生长,其分布区年积温为1 700 ℃～3 000 ℃,年降水量100 mm～400 mm;不同种适应气候范围不同,华北驼绒藜适宜华北半干旱地区栽培种植、心叶驼绒藜适宜新疆半干旱地区栽培种植;驼绒藜属植物,适应在干旱地区生长。

2.2 立地条件

驼绒藜适种土壤为栗钙土和棕钙土、灰钙土、浅覆沙地、固定沙地、半固定沙地、河谷砾质沙地、黄土坡地、山麓砾石质地,pH值在7～8。

3 种植技术

3.1 育苗建植

3.1.1 育苗措施

3.1.1.1 苗圃地选择

育苗地选择在地势平缓、地面平整、通风向阳、水源充足、土壤肥沃、pH值在7～8的沙壤土为宜。

3.1.1.2 整地

育苗地应深耕25 cm～30 cm,镇压破碎土块,平整后做畦;播种前灌足底水,2 d～4 d后可播种,待土壤松散时播种。

3.1.1.3 基肥

根据土壤条件,施足底肥。

3.1.1.4 种子质量

种子纯净度80%以上,种子千粒重2 g以上,种子发芽率70%以上。

3.1.1.5 种子处理

播前2 h喷洒凉水使种子潮湿,并拌入与种子体积相近的细沙土(用过筛的风积沙土)以便撒播均匀出苗整齐。

3.1.1.6 播种时间

播种时间在5月中旬至6月上旬,灌溉的底水下渗后土壤疏松时播种。

3.1.1.7 播种方式

采用条播和撒播两种,条播行距 25 cm～30 cm;撒播是耙搂平地,筛薄土覆盖后镇压。

3.1.1.8 播种量

播种量 45 kg/hm^2～60 kg/hm^2。

3.1.1.9 播种深度

覆土深度 0.5 cm～0.8 cm,播后适度镇压。

3.1.2 田间管理

3.1.2.1 灌溉

播前浇足底水;待苗高 15 cm～20 cm 时,可进行一次浅灌,其后根据墒情结合施肥灌溉 1 次～2 次。

3.1.2.2 中耕除草施肥

苗高 20 cm 时,进行人工锄草,苗高 40 cm 时进行第二次除杂草,并作最后一次定苗,每公顷保苗105万株～120万株。苗高 40 cm～50 cm 时,追施尿素 105 kg/hm^2～150 kg/hm^2。

3.1.3 起苗

3.1.3.1 种苗的要求

育成苗规格为幼苗上径 0.3 cm 以上,下基径 0.5 cm 以上,根长 30 cm 以上。

3.1.3.2 起苗时间

秋季10月下旬上冻前或翌年3月中旬至4月上旬返青前起苗。

3.1.3.3 起苗与定植方法

采用人工起苗,要起到 25 cm～30 cm 以上的主根。起苗前 1 d～2 d 对干旱或坚硬苗地灌水,使土壤潮湿,苗根吸足水分;起苗后修剪,上径 0.3 cm 以上部分可以剪除;秋季植苗后在 10 d 内定植或假植,春季植苗后用塑料袋保湿 10 d 内定植。

3.1.4 植苗栽培

3.1.4.1 栽植时间

植苗移栽选择春秋两季进行;春季移栽驼绒藜萌芽前进行,秋季在霜冻后上冻前进行移栽定植。

3.1.4.2 植苗移栽

一般采取开沟移栽或穴栽,定植机开沟深 25 cm～30 cm,人工侧放苗后镇压;株行距 0.5 m×1 m～(0.7 m×1.5 m)。

3.2 直播建植

3.2.1 整地

在种植前深耕翻，也可播种当年压青整地作业，耙好后待雨播种。

3.2.2 播种时间

在6月下旬至7月中旬雨季来临时播种，要求当年生育期100 d以上；一次降雨大于15 mm时，或土壤表层0～5 cm含水率大于15%时，即可播种。

3.2.3 播种量

单播播种量37.5 kg/hm^2～52.5 kg/hm^2。

3.2.4 播种方式

单种条播，华北驼绒藜和心叶驼绒藜行距70 cm～100 cm、驼绒藜50 cm～70 cm；撒播，均匀撒种；该属植物幼苗不耐旱，宜采用保护播种方式混播；播种时宜混沙进行。

3.2.5 播种深度

覆土深度0.5 cm～0.8 cm，播后重镇压。

3.2.6 建植后管理

人工草地可进行中耕除草与施肥；播种后的草地在1 a内，应禁止在生长期放牧，但可秋季刈割或冷季放牧利用。

4 利用方式

放牧或刈割利用；一年刈割一次，在现蕾期或初花期(8月中下旬)刈割，留茬高度15 cm以上。

ICS 11.220
B 41

中华人民共和国国家标准

GB/T 27517—2011

鉴别猪繁殖与呼吸综合征病毒高致病性与经典毒株复合 RT-PCR 方法

A multiplex RT-PCR method to differentiate the highly pathogenic and classical porcine reproductive and respiratory syndrome virus

2011-11-21 发布　　　　2012-03-01 实施

中华人民共和国国家质量监督检验检疫总局
中国国家标准化管理委员会　发布

前言

本标准按照 GB/T 1.1—2009 给出的规则起草。

本标准由中华人民共和国农业部提出。

本标准由全国动物防疫标准化技术委员会(SAC/TC 181)归口。

本标准起草单位:河南省动物疫病预防控制中心。

本标准主要起草人:吴志明、闫若潜、张志凌、张健、荆汝顶、刘光辉、赵明军、曹杰伟、钱勇、程俊贞、赵雪丽、张盼。

鉴别猪繁殖与呼吸综合征病毒高致病性与经典毒株复合 RT-PCR 方法

1 范围

本标准规定了检测以基因组非结构蛋白 Nsp2 编码区缺失 30 个氨基酸为特征的猪繁殖与呼吸综合征病毒高致病性毒株与非缺失 30 个氨基酸的猪繁殖与呼吸综合征病毒经典毒株复合 RT-PCR 鉴别诊断方法。

本标准适用于疑似猪繁殖与呼吸综合征病毒(PRRSV)感染猪血清及临床病料等样品中的病毒核酸检测。

2 试剂和仪器设备

除另有规定外,所用生化试剂均为分析纯。提取 RNA 所用试剂均应使用无 RNA 酶的容器进行分装。

2.1 试剂

2.1.1 拭子悬液(见附录 A),组织悬液(见附录 A),以上试剂常温保存。

2.1.2 阿氏液(见附录 A),裂解液(TriZol),1×TAE 核酸电泳缓冲液(见附录 A),氯仿,0.01 mol/L (pH7.2)的 PBS(见附录 A),DEPC 处理水(见附录 A),以上试剂 4 ℃保存。

2.1.3 异丙醇,75%乙醇,DNA 分子量标准,6×电泳上样缓冲液,以上试剂 -20 ℃保存。

2.1.4 阳性对照、阴性对照(见附录 A)。

2.1.5 复合 RT-PCR 扩增用上、下游引物序列参见附录 B。

2.1.6 鉴别猪繁殖与呼吸综合征病毒高致病性与经典毒株复合 RT-PCR 反应体系组成、说明及使用注意事项参见附录 C。

2.2 仪器设备

PCR 扩增仪,高速冷冻离心机(离心力在 12 000g 以上),核酸电泳仪和水平电泳槽,恒温水浴锅,2 ℃~8 ℃冰箱,-20 ℃冰箱,单道微量移液器(0.5 μL~10 μL;2 μL~20 μL;20 μL~200 μL;100 μL~1 000 μL),组织匀浆器或研钵,凝胶成像系统(或紫外透射仪),真空干燥器(非必备)。

3 样品的采集、处理、存放及运输

3.1 样品采集及处理过程的注意事项

采样过程中样本不得交叉污染,采样及样品处理过程中应戴一次性手套、口罩、帽子。

3.2 样品的采集及处理

3.2.1 拭子样品

3.2.1.1 鼻腔拭子:采样时要将棉拭子深入鼻腔来回刮 3~5 次,取鼻腔分泌物。

3.2.1.2　肛门拭子:将棉拭子深入肛门转一圈沾取粪便。

3.2.1.3　将鼻腔拭子和肛门拭子一起放入盛有 1.0 mL 拭子悬液的 Eppendorf 管中,然后将拭子悬液转入无菌 Eppendorf 管中,4 ℃条件下 5 000 r/min 离心 10 min,取上清转入新的无菌 Eppendorf 管中,编号备用。

3.2.2　组织样品

组织样品采集时应采取有明显病变的淋巴结、扁桃体、肺脏、脾脏、肾脏、胸腺等组织样品。用无菌的剪刀和镊子剪取待检样品 0.5 g 左右于组织匀浆器或研钵中充分匀浆或研磨,再加 0.3 mL～0.5 mL PBS 混匀,然后将组织悬液转入无菌 Eppendorf 管中,4 ℃条件下 5 000 r/min 离心 10 min,取上清转入新的无菌 Eppendorf 管中,编号备用。

3.2.3　血清或抗凝血

用无菌注射器自耳静脉或前腔静脉采集血液 3 mL～5 mL,待血清析出后直接吸取至无菌 Eppendorf 管中,编号备用;用无菌注射器先吸入抗凝剂(阿氏液)2 mL～3 mL,再自耳静脉或前腔静脉采集等量血液,快速混匀后转入无菌 Eppendorf 管中,编号备用。

3.3　存放与运送

采集或处理的样品在 2 ℃～8 ℃条件下保存应不超过 24 h;若需长期保存,应放置－70 ℃冰箱,但应避免反复冻融。采集的样品密封后,采用保温壶或保温桶加冰密封,尽快运送到实验室。

4　操作方法

4.1　样品 RNA 的制备

4.1.1　取 1.5 mL 灭菌 Eppendorf 管,每管加入 300 μL 裂解液,然后分别加入待测样品、阴性对照样品、阳性对照样品各 100 μL,吸头反复吸打混匀(一份样品换用一个吸头);再加入 100 μL 氯仿,充分颠倒混匀(不宜过于强烈);于 4 ℃条件下,12 000 r/min 离心 15 min。

4.1.2　吸取离心后各管中的上清液 150 μL 转移至新的 1.5 mL 灭菌 Eppendorf 管中(注意不要吸出中间层),加入 150 μL －20 ℃预冷的异丙醇,颠倒混匀,室温放置 15 min。

4.1.3　4 ℃条件下 12 000 r/min 离心 15 min(Eppendorf 管开口保持朝离心机转轴方向放置)。轻轻倒去上清,倒置于吸水纸上,吸干液体,不同样品应置于吸水纸不同地方沾干。加入 1 mL 75%乙醇,轻轻颠倒洗涤。

4.1.4　4 ℃条件下 12 000 r/min 离心 5 min(Eppendorf 管开口保持朝离心机转轴方向放置)。轻轻倒去上清液,倒置于吸水纸上,吸干液体,不同样品应在吸水纸不同地方吸干。

4.1.5　4 ℃条件下 12 000 r/min 离心 30 s,将管壁上的残余液体甩到管底部,用微量加样器尽量将其吸干,一份样本换用一个吸头,吸头不要碰到有沉淀一面,真空抽干 3 min～5 min 或室温干燥 10 min。不宜过于干燥,以免 RNA 不易溶解。

4.1.6　加入 11 μL DEPC 处理水,轻轻混匀,溶解管壁上的 RNA,2 000 r/min 离心 5 s,冰上保存备用。提取的 RNA 应在 2 h 内进行 RT-PCR 扩增或放置于－70 ℃冰箱备用。

4.2　反转录(cDNA 的合成)

配制反转录反应体系(参见附录 C),向每管中加入 4.1.6 中相应 RNA 10 μL,37 ℃水浴 1 h 或置于 PCR 仪中 37 ℃ 1 h,反应结束后,70 ℃ 15 min 灭活反转录酶,直接用于下面的 PCR 扩增或－20 ℃冻存备用。

4.3 复合 PCR 扩增

配制复合 PCR 反应体系(参见附录 C),在室温下融化后,瞬时离心使液体全部聚集在管底部,向每管中加入 4.2 中相应 cDNA 4 μL,经充分混匀后瞬时离心使液体全部聚集于管底,加入 25 μL 的石蜡油覆盖液面(若 PCR 仪具有热盖加热功能时 PCR 反应管中也可不加石蜡油,但推荐采用加石蜡油的方法)。

PCR 扩增条件:95 ℃预变性 5 min 后,94 ℃ 45 s,59 ℃ 45 s,72 ℃ 45 s 共 35 个循环,最后 72 ℃延伸 10 min。扩增反应结束后取出放置于 4 ℃。

4.4 PCR 扩增产物的电泳检测

称取 1.2 g 琼脂糖加入 100 mL 核酸电泳缓冲液中加热,充分溶化后稍放凉,加入适量的溴化乙锭(终浓度 0.5 μg/mL),倒入胶槽制备凝胶板。在电泳槽中加入 1×TAE 核酸电泳缓冲液,使液面刚刚没过凝胶。取 5 μL～10 μL PCR 扩增产物分别和 1 μL～2 μL 6×电泳上样缓冲液混合后,分别加样到各凝胶孔,取 5 μL DNA 分子量标准加到一凝胶孔中。5 V/cm 恒压下电泳 30 min 左右。将电泳好的凝胶放到紫外透射仪或凝胶成像系统上观察结果,进行判定并做好试验记录。

5 结果判定

5.1 试验结果成立条件

猪繁殖与呼吸综合征病毒高致病性与经典毒株阳性对照的 PCR 扩增产物,经电泳后分别在 400 bp 和 264 bp 位置出现特异性条带,同时阴性对照的 PCR 扩增产物电泳后没有任何条带(参见附录 D),则试验结果成立;否则结果不成立。

5.2 阳性判定

在试验结果成立的前提下,如果样品的 PCR 产物电泳后在 400 bp 和 264 bp 的位置上同时出现特异性条带,判定为猪繁殖与呼吸综合征病毒高致病性与经典毒株核酸检测双阳性;若 400 bp 位置出现特异条带而 264 bp 位置无特异条带,判定为猪繁殖与呼吸综合征病毒高致病性毒株核酸检测阳性;若 264 bp 位置出现特异条带而 400 bp 位置无特异条带,判定为猪繁殖与呼吸综合征病毒经典毒株核酸检测阳性。

5.3 阴性判定

在试验结果成立的前提下,如果 400 bp 和 264 bp 位置均未出现特异性条带,判定为猪繁殖与呼吸综合征病毒高致病性与经典毒株核酸检测阴性。

附 录 A
（规范性附录）
试剂的配制

A.1 拭子悬液

在0.01 mol/L PBS液中添加以上所有的抗生素，浓度提高5倍；加入抗生素后调pH值至7.2～7.4。

A.2 组织悬液

在0.01 mol/L PBS液中添加青霉素（2 000 IU/mL），链霉素（2 mg/mL）、庆大霉素（50 pg/mL）和制霉菌素（1 000 IU/mL）。

A.3 阿氏液

葡萄糖2.05 g，柠檬酸钠0.8 g，柠檬酸0.055 g，氯化钠0.42 g，加蒸馏水至100 mL，溶解后调pH值至6.1，69 kPa 15 min高压灭菌，4 ℃保存备用。

A.4 1×TAE核酸电泳缓冲液

Tris碱，24.2 g；冰乙酸，5.71 mL；0.5 mol/L EDTA（pH8.0），10 mL；加蒸馏水至100 mL，使用时用蒸馏水作50倍稀释，即为1×TAE核酸电泳缓冲液。

A.5 0.01 mol/L（pH7.2）的磷酸盐缓冲液（PBS）

A.5.1 A液（0.2 mol/L磷酸二氢钠水溶液）：$NaH_2PO_4 \cdot H_2O$ 27.6 g，先用适量蒸馏水溶解，最后用蒸馏水稀释至1 000 mL。

A.5.2 B液（0.2 mol/L磷酸氢二钠水溶液）：$Na_2HPO_4 \cdot 7H_2O$ 53.6 g，（或$Na_2HPO_4 \cdot 12H_2O$ 71.6 g或$Na_2HPO_4 \cdot 2H_2O$ 35.6 g）先用适量蒸馏水溶解，最后用蒸馏水稀释至1 000 mL。

A.5.3 0.01 mol/L PBS的配制：A液14 mL，B液36 mL，加氯化钠（NaCl）8.5 g，最后用蒸馏水稀释至1 000 mL；121 ℃，15 min高压灭菌，4 ℃保存备用。

A.6 DEPC处理水

用0.1% DEPC处理后的蒸馏水，经121 ℃ 15 min高压处理，用于溶解RNA。

A.7 阳性对照

经Marc-145细胞传代培养的第8代PRRSV高致病性和经典毒株灭活细胞毒。

A.8 阴性对照

Marc-145细胞液。

附 录 B
（资料性附录）
鉴别猪繁殖与呼吸综合征病毒高致病性与经典毒株复合 RT-PCR 方法所用引物

表 B.1 鉴别猪繁殖与呼吸综合征病毒高致病性与经典毒株复合 RT-PCR 方法所用引物

引物名称	引物浓度	引 物 序 列	扩增片段大小
PCR 扩增上游引物 P1	20 pmol/μL	5′-GGTTCGGAAGAAACTGTCGG-3′	P1/P3 引物对扩增片段 400 bp；P2/P3 引物对扩增片段 264 bp
PCR 扩增上游引物 P2	20 pmol/μL	5′-AGCAGGTGGAAGAAGCGAATC-3′	
PCR 扩增共用下游引物 P3	20 pmol/μL	5′-GAGCTGAGTATTTTGGGCGTG-3′	

附　录　C
（资料性附录）
鉴别猪繁殖与呼吸综合征病毒高致病性与经典毒株复合 RT-PCR 反应体系组成、说明及使用时注意事项

C.1　试剂盒组成

表 C.1　试剂盒组成

组成成分	数　量
反转录反应体系	20 管(10 μL/管)
PCR 反应体系	20 管(21 μL/管)
阳性对照	500 μL
阴性对照	500 μL
裂解液	6.5 mL
氯仿	2.5 mL
异丙醇	4 mL
75%乙醇	15 mL
DEPC 处理水	2 mL
50 倍 TAE 电泳缓冲液	40 mL
溴化乙锭溶液	40 μL
上样缓冲液	120 μL
石蜡油	1.5 mL

C.2　说明

C.2.1　反转录反应体系成分：M-MLV 5×Reaction buffer（含 Mg^{2+}），4 μL；2.5 mmol/L dNTPs，4 μL；M-MLV，0.5 μL；RNA 酶抑制剂，0.5 μL；共用反转录引物（P3，也是复合 PCR 共用下游引物）1 μL；总体积 10 μL。

C.2.2　复合 PCR 反应体系成分：10×PCR 缓冲液（含 Mg^{2+}），2.5 μL；2.5 mmol/L dNTPs，2 μL；P1，0.5 μL；P2，0.5 μL；P3，1 μL；Ex*Taq* DNA 聚合酶，0.5 μL（2.5 U）；灭菌双蒸水，14.0 μL；总体积为 21 μL。

C.2.3　裂解液的主要成分是 TriZol，为 RNA 提取试剂，外观为粉红色，于 4 ℃保存。

C.2.4　反转录反应体系中含猪繁殖与呼吸综合征病毒高致病性与经典毒株共用反转录引物、反转录酶及各种离子。

C.2.5　PCR 反应体系中含猪繁殖与呼吸综合征病毒高致病性与经典毒株特异性引物对、Ex*Taq* 酶及各种离子。

C.3 使用时的注意事项

C.3.1 由于阳性样品中模板浓度相对较高，注意检测过程中不得交叉污染。

C.3.2 注意防止试剂盒组分受污染。试剂盒之间的成分勿混用。

C.3.3 请按照说明书要求分别在 4 ℃、−20 ℃保存不同的试剂，试剂盒有效期为 6 个月。使用时在室温下融化，暂放置于冰上，使用后立即放回。

C.3.4 反转录反应体系与 PCR 反应体系应避免反复冻融，在使用前应瞬时离心，以保证反应液集中在管底。

附 录 D
（资料性附录）
猪繁殖与呼吸综合征病毒高致病性与经典毒株复合 RT-PCR 产物电泳图

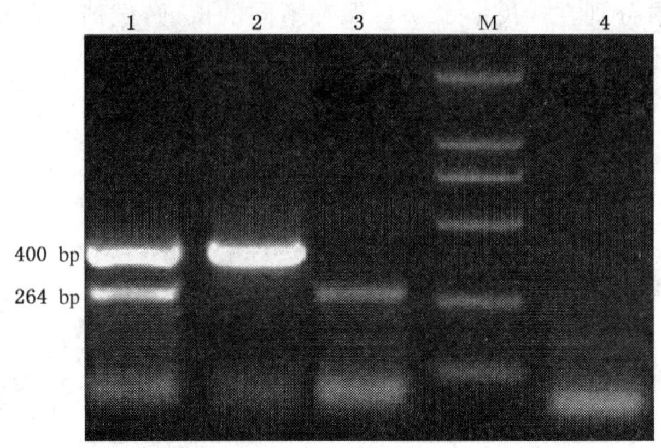

M——DNA 分子量标准(DL2000 Marker)；
1——PRRSV 高致病性和经典毒株混合物阳性对照；
2——PRRSV 高致病性毒株阳性对照；
3——PRRSV 经典毒株阳性对照；
4——阴性对照。

图 D.1 猪繁殖与呼吸综合征病毒高致病性与经典毒株复合 RT-PCR 产物电泳图

ICS 11.220
B 41

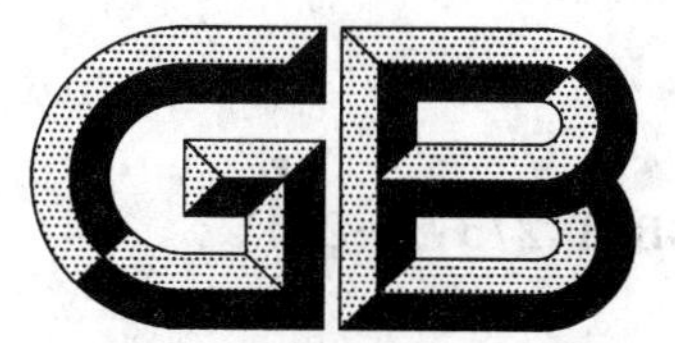

中华人民共和国国家标准

GB/T 27518—2011

西尼罗病毒病检测方法

Diagnostic of west nile virus infections

2011-11-21 发布 2012-03-01 实施

中华人民共和国国家质量监督检验检疫总局
中国国家标准化管理委员会 发布

前言

本标准按照GB/T 1.1—2009给出的规则起草。

本标准由中华人民共和国农业部提出。

本标准由全国动物防疫标准化技术委员会(SAC/TC 181)归口。

本标准起草单位:中华人民共和国北京出入境检验检疫局、北京百欧赛地生物工程技术开发中心。

本标准主要起草人:杨秀娟、孙福军、丁若愚、田茵、田睿、王飞、杨静。

西尼罗病毒病检测方法

1 范围

本标准规定了西尼罗病毒的反转录聚合酶链反应(Reverse Transcription—Polymerase Chain Reaction,RT-PCR)、蚀斑减少中和试验(Plaque Reduction Neutralization Test,PRNT)和西尼罗病毒的分离方法。

本标准适用于易感动物的西尼罗病毒病的检测。

2 规范性引用文件

下列文件对于本文件的应用是必不可少的。凡是注日期的引用文件,仅注日期的版本适用于本文件。凡是不注日期的引用文件,其最新版本(包括所有的修改单)适用于本文件。

GB/T 6682 分析实验室用水规格和试验方法

3 缩略语

下列缩略语适用于本文件。

ABTS diammonium2,2′-azino-bis(3-ethylbenzothiazoline-6-sulfonate):2,2′-连氮基-双-(3-乙基苯并二氢噻唑啉-6-磺酸)二铵盐

AMV:鸟类成髓细胞白血病病毒(avian myeloblastosis virus)

BSA:牛血清白蛋白(bovine serum albumin)

CPE:细胞病变效应(cytopathic effect)

cDNA:互补 DNA(complementary DNA)

DEPC:焦碳酸乙二酯(diethylpyrocarbonate)

DNA deoxyribonucleic acid:脱氧核糖核酸

dH_2O:双蒸水(double distilled water)

dNTP:脱氧核苷酸三磷酸(deoxy-ribonucleoside triphosphate)含有 dCTP、dGTP、dATP、dTTP 四种脱氧核糖核苷

EDTA:乙二胺四乙酸(ethylene diaminetetraacetic acid)

6-FAM:6-羧基荧光素(6-carboxyfluorescein)

HEPES:羟乙基哌嗪乙硫磺酸(N-2-hydroxyethylpiperazine-N-ethane-sulphonicacid)

MEM:基础培养基(minima essential medium)

Oligo dT:多聚 T 再加上一小段随机碱基(几个碱基)构成的引物,用于 RT-PCR

PBS:磷酸盐缓冲生理盐水(phosphate belanced solution)

PFU:蚀斑形成单位(plaque forming units)

PRNT:蚀斑减少中和试验(plaque reduction neutralization test)

RNA:核糖核酸(ribonucleic acid)

RNasin:核酸酶抑制剂(RNA enzyme inhibitor)

TAE:醋酸盐 EDTA(tris-acetate-EDTA Tris)

Taq 酶:耐热 DNA 聚合酶(thermus aquaticus polymerase)

TAMRA:四甲基罗丹明(carboxytetramethylrhodamine)

TRIzol:一种新型总 RNA 抽提试剂(trizol reagent),可以直接从细胞或组织中提取总 RNA

Vero 细胞:非洲绿猴肾细胞

WNV:西尼罗病毒(west nile virus)

4 试剂

4.1 水:符合 GB/T 6682 中一级水的规格,用 DEPC 处理以除掉 RNA 酶。

4.2 TRIzol 试剂或其他等效的商品化 RNA 抽提试剂。

4.3 AMV 逆转录酶:20 U/uL,-20 ℃保存,不要反复冻融或温度剧烈变化。

4.4 5×AMV Buffer:AMV 逆转录酶的缓冲液。

4.5 RNasin:20 U/uL,-20 ℃保存,不要反复冻融或温度剧烈变化。

4.6 Oligo(dT):RT-PCR 的引物。

4.7 10×Taq Buffer:Taq 酶的缓冲液。

4.8 Taq 酶:-20 ℃保存,不要反复冻融或温度剧烈变化。

4.9 dNTP 三磷酸脱氧核糖核苷,含 dCTP、dGTP、dATP、dTTP 各 10 mmoL/L。

4.10 琼脂糖:电泳级。

4.11 三氯甲烷:分析纯。

4.12 异丙醇:分析纯,使用前预冷到-20 ℃。

4.13 75%乙醇。

4.14 PBS:121 ℃高压 15 min 后,无菌加入青霉素和链霉素至 1 000 U/mL。

4.15 TAE:24.2 g Tris 碱、5.7 lg 冻乙酸、0.5 mol/L EDTA(pH8.0)10 mL,加水定容至 100 mL,使用前作 50 倍稀释,用盐酸调节 pH 值至 7.5~7.8。

4.16 WNV 标准毒株、WNV 阳性对照与 WNV 阴性对照。

4.17 MEM 细胞培养基。

4.18 Vero 细胞。

4.19 胎牛血清。

4.20 细胞维持液:含 2%~3%胎牛血清、青霉素和链霉素分别为 100 U/mL 的无菌 MEM。

4.21 中性红水溶液:中性红粉 0.1 g,用去离子水定容至 100 mL,pH7.4,高压除菌或 0.22 μm 滤膜过滤,无菌分装于褐色瓶内,4 ℃保存备用。

4.22 2 倍浓度不含中性红 MEM 液:10 倍浓度不含酚红的 MEM 20 mL,胎牛血清 4 mL,青霉素和链霉素各 10 000 U(μg),去离水定容至 100 mL,0.22 μm 滤膜过滤,pH7.2~7.4,4 ℃保存备用。

4.23 不含中性红的营养琼脂:使用前配制 20 g/L 琼脂糖水浴融化后保持在 43 ℃~45 ℃,加入等量已加温至 43 ℃~45 ℃的 2 倍浓度不含中性红 MEM 液,充分混合均匀,保存在 43 ℃~45 ℃水浴中备用。

4.24 2 倍浓度含中性红 MEM 液:10 倍浓度不含酚红的 MEM 20 mL,胎牛血清 4 mL,青霉素和链霉素各 10 000 U(μg),中性红水溶液 6 mL,去离子水定容至 100 mL,0.22 μm 滤膜过滤,pH7.2~7.4,4 ℃保存备用。

4.25 含中性红的营养琼脂:使用前配制 20 g/L 琼脂糖水浴融化后保持在 43 ℃~45 ℃,加入等量已加温至 43 ℃~45 ℃的 2 倍浓度含中性红 MEM 液,充分混合均匀,保存在 43 ℃~45 ℃水浴中备用。

4.26 0.1%过氧化氢。

4.27 BSA:一般是在购置 PCR 试剂中带的,是在反应时保持酶活性的。不是必须的。不用自己配置。

也可不加入反应中。

4.28 0.5 mol/L pH9.6 的碳酸盐缓冲液：碳酸钠 0.32 g，碳酸氢钠 0.586 g，加水溶解，定容至 2 00 mL。

4.29 抗马 IgM。

4.30 5%脱脂奶粉：5 g 的脱脂奶粉溶于 100 mL 的 PBS 缓冲液中。

4.31 0.05% tween-20：吐温－20。

4.32 辣根过氧化物酶结合的抗黄病毒单克隆抗体。

4.33 Rnase：RNA 酶(RNA polymerase)。

5 器材和设备

5.1 24 孔细胞培养板。

5.2 96 孔细胞培养板。

5.3 二氧化碳培养箱。

5.4 普通冰箱和超低温冰箱：规格 2 ℃～8 ℃，－20 ℃，－80 ℃。

5.5 研磨器/研钵。

5.6 离心机(规格≥15 000g)。

5.7 荧光 RT-PCR 检测仪。

5.8 PCR 仪。

5.9 可调移液器。

5.10 电泳仪。

5.11 细胞瓶。

5.12 微型滤器：装有 0.22 μm 滤膜，121 ℃高压 15 min。

5.13 5%脱脂乳封板。

6 WNV 的分离

6.1 实验室生物安全要求

实验室生物安全要求按照附录 A 执行。

6.2 样本采集

疑似死于西尼罗病毒病的动物可考虑采集血液、血清、脑脊液或组织，其中组织样品可优先采取脑组织和神经组织，其次可采集肾、脾和肝组织。

进行血样采集时避免使用阻碍 PCR 反应的肝素，可用抗凝剂 EDTA 采血。

6.3 样本运输与储存

血清样本应冷藏，24 h 内运送至实验室(血清标本可在 4 ℃存放 1 周，长期保存置－20 ℃或以下)。其他样本送至实验室后，病毒分离样本应尽快进行接种分离，48 h 内进行接种的可置于 4 ℃保存，如未能接种应置－70 ℃或以下保存，避免反复冻融。

6.4 样本处理

取感染样本送专业实验室检测，样本的储存和运输应保持在低于－70 ℃中。

组织样本取 1 g～2 g 在无菌研磨器或研钵中，加 5 mL～10 mL 含 10%胎牛血清的 PBS 溶液，磨碎，冻融 2 次～3 次，3 000g 离心 10 min，上清液用微型滤器过滤后备用。

血液样本直接冻融 2 次～3 次，用含 10%胎牛血清的 PBS 溶液稀释 10 倍，3 000g 离心 10 min，上清液用微型滤器过滤后备用。

脑脊液样本用含 10%胎牛血清的 PBS 溶液稀释 5 倍～10 倍，3 000g 离心 10 min，上清液用微型滤器过滤后备用。

6.5 病毒分离

处理好的样本悬液接种至已 80%～90%满度单层 Vero 细胞，24 孔细胞培养板每孔加 0.2 mL～0.3 mL，100 mL 细胞瓶每瓶加 1 mL～2 mL，5%二氧化碳培养箱中 37 ℃吸附 1 h～2 h，倾去病理材料悬液，加入细胞维持液，5%二氧化碳培养箱中 37 ℃吸附 3 d～5 d，连续观察细胞病变(CPE)，如出现典型 CPE，可用 RT-PCR、PRNT 进行病原鉴定；盲传 3 代后如未观察到 CPE，判为病毒分离阴性。

7 WNV 的检测

7.1 引物与荧光探针

7.1.1 荧光 RT-PCR E 基因扩增引物与探针

引物 1：5′TCA GCG ATC TCT CCA CCA AAG-3′(NT1160)。

引物 2：5′-GGG TCA GCA CGT TTG TCA TTG-3′(NT1229)。

TaqMan 探针：5′-TGC CCG ACC ATG GGA GAA GCT C-3′(NT1186)，5′端标记 FAM，3′端标记 TAMRA。

7.1.2 荧光 RT-PCR NSI 基因扩增引物与探针

引物 1：5′-GGC AGT TCT GGG TGA AGT CAA-3′(NT3111)。

引物 2：5′-CTC CGA TTG TGA TTG CTT CGT-3′(NT3239)。

TaqMan 探针：5′-TGT ACG TGG CCT GAG ACG CAT ACC TTG T-3′(NT3136)，5′端标记 FAM，3′端标记 TAMRA。

7.1.3 套式 RT-PCR 外源引物

引物 1：5′-TTG TGT TGG CTC TCT TGG CGT TCT T-3′(NT233-257)。

引物 2：5′-CAG CCG ACA GCA CTG GAC ATT CAT A-3′(NT616-640)。

扩增片段大小：407 bp。

7.1.4 套式 RT-PCR 内源引物

引物 1：5′-CAG TGC TGG ATC GAT GGA GAG G-3′(NT287-308)。

引物 2：5′-CCG CCG ATT GAT AGC ACT GGT-3′(NT370-390)。

扩增片段大小：103 bp。

7.2 模板 RNA 提取

血清、血液、脑脊液等液体样品直接取 200 μL 于 1.5 mL 离心管中编号备用；组织样品取 2 g 于无菌研钵中磨碎，加入 10 mL PBS 混匀，4 ℃中 3 000g 离心 15 min，取 200 μL 上清于 1.5 mL 离心管中编号备用。

在 1.5 mL 离心管中加入被检样品、阴性对照、阳性对照各 200 μL，加入 TRIzol 试剂 600 μL，再加入三氯甲烷 200 μL，混匀，4 ℃中 12 000*g* 离心 15 min，取上清加入－20 ℃预冷的异丙醇 400 μL，混匀，4 ℃中 12 000*g* 离心 15 min，轻轻倾去上清液，加入 75%乙醇 600 μL 洗涤，4 ℃中 12 000*g* 离心15 min，轻轻倾去上清液，室温干燥 5 min～10 min，加入 DEPC 水 20 μL 溶解 RNA，冰上保存备用。提取的 RNA 最好在 2 h 内进行 RT-PCR 扩增，若需长期保存，应放置－70 ℃冰箱。

7.3 反转录

在 PCR 管中依次加入 5×AMV Buffer 4 μL、dNTP(各 10 mmol/L)2 μL、RNase 20 U、Oligo(dT) 50 pmol、AMV 逆转录酶 10 U、RNA 模板 5 μL、DEPC 水至 20 μL，瞬间离心，43 ℃反转录 1 h 后，立即迅速冷却至 4 ℃，瞬间离心，分装，立即用于荧光 PCR 或套式 PCR，或于－80 ℃保存备用。

7.4 荧光 PCR

采用 25 μL 反应体系，在 PCR 毛细管或 PCR 反应管中依次加入 10×Taq Buffer 2.5 μL、dNTP(各 2.5 mmol/L)3 μL、氯化镁($MgCl_2$)(25 mmol/L)5.5 μL、引物(7.1.1 或 7.1.2)(20 μmol/L)各 0.5 μL、TaqMan 探针(在荧光 PCR 引物中已标出)(10 μmol/L)1 μL、TaqDNA 聚合酶 0.25 μL、BSA (5 μg/μL)1 μL、cDNA(逆转录后的产物)5 μL、dH_2O 至 25 μL。瞬间离心后于定量 PCR 仪进行 PCR 扩增。扩增条件：95 ℃预变性 5 min 后，95 ℃ 15 s、60 ℃ 1 min，45 个循环，每次循环结束后检测每管扩增的荧光值。

7.5 套式 PCR

在 PCR 管中依次加入 10×Taq Buffer 5 μL、dNTP(各 2.5 mmol/L)4 μL、氯化镁($MgCl_2$) (25 mmol/L) 4 μL、外源引物(7.1.3，20 μmol/L)各 0.5 μL、TaqDNA 聚合酶 0.25 μL、cDNA 或外源引物扩增产物 5 μL、dH_2O 至 50 μL。瞬间离心后进行 PCR 扩增。扩增条件：95 ℃预变性 5 min 后，94 ℃ 45 s、56 ℃ 45 s、72 ℃ 1 min，35 个循环，72 ℃延伸 10 min。取 15 μL 扩增产物用 16 g/L 琼脂糖电泳观察结果。如果观察到特异性扩增条带，扩增产物用超纯水稀释至 100 倍～1 000 倍后用，作为内源引物扩增模板，如果未观察到特异性扩增条带，扩增产物直接作为内源引物扩增模板。

内源引物扩增的反应体系配制方法参照外源引物扩增反应体系进行，扩增条件：95 ℃预变性 5 min 后，94 ℃ 45 s、58 ℃ 45 s、72 ℃ 1 min，25 个循环，72 ℃延伸 5 min。取 15 μL 扩增产物用 20 g/L 琼脂糖电泳观察结果。

7.6 结果判定

7.6.1 荧光 PCR

阴性对照无 Ct 值(每个反应管内的荧光信号达到设定的阈值时所经历的循环数)，并且无扩增曲线；阳性对照 Ct 值应小于 30.0，并出现典型扩增曲线。否则，试验结果无效。

在试验结果成立的前提下，如果样品的 Ct 值小于 37，且出现典型扩增曲线为阳性，Ct 值 37～45 为可疑，无 Ct 值且无扩增曲线为阴性。

7.6.2 套式 PCR

阳性对照的 PCR 产物电泳后，出现一条特异性条带；阴性对照 PCR 产物电泳后没有条带，试验结果成立；否则，结果不成立。

在试验结果成立的前提下，如果样品 PCR 扩增产物经过电泳检测后，出现特异性目的片段者为阳性；无特异性扩增片段者为阴性。

7.6.3 样品结果判定

7.6.3.1 样品同时用 E 基因和 NSI 基因进行荧光 PCR 后，结果均为阳性者判定为含有西尼罗病毒核酸。

7.6.3.2 样品同时用E基因和NSI基因进行荧光PCR后，结果均为阴性者判定为不含有西尼罗病毒核酸。

7.6.3.3 样品同时用E基因和NSI基因进行荧光PCR后，其中之一结果均为阴性者，用套式PCR再次进行检测，结果为阳性者判定为含有西尼罗病毒核酸，结果为阴性者判定为不含有西尼罗病毒核酸。

7.6.4 荧光PCR和套式PCR的外源引物扩增可采用等效的一步法RT-PCR试剂盒进行检测，其操作和结果判定根据试剂盒的说明书进行，但应优化引物和TaqMan探针浓度，确保检测的特异性和灵敏度与本标准的方法等效。

7.6.5 应用荧光PCR和套式PCR检测西尼罗病毒核酸结果为阳性者，必要时应对扩增产物进行核酸序列分析验证。

8 蚀斑减少中和试验(PRNT)

8.1 操作程序

8.1.1 病毒培养

WNV标准毒株接种至处于对数生长期80%～90%满度非洲绿猴肾(Vero)细胞，37 ℃吸附1 h后，弃去病毒液，加入细胞维持液，5%二氧化碳培养箱中37 ℃培养3 d～4 d，待70%～80%细胞出现CPE，−20 ℃冻融2次，分装，−80 ℃冻存备用。

8.1.2 PFU测定

保存病毒用MEM连续10倍稀释，接种于80%～90%满度单层Vero细胞的96孔板，每个稀释度接种8孔，100 μL/孔，同时设8孔细胞对照，每孔加入MEM 100 μL，5%二氧化碳培养箱中37 ℃孵育1 h～2 h，弃去孔内病毒液，加入不含中性红的营养琼脂100 μL/孔，5%二氧化碳培养箱中37 ℃培养4.5 d，加入含中性红的营养琼脂100 μL/孔，5%二氧化碳培养箱中37 ℃避光培养，12 h后观察CPE，计算病毒的PFU。

8.1.3 蚀斑减少中和试验

待检血清、标准阳性血清和标准阴性血清用MEM做连续2倍稀释后，加入等体积50 μL含有100 PFU的病毒悬液，充分混匀，37 ℃作用1 h后，将血清与病毒混合液接种至80%～90%满度单层Vero细胞的96孔板，每个稀释度接种8孔，100 μL/孔。同时将稀释好的50 μL中100 PFU的病毒悬液做10倍、100倍、1 000倍稀释，接种80%～90%满度单层Vero细胞的96孔板，每个稀释度接种4孔～8孔，100 μL/孔，作为病毒回归对照。稀释好的50 μL中100 PFU的病毒悬液接种4孔～8孔，100 μL/孔，作为病毒对照。MEM接种4孔～8孔，100 μL/孔，作为细胞对照。所有处理好的细胞于5%二氧化碳培养箱中37 ℃孵育1 h～2 h，弃去孔内液体，加入不含中性红的营养琼脂100 μL/孔，5%二氧化碳培养箱中37 ℃培养4.5 d，加入含中性红的营养琼脂100 μL/孔，5%二氧化碳培养箱中37 ℃避光培养，12 h后观察CPE，按Reed-Muench方法计算血清的中和效价。

8.2 结果判定

8.2.1 回归对照的病毒浓度为每50 μL 30 PFU～300 PFU范围内，并且标准阴阳性对照血清的抗体效价在1个滴度误差范围内，试验成立，试验结果成立的条件下方能判定样品的结果，否则，试验结果不成立，查找原因，并重做试验。

8.2.2 待检样品中和效价大于等于1∶10者判为阳性。

9 IgM 捕获 ELISA

9.1 实验步骤

0.5 mol/L pH9.6 的碳酸盐缓冲液稀释抗马 IgM 作为捕获抗体包被平底 96 孔 ELISA 板每孔 100 μL；包被板在 4 ℃湿盒中孵育过夜。使用前，用含有 0.05%吐温－20 的 0.01 M pH7.2 PBS 洗板两次，每孔用 200 μL～300 μL；用 PBS 新配制的 5%脱脂奶粉封板，每孔加 300 L，并在室温中孵育 60 min，孵育后，移去封闭液，并用 PBS 洗板 3 次；被检和对照血清用 PBS 作 1∶400 稀释(脑脊髓液作 1∶2 稀释)，每份样品加双排孔(每份样品共加 4 个孔)，每孔 50 μL，包括用和样品同样方法制备的对照阳性和阴性血清；盖上板，并在 37 ℃湿盒中孵育 75 min；移去血清，并用 PBS 洗板 3 次；用 PBS 稀释病毒和正常抗原，加 50 μL 病毒抗原到每份被检血清和对照血清一排孔中，并加 50 μL 正常抗原到每份被检血清和对照血清的第二排孔中；盖上板，并在 4 ℃湿盒中孵育过夜；移去孔中抗原，并用 PBS 洗板 3 次；用 PBS 稀释辣根过氧化物酶结合的抗黄病毒单克隆抗体，每孔加 50 μL；盖上板，并在 37 ℃孵育 60 min；移去结合物，并 PBS 洗板 6 次；每孔加 50 μL 新配制的 ABTS 底物和过氧化氢(0.1%)，在室温中孵育 30 min。

9.2 结果判定

在 405 nm 测光密度值，如果含有病毒抗原的被检样品孔的光密度至少是含病毒抗原的阴性血清对照孔的光密度的两倍，并至少是含有对照抗原的被检样品平行试验孔的光密度的两倍，该被检样品被认为是阳性。

10 结果判定

10.1 组织、血、脑脊液或其他体液中分离到西尼罗病毒，说明动物感染了 WNV。

10.2 组织、血、脑脊液或其他体液中用 RT-PCR 检测到西尼罗病毒基因，判定为西尼罗病毒 RT-PCR 检测结果阳性，或判定为西尼罗病毒基因检测结果阳性。说明动物感染了 WNV。

10.3 IgM 捕捉 ELISA 检测到西尼罗病毒 IgM 抗体，判定为西尼罗病毒 IgM 捕捉 ELISA 结果阳性。说明动物感染了 WNV。

10.4 IgM 捕捉 ELISA 结果判定为可疑，并用蚀斑减少中和试验检测到西尼罗中和抗体，判定为西尼罗病毒抗体检测结果阳性。说明动物感染了 WNV。

附 录 A
(规范性附录)
实验室生物安全要求

A.1 PRNT:所有操作在 BSL-3 实验室中进行,操作人员防护、所有使用物品和废弃物按 BSL-3 要求进行。

A.2 病毒分离:所有操作在 BSL-3 实验室中进行,操作人员防护、所有使用物品和废弃物按 BSL-3 要求进行。

A.3 PCR:前期所有操作在 BSC(生物安全柜)内进行,病毒裂解液加入后可转移至生物安全 2 级(BSL-2)实验室进行操作。

A.4 动物尸体解剖:所有操作在 BSL-3 实验室中进行,操作人员防护、所有使用物品和废弃物按 BSL-3 要求进行。

A.5 其他有关西尼罗病毒的操作:前期所有操作在 BSC 内进行,能有效灭活病毒的去垢剂或病毒裂解液加入后,方可转移至 BSL-2 实验室进行操作。

注: BSL-3:生物安全 3 级实验室,BSL-2:生物安全 2 级实验室,BSC:生物安全柜。

ICS 67.260
X 99

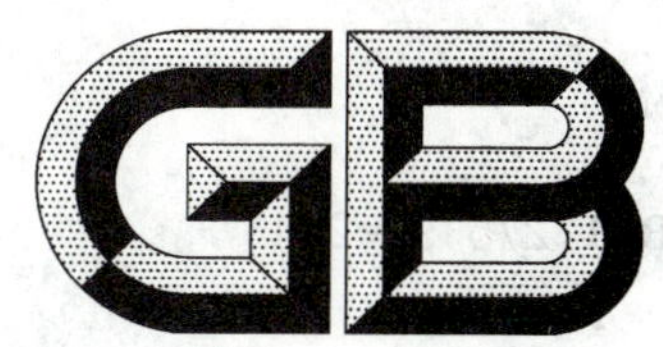

中华人民共和国国家标准

GB/T 27519—2011

畜禽屠宰加工设备通用要求

General requirements for livestock slaughtering equipment

2011-11-21 发布　　2012-03-01 实施

中华人民共和国国家质量监督检验检疫总局
中国国家标准化管理委员会　发布

前　言

本标准按照 GB/T 1.1—2009 给出的规则起草。

本标准由中华人民共和国商务部提出并归口。

本标准起草单位:商务部流通产业促进中心、济宁兴隆食品机械制造有限公司。

本标准主要起草人:王向宏、胡全福、张新玲、胡新颖、李欢。

畜禽屠宰加工设备通用要求

1 范围

本标准规定了畜禽屠宰加工设备的设计、制造、验收的基本要求、试验方法、检验规则及标牌、包装、运输、贮存的要求。

本标准适用于畜禽屠宰加工设备(以下简称设备)。

2 规范性引用文件

下列文件对于本文件的应用是必不可少的。凡是注日期的引用文件,仅注日期的版本适用于本文件。凡是不注日期的引用文件,其最新版本(包括所有的修改单)适用于本文件。

GB/T 191 包装储运图示标志

GB 1173—1995 铸造铝合金

GB/T 2828.1 计数抽样检验程序 第1部分:按接收质量限(AQL)检索的逐批检验抽样计划

GB/T 3766 液压系统通用技术条件

GB/T 3767 声学 声压法测定噪声源声功率级 反射面上方近似自由场的工程法

GB/T 3768 声学 声压法测定噪声源声功率级 反射面上方采用包络测量表面的简易法

GB 4706.1 家用和类似用途电器的安全 第1部分:通用要求

GB 4806.1 食品用橡胶制品卫生标准

GB 5226.1 机械电气安全 机械电气设备 第1部分:通用技术条件

GB/T 6576 机床润滑系统

GB/T 7932 气动系统通用技术条件

GB/T 7935 液压元件 通用技术条件

GB/T 8196 机械安全 防护装置 固定式和活动式防护装置设计与制造一般要求

GB 9687 食品包装用聚乙烯成型品卫生标准

GB 9688 食品包装用聚丙烯成型品卫生标准

GB 9689 食品包装用聚苯乙烯成型品卫生标准

GB 9690 食品容器、包装材料用三聚氰胺-甲醛成型品卫生标准

GB 9691 食品包装用聚乙烯树脂卫生标准

GB/T 13306 标牌

GB/T 13384 机电产品包装通用技术条件

GB/T 14211 机械密封试验方法

GB/T 14253—2008 轻工机械通用技术条件

GB/T 16769 金属切削机床 噪声声压级测量方法

GB 17888.2 机械安全 进入机械的固定设施 第2部分:工作平台和通道

GB 17888.3 机械安全 进入机械的固定设施 第3部分:楼梯、阶梯和护栏

GB/T 20878—2007 不锈钢和耐热钢 牌号及化学成分

JB/T 4127.1 机械密封 技术条件

JB/T 4127.2 机械密封 分类方法

JB/T 4127.3 机械密封 产品验收技术条件

JB/T 7277 操作件技术条件

SB/T 228 食品机械通用技术条件 表面涂漆

3 术语和定义

下列术语和定义适用于本文件。

3.1

产品 products

经畜禽屠宰加工设备加工的肉类及可食用副产物。

3.2

产品接触面 faces contact with products

加工过程中直接与产品接触的设备表面。

3.3

非产品接触面 faces nocontact with products

加工过程中不与产品直接接触的设备表面。

3.4

使用寿命 service life of a machine

设备在规定的使用条件下完成规定功能的工作总时间(设备的性能和精度的保持时间、发生失效前的工作时间或工作次数)。

注：改写 GB/T 14253—2008,定义 3.4。

3.5

使用性能 service property of a machine

与设备使用直接有关,并由设备设计决定的功能指标和特性。

注：改写 GB/T 14253—2008,定义 3.6。

3.6

运行性能 working property of a machine

设备在使用过程中的运行特性和运行适应能力。如设备的工作效率(或生产效率)、能量消耗、设备对环境条件的适应能力等各项技术指标。

注：改写 GB/T 14253—2008,定义 3.7。

3.7

可靠性 reliability

设备在规定的时间和条件下完成规定功能的能力。

注：改写 GB/T 14253—2008,定义 3.3。

4 材料要求

4.1 设备材料的一般要求

4.1.1 所用的材料应能耐受工作环境的温度、压力、潮湿的条件;耐受化学清洁剂、紫外线或其他消毒剂的腐蚀作用。

4.1.2 所用的材料、材料表面的涂层或电镀层,其表面应光滑、易清洗消毒、耐腐蚀、耐磨损、不易碎、无破损、无裂缝及无脱落。

4.1.3 产品接触面所用的材料还应符合下列条件:

a) 无毒；
b) 不得污染产品或对产品有负面影响；
c) 无吸附性(除非无法避免)；
d) 不得直接或间接地进入产品，造成产品中含有掺杂物；
e) 不应因相互作用而产生有害或超过食品安全国家标准中规定数量而有害于人体健康的物质；
f) 不得影响产品的色泽、气味及其品质；
g) 符合食品卫生，易于清洗及消毒。

4.1.4 非产品接触表面应由耐腐蚀材料制成，允许采用表面涂覆过能耐腐蚀的材料。如经表面涂覆，其涂层应粘附牢固。非产品接触表面应具有较好的抗吸收、抗渗透的能力，具有耐久性和可洗净性。

4.2 产品接触面的材料

4.2.1 以下材料不得用于产品接触面：
a) 含有锑、砷、镉、铅、汞等重金属物质的材料；
b) 含硒超过 0.5%的材料；
c) 石棉和含有石棉的材料；
d) 木质材料；
e) 皮革；
f) 没有经表面涂层处理(如氧化处理)的铝及其合金；
g) 电镀铝、电镀锌及涂漆；
h) 对产品可能产生污染的其他材料。

4.2.2 推荐采用 GB/T 20878—2007 中规定的 06Cr19Ni10、06Cr17Ni12Mo2 等牌号不锈钢，不得采用可能生锈的金属材料制作产品接触面。

4.2.3 形状复杂的产品接触面零部件允许采用 GB 1173—1995 中的 ZL104 或与之在性能上相近的铝合金，应经表面涂层处理(如氧化处理)，具有一定的抗腐蚀能力。

4.2.4 允许采用具有耐腐蚀作用和符合条件的其他金属或合金材料。铜、铜合金以及电镀锌不得用于产品接触面，但可用于非产品接触面的其他零部件。

4.2.5 橡胶和塑料应具有耐热、耐酸碱、耐油性，并能保持固有形态、色泽、韧性、弹性、尺寸等特性。橡胶制品应符合 GB 4806.1 的有关规定；塑料制品应符合 GB 9687、GB 9688、GB 9689、GB 9690、GB 9691 的有关规定。

4.2.6 碳、青玉、石英、氟石、尖晶石、陶瓷在正常的工作环境下，清洗、消毒、杀菌过程中不应改变其固有形态。

4.2.7 焊接材料应与被焊接材料性能相近。

4.2.8 纤维材料在工作环境下应不具有挥发性或其他可能污染空气和产品品质的物质；具有吸附性的纤维材料只能用于过滤装置。

4.2.9 粘接材料在工作环境下应能保证粘接面具有足够的强度、紧密度、热稳定性，耐潮湿。

5 设备要求

5.1 型号和参数

设备应有型号，型号和主要参数应确切、合理、简明，并符合有关规定。

5.2 造型和布局

设备造型设计应力求美观、匀称、和谐，整机(成套设备)应协调一致；布局合理，便于调整维修；操作方便,利于观察工作区域。

5.3 结构与性能

5.3.1 设备应具备相关技术文件所规定的结构和使用性能,并且结构合理,运行性能良好,使用性能可靠。

5.3.2 设备应满足使用环境、工作条件、产品质量的要求。

5.4 设备表面

5.4.1 产品接触面的表面粗糙度 Ra 值金属制品不得大于 3.2 μm;塑料和橡胶制品一般不得大于 0.8 μm;非产品接触面的表面粗糙度 Ra 值不得大于 25 μm。

5.4.2 产品接触面应无凹陷、疵点、裂纹、裂缝等缺陷。

5.4.3 镀层和涂层表面的表面粗糙度最大 Ra 值为 50 μm;应无分层、凹陷、脱落、碎片、气泡和变形。

5.4.4 同一表面,既有产品接触面又有非产品接触面,按产品接触面要求。

5.5 设备连接

5.5.1 产品接触面上的连接处应保证平滑,不应有滞留产品的凹陷及死角,装配后易于清洗。

5.5.2 产品接触面上永久连接处应连续焊接,焊接紧密、牢固。焊口应平滑,无凹坑、气孔、夹渣等缺陷,经磨光、喷砂或抛光处理,其表面粗糙度 Ra 值不得大于 3.2 μm。

5.5.3 产品接触面上粘接的橡胶件、塑料件等应连续粘接,保证在正常工作条件下不脱落。

5.5.4 螺纹连接处应尽量避免螺纹表面外露。

5.6 外观质量

5.6.1 设备外观不应有图样规定以外的凸起、凹陷、粗糙和其他损伤等缺陷。

5.6.2 外露件与外露结合面的边缘应整齐,不应有明显的错位,其错位量应不大于表 1 规定;设备的门、盖与设备应贴合良好,其贴合缝隙值应不大于表 1 规定;电气、仪表等的柜、箱的组件和附件的门、盖周边与相关件的缝隙应均匀,其缝隙不均匀值应不大于表 1 的规定。

表 1 错位量及缝隙值

单位为毫米

结合面边缘及门、盖边长尺寸	≤500	>500~1 250	>1 250~3 150	>3 150
错位量	2	3	3.5	4.5
贴合缝隙值或缝隙不均匀值	1.5	2	2.5	—

5.6.3 装配后的沉孔螺钉应不突出于零件表面,也不应有明显的偏心;紧固螺栓尾端应突出于螺母端面,突出值一般为 0.2 倍~0.3 倍螺栓直径;外露轴端应突出于包容件的端面,突出值一般为倒棱值。

5.6.4 非防腐材料制成的手轮轮缘和操作手柄应有防锈层。

5.6.5 电气、气路、液压、润滑和冷却等管道外露部分应布置紧凑,排列整齐,必要时采取固定措施;管子不应出现扭曲、折叠等现象。

5.6.6 镀件、发蓝件和发黑件等的色调应均匀一致,保护层不应有脱落现象。

5.6.7 涂漆表面质量应符合 SB/T 228 的有关规定。

5.6.8 喷砂、拉丝、抛光等的表面应均匀一致。

5.7 轴承

5.7.1 任何与产品接触的轴承都应为非润滑型。

5.7.2 若润滑型轴承应穿过产品接触面时，该轴承应有可靠的密封装置并有防污措施以防止产品被污染。

5.7.3 当温升对使用性能和使用寿命有影响时，应有控制温升的定量指标；对主要轴承部位的稳定温度和温升应不超过表2规定。

表2 轴承温度温升控制值

轴承型式	稳定温度/℃	温升/℃
滑动轴承	≤70	≤35
滚动轴承	≤80	≤40

5.8 电气、液压、气动和润滑系统

5.8.1 电气系统应符合GB 5226.1的有关规定。

5.8.2 液压系统应符合GB/T 3766的有关规定，所选用的液压元件应符合GB/T 7935的有关规定。

5.8.3 气动系统应符合GB/T 7932的有关规定。

5.8.4 运动件润滑部位应润滑良好，油箱应设有油标，润滑系统应参照GB/T 6576的有关规定；润滑油可能与产品接触时，应采用食品级润滑油。

5.8.5 电器部分应无与带电部件直接或间接接触导致电击危险。

5.8.6 液压、气动、润滑系统或有关部位应无漏油、漏水（或渗透）和漏气等现象；机械密封应符合JB/T 4127.1、JB/T 4127.2、JB/T 4127.3的规定。

5.9 卫生

5.9.1 设备应易清洗消毒。设备的产品接触面可拆卸部分要确保易清洗检查，且便于移动；不可拆卸的部分应易清洗检查。

5.9.2 产品接触面应能满足所要求的卫生处理或消毒条件；对主要部件的主要部位的清洁度应有限量值，其限量值应确切、合理。

5.9.3 对工作时可能产生的有害气体、液体、油雾等，应有排除装置，并应符合国家环境保护的有关规定。

5.9.4 产品接触面上任何等于或小于135°的内角，应加工成圆角；圆角半径一般应不小于6.5 mm。

5.9.5 所有的设备、支持物和构架应防止积水、有害物和灰尘积聚，且便于清洁、检查、保养和维护。

5.10 安全

5.10.1 凡有可能对人身或设备造成伤害的部位应采取相应的安全措施。设备的外表面应光滑，无棱角、毛刺；对运动时有可能松脱的零部件应设有防松脱装置；紧急制动按钮应采用醒目的黄色，位置应明显，有足够的尺寸，并标记其复位方向。

5.10.2 设备的齿轮、皮带、链条、摩擦轮、运动刀刃等运动部件应按照GB/T 8196的规定设置防护装置，并设置安全标志或安全颜色。

5.10.3 压力系统应有显示压力、真空度、温度的各种仪表及防止超压、超温等的安全防护装置，并应符合有关标准的规定。

5.10.4 安装到设备上的电机、电热元件、显示仪表等均应符合相关国家标准规定的安全要求。

5.10.5 电器、设备应分别符合GB 4706.1、GB 5226.1的有关规定。

5.10.6 大型成套产品的工作平台、通道、楼梯、阶梯和护栏应符合GB 17888.2和GB 17888.3的有关

规定。

5.10.7 操纵件结构型式应先进合理，其技术要求应符合 JB/T 7277 的有关规定；经常使用的手轮、手柄的操纵力应均匀，其操纵力可参照表 3 的相应数值。

表 3 操纵力推荐值

操纵方式	操纵力/N			
	按钮	操纵杆	手轮	踏板
用手指	5	10	10	
用手掌	10	—	—	—
用手掌和手臂	—	60(150)	40(150)	
用双手	—	90(200)	60(250)	
用脚	—	—	—	120(200)
注：表中括号内数值适用于不常用的操纵杆。				

5.10.8 应具有标明转向、操纵、润滑、油位、安全等的标志或指示牌，标志或指示牌应醒目、清晰、持久。

5.11 成(配)套性

5.11.1 应配齐保证设备基本性能要求的附件和专用工具，附件和专用工具应附有合格证；对扩大使用性能的特殊附件应根据供需双方协议供应，一般应有随机供应的附件和专用工具的目录表及相应的标记。

5.11.2 成套设备(生产线)中各设备功能和生产能力应匹配，相互协调。

5.12 使用寿命及可靠性

5.12.1 设备的使用寿命或可靠性定量指标应符合国家对机械产品和设备的有关规定。在遵守使用规则的条件下，设备从开始工作到第一次大修的时间应合理；整机寿命应符合国家对机械产品和设备的有关规定。

5.12.2 对影响设备精度和性能的主要零部件的可靠性指标应确切、合理；对影响整机寿命的主要零部件应采取有效措施；对易磨损的重要件应采取耐磨措施。

5.12.3 设备运转应平稳，启动应灵活，动作应可靠。

5.13 节能降耗

设备应充分考虑节约能源和降低消耗，成套设备(生产线)应在满足工艺、卫生和安全的前提下做到节水、节电、减少排放。

5.14 噪声

运转时不应有不正常的响声，单台设备空载时的噪声声压级一般应不超过 85 dB(A)；或符合声功率级的有关规定。

5.15 使用信息

成套设备应编制操作和维护手册，操作和维护手册应包括以下内容：

a) 设备及辅助设备的安装指南；

b) 设备及电气的操作及维护说明；

c) 推荐使用的维护方法；

d) 安全使用要求；

e) 设备清扫、冲洗、消毒和检查的常规程序。

6 试验方法

6.1 试验前的要求

6.1.1 试验前应根据不同设备的特点，将设备安装调整好，一般应自然调平，或能保证正常工作的正确位置。

6.1.2 试验时应按整机进行，一般应不拆卸设备，但对运行性能、精度无影响的零部件可除外。

6.2 一般要求的检验

用定值或变值量具检验设备的型号和参数、造型和布局、结构与性能、设备表面、设备连接和外观质量。

6.3 空运转试验

6.3.1 试验时一般使设备主运动机构从最低速起，由低速到高速依次运转。在每级速度的运转时间应不少于 10 min；达到额定转速时，其最高速运转时间一般应不少于 1 h。

6.3.2 轴承达到稳定温度后，用点温计测轴承位置的温升和温度。

6.3.3 运动过程应符合以下试验要求：

a) 在规定速度下检验主运动的启动、停止(包括制动、反转和点动等)动作的灵活、可靠性；

b) 检验自动化机构(包括自动循环机构)的调整和动作的灵活可靠程度，指示或显示装置的准确性；

c) 检验有转位、定位机构的动作的灵活可靠程度；

d) 检验调整机构、指示和显示装置或其他附属装置的灵活可靠程度；

e) 检验操纵机构的可靠性；

f) 检验有刻度装置的反向空程量，应符合有关技术文件的规定；用测力计检验手柄等操纵件的操纵力。

6.3.4 当运转稳定后，用功率表测量主传动系统的空运转功率。

6.3.5 噪声声压级的测量可参照 GB/T 16769 规定的方法和仪器进行。在测量产品空载的噪声时应符合 5.14 的规定；噪声声功率级的测量，应根据噪声类别不同选用其测量方法，对于测量辐射稳态的、非稳态的宽带噪声或窄带噪声的声源，可按 GB/T 3767 的规定进行；对测量辐射宽带、窄带、离散频率等的稳态噪声的声源可按 GB/T 3768 的规定进行。

6.3.6 液压、气动、润滑等系统和机械密封的试验应根据产品的特点按 GB/T 3766、GB/T 7932、GB/T 6576、GB/T 14211 等的规定进行。

6.3.7 电器、设备安全性的试验应按照 GB 4706.1、GB 5226.1 的规定进行。

6.4 负荷试验

检验设备在最大负荷条件下运转是否正常，有关性能是否可靠。试验时应根据设备的特点，考核其在最大负荷下运转是否平稳，性能是否可靠，刚度是否良好；高速时是否产生冲击、振动，低速时是否异常；各运动中是否产生不均匀现象等。

6.5 精度检验

按照设备标准要求检验其精度。凡温度变化有影响的精度项目,在负荷试验前后均应检验其精度,对不要求做负荷试验的设备,应在空运转试验后进行。记入检测报告或合格证中的数据应是最后一次精度检验的结果。

6.6 振动试验

对某些转动零件的静、动平衡试验及某些转动部位或整机的振动试验应根据有关标准规定进行。

6.7 刚度试验

对需要进行静、动刚度试验的设备应按有关标准进行。

6.8 使用性能试验

6.8.1 检验在不同的生产能力下,加工不同规格产品的工作质量。

6.8.2 在规定的生产能力和质量条件下,检验所有联动机构和有关电气、液压、气动、润滑等系统及安全卫生防护的可靠性。

6.8.3 设备在各种可能条件下的使用性能试验,当不可能在制造厂进行时,允许在用户厂进行抽检。

6.9 压力试验

设备进行压力试验时应根据有关规定进行。

6.10 使用寿命及可靠性试验

可靠性试验应按标准规定进行。使用寿命试验必要时也可在用户厂进行。

7 检验规则

7.1 出厂检验

7.1.1 每台设备应经制造厂检验合格,并附有合格证明书或合格证后方能出厂。在特殊情况下,按制造厂与用户协议书规定也可在用户厂进行。

7.1.2 出厂检验一般包括 5.4、5.5、5.6、5.11.1、5.12.3 和 6.3 的内容。

7.2 型式检验

7.2.1 当有下列情况之一时,应进行型式检验。

7.2.1.1 新设备试制、定型鉴定时。

7.2.1.2 结构、材料、工艺有较大改变,可能影响设备性能时。

7.2.1.3 需要对设备质量全面考核评审时。

7.2.1.4 在正常生产的条件下,设备积累到一定产量(数量)时,应周期性进行检验。

7.2.1.5 国家质量监督机构提出型式检验的要求时。

7.2.2 型式检验一般包括下列内容:

7.2.2.1 一般要求的检验。

7.2.2.2 成(配)套性(附件和专用工具)。

7.2.2.3 空运转试验。

7.2.2.4 负荷试验。

7.2.2.5 精度检验。

7.2.2.6 使用性能试验。

7.2.2.7 使用寿命及可靠性试验。

7.2.2.8 卫生、安全检验。

7.2.2.9 其他。

7.3 抽样方法

7.3.1 应根据设备的生产批量大小及复杂程度确定样本的大小，抽样的设备应能真实地反映出企业在一段时期内设备质量的实际水平。一般成品检验的样本，可在生产厂检验合格入库(或用户)的产品中随机抽取1台，特殊情况下也可抽取2台。抽2台时，一台作为检验的主要考核样本，另一台可作为某一项检验有争议时的待检台。对大批量小型设备也可参照GB/T 2828.1等抽样方法。

7.3.2 生产过程质量检验的样本，可由检验合格入库的零部件中随机抽取，特殊情况下也可从整机中拆检。

7.4 判定方法

7.4.1 型式检验中若有不合格项目，则加倍抽取该设备对不合格项进行检验，若仍有不合格则判定该批次型式检验不合格。

7.4.2 用户对设备有特殊要求时，可按协议制造和检验。

8 标牌

8.1 在设备适当而明显的位置应固定设备标牌，标牌的型式、尺寸和技术要求应符合GB/T 13306的有关规定。

8.2 设备标牌应包括下列基本内容：

- a) 制造商名称、地址；
- b) 设备名称、型号及商标；
- c) 主要参数(或其他技术特性)；
- d) 制造日期或出厂日期。

9 包装、运输

9.1 包装应符合GB/T 13384的有关规定。

9.2 包装标志应符合GB/T 191的有关规定。

9.3 随机文件应齐全，包括合格证明书或合格证、使用说明书或设备操作和维护手册及装箱单，文件内容应确切。

9.4 包装后的设备在运输过程中应符合铁路、陆路、水路等交通部门的有关规定。对特殊要求的设备，应规定其运输要求。

10 贮存

10.1 设备应贮存在干燥、通风的场所。若露天存放时，应有防雨雪淋、日晒和积水的措施。

10.2 设备应平稳存放，不得与有毒、有害、有腐蚀的物品存放在一起。

10.3 设备贮存期间应定期检查防锈情况，在规定的贮存期内，不得发生锈蚀现象。

ICS 65.150
B 52

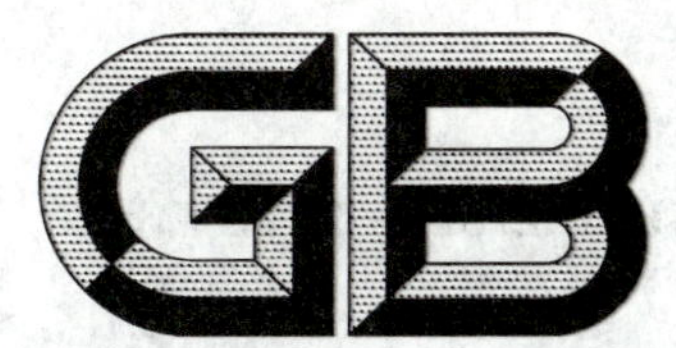

中华人民共和国国家标准

GB/T 27520—2011

2011-11-21 发布　　2012-03-01 实施

中华人民共和国国家质量监督检验检疫总局
中国国家标准化管理委员会　发布

前　言

本标准按照 GB/T 1.1—2009 给出的规则起草。

本标准由农业部提出。

本标准由全国水产标准化技术委员会淡水养殖分技术委员会(SAC/TC 156/SC 1)归口。

本标准起草单位:江苏中洋集团股份有限公司、上海海洋大学。

本标准主要起草人:钱晓明、李家乐、赵金良、秦桂祥、卢玉平、郭正龙。

暗纹东方鲀

1 范围

本标准给出了暗纹东方鲀(*Takifugu fasciatus*)的主要形态结构特征、生长与繁殖、生化遗传特性和检测方法。

本标准适用于暗纹东方鲀的种质检测与鉴定。

2 规范性引用文件

下列文件对于本文件的应用是必不可少的。凡是注日期的引用文件,仅注日期的版本适用于本文件。凡是不注日期的引用文件,其最新版本(包括所有的修改单)适用于本文件。

GB/T 18654.1 养殖鱼类种质检验 第1部分:检验规则

GB/T 18654.2 养殖鱼类种质检验 第2部分:抽样方法

GB/T 18654.3 养殖鱼类种质检验 第3部分:性状测定

GB/T 18654.12 养殖鱼类种质检验 第12部分:染色体组型分析

3 名称与分类

3.1 学名

暗纹东方鲀 *Takifugu fasciatus* (McClland,1844)。

3.2 分类地位

鲀形目(Tetraodontiformes),鲀科(Tetraodontidae),东方鲀属(*Takifugu*)。

4 主要形态结构特征

4.1 外形特征

4.1.1 形态

体呈亚圆筒形,前端钝圆,向后渐狭小,尾柄略为侧扁。胸鳍宽短,无腹鳍,背鳍后位,与臀鳍相对,同形,尾鳍后缘稍圆形。口小,端位。体棕褐色,体侧下方具淡黄色带,腹面白色。体色和条纹随体长不同而有变异。背部具不明显暗褐色横纹4条~6条,横纹之间具白色狭纹3条~5条。胸鳍后上方体侧处具1圆形黑色大斑,边缘白色。背鳍基部具1长圆形黑色大斑。胸鳍基底外侧和里侧常各具1黑斑。胸鳍、背鳍、臀鳍黄棕色,尾鳍后端灰褐色。头部及体背、腹面均被小刺,背刺区与腹刺区在眼后部相连。吻侧、鳃孔后部体侧及尾柄光滑无刺。暗纹东方鲀的外形见图1。

图 1　暗纹东方鲀外形

4.2　可数性状

4.2.1　背鳍鳍式：D. 15～18。

4.2.2　臀鳍鳍式：A. 13～16。

4.2.3　胸鳍鳍式：P. 16～18。

4.3　可量性状

暗纹东方鲀可量性状比例值见表 1。

表 1　暗纹东方鲀可量性状比例值

体长/体高	体长/头长	头长/吻长	头长/眼径	头长/眼间距	尾柄长/尾柄高
3.5～3.7	3.2～3.8	2.9～3.1	6.7～7.8	1.5～2.0	1.5～1.7

4.4　内部特征

4.4.1　齿

颌与齿愈合，上、下各 1 对板状齿。

4.4.2　脊椎骨

脊椎骨数目为：21 块～24 块。

5　生长与繁殖

5.1　生长

体长与体重关系参见附录 A。

5.2　繁殖

5.2.1　性成熟年龄

雌鱼性成熟年龄 3 龄～4 龄，雄鱼性成熟年龄 2 龄～3 龄。

5.2.2 产卵特点

暗纹东方鲀为一次产卵型鱼类。绝对怀卵量 1.0×10^5 粒～5.0×10^5 粒。长江中下游地区产卵期在 4 月上旬至 6 月下旬,5 月为盛期。

5.2.3 卵子特征

粘性卵,淡黄色,半透明,圆球形,卵径 0.9 mm～1.1 mm,卵膜厚,有弹性,具油球,附着在基质上。

6 遗传学特性

6.1 细胞遗传学特性

体细胞染色体数为:$2n=44$。核型公式:10 m+6 sm+8 st+20 t。染色体组型见图 2。

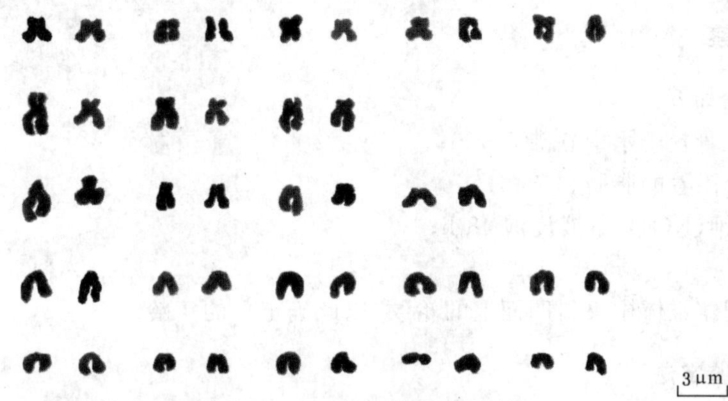

图 2 暗纹东方鲀染色体组型

6.2 生化遗传学特性

肌肉组织乳酸脱氢酶(LDH)同工酶电泳图谱见图 3。

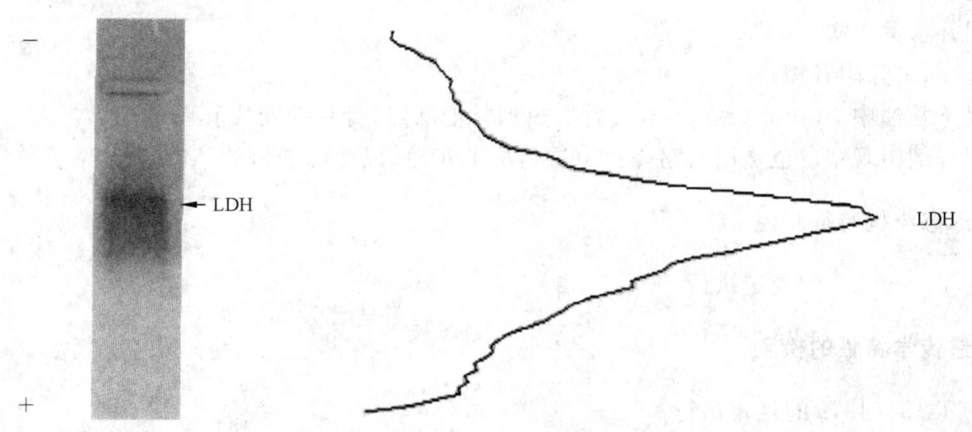

图 3 暗纹东方鲀肌肉乳酸脱氢酶(LDH)同工酶电泳图谱及扫描图

7 检测方法

7.1 抽样方法

按 GB/T 18654.2 的规定执行。

7.2 年龄的鉴定

采用脊椎骨年龄鉴定法和鳃盖骨年龄鉴定法。

7.2.1 脊椎骨年龄鉴定法

7.2.1.1 取材

取靠近头部的脊椎骨 5 块左右。

7.2.1.2 处理与观察

处理与观察步骤如下：

a) 将去肉脊椎骨置于水中煮沸 5 min；
b) 剔弃脊椎骨附着的脂肪和杂物；
c) 3%氢氧化钾(KOH)溶液浸泡 48 h；
d) 水洗烘干；
e) 用解剖镜观察锥体中央斜凹面上的轮纹，以此确定鱼的年龄。

7.2.2 鳃盖骨年龄鉴定法

7.2.2.1 取材

取出新鲜鱼体。

7.2.2.2 处理与观察

处理与观察步骤如下：

a) 用开水烫 1 次～2 次；
b) 洗净、去除附着物；
c) 浸于甘油中 10 min～15 min，然后加热到甘油沸点，骨片即变成乳白色；
d) 用解剖镜观察白色宽层与暗黑色窄层组成的年轮，以此确定鱼的年龄。

7.3 主要形态结构特征测定

按 GB/T 18654.3 的规定执行。

7.4 细胞遗传学特性的检测

按 GB/T 18654.12 的规定执行。

7.5 生化遗传学特性的检测

7.5.1 样品的采集与制备

取活体暗纹东方鲀背部肌肉 1 g，用 0.7%生理盐水清洗，加入 3%的辅酶Ⅰ(NAD)溶液 3 mL，置匀浆器中匀浆，将匀浆液于 4 ℃、12 000 r/min 离心 30 min，取上清液，重复以上离心过程至上清液澄清。

7.5.2 聚丙烯酰胺凝胶制备

将混匀的 4％聚丙烯酰胺凝胶配方溶液，立即灌注到凝胶模具中，聚合反应结束后，取出凝胶，放在保湿盒内备用。4％聚丙烯酰胺凝胶配方溶液及其制备见附录 B 中的 B.1。

7.5.3 电泳分离

电极缓冲液为 TC 电极缓冲液，配制方法见附录 B 中的 B.2。

预电泳：将预先制备的聚丙烯酰胺凝胶放在冷却板上，在 50 mA 电流下，电泳 30 min。

前电泳：预电泳结束后，用微量加样器在凝胶的点样槽中加入 8 μL 的样品，在 25 mA 电流下，电泳 10 min。

正式电泳：在电压 275 V 下连续电泳 2 h。

7.5.4 染色

电泳结束后，取出聚丙烯酰胺凝胶，放入预先配好并在 37 ℃恒温箱中保温的染色液中染色。乳酸脱氢酶(LDH)同工酶的染色液配制见附录 B 中的 B.3。

8 检验规则与结果判定

按 GB/T 18654.1 的规定执行。

附 录 A
（资料性附录）
养殖暗纹东方鲀体长与体重关系

体长与体重关系见式(A.1)：

$$W = 0.0436L^{2.9516} (R^2 = 0.9456) \quad \cdots\cdots (A.1)$$

式中：

W ——鱼体体重，单位为克(g)；

L ——鱼体体长，单位为厘米(cm)。

附　录　B
（规范性附录）
乳酸脱氢酶(LDH)同工酶电泳分析溶液制备

B.1　聚丙烯酰胺凝胶

B.1.1　各种凝胶溶液配方

各种凝胶溶液配方见表B.1。

表B.1　各种凝胶溶液配方

溶液名称	配制方法
TC制胶缓冲液	三羟甲基氨基甲烷(Tris)3.028 5 g,用柠檬酸(citric acid)调至pH 8.0,蒸馏水定容至1 L
Arc. Bis液	丙烯酰胺(Arc)98 g,N′,N′-亚甲基双丙烯酰胺(Bis)2 g,用蒸馏水溶解并定容到500 mL
25% TEMED	四甲基乙二胺(TEMED)25 mL,加入75 mL蒸馏水
10% APS	过硫酸胺(APS)0.1 g,溶解于1 mL蒸馏水中

B.1.2　4%聚丙烯酰胺凝胶配方

4%聚丙烯酰胺凝胶配方见表B.2。

表B.2　4%聚丙烯酰胺凝胶配方

溶液名称	溶液量 mL
TC制胶缓冲液	14.7
Arc. Bis液	13.2
25% TEMED	0.3
10% APS	0.6
蒸馏水	37.5

B.2　电极缓冲液

电极缓冲液配方见表B.3。

表B.3　电极缓冲液配方

溶液名称	配制方法
TC电极缓冲液	三羟甲基氨基甲烷(Tris)48.65 g,用柠檬酸(citric acid)调pH至8.0,蒸馏水稀释至10 L

B.3 乳酸脱氢酶(LDH)同工酶染色液

B.3.1 各种溶液配方

各种溶液配方见表B.4。

表B.4 各种溶液配方

溶液名称	配制方法
1.5 mol/L Tris-HCl染色缓冲液(pH=9.5)	三羟甲基氨基甲烷(Tris)181.71 g,用盐酸(HCl)调至pH 9.5,蒸馏水定容至1 L
10%氯化硝基四氮唑蓝(NBT)	氯化硝基四氮唑蓝(NBT)250 mg,加入250 mL蒸馏水
1 mol/L乳酸钠	乳酸(Lactic acid)56.3 mL,用氢氧化钠(NaOH)调至pH 7.0,蒸馏水定容到500 mL

B.3.2 乳酸脱氢酶(LDH)同工酶染色液配方

乳酸脱氢酶(LDH)同工酶染色液制备见表B.5。

表B.5 乳酸脱氢酶(LDH)同工酶的染色液配方

溶液名称	溶液量
1.5 moL/L Tris-HCl染色缓冲液(pH=9.5)	15 mL
10%氯化硝基四氮唑蓝(NBT)	30 mL
1 mol/L乳酸钠	10 mL
蒸馏水(H_2O)	95 mL
辅酶Ⅰ(NAD)	30 mg
吩嗪甲酯硫酸盐(PMS)	10.5 mg

ICS 11.220
B 41

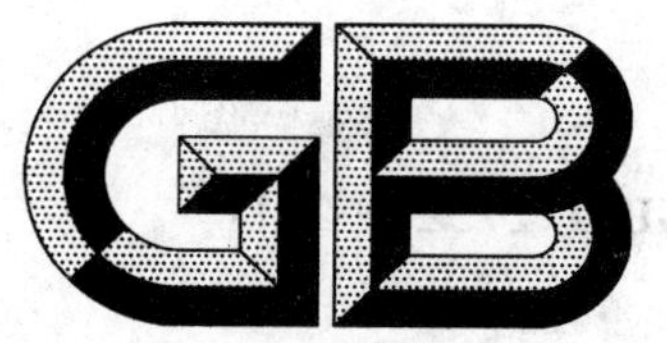

中华人民共和国国家标准

GB/T 27521—2011

猪流感病毒核酸 RT-PCR 检测方法

RT-PCR assay for swine influenza virus nucleic acid

2011-11-21 发布　　　　2012-03-01 实施

中华人民共和国国家质量监督检验检疫总局
中国国家标准化管理委员会　发布

前　言

本标准按照GB/T 1.1—2009给出的规则起草。

本标准由中华人民共和国农业部提出。

本标准由全国动物防疫标准化技术委员会(SAC/TC 181)归口。

本标准起草单位:中国农业科学院哈尔滨兽医研究所,中国检验检疫科学研究院,中国兽医药品监察所。

本标准主要起草人:乔传玲、韩雪清、杨焕良、刘业兵、陈艳、吴绍强、陈化兰、林祥梅、辛晓光、朱中武、王慧煜、刘建、李建、梅琳、王伊琴、徐彪、阮周曦、宁宜宝、薄清如、秦智锋、林志雄。

猪流感病毒核酸 RT-PCR 检测方法

1 范围

本标准规定了猪流感病毒核酸 RT-PCR 检测方法的技术要求。

本标准规定的 RT-PCR 检测方法适用于检测猪肺脏组织、鼻腔及气管分泌物和这些采集样品培养物中的猪流感病毒核酸。

2 缩略语

下列缩略语适用于本文件。

DEPC:焦碳酸二乙酯(diethypyrocarbonate)

dNTP:脱氧核苷酸三磷酸(deoxy-ribonucleoside triphosphate)

EB:溴化乙锭(ethidium bromide)

M-MLV RT:莫洛尼氏鼠白血病病毒反转录酶(moloney murine leukemia virus reverse transcriptase)

PCR:聚合酶链式反应(polymerase chain reaction)

RNA:核糖核酸(ribonucleic acid)

RNAase inhibitor:RNA 酶抑制剂

RT-PCR:反转录-聚合酶链式反应(reverse-transcription polymerase chain reaction)

SPF:无特定病原体(specific pathogen free)

Taq DNA polymerase:*Taq* DNA 聚合酶

3 仪器

3.1 PCR 仪。

3.2 台式低温高速离心机。

3.3 电泳仪。

3.4 电泳槽。

3.5 冰箱。

3.6 凝胶成像系统。

3.7 微量移液器。

3.8 水浴锅。

4 试剂

4.1 LS TRIzol RNA 提取试剂或其他商品化的 RNA 提取试剂。

4.2 氯仿、异丙醇、无水乙醇。

4.3 1.2%琼脂糖凝胶,见附录 A 中 A.1。

4.4 50×TAE 缓冲液,见附录 A 中 A.2。

4.5 溴化乙锭(EB,10 μg/μL)或核酸染料,见附录 A 中 A.3。

4.6 焦碳酸二乙酯(DEPC)处理的灭菌双蒸水,见附录 A 中 A.4。

4.7 DNA 分子量标准(100 bp)。

4.8 M-MLV 反转录酶。

4.9 RNA 酶抑制剂。

4.10 *Taq* DNA 聚合酶。

4.11 dNTP。

4.12 商品化的一步法 RT-PCR 反应试剂。含有 RT-PCR 缓冲液,酶混合物,dNTP 混合物,无 RNA 酶的水等。

5 引物

5.1 反转录引物见附录 B 中 B.1。引物浓度为 20 pmol/μL。

5.2 PCR 引物见附录 B 中 B.2。引物浓度均为 20 pmol/μL。

6 样品对照

以灭活的猪流感病毒感染 SPF 鸡胚尿囊液或者感染动物的组织作为阳性对照,以正常 SPF 鸡胚尿囊液或者正常动物组织作为阴性对照。

7 操作步骤

7.1 样品的采集及处理

7.1.1 采样工具

下列采样工具应经 121 ℃±2 ℃,15 min 高压灭菌并烘干:

a) 棉拭子;

b) 剪刀;

c) 镊子;

d) 1.5 mL 离心管;

e) 研钵。

7.1.2 活猪

取鼻拭子。采集方法如下:将棉拭子深入鼻腔旋转,取鼻腔分泌液;将采样后的拭子分别放入盛有 1.0 mL PBS(见附录 A 中 A.5)的 1.5 mL 离心管中,加盖、编号。

7.1.3 病死猪

取肺脏或气管分泌物等。采集方法如下:用无菌镊子和剪刀采集肺脏等,装入一次性塑料袋或其他灭菌容器,编号。

7.1.4 样品贮运

样品采集后,放入密闭的塑料袋内(一个采样点的样品放一个塑料袋),于保温箱中加冰、密封,24 h 内送实验室。

7.1.5 样品处理

7.1.5.1 棉拭子处理方法

样品在混合器上充分混合后，用高压灭菌镊子将拭子中的液体挤出，弃去拭子，室温静置 30 min，4 ℃、3 000 r/min 离心 15 min，取上清液转入无菌的 1.5 mL 离心管中，编号备用。

7.1.5.2 脏器处理方法

将所采组织病料置于洁净、灭菌并烘干的研磨器中，按质量体积比(1∶1)加入样品保存液进行充分研磨；4 ℃、3 000 r/min 离心 15 min，取上清液转入无菌的 1.5 mL 离心管中，编号备用。

7.2 RNA 的提取

7.2.1 用 LS TRIzol 试剂提取待检样品、阳性对照及阴性对照样品的 RNA。
7.2.2 250 μL 样品处理液和 750 μL LS TRIzol 置入一个 1.5 mL 离心管，振荡数次，静置 5 min。
7.2.3 加 200 μL 氯仿，振荡混匀，室温放置 5 min，4 ℃ 12 000 r/min，离心 15 min。
7.2.4 吸取上层水相至一新离心管中，加入等量异丙醇，混匀，室温放置 15 min，4 ℃、12 000 r/min 离心 15 min，离心后在离心管边和底部可见有胶样 RNA 沉淀(对于细胞毒而言，可能看不到沉淀)。弃上清。
7.2.5 小心吸弃上清，加入 500 μL 75%乙醇(DEPC 水配置)，小心颠倒以漂洗沉淀及管壁，4 ℃、12 000 r/min，离心 5 min。
7.2.6 小心吸弃上清，沉淀置室温条件下干燥后，加适量 DEPC 水溶解。
7.2.7 提取的 RNA 须在 2 h 内进行 RT-PCR 扩增，若需长期保存，须放置－70 ℃冰箱保存。
7.2.8 也可采用商品化的基因组 RNA 提取试剂，按照说明书进行操作。同时进行阴、阳性对照样品 RNA 的提取。

7.3 RT-PCR

7.3.1 一步法反应操作步骤(如实验室有商品化的一步法 RT-PCR 反应试剂采用此操作步骤)

7.3.1.1 在 0.2 mL 反应管中依次加入：

一步法 RT-PCR 缓冲液	10 μL
dNTP(10 mmol/L)	2.0 μL
酶混合物	2.0 μL
RNA 酶抑制剂	0.5 μL
上游引物	0.5 mL
下游引物	0.5 μL
RNA 模板	5 μL
DEPC 水	29.5 μL

上述体系根据扩增目的片段不同，分别选择相应的 M、H1HA、甲 H1HA、H3HA、N1NA 及 N2NA 单个基因的上/下游引物进行反应。
7.3.1.2 采用 PCR 仪立即进行 RT-PCR 扩增。检测同时设立阴、阳性对照。
7.3.1.3 RT-PCR 反应条件为：48 ℃ 45 min；94 ℃ 2 min；然后 94 ℃ 30 s，50 ℃ 1 min，68 ℃ 2 min，共 40 个循环；最后 68 ℃延伸 7 min。

7.3.2 两步法反应操作步骤(如实验室没有商品化的一步法 RT-PCR 反应试剂采用此操作步骤)

7.3.2.1 RT 取 5 μL RNA，加 1 μL 反转录引物(Uni12)，70 ℃水浴 5 min。

7.3.2.2 冰浴 2 min，继续加入：

5×反转录反应缓冲液	4 μL
0.1 mol/L DTT	2 μL
2.5 mmol/L dNTPs	2 μL
M-MLV 反转录酶	0.5 μL
RNA 酶抑制剂	0.5 μL
DEPC 水	5 μL

7.3.2.3 37 ℃水浴 1 h，合成 cDNA。取出直接进行 PCR 或置−20 ℃保存。

7.3.2.4 根据扩增目的片段不同，选择相应的上/下游引物进行扩增。

PCR 体系包括：

双蒸灭菌水	37.5 μL
反转录产物	4 μL
上游引物	0.5 μL
下游引物	0.5 μL
10×PCR Buffer	5 μL
2.5 mmol/L dNTPs	2 μL
Taq 酶	0.5 μL

首先加入双蒸灭菌水，然后再按照顺序逐一加入上述成分，每一次要加入到液面下。全部加完后，混匀，瞬时离心，使液体都沉降到 PCR 管底。

7.3.2.5 PCR 反应条件为：95 ℃预变性 5 min；94 ℃变性 45 s，50 ℃退火 45 s，72 ℃延伸 45 s，循环 30 次；72 ℃延伸 6 min。

8 扩增产物的电泳检测

制备 1.2%琼脂糖凝胶板，见附录 A 中 A.1。在电泳槽中加入 1×TAE 电泳缓冲液，使液面刚刚没过凝胶。取 3 μL～5 μL 扩增产物分别和适量加样缓冲液混合后，加到凝胶孔。加入分子量标准。恒压(110 V)下电泳 30 min～40 min，将电泳好的凝胶放到凝胶成像系统上观察结果。

9 试验成立的条件

阳性对照的扩增产物经电泳检测，在预期大小的条带位置均出现特异性条带，阴性对照的扩增产物经电泳检测均没有预期大小的目的条带。阴、阳性对照同时成立则表明试验有效，否则试验无效。

10 结果判定

10.1 阳性判定

应用引物 M-684U/M-684L、H1-668U/H1-668L、甲-428U/甲-428L、H3-668U/H3-668L、N1-615U/N1-615L、N2-246U/N2-246L，按照各基因检测体系对样品进行检测，扩增产物如果在 684 bp、668 bp、428 bp、668 bp、615 bp、246 bp 位置出现特异性条带，则判定为猪流感病毒或相应亚型病毒核酸阳性。

10.2 阴性判定

如果在所用引物预期扩增片段的位置均未出现特异性条带，则判定为猪流感病毒核酸阴性。

附 录 A
(规范性附录)
相关试剂的配制

A.1 1.2%琼脂糖凝胶

琼脂糖	1.2 g
1×TAE 电泳缓冲液	加至 100 mL

放入 100 mL TAE 电泳缓冲液(1×)中,加热融化。温度降至 60 ℃左右时,加入 5 μL 核酸染料,均匀铺板,厚度为 3 mm~5 mm。

A.2 50×TAE 电泳缓冲液

A.2.1 0.5 mol/L 乙二铵四乙酸二钠(EDTA)溶液(pH8.0)

二水乙二铵四乙酸二钠	18.61 g
灭菌双蒸水	80 mL
氢氧化钠	调 pH 至 8.0
灭菌双蒸水	加至 100 mL

A.2.2 TAE 电泳缓冲液(50×)

羟基甲基氨基甲烷(Tris)	242 g
冰乙酸	57.1 mL
0.5 mol/L 乙二铵四乙酸二钠溶液(pH8.0)	100 mL
灭菌双蒸水	加至 1 000 mL

用时用灭菌双蒸水稀释使用。

A.3 溴化乙锭(EB)溶液

溴化乙锭	20 mg
灭菌双蒸水	加至 20 mL

A.4 DEPC 水

灭菌双蒸水	100 mL
焦碳酸二乙酯(DEPC)	50 μL

室温过夜,121 ℃高压灭菌 15 min,分装到 1.5 mL DEPC 处理过的离心管。

A.5 PBS 缓冲液

A.5.1 A 液

0.2 mol/L 磷酸二氢钠水溶液。

$NaH_2PO_4 \cdot H_2O$ 27.6 g，溶于灭菌双蒸水中，定容至 1 000 mL。

A.5.2 B 液

0.2 mol/L 磷酸二氢钠水溶液。

$Na_2HPO_4 \cdot 7H_2O$ 53.6 g（或 $Na_2HPO_4 \cdot 12H_2O$ 71.6 g 或 $Na_2HPO_4 \cdot 2H_2O$ 35.6 g），溶于灭菌双蒸水中，定容至 1 000 mL。

A.5.3 0.01 mol/L、pH7.2 磷酸盐缓冲液的配制

0.2 mol/L A 液	14 mL
0.2 mol/L B 液	36 mL
NaCl	8.5 g

加灭菌双蒸水定容至 1 000 mL。

附　录　B
（规范性附录）
引　　物

B.1　反转录引物

Uni 12：5′-AGCAAAAGCAGG-3′。

B.2　PCR 引物

引物名称	引物序列（5′～3′）	长度（bp）	扩增目的片段
M-684U	CAAGACCAATCCTGTCACCTC	684	猪流感病毒 M 基因
M-684L	AAGACGATCAAGAATCCACAA		
H1-668U	AGCAAAAGCAGGGGAAAATAA	668	猪流感病毒 H1 亚型 HA 基因
H1-668L	TGCATTCTGGTAGAGACTTTG		
甲-428U	CAGCAAATCCTACAGGAATG	428	猪甲型 H1N1 流感病毒 HA 基因
甲-428L	GAGATGTTCCAAGTCTGATC		
H3-668U	TGTTACCCTTATGATGTGCC	668	猪流感病毒 H3 亚型 HA 基因
H3-668L	CCCTGTTGCCAATTTCAGAG		
N1-615U	TTGCTTGGTCRGCAAGTGC	615	猪流感病毒 N1 亚型 NA 基因
N1-615L	YCWGTCCAYCCATTWGGATCC		
N2-246U	CAGTAGTAATGACTGATGG	246	猪流感病毒 N2 亚型 NA 基因
N2-246L	CCTGAGCACACATAACTGGA		

ICS 65.020.30
B 40

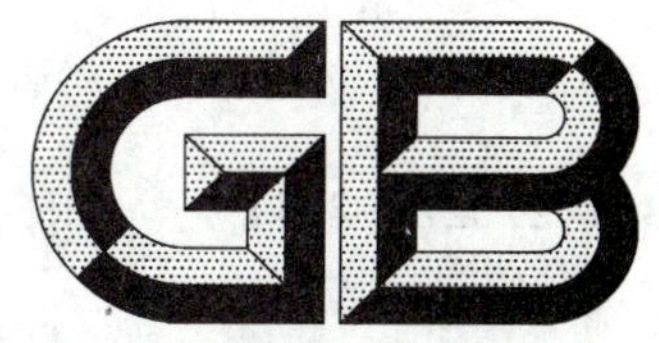

中华人民共和国国家标准

GB/T 27522—2011

蓄禽养殖污水采样技术规范

Technical specifications for waste water sampling of livestock and poultry farm

2011-11-21 发布　　　　2012-03-01 实施

中华人民共和国国家质量监督检验检疫总局
中国国家标准化管理委员会　发布

前　言

本标准的附录 A 和附录 B 为规范性附录。

本标准由中华人民共和国农业部提出。

本标准由全国畜牧业标准化技术委员会(SAC/TC 274)归口。

本标准起草单位:中国农业科学院农业环境与可持续发展研究所、农业部畜牧环境设施设备质量监督检验测试中心(北京)。

本标准主要起草人:董红敏、陶秀萍、黄宏坤、朱志平、陈永杏、尚斌。

畜禽养殖污水采样技术规范

1 范围

本标准规定了畜禽养殖污水采样布点、样品采集、样品运输和样品保存。

本标准适用于畜禽养殖场和养殖小区生产过程中污水的监测。

2 规范性引用文件

下列文件中的条款通过本标准的引用而成为本标准的条款。凡是注日期的引用文件，其随后所有的修改单(不包括勘误的内容)或修订版均不适用于本标准，然而，鼓励根据本标准达成协议的各方研究是否可使用这些文件的最新版本。凡是不注日期的引用文件，其最新版本适用于本标准。

HJ/T 91 地表水和污水监测技术规范

HJ 493 水质 样品的保存和管理技术规定

HJ 494 水质 采样技术指导

3 术语和定义

下列术语和定义适用于本标准。

3.1

畜禽养殖污水 waste water from livestock and poultry farm

畜禽养殖生产过程中产生的污水，包括尿液、冲洗水以及其他管理环节所产生的污水。

3.2

瞬时水样 grab sample

从水中不连续地随机(就时间和断面而言)采集的单一样品，一般在一定的时间和地点随机采取。

3.3

流量比例采样 proportional sampling

从流动水中采样的一种方法，即在某一时段内，在同一采样点依据污水流量确定采样量。

3.4

混合样 composite sample

同一采样点同一采样时段内两个或更多的样品混合制成的样品。

4 采样过程

4.1 采样准备

4.1.1 工具

采样器(1 L)、样品瓶、样品混合桶(20 L)、预处理桶(5 L)、保温样品箱等。

4.1.2 文具

现场记录表格、样品标签、记号笔、签字笔、卷尺等物品。

4.1.3 器具

便携式 pH 计(1±0.1)～(14±0.1)、温度计(0±0.1)℃～(40±0.1)℃、玻璃棒、手电等。

4.1.4 试剂试纸

分析纯浓硫酸，pH 试纸(1～14)。

4.1.5 安全防护用品

手套、口罩和药品箱等。

4.2 采样布点

4.2.1 有污水处理设施

采样点布设在污水处理设施之前和处理设施最后一级的出水口。

4.2.2 无污水处理设施

采样点布设在污水总排放口。

4.3 采样时间和频率

根据养殖场污水排放规律安排采样时间，每次连续采样 3 d。

4.4 采样

4.4.1 采样位置

在采样点垂直水面下 5 cm～30 cm 处。

4.4.2 污水样品采集

4.4.2.1 采集量水槽或调节池污水样品时，应在对角线上选择不少于 3 个位置进行采样，搅拌均匀后采集瞬时水样，将多点污水样品混合制成混合样。

4.4.2.2 采集排水渠或排水管污水样品时宜采用流量比例采样，将同一采样点采集的污水样品混合制成混合样。

4.4.2.3 采样时，除大肠菌群、蛔虫卵、生化需氧量等有特殊要求的项目外，要先用采样水荡洗采样器与水样容器 2 次～3 次，然后再将水样采入容器中，并按 HJ 493 的要求立即加入相应的固定剂，贴好标签。

4.4.2.4 检测单一项目的采样量按 HJ/T 91 规定执行，检测多个项目的污水样品量应增加；每个样品至少有一个平行样。

4.4.2.5 现场测定：将 pH 计及温度计浸入排水渠或调节池水面以下 5 cm，读数稳定后记录 pH 值和温度。

4.5 采样记录和标识

4.5.1 现场填写《畜禽养殖污水采样记录表》(见附录 A)和样品标签(见附录 B)，填写完毕后将样品标签贴在对应的样品包装上，防止脱落。

4.5.2 采样记录应使用签字笔填写。需要改正时，在错误数据中间划一横线，在其上方写上正确数据，在修改数据附近签名。

4.5.3 记录数据要采用法定计量单位，其有效数字位数应根据计量器具的精度及分析仪器的刻度值确定，不得随意增添或删减。

4.5.4 采样结束后在现场逐项逐个检查，包括粪便收集量记录表、粪便采样记录表、样品标签、粪便样品等，如有缺项、漏项和错误处，及时补齐和修正后再撤离采样现场。采样记录表应有页码编号，内容齐全，填写翔实，字迹清楚，数据准确，保存完整。不应有缺页和撕页，更不应丢失。

4.5.5 粪便采样记录表在样品送达检测实验室前应始终与样品存放在一起。送样人员与接样人员确认样品完好无误后签字确认，保证样品安全送达检测实验室。

5 样品的运输

5.1 样品在运输前应逐一核对采样记录和样品标签，分类装箱，还要防止新的污染物进入容器和玷污瓶口污染水样。

5.2 为防止样品在运输过程发生变化，应对样品低温保存。

5.3 包装箱和包装的盖子按 HJ 494 中相关要求执行。

6 样品的保存

污水样品应尽快送至检测实验室分析化验。污水样品保存条件按 HJ 493 规定执行。

附 录 A
（规范性附录）
畜禽养殖污水采样记录表

畜禽养殖污水采样记录表内容和格式见表 A.1。

表 A.1 畜禽养殖污水采样记录表

共　　页 第　　页

<table>
<tr><td>畜禽场(区)名称</td><td colspan="8"></td></tr>
<tr><td>畜禽场(区)地址</td><td colspan="8">省(市、自治区)　　县(市、区)　　乡(镇)</td></tr>
<tr><td>动物种类</td><td colspan="4"></td><td colspan="2">饲养类型</td><td colspan="2"></td></tr>
<tr><td rowspan="2">感官描述</td><td colspan="2">颜色</td><td colspan="2">气味</td><td colspan="2">浑浊程度</td><td colspan="2">其他</td></tr>
<tr><td colspan="2"></td><td colspan="2"></td><td colspan="2"></td><td colspan="2"></td></tr>
<tr><td rowspan="2">样品编号</td><td rowspan="2">采样位置</td><td rowspan="2">采样日期</td><td rowspan="2">采样时间</td><td rowspan="2">现场预处理</td><td colspan="2">现场测定记录</td><td rowspan="2">天气</td><td rowspan="2">备注</td></tr>
<tr><td>水温(℃)</td><td>pH 值</td></tr>
<tr><td></td><td></td><td></td><td></td><td></td><td></td><td></td><td></td><td></td></tr>
<tr><td></td><td></td><td></td><td></td><td></td><td></td><td></td><td></td><td></td></tr>
<tr><td></td><td></td><td></td><td></td><td></td><td></td><td></td><td></td><td></td></tr>
<tr><td></td><td></td><td></td><td></td><td></td><td></td><td></td><td></td><td></td></tr>
<tr><td></td><td></td><td></td><td></td><td></td><td></td><td></td><td></td><td></td></tr>
<tr><td colspan="4">现场情况记录</td><td colspan="5">采样点位置示意图</td></tr>
</table>

记录人：＿＿＿＿＿＿＿＿采样人：＿＿＿＿＿＿＿＿日期：　　年　月　日

附　录　B
（规范性附录）
畜禽养殖污水样品标签

畜禽养殖污水采样样品标签见图B.1。

畜禽养殖污水样品标签		
样品编号		
监测点名称		
采样地点		
现场预处理	□有	□无
采样时间：	采样人：	

图B.1　畜禽养殖污水样品标签

ICS 65.160
X 87

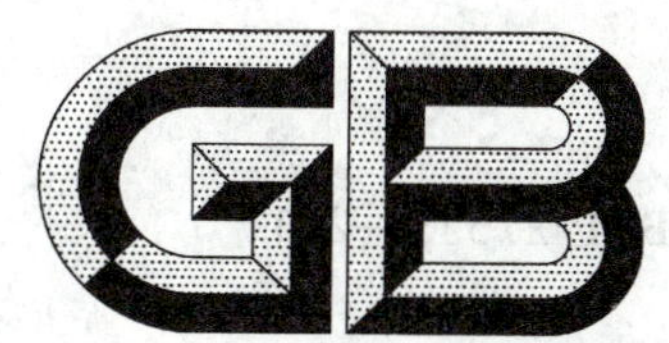

中华人民共和国国家标准

GB/T 27523—2011

卷烟 主流烟气中挥发性有机化合物（1,3-丁二烯、异戊二烯、丙烯腈、苯、甲苯）的测定 气相色谱-质谱联用法

Cigarettes—Determination of volatile organic compounds (1,3-butadiene, isoprene, acrylonitrile, benzene, toluene) in mainstream smoke—GC-MS method

2011-11-21 发布　　　　2012-03-01 实施

中华人民共和国国家质量监督检验检疫总局
中国国家标准化管理委员会　发布

前言

本标准按照 GB/T 1.1—2009 给出的规则起草。

请注意本文件的某些内容可能涉及专利。本文件的发布机构不承担识别这些专利的责任。

本标准由国家烟草专卖局提出。

本标准由全国烟草标准化技术委员会(SAC/TC 144)归口。

本标准起草单位:中国烟草总公司郑州烟草研究院、河南中烟工业有限责任公司、中国烟草标准化研究中心。

本标准主要起草人:赵阁、谢复炜、张弘韬、李栋、夏巧玲、颜权平、彭斌、郭吉兆、郝辉、李怀奇、蒋锦锋。

卷烟 主流烟气中挥发性有机化合物（1,3-丁二烯、异戊二烯、丙烯腈、苯、甲苯）的测定 气相色谱-质谱联用法

1 范围

本标准规定了卷烟主流烟气中5种挥发性有机化合物(1,3-丁二烯、异戊二烯、丙烯腈、苯、甲苯)的气相色谱-质谱联用测定方法。

本标准适用于卷烟主流烟气中5种挥发性有机化合物(1,3-丁二烯、异戊二烯、丙烯腈、苯、甲苯)的测定。

本方法测定卷烟主流烟气中1,3-丁二烯、异戊二烯、丙烯腈、苯、甲苯的定量限分别为0.13 μg/cig、0.46 μg/cig、0.035 μg/cig、0.059 μg/cig、0.035 μg/cig,检出限分别为0.039 μg/cig、0.14 μg/cig、0.010 μg/cig、0.018 μg/cig、0.010 μg/cig。

2 规范性引用文件

下列文件对于本文件的应用是必不可少的。凡是注日期的引用文件,仅注日期的版本适用于本文件。凡是不注日期的引用文件,其最新版本(包括所有的修改单)适用于本文件。

GB/T 6379.2 测量方法与结果的准确度(正确度与精密度) 第2部分:确定标准测量方法重复性与再现性的基本方法

GB/T 19609 卷烟 用常规分析用吸烟机测定总粒相物和焦油

3 原理

用玻璃纤维滤片捕集卷烟主流烟气中的粒相物,两个串联的吸收瓶(使用甲醇作为吸收液)在低温条件下捕集主流烟气气相物。采用气相色谱-质谱联用仪检测吸收液中的挥发性有机化合物(1,3-丁二烯、异戊二烯、丙烯腈、苯和甲苯)。

4 试剂与材料

除特别要求以外,均应使用分析纯级试剂。

4.1 甲醇,色谱纯(或分析纯经重蒸后使用)。

4.2 乙醇,色谱纯(或分析纯经重蒸后使用)。

4.3 1,3-丁二烯(气体),纯度≥99.5%。

4.4 异戊二烯,纯度≥99.5%。

4.5 丙烯腈,纯度≥99.5%。

4.6 苯,纯度≥99.5%。

4.7 甲苯,纯度≥99.5%。

4.8 D_6-苯,纯度≥99.5%。

4.9 干冰。

4.10 异丙醇。

4.11 内标溶液

4.11.1 内标储备液

准确称取约 1 g D_6-苯(4.8),精确至 0.1 mg,置于已加入约 10 mL 甲醇(4.1)的 25 mL 棕色容量瓶中,使用甲醇(4.1)定容至刻度。内标储备液在−40 ℃条件下,有效期为 6 个月。

4.11.2 一级内标溶液

准确移取 5 mL 内标储备液(4.11.1)至 50 mL 棕色容量瓶中,使用甲醇(4.1)定容至刻度。一级内标溶液在−40 ℃条件下,有效期为 6 个月。

4.11.3 二级内标溶液

准确移取 10 mL 一级内标溶液(4.11.2)至 100 mL 棕色容量瓶中,使用甲醇(4.1)定容至刻度。二级内标溶液在−40 ℃条件下,有效期为 3 个月。

4.12 1,3-丁二烯标准溶液

4.12.1 1,3-丁二烯标准母液

移取约 60 mL 甲醇(4.1)至 100 mL 棕色容量瓶中,将 1,3-丁二烯气体(4.3)以约 0.15 mL/min 的流速(可使用皂膜流量计控制)通入容量瓶中 3 min,使用甲醇(4.1) 定容至刻度。1,3-丁二烯标准母液在−40 ℃条件下,有效期为 72 h。

4.12.2 1,3-丁二烯一级标准溶液

准确移取 1 mL 1,3-丁二烯标准母液(4.12.1)至 100 mL 棕色容量瓶中,使用甲醇(4.1)定容至刻度。1,3-丁二烯一级标准溶液在−40 ℃条件下,有效期为 24 h。

4.12.3 1,3-丁二烯二级标准溶液

准确移取 1 mL 一级标准溶液(4.12.2)至 100 mL 棕色容量瓶中,使用乙醇(4.2)定容至刻度。1,3-丁二烯二级标准溶液在−40 ℃条件下,有效期为 12 h。

4.12.4 1,3-丁二烯二级标准溶液浓度标定

以乙醇(4.2)为空白参比,使用分光光度计在 200 nm～250 nm 范围内,对 1,3-丁二烯二级标准溶液(4.12.3)进行扫描,确定最大吸收波长(约在 217 nm 处),并对最大吸收波长处的吸光度进行测定,吸光度应在 0.2～0.6 之间,否则应改变一级标准溶液(4.12.2)稀释倍数,重新制备 1,3-丁二烯二级标准溶液。对 1,3-丁二烯二级标准溶液(4.12.3)平行测定三次,取平均值。根据式(1)计算得出 1,3-丁二烯一级标准溶液的浓度。

$$c=\frac{A}{20\ 893}\times 54\times 100\times 1\ 000 \qquad (1)$$

式中:

c ——1,3-丁二烯一级标准溶液的浓度,单位为微克每毫升(μg/mL);

A ——吸光度;

20 893 ——1,3-丁二烯的摩尔吸光系数,单位为升每摩尔(L/mol);

54 ——1,3-丁二烯的摩尔质量,单位为克每摩尔(g/mol);

100 ——稀释倍数;

1 000 ——单位换算系数。

4.12.5 1,3-丁二烯工作标准溶液

分别准确移取 0.1 mL、0.2 mL、0.5 mL、1.0 mL、2.0 mL、5.0 mL、8.0 mL 1,3-丁二烯一级标准溶液(4.12.2),至 10 mL 棕色容量瓶中,再分别准确加入 1 mL 二级内标溶液(4.11.3),使用甲醇(4.1)定容至刻度。1,3-丁二烯工作标准溶液应在使用前配制。

4.13 异戊二烯、丙烯腈、苯、甲苯标准溶液

4.13.1 标准储备液

分别准确称取 2.5 g 异戊二烯(4.4)、0.1 g 丙烯腈(4.5)、0.5 g 苯(4.6)和 0.5 g 甲苯(4.7),精确至 0.1 mg,置于已加入约 10 mL 甲醇(4.1)的 25 mL 棕色容量瓶中,使用甲醇(4.1)定容至刻度。异戊二烯、丙烯腈、苯、甲苯标准储备液在 −40 ℃条件下,有效期为一周。

4.13.2 一级标准溶液

准确移取 1 mL 异戊二烯、丙烯腈、苯、甲苯标准储备液(4.13.1)至 25 mL 棕色容量瓶中,使用甲醇(4.1)定容至刻度。异戊二烯、丙烯腈、苯、甲苯一级标准溶液在 −40 ℃条件下,有效期为 48 h。

4.13.3 二级标准溶液

准确移取 2.5 mL 异戊二烯、丙烯腈、苯、甲苯一级标准溶液(4.13.2)至 25 mL 棕色容量瓶中,使用甲醇(4.1)定容至刻度。异戊二烯、丙烯腈、苯、甲苯二级标准溶液在 −40 ℃条件下,有效期为 24 h。

4.13.4 工作标准溶液

分别准确移取 0.2 mL、0.5 mL、1.0 mL、2.0 mL、5.0 mL 的异戊二烯、丙烯腈、苯、甲苯的二级标准溶液(4.13.3)和 1.0 mL、2.0 mL 的一级标准溶液(4.13.2)至 10 mL 棕色容量瓶中,再分别准确加入 1 mL 二级内标溶液(4.11.3),最后用甲醇(4.1)定容至刻度。异戊二烯、丙烯腈、苯、甲苯工作标准溶液应在使用前配制。

5 仪器设备

常用实验仪器以及下述各项。

5.1 分析天平,感量为 0.1 mg。

5.2 分光光度计。

5.3 气相色谱-质谱联用仪。

5.4 色谱柱,弹性石英毛细管柱,60 m×0.25 mm×1.4 μm;固定相(推荐):6%氰丙基苯-94%二甲基硅氧烷。

5.5 挥发性有机化合物的捕集装置见图 1。吸收瓶与捕集器之间及两个吸收瓶之间以 2 cm PVC 管连接,死体积应尽量小。吸收瓶体积为 100 mL,尺寸如图 1 所示。收集烟气时,挥发性有机化合物的捕集装置应置于异丙醇(4.10)-干冰(4.9)冷阱中。其中,干冰加入量到吸收瓶的一半高度,异丙醇加入量以使所有干冰浸润为准。

单位为毫米

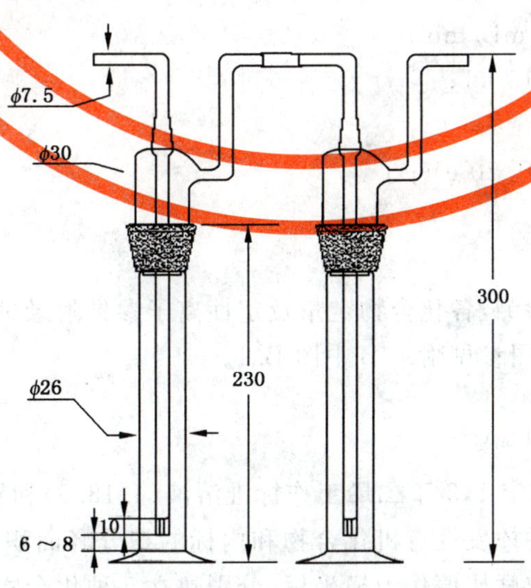

图 1 挥发性有机化合物捕集装置

5.6 转盘或直线吸烟机。

6 分析步骤

6.1 抽吸卷烟

将捕集装置(5.5)连接到捕集器和抽吸单元之间,抽吸前应检查抽吸容量,并作相应修正,不空吸,按照 GB/T 19609 抽吸卷烟。使用直线吸烟机时,抽吸 5 支卷烟;使用转盘吸烟机时,抽吸 10 支卷烟。

烟气粒相部分由剑桥滤片捕集,气相部分中的 1,3-丁二烯、异戊二烯、丙烯腈、苯、甲苯由捕集装置(5.5)捕集,捕集装置的吸收瓶中甲醇体积为 15 mL,捕集装置(5.5)应置于异丙醇-干冰冷却的冷阱中。

6.2 实验室内空白测定

取同样卷烟,不点燃,按照 6.1 方法每支进行 7 口空吸,得到实验室内空气空白样品。在最后测定结果中进行实验室内空气空白扣除。

6.3 测定次数

每个样品应平行测定两次。

6.4 样品分析

卷烟抽吸后,用洗耳球分别对捕集装置两个吸收瓶中的吸收管抽吸 5 次进行清洗,每个吸收瓶中准确加入 150 μL 的一级内标溶液(4.11.2),振荡均匀后,直接取样,然后分别对两个吸收瓶中的溶液进行气相色谱-质谱分析。向色谱瓶中加入样品溶液时,应尽量加满至瓶口位置。

6.5 色谱质谱分析

按照制造商操作手册运行气相色谱-质谱联用仪。以下分析条件可供参考,采用其他条件应验证其适用性。

——程序升温:初始温度 40 ℃,保持 6 min,20 ℃/min 升至 230 ℃,保持 6 min;
——进样口温度:180 ℃;
——载气:氦气,恒流,1.5 mL/min;
——进样量 1 μL,分流比 15∶1;
——传输线温度:230 ℃;
——电离方式:EI,电离电压 70 eV;
——离子源温度:230 ℃;
——四极杆温度:150 ℃;
——扫描方式:选择离子检测,各化合物定量及定性离子参见附录 A 中表 A.1。

标样和典型卷烟样品色谱图参见附录 B 中图 B.1。

6.6 测定

用气相色谱-质谱联用仪测定 1,3-丁二烯工作标准溶液(4.12.5)和异戊二烯、丙烯腈、苯、甲苯的工作标准溶液(4.13.4),得到 5 种挥发性有机化合物和内标的积分峰面积。用积分面积与内标峰面积的比值作为纵坐标,浓度与内标浓度比值作为横坐标,分别建立 5 种化合物的校正曲线。对校正数据进行线性回归,R^2 应不小于 0.999。测定时,根据样品色谱图中峰面积以及内标峰面积分别计算得出每个吸收瓶中挥发性有机化合物的浓度(μg/mL)。

7 结果的计算与表述

样品主流烟气中挥发性有机化合物的释放量由式(2)计算得出：

$$X=\frac{c\times V}{n} \qquad \cdots\cdots(2)$$

式中：

X ——卷烟主流烟气中各挥发性有机化合物的释放量，单位为微克每支(μg/cig)；

c ——各挥发性有机化合物在两个吸收瓶中浓度的总和，单位为微克每毫升(μg/mL)；

V ——单个吸收瓶中溶液的体积，单位为毫升(mL)；

n ——烟支数量，单位为支(cig)。

取两个平行样品的算术平均值作为测试结果，结果精确至 0.1 μg/cig。

8 回收率

本方法的回收率参见附录 C 中表 C.1。

9 重复性和再现性

由 20 家实验室对 8 个样品进行了分析方法的共同实验，按照 GB/T 6379.2 执行本标准方法的重现性标准差和再现性标准差的测定。数据分析结果参见附录 C 中表 C.2。

10 检验报告

检验报告应包括以下内容：

——依据本标准方法；

——检验环境大气条件；

——卷烟的名称、规格、类型、盒标焦油量、盒标烟气烟碱量；

——实验室内空气空白值；

——检验结果。

附　录　A
（资料性附录）
挥发性有机化合物的定量定性离子

挥发性有机化合物的定量定性离子见表A.1。

表A.1　挥发性有机化合物的定量定性离子

化合物	保留时间 min	定量离子 m/z	定性离子 m/z
1,3-丁二烯	4.90	54	53
异戊二烯	7.35	67	68
丙烯腈	8.96	53	53
D_6-苯	11.37	84	83
苯	11.41	78	77
甲苯	13.22	91	92

附 录 B
（资料性附录）
标样(A)和典型卷烟样品(B)色谱图示例

标样(A)和典型卷烟样品(B)色谱图示例见图B.1。

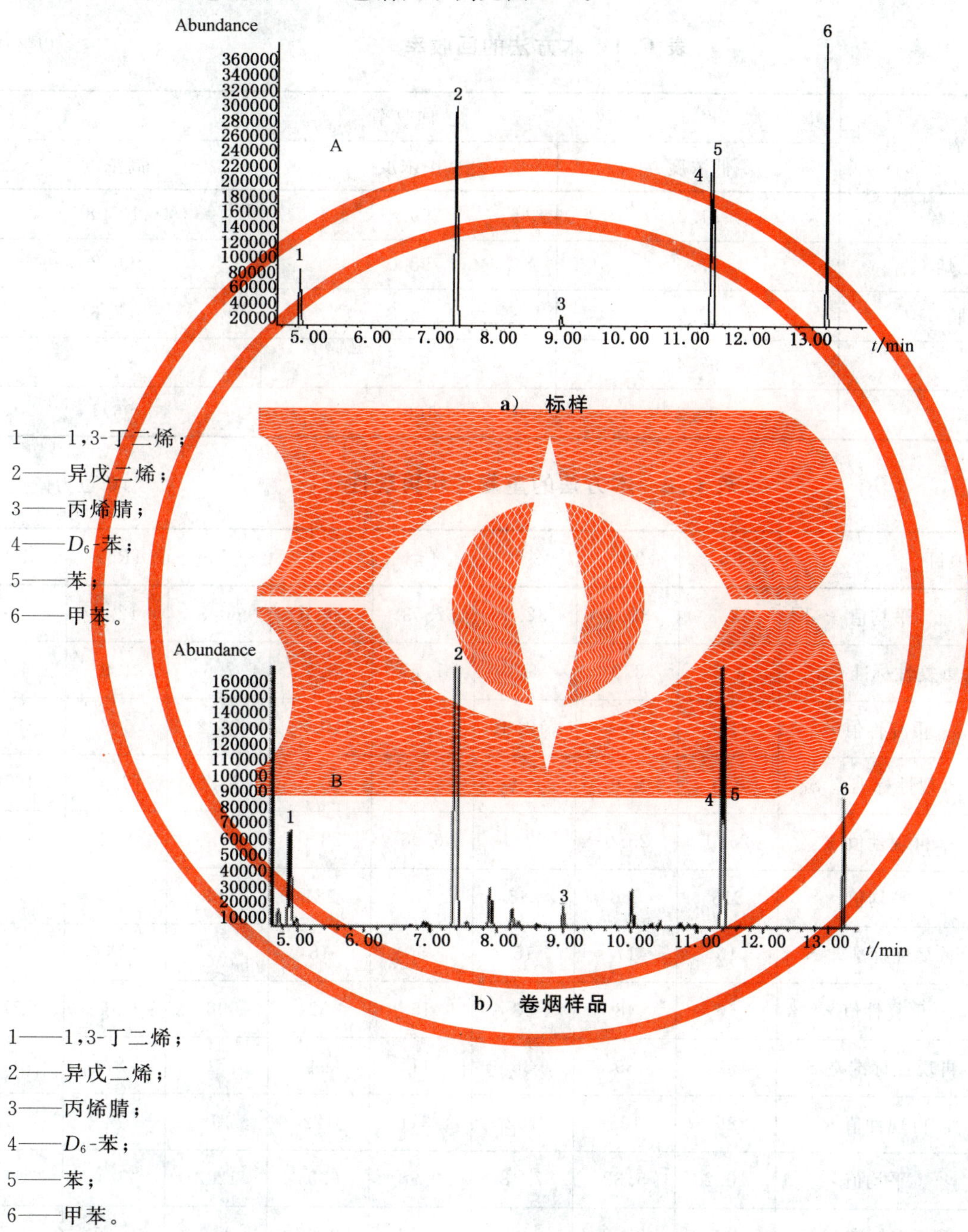

a) 标样

1——1,3-丁二烯；

2——异戊二烯；

3——丙烯腈；

4——D_6-苯；

5——苯；

6——甲苯。

b) 卷烟样品

1——1,3-丁二烯；

2——异戊二烯；

3——丙烯腈；

4——D_6-苯；

5——苯；

6——甲苯。

图 B.1 标样(A)和典型卷烟样品(B)色谱图

附　录　C
（资料性附录）
方法的回收率、重复性和再现性

本方法的回收率结果见表C.1,重复性和再现性结果见表C.2。

表C.1　本方法的回收率

以%表示

化合物	回收率		
	低浓度	中浓度	高浓度
1,3-丁二烯	91.2	96.8	105.8
异戊二烯	97.6	98.0	96.2
丙烯腈	92.9	95.3	97.6
苯	97.4	96.5	99.8
甲苯	90.2	100.5	96.1

表C.2　本方法的重复性和再现性

单位为微克每支

项目		1#	2#	3#	4#	5#	CM6	1R5F	3R4F
1,3-丁二烯	平均值	33.3	32.1	32.5	7.53	39.0	60.3	12.2	41.4
	重复性标准差 S_r	4.2	3.9	4.8	1.75	3.9	7.6	1.9	4.7
	重复性值 r	11.8	11.0	13.3	4.89	10.9	21.2	5.3	13.3
	再现性标准差 S_R	8.9	8.9	8.0	2.49	10.0	13.5	2.9	10.6
	再现性值 R	25.0	25.0	22.4	6.98	28.0	37.9	8.2	29.6
异戊二烯	平均值	216	256	245	58	281	553	120	362
	重复性标准差 S_r	16	17	15	5	18	35	14	21
	重复性值 r	46	48	43	15	52	98	38	57
	再现性标准差 S_R	32	39	36	11	44	71	27	48
	再现性值 R	89	108	102	31	122	198	74	134
丙烯腈	平均值	10.2	5.32	7.48	0.98	6.34	12.3	2.10	8.56
	重复性标准差 S_r	0.9	0.62	0.69	0.13	0.62	1.2	0.25	0.75
	重复性值 r	2.4	1.74	1.92	0.37	1.74	3.2	0.69	2.11
	再现性标准差 S_R	1.5	0.96	1.23	0.39	1.10	2.1	0.45	1.27
	再现性值 R	4.2	2.67	3.45	1.08	3.08	5.9	1.27	3.56

表 C.2（续）

单位为微克每支

项目		1#	2#	3#	4#	5#	CM6	1R5F	3R4F
苯	平均值	38.6	31.6	34.9	6.73	28.5	60.3	14.3	41.9
	重复性标准差 S_r	2.6	2.4	2.1	0.71	2.0	3.8	0.9	2.2
	重复性值 r	7.2	6.7	5.9	1.98	5.7	10.6	2.5	6.3
	再现性标准差 S_R	5.2	4.7	4.9	1.68	4.9	7.5	2.6	5.5
	再现性值 R	14.6	13.1	13.7	4.69	13.7	21.0	7.2	15.3
甲苯	平均值	57.8	44.5	49.3	8.53	37.4	85.4	18.5	64.8
	重复性标准差 S_r	4.7	4.4	3.5	1.26	3.5	6.9	1.7	4.4
	重复性值 r	13.3	12.4	9.7	3.53	9.7	19.4	4.7	12.2
	再现性标准差 S_R	9.7	7.4	8.4	3.54	7.3	14.6	3.5	11.0
	再现性值 R	27.3	20.7	23.5	9.93	20.5	41.0	9.9	30.8

ICS 65.160
X 87

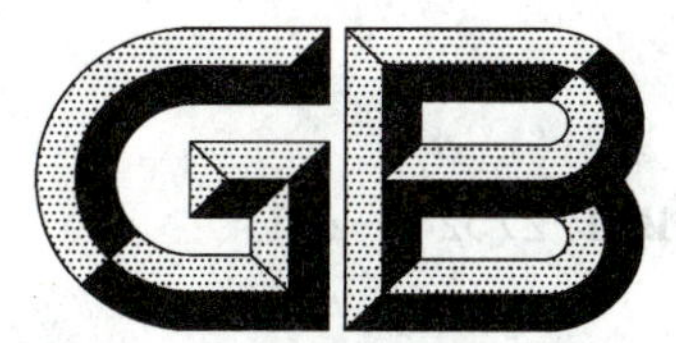

中华人民共和国国家标准

GB/T 27524—2011

卷烟 主流烟气中半挥发性物质（吡啶、苯乙烯、喹啉）的测定 气相色谱-质谱联用法

Cigarettes—Determination of semi-volatile compounds (pyridine, styrene, quinoline) in mainstream smoke—GC-MS method

2011-11-21 发布　　　　2012-03-01 实施

中华人民共和国国家质量监督检验检疫总局
中国国家标准化管理委员会　发布

前　言

本标准按照 GB/T 1.1—2009 给出的规则起草。

请注意本文件的某些内容可能涉及专利。本文件的发布机构不承担识别这些专利的责任。

本标准由国家烟草专卖局提出。

本标准由全国烟草标准化技术委员会(SAC/TC 144)归口。

本标准起草单位:中国烟草总公司郑州烟草研究院、湖北中烟工业有限责任公司。

本标准主要起草人:赵阁、谢复炜、罗诚浩、郭吉兆、胡斌、赵晓东、王娟、王洪波、王昇。

卷烟　主流烟气中半挥发性物质（吡啶、苯乙烯、喹啉）的测定 气相色谱-质谱联用法

1　范围

本标准规定了卷烟主流烟气中 3 种半挥发性物质（吡啶、苯乙烯、喹啉）的气相色谱-质谱联用测定方法。

本标准适用于卷烟主流烟气中 3 种半挥发性物质（吡啶、苯乙烯、喹啉）的测定。

本方法测定卷烟主流烟气中吡啶、苯乙烯、喹啉的定量限分别为 82.9×10^{-3} μg/cig、31.1×10^{-3} μg/cig、13.5×10^{-3} μg/cig，检出限分别为 24.9×10^{-3} μg/cig、9.34×10^{-3} μg/cig、4.05×10^{-3} μg/cig。

2　规范性引用文件

下列文件对于本文件的应用是必不可少的。凡是注日期的引用文件，仅注日期的版本适用于本文件。凡是不注日期的引用文件，其最新版本（包括所有的修改单）适用于本文件。

GB/T 6379.2　测量方法与结果的准确度（正确度与精密度）　第 2 部分：确定标准测量方法重复性与再现性的基本方法

GB/T 19609　卷烟　用常规分析用吸烟机测定总粒相物和焦油

3　原理

用玻璃纤维滤片捕集卷烟主流烟气中的粒相物，用 XAD-4 吸附管捕集主流烟气气相物中的半挥发性物质（吡啶、苯乙烯、喹啉）。将纤维滤片和吸附管中吸附剂合并，用 0.01%三乙胺-甲醇溶液超声萃取，萃取液经微孔滤膜过滤后，采用气相色谱-质谱联用仪检测萃取液中的吡啶、苯乙烯和喹啉。

4　试剂与材料

除特殊要求外，均应使用分析纯级试剂。

4.1　甲醇，色谱纯（或分析纯经重蒸后使用）。

4.2　三乙胺，纯度≥99.5%。

4.3　吡啶，纯度≥99.5%。

4.4　苯乙烯，纯度≥99.5%。

4.5　喹啉，纯度≥99.5%。

4.6　D_5-吡啶，纯度≥99.5%。

4.7　D_8-苯乙烯，纯度≥99.5%。

4.8　D_7-喹啉，纯度≥99.5%。

4.9　0.01%三乙胺-甲醇溶液：将 100 μL 三乙胺（4.2）加入到 1 L 甲醇（4.1）中，振荡均匀，制备成 0.01%三乙胺-甲醇溶液。

4.10 XAD-4 吸附管,80/40 mg。

4.11 内标溶液

4.11.1 内标储备液的配制

准确称取 0.5 g D_5-吡啶(4.6)、0.5 g D_8-苯乙烯(4.7)和 0.05 g D_7-喹啉(4.8),精确至 0.1 mg,置于 25 mL 棕色容量瓶中,使用 0.01%三乙胺-甲醇溶液(4.9)溶解并定容至刻度。内标储备液在 −18 ℃条件下,有效期为 6 个月。

4.11.2 一级内标溶液的配制

准确移取 2 mL 内标储备液(4.11.1)至 100 mL 棕色容量瓶中,使用 0.01%三乙胺-甲醇溶液(4.9)定容至刻度。一级内标溶液在 −18 ℃条件下,有效期为 3 个月。

4.11.3 二级内标溶液的配制

准确移取 10 mL 一级内标溶液(4.11.2) 至 100 mL 棕色容量瓶中,使用 0.01%三乙胺-甲醇溶液(4.9)定容至刻度。二级内标溶液在 −18 ℃条件下,有效期为 3 个月。

4.12 吡啶、苯乙烯、喹啉标准溶液

4.12.1 标准储备液

分别准确称取约 1 g、1 g 和 0.05 g 的吡啶(4.3)、苯乙烯(4.4)、喹啉(4.5),精确至 0.1 mg,于 100 mL容量瓶中,使用 0.01% 三乙胺-甲醇溶液(4.9)定容至刻度。储备液在 −18 ℃条件下,有效期为 6 个月。

4.12.2 一级标准溶液

准确移取 2 mL 吡啶、苯乙烯、喹啉标准储备液 (4.12.1) 至 100 mL 棕色容量瓶中,使用 0.01%三乙胺-甲醇溶液(4.9)定容至刻度。一级标准溶液在 −18 ℃条件下,有效期为 3 个月。

4.12.3 二级标准溶液

准确移取 5 mL 吡啶、苯乙烯、喹啉一级标准溶液 (4.12.2) 至 100 mL 棕色容量瓶中,使用 0.01%三乙胺-甲醇溶液(4.9)定容至刻度。二级标准溶液在 −18 ℃条件下,有效期为 3 个月。

4.12.4 工作标准溶液

分别准确移取 0.1 mL、0.2 mL、0.5 mL、1.0 mL、2.0 mL 和 5.0 mL 吡啶、苯乙烯、喹啉二级标准溶液(4.12.3)至 10 mL 棕色容量瓶中,再分别准确加入 0.5 mL 二级内标溶液(4.11.3),用 0.01%三乙胺-甲醇溶液(4.9) 定容至刻度。工作标准溶液在 −18 ℃条件下,有效期为 1 个月。

5 仪器设备

常用实验室仪器以及下述各项。

5.1 分析天平,感量为 0.1 mg。

5.2 气相色谱-质谱联用仪。

5.3 色谱柱:弹性石英毛细管柱,30 m×0.25 mm×0.25 μm;固定相(推荐):聚乙二醇。

5.4 直线或转盘吸烟机。

5.5 超声波清洗仪。

6 分析步骤

6.1 抽吸卷烟

按照质量条件[(百支平均质量±20)mg]以及吸阻条件[(百支平均吸阻±50)Pa]挑选样品。将 XAD-4 吸附管(4.10)两端切除,切口应保持平整,按照标注方向将其通过硅胶软管连接于捕集器和抽吸单元之间(连接管线应尽量短),抽吸前检查抽吸容量,并作相应修正,按照 GB/T 19609 抽吸 4 支卷烟。

6.2 实验室内空白测定

取同样卷烟，不点燃，按照6.1方法每支进行7口空吸，得到实验室内空气空白样品。在最后测定结果中进行实验室内空气空白扣除。

6.3 测定次数

每个样品平行测定两次。

6.4 样品萃取及分析

使用直线型吸烟机时，将捕集有粒相物的剑桥滤片放入50 mL锥形瓶中，将XAD-4吸附管(4.10)中的吸附剂转移至该锥形瓶中，准确加入1 mL二级内标溶液(4.11.3)和20 mL 0.01%三乙胺-甲醇溶液(4.9)；使用转盘吸烟机时，将捕集有粒相物的剑桥滤片放入250 mL锥形瓶中，将XAD-4吸附管(4.10)中的吸附剂转移至该锥形瓶中，加入2 mL二级内标溶液(4.11.3)和40 mL 0.01%三乙胺-甲醇溶液(4.9)。

室温下超声萃取30 min，静置5 min。取2 mL萃取液，用0.45 μm微孔滤膜过滤，滤液进行GC-MS分析。

6.5 色谱质谱分析

按照制造商操作手册运行气相色谱-质谱联用仪。以下分析条件可供参考，采用其他条件应验证其适用性。

——程序升温：初始温度50 ℃，保持2 min，5 ℃/min升至200 ℃，保持20 min；

——进样口温度：250 ℃；

——载气：氦气，恒流，1.2 mL/min；

——进样量2 μL，分流比10：1；

——传输线温度：250 ℃；

——电离方式：EI，电离电压70 eV；

——离子源温度：230 ℃；

——四极杆温度：150 ℃；

——扫描方式：选择离子监测，溶剂延迟5 min，各化合物定量及定性离子参见附录A中表A.1。

典型标样和卷烟样品色谱图参见附录B中图B.1。

6.6 测定

用气相色谱-质谱联用仪测定吡啶、苯乙烯、喹啉的工作标准溶液(4.12.4)，得到3种化合物和对应氘代内标的积分峰面积。对校正数据进行线性回归，建立3种化合物的校正曲线。R^2 应不小于0.999。测定样品时，根据样品色谱图中的目标物和对应内标峰面积计算萃取液中3种化合物的浓度(μg/mL)。

7 结果的计算与表述

试样主流烟气中半挥发性物质的释放量由式(1)计算得出：

$$X = \frac{c \times V}{n} \quad \cdots\cdots (1)$$

式中：

X ——卷烟主流烟气中半挥发性物质的释放量，单位为微克每支(μg/cig)；

c ——三乙胺-甲醇萃取液中半挥发性物质的浓度,单位为微克每毫升(μg/mL);
V ——萃取液的体积,单位为毫升(mL);
n ——烟支数量,单位为支(cig)。
取两个平行样品的算术平均值作为样品的测试结果,结果精确至0.01 μg/cig。

8 精密度和回收率

本方法的精密度、回收率试验结果参见附录C中表C.1。

9 重复性和再现性

由6家实验室对4个样品进行了本分析方法的共同试验,按照GB/T 6379.2执行本标准方法的重现性标准差和再现性标准差的测定。数据分析结果参见附录C中表C.2。

10 检验报告

检验报告应包括以下内容:
——依据本标准方法;
——检验环境大气条件;
——卷烟的名称、规格、类型、盒标焦油量、盒标烟气烟碱量;
——实验室内空气空白值;
——检验结果。

附 录 A
（资料性附录）
半挥发性物质的定量定性离子

半挥发性物质的定量定性离子见表 A.1。

表 A.1 半挥发性物质的定量定性离子

化合物	保留时间 min	定量离子 *m/z*	定性离子 *m/z*
吡啶	7.40	79	52
D_5-吡啶	7.44	84	56
苯乙烯	9.28	104	78
D_8-苯乙烯	9.27	112	84
喹啉	25.12	129	102
D_7-喹啉	25.15	136	108

附 录 B
（资料性附录）
标样(A)和卷烟样品(B)典型色谱图示例

标样(A)和卷烟样品(B)典型色谱图示例见图 B.1。

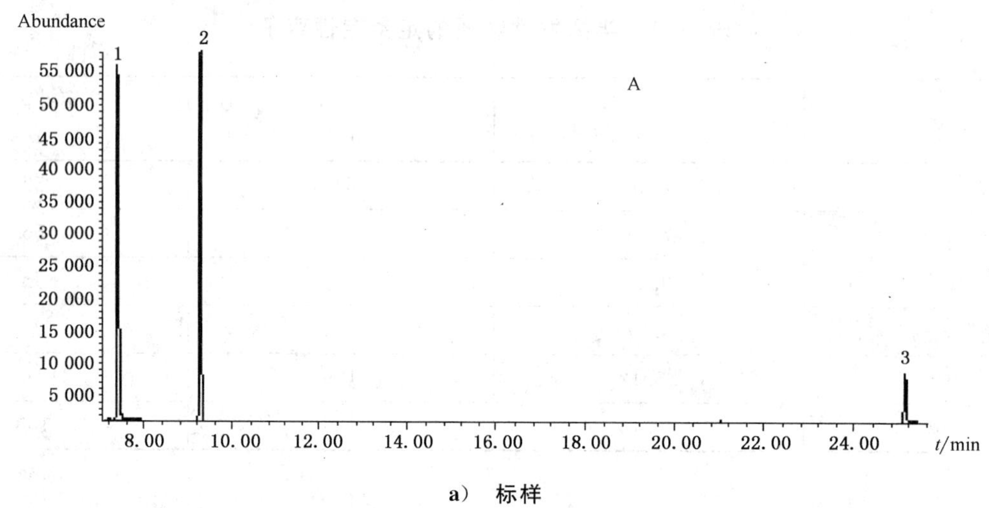

a) 标样

说明：

1——吡啶＋D_5-吡啶；

2——苯乙烯＋D_8-苯乙烯；

3——喹啉＋D_7-喹啉。

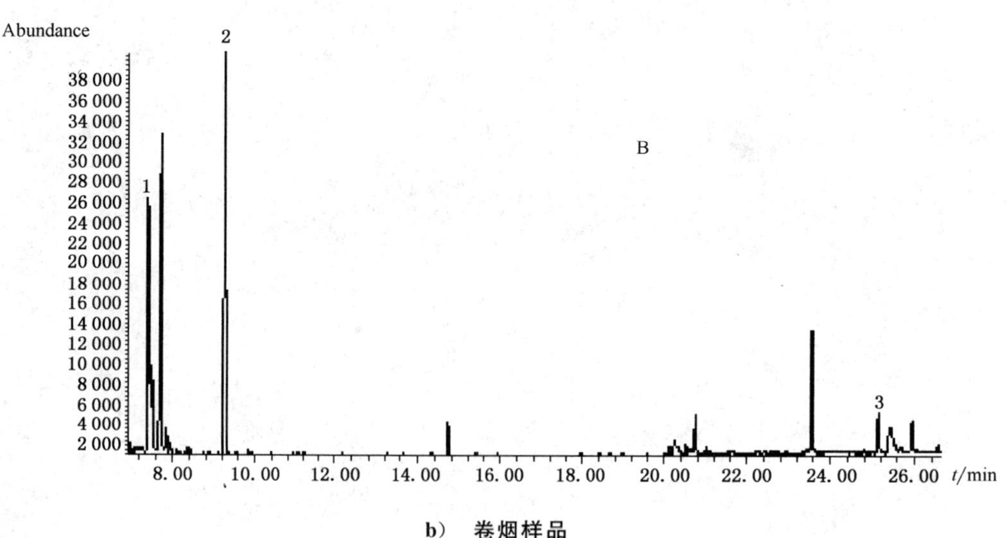

b) 卷烟样品

说明：

1——吡啶＋D_5-吡啶；

2——苯乙烯＋D_8-苯乙烯；

3——喹啉＋D_7-喹啉。

图 B.1 标样(A)和卷烟样品(B)典型色谱图示例

附 录 C
（资料性附录）
方法的回收率和精密度

C.1 本方法的回收率和精密度见表C.1。

表 C.1 本方法的回收率和精密度

以%表示

化合物	回收率			测定变异系数
	低浓度	中浓度	高浓度	
吡啶	103.9	102.0	99.2	2.6
苯乙烯	104.6	107.4	107.3	3.6
喹啉	96.6	97.7	101.4	2.3

C.2 本方法的重复性和再现性实验研究结果见表C.2。

表 C.2 本方法的重复性和再现性实验研究结果

单位为微克每支

化合物	样品编号	平均值	重复性标准差 S_r	重复性值 r	再现性标准差 S_R	再现性值 R
吡啶	1#	4.35	0.25	0.72	0.43	1.25
	2#	4.41	0.27	0.76	0.45	1.32
	3#	6.27	0.26	0.73	0.63	1.84
	4#	3.41	0.29	0.82	0.42	1.22
苯乙烯	1#	5.35	0.27	0.77	0.53	1.56
	2#	3.08	0.16	0.46	0.29	0.84
	3#	7.60	0.33	0.94	0.46	1.36
	4#	4.30	0.23	0.65	0.36	1.05
喹啉	1#	0.25	0.02	0.05	0.02	0.07
	2#	0.31	0.02	0.06	0.03	0.09
	3#	0.29	0.02	0.06	0.03	0.08
	4#	0.16	0.01	0.03	0.02	0.05

ICS 65.160
X 87

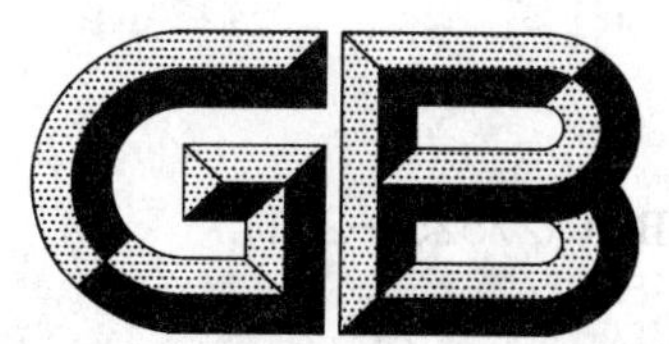

中华人民共和国国家标准

GB/T 27525—2011

卷烟 侧流烟气中苯并[α]芘的测定 气相色谱-质谱联用法

Cigarette—Determination of Benzo(α)pyrene in sidestream smoke—GC-MS method

2011-11-21 发布

2012-03-01 实施

中华人民共和国国家质量监督检验检疫总局
中国国家标准化管理委员会 发布

前　言

本标准按照 GB/T 1.1—2009 给出的规则起草。

请注意本文件的某些内容可能涉及专利。本文件的发布机构不承担识别这些专利的责任。

本标准由国家烟草专卖局提出。

本标准由全国烟草标准化技术委员会(SAC/TC 144)归口。

本标准起草单位:中国烟草总公司郑州烟草研究院、湖北中烟工业有限责任公司。

本标准主要起草人:赵乐、郭吉兆、熊宏春、彭斌、罗诚浩、刘克建、孙学辉、王宜鹏、颜权平、柯炜昌、聂聪、谢复炜。

卷烟　侧流烟气中苯并[α]芘的测定 气相色谱-质谱联用法

1　范围

本标准规定了卷烟侧流烟气中苯并[α]芘的测定方法。

本标准适用于卷烟侧流烟气中苯并[α]芘的测定。

本方法测定卷烟侧流烟气中苯并[α]芘的定量限为 5.4 ng/cig，检出限为 1.6 ng/cig。

2　规范性引用文件

下列文件对于本文件的应用是必不可少的。凡是注日期的引用文件，仅注日期的版本适用于本文件。凡是不注日期的引用文件，其最新版本(包括所有的修改单)适用于本文件。

GB/T 6379.2　测量方法与结果的准确度(正确度与精密度)　第2部分：确定标准测量方法重复性与再现性的基本方法

GB/T 16447　烟草及烟草制品　调节和测试的大气环境

GB/T 19609　卷烟　用常规分析用吸烟机测定总粒相物和焦油

YC/T 185　卷烟　侧流烟气中焦油和烟碱的测定

3　原理

用玻璃纤维滤片和鱼尾罩捕集卷烟侧流烟气中的总粒相物，用甲醇清洗鱼尾罩上烟气冷凝物，将甲醇挥发完毕后，用环己烷萃取鱼尾罩烟气冷凝物和玻璃纤维滤片上粒相物中的苯并[α]芘。采用气相色谱-质谱联用仪检测萃取溶液中的苯并[α]芘。

4　试剂与材料

除特别要求以外，均应使用分析纯级试剂，水应为蒸馏水或同等纯度的水。

4.1　环己烷，色谱纯(或分析纯经重蒸后使用)。

4.2　甲醇，色谱纯(或分析纯经重蒸后使用)。

4.3　苯并[α]芘，纯度≥98%。

4.4　D_{12}-苯并[α]芘，纯度≥98%。

4.5　内标溶液

准确称取约 10 mgD_{12}-苯并[α]芘(4.4)，精确至 0.1 mg，使用约 10 mL 环己烷(4.1)溶解后，转移到 50 mL 棕色容量瓶中，使用环己烷(4.1)稀释至刻度。此内标溶液浓度为 200 μg/mL，在 −18 ℃条件下保存，有效期为 6 个月。

4.6　苯并[α]芘标准溶液

4.6.1　苯并[α]芘标准储备液

准确称取约 10 mg 苯并[α]芘(4.3)，精确至 0.1 mg，使用约 10 mL 环己烷(4.1)溶解后，转移到 100 mL 棕色容量瓶中，用环己烷(4.1)定容至刻度。该溶液在 −18 ℃条件下保存，有效期为 6 个月。

4.6.2 苯并[α]芘一级标准溶液

准确移取 1 mL 苯并[α]芘标准储备液(4.6.1)至 100 mL 棕色容量瓶中,用环己烷(4.1)定容至刻度。该溶液在−18 ℃条件下保存,有效期为 6 个月。

4.6.3 苯并[α]芘工作标准溶液

分别准确移取 0.5 mL、1.0 mL、2.0 mL、5.0 mL、8.0 mL 苯并[α]芘一级标准溶液(4.6.2)和 50 μL 内标溶液(4.5)至 100 mL 棕色容量瓶中,用环己烷(4.1)定容至刻度。苯并[α]芘工作标准溶液在−18 ℃ 条件下保存,有效期为 3 个月。

注意:苯并[α]芘是强致癌物质。所有前处理操作应在通风橱内进行,实验人员要佩戴防护手套、面具以保证安全,实验废液收集后统一处理。

5 仪器设备

常用实验仪器以及下述各项。

5.1 分析天平,感量为 0.1 mg。

5.2 侧流吸烟机。

5.3 气相色谱-质谱联用仪。

5.4 超声波发生器。

5.5 氮吹仪。

5.6 色谱柱:弹性石英毛细管柱,30 m×0.25 mm×0.25 μm,固定相(推荐):5%苯基二甲基聚硅氧烷。

6 分析步骤

6.1 抽吸卷烟

按 GB/T 19609 规定调节烟支和滤片水分,调节和测试大气应符合 GB/T 16447 的规定,并确定和标记抽吸卷烟的烟蒂长度。按照 YC/T 185 中侧流烟气抽吸方法,调节侧流吸烟机的抽吸流量为 3 000 mL/min,抽吸 3 支卷烟,用鱼尾罩和玻璃纤维滤片捕集侧流烟气总粒相物。抽吸完成后,应尽快对样品进行分析处理。

6.2 测定次数

每个样品应平行测定两次。

6.3 样品分析

6.3.1 清洗鱼尾罩

用 20 mL 甲醇(4.2)均匀清洗鱼尾罩,清洗液收集到 100 mL 锥形瓶中。

6.3.2 样品萃取和分析

将锥形瓶中收集到的鱼尾罩清洗液(6.3.1)用氮吹仪(5.5)在 80 ℃条件下浓缩至近干,然后将收集有侧流烟气粒相物的玻璃纤维滤片放入到上述锥形瓶中,依次加入 10 μL 内标溶液(4.5)和 20.0 mL 环己烷(4.1),置于超声波发生器(5.4),室温条件下,超声萃取 40 min,萃取溶液进行气相色谱-质谱(5.3)

分析。

按照制造商操作手册运行气相色谱-质谱联用仪。以下分析条件可供参考，采用其他条件应验证其适用性。

——程序升温：初始温度 150 ℃，6 ℃/min 升至 260 ℃，2 ℃/min 升至 280 ℃，保持 15 min；

——进样口温度：280 ℃；

——载气：氦气，恒流，1.2 mL/min；

——进样量 1 μL，无分流进样；

——传输线温度：280 ℃；

——电离方式：EI，70 eV；

——离子源温度：230 ℃；

——四极杆温度：150 ℃；

——溶剂延迟时间：20 min；

——扫描方式：选择离子监测，选择苯并[α]芘和 D_{12}-苯并[α]芘的分子离子（质荷比分别为 252 和 264），每个离子的监测时间为 50 ms。

典型卷烟样品色谱图参见附录 A 中图 A.1。

注：超声波发生器工作频率为 40 kHz，如最大功率为 700 W，采用其超声功率的 40% 即可达到萃取完全。

6.4 测定

用气相色谱-质谱联用仪测定系列苯并[α]芘工作标准溶液（4.6.3），得到苯并[α]芘和内标的积分峰面积，用苯并[α]芘与内标峰浓度比值作为横坐标，用苯并[α]芘与内标峰面积比值作为纵坐标，建立苯并[α]芘的校正曲线。对校正数据进行线性回归，R^2 应不小于 0.999。根据试样中苯并[α]芘峰面积以及内标峰面积计算萃取溶液中苯并[α]芘的浓度（ng/mL）。

7 结果的计算与表述

由式(1)计算样品侧流烟气中苯并[α]芘的释放量。

$$X = \frac{c \times V}{n} \qquad \cdots\cdots(1)$$

式中：

X ——每支卷烟侧流烟气苯并[α]芘的释放量，单位为纳克每支（ng/cig）；

c ——萃取溶液中苯并[α]芘的浓度，单位为纳克每毫升（ng/mL）；

V ——萃取溶液体积，单位为毫升（mL）；

n ——烟支数量，单位为支（cig）。

取两个平行样品的算术平均值作为测试结果，结果精确至 0.1 ng/cig。

8 回收率和精密度

本方法的回收率研究结果参见附录 B 中表 B.1。

本方法的精密度研究结果参见附录 B 中表 B.2。

9 重复性和再现性

由 7 家实验室对 4 个样品(附录 C 中表 C.1)进行了分析方法的共同实验，按照 GB/T 6379.2 执行本标准方法的重现性标准差和再现性标准差的测定。数据分析结果参见附录 C 中表 C.2。

10 检验报告

检验报告应包括以下内容：

——依据本标准；

——检验环境大气条件；

——卷烟的名称、规格、类型、盒标焦油量、盒标烟气烟碱量、条盒条形码；

——检验结果；

——抽吸口数。

附 录 A
(资料性附录)
典型卷烟样品色谱图示例

典型卷烟样品萃取离子流图见图 A.1。

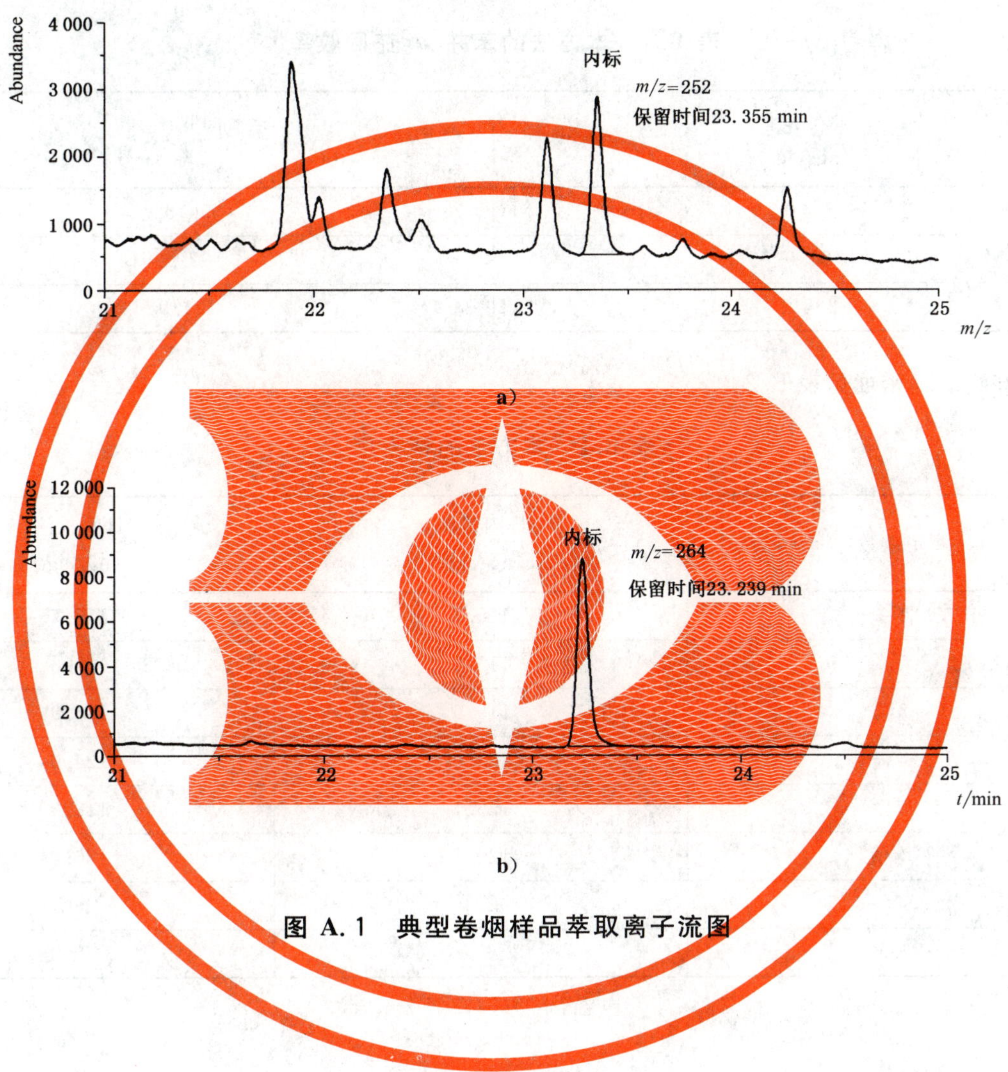

图 A.1 典型卷烟样品萃取离子流图

附　录　B
（资料性附录）
方法的回收率和精密度

B.1　本方法的苯并[α]芘回收率见表 B.1。

表 B.1　本方法的苯并[α]芘回收率

加入水平 ng/cig	回收率 %
54.0	96.6
81.0	92.0
235.1	101.9

B.2　本方法的精密度见表 B.2。

表 B.2　本方法的精密度

测定次数	日内检测 ng/cig	日间检测 ng/cig
1	115.7	115.7
2	119.8	125.3
3	119.6	118.9
4	123.0	124.0
5	125.1	118.2
平均值	120.6	120.4
SD	3.59	4.07
RSD	2.98%	3.38%

附　录　C
（资料性附录）
重复性和再现性研究结果

C.1　共同实验样品见表C.1。

表C.1　共同实验样品　　　单位为毫克每支

样品名称	类　型	焦油量
卷烟危害性参比卷烟（烤烟型）	烤烟型	12
卷烟危害性参比卷烟（混合型）	混合型	8
1#卷烟	烤烟型	13
2#卷烟	烤烟型	8

C.2　本方法的重复性和再现性实验研究结果见表C.2。

表C.2　本方法的重复性和再现性实验研究结果　　　单位为纳克每支

样品名称	平均值	重复性标准差 S_r	重复性限 r	再现性标准差 S_R	再现性限 R
卷烟危害性参比卷烟（烤烟型）	127.1	4.6	13.2	5.2	14.6
卷烟危害性参比卷烟（混合型）	134.2	4.9	13.9	8.0	22.6
1#卷烟	121.3	5.3	15.0	6.8	19.2
2#卷烟	141.7	4.7	13.3	10.5	29.7

ICS 25.040
N 10

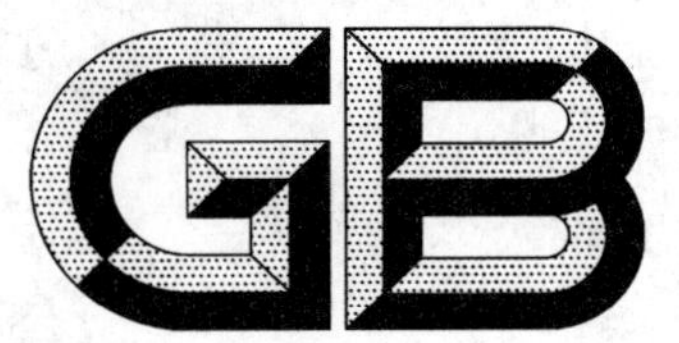

中华人民共和国国家标准

GB/T 27526—2011

PROFIBUS 过程控制设备行规

PROFIBUS Profile for process control devices

2011-11-21 发布　　2012-03-01 实施

中华人民共和国国家质量监督检验检疫总局
中国国家标准化管理委员会　发布

前　言

本标准按照 GB/T 1.1—2009 给出的规则起草。

GB/T 27526—2011《PROFIBUS 过程控制设备行规》修改采用 PROFIBUS&PROFINET 现场总线国际团体(PI)的技术规范(PNO/TC3-04-0006c)《PROFIBUS 过程控制设备行规》(第 3.02 版本)。

本标准与 PNO/TC3-04-0006c《PROFIBUS 过程控制设备行规》(第 3.02 版本)相比在结构上有部分调整,删除了 PNO/TC3-04-0006c《PROFIBUS 过程控制设备行规》(第 3.02 版本)中关于文本版本变化的条,并相应编排文本章条号和表编号,如下:

——删除 PNO/TC3-04-0006c《PROFIBUS 过程控制设备行规》(第 3.02 版本)的 5.8“文本历史”;

——删除 PNO/TC3-04-0006c《PROFIBUS 过程控制设备行规》(第 3.02 版本)的 6.9“文本历史”;

——删除 PNO/TC3-04-0006c《PROFIBUS 过程控制设备行规》(第 3.02 版本)的 7.6“文本历史”;

——删除 PNO/TC3-04-0006c《PROFIBUS 过程控制设备行规》(第 3.02 版本)的 8.5“文本历史”;

——删除 PNO/TC3-04-0006c《PROFIBUS 过程控制设备行规》(第 3.02 版本)的 9.5“文本历史”;

——删除 PNO/TC3-04-0006c《PROFIBUS 过程控制设备行规》(第 3.02 版本)的 10.6“文本历史”;

——删除 PNO/TC3-04-0006c《PROFIBUS 过程控制设备行规》(第 3.02 版本)的 11.11“文本历史”;

——删除 PNO/TC3-04-0006c《PROFIBUS 过程控制设备行规》(第 3.02 版本)的 13.4“文本历史”;

——增加了部分规范性引用文件和参考文献;

——增加了部分缩略语;

——增加了表 96 和表 97 中对工程单位代码和材料代码的注释。

本标准还做了下列编辑性修改:

——删除 PNO/TC3-04-0006c《PROFIBUS 过程控制设备行规》(第 3.02 版本)的脚注 1;

——删除 PNO/TC3-04-0006c《PROFIBUS 过程控制设备行规》(第 3.02 版本)的脚注 2,改为第 4 章的注;

——删除 PNO/TC3-04-0006c《PROFIBUS 过程控制设备行规》(第 3.02 版本)的脚注 3,改为 5.1.6.2 的注;

——删除 PNO/TC3-04-0006c《PROFIBUS 过程控制设备行规》(第 3.02 版本)的脚注 4,改为 5.2.1.2 的注;

——删除 PNO/TC3-04-0006c《PROFIBUS 过程控制设备行规》(第 3.02 版本)的脚注 5,改为 7.3.1.1 的注。

本标准由机械工业联合会提出。

本标准由全国工业过程测量和控制标准化技术委员会(SAC/TC 124)归口。

本标准起草单位:机械工业仪器仪表综合技术经济研究所、上海自动化仪表有限公司、北京机械工业自动化研究所、西南大学、北京和利时系统工程股份有限公司、中国科学院沈阳自动化研究所、重庆川仪自动化股份有限公司、清华大学、北京华控技术有限责任公司、中国机电一体化协会、西门子(中国)有限公司、中国石油和化工自动化应用协会、中海油研究中心。

本标准主要起草人:刘丹、谢素芬、王春喜、王麟琨、包伟华、李百煌、刘枫、罗安、陈学军、周侗、阳宪惠、田英明、刘云男、陈小枫、李文娟、惠敦炎、欧阳劲松、窦连旺、陈明海、徐伟华。

引　言

现场设备可在有本质安全要求的生产和过程控制环境中运行。这就产生了对具有有限存储和处理能力的设备的需求，以及对非常低带宽的总线的需求。

符合 IEC 61784-1 中 CP 3/1 和 CP 3/2 的 PROFIBUS 现场总线标准覆盖了大量潜在的工业控制和监视应用，并在现场中使用。

为了协调变送器、执行器和控制器，以及到可视化终端、操作员终端之间的应用功能，必须定义参数的语法和语义，这是本行规的主要内容。在本行规的“映射”部分，定义了到特定 PROFIBUS 协议的映射。图 1 简要说明了行规与协议间的关系。

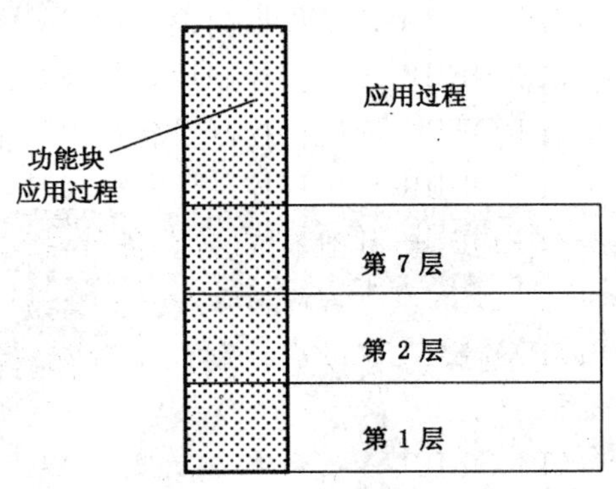

图 1　在 ISO/OSI 模型的分层体系结构中行规（粗线框）的集成

本标准对应于 PROFIBUS&PROFINET 现场总线国际团体（PI）的技术规范《PROFIBUS 过程控制设备行规，版本 3.02》（PA 行规 3.02），之前的 PROFIBUS PA 行规版本包括 PA 行规 3.0 和 PA 行规 3.01。在本标准中为了方便说明符合本版本行规设备的新特性，也直接用 PA 行规 3.02 来指代本标准。

PROFIBUS 过程控制设备行规

1 范围

本标准规定了用于操作、调试、维护和诊断的基本设备的参数集，以及实现由用户集团和设备制造商所定义参数的连贯性机制。

本标准适用于过程控制(例如：化工、食品、水/污水处理、电站和基础工业)中使用的变送器、阀、二进制设备以及其他装置。

本标准规定的 PROFIBUS 过程控制设备行规分为两类：A 类和 B 类。A 类行规描述了简单设备的通用参数，其范围限于操作阶段的基本功能。该基本集由具有测量值状态的过程变量(例如温度、压力和物位)、标签(TAG)名称和工程单位组成。B 类行规的范围是用于过程控制的设备，它是 A 类行规定义的扩展，并覆盖用于标识、调试、维护和诊断的更复杂的应用功能。参数与不同类之间的关系见参数定义及一致性声明(见 5.7)。

2 规范性引用文件

下列文件对于本文件的应用是必不可少的。凡是注日期的引用文件，仅注日期的版本适用于本文件。凡是不注日期的引用文件，其最新版本(包括所有的修改单)适用于本文件。

GB/T 19892.1—2005 批控制 第 1 部分：模型和术语(IEC 61512-1:1997,IDT)

GB/T 20540.5—2006 测量和控制数字数据通信 工业控制系统用现场总线 类型 3：PROFIBUS 规范 第 5 部分：应用层服务定义(IEC 61158-5 类型 3:2003,MOD)

GB/T 20540.6—2006 测量和控制数字数据通信 工业控制系统用现场总线 类型 3：PROFIBUS 规范 第 6 部分：应用层协议规范(IEC 61158-6 类型 3:2003,MOD)

GB/Z 25105.1—2010 工业通信网络 现场总线规范 类型 10：PROFINET IO 规范 第 1 部分：应用层服务定义(IEC 61158-5-10:2007,MOD)

IEC 60751:2008 工业铂电阻温度计和铂温度传感器(Industrial platinium resistance thermometer and platinum temperature sensors)

IEC 61784-1:2007 工业通信网络行规 第 1 部分：现场总线行规(Industrial communication networks—Profiles—Part 1:Fieldbus profiels)

ANSI TIA/EIA-485-A:1998 平衡数字多点系统用发生器和接收机的电特性(Electrical characteristics of generators and receivers for use in balanced digital multipoint systems)

PNO/TC3-04-0006 PROFIBUS 过程控制设备行规 V3.01(PROFIBUS Profile for process control devices,version 3.01)

PNO/TC3-04-0007a PROFIBUS 过程控制设备行规 V3.02 的增补 1：用于 PA 设备的 PROFIsafe(PROFIBUS profile amendment 1 to PROFIBUS profile for process control devices V 3.02,PROFIsafe for PA devices)

PNO/TC3-05-0002a,PROFIBUS 行规导则 第 1 部分：标识和维护功能(PROFIBUS profile guidelines Part 1:Identification & maintenance functions)

PNO/TC3-99-0019,PROFIBUS 过程控制设备行规 V3.0(PROFIBUS Profile for process control devices,version 3.0)

3 术语和定义、缩略语、约定

3.1 术语和定义

下列术语和定义适用于本文件。

3.1.1

地址 address

对设备内一个参数的绝对数字的引用。

3.1.2

警报对象 alert objects

当检测到报警或事件时,警报对象被用来传送通知报文。

3.1.3

应用 application

软件的功能单元,由互连的功能块、事件和对象集合而成。应用可以是分布式的,并可具有与其他应用的接口。

3.1.4

属性 attribute

一个实体的特性或特征,例如:值和状况是输出参数的属性。

3.1.5

总线地址 bus address

总线地址是对网络上设备的数字的引用。

3.1.6

块(块实例) block (block instance)

软件的逻辑处理单元,由单个命名的块副本和块类型规定的相关参数组成。该块从一次调用持续到下一次调用。

3.1.7

数据结构 data structure

其元素不必是相同数据类型的一种集合,其中的每个元素可惟一地通过标识符来引用。

3.1.8

数据类型 data type

对应一组允许操作的值的集合。

3.1.9

设备 device

能够在特定的上下关系中执行一个或多个指定功能并由其接口来界定的物理实体。

3.1.10

实体 entity

特定的事物,例如:人、地点、过程、对象、概念、关联或事件。

3.1.11

(广义)功能 (Global) function

实体的特定目的。

3.1.12

(具体)功能 (Concept) function

实体在实现其目的时所执行的一组动作之一。

3.1.13

功能块　function block

由一个或多个输入参数、输出参数和内含参数组成的一个命名块，它处理实体在实现其目的时所执行的一组动作之一。

注：功能块代表一个应用所执行的基本自动化功能，而该应用尽可能地独立于特定的I/O设备和网络。每个功能块按照指定的算法和内部的一组内含参数来处理输入参数，产生输出参数。这些输出参数可在同一功能块应用中使用，或由其他功能块应用使用。

3.1.14

功能块应用　function block application

由若干物理块、功能块、转换块及相关对象所执行的一个自动化系统的应用。

3.1.15

索引　index

用于寻址设备中参数的属性。

3.1.16

实例　instance

与功能块调用有关的数据部分。

3.1.17

本地访问　local access

通过本地用户接口或服务接口的访问。

注：不通过PROFIBUS总线访问。

3.1.18

模式　mode

模式决定块的操作方式和块实例的可用方式。

3.1.19

对象　object

具有状态、行为和标识的实体。

3.1.20

参数　parameter

一种变量，如功能块的输入参数、输出参数或内含参数。

3.1.21

参数地址　parameter address

设备的目录对象与若干块的槽(Slot)/索引(Index)地址之间的引用。

3.1.22

物理块　physical block

与资源相关的现场设备的硬件特定特征，这些特征通过物理块是网络可见的。

注：类似于转换块，通过包含一组实现无关的硬件参数使功能块与物理硬件隔离。

3.1.23

记录　record

被视为一个单元的一组数据元素。

3.1.24

相对索引　relative index

在一个块内参数的逻辑偏移量。

3.1.25

远程访问　remote access

经由 PROFIBUS 总线的访问。

3.1.26

简单变量　simple variable

以规定的数据类型为特征的单一变量。

3.1.27

槽　slot

用于寻址设备内逻辑模块中一组参数的属性。

3.1.28

转换块　Transducer Block

转换块通过为功能块使用所定义的设备无关的接口来控制对 I/O 设备的访问，同时还对 I/O 数据执行诸如校准和线性化功能，以将其转换成一种设备无关的表示法。转换块与功能块的接口被定义为一个或多个实现无关的 I/O 通道。

注：转换块使功能块与特定的 I/O 设备(例如：传感器、执行器和开关装置)相隔离。

3.1.29

变量　variable

可被赋值为一组值中的任意一个的软件实体。

注：一个变量的值通常被限制为某种数据类型。

3.1.30

视图对象　view objects

通过单个通信请求来访问的若干组参数。

注：提供视图对象来支持对功能块应用内参数数据的高效访问。

3.2　缩略语

a	Acyclic	非循环的
AI	Analog Input	模拟输入
AO	Analog Output	模拟输出
AS	Automation System	自动化系统
BM	Binary Messages	二进制消息
cyc	Cyclic	循环的
DCS	Decentral Control System	分散控制系统
DM	Device Management	设备管理
DS	Data type structures	数据类型结构
DTM	Device Type Manager	设备类型管理器
EDD	Electronic Device Description	电子设备描述
FB	Function Block	功能块
FDT	Field Device Tool	现场设备工具
GSD	General Station Description (Geräte StammDatei，德文)	通用站描述(设备基本文件)

I&M	Inditification & Maintenance	标识和维护
I/O	Input/Output	输入/输出
LUV	Last Usable Value	最新可用值
MSAC	Master Slave acyclic	主从非循环
MSCY	Master Slave cyclic	主从循环
NAMUR	Normungsarbeitsgemeinschaft für Mess-und Regelungstechnik in der Chemischen Industrie(德文)	德国化工测量和控制标准化委员会
PA	Process Automation	过程自动化
PB	Physical Block	物理块
PCS	Process Control System	过程控制系统
PI	PROFIBUS&PROFINET International	PROFIBUS&PROFINET 国际组织
PROFIBUS	Process Field Bus	过程现场总线
PROFIBUS DP	Communication network according to IEC 61784-1 CP 3/1	符合 IEC 61784-1 中 CP 3/1 的通信网络
PROFIBUS PA	Communication network according to IEC 61784-1 CP 3/2	符合 IEC 61784-1 中 CP 3/2 的通信网络
r	read access	读访问
SAP	Service Access Point	服务访问点
TB	Transducer Block	转换块
w	write access	写访问

3.3 约定

符合 PROFIBUS PA 的设备在物理块对象、转换块对象和功能块对象中构造其参数和功能。实际设备由这些块的实例组成。设备中块实例的组合遵从某些规则。

本行规由包含 PROFIBUS PA 设备全部定义和规则的通用要求以及包括转换块、功能块和物理块规范的几个设备数据单组成，如图 2 所示。到通信资源的映射见第 6 章。

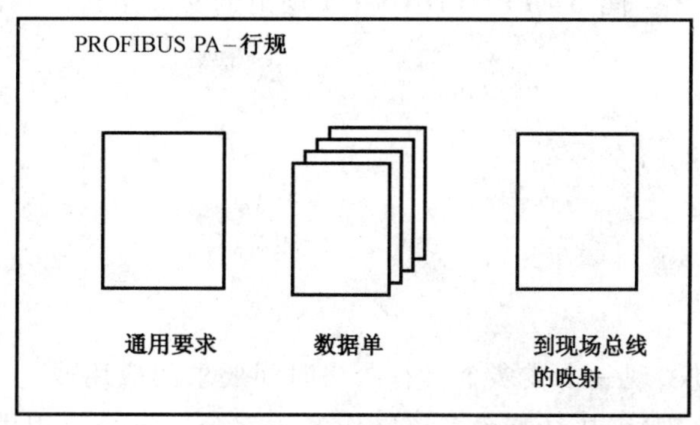

图 2 本行规的结构

有些设备由若干个应用组成(例如:传感器系统、执行器)。这些设备的行规由通用要求定义和设备必要的设备数据单定义构成。此外，到 PROFIBUS 协议的映射必须遵循本行规映射部分的定义。在本行规中，通用定义为一部分，不同的设备数据单为另一部分。这种结构使得行规的更新非常灵活。

4 过程控制设备行规的一致性

与本行规一致性的声明应包括：

——与本行规的一致性；

——提供符合 5.7 的详细描述。

注：按照 ISO/IEC 导则给出与本行规的一致性声明。

行规是满足现场总线标准或某些特定领域或设备功能的一组约定。遵循以下两方面内容的设备才被称为 PROFIBUS PA 设备：

——符合 IEC 61784-1 中 CP 3/1 或 CP 3/2 的 PROFIBUS 协议规范；

——本行规规范。

图 3 示出了 PROFIBUS PA 规范文本的结构。

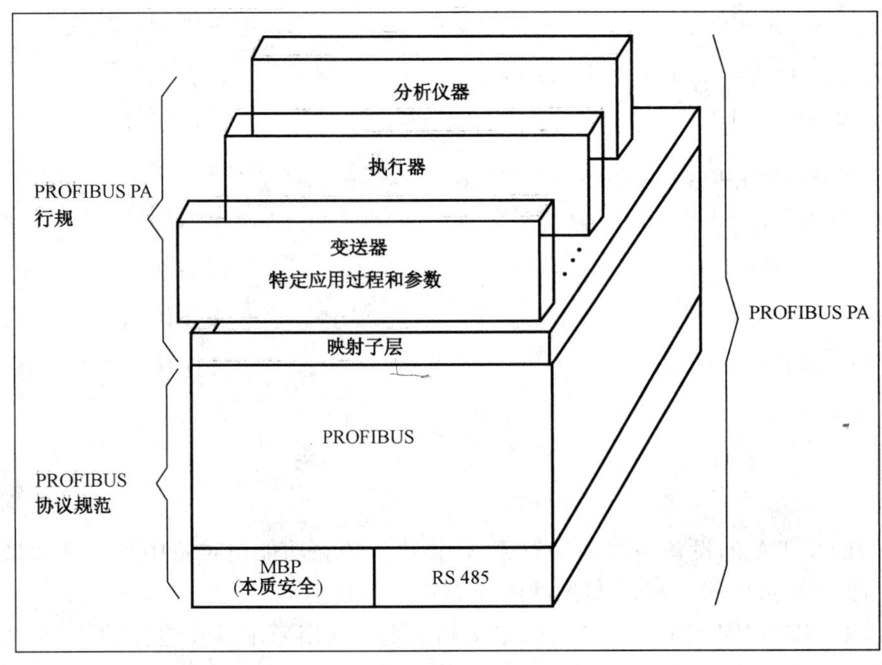

图 3 PROFIBUS PA 规范的文本结构

5 通用要求

5.1 技术概述

5.1.1 概要

每个现场总线设备通过实现一个或多个具有严格时间要求的应用或一个应用的若干部分(例如：传感器数据采集和控制算法处理)来执行整个系统操作的一部分。每个应用由一组用功能块模型表示的基本现场设备功能组成。这些应用被称为功能块应用。

PROFIBUS PA 现场总线系统由通过现场总线通信网络进行互连的数字设备和控制/监视装置组成。它们被集成到一个装置或工厂的物理环境中，协同工作并为自动化处理和操作提供 I/O 和控制。

因此，现场设备支持客户对于运行、调试、诊断和维护的需求。

5.1.2 设备模型

执行 PROFIBUS PA 功能块应用的设备有两种不同的类型。典型的设备是用在过程控制领域的紧凑型设备，例如变送器和执行器。另一种是模块化设备，例如通常用于执行开/关阀门的二进制 I/O。紧凑型设备是仅具有一个模块的模块化设备(见图 4)。

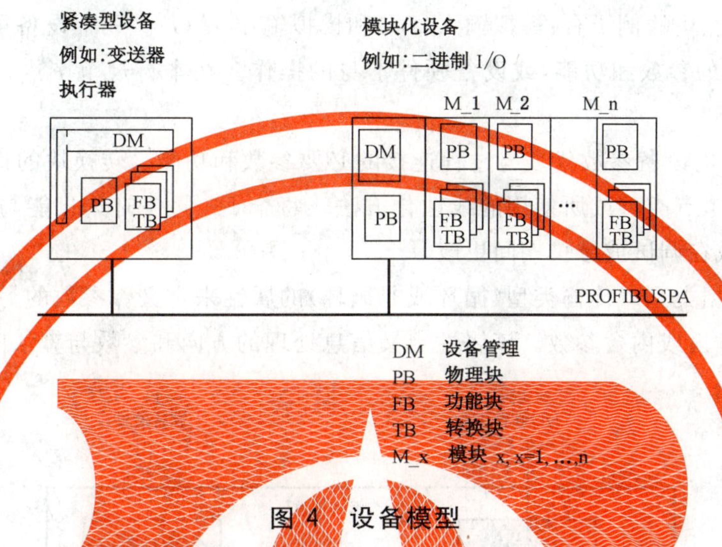

图 4 设备模型

每个设备都用物理块、设备管理功能及参数表示。一个设备的模块包括一个物理块、若干功能块和若干转换块(见 5.1.3)。紧凑型设备的物理块只有一个。

设备管理由设备的块结构和对象结构的目录组成(见图 5)。

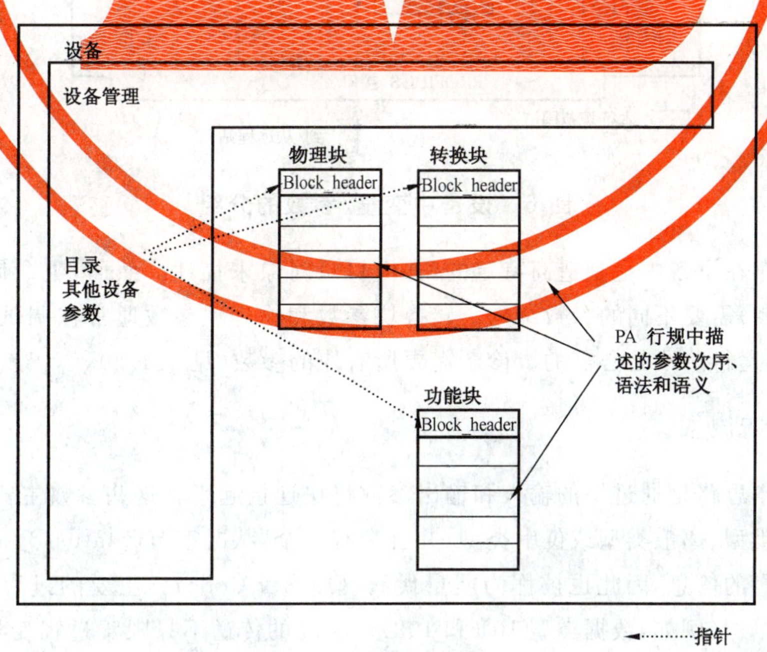

图 5 块、块参数及目录之间的关系

5.1.3 块模型

通过将设备或模块的变量和参数指定给部件或功能组件，这些变量和参数分别在块中构造（见图6）。由于同一个参数根据上下文关系可能是变量或常量，因此在本标准中使用参数的引用。例如一个设备的部件可以是电源、存储器、过程附属单元或测量值预处理的电子器件。这些部件表示设备的许多方面，例如调试、运行和诊断。

根据行规参数定义了三种类型的块：功能块、转换块和物理块。功能块（FB）描述在自动化系统内执行的设备功能。功能块的例子有：模拟输入（AI）和模拟输出（AO）。一个设备可包含多个FB。物理块（PB）描述设备必要的参数和功能，或设备硬件本身的操作。在本行规范围内，紧凑型设备仅包含一个物理块。

转换块（TB）包含的设备参数代表与过程连接的必要参数和功能。转换块的例子有：过程的温度或压力、传感器类型、参考点类型或所使用的线性化方法。每个FB同一时刻只能与一个TB连接。这种连接可以是固定的，或在调试或维护期间更改。

参数通过诸如数据类型或传输类型（循环或非循环）的属性来定义。参数的另一个属性是将其分配给块作为块的输入、输出或内含参数。该属性定义信息处理的方向和参数与算法间的关系。

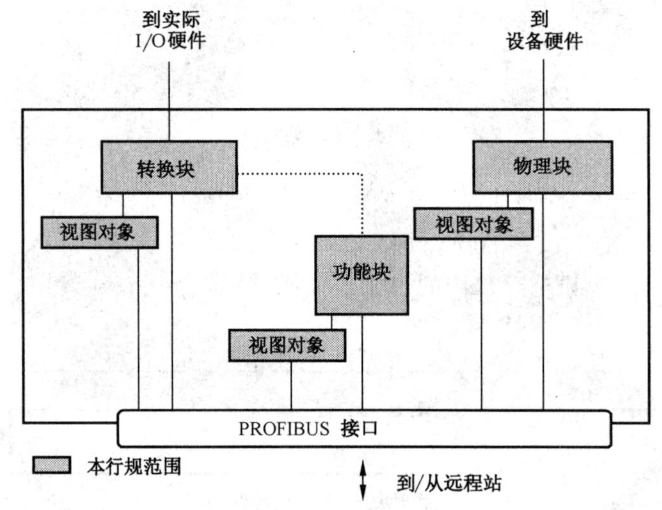

图6 设备中变量/参数的分组

如何将参数保存在设备中是制造商特定的，并由目录对象来描述。然而，生命周期的不同视图（调试、运行、维护和诊断）需要不同的参数结构。转换块参数和物理块参数通常在调试和维护期间是必需的，而功能块参数在运行阶段是必需的。诊断需要所有块的参数（见5.1.5）。

5.1.4 块之间的状况流

状况模型的基本思路是通过块的输入和输出参数将块连接起来。这些参数主要是过程变量。过程变量被定义为浮点类型、离散类型或位串类型，并且带有一个“状况字节（Status Byte）”。“状况字节”包含关于过程变量质量的信息，因此也被称为质量代码（Quality Code）。主要的过程变量类型为模拟数据结构和离散数据结构（例如，数据类型101和102）。状况的传送不只限于过程变量，还可与操作变量或反馈变量相耦合。这些状况数据提供所结合变量的当前状况信息以及先前软件进程实例的状况信息。

状况字节由3部分组成。第1部分由2比特组成，表示被发送值的基本质量说明。其后的4比特代码是附加的质量说明。这4比特代码的含义随前2比特代码的不同而不同。第3部分由剩余的2比特组成，包含超限的信息。

状况编码的定义见5.3。

5.1.5 功能块与转换块间的引用

输入功能块和输出功能块隐藏了控制应用的特定测量或执行特性。转换块提供了对用于设备组态或调整的必要参数的访问。在运行期间，一个测量或执行通道由连接在一起的一个转换块和一个功能块组成。该连接是可组态的，通过使用功能块的“通道(CHANNEL)”参数实现。该连接是一个引用，即FB具有一个指向相关转换块及其参数的指针。

典型地，一个转换块具有一个引用。然而，在一些情况下，例如多路器，还需要其他组合。以下定义了允许的组态：

——具有一个引用的转换块将所使用的参数命名为主值(PV)；

——具有多个引用的转换块将附加使用的参数命名为次值_n(SV_n，n=2，...)。这意味着一个转换块可以与多个功能块连接；

——多个转换块可以使用同一个传感器的相同测量值；

——转换块的PV参数和SV参数可以具有101、102或DS-60的数据类型。

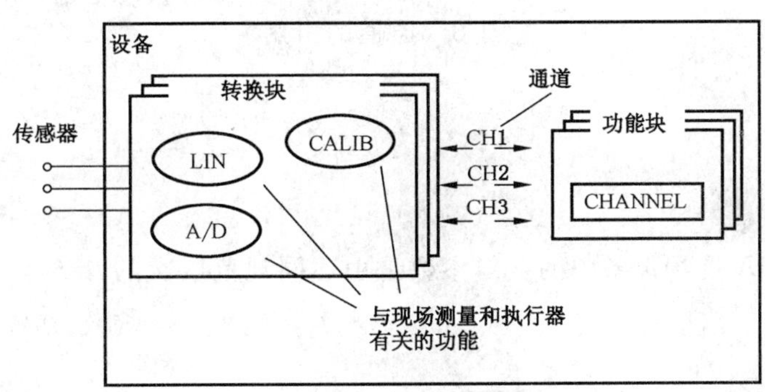

图7 通过通道号来引用的转换块

“reference”是功能块的一个Unsigned16的参数，并用来在逻辑上关联转换块信息与功能块信息。在块组态期间，通道号的值可以在输入和输出功能块中组态。

此参数的有效范围及与特定引用相关的信息规定如下：

“CHANNEL”参数由两个元素组成：

——TB_ID(第1个字节，见目录定义)；

——所用TB参数的相对索引(第2个字节，见每个转换块属性表的第1列)。

注：见图8所示。

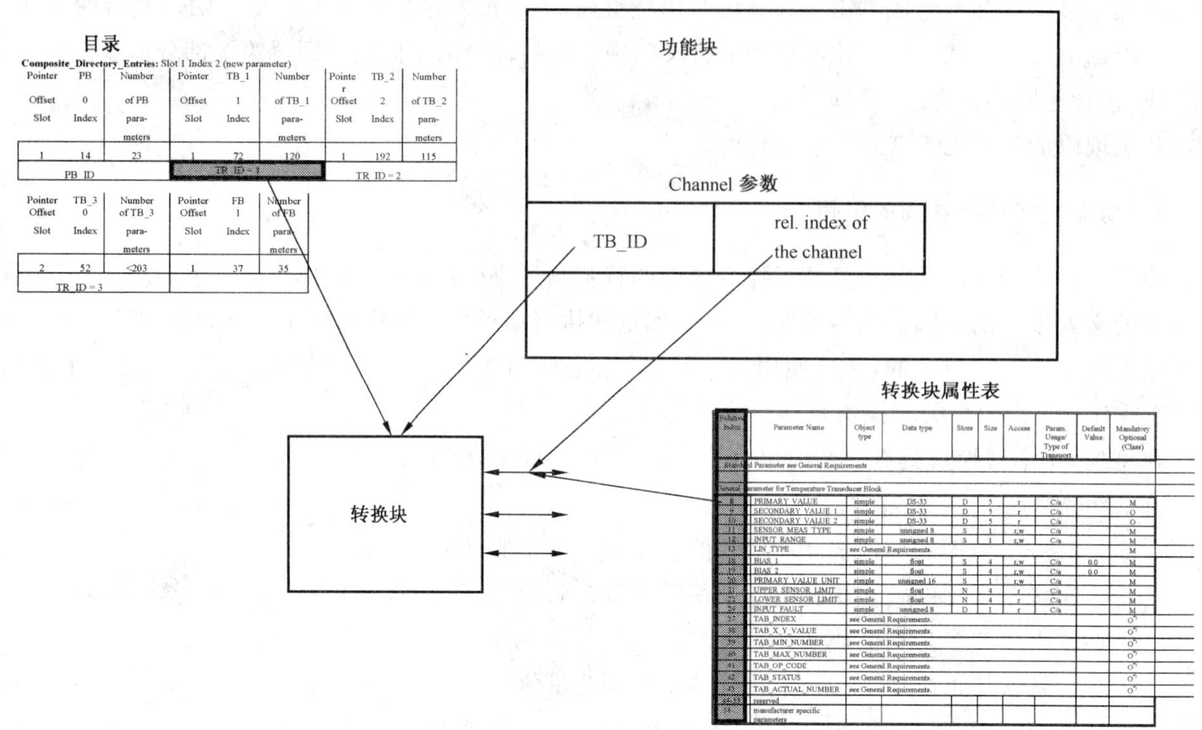

图 8　通道的引用

5.1.6　参数

5.1.6.1　概述

实际 PROFIBUS PA 现场设备中的全部参数是由不同规范层次的参数构成的。块中参数的一致性层结构见图 9。

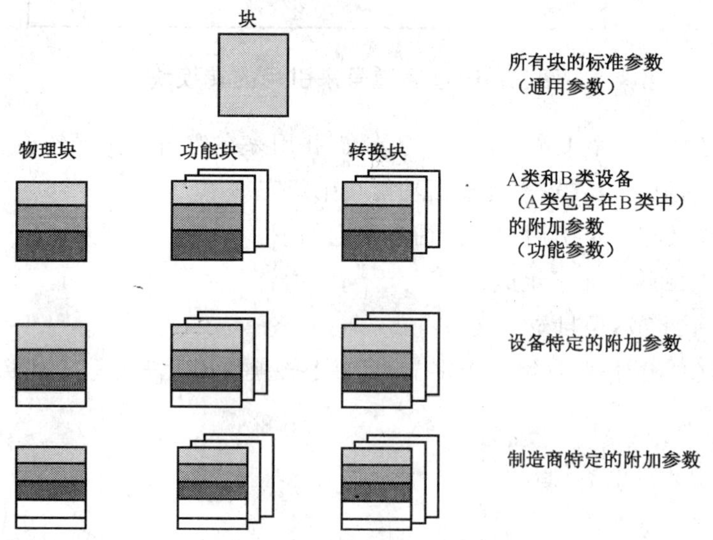

图 9　块中参数的一致性层结构

所有块都应提供至少 7 个标准参数，功能块至少提供 8 个标准参数（见 5.2），这是层次结构的顶层。A 类设备应提供标准参数和 A 类设备的设备类型特定的功能块参数。B 类设备应提供标准参数、

A 类设备参数、设备类型特定参数，以及（如存在）B 类设备的制造商特定的功能块参数。每个块都有可能具有设备特定参数和制造商特定参数。

5.1.6.2 参数的命名和寻址

所有块都使用标签（tag）描述来标识，相关参数被称为 TAG_DESCR。标签提供对应用特定的块的引用，并由设备用户进行分配。

块参数通过相对索引来标识，相对索引是块内参数的逻辑偏移量。在功能块、转换块和物理块的范围内定义参数及其相对索引。块内的偏移量是惟一的、固定的，并在应用中可用来寻址参数。为通信目的，在 FB 应用和通信协议规范中，参数的命名和寻址之间具有无歧义的映射，见第 6 章。

参数描述可通过附加信息进行补充，例如使用电子设备描述语言（EDDL）。根据应用领域、设备功能和制造商特定性能，功能块定义及其相关 EDD 描述被组织成一个分层的公用参数集。

注：EDDL 不在本标准内定义，也不属于 PROFIBUS 行规 B 类设备的范围。它在 IEC 61084-3 中定义。

5.1.6.3 参数用法

为了特定目的而定义块的参数。此外，每个参数被定义用作输入参数、输出参数或内含参数。

——Contained：内含参数的值可由操作员或更高层设备进行组态和设置，或通过计算得来，不能将其链接到其他功能块的输入或输出。

——Output：输出参数向块外部的目标提供其值。输出参数包含值（value）和状况（status）两个属性。输出状况指示所生成参数值的质量。

——Input：输入参数从块外部的源获得其值。其值可被该块的算法使用。

5.1.7 简单设备的标准参数存储

简单设备（即仅包含一个传感器附件的设备）允许将 ST_REV、TAG_DESC、ALERT_KEY 和 STRATEGY 中的每个参数只在一个位置存储，这意味着可能只有一个 TAG。

5.2 标准参数和对象

5.2.1 块参数和对象介绍

5.2.1.1 视图对象（view objects）

视图对象允许用一个服务请求来读或写若干组功能块参数值。这就使得组信息能够及时高效地传送。每个物理块、功能快和转换块可存在多个视图对象，用以表示操作和参数化的所有信息。本行规支持 View_1 作为必备的视图对象。可选地，还可具有块特定的视图对象 View_2～View_4。每个块的视图对象表定义了 VIEW_x 所包含的参数。

5.2.1.2 报警对象（alarm objects）

当检测到报警时，报警对象被用来传送通知消息。当检测到某个块离开特定状态以及返回到该状态时，报警产生。检测到报警状态的时间被作为时间戳包含在警报报文中。

注：除分析仪器设备外，实际行规一般不支持时间戳特性。在其他行规规范中可能定义时间戳。

根据报警的类型，在资源中可定义两类报警：

——模拟报警：用于报告其相关值是浮点型报警或事件的报警；

——离散报警：用于报告其相关值是离散型报警或事件的报警。

块提供报警对象，但报警对象值的传送不在本行规范围内。

5.2.2 表的使用说明

5.2.2.1 概述

使用4种表格来描述各块参数的具体信息：

——参数描述表；

——参数属性表；

——一致性表；

——视图对象表。

表中提供的信息说明如下。

5.2.2.2 参数描述表

本表包含每个块参数及其预计使用的描述。该描述包含参数的语义。例如，在表中定义了枚举型参数的编码。这些描述也被用作帮助字符串。

如果一个参数具有枚举范围，则允许其支持制造商特定的可选代码子集。

5.2.2.3 参数属性表

参数属性表规定块参数的特性。本表提供如下信息：

——相对索引(relative index)

相对于本块第1个参数的索引偏移量。

——参数名称(parameter name)

该参数的助记名称。

——对象类型(object type)

参数值的对象类型，包括：

- Simple：简单变量；
- Record：若干个不同的简单变量组成的结构；
- Array：若干个简单变量组成的数组。

——数据类型(data type)

参数值的数据类型，包括：

- Name：简单变量或数组的基本数据类型；
- DS-n：数据结构(Record)编号n。

——存储(store)

要求的存储器类型，如下：

- N：非易失参数，应在整个上电周期内都被保存，但它不属于静态更新代码；
- S：静态，非易失，修改此参数将增加静态版本计数器ST_REV的值；
- D：动态，该值由块计算出，或从另一个块读取；
- Cst：常量，该参数在设备中保持不变。

——大小(size)

数据大小，按八位位组(字节)计。

——访问(access)

- r：指示该参数可被读；
- w：指示该参数可被写。

注：可写参数的范围被限定于当前存储的参数值，这是设备的有效行为。

——参数用法(parameter usage)

- C:内含;
- I:输入;
- O:输出。

——传输类型(kind of transport)(按指示的最低要求)

- a:非循环的;
- cyc:循环的。

——复位类别(reset class)

FACTORY_RESET(物理块参数)影响设备中块的不同参数集。参数的复位类别特性确定一个参数是处于测量或执行通道的信号链中(功能性参数),还是该参数包含附加信息(信息性参数)。

- F:功能性;
- I:信息性;
- —:不适用。

——缺省值(default value)

在初始化过程中分配给参数的值。这对于一个未组态的块的初始化是必须的。参数的值符合参数的数据类型。如果在块的属性表中存在参数值,则此值须被用作缺省值(行规缺省值)。如果在块的属性表中没有参数值,则其缺省值是制造商特定的(制造商缺省值)。

——下载次序(download order)

设备中存在数据的一致性限制(例如,若干参数使用相同的工程单位)。修改一个参数可能会引发设备内的某些计算。因此,固定的参数下载到设备的顺序避免了数据的不一致性。下载是对一组参数的一系列写访问。此属性定义了应遵循的写访问顺序。

在一些复杂设备中,因为某些参数的相互依赖性非常高,因此有必要封装一组参数。为此,可以采用"参数处理(parameter Transaction)"的方法(见5.4)。

注:每个参数可被单独写入。

——必备/可选(mandatory/optional)

- M:指示该参数对于非循环访问是必备的。循环访问可被单独组态;
- O:指示该参数是可选的。

5.2.2.4 一致性表

每个设备从本行规规定的结构中选择必要的子集。子集的选择遵循在一致性声明中定义的某些规则。该表指出哪些结构是必备的(M),哪些是选择的(S),以及哪些是可选的(O)。

——M:指示该行规特征(物理块、功能块、转换块、浓缩状况等)是必备的;

——O:指示该行规特征是可选的;

——S:指示行规设备可以支持一个或多个子特征的选择(例如:模拟输入、模拟输出、离散输入等是功能块的子特征)。存在两种选择的子特征:必备特征和可选特征。选择必备特征的子特征是指设备应支持一个或多个所列出的子特征。选择可选特征的子特征是指如果设备支持该特征,则该设备应支持一个或多个所列出的子特征。

5.2.2.5 视图对象表

视图对象允许使用一个服务请求来读或写若干组参数值。提供这样的能力使得可以及时高效地传送一组信息。每个块可存在多个视图对象:View_1、View_2、View_3 和 View_4。

视图对象是视图表中标记的所有参数的串接(集合)。一个通信处理传送所有参数值。这些对象集合的定义见详细块规范中的视图对象表(见表 1)。

表 1　视图对象描述

视图对象	描　　述
View_1～View_4	用来访问块参数值的视图对象
View_5～	制造商特定

根据 PROFIBUS PA 的 B 类设备，只有 View_1 对于所有块是必备的，其他视图对象是可选的。如果有制造商特定的视图对象，则即使保留的和可选的视图对象并未实现，也必须将这些视图对象计数在内。

对视图对象进行写访问，如果静态属性参数中至少有一个元素被改变，则该写访问使参数 ST_REV 最小增加 1，见 5.2.3.1.2。

5.2.3　通用数据类型和结构

5.2.3.1　数据类型

5.2.3.1.1　通用数据类型

注：由 DS-xx 标识的数据类型的引用只在本文本范围内有效，它不适用于其他任何文本的编号。

数据类型(1-Boolean～13-TimeDifference)的使用同在 GB/Z 25105.1 中的定义。

在本行规范围内未定义比特串(BitString)数据类型。BitString 数据类型被映射为八位位组串(OctetString)数据类型，如表 2 所示。

表 2　比特串(BitString)到八位位组串(OctetString)的映射

BitString 定义																								
Byte1								Byte2								Byte3								…
1	2	3	4	5	6	7	8	9	10	11	12	13	14	15	16	17	18	19	20	21	22	23	24	…
OctetString 定义																								
Byte1								Byte2								Byte3								…
8	7	6	5	4	3	2	1	16	15	14	13	12	11	10	9	24	23	22	21	20	19	18	17	…
Bit 7							Bit 0	Bit 7							Bit 0	Bit 7							Bit 0	

5.2.3.1.2　通用数据类型缺省值

本行规定义的数据元素、结构或视图对象可包含可选的或供将来使用的参数。如果在当前实现中不支持这些元素，则应使用以下值作为替代值：

——Floating Point　　0x7F 0xFF 0xFF 0xFF(不是一个数)

——VisibleString　　0x20,0x20,…

对于上面未作规定的数据类型，其所有八位位组缺省值都为 0x00。

对于不符合这些规则的某些参数，在本行规中被明确定义。

5.2.3.1.3　时间值(TimeValue)数据类型(21)

该数据类型是一个补充定义的(对于 Boolean、Unsigned、Integer 等而言)数据类型，按设备时间和时钟同步所要求的精度来表达日期和时间。

数据类型　TimeValue(21)

在本行规范围内没有应用时间同步，因此不使用时间戳。具有数据类型 21 的参数的缺省值应为 0。

5.2.3.1.4 不支持的可选参数的枚举数据类型及取值

只要各参数无其他编码定义，表 3 中的定义适用于本行规定义的枚举数据类型的所有参数。建议将这些定义用于将来的行规实现。

表 3　枚举编码

Unsigned8	Unsigned16	标　注	描　述
0～127	0～32767	PI 保留	依据行规定义
128～249	32768～65529	制造商特定	由制造商定义
250	65530	未使用	不支持该参数所涉及的功能，或在当前组态中不使用该参数
251	65531	无意义	不适用
252	65532	未知	不能被赋值，例如未初始化
253	65533	特定	附加信息是必要的/可用的
254～255	65534～65535	PI 保留	供将来使用

5.2.3.2 块(Block)结构(DS-32)

此数据结构由块的属性组成(见 5.2.5)。

数据类型　Block(DS-32)

属性　Number of Elements=12

属性　List of Elements(见表 4)

表 4　块(Block)结构的元素表

E	元素名称	数据类型	(索引)	大　小
1	Reserved	Unsigned8	(5)	1
2	Block_Object	Unsigned8	(5)	1
3	Parent_Class	Unsigned8	(5)	1
4	Class	Unsigned8	(5)	1
5	Dev_Rev	Unsigned16	(6)	2
6	Dev_Rev_Comp	Unsigned16	(6)	2
7	DD_Revision	Unsigned16	(6)	2
8	Profile	OctetString	(10)	2
9	Profile_Revision	Unsigned16	(6)	2
10	Execution_Time	Unsigned8	(5)	1
11	Number_of_Parameters	Unsigned16	(6)	2
12	Address_of_View_1	Unsigned16	(6)	2
13	Number_of_Views[a]	Unsigned8	(5)	1

[a] 如果一个块具有多个(>1)视图对象，则这些视图对象应无间隔地紧随前一个视图对象之后。对于供行规使用而保留的视图对象，由它们所产生的间隔(gap)是允许的。

表 5 示出了块结构的参数描述。

表 5 块(Block)结构的参数描述

元　素	描　述
Reserved， Block_Object， Parent_Class， Class	这 4 个参数规定了设备的种类。编码如下： 0～127：　见表 6、表 7、表 8 128～249：制造商特定 250：　未使用 251：　无意义 252：　未知 253：　特定 254 和 255：保留
Dev_Rev	见 5.5.4.2.1，对于设备的所有块都相同
Dev_Rev_Comp	见 5.5.4.2.1，对于设备的所有块都相同
DD_Revision	供将来使用
Profile	编码见表 9
Profile_Revision	编码如下： Byte1(MSB)：十进制小数点之前的数字；范围为 00～99 Byte2(LSB)：十进制小数点之后的数字；范围为 0～255 MSB 表示 NAMUR NE53 的第 1 个数字，LSB 表示 NAMUR NE53 的第 2 个和第 3 个数字： 例如对于行规 3.02：MSB=0x03，LSB=0x02
Execution_Time	供将来使用
Number_of_Parameters	块所用的相对索引(参数)的个数，包括： ——块中必备部分内的间隔(gap)； ——可选参数； ——保留参数； ——制造商特定参数； ——块中制造商特定部分内的间隔(gap)。 Number_of_Parameters 不包含视图对象
Address_of_View_1	用于访问 View_1 参数(见 5.2.1.1)的引用。此参数值的含义是通信特定的，并在本行规映射部分定义
Number_of_Views	如果块中存在除 View_1 视图对象以外的其他视图对象，则此参数包含该块中所有视图对象的个数，包括 View_1 和保留的视图对象

表 6 示出了物理块的块对象。

表 6 物理块：Block_Object、Class 和 Parent_Class 的编码

Byte1	Byte2	Byte3	Byte4
Reserved	Block_Object	Parent_Class	Class
0～127 保留 缺省值=250(未使用)	01　物理块	01　变送器 02　执行器 03　离散 I/O 04　控制器 05　分析仪器 06　实验室设备 07～126　保留 127　多变量	缺省值=250(未使用)

表 7 示出了功能块的块对象。

表 7　功能块:Block_Object、Class 和 Parent_Class 的编码

Byte1	Byte2	Byte3		Byte4	
Reserved	Block_Object	Parent_Class		Class [a]	
	02　功能块	01	输入	**输入**	
		02	输出	01	模拟输入
		03	控制	02	离散输入
		04	先进控制	03～127	保留
		05	计算	**输出**	
		06	辅助	01	模拟输出
		07	警报	02	离散输出
		08～127	保留	03～127	保留
				控制	
				01	PID
				02	采样选择器
				03	实验室控制单元
				04	温度调节器
				05	搅拌器
				06	混合器
				07	天平/秤
				08	离心机
				09	计量泵
				10～127	保留
				先进控制	
				01	实验室仪器
				02～127	保留
				计算	
				01～07	保留
				08	累加器
				09～127	保留
				辅助	
				01	斜坡
				02	BM 日志
				03	采样
				04～127	保留
				警报	
				01～127	保留

[a] 更多的类编码在数据单中定义。

表 8 示出了转换块的块对象。

表 8 转换块:Block_Object、Class 和 Parent_Class 的编码

Byte1	Byte2	Byte3	Byte4
Reserved	Block_Object	Parent_Class	Class [a]
	03 转换块	01 压力	**压力**
		02 温度	01 差压
		03 流量	02 绝对压力
		04 物位	03 表压力
		05 执行器	04 压力＋物位＋流量
		06 离散 I/O	05 压力＋物位
		07 分析仪器	06 压力＋流量
		08 辅助功能	07 混合绝对压力/差压
		09 报警	08～127 保留
		10～127 保留	**温度**
			01 热电偶(TC)
			02 热电阻(RTD)
			03 高温计
			04～15 保留
			16 TC＋DC U(直流电压)
			17 RTD＋R(R-电阻)
			18 TC＋RTD＋R＋DCU
			19～127 保留
			流量
			01 电磁
			02 涡街
			03 科氏力质量
			04 热式质量
			05 超声波
			06 可变截面
			07 差压
			08～127 保留
			物位
			01 流体静压
			02 回波液位
			03 放射式
			04 电容式
			05～127 保留
			执行器
			01 电动
			02 电气动
			03 电液动
			04～127 保留
			离散 I/O
			01 传感器输入
			02 执行器
			03～127 保留
			分析仪器
			01 标准
			02～127 保留
			辅助
			01 传送
			02 控制
			03 限值
			04 ～127 保留
			报警
			01 二进制消息
			02～127 保留

[a] 更多的类编码在数据单中定义。

表 9 示出了行规的编码。

表 9 行规的编码

Byte1(MSB)	Byte2(LSB)	描 述
在 PI 行规类型中 PROFIBUS PA 行规的编号为 64,即 0x40	—	PI 规定本行规类型为(见本行规文本封面)“PROFIBUS PA,用于过程控制设备的行规”
—	0x01:A 类 0x02:B 类	最高比特不置位意味着所有标准参数都有其自己的存储位置
—	0x81:A 类 0x82:B 类	最高比特置位意味着将标准参数 ST_REV、TAG_DESC、STRATEGY 和 ALERT_KEY 映射在一个存储位置中
—	253:特定	制造商特定的块结构

5.2.3.3 值 & 状况-浮点(Value&Status-Floating Point)结构(101)

此数据结构由浮点参数的值和状况组成。这些参数可以是输入或输出。

数据类型　　Value&Status-Floating Point(101)

属性　　Number of Elements=2

属性　　List of Elements(见表 10)

表 10 值 & 状况-浮点(Value&Status-Floating Point)结构的元素表

E	元素名称	数据类型	(索引)	大小
1	Value	Float	(8)	4
2	Status	Unsigned8	(5)	1

5.2.3.4 值 & 状况-离散(Value&Status-Discrete)结构(102)

此数据类型由离散值参数的值和状况组成。

数据类型　　Value&Status-Discrete(102)

属性　　Number of Elements=2

属性　　List of Elements(见表 11 和表 12)

表 11 值 & 状况-离散(Value&Status-Discrete)结构的元素表

E	元素名称	数据类型	(索引)	大 小
1	Value	Unsigned8	(5)	1
2	Status	Unsigned8	(5)	1

表 12 值 & 状况-离散(Value&Status-Discrete)结构的参数描述

元　　素	描　　述
Value	编码: 0　　　未设置(例如:FALSE) <>0　设置(例如:TRUE)(值 1～255 可具有不同的语义)
Status	Status 的编码规定见 5.3.2 和 5.3.4

5.2.3.5 定标(Scaling)结构(DS-36)

此数据结构由用来定标浮点值的静态数据组成,用于显示目的。

数据类型　　Scaling(DS-36)

属性　　Number of Elements=4

属性　　List of Elements(见表 13)

表 13 定标(Scaling)结构的元素表

E	元素名称	数据类型	(索引)	大　　小
1	EU_at_100%	Float	(8)	4
2	EU_at 0%	Float	(8)	4
3	Units_Index	Unsigned16	(6)	2
4	Decimal_Point	Integer8	(2)	1

Units_Index 的代码见 5.3。

Decimal_Point 是备注,说明小数点后几位数字有效。它可用于主站工具和本地显示。

5.2.3.6 模式(Mode)结构(DS-37)

此数据结构由用于实际模式(actual mode)、允许模式(permitted mode)和正常模式(normal mode)的元素组成。

数据类型　　Mode(DS-37)

属性　　Number of Elements=3

属性　　List of Elements(见表 14)

表 14 模式(Mode)结构的元素表

E	元素名称	数据类型	(索引)	大　　小
1	Actual	Unsigned8	(5)	1
2	Permitted	Unsigned8	(5)	1
3	Normal	Unsigned8	(5)	1

模式元素的代码见表 46。

5.2.3.7 报警浮点(Alarm Float)结构(DS-39)

此数据结构由描述浮点报警的数据组成。

数据类型　　Alarm Float(DS-39)

属性　　Number of Elements=5

属性　　List of Elements(见表 15 和表 16)

表 15　报警浮点(Alarm Float)结构的元素表

E	元素名称	数据类型	(索引)	大　小
1	Unacknowledged	Unsigned8	(5)	1
2	Alarm_State	Unsigned8	(5)	1
3	Time_Stamp	TimeValue	(21)	8
4	Subcode	Unsigned16	(6)	2
5	Value	Float	(8)	4

表 16　报警浮点(Alarm Float)结构的参数描述

元　素	描　述
Unacknowledged	供将来使用
Alarm_State	编码： 0　无报警 <>0　有报警
Time_Stamp	供将来使用
Subcode	定义关于报警原因的附加信息。 编码： 0　未使用 1～32 767　保留 32 768～65 535　设备特定的
Value	引起该报警的值

5.2.3.8　报警汇总(Alarm Summary)结构(DS-42)

此数据结构由汇总了 16 种报警的数据组成。

数据类型　　Alarm Summary(DS-42)

属性　　Number of Elements=4

属性　　List of Elements(见表 17)

表 17　报警汇总(Alarm Summary)结构的元素表

E	元素名称	数据类型	(索引)	大小
1	Current	OctetString	(10)	2
2	Unacknowledged	OctetString	(10)	2
3	Unreported	OctetString	(10)	2
4	Disabled	OctetString	(10)	2

OctetString 的各比特与表 18、表 19 和表 20 中示出的报警相关联。

表 18　报警汇总(Alarm Summary)结构中各比特的编码

八位位组	比特	元　素	描　述
0	0	Discrete alarm(LSB)	仅具有离散限值参数的功能块
0	1	HI_HI_Alarm	仅具有模拟限值参数的功能块
0	2	HI_Alarm	仅具有模拟限值参数的功能块
0	3	LO_LO_Alarm	仅具有模拟限值参数的功能块
0	4	LO_Alarm	仅具有模拟限值参数的功能块
0	5～6	reserved	—
0	7	Update Event	具有存储属性 S 的块参数被修改
1	0～7	reserved	—

表 19　报警汇总(Alarm Summary)结构中比特串的编码

Octet0								Octet1							
Bit7							Bit0	Bit7							Bit0

表 20　报警汇总(Alarm Summary)结构的参数描述

元　素	描　述
Current	如果报警原因出现(1)或消失(0),则将限值报警(Limit alarm)比特设为 1 或 0。在任何具有存储属性 S 的块参数被修改之后,应将更新事件(update event)比特设为 1,并且在 20 s 后(浓缩状况下)或 10 s 后(经典状况下)将该比特设为 0。 **注:**某些报警原因被映射到循环状况报告
Unreported	供将来使用
Unacknowledged	供将来使用
Disabled	供将来使用

5.2.3.9　功能块链接(FB Linkage)结构(DS-49)

此数据结构由功能块链接数据组成。

数据类型　　FB Linkage(DS-49)

属性　　Number of Elements＝5

属性　　List of Elements(见表 21)

表 21 功能块链接(FB Linkage)结构的元素表

E	元素名称	数据类型	(索引)	大 小
1	Local_Index	Unsigned16	(6)	2
2	Connection_Number	Unsigned16	(6)	2
3	Remote_Index	Unsigned16	(6)	2
4	Service_Operation	Unsigned8	(5)	1
5	Stale_Count_Limit	Unsigned8	(5)	1

更多细节见 5.2.9。

5.2.3.10 仿真-浮点(Simulation-Floating Point)结构(DS-50)

此数据结构由仿真参数组成。

数据类型 Simulation-Floating Point(DS-50)

属性 Number of Elements=3

属性 List of Elements(见表 22 和表 23)

表 22 仿真-浮点(Simulation-Floating Point)结构的元素表

E	元素名称	数据类型	(索引)	大 小
1	Simulate_Status	Unsigned8	(5)	1
2	Simulate_Value	Float	(8)	4
3	Simulate_Enabled	Unsigned8	(5)	1

表 23 仿真-浮点(Simulation-Floating Point)结构的参数描述

元 素	描 述
Simulate_Status	由操作员写入的状况来仿真转换块(TB)值的状况
Simulate_Value	由操作员写入的值来仿真转换块(TB)的值
Simulate_Enabled	启用或禁用仿真的切换。 编码: 0　　禁用 <>0　　启用

5.2.3.11 仿真-离散(Simulation-Discrete)结构(DS-51)

此数据类型由仿真参数组成。

数据类型 Simulation-Discrete(DS-51)

属性 Number of Elements=3

属性 List of Elements(见表 24)

表 24 仿真-离散(Simulation-Discrete)结构的元素表

E	元素名称	数据类型 (索引)	大 小
1	Simulate_Status	Unsigned8 (5)	1
2	Simulate_Value	Unsigned8 (5)	1
3	Simulate_Enabled	Unsigned8 (5)	1

参数描述见 5.2.3.10。

5.2.3.12 结果(Result)结构(DS-60)

此数据结构包含结果的结构。

数据类型　　Result(DS-60)

属性　　Number of Elements=3

属性　　List of Elements(见表 25 和表 26)

表 25 结果(Result)结构的元素表

E	元素名称	数据类型 (索引)	大 小
1	PV	Float (8)	4
2	Measurement_Status	Unsigned8 (5)	1
3	PV_Time	BinaryDate (11)	7

表 26 结果(Result)结构的参数描述

元 素	描 述
PV	包含转换块的结果的值。在相同转换块中,包含解释此值的伴随参数
PV_Time	生成 PV 的时间
Measurement_Status	值生成时结果的状态(见 5.3.2/5.3.4)

5.2.3.13 测量范围(Measurement Range)结构(DS-61)

此数据结构包含测量范围的结构。

数据类型　　Measurement Range(DS-61)

属性　　Number of Elements=2

属性　　List of Elements(见表 27)

表 27 测量范围(Measurement Range)结构的元素表

E	元素名称	数据类型 (索引)	大 小
1	Begin_of_Range	Float (8)	4
2	End_of_Range	Float (8)	4

5.2.3.14 二进制消息(Binary Message)结构(DS-62)

此数据结构包含二进制消息(BM)的结构(DS-62)。

数据类型　　Binary Message

属性　　Number of Elements=5

属性　　List of Elements(见表 28 和表 29)

表 28　二进制消息(Binary Message)结构的元素表

E	元素名称	数据类型	(索引)	大　小
1	Status_Class	Unsigned16	(6)	2
2	Logbook_Entry	Boolean	(1)	1
3	Output_Reference	Unsigned8	(5)	1
4	Supervision	Unsigned8	(5)	1
5	Text	VisibleString	(9)	16

表 29　二进制消息(Binary Message)结构的参数描述

元　素	描　述
Status_Class	共有 16 个状况类(status class),本行规定义了前 4 类。每个二进制消息(BM)可在一个或多个状况类中被引用。比特位置的编号(从 1 开始)是对该状况类的引用。Bitn=1 且此 BM 是有效的,则表示该状况类的总和比特(Bit16)被设为 1,在 GLOBAL_STATUS 中的相关 Bitn 被设为 1,且相关 ACTIVE_BM 中的 BM 比特也被设为 1(见“分析仪器数据单”)
Logbook_Entry	二进制消息及其时间戳可被一起保存在日志(Logbook)FB 中。此参数启用或禁用将 BM 存储在日志中。 编码: False　不存储在 Logbook 中 True　存储在 Logbook 中
Output_Reference	每个 BM 只可与一个离散输出(DO)相关。OUTPUT_REFERENCE 值是设备中所连接的 DO 的编号
Supervision	如果将此参数切换至打开监视,则该 BM 立即为有效的。关闭监视可选择将 BM 设为有效的或无效的,与 BM 中有无消息无关。 编码: 0　关闭监视,消息是无效的 1　关闭监视,消息是有效的 2　打开监视
Text	此参数包含 ASCII 文本,终端站或可视站可使用该文本来对所编码的消息提供解释和更多信息。由于将来系统可能使用设备描述技术,所以此参数是可选的

5.2.3.15 采样选择(Sample Selection)结构(DS-63)

此数据类型包含采样选择的结构。

数据类型　　Sample Selection(DS-63)
属性　　Number of Elements＝2
属性　　List of Elements(见表 30 和表 31)

表 30　采样选择(Sample Selection)结构的元素表

E	元素名称	数据类型	(索引)	大　小
1	Channel	Unsigned16	(6)	2
2	Active_Sample_Time	TimeDifference	(13)	4

表 31　采样选择(Sample Selection)结构的参数描述

元　素	描　述
Channel	对正在向块提供测量值的转换块的引用
Active_Sample_Time	在设备中执行该采样的整个时间

5.2.3.16　日志(Logbook)结构(DS-64)

此数据结构包含日志登录项的结构。
数据类型　　Logbook(DS-64)
属性　　Number of Elements＝4
属性　　List of Elements(见表 32 和表 33)

表 32　日志(Logbook)结构的元素表

E	元素名称	数据类型	(索引)	大　小
1	Type	Unsigned8	(5)	1
2	Value	Unsigned16	(6)	2
3	Active	Boolean	(1)	1
4	Time	BinaryDate	(11)	7

表 33　日志(Logbook)结构的参数描述

元　素	描　述
Type	编码： 0：　Global_Status 1～16：　类 n 的状况信息 255：　Binary_Message
Value	该值的解释取决于 Type 的内容： Type＝0　->　值＝Global_Status Type＝1～16　->　值＝一种类的类状态的逻辑“或”运算的结果 Type＝255　->　值＝二进制消息的编号
Active	编码： True　BM 变为有效的 False　BM 变为无效的

5.2.3.17 预计算(Precalculation)结构(DS-65)

此数据结构包含预计算参数的结构。

数据类型　　Precalculation(DS-65)

属性　　Number of Elements=3

属性　　List of Elements(见表 34 和表 35)

表 34　预计算(Precalculation)结构的元素表

E	元素名称	数据类型	(索引)	大　小
1	Function_Type	Unsigned8	(5)	1
2	Subtype	Unsigned8	(5)	1
3	Choice	Unsigned8	(5)	1

表 35　预计算(Precalculation)结构的参数描述

元　素	描　述
Function_Type	此参数包含所使用的功能类型的选择,这些功能类型在预计算链中被激活。 编码: 0:　无预计算功能 1:　滤波 2:　平均值 3:　积分 4:　校正 5~127:　保留 128~255:　设备特定
Subtype	包含在设备特定编码中特殊的预计算功能,如滤波、平均值、积分或校正。缺省值 1 表示该设备的标准方法。设备使用手册包含该特定算法的描述。 编码: 0:无预计算 1:设备特定的标准算法 2~255:设备特定
Choice	此参数选择校正功能是未被激活的,还是使用一个固定值或其他块的结果。 编码: 0:　功能未被激活 1:　功能使用预计算链的结果 2:　功能使用一个固定值 3:　功能使用一个功能块的值 4:　功能使用一个转换块的值

5.2.3.18 顺序控制(Sequential Control)结构(DS-66)

此数据类型包含顺序控制参数的结构。

数据类型　　Sequential Control(DS-66)

属性　　Number of Elements=4

属性　　　　　　List of Elements(见表 36 和表 37)

表 36　顺序控制(Sequential Control)结构的元素表

E	元素名称	数据类型	(索引)	大　小
1	Time	BinaryDate	(11)	7
2	Cycle_Time	TimeDifference	(13)	4
3	Command	Unsigned16	(6)	2
4	Time_Control_Active	Boolean	(1)	1

表 37　顺序控制(Sequential Control)结构的参数描述

元　素	描　述
Time	决定相关块的第 1 个/下个执行时间。此参数可决定一个循环执行周期的开始
Cycle_Time	决定相关块的自动执行的时间间隔。Cycle_Time 值为 0 表示一个非循环执行
Command	此参数包含影响相关块的命令的代码。 控制转换块还包含一个 COMMAND 参数,该块命令参数比此结构的命令参数具有更高优先级。 编码: 5:　开始(Start) 6:　停止(Stop) 7:　继续(重新开始) 8:　取消(Cancel) 9:　由设备内部事件触发的开始 10～127:　保留 128～255:　制造商特定
Time_Control_Active	此参数决定该命令是被自动执行,还是该命令无结果。 编码: False:　停止执行 True:　执行

5.2.3.19　批(Batch)结构(DS-67)

此数据结构包含批参数的结构。

数据类型　　　　Batch(DS-67)

属性　　　　　　Number of Elements＝4

属性　　　　　　List of Elements(见表 38 和表 39)

表 38　批(Batch)结构的元素表

E	元素名称	数据类型	(索引)	大　小
1	Batch_ID	Unsigned32	(7)	4
2	Rup	Unsigned16	(6)	2
3	Operation	Unsigned16	(6)	2
4	Phase	Unsigned16	(6)	2

表 39 批(Batch)结构的参数描述

元素	描述
Batch_ID	标识某个批量以允许向该批量分配与设备有关的信息(例如:故障、报警等)。
Rup	配方单元规程(Recipe Unit Procedure)或单元(Unit)的编号:标识有效的控制配方单元规程(Control Recipe Unit Procedure)或相关单元(例如:反应器、离心机、干燥机)。(Unit 在 GB/T 19892.1—2005 中定义,但其作为参数 UNIT 具有不同的含义,即工程单位。)
Operation	配方操作(Recipe Operation)的编号:标识有效的控制配方操作(Control Recipe Operation)
Phase	配方阶段(Recipe Phase)的编号:标识有效的控制配方阶段(Control Recipe Phase)

更多细节见表 46。

5.2.3.20 特性(Feature)结构(DS-68)

此数据结构由两个元素组成,描述了所支持的特性和当前启用的特性。

数据类型　　Feature(DS-68)

属性　　Number of Elements=2

属性　　List of Elements(见表 40、表 41 和表 42)

表 40 特性(Feature)结构的元素表

E	元素名称	数据类型	(索引)	大小
1	Supported	OctetString	(10)	4
2	Enabled	OctetString	(10)	4

表 41 所支持特性(Supported)的编码

八位位组	比特	元素	描述
1	0	Condensed_Status	定义整个设备处理状况和诊断的一般方法。 0: 不支持浓缩状况和诊断 1: 浓缩状况和诊断信息符合 5.3.4 中的定义
1	1	Classic Status/Diagnosis	定义整个设备处理状况和诊断的一般方法。 0: 不支持 5.3.2 中定义的经典状况/诊断 1: 支持 5.3.2 中的定义
1	2	DxB	0: 不支持广播数据交换 1: 支持广播数据交换
1	3	MS1_AR	0: 不支持 MS1 应用关系 1: 支持 MS1 应用关系
1	4	PROFIsafe	0: 不支持 PROFIsafe 通信 1: 支持 PROFIsafe 通信

表 41（续）

八位位组	比特	元　素	描　述
1	5	Reserved	—
1	6	Reserved	—
1	7	Reserved	—
2～4		Reserved	—

表 42　所启用特性(Enabled)的编码

八位位组	比特	元　素	描　述
1	0	Condensed_Status	定义整个设备处理状况和诊断的一般方法。 0：　禁用 1：　启用(浓缩状况和诊断信息符合 5.3.4)
1	1	Classic Status/Diagnosis	定义整个设备处理状况和诊断的一般方法。 0：　禁用 1：　启用(支持 5.3.2 中的定义)
1	2	DxB	0：　禁用(不支持广播数据交换) 1：　启用(支持广播数据交换)
1	3	MS1_AR	0：　禁用(不支持 MS1 应用关系) 1：　启用(支持 MS1 应用关系)
1	4	PROFIsafe	0：　禁用(不支持 PROFIsafe 通信) 1：　启用(支持 PROFIsafe 通信)
1	5	Reserved	—
1	6	Reserved	—
1	7	Reserved	—
2～4		Reserved	—

5.2.3.21　诊断事件转换(Diag_Event_Switch)结构

此数据结构定义设备特定诊断事件与其在行规特定诊断和状况中的表示之间的引用/映射。

数据类型　　Diag_Event_Switch

属性　　Number of Elements=3

属性　　List of Elements(见表 43、表 44 和表 45)

表 43　诊断事件转换(Diag_Event_Switch)结构的元素表

E	元素名称	数据类型	(索引)	大　小
1	Diag_Status_Link	Array of Unsigned8	(5)	48
2	Slot	Unsigned8	(5)	1
3	Index (absolute)	Unsigned8	(5)	1

表 44　诊断事件转换(Diag_Event_Switch)结构的元素描述

元　素	描　述
Diag_Status_Link	用于设备特定诊断事件的转换数组。映射到诊断比特和状况代码。每个诊断事件对应一个字节。如果一个诊断事件发生,则此参数指出状况和诊断被如何影响。 在多变量设备或多通道设备的情况下,它(通常)是没有用的。这是因为在仅影响一个通道的传感器故障的情况下(例如,温度传感器正常工作,而流量传感器报告一个故障),所有 FB 都以相同方式作出反应。该设置应仅影响相关通道(由制造商规定的)的状况。 状况代码(低四位): 0：　诊断事件对该状况无影响。 　　Status 应是 GOOD-ok 1：　诊断事件被作为维护请求来处理。 　　Status 应是 GOOD-maintenance required。 2：　诊断事件被作为立即维护请求来处理。 　　Status 应是 GOOD-maintenance demanded。 3：　诊断事件被作为立即维护请求来处理。 　　Status 应是 UNCERTAIN-maintenance demanded。 4：　诊断事件被作为故障来处理。 　　Status 应是 BAD-maintenance alarm。 5：　诊断事件被作为无效过程条件来处理。该值是有条件使用的。 　　Status 应是 UNCERTAIN-process related,no maintenance。 6：　诊断事件被作为无效过程条件来处理。该值不可用。 　　Status 应是 BAD-process related,no maintenance。 7：　诊断事件被作为无可用值的功能检查来处理。 　　Status 应是 BAD-function check/local override 8：　诊断事件被作为有可用值的功能检查来处理。 　　Status 应是 GOOD-function check。 9～15:保留 诊断(高四位): 0：　诊断事件对该诊断无影响。 　　DIAGNOSIS:不将其他比特置位。 1：　诊断事件被作为维护请求来处理。 　　DIAGNOSIS:应将 DIA_MAINTENANCE 置位。 2：　诊断事件被作为立即维护请求来处理。 　　DIAGNOSIS:应将 DIA_MAINTENANCE_DEMAND 置位。 3：　诊断事件被作为故障来处理。 　　DIAGNOSIS:应将 DIA_MAINTENANCE_ALARM 置位。 4：　诊断事件被作为无效过程条件来处理。 　　DIAGNOSIS:应将 DIA_INV_PRO_COND 置位。 5：　诊断事件被作为功能检查或仿真来处理。 　　DIAGNOSIS:应将 DIA_FUNCTION_CHECK 置位。 6～15：　保留 如果设备具有要链接的诊断事件小于 48 个,则剩余的 DIAG_STATUS_LINK 字节全部设为 0。 每个诊断事件所支持的枚举可由制造商来限定
Slot	后续 Diag_Event_Switch 的槽。指向下一个 Diag_Event_Switch 结构。 如果该 Diag_Event_Switches 无后续,则元素 Slot 的值为 0 且同时元素 Index 值为 0
Index	后续 Diag_Event_Switch 的(绝对)索引。指向下一个 Diag_Event_Switch 结构。 如果该 Diag_Event_Switches 无后续,则元素 Slot 值为 0 且同时元素 Index 值为 0

表 45 诊断状况链接(Diag_Status_Link)字节的比特编码

DIAGNOSIS				STATUS				编码	含义	STATUS/DIAGNOSIS
2^7	2^6	2^5	2^4	2^3	2^2	2^1	2^0			
				0	0	0	0	0	O.K.	好—ok (GOOD-ok)
				0	0	0	1	1	维护请求	好—需要维护 (GOOD-maintenance required)
				0	0	1	0	2	立即维护请求	好—必须维护 (GOOD-maintenance demanded)
				0	0	1	1	3	立即维护请求	不确定—立即维护请求 (UNCERTAIN-maintenance demanded)
				0	1	0	0	4	故障	坏—维护报警 (BAD-maintenance alarm)
				0	1	0	1	5	无效的过程条件	不确定—过程相关,无维护 (UNCERTAIN-process related,no maintenance)
				0	1	1	0	6	无效的过程条件	坏—过程相关,无维护 (BAD-process related,no maintenance)
				0	1	1	1	7	功能检查	坏—功能检查/本地超驰 (BAD-function check/local override)
				1	0	0	0	8	功能检查	好—功能检查 (GOOD-function check)
0	0	0	0					0	O.K.	
0	0	0	1					1	检查请求	DIA_MAINTENANCE
0	0	1	0					2	立即检查请求	DIA_MAINTENANCE_DEMANDED
0	0	1	1					3	故障	DIA_MAINTENANCE_ALARM
0	1	0	0					4	无效的过程条件	DIA_INV_PRO_COND
0	1	0	1					5	功能检查	DIA_FUNCTION_CHECK

5.2.4 标准参数定义

表 46、表 47 和表 48 规定了标准参数。

表 46 标准参数的参数描述

参　数	描　述
BLOCK_OBJECT	BLOCK_OBJECT 参数是每个块的第 1 个参数。它包含该块的特性,例如,块类型和行规号
ST_REV	块具有不被过程修改的静态块参数,在组态或优化期间向这些参数赋值。如果块中至少有一个静态参数被修改,则应增加相应的 ST_REV(至少按 1 增加)。这就提供了对参数版本的检查。在冷启动的情况下(即设置 FACTORY_RESET=1),则 ST_REV 应被复位为 0 或至少按 1 增加,以指示静态参数的改变。另外,如果接受了一个表的修改,则 ST_REV 应被增加。ST_REV 的值可被组态设备用来判定存储在静态存储器中的块参数(在参数属性表中具有"S"属性定义)是否其值已被改变。 在 ST_REV 溢出的情况下应被设置为 1

表 46（续）

参　数	描　述
TAG_DESC	该标签描述是用户提供的块描述。可给每个块分配一个文本化标签描述
STRATEGY	STRATEGY 参数具有用户特定的值。此分配值可在组态或诊断中用作分类块信息的关键词
ALERT_KEY	Alert_Key 参数具有用户分配的值。此值可用于对由块产生的报警或事件[a] 进行分类。它可包含装置单元的标识号，以帮助识别事件在装置单元中的位置
TARGET_MODE	TARGET_MODE 参数指出对该块所期望的操作模式。它通常由控制应用或由操作员通过人机接口应用来设置。块输入参数与块状态的结合用来判定该块能否实现要求的目标模式。 在 MODE_BLK 参数的 Permitted 元素所允许的模式中，只可请求其中一种模式。对此参数进行多于一种模式的写访问超出了该参数的范围，必须予以拒绝。 编码： Bit7：　非服务(Out of Service，O/S) ——MSB Bit6：　手动初始化(Initialisation Manually，IMan)(在 A 类和 B 类中不使用) Bit5：　本地超驰(Local Override，LO)(在 A 类中不使用) Bit4：　手动(Manual，MAN) Bit3：　自动(Automatic，AUTO) Bit2：　级联(Cascade，Cas)(在 A 类和 B 类中不使用) Bit1：　远程级联(Remote-Cascade，RCas) Bit0：　远程输出(Remote-Output，ROut)——LSB(在 A 类和 B 类中不使用) 在本行规中使用的“automatic”模式包括 Auto 和 Rcas，“manual”模式包括 LO 和 Man。在 O/S 模式下，不再执行正常算法
MODE_BLK	MODE_BLK 参数是一个结构化参数，由实际模式(actual mode)、正常模式(normal mode)和允许模式(permitted mode)组成。实际模式由该块在其执行期间进行设置(通过计算)，以反映块在执行期间所采用的模式。正常模式是对该块所期望的操作模式。 允许模式向 MODE_BLK 参数的远程用户指出目标模式的哪种改变是对特定块有效的。 模式对功能块操作的作用总结如下： ——Out of Service(O/S)： ● 转换块：在 O/S 模式下，停止对测量值和输出值的赋值。 ● 功能块：在 O/S 模式下，停止对测量值和输出值的赋值。 ● 物理块：停止将 DIAGNOSIS 和 DIAGNOSIS_EXTENSION 参数内容复制到 PROFIBUS DP 的 Slave_Diag 服务。 非循环参数的访问不受影响。 输入功能块的输出值应保持为上一个值。对于输出功能块，为转换块提供信息的输出参数应保持为掉电时所规定的值。这与故障安全处理的定义无关。 ——Local Override(LO)：适用于支持跟踪输入参数的控制块和输出块。同样，制造商可提供对设备的本地锁定开关以启用 LO 模式。在锁定模式下，块输出被设置为跟踪输入参数的值。应初始化算法(对模拟设备)，使得在从 LO 模式切换到目标模式时不会经历突变。 ——Manual(MAN)：尽管可以限制块输出，但不计算块输出。块输出由操作员通过接口设备直接设置。应初始化算法，使得在模式切换时不会经历突变。 ——Automatic(AUTO)：计算块输出。对于输入功能块，使用来自转换块的输入进行计算；对于输出功能块，使用由主机提供或操作员通过接口设备提供的设定值进行计算；对于物理块和转换块，此模式表示其块功能能够正常工作

表 46（续）

参　数	描　述
MODE_BLK	——Remote Cascade(RCas)：块的设定值由控制应用通过远程级联参数 RCAS_IN 来设置。根据该设定值，正常块算法决定主输出值。 功能块、物理块或转换块的行为通过 MODE_BLK 参数来指示。MODE_BLK 元素的编码同 TARGET_MODE，并定义如下： 1. 实际模式(Actual)：这是块的当前模式，可根据运行条件不同于 TARGET_MODE，该值的计算是块执行的一部分。 当功能块处于阻止其运行于目标模式的条件下时，功能块的实际模式将自动改变。根据以下列项进行实际模式的计算： ● TARGET_MODE 参数； ● 该块的模式计算。 当块计算不同于 TARGET_MODE 的实际模式时，应使用优先级概念。模式优先级定义如下，其中 0 代表最低优先级： ● O/S：优先级为 7，最高； ● IMan：优先级为 6(未使用)； ● LO：优先级为 5； ● MAN：优先级为 4； ● AUTO：优先级为 3； ● Cas：优先级为 2(未使用)； ● RCas：优先级为 1； ● ROut：优先级为 0，最低(未使用)。 定义 MODE 计算细节的状态机是块类型特定的(见数据单)。 2. 允许模式(Permitted)：定义块实例所允许的模式。允许模式由块的设计人员进行组态，即在相应的数据单中对每个块进行定义。设备应检查任何模式改变的请求，以确保所请求的目标模式在允许模式中有定义。 3. 正常模式(Normal)：这是在正常操作条件下块使用的模式。此参数可由接口设备来读取，但不被块算法使用。正常模式不在本行规范围内使用，供将来使用。 A 类设备的块至少提供“AUTO”模式作为必备模式。模式计算仅对于 B 类设备的功能块是必备的
ALARM_SUM	参数 ALARM_SUM 汇总了最多 16 个块报警的状况。对于每个报警都保存其当前状态、未确认状态、未报告状态和禁用状态。 **注**：实际行规不完全支持此特性。对于本行规，只使用报警的当前状态部分
BATCH	此参数旨在用于符合 GB/T 19892.1—2005 的批应用。仅功能块具有此参数。在功能块内不需要算法。在分布式现场总线系统中 BATCH 参数是必备的，用以识别所用的和可用的通道。此外，在警报的情况下还识别当前的批。 详见 5.2.3.19
[a] 报警和事件的产生和分发既不在本标准中定义，也不属于 PROFIBUS 行规 B 类的范围。事件和报警处理可在其他规范中定义(另见分析仪器的块定义)。	

表 47　标准参数的参数属性

相对索引	参数名称	对象类型	数据类型	存储	大小	访问	用法/传输	复位类别	缺省值	必备(M)/可选(O)(A类和B类)
0	BLOCK_OBJECT	Record	DS-32	Cst	20	r	C/a	—	—	M
1	ST_REV	Simple	Unsigned16	N	2	r	C/a	—	0	M
2	TAG_DESC	Simple	OctetString[a]	S	32	r,w	C/a	I	“ ”(空格)	M
3	STRATEGY	Simple	Unsigned16	S	2	r,w	C/a	I	0	M
4	ALERT_KEY	Simple	Unsigned8	S	1	r,w	C/a	I	0	M
5	TARGET_MODE	Simple	Unsigned8	S	1	r,w	C/a	F	—	M
6	MODE_BLK	Record	DS-37	D	3	r	C/a	—	块特定	M
7	ALARM_SUM[b]	Record	DS-42	D	8	r	C/a	—	0,0,0,0	M
8	BATCH	Record	DS-67	S	10	r,w	C/a	I	0,0,0,0	M

[a] 首选的数据类型应是 VisibleString。

[b] 见表 46 中的注。

表 48　标准参数的视图对象

相对索引	参数名称	替代值	访问			
			r	r	r,w	保留
			View_1	View_2	View_3	View_4
0	BLOCK_OBJECT	—	—	—	—	—
1	ST_REV	—	2	2	—	—
2	TAG_DESC	—	—	—	32	—
3	STRATEGY	—	—	—	2	—
4	ALERT_KEY	—	—	—	1	—
5	TARGET_MODE	—	—	—	1	—
6	MODE_BLK	—	3	3	—	—
7	ALARM_SUM	—	8	8	—	—
8	BATCH[a]	—	—	—	10[a]	—
—	视图对象的字节总和	—	13	13	36/46[a]	保留

[a] 仅对于功能块。

5.2.5 块结构

在5.1.5中描述了参数到块的逻辑串接。每个块以一个称为块对象(Block Object)的首部开始。块对象具有确定的结构(见5.2.3.2)。图10示出了块对象(部分地)以及一个块内的参数结构。

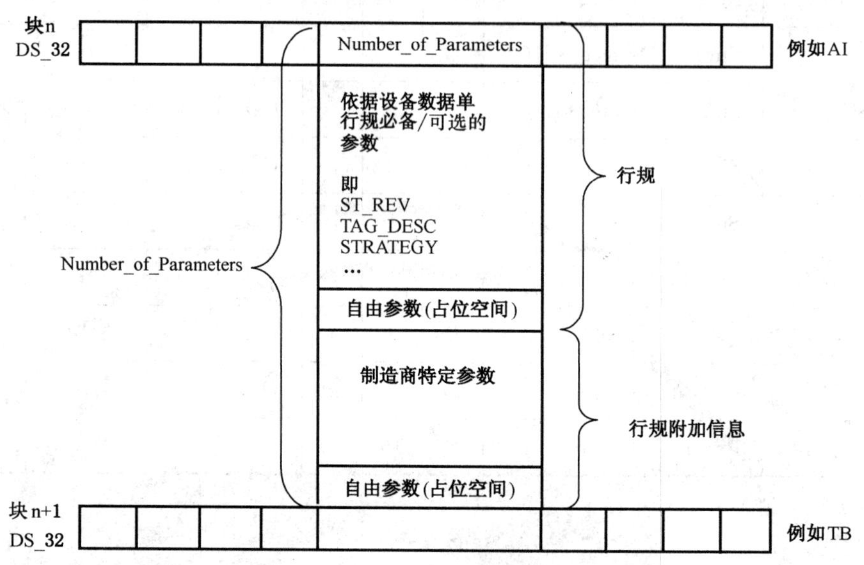

图10 块中的参数结构

5.2.6 设备管理和标识参数

5.2.6.1 设备管理概述

设备管理(Device Management)通过目录(Directory)来提供包含设备内容的表,即PROFIBUS PA行规定义的设备特定实现。保留某些参数供将来定义。设备管理是管理块(Management block)的基础,这将在PROFIBUS PA行规的将来版本中引入。

5.2.6.2 目录对象

5.2.6.2.1 概述

定义目录对象(Directory Object)以在设备功能块应用中起引导作用。它是对构成此应用的对象的一个引用表。此信息可由期望访问设备中该对象的接口设备读取。

目录中表示的对象分为不同类型。一个参数被表示为该设备逻辑地址空间中的单个登录项。一个参数组(例如,一个功能块包含许许多单个登录项)被称为复合对象(Composite object)。复合对象通过目录中的Composite_Directory_Entry来引用。相同类型(即物理块、功能块、转换块和链接对象)的Composite_Directory_Entries被连续地列在目录中。这就形成了复合目录登录项(Composite Directory Entries)的紧凑列表。对这些复合目录登录项列表的引用是该目录的附加部分,被称为Composite_List_Directory_Entry。复合列表目录登录项(Composite List Directory Entry)包含对物理块的Composite_Directory_Entry列表、功能块的Composite_Directory_Entry列表、转换块的Composite_Directory_Entry列表和链接对象的Composite_Directory_Entry列表(如可用)的引用。

目录是由逻辑串接若干个目录部分而构成的。这些部分依次是首部(Header)、复合列表目录登录项和复合目录登录项。Composite_List_Directory_Entry 指向复合对象类型 PB、FB、TB 和链接对象的引用。其后的 Composite_Directory_Entry 指向第 1 个块参数和对象的参数地址(见图 11)。一个复合目录登录项由相应复合对象的第 1 个元素的参数地址及该复合对象的元素个数组成。目录对象如同一个数组。它必须被映射成下层通信系统的定义。

目录对象(Directory Object)的组成部分如下:

——首部(Header);

——复合列表目录登录项(Composite List Directory Entry);

——复合目录登录项(Composite Directory Entry)。

其定义分别见 5.2.6.2.2、5.2.6.2.3 和 5.2.6.2.4。

5.2.6.2.2 首部(Header)

a) 保留(Directory ID):本行规中未使用;

b) 目录版本号;

c) 目录对象的个数:如果整个目录使用多于一个目录对象,则这些元素被连续定义,就如同使用一个较大的对象。多个目录对象都被连续地列在该目录中。该对象计数整个目录所需的对象。Header 对象不计入其中;

d) 目录登录项的总数:应计算复合列表目录登录项和复合目录登录项的总个数;

e) 第 1 个复合列表目录登录项的目录登录项个数:该数用来计数目录内的登录项,而不包含该登录项的参数地址。第 1 个目录登录项是在复合列表目录登录项中的物理块引用。在计数登录项时,复合列表目录登录项与复合目录登录项之间无间隔;

f) 复合列表目录登录项的个数:计数设备内的不同块类型(物理块、转换块和功能块)和对象类型(在本标准范围内仅针对链接对象)。

5.2.6.2.3 复合列表目录登录项(Composite_List_Directory_Entry)和复合目录登录项(Composite_Directory_Entry)

a) 物理块的 Directory_Entry_Number 的指针/物理块个数;

b) 第 1 个转换块的 Directory_Entry_Number 的指针/转换块个数;

c) 第 1 个功能块的 Directory_Entry_Number 的指针/功能块个数;

d) 第 1 个链接对象的 Directory_Entry_Number 的指针/链接对象个数。

注:Directory_Entry_Number 包含两个内容:一个是包含目录相应登录项的参数地址(该地址与通信系统有关,例如它可能是一个索引);另一个是在以第 1 个 Composite_List_Directory_Entry 开始的目录数组中元素的个数(这与通信系统无关,是该数组的计数器)。

5.2.6.2.4 复合目录登录项(Composite_Directory_Entry)

a) Block_ptr_1/元素的个数

b) Block_ptr_2/元素的个数

c) …

n) Block_ptr_n/元素的个数

目录分为 3 层结构,如图 11 所示。

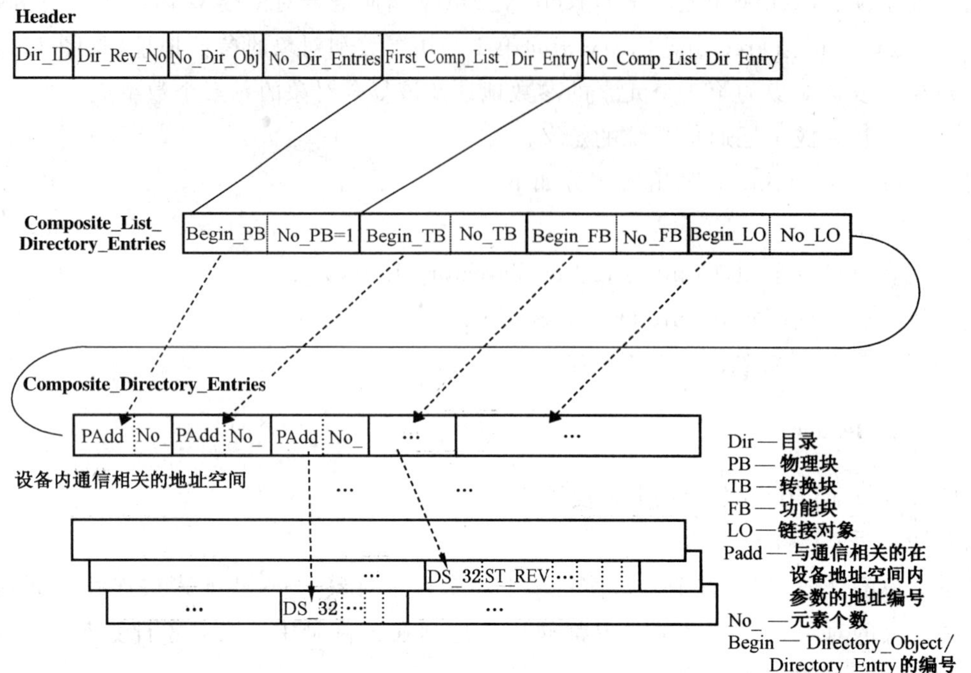

图 11 目录结构和块的引用

Header包含目录和对象的具体结构。Composite_List_Directory区分不同的块类型(FB、TB、PB),并提供设备中每类块的个数。Composite_Directory_Entry提供指向这些块的第1个元素的指针和该块内元素的个数。目录的Composite_Directory_Entry部分应无间隔地紧跟在Composite_List_Directory_Entry之后。

目录对象到通信对象的映射依赖于通信系统和设备能力(通信对象的最大长度)。例如,如果目录的总字节数大于一个通信对象(相应参数)的最大长度,则必须紧跟其后增加一个新参数,且该新参数使用下一个索引。

5.2.6.3 设备管理的参数属性

设备管理的参数描述,见6.2.5.3。

5.2.6.4 设备管理的视图对象

设备管理不提供视图对象。

5.2.7 表(Table)处理

有可能装载和重装载设备中的表。此表主要用于线性化。对于此过程,下列参数是必备的:

——TAB_ENTRY;
——TAB_X_Y_VALUE;
——TAB_MIN_NUMBER;
——TAB_MAX_NUMBER;
——TAB_OP_CODE;
——TAB_STATUS;
——TAB_ACTUAL_NUMBER。

参数TAB_X_Y_VALUE包含每个表登录项的一对值。参数TAB_ENTRY标识该表中哪个元素当前存在于参数TAB_X_Y_VALUE内(见图12)。

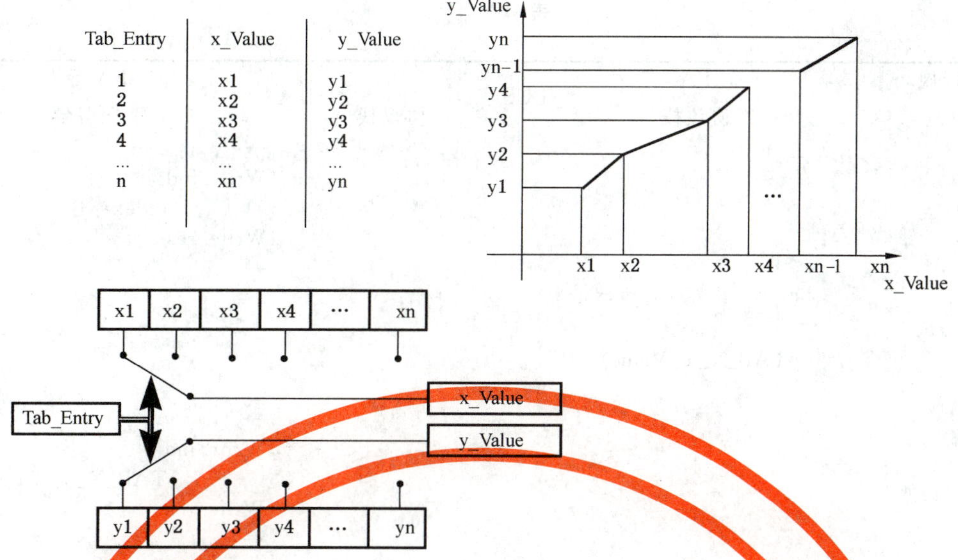

图 12　表的参数

TAB_MAX_NUMBER 是设备的表中登录项的最大个数。由于设备的内部原因(例如为了计算),有时至少要使用一定个数的登录项。该个数在参数 TAB_MIN_NUMBER 中提供。

修改设备中的表会影响该设备的测量或执行算法。因此,必须指出开始点和结束点。TAB_OP_CODE 控制表的处理。通常在设备中提供真实性检查。此检查的结果在参数 TAB_STATUS 中指示。

在装载新表期间,设备也许不能提供有效参数。在这种情况下,过程变量(数据类型 101)的状况应为 bad-configuration error(经典状况)或 bad-function check(浓缩状况)。在修改(开始和结束,见以上所述)期间,最多两个表可用。以下赋值方法适用于表的读/写:

——TAB_ENTRY　新表

——TAB_X_Y_VALUE　新表

——TAB_MIN_NUMBER　常量

——TAB_MAX_NUMBER　常量

——TAB_OP_CODE　新表

——TAB_STATUS　若旧表可用,则固定为 8;若无有效表可用,则固定为 26

——TAB_ACTUAL_NUMBER 旧表(传输完成后采用新的计算值)

表 49 示出了装载表的序列图。

表 49　装载表的序列图

PA 行规 客户机	PA 协议栈	BUS	PA 协议栈	PA 行规 服务器
Write. req →	(TAB_OP_CODE)			
				→ Write. ind TAB_OP_CODE =1
				Write. res ←
Write. con ←	(+)			
Write. req →	(TAB_ENTRY)			

表 49（续）

PA 行规 客户机	PA 协议栈	BUS	PA 协议栈	PA 行规 服务器
				→ Write. ind Index=1 Write. res ←
Write. con ←	（+）			
Write. req →	（TAB_X_Y_Value）			
				→ Write. ind TAB_X_Y_Value Write. res ←
Write. con ←	（+）			
				必须将 TAB_X_Y_VALUE 复制到内部存储器
Write. req →	（TAB_ENTRY）			
				→ Write. ind Index=2 Write. res ←
Write. con ←	（+）			
…				… Index=n Write. res ←
Write. con ←	（+）			
Write. req →	（TAB_OP_CODE）			
				→ Write. ind TAB_OP_CODE=3 检查新表 如果 TAB_STATUS=GOOD，则接受新表并删除旧表 Write. res ←
Write. con ←	（+）			
Read. req →	（TAB_STATUS）			
				→ Read. ind TAB_STATUS=xx Read. res ←
Read. con ←	（+）			

可以看出,处理以写 TAB_OP_CODE 开始。对一行表的写服务次序应是 TAB_ENTRY、TAB_X_Y_VALUE。在此序列后,设备将 TAB_X_VALUE 和 TAB_Y_VALUE 值复制到内部存储器。

此参数 TAB_ENTRY 只应被连接到一个通信关系。参数 TAB_ ENTRY 应被连接到一个自动增量函数。

表 50 提供了参数描述,表 51 提供了参数属性。

表 50　表处理参数的参数描述

参　　数	描　　述
TAB_ENTRY	参数 TAB_ENTRY 标识该表的哪个元素当前处于参数 TAB_X_Y_VALUE 中
TAB_X_Y_VALUE	参数 TAB_X_Y_VALUE 包含该表的一对值
TAB_MIN_NUMBER	由于设备的内部原因(例如为了计算),有时至少要使用一定个数的登录项。该个数在参数 TAB_MIN_NUMBER 中提供
TAB_MAX_NUMBER	TAB_MAX_NUMBER 是设备的表中登录项的最大个数(TAB_X_VALUE 和 TAB_Y_VALUE 值对的个数)
TAB_OP_CODE	修改设备中的表会影响该设备的测量或执行算法。因此,必须指出开始点和结束点。TAB_OP_CODE 控制该表的处理: 0: 未初始化 1: 新操作特性,第 1 个值(TAB_ENTRY=1) 2: 保留 3: 上一个值,传输结束,检查表,用新曲线替换旧曲线,更新 TAB_ACTUAL_NUMBER 4: 删除由 TAB_ENTRY 规定的表中的点并减小 TAB_ACTUAL_NUMBER(可选)。 5: 插入由 TAB_X_Y_VALUE 定义的点,按 TAB_X_VALUE 递增顺序对表排序,并增加 TAB_ACTUAL_NUMBER(可选) 6: 用实际 ENTRY 替代表中的点(可选) 无需开始和停止交互(TAB_OB_CODE 1 和 TAB_OB_CODE 3)就可能读取一个表或表中的某些部分。通过将 TAB_ENTRY 设为 1 来指示开始
TAB_STATUS	通常在设备中提供真实性检查。检查的结果在参数 TAB_STATUS 中指示。 0: 未初始化 1: 正确(新表有效) 2: 非单调递增(旧表有效) 3: 非单调递减(旧表有效) 4: 所传输的值不够(旧表有效) 5: 所传输的值太多(旧表有效) 6: 边界斜率(gradient)太高(旧表有效) 7: 值未被接受(旧值有效) 8: 当前表被装载,在 TAB_OP_CODE=1 之后且在 TAB_OP_CODE=3 之前设置(对表的其他访问无效,旧值有效)。 9: 排序并检查表(对表的其他访问无效,旧值有效)。 10~19: 保留 20: 非单调递增(表未初始化) 21: 非单调递减(表未初始化) 22: 所传输的值不够(表未初始化) 23: 所传输的值太多(表未初始化) 24: 边界斜率太高(表未初始化) 25: 值未被接受(表未初始化)

表 50（续）

参　数	描　述
TAB_STATUS	26：当前表被装载，在 TAB_OP_CODE=1 之后且在 TAB_OP_CODE=3 之前设置(对表的其他访问无效，表未初始化) 27：排序并检查表(对表的其他访问无效，表未初始化) 28～127：保留 >128：制造商特定
TAB_ACTUAL_NUMBER	包含表中登录项的实际个数。在完成该表的传输后应对其进行计算
LIN_TYPE	线性化类型。 0：非线性化(必备) 1：线性化表(可选) 10：平方根(可选) 20：圆柱形卧式容器(可选) 21：球形容器(可选) 50：等百分比 1：33(可选) 51：反向等百分比(快开)1：33(可选) 52：等百分比 1：50(可选) 53：反向等百分比 1：50(可选) 54：等百分比 1：25(可选) 55：反向等百分比 1:25(可选) 100：RTD Pt10 a=0.003 850 (IEC 60751) 101：RTD Pt50 a=0.003 850 (IEC 60751) 102：RTD Pt100 a=0.003 850 (IEC 60751) 103：RTD Pt200 a=0.003 850 (IEC 60751) 104：RTD Pt500 a=0.003 850 (IEC 60751) 105：RTD Pt1000 a=0.003 850 (IEC 60751) 106：RTD Pt10 a=0.003 916 (JIS C1604-81) 107：RTD Pt50 a=0.003 916 (JIS C1604-81) 108：RTD Pt100 a=0.003 916 (JIS C1604-81) 109：RTD Pt10 a=0.003 920 (MIL-T-24388) 110：RTD Pt50 a=0.003 920 (MIL-T-24388) 111：RTD Pt100 a=0.003 920 (MIL-T-24388) 112：RTD Pt200 a=0.003 920 (MIL-T-24388) 113：RTD Pt500 a=0.003 920 (MIL-T-24388) 114：RTD Pt1000 a=0.003 920 (MIL-T-24388) 115：RTD Pt100 a=0.003 923 (SAMA RC21-4-1966) 116：RTD Pt200 a=0.003 923 (SAMA RC21-4-1966) 117：RTD Pt100 a=0.003 926 (IPTS-68) 118：RTD Ni50 a=0.006 720 (Edison curve ＃7) 119：RTD Ni100 a=0.006 720 (Edison curve ＃7) 120：RTD Ni120 a=0.006 720 (Edison curve ＃7)

表 50（续）

参　数	描　述
LIN_TYPE	121：　RTD Ni1000 a＝0.006 720（Edison curve ＃7） 122：　RTD Ni50 a＝ 0.006 180（DIN 43760） 123：　RTD Ni100 a＝ 0.006 180（DIN 43760） 124：　RTD Ni120 a＝ 0.006 180（DIN 43760） 125：　RTD Ni1000 a＝ 0.006 180（DIN 43760） 126：　RTD Cu10 a＝0.004 270 127：　RTD Cu100 a＝0.004 270 128：　TC Type B，Pt30Rh-Pt6Rh（IEC 60584，NIST MN 175，DIN 43710，BS 4937，ANSI MC96.1，JIS C1602，NF C42-321） 129：　TC Type C（W5），W5-W26Rh（ASTM E988） 130：　TC Type D（W3），W3-W25Rh（ASTM E988） 131：　TC Type E，Ni10Cr-Cu45Ni（IEC 60584，NIST MN 175，DIN 43710，BS 4937，ANSI MC96.1，JIS C1602，NF C42-321） 132：　TC Type G（W），W-W26Rh（ASTM E988） 133：　TC Type J，Fe-Cu45Ni（IEC 60584，NIST MN 175，DIN 43710，BS 4937，ANSI MC96.1，JIS C1602，NF C42-321） 134：　TC Type K，Ni10Cr-Ni5（IEC 60584，NIST MN 175，DIN 43710，BS 4937，ANSI MC96.1，JIS C1602，NF C42-321） 135：　TC Type N，Ni14CrSi-NiSi（IEC 60584，NIST MN 175，DIN 43710，BS 4937，ANSI MC96.1，JIS C1602，NF C42-321） 136：　TC Type R，Pt13Rh-Pt（IEC 60584，NIST MN 175，DIN 43710，BS 4937，ANSI MC96.1，JIS C1602，NF C42-321） 137：　TC Type S，Pt10Rh-Pt（IEC 60584，NIST MN 175，DIN 43710，BS 4937，ANSI MC96.1，JIS C1602，NF C42-321） 138：　TC Type T，Cu-Cu45Ni（IEC 60584，NIST MN 175，DIN 43710，BS 4937，ANSI MC96.1，JIS C1602，NF C42-321） 139：　TC Type L，Fe-CuNi（DIN 43710） 140：　TC Type U，Cu-CuNi（DIN 43710） 141：　TC Type Pt20/Pt40，Pt20Rh-Pt40Rh（ASTM E1751） 142：　TC Type Ir/Ir40，Ir-Ir40Rh（ASTM E1751） 143：　TC Platinel II 144：　TC Ni/NiMo 145～239：保留 240：　制造商特定 249：　制造商特定 250：　未使用 251：　无意义 252：　未知 253：　特殊 254～255：保留

表 51 表处理参数的参数属性

相对索引	参数名称	对象类型	数据类型	存储	大小	访问	参数用法/传输类型	复位类别	缺省值	必备(M)/可选(O)(A 类和 B 类)
	符合 TB 的参数									
a	TAB_ENTRY	Simple	Unsigned8	D	1	r,w	C/a	F	0	O (B)
	TAB_X_Y_VALUE	Array[b]	Float	D	8	r,w	C/a	F	—	O (B)
	TAB_MIN_NUMBER	Simple	Unsigned8	N	1	R	C/a	F	—	O (B)
	TAB_MAX_NUMBER	Simple	Unsigned8	N	1	R	C/a	F	—	O (B)
	TAB_OP_CODE	Simple	Unsigned8	D	1	r,w	C/a	F	—	O (B)
	TAB_STATUS	Simple	Unsigned8	D	1	R	C/a	F	0	O (B)
	TAB_ACTUAL_NUMBER	Simple	Unsigned8	N	1	R	C/a	F	—	O (B)
	LIN_TYPE	Simple	Unsigned8	S	1	r,w	C/a	F	—	M (B)
	符合转换块(TB)的参数									O (B)

[a] 相对索引,符合具体块中表参数的使用。

[b] 前 4 个字节(Float)为 X_VALUE,随后的 4 个字节(Float)为 Y_VALUE。

5.2.8 物理块

5.2.8.1 物理块的参数描述

表 52 规定了物理块的参数描述。

表 52 物理块的参数描述

参数	描述
DEVICE_CERTIFICATION	现场设备的认证,如 EX 认证
DESCRIPTOR	用户可定义的文本(字符串),用于描述应用内的设备
DEVICE_INSTAL_DATE	设备的安装日期
DEVICE_MESSAGE	用户可定义的 MESSAGE(字符串),用于描述应用内或装置中的设备
DEVICE_ID	制造商特定的设备标识
DEVICE_MAN_ID	现场设备制造商的标识代码
DEVICE_SER_NUM	现场设备的序列号
DIAGNOSIS	设备的详细信息,按比特编码。同时可能包含多个消息。如果 Byte4 的 MSB 被设为 1,则在参数 DIAGNOSIS_EXTENSION 内可提供更多诊断信息。 DIAGNOSIS 参数的编码在 5.3.3 和 5.3.4 中规定
DIAGNOSIS_EXTENSION	附加的制造商特定的设备信息,按比特编码。同时可能包含多个消息
DIAGNOSIS_MASK	所支持的 DIAGNOSIS 信息比特的定义。 0:不支持 1:支持

表 52（续）

参　　数	描　　述
DIAGNOSIS_MASK_EXTENSION	所支持的 DIAGNOSIS_EXTENSION 信息比特的定义。 0:不支持 1:支持
FACTORY_RESET	编码： 1:(必备)是把设备复位为缺省值的命令。总线地址的设置不受影响。 2:(可选)是把设备信息性参数复位为缺省值的命令。对于具有"informational"复位类别特征的参数，在每个块的参数属性表内对其进行定义。总线地址的设置不受影响。 3:(可选)是把具有"functional"复位类别特征的设备参数复位为缺省值的命令。总线地址的设置不受影响。 4～2505:保留。 2506:(可选)是重启设备的命令。所有非易失性参数保持不变，所有动态参数被复位为缺省值。 2507～2711:保留。 2712:(可选)，将总线地址设为缺省地址；其他参数设置保持不变。即使设备处于循环数据传输状态，总线地址也应立即改变。直至后续的上电周期/热启动，复位才暂停。对应于 Set_Slave_Add 服务的 No_Add_Chg_Flag 被清除。 2713～32767:保留。 32768～65535:制造商特定。 允许用于其他复位结果的制造商特定命令。 参数 IDENT_NUMBER_SELECTOR 不受 FACTORY_RESET 影响。 **注**：由本地显示的地址处理不属于本标准的范围
HARDWARE_REVISION	现场设备的硬件版本号
IDENT_NUMBER_SELECTOR	每个符合 IEC 61784-1 中 CP 3/1 的 PROFIBUS DP 设备应具有一个由 PI 提供的 Ident_Number。该 Ident_Number 规定了设备在相应 GSD 文件中描述的循环行为特性。符合 IEC 61784-1 中 CP 3/2 的 PROFIBUS PA 设备应至少支持一个行规特定 Ident_Number。在本标准的 6.4.1 中定义了行规特定 Ident_Number。如果某设备被设为行规特定 Ident_Number，则它应符合相应行规 GSD 文件的行规特征。此外，PROFIBUS PA 设备可支持制造商特定 Ident_Number。 行规特定的 GSD 文件由 PI 提供。制造商特定的 GSD 文件由设备制造商提供。 用户能够通过设置参数 IDENT_NUMBER_SELECTOR 来选择有效的 Ident_Number。如果 Ident_Number 被改变，则设备的循环行为特性(例如:诊断内容/长度、当前/已接受的组态数据等)也将被改变。 编码： 0:行规特定 Ident_Number(PA 行规 V3.x)(必备) 1:制造商特定 Ident_Number(PA 行规 V3.x)(可选) 2:制造商特定 Ident_Number(PA 行规 V2.0)(可选) 3:多变量设备的行规特定 Ident_Number(PA 行规 V3.x)(可选) 4～126:保留供行规使用(不允许) 127:适应模式(必备) 128～255:制造商特定(可选)

表 52（续）

参　　数	描　　述
IDENT_NUMBER_SELECTOR	每个值表示一个由 PA 设备支持的 Ident_Number。仅在适应模式（IDENT_NUMBER_SELECTOR＝127）下，设备才能使用多个 Ident_Number 进行通信。 必须使用与所保存的 IDENT_NUMBER_SELECTOR 值对应的 Ident_Number 来启动设备。如果选择了适应模式，则必须使用其上一个所用的 Ident_Number 来启动设备。初始的 Ident_Number（首次启动）必须由制造商来定义。 例如：购买了符合行规 GSD 文件“PA139700.GSD”的行规设备，其参数 IDENT_NUMBER_SELECTOR 被设为 0，则其 Ident_Number 是 0x9700。 如果设备没进行循环通信而试图修改参数 IDENT_NUMBER_SELECTOR，则在此情况下 Ident_Number 立即改变而不必等到后续的上电周期/热启动时才改变。如果设备被切换到适应模式，则 Ident_Number 保持不变。参数 DIAGNOSIS 的比特 IDENT_NUMBER_VIOLATION 不被置位，且保持为 0。 如果在设备循环数据传输期间试图修改参数 IDENT_NUMBER_SELECTOR，则设备行为应符合以下选择之一： 1） 接受参数 IDENT_NUMBER_SELECTOR 的新值，即该参数被改变。只要持续进行循环数据传输，设备的 Ident_Number 和循环行为特性就保持不变。一旦循环数据传输停止，设备的 Ident_Number 就立即改变。只要正在使用的 Ident_Number 与 IDENT_NUMBER_SELECTOR 不一致（见 5.3.3 和 5.3.4.3.3.2），参数 DIAGNOSIS 的 IDENT_NUMBER-VIOLATION 比特就设为 1。如果循环数据传输停止，则清除该比特，并且改变 Ident_Number。如果设备被切换到适应模式，则比特 IDENT_NUMBER_VIOLATION 被清除/不置位。在此情况下，当循环数据传送停止时，Ident_Number 和循环行为特性保持不变。 2） 在进行循环数据传输期间，不能修改参数 IDENT_NUMBER_SELECTOR，即当写 IDENT_NUMBER_SELECTOR 时只接受当前值。当试图修改该参数时，错误响应为“访问，状态冲突”。 3） 在进行循环数据传输期间，参数 IDENT_NUMBER_SELECTOR 是只读的。在此情况下，拒绝写访问。 如果 PA 设备被设为适应模式，则 Ident_Number 可由 1 类主站使用 DP 服务 Set_Prm 和/或 Set_Slave_Add 来修改。如果设备支持通过 Set_Prm 或 Set_Slave_Add 服务请求传送的 Ident_Number，则即使它不是当前设置，设备也接受该服务，即设备切换到所请求的设置（详见 6.5）。这允许用户用新设备替换先前设备而无需先设置 IDENT_NUMBER_SELECTOR 或用新 GSD 文件来组态。设备将自动地适应已组态 GSD 文件的 Ident_Number。 如果该设备未被设为适应模式，则仅当所请求的 Ident_Number 与 IDENT_NUMBER_SELECTOR 设置完全一致时，设备才接受 DP 服务 Set_Prm 和 Set_Slave_Add。在此情况下，设备的 Ident_Number 不改变为所请求的 Ident_Number。 参数 IDENT_NUMBER_SELECTOR 不受 FACTORY_RESET 影响。 **注：**MS2 的 Initiate 服务的属性 Profile_Ident_Number 不同于设备的 Ident_Number。对于所有 PROFIBUS PA 设备，Profile_Ident_Number 固定为 0x9700（见表 136）
LOCAL_OP_ENA	启用本地操作。 0：　禁用（不允许本地操作，即：仅允许来自主机设备的 FB MODE 的修改） 1：　启用（允许本地操作） 主机操作比本地终端设备操作具有更高的优先级

表 52（续）

参　数	描　述
LOCAL_OP_ENA	如果通信失败的时间超过 30 s，则自动启用本地操作。这里，通信失败的定义是指在规定时间段内未发生循环通信。如果参数 LOCAL_OP_ENA 等于 0(禁用)且恢复通信，则设备切换回远程操作。见 5.2.8.4
SOFTWARE_REVISION	现场设备的软件版本号
WRITE_LOCKING	软件写保护。 0：拒绝对所有参数的非循环写服务(访问被拒绝)，但 WRITE_LOCKING 本身除外 1～2456：保留 2457：缺省值，它表示设备的所有可写参数都是可写的 2458～32767：保留 32768～65535：制造商特定 下面的参数无任何写保护机制： ——TAB_ENTRY(线性化表)； ——ACTUAL_POST_READ_NUMBER(日志功能块)。 此外，无论处于何种写保护状态，设备都应接受不包含 Execution_Argument 的 Call-REQ-PDU，例如读 I&M 数据
HW_WRITE_PROTECTION	指出不能被远程访问修改的写保护机制(例如，硬跳线或本地用户接口)的状态，它防止修改设备的参数。 0：无保护(必备) 1：保护，允许手动操作(可选) 拒绝对所有参数的非循环写访问(写访问被拒绝)，但线性化表的参数 TAB_ENTRY，以及参数 TARGET_MODE 和 OUT/OUT_D(仅对 AO 和 DO 有效)除外。 2：保护，非手动操作(可选) 拒绝对所有参数的非循环写访问(写访问被拒绝)，但线性化表的参数 TAB_ENTRY 除外。 3～127：保留 128～255：制造商特定 设备可支持代码 1 和/或代码 2。 以下参数无任何写保护机制： ● TAB_ENTRY(线性化表)； ● ACTUAL_POST_READ_NUMBER(日志功能块)。 此外，无论处于何种写保护状态，设备都应接受不包含 Execution_Argument 的 Call-REQ-PDU，例如读 I&M 数据
FEATURE	指示设备中所实现的可选特性，以及是否支持这些特性的情况
COND_STATUS_DIAG	指示可对状况和诊断行为进行组态的设备模式： 0：提供 5.3.2 中定义的状况和诊断； 1：提供浓缩状况和诊断信息(见 5.3.4) 2～255：PI 保留
DIAG_EVENT_SWITCH	如果 FEATURE. Enabled. Condensed_Status＝1，则指示/控制该设备对设备特定诊断事件的反应。 对诊断事件的登录项的引用是制造商/设备特定的
其他参数	在 PNO/TC3-04-0007a 中规定

5.2.8.2 物理块的参数属性

表 53 规定了物理块的参数属性。

表 53 物理块的参数属性

相对索引	参数名称	对象类型	数据类型	存储	大小	访问	参数用法/传输类型	复位类别	缺省值	必备(M)/可选(O)(A类和B类)
…标准参数见"通用要求"。										
附加的物理块参数										
8	SOFTWARE_REVISION	Simple	VisibleString	Cst	16	r	C/a	—	—	M
9	HARDWARE_REVISION	Simple	VisibleString	Cst	16	r	C/a	—	—	M
10	DEVICE_MAN_ID	Simple	Unsigned16	Cst	2	r	C/a	—	—	M
11	DEVICE_ID	Simple	VisibleString	Cst	16	r	C/a	—	—	M
12	DEVICE_SER_NUM	Simple	VisibleString	Cst	16	r	C/a	—	—	M
13	DIAGNOSIS	Simple	OctetString	D	4	r	C/a	—	—	M
14	DIAGNOSIS_EXTENSION	Simple	Octetstring	D	6	r	C/a	—	—	O
15	DIAGNOSIS_MASK	Simple	Octetstring	Cst	4	r	C/a	—	—	M
16	DIAGNOSIS_MASK_EXTENSION	Simple	Octetstring	Cst	6	r	C/a	—	—	O
17	DEVICE_CERTIFICATION	Simple	VisibleString	Cst	32	r	C/a	—	—	O
18	WRITE_LOCKING	Simple	Unsigned16	N	2	r,w	C/a	F	—	O
19	FACTORY_RESET	Simple	Unsigned16	S	2	r,w	C/a	F	—	O
20	DESCRIPTOR	Simple	OctetString	S	32	r,w	C/a	I	—	O
21	DEVICE_MESSAGE	Simple	OctetString	S	32	r,w	C/a	I	—	O
22	DEVICE_INSTAL_DATE	Simple	OctetString	S	16	r,w	C/a	I	—	O
23	LOCAL_OP_ENA	Simple	Unsigned8	N	1	r,w	C/a	F	1	O
24	IDENT_NUMBER_SELECTOR	Simple	Unsigned8	S	1	r,w	C/a	—	—	M (B)
25	HW_WRITE_PROTECTION	Simple	Unsigned8	D	1	r	C/a	—	—	O
26	FEATURE	Record	DS-68	N	8	R	C/a	—	—	M
27	COND_STATUS_DIAG	Simple	Unsigned8	S	1	r,w	C/a	F	1	M
28	DIAG_EVENT_SWITCH	Record	Diag_Event_Switch	S	50	r,w	C/a	F	—	O
29～32	PI 保留	—	—	—	—	—	—	—	—	—
33～47	制造商特定,分析仪器设备的 PB 除外(见 11.2.3)									
制造商定义	在 PNO/TC3-04-0007a《PROFIBUS 行规增补 1》和 5.4.3 中规定的制造商特定的参数和附加参数									

5.2.8.3 物理块的视图对象

表 54 规定了物理块的视图对象。

表 54 物理块的视图对象

			访问			
			r	r	r,w	r
相对索引	参数名称	替代值	View_1	View_2	View_3	View_4
8	SOFTWARE_REVISION					16
9	HARDWARE_REVISION					16
10	DEVICE_MAN_ID					2
11	DEVICE_ID					16
12	DEVICE_SER_NUM					16
13	DIAGNOSIS		4	4		
14	DIAGNOSIS_EXTENSION	0,0,0,0,0,0		6		
15	DIAGNOSIS_MASK					4
16	DIAGNOSIS_MASK_EXTENSION	0,0,0,0,0,0				6
17	DEVICE_CERTIFICATION	3 两个 0x20				32
18	WRITE_LOCKING	32762		2		
19	FACTORY_RESET					
20	DESCRIPTOR	3 两个 0x20			32	
21	DEVICE_MESSAGE	3 两个 0x20			32	
22	DEVICE_INSTAL_DATE	16 个 0x20			16	
23	LOCAL_OP_ENA	250			1	
24	IDENT_NUMBER_SELECTOR				1	
25	HW_WRITE_PROTECTION	0		1		
26	FEATURE			8		
27	COND_STATUS_DIAG			1		
28	DIAG_EVENT_SWITCH	50 个 0x00				
视图对象的字节总数(+ 标准参数的字节)			4+13	22+13	82+36	108+0

5.2.8.4 写访问保护控制

远程设备通过通信和本地终端可对块参数进行写访问。这可能会引发访问冲突,但这种冲突可通过保护策略进行控制。

下列 PB 参数控制对块参数的写访问:

——LOCAL_OP_ENA;

——HW_WRITE_PROTECTION;

——WRITE_LOCKING。

此外，以下情况影响写访问：

——通信错误超过 30 s。

这些参数和情况应按表 55 的定义来控制参数访问。如果有紧急输入，则访问权限可能不同于本标准。

表 55 访问保护

HW_WRITE_PROTECTION	WRITE_LOCKING	LOCAL_OP_ENA	循环通信中断＞30 s	可能的本地访问	可能的远程访问
0（无保护）	2457（无保护）	1（启用）	[a]	是	是
0（无保护）	0（保护）	0（禁用）	否	否	否
0（无保护）	0（保护）	0（禁用）	是	是	否
0（无保护）	0（保护）	1（启用）	[a]	是	否
1（保护，允许手动操作）	2457（无保护）	0（禁用）	否	否	否[a]
1（保护，允许手动操作）	2457（无保护）	0（禁用）	是	否[b]	否[a]
1（保护，允许手动操作）	2457（无保护）	1（启用）	[a]	否[b]	否[b]
1（保护，允许手动操作）	0（保护）	0（禁用）	否	否	否
1（保护，允许手动操作）	0（保护）	0（禁用）	是	否[b]	否
1（保护，允许手动操作）	0（保护）	1（启用）	[a]	否[b]	否
2（保护，允许手动操作）	[a]	[a]	[a]	否	否

[a] 无关。

[b] 对于 AO/DO，参数 TARGET_MODE、OUT 和 OUT_D 是可写的。

5.2.9 功能块之间的链接

5.2.9.1 概述

功能块(FB)间的数据交换(即 FB 输出参数与输入参数之间)通过链接对象(Link Objects)来描述。链接对象的类型是结构化参数 DS-49(见 5.2.3.9)。两个 FB 参数间的一个连接恰好是一个链接对象。源 FB 参数和目标 FB 参数的数据类型必须是相同的。不应接受具有无效 FB 参数的组态。链接对象的参数结构可通过现场总线进行读/写。

本行规仅限于一个设备内的 FB 链接，即支持设备内从输出参数到一个输入参数的功能块链接。

5.2.9.2 本地链接

在资源内定义一个链接仅需要一个链接对象。这样的链接可标识输出到输入参数的传输。应使用本地索引(Local_Index)标识的参数值和参数状况来更新远程索引(Remote_Index)标识的参数。

5.2.9.3 链接对象的参数描述

链接对象的参数描述见表 56。

表 56 链接对象的参数描述

参数	描述
Local_Index	规定输出参数的 FB_ID 和参数相对偏移量，该输出参数被链接到 Remote_Index 标识的输入参数。这是该链接的源
Connection_Number	设置为 0，以标识这是设备内的一个链接
Remote_Index	规定输入参数的 FB_ID 和参数相对偏移量，该输入参数被链接到 Local_Index 标识的参数（仅对本地链接有效）。这是该链接的目标
Service_Operation	决定链接的动作。 编码： 0：无服务——链接是无效的； 1：本地——设备内的链接； 2～127：保留； 128～255：制造商特定
Stale_Count_Limit	设置为 0，不需要时效性检测

5.3 过程变量状况和诊断

5.3.1 兼容性

经典(Classic)状况和诊断的描述见 PA 行规版本 3.0。它考虑到对先前设备的向后兼容性。浓缩(Condensed)状况和诊断（见 5.3.4）旨在在未来的实现中代替经典状况。

5.3.2 经典状况

5.3.2.1 状况属性

对于所有参数（输入、输出和内含参数），状况(Status)属性的定义都是相同的。数据有 4 种质量(Quality)状态和 4 种限值(Limit)状态。每种质量状态有一个包括 16 种子状况(Quality Substatus)值的枚举集。对于所有具有状况的参数，为其所有状况属性都产生一个限值信息。

状况字节的编码见表 57。

表 57 状况(Status)字节的编码

Quality 的含义								
Quality		Quality Substatus				Limits		
Gr	Gr	QS	QS	QS	QS	Qu	Qu	
2^7	2^6	2^5	2^4	2^3	2^2	2^1	2^0	
0	0							BAD：坏
0	1							UNCERTAIN：不确定
1	0							GOOD(Non Cascade)：好（无级联）
1	1							GOOD(Cascade)：好（级联）

表 57（续）

当 Quality＝BAD 时，Substatus 的含义								
0	0	0	0	0	0			non specific：非特定的
0	0	0	0	0	1			configuration error：组态错误
0	0	0	0	1	0			not connected：未连接
0	0	0	0	1	1			device failure：设备故障
0	0	0	1	0	0			sensor failure：传感器故障
0	0	0	1	0	1			no communication (last usable value)：无通信（上一个可用值）
0	0	0	1	1	0			no communication (no usable value)：无通信（无可用值）
0	0	0	1	1	1			out of service：非服务
当 Quality＝UNCERTAIN 时，Substatus 的含义								
0	1	0	0	0	0			non specific：非特定的
0	1	0	0	0	1			last usable value)(LUV)：上一个可用值(LUV)
0	1	0	0	1	0			substitute value：替代值
0	1	0	0	1	1			initial value：初始值
0	1	0	1	0	0			sensor conversion not accurate：传感器转换不精确
0	1	0	1	0	1			engineering unit violation (unit not in the valid set)：工程单位违规（单位不在有效集内）
0	1	0	1	1	0			sub nomal：低于正常情况
0	1	0	1	1	1			configuration error：组态错误
0	1	1	0	0	0			simulated value：仿真值
0	1	1	0	0	1			sensor calibration：传感器校准
当 Quality＝GOOD(Non Cascade)时，Substatus 的含义								
1	0	0	0	0	0			ok
1	0	0	0	0	1			update event：更新事件
1	0	0	0	1	0			active advisory alarm：有效的警戒报警
1	0	0	0	1	1			acitve critical alarm：有效的紧急报警
1	0	0	1	0	0			unacknowledged update event：未确认的更新事件
1	0	0	1	0	1			unacknowledged advisory alarm：未确认的警戒报警
1	0	0	1	1	0			unacknowledged critical alarm：未确认的紧急报警
1	0	1	0	0	0			initiate fail safe：启动故障安全
1	0	1	0	0	1			maintenance required：需要维护
当 Quality＝GOOD(Cascade)时，Substatus 的含义								
1	1	0	0	0	0			ok
1	1	0	0	0	1			initialization acknowledged：已确认的初始化
1	1	0	0	1	0			initialization request：初始化请求

表 57（续）

当 Quality=GOOD(Cascade)时,Substatus 的含义								
1	1	0	0	1	1			not invited:不被允许
1	1	0	1	0	1			do not select:不选择
1	1	0	1	1	0			local overide:本地超驰
1	1	1	0	0	0			initiate fail safe:启动故障安全
Limit 比特的含义								
						0	0	ok
						0	1	low limited:超下限
						1	0	high limited:超上限
						1	1	constant:常量

5.3.2.2 无效的状况值

无效的状况值见表 58。

表 58 无效的状况值

Quality		Quality Substatus				Limits		
Gr	Gr	QS	QS	QS	QS	Qu	Qu	
2^7	2^6	2^5	2^4	2^3	2^2	2^1	2^0	
1	0	0	0	0	0	1	0	GOOD(Non Cascade)
1	1	0	0	0	0	1	0	GOOD(Cascade)
1	0	0	0	0	0	0	1	GOOD(Non Cascade)
1	1	0	0	0	0	0	1	GOOD(Cascade)

5.3.2.3 保留的状况值

保留的状况值见表 59。

表 59 保留的状况值

Quality		Quality Substatus				Limits		
Gr	Gr	QS	QS	QS	QS	Qu	Qu	
2^7	2^6	2^5	2^4	2^3	2^2	2^1	2^0	
Quality=BAD								
0	0	1	0	0	0	*	*	保留
								……
0	0	1	1	1	1	*	*	保留

表 59（续）

Quality=UNCERTAIN								
0	1	1	0	1	0	*	*	保留
								……
0	1	1	1	1	1	*	*	保留
Quality=GOOD(Non Cascade)								
1	0	0	1	1	1	*	*	保留
1	0	1	0	1	0	*	*	保留
								……
1	0	1	1	1	1	*	*	保留
Quality=GOOD(Cascade)								
1	1	0	1	0	1			保留
1	1	0	1	1	1			保留
1	1	1	0	0	1	*	*	保留
								……
1	1	1	1	1	1	*	*	保留

5.3.2.4 符合行规的设备的状况字节用法

表 60 示出了达到传感器物理下限时的状况。

表 60 坏-传感器故障，超下限(**BAD-sensor failure，low limited**)

Quality		Quality Substatus				Limits	
0	0	0	1	0	0	0	1

表 61 示出了达到传感器物理上限时的状况。

表 61 坏-传感器故障，超上限(**BAD-sensor failure，high limited**)

Quality		Quality Substatus				Limits	
0	0	0	1	0	0	1	0

表 62 示出了超出 OUT 的 LO_LIM 时的状况。

表 62 好(无级联)-有效的警戒报警，超下限
(**GOOD(Non Cascade)-active advisory alarm，low limited**)

Quality		Quality Substatus				Limits	
1	0	0	0	1	0	0	1

表 63 示出了超出 OUT 的 HI_LIM 时的状况。

表 63 好(无级联)-有效的警戒报警,超上限
(GOOD(Non Cascade)-active advisory alarm,high limited)

Quality		Quality Substatus				Limits	
1	0	0	0	1	0	1	0

表 64 示出了超出 OUT 的 LO_LO_LIM 时的状况。

表 64 好(无级联)-有效的紧急报警,超下限
(GOOD(Non Cascade)-active critical alarm,low limited)

Quality		Quality Substatus				Limits	
1	0	0	0	1	1	0	1

表 65 示出了超出 OUT 的 HI_HI_LIM 时的状况。

表 65 好(无级联)-有效的紧急报警,超上限
(GOOD(Non Cascade)-active critical alarm,high limited)

Quality		Quality Substatus				Limits	
1	0	0	0	1	1	1	0

表 66 示出了具有 S 属性的参数已被改变时的状况。

表 66 好(无级联)-更新事件(GOOD(Non Cascade)-update event)

Quality		Quality Substatus				Limits	
1	0	0	0	0	1	*	*

5.3.2.5 状况的优先级

在表 67 中列出了各种状况,从最低优先级(GOOD-ok)到最高优先级(BAD-out of service)。如果影响状况的条件不止一个,则具有最高优先级的条件将决定该状况值。

如果出现相应的事件,则将 Status 设置为该状况值,并在事件消失后将其重新设置为下一个较低优先级的状况值。

表 67 状况值的优先级

Quality	Quality Substatus	优先级
GOOD(NC)	ok	最低
GOOD(NC)	maintenance required	…
GOOD(NC)	update event	
GOOD(NC)	active advisory alarm	
GOOD(NC)	active critical alarm	
GOOD(NC)	unacknowledged update event	

表 67（续）

Quality	Quality Substatus	优先级
GOOD(NC)	unacknowledged advisory alarm	
GOOD(NC)	unacknowledged critical alarm	
GOOD(NC)	initiate fail safe	
UNCERTAIN	non specific	
UNCERTAIN	last usable value (luv)	
UNCERTAIN	substitute	
UNCERTAIN	initial value	
UNCERTAIN	sensor conversion not accurate	
UNCERTAIN	engineering unit violation	
UNCERTAIN	sub normal	
UNCERTAIN	configuration error	
UNCERTAIN	sensor calibration	
UNCERTAIN	simulated value	
GOOD(C)	ok	
GOOD(C)	initialization acknowledged	
GOOD(C)	initialization request	
GOOD(C)	not invited	
GOOD(C)	do not select	
GOOD(C)	local override	
GOOD(C)	initiate fail safe	
BAD	non specific	
BAD	configuration error	
BAD	not connected	
BAD	sensor failure	
BAD	device failure	
BAD	no communication(luv)	
BAD	no communication(no luv)	……
BAD	out of service	最高

5.3.2.6 状况的定义

在表 68 中定义了状况字节的质量、质量子状况和限值各组成部分。

表 68 状况值的定义

Quality各比特的描述		
Quality		描　述
0	BAD	对应的值不可用
1	UNCERTAIN	对应值的 Quality 低于正常情况，但值仍可用
2	GOOD(Non Cascade)	对应值的 Quality 为“GOOD”。可能的报警情况可由 Substatus 指出
3	GOOD(Cascade)	对应的值可以在控制中使用
当 Quality=BAD 时，Substatus 的描述		
Substatus	BAD	描　述
0	non specific	无特定原因说明对应的值为何是 BAD。用于传递
1	configuration error	如果由于与参数化或组态不一致(不一致性的检测取决于特定制造商)而导致对应的值不可用，则设置为该 Substatus
2	not connected	如果要求连接此输入而实际上未连接，则设置为该 Substatus
3	device failure	如果对应值的源受到设备故障的影响，则设置为该 Substatus
4	sensor failure	如果设备能确定此条件，则设置为该 Substatus。如果错误是由于超出该传感器的范围，则 Limit 指出超限方向
5	no communication (LUV)	如果对应的值已由通信设置，且该通信现已中断，则设置为该 Substatus
6	no communication (no LUV)	如果自上一次“Out of Service”以来从未发生任何与对应值的通信，则设置为该 Substatus
7	out of service	因为块未被赋值且可能处于调试过程中而使得对应的值不可靠。如果该块的模式是 O/S，则设置为该 Substatus
当 Quality=UNCERTAIN 时，Substatus 的描述		
Substatus	UNCERTAIN	描　述
0	non specific	无特定原因说明对应的值为何是 UNCERTAIN。用于传递
1	last usable value (LUV)	无论写入什么，对应的值已停止被写入。用于故障安全处理
2	substitute value	使用预定义的值而不使用计算的值。用于故障安全处理
3	initial value	在设备或参数复位期间及复位以后，使用易失性参数的值
4	sensor conversion not accurate	如果对应的值处于传感器的限值之一，则设置为该 Substatus。Limits 指出超限方向。此外，如果设备能确定传感器精度已降低(例如：已降级的分析仪器)，则也设置为该 Substatus。在此情况下 Limits 不被设置
5	engineering unit violation	如果对应的值超出为此参数定义的取值范围，则设置为该 Substatus。Limits 指出超限方向
6	sub normal	如果一个值是从多个值导出的，当其数据源为“GOOD”的个数少于要求的个数时，则设置为该 Substatus
7	configuration error	如果存在与参数化或组态不一致(不一致性的检测取决于特定制造商)，则设置为该 Substatus
8	simulated value	当块处于手动模式而过程值由操作员写入时，设置为该 Substatus
9	sensor calibration	在用当前测量值进行校准期间，设置为该 Substatus

表 68（续）

当 Quality＝GOOD(Non Cascade)时，Substatus 的描述		
Substatus	GOOD(Non Cascade)	描　述
0	ok	无错误或无与对应值有关的特殊情况
1	update event	如果对应的值是 GOOD 且块有一个有效的更新事件，则设置为该 Substatus
2	active advisory alarm	如果对应的值是 GOOD 且块有一个有效的警戒报警，则设置为该 Substatus
3	active critical alarm	如果对应的值是 GOOD 且块有一个有效的紧急报警，则设置为该 Substatus
4	unacknowledged update event	如果对应的值是 GOOD 且块有一个未确认的更新事件，则设置为该 Substatus
5	unacknowledged advisory alarm	如果对应的值是 GOOD 且块有一个未确认的警戒报警，则设置为该 Substatus
6	unacknowledged critical alarm	如果对应的值是 GOOD 且块有一个未确认的紧急报警，则设置为该 Substatus
7	reserved	保留
8	initiate fail safe	对应的值来自一个期望其后续输出块(例如：AO)进入故障安全的块
9	maintenance required	设备仍无故障地运行，但需尽快提供服务支持。这是可以检测的，例如通过 pH 仪表转换块(TB)的一个值
当 Quality＝GOOD(Cascade)时，Substatus 的描述		
Substatus	GOOD(Cascade)	描　述
0	ok	无错误或无与对应值有关的特殊情况
1	initialisation acknowlegded	对应的值是来自一个源(串级输入(cascade input)、远程串级输入(remote-cascade in)和远程输出输入(remote-output in)参数)的初始化值
2	initialisation request	对应的值是用于一个源的初始化值(反向计算(back calculation)的输入参数)，这是因为下层回路断开或模式错误
3	not invited	对应的值来自一个无目标模式的块，该块将使用此输入值
4	reserved	保留
5	do not select	对应的值来自一个不应被选择的块，这是因为该块内存在某些条件，或存在作用于该块上的某些条件
6	local override	对应的值来自一个块，该块已被本地锁开关锁定，或者该块是一个具有互锁逻辑的复杂 AO/DO。正常控制的故障应被传递给主机系统中运行的用于报警和显示的功能。这也意味“Not Invited”
7	reserved	保留
8	initiate fail safe	对应的值来自一个期望其后续输出块(例如 AO)进入故障安全的块

表 68（续）

Limit 比特的描述		
Limit		描　　述
0	ok	对应的值可自由取值
1	low limited	对应的值已超过其下限
2	high limited	对应的值已超过其上限
3	constant (high and low limited)	一般情况下，参数必须使用"constant"来指示该参数的值由操作员或本地方法设置，它不遵从正常块算法所提供的值。Status 可由操作员来修改(若可写)

表 68 中 Limit 的这四种情况是相互排斥的。"constant"也不能只在一个方向被限制。

5.3.3　经典诊断

表 69 示出了物理块参数 DIAGNOSIS 的编码。表 70 示出了参数 DIAGNOSIS 的 OctetString 的编码。

表 69　物理块参数 DIAGNOSIS 的编码

八位位组	比特	DIAGNOSIS 助记符号	描　　述	指示类别
1	0	DIA_HW_ELECTR	电子方面的硬件故障	R
	1	DIA_HW_MECH	机械方面的硬件故障	R
	2	DIA_TEMP_MOTOR	电机温度过高	R
	3	DIA_TEMP_ELECTR	电子器件温度过高	R
	4	DIA_MEM_CHKSUM	存储器错误	R
	5	DIA_MEASUREMENT	测量失败	R
	6	DIA_NOT_INIT	设备未初始化(无自校准)	R
	7	DIA_INIT_ERR	自校准失败	R
2	0	DIA_ZERO_ERR	零点错误(限值位置)	R
	1	DIA_SUPPLY	电源故障(电动、气动)	R
	2	DIA_CONF_INVAL	组态无效	R
	3	DIA_WARMSTART	上电后设置，或执行 FACTORY_RESET＝2506 后将此比特置位	A
	4	DIA_COLDSTART	执行 FACTORY_RESET＝1 后将此比特置位	A
	5	DIA_MAINTAINANCE	需要维护	R
	6	DIA_CHARACT	特性化无效	R
	7	IDENT_NUMBER_VIOLATION	如果正运行的循环数据传输的 Ident_Number 与 PB 参数 IDENT_NUMBER_SELECTOR 的值不一致，则设置为 1。如果 IDENT_NUMBER_SELECTOR＝127(适应模式)，则 DIAGNOSIS 的比特 IDENT_NUMBER_VIOLATION 被清除/不置位	R

表 69（续）

八位位组	比特	DIAGNOSIS 助记符号	描　　述	指示类别
3	0～7	保留	保留	
4	0～6	保留	保留	
	7	EXTENSION_AVAILABLE	可提供更多的诊断信息	
指示类别： R　只要引起该消息的原因存在，指示就保持有效状态。 A　指示必须至少在 10 s 内被设置，而且必须在完成该动作后的 10 s 内复位				

DIAGNOSIS 比特的编码：

——0：不置位(清除)；

——1：置位。

表 70　参数 DIAGNOSIS 的比特串的编码

Octet 1			Octet 2			Octet 3			Octet 4		
Bit7	…	Bit0	Bit7	…	Bit0	Bit7	…	Bit0	Bit7	…	Bit0

5.3.4　浓缩状况和诊断

5.3.4.1　目的

为了满足有关浓缩(condensed)状况和诊断报文的要求而给出此定义，这样使得诊断事件在 PCS/DCS 和维护站中的用法更加明显和清晰，并以分级(graduated)方法说明维护的需要并增加新的必需的状况信息。

新的定义支持预测性维护和预防性维护。

5.3.4.2　一般要求

5.3.4.2.1　概述

此定义增强了过程控制设备在诊断事件情况下，输出用于维护的明确信息的能力。

流向 PCS/DCS 的数据流(例如：来自模拟输入功能块的 OUT 参数)，仅支持 5.3.2 中定义的状况代码和 DIAGNOSIS 参数各比特的子集。此子集使信息的解码更加容易。

该定义影响所有具有状况的过程值。流向过程连接的来自输入变量的数据流将继续支持某些经典状况代码，但在流向 PCS/DCS 的循环数据传输中不再使用这些经典状况代码。

浓缩状况的数值流和应用见图 13。

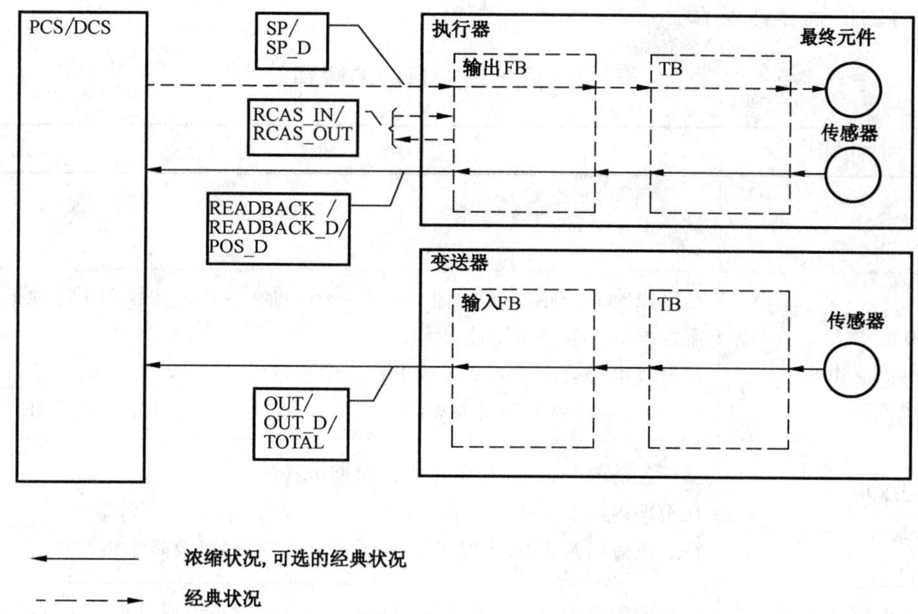

图 13　浓缩状况的数值流和应用

对浓缩状况的支持通过物理块中的 FEATURE 参数来指示。

出于兼容性原因，设备关于使用状况的行为可组态为以下两种方式：

——经典状况产生；

——浓缩状况产生。

如果不要求兼容性模式，则新设备仅应支持浓缩状况产生。

浓缩状况的编码是在经典状况定义的子集上增加新的附加定义。

浓缩状况由在设备与 PCS/DCS 之间非串级连接的值所使用。这意味着串级状况不受影响。

状况字节的编码必须在 PCS/DCS 中解释。如果浓缩状况和诊断被启用，则设备所使用的有效状况代码应如下所列。

该状况包含两种不同的信息：

——在 PCS/DCS 内用于计算目的的值的可用性

——设备的条件，例如，用于维护目的

在 PCS/DCS 中值的可用性见表 71。

表 71　在 PCS/DCS 中值的可用性

在 PCS/DCS 中的可用性	描　述
可用的/有效的（good）	该值是一个真实的过程值
有条件地可用/有条件地有效（uncertain）	该值的质量降低（例如精度降低），或该值是替代值。可用性取决于应用
故障/不可用/无效（bad/failure）	由于错误，该值不代表过程值
功能检查/本地超驰（function check/local override）	该设备处于本地控制、维护或执行功能检查。因此该值不代表过程值
钝化（Passivated）（诊断警报被禁止）	该值不代表过程值。通道/设备被操作员强迫处于空闲（idle）模式

用于维护目的的解释见表72。

表72 用于维护目的的解释

在维护站中的可用性	描　述
正常 (Good)	设备工作正常,无需维护
需要维护 (Maintenance required)	基于先前的条件,磨损余量(wear spare)将在中期或比预期更快地被耗尽。 需要维护以确保可用性。 在这里中期被定义为7天或更长。中期过后,故障率将增加。 然而,如果在中期期间内故障率增加,则必须发出必须维护的信号
必须维护 (Maintenance demanded)	基于先前的条件,磨损余量将在短期被耗尽。 在短期内需要维护以确保可用性。 在这里短期被定义为24小时或更长。短期过后,故障率将增加
维护报警 (Maintenance alarm)	设备或配套附件的磨损余量已耗尽,或者在设备内或其周围出现了意外的缺陷。 必须立即维护,以重新恢复功能
功能检查/本地超驰 (Function check/local override)	设备处于本地控制、维护或功能检查

5.3.4.2.2 浓缩状况代码

5.3.4.2.2.1 概述

在5.3.4.2.2.4中描述的状况代码集可被简化为应用特定的子集而在不同国家组织内应用,例如NAMUR NE107中定义的应用。本条中定义的状况代码可简化为NAMUR NE107所定义的以下集合:

——故障,Failure (F);

——维护,Maintenance (M);

——检查,Check (C);

——超出规格,Out of Specification (S)。

由于状况总是与过程值一起传输,因此如果出现NAMUR NE107中未定义的状况代码,也应有一个特定的状况值。在这种情况下,引入了附加的状况值"GOOD (G)"。

为了从状况得到更详细的信息,已经定义了附加的状况值。符合本行规的设备可采用这样的方法进行参数化,即由状况提供详细信息,或状况被限制为最多有4个符合上述命名的可能值。此选择可通过参数DIAG_EVENT_SWITCH (见5.2.8.1) 实现。

将状况值进行分类,以区分相应过程值在PCS/DCS中的使用。在本文本中,为描述用法所使用的分类如下:

——不可使用:Failure/Passivated/Function Check;

——有条件地可使用:Uncertain;

——可使用:Good。

这些值与NAMUR NE107不一致,仅是对控制系统设计者的建议。"Failure/Passivated/Function Check"是指相应的过程值不应在PCS/DCS中使用,"Good"是指提供的过程值是可使用的。在"Uncertain"情况下,控制系统的设计者可依据过程条件自行决定是否要使用该过程值。

5.3.4.2.2.2 限值检查(Limit Check)

存在三种类型的超限,它们会导致不同的状况质量(见表 73)。超限的方向由 Limit 比特指示。

表 73 超限的类型和结果状况

超　　限	导致的状况质量
超出过程限值	Good
超出规定值:超出规定的设备工作范围	Uncertain
传感器问题:超出传感器的物理范围	Bad

在过程超限的情况下,不仅用 Limit 比特还通过符合表 74 的特定 GOOD 状况来指出超限类型。

表 74 过程超限对状况的影响

超　　限	功能块的参数	在状况内的指示
上限报警	HI_LIM	GOOD-advisory alarm,high limit
上上限报警	HI_HI_LIM	GOOD-critical alarm,high limit
下限报警	LO_LIM	GOOD-advisory alarm,low limit
下下限报警	LO_LO_LIM	GOOD-cirtical alarm,low limit

5.3.4.2.2.3 NAMUR NE107 规定的浓缩状况代码

表 75 给出与 NAMUR NE107 相关的浓缩状况代码子集。

表 75 NAMUR NE107 规定的状况编码

符合 NAMUR NE107 的含义	在 PCS/DCS 中的用法	编　　码									符合行规的描述
		Quality		Quality Substatus				Limit			
Failure (F)	Failure	0	0	1	0	0	1	x	x	=0x24～0x27	BAD-maintenance alarm,more disgnosis avaliable
Check (C)	Failure	0	0	1	1	1	1	x	x	=0x3C～0x3F	BAD-function check/local override
Out of Specification (S)	Uncertain	0	1	1	1	1	0	x	x	=0x78～0x7B	UNCERTAIN-process related,no maitenance(限值检查见 5.3.4.2.2.2)
Maintenance (M)	Good	1	0	1	0	0 1	1 0	x	x	=0xA4～0xAB	GOOD-maintenance required/ demanded (限值检查见 5.3.4.2.2.2)

表 76 列出了超限的编码。如果具有属性 Store=S 的参数已被改变,则将 Update event 置位。

表 76 在状况为好(GOOD)时功能检查/更新事件(Limit Checks/Update Events)的编码

符合 NAMUR NE107 的含义	在 PCS/DCS 中的用法	编码									符合行规的描述
		Quality		Quality Substatus				Limit			
Good(G)	Good	1	0	0	0	0	0	0	0	=0x80	GOOD-ok
Good(G)	Good	1	0	0	0	0	1	x	x	=0x84~0x87	GOOD-update event
Good(G)	Good	1	0	0	0	1	0	0	1	=0x89	GOOD-advisory alarm,low limit
Good(G)	Good	1	0	0	0	1	0	1	0	=0x8A	GOOD-advisory alarm,high limit
Good(G)	Good	1	0	0	0	1	1	0	1	=0x8D	GOOD-cirtical alarm,low limit
Good(G)	Good	1	0	0	0	1	1	1	0	=0x8E	GOOD-critical alarm,high limit

5.3.4.2.2.4 具有详细信息的浓缩状况代码

诊断事件可被映射为比 NAMUR NE107 规定的更多的值(见 5.3.4.2.2.3)。这就允许访问更详细的有关过程值质量的信息。在维护站上使用此详细信息可对维护周期和预测性维护进行优化。在 5.2.3.21 中描述了诊断事件到特定状况值的映射。

表 77 示出了具有详细信息的浓缩状况的编码。附加列描述该状况值在维护站中的用法。因此,通过状况通知的维护被细分为三个特定的等级:

——Maintenance alarm(维护报警);

——Maintenance required(需要维护);

——Maintenance demanded(必须维护)。

5.3.4.2.2.3 中的值是表 77(粗体行)和表 78 中状况值的子集。

表 77 具有详细信息的浓缩状况的编码

符合 NAMUR NE107 的描述	在...中的用法		编码									符合行规的描述
	PCS/DCS	维护站										
			Quality (BAD)		Quality Sbustatus				Limit			
Failure (F)	Failure	Failure	0	0	0	0	0	0	0	0	=0x00	BAD-non specific[a]
Failure (F)	Passivated	Good	0	0	1	0	0	0	1	1	=0x23	BAD-passivated(诊断警报被禁止)
Failure (F)	Failure	Maintenance alarm	0	0	1	0	0	1	x	x	=0x24~0x27	BAD-maintenance alarm,more diagnosis available
Failure (F)	Failure	Good	0	0	1	0	1	0	x	x	=0x28~0x2B	BAD-process related,no maitenace
Check (C)	Function Check	Function Check	0	0	1	1	1	1	x	x	=0x3C~0x3F	BAD-function check/local override;value not usable[a]

表 77（续）

符合 NAMUR NE107 的描述	在...中的用法		编　　码									符合行规的描述
	PCS/DCS	维护站										
			Quality (UNCER-TAIN)		Quality Sbustatus				Limit			
Failure (F)	Uncertain	Maintenance Alarm	0	1	0	0	1	0	1	1	=0x4B	UNCERTAIN-substitute set
Failure (F)	Uncertain	Good	0	1	0	0	1	1	1	1	=0x4F	UNCERTAIN-initial value
Maintenance (M)	Uncertain	Maintenance demanded	0	1	1	0	1	0	x	x	=0x68～0x6B	UNCERTAIN-maintenance demanded(限值检查见 5.3.4.2.2.2)
Check (C)	Uncertain	Function Check	0	1	1	1	0	0	1	1	=0x73	UNCERTAIN-simulated value,start
Check (C)	Uncertain	Good	0	1	1	1	0	1	x	x	=0x74～0x77	UNCERTAIN -simulated value,end(限值检查见 5.3.4.2.2.2)
Out of specifica-tion (S)	Uncertain	Good	0	1	1	1	1	0	x	x	=0x78～0x7B	UNCERTAIN-process related, no maitenace(限值检查见 5.3.4.2.2.2)
			Quality (GOOD)		Quality Sbustatus				Limit			
Good (G)	Good	Good	1	0	0	0	x	x	x	x	=0x80～0x8E	GOOD(限值检查/更新事件见 5.3.4.2.2.2)
Good (G)	Good	Good	1	0	1	0	0	0	x	x	=0xA0～0xA3	GOOD-initiate fail safe(用于输出 FB 的输入参数的命令，与变送器无关)(限值检查见 5.3.4.2.2.2)
Maintenance (M)	Good	Maintenance required	1	0	1	0	0	1	x	x	=0xA4～0xA7	GOOD-maintenance required(限值检查见 5.3.4.2.2.2)
Maintenance (M)	Good	Maintenance demanded	1	0	1	0	1	0	x	x	=0xA8～0xAB	GOOD-maintenance demanded(限值检查见 5.3.4.2.2.2)
Good (G)	Good	Function Check	1	0	1	1	1	1	x	x	=0xBC～0xBF	GOOD-function check(限值检查见 5.3.4.2.2.2)

[a] 仅由代理(proxy)而不由设备自身提供。

表 78　具有详细信息的浓缩状况的描述

状　况	含义(NAMUR NE107)	描　述
BAD-non specific	Failure (F)	代理(proxy)决定设备不进行通信
BAD-passivated (诊断警报被禁止)	Failure (F)	已组态的故障安全值连同此状况共同使用。无更多诊断事件映射到Slave_Diag 服务。 输入功能块:由该块的模式和状况处理产生。仅影响具有属性 cyc、O 的参数的状况(支持故障安全逻辑)。 输出功能块:仅影响具有属性 O 的参数的状况
BAD-maintenance alarm, more diagnosis available	Failure (F)	因为故障而无可用的测量值。 详细的诊断可由 DIAGNOSIS_EXTENSION 参数的制造商特定比特、制造商特定参数,或/和通过适当的工具指出
BAD-process related, no maintenance	Failure (F)	因为无效的过程条件而无可用的测量值。 提示:当无效的过程条件保持的时间超过可容忍的时间时,应立即在循环的输出上产生此状况,否则状况可能为 good。不用于短(short)事件
BAD-function check/local override, value not usable	Check (C)	执行器:如果由用户控制执行器,则激活该状况。在 READBACK(_D)和 POS_D 中指示 FB AO 模式转换为 MAN 或 LO。 变送器/分析仪器:在清洗和校准过程中
UNCERTAIN-substitute set	Failure (F)	仅故障安全逻辑的输出。 输入功能块:由 PV 或具有 BAD-maintenance alarm, more diagnosis available 或 BAD-function check 状况的仿真值引起。这影响输出参数的状况。 输出功能块:由通信失败或启动故障安全状态引起。这影响输出参数(如 OUT(_D))的状况
UNCERTAIN-initial value	Failure (F)	在无测量值可用时,或在影响值及其相应状况的诊断产生之前使用缺省值
UNCERTAIN-maintenance demanded	Maitenance(M) (优先级高)	过程值的可用性取决于应用。该值可能是无效的,这是因为检测到该设备或其配套附件中有磨损。需要短期维护以确保可用性
UNCERTAIN-simulated value, start	Check(C)	指示仿真开始(从设备到 DCS 的数值流)。 变送器:启用测量值的仿真或输入 FB 模式从 AUTO 变为 MAN。 执行器:执行器不使用该状况。测量值的仿真在参数 CHECKBACK 中指示。 如果集成了触发器(flip flop),则 DCS 驱动能检测出该状态。 如果仿真被启用,则工程工具应记录或跟踪仿真参数和模式参数。 该状况至少保持 10 s: ——在启用仿真后; ——在将 FB 设为 MAN 模式后; ——如果启动仿真或 FB 处于 MAN 模式,在重新启动(例如,掉电周期)后; ——如果启用仿真或 FB 处于 MAN 模式,在钝化被清除后。 在 MAN 模式下,保持该状况直到 10 s 后有一个后续的写命令覆盖 OUT 值为止。 在仿真模式下,所写的状况被缓存并在 10 s 后出现在数值流中。然而,新写的 SIMULATE 参数及其状况在 10 s 内可被读出

表 78（续）

状 况	含义(NAMUR NE107)	描 述
UNCERTAIN-simulated value,end	Check(C)	指示仿真结束(从设备到 DCS 的数值流)。 变送器:禁用测量值的仿真,或 Input FB 模式从 MAN 变到 AUTO。 执行器:执行器不使用此状况。测量值的仿真由参数 CHECKBACK 指示。 如果集成了触发器(flip flop),则 DCS 驱动能检测出该状况。 在仿真结束后,保持此状况 10 s。 当设备处于此状况时,无可靠的过程值。之后更新测量值及其状况
UNCERTAIN-process related,no maintenance	Out of Specification(S)	过程条件超过规定的设备操作范围。该值可能已降低了质量或降低了精度。 该过程值的可用性取决于应用。 当无效的过程条件保持的时间超过可容忍的时间时,应该立即在循环的输出上产生此状况,否则状况可能为 good。不用于短(short)事件。 此外,该状况作为故障安全逻辑的输出,该故障安全逻辑是由 PV 或具有状况"bad -process related,no maintenance"的仿真值引起的
GOOD-ok	—	见 5.3.2
GOOD-update event	—	与 5.3.2 相反,保持此状况 20 s。该持续时间被延长以确保在具有更高优先级的仿真结束情况下发出信号。这样,PCS/DCS 用 10 s 结束仿真,然后用 10 s 更新事件
GOOD-active advisory alarm	—	见 5.3.2
GOOD-active critical alarm	—	见 5.3.2
GOOD-initiate fail safe	—	见 5.3.2
GOOD-maintenance required	Maintenance(M)(优先级低)	值有效。建议在中期内进行维护
GOOD-maintenance demanded	Maintenance(M)(优先级高)	值有效。强烈建议在短期内进行维护
GOOD-function check	—	在对过程影响不大的情况下,设备执行内部功能检查。值有效
GOOD(Cascade)-ok	—	见 5.3.2
GOOD(Cascade)-initialization acknowledged	—	见 5.3.2
GOOD(Cascade)-initialization request	—	见 5.3.2
GOOD(Cascade)-not invited	—	见 5.3.2
GOOD(Cascade)-local override	—	见 5.3.2
GOOD(Cascade)-initiate fail safe	—	见 5.3.2

5.3.4.3 状况的使用

5.3.4.3.1 概述

表79给出了状况从最低到最高的优先级。当设备中存在可能影响状况的多个条件时，具有最高优先级的条件决定该状况。当相应事件发生时，设置该状况；当该事件消失时，该状况被重新设为下一个较低优先级的状况。

表79 状况的优先级

优先级	质　量	子 状 况
最低	GOOD(NC)	ok
	GOOD(NC)	maintenance required
	GOOD(NC)	maintenance demanded
	GOOD(NC)	function check
	GOOD(NC)	update event
	GOOD(NC)	active advisory alarm
	GOOD(NC)	active critical alarm
	GOOD(NC)	initiate fail safe
	UNCERTAIN	initial value
	UNCERTAIN	process related, no maintenance
	UNCERTAIN	maintenance demanded
	UNCERTAIN	substitute set
	BAD	process related, no maintenance
	BAD	maintenance alarm, more diagnosis available
	UNCERTAIN	simulated value, end
	UNCERTAIN	simulated value, start
	BAD	function check/local override
最高	BAD	passivated(诊断警报被禁止)

5.3.4.3.2 启用浓缩状况和诊断报文

5.3.4.3.2.1 概述

根据诊断和状况的行为特性可将设备分为两种类型：

——仅支持浓缩状况和浓缩诊断报文的设备；

——可以在支持经典和支持浓缩状况与诊断报文间进行切换的设备。

5.3.4.3.2.2 仅支持浓缩状况和浓缩诊断信息的设备

这种的设备应具有参数FEATURE，并指示对此特性的支持。浓缩状况和浓缩诊断报文的启用通过硬编码实现。

该特性对于新设备是必备的，对于新生产的现有设备是可选的。

5.3.4.3.2.3 可在两种行为间进行切换的设备

这种设备应具有参数 FEATURE,并指示对此特性的支持。

该特性对于新生产的现有设备是可选的。

使用以下机制来同步工程工具和 DCS 驱动(循环参数的状况和非循环参数的状况)。

设备具有参数 COND_STATUS_DIAG,该参数指示浓缩状况和浓缩诊断报文是否被启用。此组态由工具通过参数化、激活的数据交换和 Set_Prm 服务的参数 PRM_COND 来确定。

启用浓缩状况和诊断的条件见表 80。

表 80 启用浓缩状况和诊断的条件

COND_STATUS_DIAG	PRM_COND[b] (SetPrm)	数据交换	结果 COND_STATUS_DIAG	FEATURE enabled Condensed_Status
0	[a]	无	0	0
1	[a]	无	1	1
[a]	0	[a]	0	0
[a]	1	[a]	1	1

[a] 无关/不可用。

[b] 比特信息在 6.3.3.4.2 和 6.7 中描述。

如果被写的 COND_STATUS_DIAG 值与实际值不同,则在数据交换期间对参数 COND_STATUS_DIAG 的非循环写访问通过 DPV1 的错误“访问-状态冲突”来拒绝。

5.3.4.3.3 附加的物理块定义

5.3.4.3.3.1 钝化(Passivation)

通过设置物理块目标模式 Target Mode=O/S,可将整个设备的实际模式设置成模式 O/S (out of service)。该设备的所有 FB 进入实际模式 Actual Mode=O/S (状态机转换的附加条件)。FB 的目标模式不受影响。具有属性 cyc/O 的主(primary)输出,其状况为 BAD-passivated。转换块不受影响(见表 81)。

表 81 物理块与功能块之间的相互关系

条 件				结 果
物理块 目标模式	功能块 目标模式	功能块 实际模式	状况 (传感器输入, 转换块输入)	状况 输入 FB:OUT(_D) 输出 FB:Readback(_D)/POS_D
<>O/S	O/S	O/S	[a]	BAD-passivated
<>O/S	AUTO/RCAS	AUTO/RCAS	BAD	受对输入功能块有效的参数 FSAFE_TYPE 的影响
<>O/S	AUTO/RCAS	AUTO/RCAS	<>BAD	受以下参数影响: ——PV 子状况; ——报警(ST_REV,Limits); ——内部功能块条件; ——状况的优先级表(见通用要求)

表 81（续）

条件				结果
物理块 目标模式	功能块 目标模式	功能块 实际模式	状况 （传感器输入， 转换块输入）	状况 输入 FB:OUT(_D) 输出 FB:Readback(_D)/POS_D
<>O/S	MAN	MAN	[a]	UNCERTAIN-simulated value,start(仅输入 FB) 状况可由操作员改写
O/S	[a]	O/S	[a]	BAD-passivated （停止将参数 DIAGNOSIS 和 DIAGNOSIS_EXTENSION 的内容复制到 PROFIBUS DP Slave_Diag 服务）

[a] 无关。

只要物理块的实际模式是 O/S，任何 Slave_Diag 服务形式的诊断警报必须被冻结。但该设备内部诊断功能仍然工作，并且更新参数 DIAGNOSIS 和 DIAGNOSIS_EXTENSION。

如果物理块的实际模式从 O/S 变为其他模式，则依据它们的状态机来改变该设备的 FB。

仅物理块参数的实际模式 Actual Mode=O/S 影响功能块。

每个功能块可以单独地被切换进入 O/S 模式并传送状况 BAD-passivated。

可通过将其 Actual Mode 改为 O/S 来钝化单个功能块。更新参数 DIAGNOSIS 和 DIAGNOSIS_EXTENSION。不冻结 Slave_Diag 服务，即将未钝化的功能块及其转换块的诊断事件发布给 1 类主站。

5.3.4.3.3.2 DIAGNOSIS

如果发生诊断事件，则 DIAGNOSIS 比特中的一个比特必须被置位。对于单个诊断事件至多一个比特置位。不同的诊断事件能导致不同的诊断比特置位。如果在参数 DIAGNOSIS_EXTENSION 中存在更多可用的信息（至少一个比特置位），则应将比特 EXTENSION_AVAILABLE 单独置位（见表 82）。

表 82　启用浓缩状况时，物理块参数 DIAGNOSIS 编码

八位位组	比特	DIAGNOSIS 助记符	描述	指示类别	将 Ext_Diag 比特置位
1	0		PI 保留，固定为 0		
	1		PI 保留，固定为 0		
	2		PI 保留，固定为 0		
	3		PI 保留，固定为 0		
	4		PI 保留，固定为 0		
	5		PI 保留，固定为 0		
	6		PI 保留，固定为 0		
	7		PI 保留，固定为 0		
2	0		PI 保留，固定为 0		
	1		PI 保留，固定为 0		
	2		PI 保留，固定为 0		

表 82（续）

八位位组	比特	DIAGNOSIS 助记符	描　述	指示类别	将 Ext_Diag 比特置位
2	3	DIA_WARMSTART	上电后或在执行 FACTORY_RESET=2506 后，应被置位	A	否
	4	DIA_COLDSTART	在执行 FACTORY_RESET=1 后，应被置位	A	否
	5	DIA_MAINTENANCE	需要维护	R	否
	6		PI 保留，固定为 0		
	7	IDENT_NUMBER_VIOLATION	如果运行中的循环数据传输的 Ident_Number 和物理块参数 IDENT_NUMBER_SELECTOR 的值不一致，则应置位。如果 IDENT_NUMBER_SELECTOR=127（适应模式），则 DIAGNOSIS 的比特 IDENT_NUMBER_VIOLATION 被清零/不置位	R	否
3	0	DIA_MAINTENANCE_ALARM	设备或配套附件故障	R	是
	1	DIA_MAINTENANCE_DEMANDED	必须维护	R	否
	2	DIA_FUNCTION_CHECK	设备处于功能检查模式，或处于仿真，或在本地控制下，例如维护	R	否
	3	DIA_INV_PRO_COND	过程条件不允许返回有效的值。如果值的质量为 UNCERTAIN-Process related，no maintenance 或 BAD-Process related，no maintenance，则将其置位	R	否
	4～7	保留	PI 保留，固定为 0		
4	0～6	保留	PI 保留，固定为 0		
	7	EXTENSION_AVAILABLE	0：无更多信息可用 1：在 DIAGNOSIS_EXTENSION 中，有更多的诊断信息可用		

R 指示：只要引起该消息的原因存在，该指示就一直保持有效。
A 指示：在 10 s 后自动复位。

DIAGNOSIS 的大多数比特被认为积累的诊断事件。这意味着应将诊断事件归为下述 DIAGNOSIS 比特相关的类别之一：

——DIA_MAINTENANCE_ALARM；

——DIA_MAINTENANCE_DEMAND；

——DIA_MAINTENANCE；

——DIA_FUNCTION_CHECK；

——DIA_INV_PRO_COND。

5.3.4.3.3.3 DIAGNOSIS_EXTENSION

详细的和设备特定的诊断标志置于物理块参数 DIAGNOSIS_EXTENSION 中。如果诊断事件发生，则 DIAGNOSIS_EXTENSION 中的一个比特必须被置位。对于单个诊断事件应将至多一个比特置位。不同的诊断事件能导致不同的诊断比特置位。

DIAGNOSIS_EXTENSION 中的比特应标识诊断事件的原因。DIAGNOSIS_EXTENSION 中的比特与上述 DIAGNOSIS 的类别之一有关。如果仅在 DIAGNOSIS_EXTENSION 中提供信息，则 DIAGNOSIS 中不存在相关比特。

5.3.4.3.3.4 对 Slave_Diag 服务的 EXT_DIAG 比特的附加定义

如果当前处于故障状态，则在 Slave_Diag 响应 PDU 中的 Station_Status_1 的 EXT_DIAG 比特只能被置为 1；但如果仅是需要维护或必须维护，则该比特不应被置位（见表 82）。

5.3.4.4 对变送器数据单的附加定义

5.3.4.4.1 仿真

5.3.4.4.1.1 实际模式为 MAN/对 OUT 参数的仿真

当 AI 变为 MAN 时，参数 OUT 的状况被设为“UNCERTAIN-simulated value start，constant”。直到操作员通过后续的写命令重写参数 OUT。如果参数 OUT 在变化后的前 10 s 内被重写，则新的参数 OUT 内容被缓存，并在 10 s 后变为可见。图 14 示出了 MAN 模式的时序图。

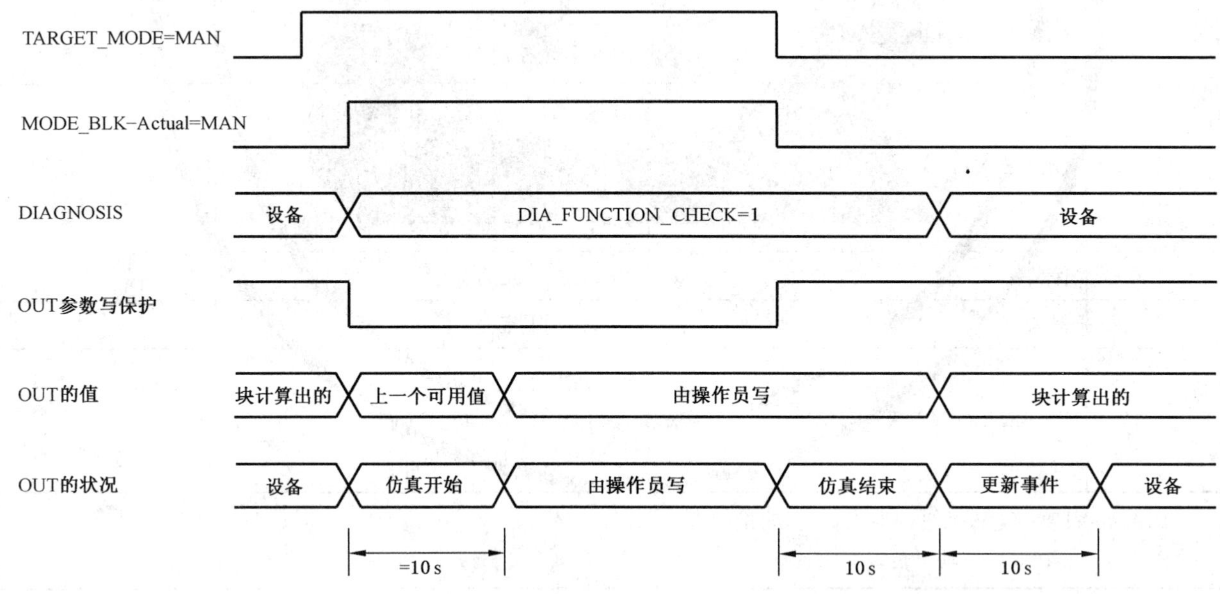

图 14 MAN 模式的时序图

当实际模式变为 MAN 时，将诊断比特 DIA_FUNCTION_CHECK 置位。因为信号路径被切断，转换块的值对 MAN 模式下的参数 OUT 无影响。

当实际模式从 MAN 变为 AUTO 时，参数 OUT 的状况被设为“UNCERTAIN-simulated value end”并保持 10 s。在该时段后，更新测量值并传送相应的状况。此外，如果在设备中对于 DIA_FUNCTION_CHECK 比特不存在其他有效条件，则将其复位。如果没有更高优先级的状况，则在下一个 10 s 后状况改为“GOOD-Update event”。

当实际模式从 MAN 变为 O/S 时，根据“MODE O/S 的状况处理”立即改变状况。此外，如果在设备中对于 DIA_FUNCTION_CHECK 比特不存在其他有效条件，则将其复位。

当在前 10 s 内实际模式从 MAN 变为 AUTO 时，则状况立即变为“UNCERTAIN-simulated value end”。在此时段后，更新测量值并传送相应的状况。此外，如果在设备中对于 DIA_FUNCTION_CHECK 比特不存在其他有效条件，则将其复位。如果没有更高优先级的状况，则在下一个 10 s 后状况改为“GOOD-update event”。

当在前 10 s 内实际模式从 MAN 变为 O/S 时，根据“MODE O/S 的状况处理”立即改变状况。此外，如果在设备中对于 DIA_FUNCTION_CHECK 比特不存在其他有效条件，则将其复位。

如果设备在实际模式为 MAN 下启动，则 OUT 的状况为“UNCERTAIN-simulated value start”，直到由操作员写一个新状况或 MODE 变为 AUTO 或 O/S 为止。OUT 的值是设备特定的。

当对参数 OUT 的状况写“UNCERTAIN-simulated value end”时，用负响应“out of range”来拒绝。

当进入 MAN 或进行仿真时，更新事件不通过状况来通知。

5.3.4.4.1.2 模拟输入值的仿真

当从 SIMULATE_ENABLE=0 变为 SIMULATE_ENABLE=1 时，不管写什么状况，设备都将被写的仿真状况改为“UNCERTAIN-simulated value start，constant”。此状况具有较高的优先级，并可不被修改地通过故障安全逻辑。所写的状况被缓存并在 10 s 后成为有效的。然而，在 10 s 内，所写的参数 SIMULATE 及其状况是可读的。在仿真被启用至少 10 s 后，通过后续写访问实现的状况修改立即成为可见的。图 15 给出了时序图。

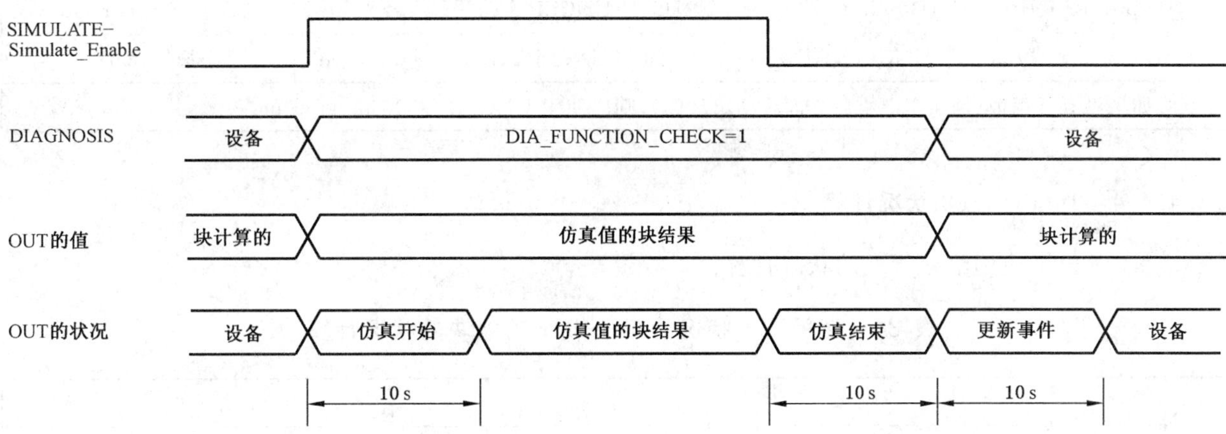

图 15 仿真的时序图

在 SIMULATE_ENABLE 变为 TRUE 之后，且直到 OUT 的状况“UNCERTAIN-simulated value end”结束为止，应将诊断比特 DIA_FUNCTION_CHECK 置位。如果在设备中对于此比特不存在其他有效条件，则将 DIA_FUNCTION_CHECK 复位。

当对 SIMULATION 参数的元素 Simulate_Status 写“UNCERTAIN-simulated value end”状况时，必须用负响应“out of range”来拒绝。

当从 SIMULATE_ENABLE=1 变为 SIMULATE_ENABLE=0 时，设备将参数 OUT 的状况设为“UNCERTAIN-simulated value end”并保持 10 s。在此时段后，更新测量值并传送相应状况。如果没有更高优先级的状况，则在下一个 10 s 状况改为“GOOD-update event”。

5.3.4.4.2 功能检查(Function Check)/本地超驰(Local Override)

如果设备处于校准、清洗阶段、测试阶段或类似阶段，当设备处于这种状态时，应在 TB 的状况中用

“BAD-Function check/local override,constant”或“GOOD-Function check/local override,constant”来指示。该状况被提供给所连接的 FB。

所有输入功能块具有由用户解除故障安全机制的可能性。这对于将功能检查状况信息传送给功能块的输出值是有用的。

在 FB 中的手动模式和仿真具有比功能检查更高的优先级。

5.3.4.4.3 AI FB 状态机

表 81 定义了在 AI FB 状态机中的转换。

依据表 83,故障安全机制影响对输入功能块的状况赋值。

表 83 故障安全机制对输入功能块的状况赋值

输入	结果		
故障安全机制之前的状况（FB 的输入）	FSAFE_TYPE 0（故障安全值）	FSAFE_TYPE 1（上一个可用值）	FSAFE_TYPE 2（错误的计算值）
BAD-non specific（不是该设备产生的）	—	—	—
BAD-passivated	BAD-passivated,constant	BAD-passivated,constant	BAD-passivated,constant
BAD-maintenance alarm	UNCERTAIN-substitute set	UNCERTAIN-substitute set[a]	BAD-maintenance alarm
BAD-process related	UNCERTAIN-process related	UNCERTAIN-process related	BAD-process related
BAD-function check	UNCERTAIN-substitute set	UNCERTAIN-substitute set[a]	BAD-Function Check
[a] 如果没有可用值(例如在上电后立即检测出故障),则应使用 UNCERTAIN-initial value。			

5.3.4.4.4 Totalizer FB 状况计算

表 84 示出了使用浓缩状况的状况计算。

表 84 使用浓缩状况的 Totalizer 功能块的状况计算

条件							结果		
实际模式	FB 条件	SET_TOT	MODE_TOT	状况(输入)		FAIL_TOT	总状况		
				质量	质量子状况		质量	质量子状况	限值
O/S	[a]	[a]	[a]	[a]	[a]	[a]	BAD	Passivated	const
MAN	[a]	[a]	[a]	[a]	[a]	[a]	见 5.3.4.4.1.1		
AUTO	故障,例如硬件缺陷或无效的参数集[c]	[a]	[a]	[a]	[a]	[a]	BAD	maintenance alarm	ok
AUTO	ok	RESET PRESET	[a]	[a]	[a]	[a]	UNCER-TAIN	initiate value	const
AUTO	ok	TOTALIZE	HOLD	[a]	[a]	[a]	在 MODE_TOT 被设为 HOLD 之前,冻结上一个状况		const

表 84（续）

条件							结果		
实际模式	FB 条件	SET_TOT	MODE_TOT	状况(输入)		FAIL_TOT	总状况		
				质量	质量子状况		质量	质量子状况	限值
AUTO	ok	TOTALIZE	BALANCED POS_ONLY NEG_ONLY	GOOD UNCER-TAIN	[a]	[a]	受以下因素影响(设备特定)： ——PV 子状况 ——更新事件 ——限值检查 ——状况的优先级表（见通用要求）		
AUTO	ok	TOTALIZE	BALANCED POS_ONLY NEG_ONLY	BAD	<> passivated	MEMORY	UNCER-TAIN	substitute set	ok[b]
AUTO	ok	TOTALIZE	BALANCED POS_ONLY NEG_ONLY	BAD	<> passivated	RUN	BAD	STATUS（输入） Quality Substatus	ok
AUTO	ok	TOTALIZE	BALANCED POS_ONLY NEG_ONLY	BAD	<> passivated	HOLD	BAD	STATUS（输入） Quality Substatus	const
AUTO	ok	TOTALIZE	BALANCED POS_ONLY NEG_ONLY	BAD	passivated	[a]	BAD	passivated	const

[a] 无影响(无关)。

[b] 依据累加器的限值检查，Limit 比特可能被改为"low limited"或"high limited"。

[c] 例如，转换块的输出与累加器功能块的 UNIT_TOT 之间的单位类不一致。

由于 ACTUAL_MODE 为 MAN 模式，参数 TOTAL 的值和状况被设为与 AI FB 的 OUT 参数相同的值和状况（见 5.3.4.4.1.1）。

5.3.4.5 离散输入数据单的附加定义

5.3.4.5.1 仿真

5.3.4.5.1.1 实际模式为 MAN/对 OUT_D 参数的仿真

由于 ACTUAL_MODE 为 MAN 模式，参数 OUT_D 的值和状况被设为与 AI FB 的 OUT 参数相同的值和状况（见 5.3.4.4.1.1）。

时序图与图 14 类似。

5.3.4.5.1.2 离散输入值的仿真

除了将参数 OUT 用离散输入块的 OUT_D 替代外，其他参数与 5.3.4.4.1.2 相同。

5.3.4.5.2 功能检查/本地超驰

如果设备处于校准、清洗阶段、测试阶段或类似阶段，当设备在这种状态下时，应在 OUT_D 的状况中用“BAD-function check/local override，constant”或“GOOD -function check/local override，constant”来指示。

5.3.4.5.3 **DI FB 状态机**

表 81 定义了在 DI FB 状态机中的转换。

依据表 83，故障安全机制影响对输入功能块的状况赋值。

5.3.4.6 **离散输出数据单的附加定义**

5.3.4.6.1 **READBACK_D 的状况**

这些返回值带有整个回路的状况。如果在转换块或设备中存在影响输出的诊断事件，则不论实际位置的测量质量是否为“GOOD”，READBACK_D 的状况都指示故障、维护请求等。

5.3.4.6.2 **功能检查/本地超驰**

如果执行器设备处于本地控制(LO)下被设为 MAN 模式，并处于初始化阶段、测试阶段或类似阶段，则此情况应在 READBACK_D 的状况中用“BAD-function check/local override，constant”来指示。

5.3.4.6.3 **DO FB 状态机**

表 81 定义了在 DO FB 状态机中的转换。

5.3.4.7 **执行器数据单的附加定义**

5.3.4.7.1 **READBACK 和 POS_D 的状况**

这些返回值带有整个回路的状况。如果在转换块或设备中存在影响执行器的诊断事件，则不论实际位置的测量质量是否为“GOOD”，READBACK 和 POS_D 的状况都指示故障、维护请求等。

5.3.4.7.2 **功能检查/本地超驰**

如果执行器设备处于本地控制(LO)下被设为 MAN 模式，并处于初始化阶段、测试阶段或类似阶段，则此情况应在 READBACK_D 和 POS_D 的状况中用“BAD-function check/local override，constant”来指示。

5.3.4.7.3 **AO FB 状态机**

表 81 定义了在 AO FB 状态机中的转换。

5.4 参数处理

5.4.1 概述

参数处理(parameter transaction)是向设备传送连续数据集的一个写服务序列。该机制是面向参数的，可能传送视图对象或其他参数。在处理期间所传送参数的个数取决于运行情况。可传送设备的所有参数或仅一个子集。在处理序列期间，不进行设备参数间的一致性检查。

如果设备处于写保护模式下，则该设备拒绝激活参数处理。通过软件或硬件方式实现的写保护机制会导致该拒绝行为的发生。

在开始参数处理后，写保护状态的改变(受保护或不受保护)不会影响处理的继续进行。对于通过软件或硬件方式激活的写保护机制，该定义都有效。

5.4.2 处理参数描述

5.4.2.1 参数处理的参数

表 85 规定了参数处理的参数。

表 85 参数处理的参数描述

参　数	描　述
PTA_OP_CODE	用于参数处理功能的控制参数。 0:PTA_PASSIVE 无动作（缺省值） 1:PTA_START_STRICT 使用严格(strict)模式(对下载数据集的 100%兼容性)来启动参数处理。 2:PTA_START_SMOOTH 使用平滑(smooth)模式(非兼容性不会导致停止下载但通知给主机)来启动参数处理。 3:PTA_ABORT 异常中止参数处理(停止处理和对先前数据集的激活)。仅对具有单独处理数据缓冲器的设备有效。没有单独处理数据缓冲器的设备必须拒绝此命令(错误代码:无效范围)。 4:PTA_TERMINATE 参数处理结束。主站指出处理的所有数据都已被传输。设备开始验证该处理数据集。 5:PTA_CONFIRM 部分非兼容性或错误数据集的用户证实。 6～127:PI 保留。 128～249:制造商特定。 250～255:PI 保留
PTA_STATUS	关于处理序列的当前状态和设备数据有效性的状况信息。 0:保留 1:STPTA_TA_ACTIVE 该处理当前是有效的。 2:STPTA_VERIFICATION 该处理数据集的验证是有效的(功能检查)。 3:STPTA_DATA_COMVALID 该数据集是完全有效(一致)的。 4:STPTA_DATA_NOTVALID 该数据集是无效(不一致)的。该数据集不允许启动预期的操作。 5:STPTA_DATA_PARVALID 该数据集可能仅部分有效(一致)。在使用平滑模式(使用 PTA_START_SMOOTH 来启动该处理)的情况下支持此状况。 6～127:PI 保留。 128～249:制造商特定。 250～255:PI 保留
注 1：在初始启动期间，设备验证设备参数并计算参数 PTA_STATUS。 **注 2**：验证参数的持续时间取决于例如相关参数的个数，以及这些参数与该设备性能之间关系的复杂性。	

5.4.2.2 平滑(Smooth)模式

在使用平滑模式情况下,设备可以正确认(接收确认)来响应任何写服务。在处理阶段不检查参数一致性是一种有效的设备行为。设备可忽略无效值。在结构化参数的情况下,可忽略无效或未知的元素并应接受有效元素。这样做的目的是为了避免主机停止参数处理序列。

示例:

在传输结构化参数(例如,视图对象)的情况下,可能会有特殊的处理。可丢弃参数的未知元素(例如,枚举的未知代码)并接受已知元素。尽管不是所有参数元素都被接受,该设备都以正确认来响应写请求。

5.4.2.3 严格(Strict)模式

在使用严格模式情况下,设备应以相应的确认来响应任何写服务(正响应或负响应。设备应立即检查这些参数值的有效性。在处理阶段期间,不检查一致性。

5.4.3 参数处理的属性

参数处理的参数属性见表 86。

表 86 参数处理的参数属性

相对索引	参数名称	对象类型	数据类型	存储	大小	访问	参数用法/传输类型	复位类别	缺省值	必备/可选(A类和B类)
	物理块的参数									
n[a]	PTA_OP_CODE	Simple	Unsigned8	D	1	r、w	C/a	—	0	O (B)
n+1	PTA_STATUS	Simple	Unsigned8	N	1	r	C/a	F	—	O (B)
	物理块的参数									
[a] 这些参数应位于物理块中。相对索引 n 是制造商特定的。										

表 87 给出了依赖于处理状况(PTA_STATUS)的过程值的状况处理。

表 87 依赖于处理状况(PTA_STATUS)的过程值的状况处理

PTA_STATUS	具有多参数缓冲器的浓缩状况的测量状况	具有单参数缓冲器的浓缩状况的测量状况	不具有多参数缓冲器的浓缩状况的测量状况	不具有单参数缓冲器的浓缩状况的测量状况
STPTA_TA_ACTIVE	无影响	Bad-function check	无影响	Bad-O/S
STPTA_VERIFICATION (function check)	无影响	Bad-function check	无影响	Bad-O/S
STPTA_DATA_COMVALID	无影响	无影响	无影响	无影响
STPTA_DATA_PARVALID	无影响	Bad-function check	无影响	Bad-O/S
STPTA_DATA_NOTVALID	Bad-maintenance alarm	Bad-maintenance alarm	Bad-config error	Bad-config error

5.4.4 功能定义

表 88 给出了参数处理的功能定义。

表 88　参数处理的功能定义

功能名称	描　述
isDatasetValid()	此功能检查数据集是否有效。 如果该数据集是有效(一致)的,则返回 TRUE。 如果该数据集是无效(不一致)的,则返回 FALSE。 如果该数据集是部分有效(一致)的,则返回 PARTIALLY(仅当处于平滑模式时)
DiagEventPartValidDisappears()	此功能删除指示处理数据集仅部分有效(一致)的诊断事件。 此功能可用于重新计算功能块的测量状况
setDatasetInUse(dataset)	此功能激活应用的数据集。 dataset=oldDataset (在处理之前的原始数据) dataset=newDataset (上一次处理传送的新数据)
isSmoothModesup()	此功能指示该设备是否支持平滑模式。 如果该设备支持平滑模式,则返回 TRUE。 如果该设备不支持平滑模式,则返回 FALSE

5.4.5　参数处理的状态机

5.4.5.1　概述

5.4.5 描述了参数处理功能的状态机。该机制分为两种不同的变型,区别在于可用的处理和有效缓冲器的个数。有效数据缓冲器中的数据是执行功能块算法的基础。

单缓冲器设备仅提供一个缓冲器来管理处理数据和有效设备数据。

多缓冲器设备使用不同的缓冲器来管理处理数据和有效数据。这就允许该设备在处理序列期间不受任何限制地执行功能块算法。用于功能块算法计算的数据库,与参数处理期间使用的数据缓冲器是互相独立的。

5.4.5.2　支持单缓冲器机制的设备的状态表

表 89 给出了支持单缓冲器机制的设备的参数处理状态表。

表 89　支持单缓冲器机制的设备的参数处理状态表

#	当前的 PTA 状态	事件/条件 =〉动作	下一状态
1	STPTA_DATA_COMVALID	Write. req(PTA_OP_CODE=PTA_START_STRICT) =〉	STPTA_TA_ACTIVE
2	STPTA_DATA_COMVALID	Write. req(PTA_OP_CODE=PTA_START_SMOOTH) && (isSmoothModesup()=FALSE) =〉 Error Code := invalid range Write. rsp(-)	STPTA_DATA_COMVALID

表 89（续）

#	当前的 PTA 状态	事件/条件 =〉动作	下一状态
3	STPTA_DATA_COMVALID	Write. req(PTA_OP_CODE=PTA_START_SMOOTH) && (isSmoothModesup()=TRUE) =〉	STPTA_TA_ACTIVE
4	STPTA_DATA_COMVALID	Write. req(PTA_OP_CODE=PTA_ABORT) =〉 Error Code := invalid range Write. rsp(-)	STPTA_DATA_COMVALID
5	STPTA_DATA_COMVALID	Write. req(PTA_OP_CODE=PTA_TERMINATE) =〉 Error Code := state conflict Write. rsp(-)	STPTA_DATA_COMVALID
6	STPTA_DATA_COMVALID	Write. req(PTA_OP_CODE=PTA_CONFIRM) =〉 Error Code := state conflict Write. rsp(-)	STPTA_DATA_COMVALID
7	STPTA_TA_ACTIVE	Write. req(PTA_OP_CODE=PTA_START_STRICT) =〉 Error Code := state conflict Write. rsp(-)	STPTA_TA_ACTIVE
8	STPTA_TA_ACTIVE	Write. req(PTA_OP_CODE=PTA_START_SMOOTH) && (isSmoothModesup()=FALSE) =〉 Error Code := invalid range Write. rsp(-)	STPTA_TA_ACTIVE
9	STPTA_TA_ACTIVE	Write. req(PTA_OP_CODE=PTA_START_SMOOTH) && (isSmoothModesup()=TRUE) =〉 Error Code := state conflict Write. rsp(-)	STPTA_TA_ACTIVE
10	STPTA_TA_ACTIVE	Write. req(PTA_OP_CODE=PTA_ABORT) =〉 Error Code := invalid range Write. rsp(-)	STPTA_TA_ACTIVE
11	STPTA_TA_ACTIVE	Write. req(PTA_OP_CODE=PTA_TERMINATE) =〉	STPTA_VERIFICATION

表 89（续）

#	当前的 PTA 状态	事件/条件 =〉动作	下一状态
12	STPTA_TA_ACTIVE	Write. req(PTA_OP_CODE=PTA_CONFIRM) =〉 Error Code := state conflict Write. rsp(-)	STPTA_TA_ACTIVE
13	STPTA_VERIFICATION	Write. req(PTA_OP_CODE=PTA_START_STRICT) =〉 Error Code := state conflict Write. rsp(-)	STPTA_VERIFICATION
14	STPTA_VERIFICATION	Write. req(PTA_OP_CODE=PTA_START_SMOOTH) && (isSmoothModesup()=FALSE) =〉 Error Code := invalid range Write. rsp(-)	STPTA_VERIFICATION
15	STPTA_VERIFICATION	Write. req(PTA_OP_CODE=PTA_START_SMOOTH) && (isSmoothModesup()=TRUE) =〉 Error Code := state conflict Write. rsp(-)	STPTA_VERIFICATION
16	STPTA_VERIFICATION	Write. req(PTA_OP_CODE=PTA_ABORT) =〉 Error Code := invalid range Write. rsp(-)	STPTA_VERIFICATION
17	STPTA_VERIFICATION	Write. req(PTA_OP_CODE=PTA_TERMINATE) =〉 Error Code := state conflict Write. rsp(-)	STPTA_VERIFICATION
18	STPTA_VERIFICATION	Write. req(PTA_OP_CODE=PTA_CONFIRM) =〉 Error Code := state conflict Write. rsp(-)	STPTA_VERIFICATION
19	STPTA_VERIFICATION	isDatasetValid()=TRUE =〉	STPTA_DATA_COMVALID
20	STPTA_VERIFICATION	isDatasetValid()=FALSE =〉	STPTA_DATA_NOTVALID

表 89(续)

#	当前的 PTA 状态	事件/条件 =〉动作	下一状态
21	STPTA_VERIFICATION (only for devices which support smooth mode)	isDatasetValid()=PARTIALLY =〉	STPTA_DATA_PARVALID
22	STPTA_DATA_NOTVALID	Write.req(PTA_OP_CODE=PTA_START_STRICT) =〉	STPTA_TA_ACTIVE
23	STPTA_DATA_NOTVALID	Write.req(PTA_OP_CODE=PTA_START_SMOOTH) && (isSmoothModesup()=FALSE) =〉 Error Code := invalid range Write.rsp(-)	STPTA_DATA_NOTVALID
24	STPTA_DATA_NOTVALID	Write.req(PTA_OP_CODE=PTA_START_SMOOTH) && (isSmoothModesup()=TRUE) =〉	STPTA_TA_ACTIVE
25	STPTA_DATA_NOTVALID	Write.req(PTA_OP_CODE=PTA_ABORT) =〉 Error Code := invalid range Write.rsp(-)	STPTA_DATA_NOTVALID
26	STPTA_DATA_NOTVALID	Write.req(PTA_OP_CODE=PTA_TERMINATE) =〉 Error Code := state conflict Write.rsp(-)	STPTA_DATA_NOTVALID
27	STPTA_DATA_NOTVALID	Write.req(PTA_OP_CODE=PTA_CONFIRM) =〉 Error Code := state conflict Write.rsp(-)	STPTA_DATA_NOTVALID
28	STPTA_DATA_PARVALID (only for devices which support smooth mode)	Write.req(PTA_OP_CODE=PTA_START_STRICT) =〉	STPTA_TA_ACTIVE
29	STPTA_DATA_PARVALID (only for devices which support smooth mode)	Write.req(PTA_OP_CODE=PTA_START_SMOOTH) && (isSmoothModesup()=FALSE) =〉 Error Code := invalid range Write.rsp(-)	STPTA_DATA_PARVALID

表 89（续）

#	当前的 PTA 状态	事件/条件 =〉动作	下一状态
30	STPTA_DATA_PARVALID (only for devices which support smooth mode)	Write. req(PTA_OP_CODE = PTA_START_SMOOTH) && (isSmoothModesup ( ) = TRUE) =〉	STPTA_TA_ACTIVE
31	STPTA_DATA_PARVALID (only for devices which support smooth mode)	Write. req(PTA_OP_CODE=PTA_ABORT) =〉 Error Code := invalid range Write. rsp(-)	STPTA_DATA_PARVALID
32	STPTA_DATA_PARVALID (only for devices which support smooth mode)	Write. req(PTA_OP_CODE = PTA_TERMINATE) =〉 Error Code := state conflict Write. rsp(-)	STPTA_DATA_PARVALID
33	STPTA_DATA_PARVALID (only for devices which support smooth mode)	Write. req(PTA_OP_CODE=PTA_CONFIRM) =〉 DiagEventPartValidDisappears()	STPTA_DATA_COMVALID
34	any	Write. req(PTA_OP_CODE=PTA_PASSIVE =〉	same

5.4.5.3 支持多缓冲器机制的设备的状态表

表 90 给出了支持多缓冲器机制的设备的参数处理状态表。

表 90 支持多缓冲器机制的设备的参数处理状态表

#	当前的 PTA 状态	事件/条件 =〉动作	下一状态
1	STPTA_DATA_COMVALID	Write. req(PTA_OP_CODE = PTA_START_STRICT) =〉 dataset := oldDataset	STPTA_TA_ACTIVE
2	STPTA_DATA_COMVALID	Write. req(PTA_OP_CODE = PTA_START_SMOOTH) && (isSmoothModesup ( ) = FALSE) =〉 Error Code := invalid range Write. rsp(-)	STPTA_DATA_COMVALID

表 90（续）

#	当前的 PTA 状态	事件/条件 =〉动作	下一状态
3	STPTA_DATA_COMVALID	Write. req(PTA_OP_CODE=PTA_START_SMOOTH) && (isSmoothModesup()=TRUE) =〉 dataset := oldDataset	STPTA_TA_ACTIVE
4	STPTA_DATA_COMVALID	Write. req(PTA_OP_CODE=PTA_ABORT) =〉 Error Code := state conflict Write. rsp(-)	STPTA_DATA_COMVALID
5	STPTA_DATA_COMVALID	Write. req(PTA_OP_CODE=PTA_TERMINATE) =〉 Error Code := state conflict Write. rsp(-)	STPTA_DATA_COMVALID
6	STPTA_DATA_COMVALID	Write. req(PTA_OP_CODE=PTA_CONFIRM) =〉 Error Code := state conflict Write. rsp(-)	STPTA_DATA_COMVALID
7	STPTA_TA_ACTIVE	Write. req(PTA_OP_CODE=PTA_START_STRICT) =〉 Error Code := state conflict Write. rsp(-)	STPTA_TA_ACTIVE
8	STPTA_TA_ACTIVE	Write. req(PTA_OP_CODE=PTA_START_SMOOTH) && (isSmoothModesup()=FALSE) =〉 Error Code := invalid range Write. rsp(-)	STPTA_TA_ACTIVE
9	STPTA_TA_ACTIVE	Write. req(PTA_OP_CODE=PTA_START_SMOOTH) && (isSmoothModesup()=TRUE) =〉 Error Code := state conflict Write. rsp(-)	STPTA_TA_ACTIVE
10	STPTA_TA_ACTIVE	Write. req(PTA_OP_CODE=PTA_ABORT) / isDatasetValid(oldDataset)=TRUE =〉	STPTA_DATA_COMVALID

表 90（续）

#	当前的 PTA 状态	事件/条件 =〉动作	下一状态
11	STPTA_TA_ACTIVE	Write. req(PTA_OP_CODE=PTA_ABORT) / isDatasetValid(oldDataset)=FALSE =〉	STPTA_DATA_NOTVALID
12	STPTA_TA_ACTIVE	Write. req(PTA_OP_CODE=PTA_TERMINATE) =〉	STPTA_VERIFICATION
13	STPTA_TA_ACTIVE	Write. req(PTA_OP_CODE=PTA_CONFIRM) =〉 Error Code := state conflict Write. rsp(-)	STPTA_TA_ACTIVE
14	STPTA_VERIFICATION	Write. req(PTA_OP_CODE=PTA_START_STRICT) =〉 Error Code := state conflict Write. rsp(-)	STPTA_VERIFICATION
15	STPTA_VERIFICATION	Write. req(PTA_OP_CODE=PTA_START_SMOOTH) && (isSmoothModesup()=FALSE) =〉 Error Code := invalid range Write. rsp(-)	STPTA_VERIFICATION
16	STPTA_VERIFICATION	Write. req(PTA_OP_CODE=PTA_START_SMOOTH) && (isSmoothModesup()=TRUE) =〉 Error Code := state conflict Write. rsp(-)	STPTA_VERIFICATION
17	STPTA_VERIFICATION	Write. req(PTA_OP_CODE=PTA_ABORT) =〉 Error Code := state conflict Write. rsp(-)	STPTA_VERIFICATION
18	STPTA_VERIFICATION	Write. req(PTA_OP_CODE=PTA_TERMINATE) =〉 Error Code := state conflict Write. rsp(-)	STPTA_VERIFICATION
19	STPTA_VERIFICATION	Write. req(PTA_OP_CODE=PTA_CONFIRM) =〉 Error Code := state conflict Write. rsp(-)	STPTA_VERIFICATION

表 90（续）

#	当前的 PTA 状态	事件/条件 =〉动作	下一状态
20	STPTA_VERIFICATION	isDatasetValid()=TRUE =〉 dataset:= newDataset setDatasetInUse(dataSet)	STPTA_DATA_COMVALID
21	STPTA_VERIFICATION	isDatasetValid()=FALSE =〉	STPTA_DATA_NOTVALID
22	STPTA_VERIFICATION （仅对支持平滑模式的设备）	isDatasetValid()=PARTIALLY =〉	STPTA_DATA_PARVALID
23	STPTA_DATA_NOTVALID	Write. req(PTA_OP_CODE=PTA_START_STRICT) =〉 dataset := oldDataset	STPTA_TA_ACTIVE
24	STPTA_DATA_NOTVALID	Write. req(PTA_OP_CODE=PTA_START_SMOOTH) && (isSmoothModesup()=FALSE) =〉 Error Code := invalid range Write. rsp(-)	STPTA_DATA_NOTVALID
25	STPTA_DATA_NOTVALID	Write. req(PTA_OP_CODE=PTA_START_SMOOTH) && (isSmoothModesup()=TRUE) =〉 dataset := oldDataset	STPTA_TA_ACTIVE
26	STPTA_DATA_NOTVALID	Write. req(PTA_OP_CODE=PTA_ABORT) =〉 Error Code := state conflict Write. rsp(-)	STPTA_DATA_NOTVALID
27	STPTA_DATA_NOTVALID	Write. req(PTA_OP_CODE=PTA_TERMINATE) =〉 Error Code := state conflict Write. rsp(-)	STPTA_DATA_NOTVALID
28	STPTA_DATA_NOTVALID	Write. req(PTA_OP_CODE=PTA_CONFIRM) =〉 dataset:= oldDataset	STPTA_DATA_COMVALID
29	STPTA_DATA_PARVALID	Write. req(PTA_OP_CODE=PTA_START_STRICT) =〉 dataset:= oldDataset	STPTA_TA_ACTIVE

表 90（续）

#	当前的 PTA 状态	事件/条件 =〉动作	下一状态
30	STPTA_DATA_PARVALID	Write. req（PTA _ OP _ CODE = PTA _ START _ SMOOTH）&&（isSmoothModesup()=FALSE） =〉 Error Code := invalid range Write. rsp(-)	STPTA_DATA_PARVALID
31	STPTA_DATA_PARVALID	Write. req（PTA _ OP _ CODE = PTA _ START _ SMOOTH） &&（isSmoothModesup（）= TRUE） =〉 ataset:= oldDataset	STPTA_TA_ACTIVE
32	STPTA_DATA_PARVALID	Write. req(PTA_OP_CODE=PTA_ABORT) =〉 Error Code := state conflict Write. rsp(-)	STPTA_DATA_PARVALID
33	STPTA_DATA_PARVALID	Write. req（PTA _ OP _ CODE = PTA _ TERMINATE） =〉 Error Code := state conflict Write. rsp(-)	STPTA_DATA_PARVALID
34	STPTA_DATA_PARVALID	Write. req(PTA_OP_CODE=PTA_CONFIRM) =〉 DiagEventPartValidDisappears() dataset:= newDataset setDatasetInUse(dataSet)	STPTA_DATA_COMVALID
35	任何状态	Write. req(PTA_OP_CODE=PTA_PASSIVE =〉	相同状态

5.4.5.4 支持单缓冲器机制的设备的参数处理状态图

图 16 示出了单缓冲器设备的参数处理状态图。

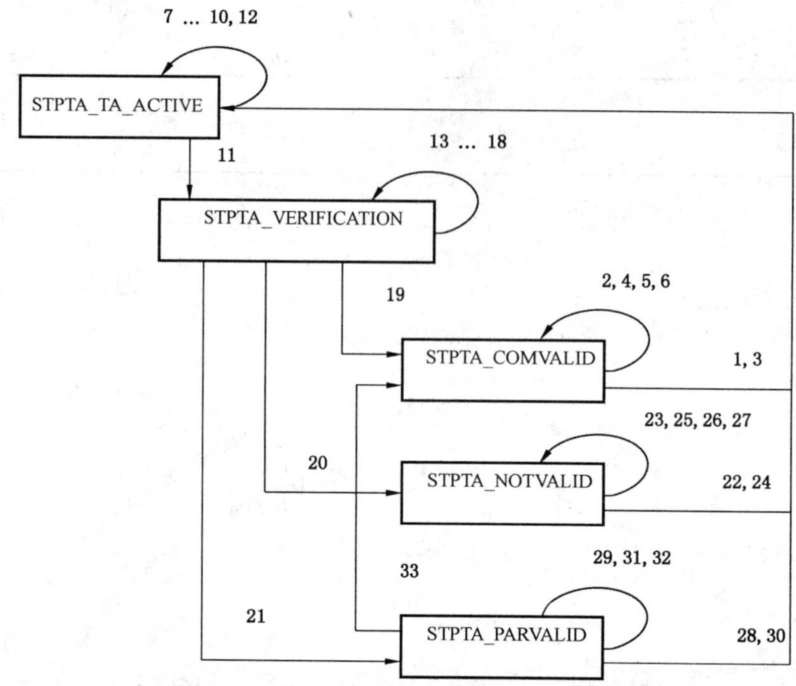

图 16　单缓冲器设备的参数处理状态图

5.4.5.5　支持多缓冲器机制的设备的参数处理状态图

图 17 示出了多缓冲器设备的参数处理状态图。

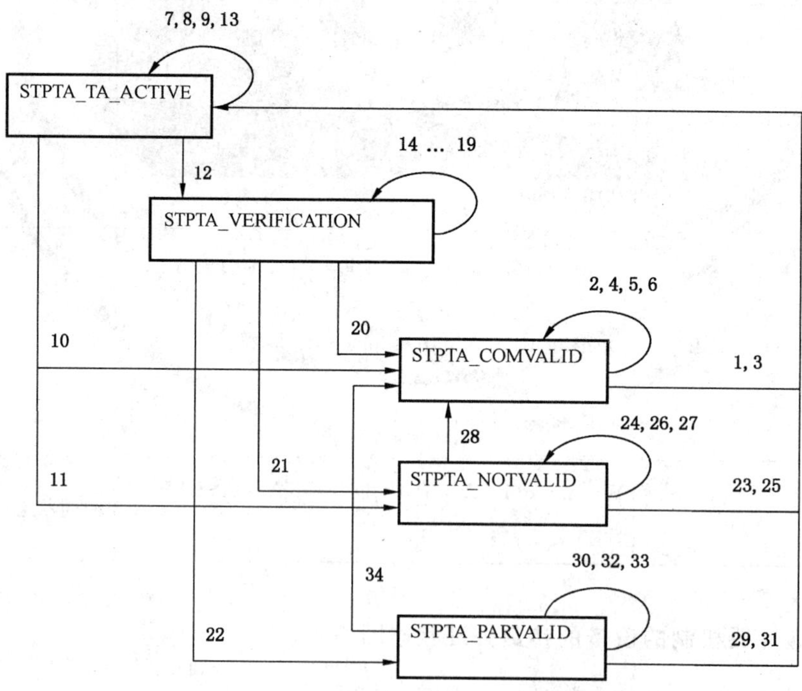

图 17　多缓冲器设备的参数处理状态图

5.5 设备版本标识和兼容性

5.5.1 背景和概述

在设备生产生命周期内，过程设备开发的创新保证了生产过程的不断优化。这尤其适用于智能现场设备。例如，现场设备软件版本的改变，可能由集成附加功能、更换设备硬件、调整软件以满足特定特性而引起。这就导致了设备的变型。所有这些改变可能对同一型号设备的不同变型的兼容性产生影响。

对于在自动化系统内设备功能的集成，设备制造商使用多种集成技术（见图 18）来描述该设备的功能。设备驱动程序（例如，GSD、EDD、DTM）使得设备功能通过集成工具在自动化系统（即过程控制系统）内是可用的。

通过 GSD 文件描述了有关 MS0 的设备功能，而 EDD 或 DTM 通常用于描述与 MS1/MS2 有关的设备功能。为确保一个型号内设备变型间的兼容性，设备功能和设备驱动程序所描述的功能间的相互关系，必需明确定义和清晰可辨。

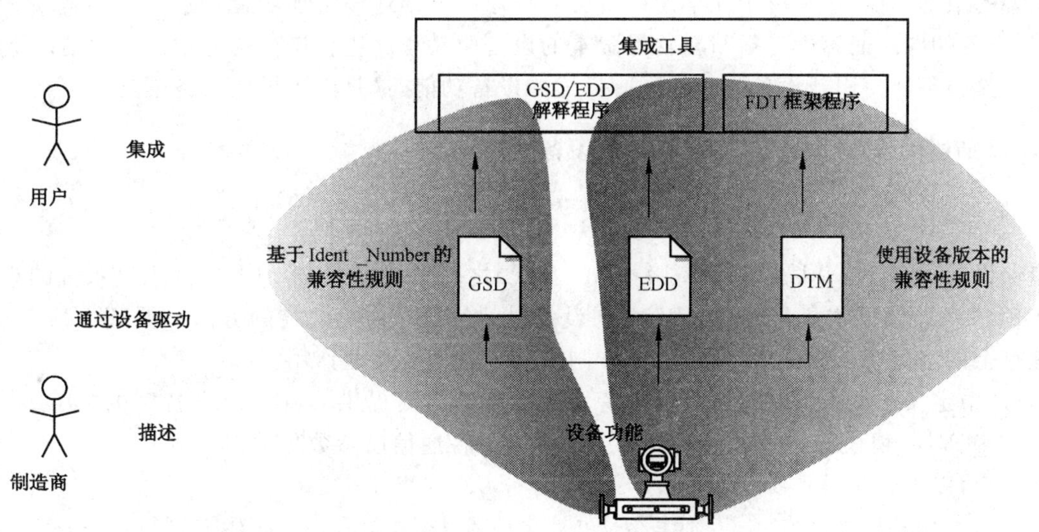

图 18 **PROFIBUS 的集成技术**

与 MS0 通道有关的设备功能通过明确的设备 PROFIBUS Ident_Number 来标识。有一组严格的兼容性规则来指导设备制造商进行设备开发。与 MS1/MS2 通道有关的设备功能（通过 EDD 或 DTM 描述）的标识基于特定的版本参数（设备版本）。该设备版本参数将设备软件版本的变更从与 MS0 有关的设备功能当中剥离出来。该定义的参数是主机集成工具内设备和设备驱动程序间兼容性的有效性的基础。

5.5.2 向上/向下兼容性

如果早期设备、新设备和设备驱动程序不作特别修改就能一起运行，则实现了现场设备和设备驱动程序间的兼容性。

图 19 给出了设备和设备驱动程序之间向上/向下兼容性的解释。

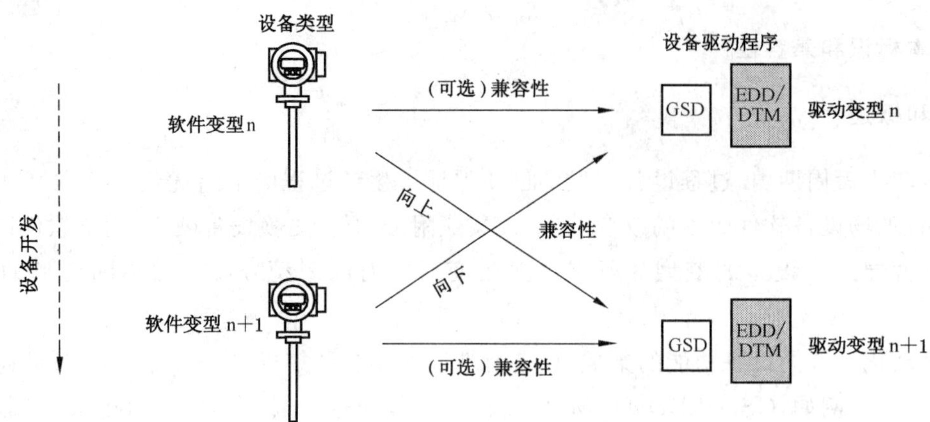

图 19　设备和设备驱动程序之间的向上/向下兼容性的解释

向上兼容性和向下兼容性的定义取决于看待问题的角度(见图 19)。在本标准内,设备的向下兼容性是指与老软件版本设备变型的设备驱动程序进行操作的能力。在此情况下,在集成工具内不能使用新设备变型的附加功能,这是由于在早期设备驱动程序内未描述该附加功能。

此外,设备的向上兼容性是指与新软件版本的设备驱动程序进行操作的能力。在此情况下,必须保证在集成工具中不能使用新设备驱动程序所描述的设备功能,这是由于早期设备不支持该新功能。

5.5.3　GSD 描述的设备功能(与 MS0 有关的设备功能)

5.5.3.1　概述

为确保设备(n 代)与其以后的设备版本(n+1 代)之间的兼容性,必须考虑到主机系统的集成。

PROFIBUS 定义了主机(操作站/PLC)与设备之间的循环通信路径的方法。循环主站集成在主机中并管理整个网络路径。因此,需要定义关于网络和设备间的相互作用。

在 GSD 中定义了设备特定的网络行为特性。设备制造商提供 GSD (语言特定的“*.gs?”文件)。GSD 定义了物理层、协议层、从站模型,以及应用层以下各通信层参数化的启动等。

对于客户,以下方面是重要的:

——设备类型的后续版本(n+1 代设备)可被集成到主机,无需改变应用或网络组态;

——设备类型的后续版本(n+1 代设备)应能使用早期 GSD(n 代设备的)在网络中工作,在此情况下不使用该设备实现的新特性。

5.5.3.2　参数描述

设备中与 MS0 有关方面(循环数据(CFG_Data)、PRM 数据和诊断数据的结构)的设备集成兼容性,是基于 PROFIBUS 设备的 PROFIBUS Ident_Number 的。设备开发必须遵守 5.5.3.2 中规定的规则。这些规则保证了设备和 GSD 的向下兼容性。设备和 GSD 都由惟一的 Ident_Number 来标识。表 91 给出了设备和 GSD 的参数。

表 91　Ident_Number 的参数描述

参　　数	描　　述
Ident_Number	Ident_Number 是惟一的 Unsigned16 数据类型的编号,它表示在 GB/T 20540.5 和 GB/T 20540.6 中定义的设备 MS0 特性。在启动 MS0 连接期间,1 类主站(控制器)与从站(现场设备)之间交换此参数。 Ident_Number 也是 GSD 的一个关键字

5.5.3.3 兼容性规则

GSD关键字用于描述与MS0通道有关的设备功能。关键字的任何改变表示后继设备可能的功能改变。因此，用于MS0通道的兼容性规则可基于GSD关键字的改变。这些规则决定由于GSD文件更新引起的改变是兼容性改变还是非兼容性改变，直到请求新的PROFIBUS Ident_Number。

补充文档包含PROFIBUS GSD规范中定义的所有关键字。并且，如果使用新GSD（与现有GSD相比）来描述后继设备，则该补充文档还指出某些关键字修改的结果。因此，所描述的规则可作为设备开发人员的指南，以说明这些改变对设备功能的影响。

原则上，详细规则可被简化为以下通用原则：如果一个设备的型号被改变而不能再使用早期GSD版本工作，则该设备型号可作为新设备的型号，并需由PROFIBUS国际（PI）组织分配一个新的Ident_Number。

须考虑以下规则，并且应通过PROFIBUS认证来证实现场设备是否遵循这些规则：

——新设备变型的GSD描述了附加功能，并完全支持早期设备变型的功能：
- 新设备变型是向下兼容的；
- 新设备变型需进行PROFIBUS认证的更新（无新的PROFIBUS Ident_Number）。

——新设备变型的GSD不完全描述早期设备变型的功能：
- 新设备变型不是向下兼容的；
- 新设备变型需要新的PROFIBUS Ident_Number（新的认证过程）；
- Ident Number的自动适应是必备的（见6.4）。

——新设备变型的GSD包含编辑上的修改，并完全支持早期设备变型的功能：
- 新设备变型是向下兼容的；
- 应增加GSD版本。

5.5.3.4 Ident_Number的自动适应

如果一个符合本行规的PROFIBUS PA设备能支持多个Ident_Number，则必须支持Ident_Number的自动适应。因此，在接收Set_Prm或Set_Slave_Add报文之后，从站设备自动接受在主机系统中组态的Ident_Number。Set_Prm和Set_Slave_Add都必须被这些设备支持。详见表52中的参数IDENT_NUMBER_SELECTOR和6.4。

设备Ident_Number的自动适应使得可以在不改变主机的情况下替换不兼容的设备变型。这样，在不干扰过程的情况下，就可以从已安装的设备技术过渡到未来开发的技术。

5.5.4 EDD/DTM描述的设备功能（与MS1/MS2有关的设备功能）

5.5.4.1 概述

与MS1/MS2通道有关的设备功能（通过EDD或DTM描述）的标识基于特定的版本参数（设备版本）。这些参数将该设备软件版本的变更从与MS1/MS2通道有关的设备功能中剥离出来。所定义的参数是主机集成工具内，设备和设备驱动程序间兼容性的有效性的基础。

5.5.4.2 参数描述

设备与EDD/DTM间兼容性的检查需要以下版本参数。这些版本参数分别位于设备内和设备驱动程序内。

5.5.4.2.1 设备参数

表92规定了两个设备参数。

表 92 设备参数的参数描述

参 数	描 述
Dev_Rev	此参数包含关于 MS1 或 MS2 连接所使用的设备功能的信息。Dev_Rev(设备版本)与 MS0 连接所使用的设备类型功能的标识无关。设备类型功能的标识由参数 Ident_Number 来表示。 Dev_Rev 被用于为设备指定设备驱动程序的版本(例如:EDD、DTM)。因此,提供设备和驱动程序内的信息是必要的。 Dev_Rev 的设置是制造商特定的,但基于强制性规则(见 5.5.4.3)
Dev_Rev_Comp	在使用 MS1 或 MS2 连接的设备变型系列中,参数 DEV_REV_COMP(设备版本兼容性)定义设备功能的向下兼容性的范围。其值表示该设备支持的最低的设备版本。 Dev_Rev_Comp 的设置基于强制性规则(见 5.5.4.3)

5.5.4.2.2 设备驱动程序参数

在设备制造商提供的设备驱动程序(例如:EDD、DTM)内,应给出表 93 中的参数。

表 93 设备驱动程序参数的参数描述

参 数	描 述
DEVICE_REVISION	参数 DEVICE_REVISION(驱动程序设备版本)位于设备驱动程序内,并提供关于设备支持的功能的信息。它被用于为设备指定驱动程序(例如 EDD、DTM)
注:参数 DEVICE_REVISION 在 IEC 61804-3 中(DEVICE_REVISION)和 IEC 62453-2 中(IdSoftwareRevision)中都有规定。	

5.5.4.3 兼容性规则

5.5.4.3.1 设备版本

设备版本由设备参数 Dev_Rev 规定。当改变与 MS1 和 MS2 连接有关的设备功能时,应遵循以下规则来更新设备版本。

修改参数 Dev_Rev 的规则如下:

a) 被设为制造商特定的初始值,用于支持 Dev_Rev 特性的第 1 个设备版本;
b) 增加,当实现了附加的设备对象(参数或块)时;
c) 增加,当删除某些设备对象(参数或块)时;
d) 增加,当改变了一个设备对象(参数、块等)的位置(Slot,Index)时(移动一个块也引起设备管理登录项的改变);
e) 增加,当扩大了参数的有效范围时,例如:
   - 枚举参数
     现在支持某个枚举值;
   - 数字参数
     下限被下移或上限被上移;
   - 参数属性
     引起兼容性修改的改变:访问(只读→读/写)。
f) 增加,当缩小了参数的有效范围时,例如:
   - 枚举参数
     不再支持某个枚举值;
   - 数字参数

下限被上移或上限被下移；

- 参数属性

  引起兼容性修改的改变：访问(读/写→只读)，数据长度或类型的改变。

g) 增加，当改变了设备参数中任何数据项的含义时。

注：修改参数的任何方式不可产生与早期设备版本不一致的结果。例如，设备版本 n 的设备所支持的任何参数，在设备版本 n+1 的设备中必须具有完全相同的作用。

仅对 Dev_Rev 为非必备参数的设备(3.02 之前的行规版本的设备)有效：

h) 设为 0，以通知设备驱动程序，参数 Dev_Rev 不具有可被检查的有效信息。其含义等于不存在参数 Dev_Rev。

注：DEV_REV 的增加必须为单调增加。

修改参数 Dev_Rev_COMP 的规则如下：

i) 设为等于参数 Dev_Rev 的初始值，用于支持 Dev_Rev 特性的第 1 个设备版本。

j) 设为 Dev_Rev 的值(在不兼容性更新的情况下)：遵从规则 c)、d)、f)和 g)。

k) 不改变(在兼容性更新的情况下)：遵从规则 b)和 e)。

l) 设为 0，遵从规则 h)。

上述规则对设备版本参数的影响见表 94。

表 94 规则对设备版本参数的影响

	Dev_Rev	Dev_Rev_Comp
兼容性更新[规则 b)和 e)]	增加值	不改变值
不兼容性更新[规则 c)、d)、f)和 g)]	增加值	设为 Dev_Rev

5.5.4.3.2 设置 Dev_Rev 的示例

表 95 以应用案例的形式给出了如何使用 5.5.4.3 中定义规则的示例。

表 95 设置 Dev_Rev 的示例

应 用 案 例	应用规则
支持 PA 行规 3.0 或 3.01 的设备引入 Dev_Rev 参数	a)、h)
从早期 PA 行规版本到 PA 行规 3.02 的升级设备。设备版本的特性第一次得到支持	a)
从早期 PA 行规版本到 PA 行规 3.02 的升级设备。设备版本的特性在早期行规版本中已被支持	取决于改变 b)~g)
开发符合 PA 行规 3.02 的新设备	a)
向设备增加新的块	b)
向现有块增加参数	b)
删除块	c)
在设备管理中对块进行重新排序	d)
参数的访问权限从“读/写”改变为“只读”	f)
扩大现有参数的有效范围，例如：从 20~40 扩大到 0~40	e)
对现有参数增加新的有效枚举值，例如：对单位参数增加附加的单位，对通道参数增加附加的通道	e)
缩小现有参数的有效范围，例如：从 0~40 缩小到 20~40	f)
不再支持一个枚举值，例如：从单位参数所支持单位列表中删除一个单位	f)
改变现有参数的行为，例如：当写一个参数时，执行一个附加动作(如校准)	g)
支持 PA 行规 3.0 或 3.01 的设备不支持 Dev_Rev 参数	h)
改变本地显示菜单	无

5.5.4.3.3 驱动程序设备版本

驱动程序设备版本由驱动程序参数 DEVICE_REVISION 来规定。当设备驱动程序改变时，应遵循以下规则来更新驱动程序设备版本：

参数 DEVICE_REVISION 被设为该设备驱动程序所适用的设备的设备版本(Dev_Rev)。此设备驱动程序与该设备兼容。

注：设备驱动程序的内部版本可以通过参数 DD_REV(Unsigned16)来表示，在本标准中不描述该参数。关于兼容性方面，对于给定 DEVICE_REVISION 的 DD_REV 的最大值，表示其最佳兼容性(见 5.5.2)。

5.5.4.3.4 兼容性规则

如果已安装的设备驱动程序所支持的设备版本在该设备的设备版本范围内，则实现了设备驱动程序和设备的兼容性(见下面的公式和图 20)。

Dev_Rev_Comp≤DEVICE_REVISION≤Dev_Rev

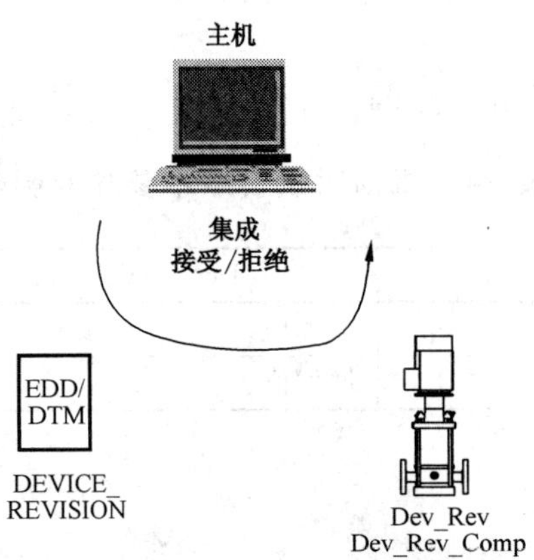

图 20 设备驱动程序和设备的兼容性规则

[Dev_Rev_Comp,...,Dev_Rev]范围标识了能分配给该设备的可兼容的设备驱动程序版本(DEVICE_REVISION)。例如，只要参数 Dev_Rev_Comp 指出该设备与 MS1/MS2 有关的行为支持早期版本，已安装的设备驱动程序可用于一个新设备。

5.5.5 对 PA 行规 3.0 和 3.01 的向后兼容性

支持 PA 行规 3.02 以前版本的设备，也可能支持 Dev_Rev 和 Dev_Rev_Comp。该设备版本以制造商特定的值(不等于 0)开始，用于支持兼容性功能的第 1 个版本。

5.5.6 现场设备上的信息

安全/正确的设备版本处理，必须提供设备制造商、设备类型及其软件版本的清晰、明确的标识。这样，对于 PROFIBUS PA 设备，软件版本和设备版本的标识是必备的。因此，参数 SOFTWARE_REVISION、Dev_Rev 和 Dev_Rev_Comp 应在易于阅读的位置显示以便于访问。在不供电的设备状态下也应该是可读的。

设备的铭牌应提供关于制造商和设备类型的清晰信息。此外，应显示所支持的 PROFIBUS Ident_Number。

表达的格式为：XX. YY. ZZ-[Dev_Rev_Comp,...,Dev_Rev]，见图 21 中的示例。

SOFTWARE_REVISION: 3.04.01 — [3 … 7]
IDENT_NUMBERS 2751 [2723, 9700]

图 21　版本处理信息的显示示例

这样放置的示例是：

——用紧固的方法将一个标签固定在外壳表面(不一定要在铭牌上)供直接阅读。这样，即使设备未被加电，它也是可读的。

——在更新的情况下，该标签也必须被更新。

——如果可能，在显示器上显示。在设备启动期间，应显示该设备版本参数。

——为了直接阅读，将该标签固定在现场设备包装的外面。

——……。

5.6　参数编码

制造商代码见 5.6.1。工程单位代码和材料代码遵循表 96 和表 97 中的规定。

5.6.1　DEVICE_MAN_ID

DEVICE_MAN_ID 列表由 PI 支持中心维护。该表可从 www.PROFIBUS.com 网站上获得。

5.6.2　单位代码

某些单位的定义或其测量条件可能因不同的国家或不同的工业领域而不同。如果在表 96 中没有准确的转换/定义，则制造商必须在设备手册中说明所支持的单位及其含义。如果要求可互换性，那么用户必须检查其差异。

表 96　单位代码

值	符　　号	描　　述	等　效　值
0～999	保留		
1000	K	开[尔文] **注**：绝对温度(开氏温度)	SI
1001	℃	摄氏度	T/K=t/℃+273.15 ΔT=1 ℃ 等效于 ΔT=1 K
1002	℉	华氏度	T/K=(t/℉+459.67)/1.8
1003	°R	兰[金]氏度	T/K=(T/°R)/1.8
1004	rad	弧度 **注**：平面角单位	=1 m/m
1005	°	度	=(π/180)rad
1006	′	分	=(1/60)°
1007	″	秒	=(1/60)′
1008	gon	冈 **注**：平面角单位	=(π/200)rad
1009	r	转	=2π rad
1010	m	米	SI

表 96（续）

值	符号	描述	等效值
1011	km	千米	=1 000.0 m
1012	cm	厘米	=0.01 m
1013	mm	毫米	$=10^{-3}$ m
1014	μm	微米	$=10^{-6}$ m
1015	nm	纳米	$=10^{-9}$ m
1016	pm	皮米	$=10^{-12}$ m
1017	Å	埃	$=10^{-10}$ m
1018	ft	英尺	=12 in
1019	in	英寸(国际)	=0.025 4 mm
1020	yd	码	=36 in
1021	mile	英里	=1 760 yd
1022	nautical mile	海里	=1 852 m
1023	m^2	平方米	
1024	km^2	平方千米	
1025	cm^2	平方厘米	
1026	dm^2	平方分米	
1027	mm^2	平方毫米	
1028	a	公亩	$=10^2$ m^2
1029	ha	公顷	$=10^4$ m^2
1030	in^2	平方英寸	
1031	ft^2	平方英尺	
1032	yd^2	平方码	
1033	$mile^2$	平方英里	
1034	m^3	立方米	
1035	dm^3	立方分米	
1036	cm^3	立方厘米	
1037	mm^3	立方毫米	
1038	L	[公]升	$=10^{-3}$ m^3
1039	cL	厘升	=0.01 L
1040	mL	毫升	=0.001 L
1041	hL	百公升	=100 L
1042	in^3	立方英寸	
1043	ft^3	立方英尺	
1044	yd^3	立方码	
1045	$mile^3$	立方英里	

表 96（续）

值	符　　号	描　　述	等 效 值
1046	pint	品脱(美制,液体)	=(1/8)gal
1047	quart	夸脱(美制,液体)	=(1/4)gal
1048	gal	加仑(美制)	=231 in^3
1049	ImpGal	加仑(英制)	=4.546 09 L
1050	bushel	蒲式耳(美制,干燥固体)	=2 150.42 in^3
1051	bbl	桶(美制,石油)	=42 gal
1052	bbl (liq)	桶(美制,液体)	=31.5 gal
1053	ft^3 std.	标准立方英尺	
1054	s	秒	SI
1055	ks	千秒	=10^3 s
1056	ms	毫秒	=10^{-3} s
1057	μs	微秒	=10^{-6} m
1058	min	分	=60 s
1059	h	小时	=60 min
1060	d	天	=24 h
1061	m/s	米每秒	
1062	mm/s	毫米每秒	
1063	m/h	米每小时	
1064	km/h	千米每小时	
1065	knot	海里每小时	=1.852 km/h
1066	in/s	英寸每秒	
1067	ft/s	英尺每秒	
1068	yd/s	码每秒	
1069	in/min	英寸每分	
1070	ft/min	英尺每分	
1071	yd/min	码每分	
1072	in/h	英寸每小时	
1073	ft/h	英尺每小时	
1074	yd/h	码每小时	
1075	mi/h	英里每小时	=0.447 04 m/s
1076	m/s^2	米每平方秒	
1077	Hz	赫[兹]	=1 s^{-1}
1078	THz	太赫(百万兆赫[兹])	=10^{12} Hz
1079	GHz	吉赫(千兆赫[兹])	=10^9 Hz
1080	MHz	兆赫[兹]	=10^6 Hz

表 96（续）

值	符号	描述	等效值
1081	kHz	千赫[兹]	$=10^3$ Hz
1082	1/s	每秒	$=1\ s^{-1}$
1083	1/min	每分	$=(1/60)s^{-1}$
1084	r/s	转每秒	
1085	r/min rpm	转每分	
1086	rad/s	弧度每秒	
1087	$1/s^2$	每平方秒	
1088	kg	千克	SI
1089	g	克	$=10^{-3}$ kg
1090	mg	毫克	$=10^{-6}$ kg
1091	Mg	兆克	$=10^3$ kg
1092	t	[公]吨	$=10^3$ kg
1093	oz	盎司(常衡制)	=1/16 lb
1094	lb	磅(常衡制)	=0.453 592 37 kg
1095	STon	短吨	=2 000 lb
1096	LTon	长吨	=2 240 lb
1097	kg/m^3	千克每立方米	
1098	Mg/m^3	兆克每立方米	
1099	kg/dm^3	千克每立方分米	
1100	g/cm^3	克每立方厘米	
1101	g/m^3	克每立方米	
1102	t/m^3	吨每立方米	
1103	kg/L	千克每升	
1104	g/mL	克每毫升	
1105	g/L	克每升	
1106	lb/in^3	磅每立方英寸	
1107	lb/ft^3	磅每立方英尺	
1108	lb/gal	磅每加仑(美制)	
1109	$STon/yd^3$	短吨每立方码	
1110	°Twad	特沃德尔度 **注**：液体比重的表示法	
1111	°Baum (hv)	重波美度 **注**：波美比重计采用玻璃管式浮计中的一种特殊分度方式来间接地给出液体的密度，即波美度。重波美度是指把食盐含量的质量分数为15%的水溶液的示值定为15，而在纯水中的示值定为零，其间等分为14，并延伸到15以上	

表 96（续）

值	符　号	描　述	等效值
1112	°Baum (lt)	轻波美度 **注**：轻波美度是指把食盐含量的质量分数为 10% 的水溶液的示值定为零，而在纯水中的示值定为 10，期间等分为 10，并延伸到 10 以上	
1113	°API	API 度 **注**：美国石油学会制订的一种量度，用以表示原油及石油产品密度	
1114	SGU	比重单位	
1115	kg/m	千克每米	
1116	mg/m	毫克每米	
1117	tex	特[克斯] **注**：线密度单位	$=10^{-6}$ kg/m
1118	kg·m^2	千克平方米	
1119	kg·m/s	千克米每秒	
1120	N	牛[顿]	$=1$ kg·m/s^2
1121	MN	兆牛[顿]	$=10^6$ N
1122	kN	千牛[顿]	$=10^3$ N
1123	mN	毫牛[顿]	$=10^{-3}$ N
1124	μN	微牛[顿]	$=10^{-6}$ N
1125	kg·m^2/s	千克平方米每秒	
1126	N·m	牛[顿]米	
1127	MN·m	兆牛[顿]米	
1128	kN·m	千牛[顿]米	
1129	mN·m	毫牛[顿]米	
1130	Pa	帕[斯卡]	$=1$ N/m^2
1131	GPa	吉帕[斯卡](千兆帕[斯卡])	$=10^9$ Pa
1132	MPa	兆帕[斯卡]	$=10^6$ Pa
1133	kPa	千帕[斯卡]	$=10^3$ Pa
1134	mPa	毫帕[斯卡]	$=10^{-3}$ Pa
1135	μPa	微帕[斯卡]	$=10^{-6}$ Pa
1136	hPa	百帕[斯卡]	$=10^2$ Pa
1137	bar	巴(气压单位)	$=100$ kPa
1138	mbar	毫巴	$=1$ hPa
1139	torr	托 **注**：真空度单位	$=(1/760)$atm

表 96（续）

值	符　号	描　述	等 效 值
1140	atm	标准大气压	=101 325.0 Pa
1141	lbf/in^2 psi	磅力每平方英寸	=(0.453 592 37 • 9.806 65/0.025 4^2) Pa (无参考点的压力，或差压)
1142	lbf/in$_a^2$ psia	磅力每平方英寸(绝对)	=(0.453 592 37 • 9.806 65/0.025 4^2) Pa (相对于真空)
1143	lbf/in$_g^2$ psig	磅力每平方英寸(标准)	=(0.453 592 37 • 9.806 65/0.025 4^2) Pa (相对于大气压)
1144	gf/cm^2	克力每平方厘米	=98.066 5 Pa
1145	kgf/cm^2	千克力每平方厘米	=98 066.5 Pa
1146	inH_2O	英寸水柱	
1147	inH_2O (4 ℃)	英寸水柱(4 ℃)	
1148	inH_2O (68 ℉)	英寸水柱(68 ℉)	
1149	mmH_2O	毫米水柱	
1150	mmH_2O (4 ℃)	毫米水柱(4 ℃)	
1151	mmH_2O (68 ℉)	毫米水柱(68 ℉)	
1152	ftH_2O	英尺水柱	
1153	ftH_2O (4 ℃)	英尺水柱(4 ℃)	
1154	ftH_2O (68 ℉)	英尺水柱(68 ℉)	
1155	inHg	英寸汞柱	
1156	inHg (0 ℃)	英寸汞柱(0 ℃)	
1157	mmHg	毫米汞柱	
1158	mmHg (0 ℃)	毫米汞柱(0 ℃)	
1159	Pa • s	帕[斯卡]秒	
1160	m^2/s	平方米每秒	
1161	P	泊 **注**：流体动力的黏度单位	=0.1 Pa • s
1162	cP	厘泊	=1 mPa • s
1163	St	斯[托克斯] **注**：流体动力的黏度单位	=10^{-4} m^2/s
1164	cSt	厘斯[托克斯]	=1 mm^2/s
1165	N/m	牛[顿]每米	
1166	mN/m	毫牛[顿]每米	
1167	J	焦[耳]	=1 N • m
1168	EJ	艾焦[耳](万亿兆焦[耳])	=10^{18} J
1169	PJ	拍焦[耳](千兆兆焦[耳])	=10^{15} J
1170	TJ	太焦[耳](百万兆焦[耳])	=10^{12} J
1171	GJ	吉焦[耳](千兆焦[耳])	=10^{9} J

表 96（续）

值	符　号	描　述	等 效 值
1172	MJ	兆焦[耳]	$=10^6$ J
1173	kJ	千焦[耳]	$=10^3$ J
1174	mJ	毫焦[耳]	$=10^{-3}$ J
1175	W・h	瓦[特]小时	
1176	TW・h	太瓦[特]小时(百万兆瓦[特]时)	
1177	GW・h	吉瓦[特]小时(千兆瓦[特]时)	
1178	MW・h	兆瓦[特]小时	
1179	kW・h	千瓦[特][小]时	
1180	cal_{th}	卡[路里](热化学)	=4.184 J
1181	$kcal_{th}$	千卡[路里](热化学)	=4.184 kJ
1182	$Mcal_{th}$	兆卡[路里](热化学)	=4.184 mJ
1183	Btu_{th}	英制热量单位(热化学)	=(4 184・0.453 592 37/1.8)J
1184	datherm	十色姆(detatherm) **注：**色姆(therm)为英制热量单位，一色姆表示将一吨纯净液体水的温度提高一华氏度所需要的热量	$=1.055\ 06\cdot10^9$ J
1185	ft・lbf	英尺磅力	=1.355 817 948 331 400 4 J
1186	W	瓦[特]	=1 J/s
1187	TW	太瓦[特](百万兆瓦[特])	$=10^{12}$ W
1188	GW	吉瓦[特](千兆瓦[特])	$=10^9$ W
1189	MW	兆瓦[特]	$=10^6$ W
1190	kW	千瓦[特]	$=10^3$ W
1191	mW	毫瓦[特]	$=10^{-3}$ W
1192	μW	微瓦[特]	$=10^{-6}$ W
1193	nW	纳瓦[特]	$=10^{-9}$ W
1194	pW	皮瓦[特]	$=10^{-12}$ W
1195	$Mcal_{th}$/h	兆卡[路里]每小时	
1196	MJ/h	兆焦[耳] 每小时	
1197	Btu_{th}/h	英制热量单位	
1198	hp	马力(电学)	=746 W
1199	W/(m・K)	瓦[特]每米开[尔文]	
1200	$W/(m^2\cdot K)$	瓦[特]每平方米开[尔文]	
1201	$m^2\cdot K/W$	平方米开[尔文]每瓦[特]	
1202	J/K	焦[耳]每开[尔文]	
1203	kJ/K	千焦[耳]每开[尔文]	

表 96（续）

值	符　号	描　述	等 效 值
1204	J/(kg·K)	焦[耳]每千克开[尔文])	
1205	kJ/(kg·K)	千焦[耳]每千克开[尔文])	
1206	J/kg	焦[耳]每千克	
1207	MJ/kg	兆焦[耳]每千克	
1208	kJ/kg	千焦[耳]每千克	
1209	A	安[培]	SI
1210	kA	千安[培]	$=10^{3}$ A
1211	mA	毫安[培]	$=10^{-3}$ A
1212	μA	微安[培]	$=10^{-6}$ A
1213	nA	纳安[培]	$=10^{-9}$ A
1214	pA	皮安[培]	$=10^{-12}$ A
1215	C	库[伦]	=1 A·s
1216	MC	兆库[伦]	$=10^{6}$ C
1217	kC	千库[伦]	$=10^{3}$ C
1218	μC	微库[伦]	$=10^{-6}$ C
1219	nC	纳库[伦]	$=10^{-9}$ C
1220	pC	皮库[伦]	$=10^{-12}$ C
1221	A·h	安[培]时	
1222	C/m^3	库[伦]每立方米	
1223	C/mm^3	库[伦]每立方毫米	
1224	C/cm^3	库[伦]每立方厘米	
1225	kC/m^3	千库[伦]每立方米	
1226	mC/m^3	毫库[伦]每立方米	
1227	$\mu C/m^3$	微库[伦]每立方米	
1228	C/m^2	库[伦]每平方米	
1229	C/mm^2	库[伦]每平方毫米	
1230	C/cm^2	库[伦]每平方厘米	
1231	kC/m^2	千库[伦]每平方米	
1232	mC/m^2	毫库[伦]每平方米	
1233	$\mu C/m^2$	微库[伦]每平方米	
1234	V/m	伏[特]每米	
1235	MV/m	兆伏[特]每米	
1236	kV/m	千伏[特]每米	
1237	V/cm	伏[特]每厘米	
1238	mV/m	毫伏[特]每米	

表 96（续）

值	符号	描述	等效值
1239	μV/m	微伏[特]每米	
1240	V	伏[特]	=1 W/A
1241	MV	兆伏[特]	$=10^{6}$ V
1242	kV	千伏[特]	$=10^{3}$ V
1243	mV	毫伏[特]	$=10^{-3}$ V
1244	μV	微伏[特]	$=10^{-6}$ V
1245	F	法[拉]	=1 C/V
1246	mF	毫法[拉]	$=10^{-3}$ F
1247	μF	微法[拉]	$=10^{-6}$ F
1248	nF	纳法[拉]	$=10^{-9}$ F
1249	pF	皮法[拉]	$=10^{-12}$ F
1250	F/m	法[拉]每米	
1251	μF/m	微法[拉]每米	
1252	nF/m	纳法[拉]每米	
1253	pF/m	皮法[拉]每米	
1254	C·m	库[伦]米	
1255	A/m^2	安[培]每平方米	
1256	MA/m^2	兆安[培]每平方米	
1257	A/cm^2	安[培]每平方厘米	
1258	kA/m^2	千安[培]每平方米	
1259	A/m	安[培]每米	
1260	kA/m	千安[培]每米	
1261	A/cm	安[培]每厘米	
1262	T	特[斯拉]	$=1\ Wb/m^2$
1263	mT	毫特[斯拉]	$=10^{-3}$ T
1264	μT	微特[斯拉]	$=10^{-6}$ T
1265	nT	纳特[斯拉]	$=10^{-9}$ T
1266	Wb	韦[伯]	=1 V·s
1267	mWb	毫韦[伯]	$=10^{-3}$ W
1268	Wb/m	韦[伯]每米	
1269	kWb/m	千韦[伯]每米	
1270	H	亨[利]	=1 Wb/A
1271	mH	毫亨[利]	$=10^{-3}$ H
1272	μH	微亨[利]	$=10^{-6}$ H
1273	nH	纳亨[利]	$=10^{-9}$ H

表 96（续）

值	符　　号	描　　述	等 效 值
1274	pH	皮亨[利]	$=10^{-12}$ H
1275	H/m	亨[利]每米	
1276	μH/m	微亨[利]每米	
1277	nH/m	纳亨[利]每米	
1278	A・m^2	安[培]平方米	
1279	N・m^2/A	牛[顿]平方米每安[培]	
1280	Wb・m	韦[伯]米	
1281	Ω	欧[姆]	=1 V/A
1282	GΩ	吉欧[姆](千兆欧[姆])	$=10^9$ Ω
1283	MΩ	兆欧[姆]	$=10^6$ Ω
1284	kΩ	千欧[姆]	$=10^3$ Ω
1285	mΩ	毫欧[姆]	$=10^{-3}$ Ω
1286	μΩ	微欧[姆]	$=10^{-6}$ Ω
1287	S	西[门子]	$=1\ \Omega^{-1}$
1288	kS	千西[门子]	$=10^3\ \Omega^{-1}$
1289	mS	毫西[门子]	$=10^{-3}\ \Omega^{-1}$
1290	μS	微西[门子]	$=10^{-6}\ \Omega^{-1}$
1291	Ω・m	欧[姆]米	
1292	GΩ・m	吉欧 [姆]米(千兆欧[姆]米)	
1293	MΩ・m	兆欧[姆]米	
1294	kΩ・m	千欧[姆]米	
1295	Ω・cm	欧[姆]厘米	
1296	mΩ・m	毫欧[姆]米	
1297	μΩ・m	微欧[姆]米	
1298	nΩ・m	纳欧[姆]米	
1299	S/m	西[门子]每米	
1300	MS/m	兆西[门子]每米	
1301	kS/m	千西[门子]每米	
1302	mS/cm	毫西[门子]每厘米	
1303	μS/mm	微西[门子]每毫米	
1304	1/H	每亨[利]	
1305	sr	球面度 **注**：表示立体角的国际单位	$=1\ m^2/m^2$
1306	W/sr	瓦[特]每球面度	
1307	W/(sr・m^2)	瓦[特]每球面度平方米	

表 96（续）

值	符　号	描　述	等 效 值
1308	W/m^2	瓦[特]每平方米	
1309	lm	流[明] **注**：光通量单位	=1 cd・sr
1310	lm・s	流明秒	
1311	lm・h	流明小时	
1312	lm/m^2	流明每平方米	
1313	lm/W	流明每瓦[特]	
1314	lx	勒[克司] **注**：光照度单位	$=1\ lm/m^2$
1315	lx・s	勒[克司]秒	
1316	cd	坎[德拉] **注**：发光强度单位	SI
1317	cd/m^2	坎[德拉]每平方米	
1318	g/s	克每秒	
1319	g/min	克每分	
1320	g/h	克每小时	
1321	g/d	克每天	
1322	kg/s	千克每秒	
1323	kg/min	千克每分	
1324	kg/h	千克每小时	
1325	kg/d	千克每天	
1326	t/s	(公)吨每秒	
1327	t/min	(公)吨每分	
1328	t/h	(公)吨每小时	
1329	t/d	(公)吨每天	
1330	lb/s	磅每秒	
1331	lb/min	磅每分	
1332	lb/h	磅每小时	
1333	lb/d	磅每天	
1334	STon/s	短吨每秒	
1335	STon/min	短吨每分	
1336	STon/h	短吨每小时	
1337	STon/d	短吨每天	
1338	LTon/s	长吨每秒	
1339	LTon/min	长吨每分	
1340	LTon/h	长吨每小时	

表 96（续）

值	符　　号	描　　述	等 效 值
1341	LTon/d	长吨每天	
1342	%	百分比	=0.01
1343	% sol/wt	固体重量百分比	
1344	% sol/vol	固体体积百分比	
1345	% stm qual	蒸汽质量百分比	
1346	°Plato	柏拉图度 **注**：浓度单位	
1347	m^3/s	立方米每秒	
1348	m^3/min	立方米每分	
1349	m^3/h	立方米每小时	
1350	m^3/d	立方米每天	
1351	L/s	升每秒	
1352	L/min	升每分	
1353	L/h	升每小时	
1354	L/d	升每天	
1355	ML/d	兆升每天	
1356	ft^3/s	立方英尺每秒	
1357	ft^3/min	立方英尺每分	
1358	ft^3/h	立方英尺每小时	
1359	ft^3/d	立方英尺每天	
1360	ft^3/min std.	标准立方英尺每分	
1361	ft^3/h std.	标准立方英尺每小时	
1362	gal/s	加仑(美制)每秒	
1363	gal/min	加仑(美)每分	
1364	gal/h	加仑(美制)每小时	
1365	gal/d	加仑(美制)每天	
1366	Mgal/d	兆加仑(美制)每天	
1367	ImpGal/s	加仑(英制)每秒	
1368	ImpGal/min	加仑(英制)每分	
1369	ImpGal/h	加仑(英制)每小时	
1370	ImpGal/d	加仑(英制)每天	
1371	bbl/s	桶每秒	
1372	bbl/min	桶每分	
1373	bbl/h	桶每小时	
1374	bbl/d	桶每天	

表 96（续）

值	符　号	描　述	等 效 值
1375	W/m^{2}	瓦[特]每平方米	
1376	mW/m^{2}	毫瓦[特]每平方米	
1377	μW/m^{2}	微瓦[特]每平方米	
1378	pW/m^{2}	皮瓦[特]每平方米	
1379	Pa·s/m^{3}	帕[斯卡]秒每立方米	
1380	N·s/m	牛[顿]秒每米	
1381	Pa·s/m	帕[斯卡]秒每米	
1382	B	贝	=lg(比值)
1383	dB	分贝	=10^{-1} B
1384	mol	摩[尔]	SI
1385	kmol	千摩[尔]	
1386	mmol	毫摩[尔]	
1387	μmol	微摩[尔]	
1388	kg/mol	千克每摩[尔]	
1389	g/mol	克每摩[尔]	
1390	m^{3}/mol	立方米每摩[尔]	
1391	dm^{3}/mol	立方分米每摩[尔]	
1392	cm^{3}/mol	立方厘米每摩[尔]	
1393	L/mol	升每摩[尔]	
1394	J/mol	焦[耳]每摩[尔]	
1395	kJ/mol	千焦[耳]每摩[尔]	
1396	J/(mol·K)	焦[耳]每摩[尔]开[尔文]	
1397	mol/m^{3}	摩[尔]每立方米	
1398	mol/dm^{3}	摩[尔]每立方分米	
1399	mol/L	摩[尔]每升	
1400	mol/kg	摩[尔]每千克	
1401	mmol/kg	毫摩[尔]每千克	
1402	Bq	贝可[勒尔] **注**：放射性活度单位	=1 s^{-1}
1403	MBq	兆贝可[勒尔]	
1404	kBq	千贝可[勒尔]	
1405	Bq/kg	贝可[勒尔]每千克	
1406	kBq/kg	千贝可[勒尔]每千克	
1407	MBq/kg	兆贝可[勒尔]每千克	
1408	Gy	戈[瑞] **注**：辐射的吸收剂量单位	=1 J/kg

表 96（续）

值	符　　号	描　　述	等　效　值
1409	mGy	毫戈[瑞]	
1410	rd	拉德 **注**：辐射的吸收剂量单位	$=10^{-2}$ Gy
1411	Sv	希[沃特] **注**：辐射的剂量当量单位	=1 J/kg
1412	mSv	毫希[沃特]	
1413	rem	雷姆 **注**：辐射的剂量当量单位	$=10^{-2}$ Sv
1414	C/kg	库[伦]每千克	
1415	mC/kg	毫库[伦]每千克	
1416	R	伦琴 **注**：照射量单位	$=2.58\cdot10^{-4}$ C/kg
1417	$1/J\cdot m^3$		
1418	$e/V\cdot m^3$		
1419	m^3/C	立方米每库[伦]	
1420	V/K	伏[特]每开[尔文]	
1421	mV/K	毫伏[特]每开[尔文]	
1422	pH	pH(酸碱度)	
1423	ppm	百万分之一	$=10^{-6}$
1424	ppb	十亿分之一	$=10^{-9}$
1425	ppth	千分之一	$=10^{-3}$
1426	°Brix	白利度 **注**：可溶性固形物含量单位	
1427	°Ball	巴林度 **注**：浓度单位	
1428	proof/vol	酒精纯度(按体积)	
1429	proof/mass	酒精纯度(按质量)	
1430	lb/ImpGal	磅每加仑(英制)	
1431	$kcal_{th}/s$	千卡[路里]每秒	
1432	$kcal_{th}/min$	千卡[路里]每分	
1433	$kcal_{th}/h$	千卡[路里]每小时	
1434	$kcal_{th}/d$	千卡[路里]每天	
1435	$Mcal_{th}/s$	兆卡[路里]每秒	
1436	$Mcal_{th}/min$	兆卡[路里]每分	
1437	$Mcal_{th}/d$	兆卡[路里]每天	
1438	kJ/s	千焦[耳]每秒	
1439	kJ/min	千焦[耳]每分	

表 96（续）

值	符 号	描 述	等 效 值
1440	kJ/h	千焦[耳]每小时	
1441	kJ/d	千焦[耳]每天	
1442	MJ/s	兆焦[耳]每秒	
1443	MJ/min	兆焦[耳]每分	
1444	MJ/d	兆焦[耳]每天	
1445	Btu_{th}/s	英制热量单位每秒	
1446	Btu_{th}/min	英制热量单位每分	
1447	Btu_{th}/day	英制热量单位每天	
1448	μgal/s	微加仑(美制)每秒	
1449	mgal/s	毫加仑(美制)每秒	
1450	kgal/s	千加仑(美制)每秒	
1451	Mgal/s	兆加仑(美制)每秒	
1452	μgal/min	微加仑(美制)每分	
1453	mgal/min	毫加仑(美制)每分	
1454	kgal/min	千加仑(美制)每分	
1455	Mgal/min	兆加仑(美制)每分	
1456	μgal/h	微加仑(美制)每小时	
1457	mgal/h	毫加仑(美制)每小时	
1458	kgal/h	千加仑(美制)每小时	
1459	Mgal/h	兆加仑(美制)每小时	
1460	μgal/d	微加仑(美制)每天	
1461	mgal/d	毫加仑(美制)每天	
1462	kgal/d	千加仑(美制)每天	
1463	μImpGal/s	微加仑(英制)每秒	
1464	mImpGal/s	毫加仑(英制)每秒	
1465	kImpGal/s	千加仑(英制)每秒	
1466	MImpGal/s	兆加仑(英制)每秒	
1467	μImpGal/min	微加仑(英制)每分	
1468	mImpGal/min	毫加仑(英制)每分	
1469	kImpGal/min	千加仑(英制)每分	
1470	MImpGal/min	兆加仑(英制)每分	
1471	μImpGal/h	微加仑(英制)每小时	
1472	mImpGal/h	毫加仑(英制)每小时	
1473	kImpGal/h	千加仑(英制)每小时	
1474	MImpGal/h	兆加仑(英制)每小时	

表 96（续）

值	符　号	描　述	等效值
1475	μImpGal/d	微加仑(英制)每天	
1476	mImpGal/d	毫加仑(英制)每天	
1477	kImpGal/d	千加仑(英制)每天	
1478	MImpGal/d	兆加仑(英制)每天	
1479	μbbl/s	微桶每秒	
1480	mbbl/s	毫桶每秒	
1481	kbbl/s	千桶每秒	
1482	Mbbl/s	兆桶每秒	
1483	μbbl/min	微桶每分	
1484	mbbl/min	毫桶每分	
1485	kbbl/min	千桶每分	
1486	Mbbl/min	兆桶每分	
1487	μbbl/h	微桶每小时	
1488	mbbl/h	毫桶每小时	
1489	kbbl/h	千桶每小时	
1490	Mbbl/h	兆桶每小时	
1491	μbbl/d	微桶每天	
1492	mbbl/d	毫桶每天	
1493	kbbl/d	千桶每天	
1494	Mbbl/d	兆桶每天	
1495	$\mu m^3/s$	立方微米每秒	
1496	mm^3/s	立方毫米每秒	
1497	km^3/s	立方千米每秒	
1498	Mm^3/s	立方兆米每秒	
1499	$\mu m^3/min$	立方微米每分	
1500	mm^3/min	立方毫米每分	
1501	km^3/min	立方千米每分	
1502	Mm^3/min	立方兆米每分	
1503	$\mu m^3/h$	立方微米每小时	
1504	mm^3/h	立方毫米每小时	
1505	km^3/h	立方千米每小时	
1506	Mm^3/h	立方兆米每小时	
1507	$\mu m^3/d$	立方微米每天	
1508	mm^3/d	立方毫米每天	
1509	km^3/d	立方千米每天	

表 96（续）

值	符　　号	描　　述	等 效 值
1510	Mm^3/d	立方兆米每天	
1511	cm^3/s	立方厘米每秒	
1512	cm^3/min	立方厘米每分	
1513	cm^3/h	立方厘米每小时	
1514	cm^3/d	立方厘米每天	
1515	$kcal_{th}/kg$	千卡每千克	
1516	Btu_{th}/lb	英制热量单位每磅	
1517	kL	千升	
1518	kL/min	千升每分	
1519	kL/h	千升每小时	
1520	kL/d	千升每天	
1521	制造商特定		
1522	制造商特定		
1523	制造商特定		
1524	制造商特定		
1525	制造商特定		
1526	制造商特定		
1527	制造商特定		
1528	制造商特定		
1529	制造商特定		
1530	制造商特定		
1531	制造商特定		
1532	制造商特定		
1533	制造商特定		
1534	制造商特定		
1535	制造商特定		
1536	制造商特定		
1537	制造商特定		
1538	制造商特定		
1539	制造商特定		
1540	制造商特定		
1541	制造商特定		
1542	制造商特定		
1543	制造商特定		
1544	制造商特定		

表 96（续）

值	符　号	描　述	等 效 值
1545	制造商特定		
1546	制造商特定		
1547	制造商特定		
1548	制造商特定		
1549	制造商特定		
1550	制造商特定		
1551	S/cm	西门子每厘米	
1552	μS/cm	微西门子每厘米	
1553	mS/m	毫西门子每米	
1554	μS/m	微西门子每米	
1555	MΩ · cm	兆欧[姆]厘米	
1556	kΩ · cm	千欧[姆]厘米	
1557	Gew%	重量百分比	
1558	mg/L	毫克每升	
1559	μg/L	微克每升	
1560	%Sät		
1561	vpm		
1562	%vol	体积百分比	
1563	mL/min	毫升每分	
1564	mg/dm^3	毫克每分米	
1565	mg/L	毫克每升 (新项目中不再使用该单位,使用 1558)	
1566	mg/m^3	毫克每立方米	
1567	ct	克拉(钻石)	$=200.0 \cdot 10^{-6}$ kg
1568	lb (tr)	磅(金衡制或药衡制)	=0.373 241 721 6 kg
1569	oz (tr)	盎司(金衡制或药衡制)	=1/12 lb (tr)
1570	fl oz (U. S.)	盎司(美制,流体)	=(1/128)gal
1571	cm^3	立方厘米	$=10^{-6}$ m^3
1572	af	英亩英尺	=43 560 ft^3
1573	m^3 normal	标准立方米(0 ℃,1 atm=101 325 Pa) **注**：标准状态指 0 ℃,1 标准大气压下	
1574	L normal	标准升(0 ℃,1 atm=101 325 Pa) **注**：标准状态指 0 ℃,1 标准大气压下	
1575	m^3 std.	标[准]立方米(20 ℃,1 atm= 101 325 Pa) **注**：标准状态指 20 ℃,1 标准大气压下	

表 96（续）

值	符　号	描　述	等 效 值
1576	L std.	标准升(20 ℃,1atm=101 325 Pa) **注**：标准状态指 20 ℃,1 标准大气压下	
1577	mL/s	毫升每秒	
1578	mL/h	毫升每小时	
1579	mL/d	毫升每天	
1580	af/s	英亩英尺每秒	
1581	af/min	英亩英尺每分	
1582	af/h	英亩英尺每小时	
1583	af/d	英亩英尺每天	
1584	fl oz (U. S.)/s	盎司(美制,流体)每秒	
1585	fl oz (U. S.)/min	盎司(美制,流体)每分	
1586	fl oz (U. S.)/h	盎司(美制,流体)每小时	
1587	fl oz (U. S.)/d	盎司(美制,流体)每天	
1588	m^3/s normal	标准立方米每秒(0 ℃,1 atm=101 325 Pa) **注**：标准状态指 0 ℃,1 标准大气压下	
1589	m^3/min normal	标准立方米每分(0 ℃,1 atm=101 325 Pa) **注**：标准状态指 0 ℃,1 标准大气压下	
1590	m^3/h normal	标准立方米每小时(0 ℃,1 atm=101 325 Pa) **注**：标准状态指 0 ℃,1 标准大气压下	
1591	m^3/d normal	标准立方米每天(0 ℃,1 atm=101 325 Pa) **注**：标准状态指 0 ℃,1 标准大气压下	
1592	L/s normal	标准升每秒(0 ℃,1 atm=101 325 Pa) **注**：标准状态指 0 ℃,1 标准大气压下	
1593	L/min normal	标准升每分(0 ℃,1 atm=101 325 Pa) **注**：标准状态指 0 ℃,1 标准大气压下	
1594	L/h normal	标准升每小时(0 ℃,1 atm=101 325 Pa) **注**：标准状态指 0 ℃,1 标准大气压下	
1595	L/d normal	标准升每天(0 ℃,1 atm=101 325 Pa) **注**：标准状态指 0 ℃,1 标准大气压下	

表 96(续)

值	符　号	描　述	等　效　值
1596	m^3/s std.	标准立方米每秒(20 ℃,1 atm=101 325 Pa) **注**:标准状态指 20 ℃,1 标准大气压下	
1597	m^3/min std.	标准立方米每分(20 ℃,1 atm=101 325 Pa) **注**:标准状态指 20 ℃,1 标准大气压下	
1598	m^3/h std.	标准立方米每小时(20 ℃,1 atm=101 325 Pa) **注**:标准状态指 20 ℃,1 标准大气压下	
1599	m^3/d std.	标准立方米每天(20 ℃,1 atm=101 325 Pa) **注**:标准状态指 20 ℃,1 标准大气压下	
1600	L/s std.	标准升每秒(20 ℃,1 atm=101 325 Pa) **注**:标准状态指 20 ℃,1 标准大气压下	
1601	L/min std.	标准升每分(20 ℃,1 atm=101 325 Pa) **注**:标准状态指 20 ℃,1 标准大气压下	
1602	L/h std.	标准升每小时(20 ℃,1 atm=101 325 Pa) **注**:标准状态指 20 ℃,1 标准大气压下	
1603	L/d std.	标准升每天(20 ℃,1 atm=101 325 Pa) **注**:标准状态指 20 ℃,1 标准大气压下	
1604	ft^3/s std.	标准立方英尺每秒	
1605	ft^3/d std.	标准立方英尺每天	
1606	oz/s	盎司每秒	
1607	oz/min	盎司每分	
1608	oz/h	盎司每小时	
1609	oz/d	盎司每天	
1610	Pa_a	帕[斯卡](绝对)	
1611	Pa_g	帕[斯卡](标准)	
1612	GPa_a	吉帕[斯卡](千兆帕[斯卡])(绝对)	
1613	GPa_g	吉帕[斯卡](千兆帕[斯卡])(标准)	
1614	MPa_a	兆帕[斯卡](绝对)	
1615	MPa_g	兆帕[斯卡](标准)	
1616	kPa_a	千帕[斯卡](绝对)	
1617	kPa_g	千帕[斯卡](标准)	
1618	mPa_a	毫帕[斯卡](绝对)	

表 96（续）

值	符　号	描　述	等效值
1619	mPa_g	毫帕[斯卡]（标准）	
1620	μPa_a	微帕[斯卡]（绝对）	
1621	μPa_g	微帕[斯卡]（标准）	
1622	hPa_a	百帕[斯卡]（绝对）	
1623	hPa_g	百帕[斯卡]（标准）	
1624	gf/cm_a^2	克力每平方厘米（绝对）	
1625	gf/cm_g^2	克力每平方厘米（标准）	
1626	kgf/cm_a^2	千克力每平方厘米（绝对）	
1627	kgf/cm_g^2	千克力每平方厘米（标准）	
1628	SD4 ℃	4 ℃下标准密度	
1629	SD15 ℃	15 ℃下标准密度	
1630	SD20 ℃	20 ℃下的标准密度	
1631	PS	公制马力	=735.498 75 W
1632	ppt	万亿分之一	$=10^{-12}$
1633	hL/s	百升每秒	
1634	hL/min	百升每分	
1635	hL/h	百升每小时	
1636	hL/d	百升每天	
1637	bbl (liq)/s	桶（美制，液体）每秒	
1638	bbl (liq)/min	桶（美制，液体）每分	
1639	bbl (liq)/h	桶（美制，液体）每小时	
1640	bbl (liq)/d	桶（美制，液体）每天	
1641	bbl (fed)	桶（美制）	=31 gal
1642	bbl (fed)/s	桶（美制）每秒	
1643	bbl (fed)/min	桶（美制）每分	
1644	bbl (fed)/h	桶（美制）每小时	
1645	bbl (fed)/d	桶（美制）每天	
1646	保留		
	……		
1994	保留		
1995	文本单位定义		
1996	未使用		
1997	无意义		
1998	未知		
1999	特定		
2000～32767	保留		
32768～65535	制造商特定		

5.6.3 材料代码

表 97 规定了预定义的材料代码。

表 97 材料代码

值	显示	缩写	描述
0	Carbon Steel		碳钢
1	Stainless Steel 304	304 SST	不锈钢 304
2	Stainless Steel 316	316 SST	不锈钢 316
3	Hastelloy C	Hast C	哈司特镍合金 C
4	Monel		蒙乃尔合金
5	Tantalum		钽
6	Titanium		钛
7	Pt-Ir		铂-铱
8	Alloy 20		合金 20
9	Co-Cr-Ni		钴-铬-镍
10	PTFE		聚四氟乙烯 PTFE(Teflon)
11	Viton		氟(化)橡胶
12	Buna-N		丁腈橡胶
13	Ethyl-Prop		乙烷基-丙
14	Urethane		尿烷(氨基甲酸乙酯)
15	Gold Monel		金-蒙乃尔合金
16	Tefzel		乙烯-四氟乙烯共聚物
17	Ryton		Ryton 是菲利浦石油公司的注册商标
18	Ceramic		陶瓷
19	Stainless Steel 316L	316L SST	不锈钢 316L
20	PVC		聚氯乙烯
21	Nitrile Rubber		腈橡胶
22	Kalrez		Teflon 和 Kalrez 都是 E. I. DuPont De Nemours 公司的注册商标
23	Inconel		Inconel 是 International Nickel Company 公司的商标
24	Kynar		Kynar 是 Pennwalt Incorporated 公司的商标。Hastelloy C 是 Cabot Corporation 公司的商标
25	Aluminium	Al	铝
26	Nickel	Nickel	镍
27	FEP		氟化乙炳烯(橡胶)。典型地用作 O 型圈的密封材料
28	Stainless Steel 316 Ti	316 SST Ti	不锈钢 316 Ti,含 16%～18%的铬,10%～14%的镍,2%～3%的钼
30	Hastelloy C276	Hast C276	哈司特镍合金 C276

表 97（续）

值	显　示	缩　写	描　述
31	Klinger C4401	4401	由 Klinger compound No. C4401 引用的材料
32	Thermotork		由 Armstrong World Industries Inc. 公司商标注册的材料
33	Grafoil		由 Union Carbide Poly Tetra Fluoro Ethylene 公司注册商标的材料，其外层涂不锈钢材料 316L。PTFE 也以其商标名 Teflon 而闻名
34	PTFE coated 316L SST		外层涂不锈钢材料 316L 的 PTFE
35	Gold plated Hastelloy C276	Gold plated Hast C276	镀金 Hastelloy C276
36	PTFE Glass		聚四氟乙烯玻璃材料，填料为玻璃的 PTFE。PTFE 也以其商标名 Teflon 而闻名
37	PTFE Graphite		聚四氟乙烯石墨材料，填料为石墨的 PTFE。PTFE 也以其商标名 Teflon 而闻名
…			
234	PTFE Hastelloy	PTFE Hast	PTFE 哈司特镍合金
235	Stainless Steel CF 8M		不锈钢 CF 8M
236	Hastelloy SST	Hast SST	哈司特镍合金不锈钢
237	Gold plated SST		镀金不锈钢
239	Monel 400		蒙乃尔合金 400
…			
250	未使用		
251	无意义		
252	未知		
253	特定		

5.7　一致性声明

表 98～表 101 提供了一致性声明的模板。

表 98　块存在的一致性声明

项	一致性声明	子　元　素
物理块	M	
转换块	O	
功能块	M	
模拟输入块		S
模拟输出块		S
离散输入块		S
离散输出块		S
累加器块		S
日志块		S
其他功能块		S

表 99　设备管理的一致性声明

项	一致性申明	子　元　素
设备管理	M	

表 100　块的一致性声明

项	一致性声明	子　元　素
通用要求的标准参数	M	
附加块特定的参数	M/O (依据相应的属性表)	
制造商特定参数	O	
View_1 对象	O(A 类) M(B 类)	
View_x 对象	O	

表 101　行规特性的一致性声明

项	一致性声明	子　元　素
浓缩状况/诊断	M	
经典状况/诊断	O	
设备版本标识和兼容性	M	
参数处理	O	
严格模式		M
平滑模式		O
单缓冲器机制		S
多缓冲器机制		S
PROFIsafe	O	

6　本行规到 PROFIBUS DP 的映射

6.1　目标

本章规定了 PROFIBUS FB 应用行规定义到 PROFIBUS DP 协议的映射。在第 5 章中已给出设备模型和块模型的描述。

6.2　技术概述

6.2.1　概要

数据单和在“通用要求”中描述的行规规定了 FB 应用定义，但未说明通信特征。行规定义旨在提供对应用参数和功能的访问。这种访问是通过设备映射器(Device Mapper)、FB 应用程序与

PROFIBUS DP 协议之间的接口所支持的非循环和循环数据传输来完成的。本映射描述了这两种类型的访问(见图 22)。

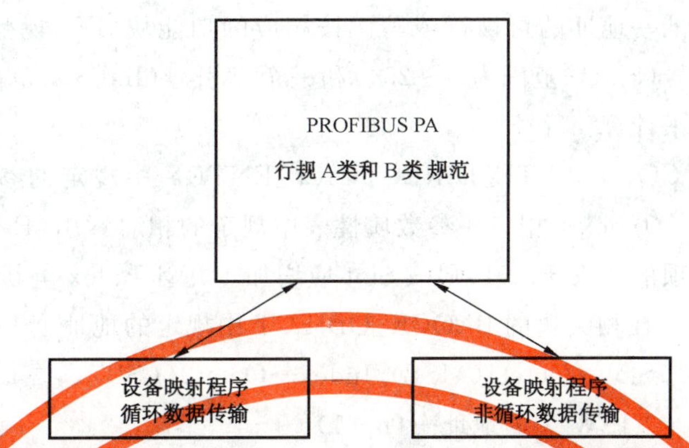

图 22 应用行规定义到循环/非循环数据传输的映射

行规的映射通过以下三个示例进行说明,即具有一个物理块、一个功能块和一个转换块的设备,具有多个转换块的设备,具有多个功能块和转换块的设备。

6.2.2 功能块映射的一般规则

功能块被视为功能模块,它类似于 PROFIBUS DP 设备的面向硬件的多个可插拔模块。这些模块是 GSD 文件的组成部分,用来组态循环数据传输。本行规定义以下规则,以使 PROFIBUS PA 功能块的映射与 PROFIBUS DP 模块的映射相同(见 6.2.3 和 6.2.4):

a) 一个槽(Slot)只包含一个 FB。

b) Slot 1 包含第 1 个 FB,Slot 2 包含第 2 个 FB……,即在模块(GSD 中)、FB 和 Slot 之间是一对一的映射。规则 j)是惟一的例外。

c) 所有 FB 都从相应 Slot 的索引(Index)16 开始(即 FB 的 Block_Object 总是位于 Index 16)。

d) 设备管理的目录总是从(Slot 1,Index 0)开始。

e) 所有设备的 PB 都应位于 Slot 0 中,从 Index 16 开始。

f) Slot 中 FB 的顺序,在 Composite_Directory_Entry 中 FB 起始地址的引用顺序,以及在循环报文中相应 FB 参数的顺序都是相同的。即在组态串中的标识符字节或扩展标识符格式的顺序,与槽中功能块的顺序应是相同的。

g) TB 在 Slot 中的位置是制造商特定的。对于 FB 与 TB 间具有固定关系的设备,建议将 TB 分配在与其 FB 相同的 Slot 中。但是,一个 TB 可能与多个 FB 连接,即一个 FB 可能与另一个 Slot 中的 TB 连接。

h) 对于具有多个 PB 的设备,PB 在 Slot 中的位置是制造商特定的。对于 PB 与 TB 间具有固定关系的设备(例如,即插即用的硬件模块),建议将 PB 分配在与其 TB 相同的 Slot 中。

i) 设备中未使用的 FB 在组态串中用一个空槽(Empty Slot)标识符来表示。只有组态串末尾的空槽标识符序列才是可选的(可省略的)。

j) 对于分配多个 Slot 的 FB,其附加的 Slot 通过空槽标识符来表示。

这些分配规则仅适用于使用 FB 的应用。调试以及访问物理块、转换块和链接对象参数的其他应用需要设备管理中的目录信息。

6.2.3 非循环数据传输的映射

数据传输分为非循环数据传输和循环数据传输。PROFIBUS DP 为这两种要求提供了协议功能。

设备的每个参数具有惟一地址的可被读或写。按相应的功能块(FB)规范来定义一个参数是否可写。该参数地址由一个槽号(Slot)(范围为 0～254)和一个索引号(Index)(范围为 0～254)组成。一个参数的地址通过如下方法来计算:

参数 XX 的地址＝在 COMPOSITE_DIRECTORY_ENTRY 中规定的参数 BLOCK_OBJECT 的 Slot/Index＋相应块参数属性表中规定的相对索引(Relative Index)。如果上述两项的和大于 254,则该 Slot 应增加 1 并且 Index 重新从 0 开始计数

Address_of_VIEW_1＝在相关块的 BLOCK_OBJECT 中规定的地址

Slot→Octet1(MSB)/Index→Octet2(LSB)

Address_of_VIEW_n＝VIEW_1 的地址＋(n－1)。

图 23 示出了具有一个 PB、一个 FB 和一个 TB 的简单设备。其 PB 的参数位于 Slot0 中,设备管理的参数位于 Slot1 的 Index0～13,随后是 FB 参数和 TB 参数。通常这些块具有 20～50 个参数,一个 Slot 有 255 个 Index(0～254,每个 Slot 的 Index255 是保留的)。

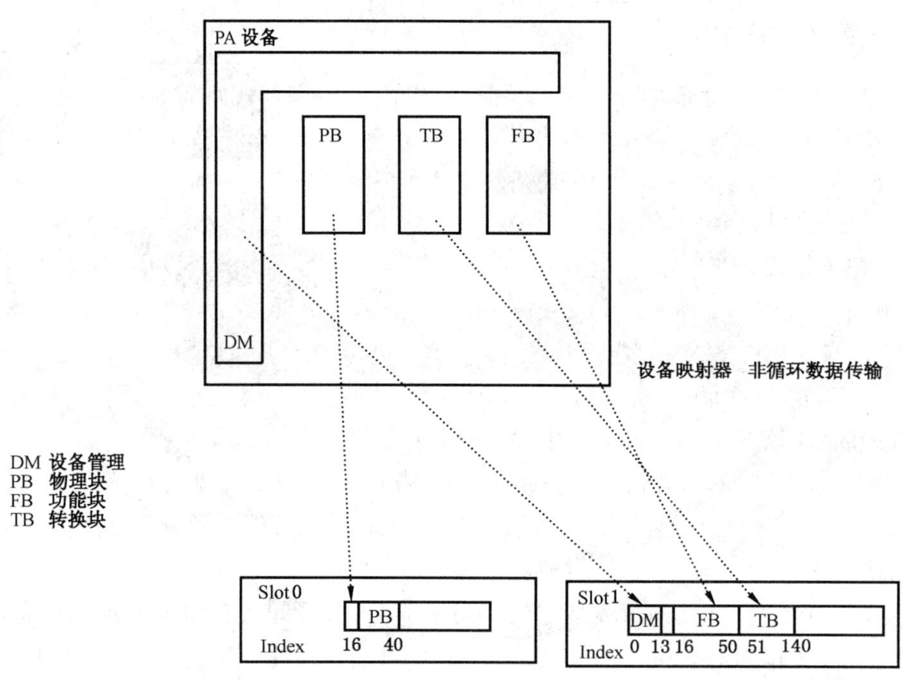

图 23 一个 PB、一个 FB 、一个 TB 到两个槽的映射

如果所有的参数不是都位于一个 Slot 中,则这些块可能在 Slot 边界上重叠。

图 24 示出了一个 PB、一个 FB、多个 TB 到三个 Slot 的映射。

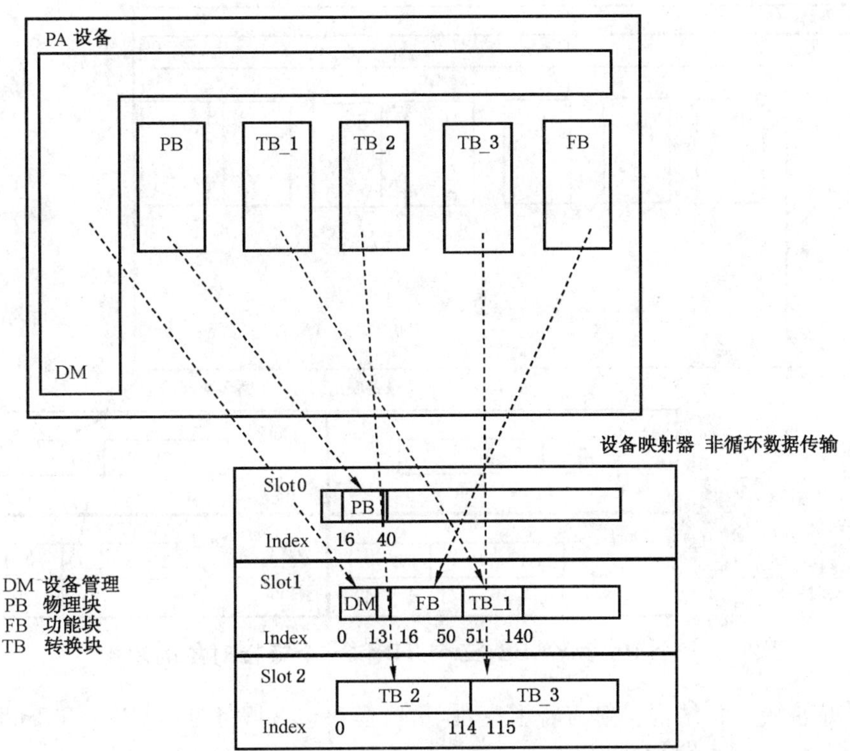

图 24 一个 PB、一个 FB、多个 TB 到三个槽的映射

更复杂的设备需要多个 Slot 来分配所有参数。Slot 内的分配是制造商特定的。Slot 号之间不允许有间隔，但一个 Slot 的全部 Index 不必都被使用。

图 25 示出了一个 PB、多个 FB、多个 TB 到几个 Slot 的映射。图 26 示出了一个 PB、两个 FB、三个 TB 和一个链接对象的映射。

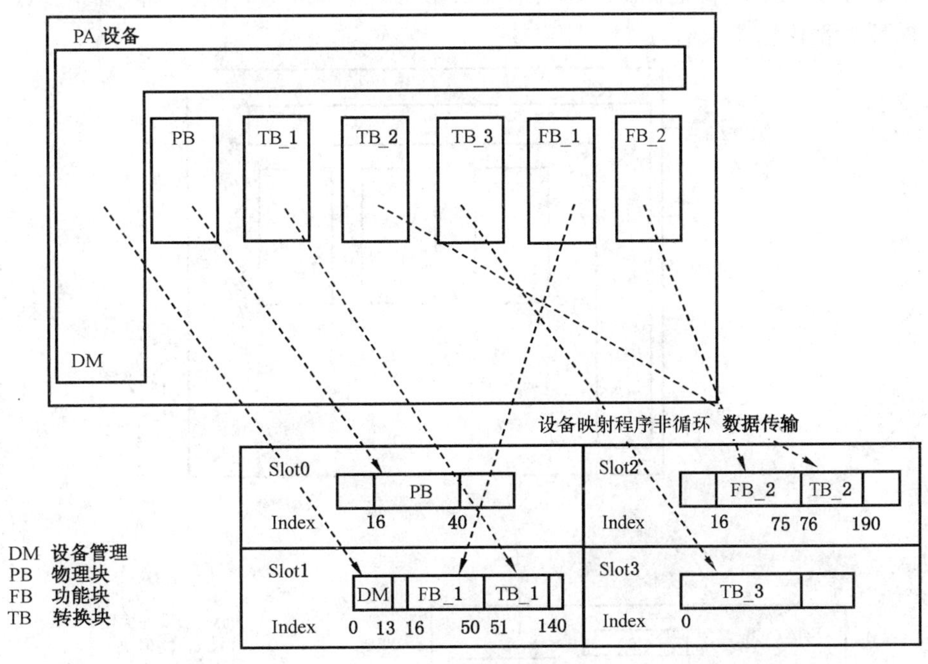

图 25 一个 PB、多个 FB、多个 TB 到几个槽的映射

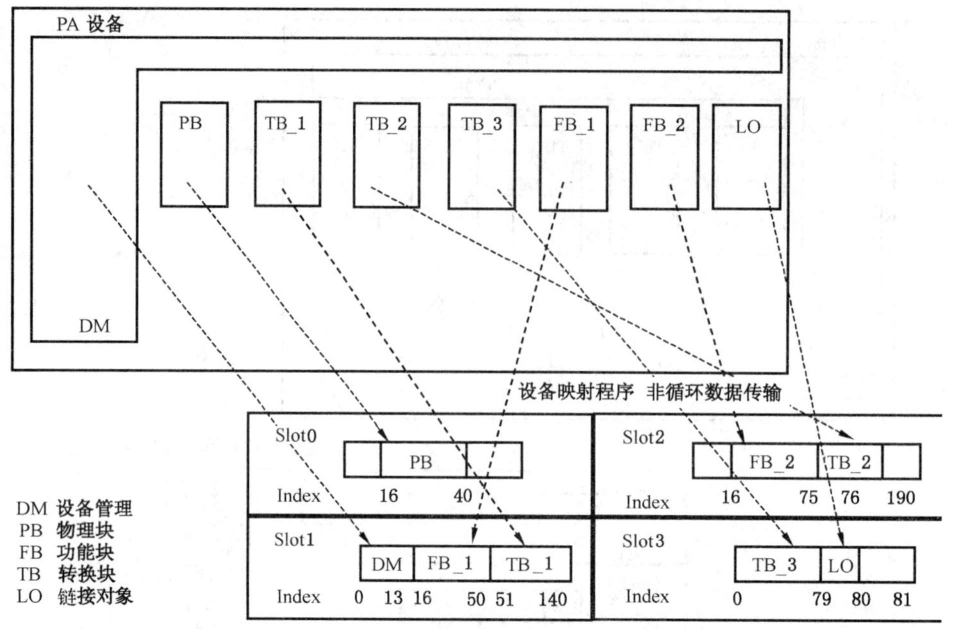

图 26 一个 **PB**、两个 **FB**、三个 **TB** 和一个链接对象的映射

PROFIBUS DP 将块参数结构映射为若干模块，这些模块包含服务参数(Slot 和 Index)与 FB 应用块参数之间的引用。每个块参数被映射为一个 Slot/Index 组合。起始 Slot/Index 和块参数的个数是块特定的。设备管理参数被固定绑定到已定义的模块(即 Slot/Index)。块参数到 Slot 和 Index 的绑定是设备特定的，并且这些 Slot 和 Index 在设备管理目录中引用。设备映射器是一个逻辑子层，它包含块参数与 Slot/Index 组合之间的关联，并保护 FB 应用块结构不受 DP 通信资源的影响。

6.2.4 循环数据传输的映射

在 FB 应用行规的定义中，只有 FB 可以具有循环参数。PB 和 TB 都不具有循环参数。在图 27 的示例中，FB 在循环数据传输中只有一个 OUT 参数。

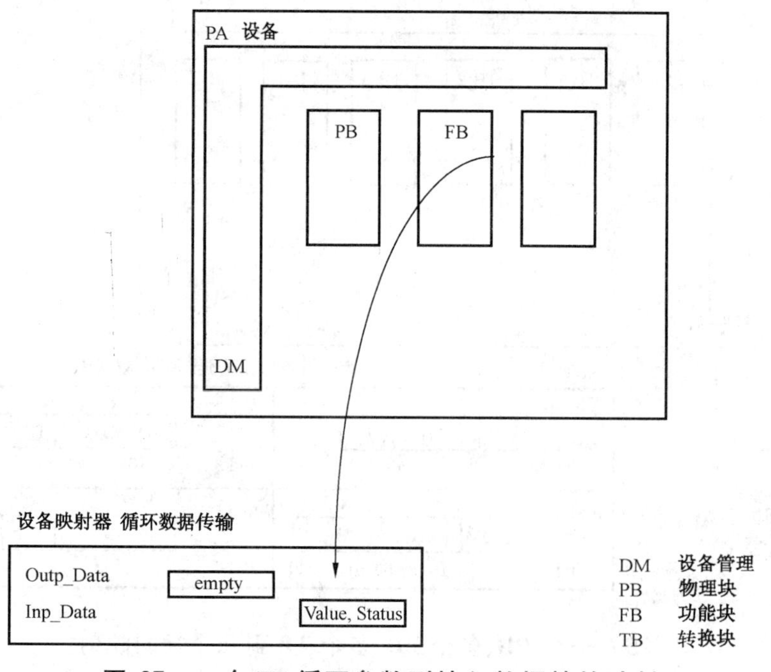

图 27 一个 **FB** 循环参数到输入数据帧的映射

如果设备具有多个TB但只有一个FB,则在循环数据传输中与上述没有差别。如果具有多个FB和多个循环参数,则这些数据元素被串接在输入数据帧(Inp_Data)和输出数据帧(Outp_Data)中。在输入数据帧和输出数据帧中,一个FB的参数顺序是按照该FB参数属性表中的相对索引从低到高的顺序排列的。如果设备具有多个相同类型的FB(例如,三个AI FB),则输入数据帧和输出数据帧中循环参数的顺序与目录中FB的顺序相同。

图28示出了多个FB循环参数到输入数据帧、输出数据帧的映射。

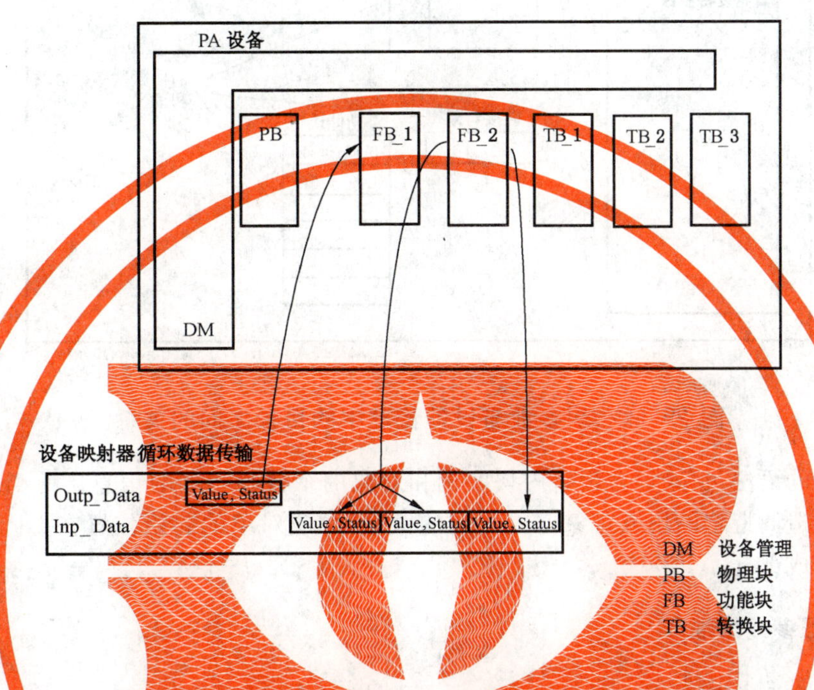

图28 多个FB循环参数到输入数据帧、输出数据帧的映射

Chk_Cfg-REQ-PDU中包含Cfg_Data,它描述了Data_Exchange服务的Inp_Data和Out_Data成员。向Inp_Data和Outp_Data提供参数的每个块通过标识符字节来寻址。只有在参数属性表中具有属性cyclic的FB参数才能作为循环数据传输的成员。关于循环数据传输的详细信息见GB/T 20540.5和GB/T 20540.6。

如果未实现用于循环数据传输的一个可选参数(用O/cyc标记),但在Chk_Cfg-REQ-PDU中选择了该参数用于循环数据传输,则此Cfg_Data可被设备接受。在此情况下,其状况应被设置为"BAD-passivated"(浓缩状况下)或"BAD-not connected"(经典状况下),且其值应被设为0。

6.2.5 设备管理的详细定义

6.2.5.1 概述

在PROFIBUS DP通信协议上可见的设备的所有参数都与某个块或对象(例如链接对象)相关。对于块和对象的设备组态是设备类型特定和制造商特定的。设备的具体组态在设备管理的目录对象中描述。定义目录对象来对设备功能块应用内的信息起引导作用。在通用要求中对目录对象进行描述。此信息可由期望访问参数的接口设备读取,并分别在Chk_Cfg-REQ-PDU服务或Get_Cfg-RES-PDU服务期间用于完成必要的检查。

图29示出了设备管理中块、块参数与目录之间的关系。

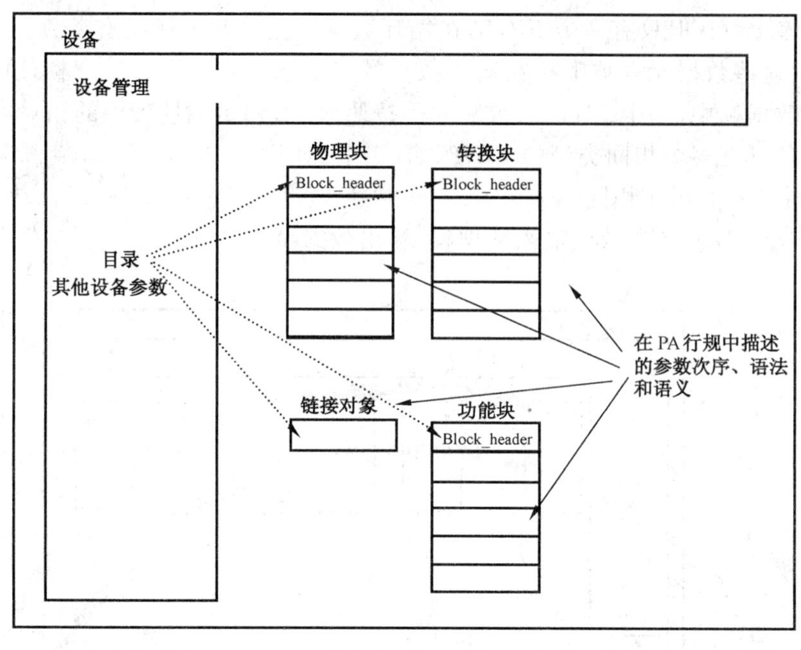

图 29 块、块参数与设备管理中的目录之间的关系

通过明确定义的语法，目录包含设备内块实例和对象的个数和类型的信息。此引用表提供了本行规定义的目录与制造商特定的块或对象位置之间的关系，块或对象的起始位置在 DP 寻址范围内。目录是设备管理的组成部分。

6.2.5.2 设备管理参数描述

设备管理参数见 5.2.6。

6.2.5.3 设备管理映射和参数属性

设备管理位于(Slot1,Index0)～(Slot1,Index13)。表 102 规定了该结构。

表 102 设备管理的参数属性

索引	参数名称	用法	数据类型	存储	大小	访问	参数用法/传输类型	必备(M)/可选(O)(A 类和 B 类)
0	DIRECTORY_OBJECT_HEADER (目录对象首部)	目录首部	Unsigned16 的数组	C	特定[b]	R	C/a	M
1	COMPOSITE_LIST_DIRECTORY_ENTRIES(复合列表对象登录项)/COMPOSITE_DIRECTORY_ENTRIES(复合目录登录项)	Begin_PB No_PB Begin_TB_ No_TB Begin_FB_ No_FB Begin_LO_ No_LO[a] Slot/Index_PB No_PB_ Param Slot/Index_1. TB No_1. TB_ Param …	Unsigned16 的数组	C C C C C C C C C C C C …	2 2 2 2 2 2 2 2 2 2 2 2 …	R R R R R R R R R R R R …	C/a C/a C/a C/a C/a C/a C/a C/a C/a C/a C/a C/a …	M M M M M M O O M M M M …

表 102（续）

索引	参数名称	用法	数据类型	存储	大小	访问	参数用法/传输类型	必备(M)/可选(O)（A 类和 B 类）
2～8	后续的 COMPOSITE_DIRECTORY_ENTRIES（复合目录登录项）	Slot/Index_n. xB No_n. xB_ Param ... Slot/Index_n. LO No_n. LO. Param	Unsigned16 的数组	C	特定[b]	R	C/a	O
9～13	PI 保留							M
	设备管理的结束							
16	第 1 个 FB 的起始	Block_Object	DS-32		...			
...								
254								

[a] 尽管未实现 Link_Object，但可出现 Link_Object 的 Composite_List_Directory_Entry。在此情况下，No_LO 应设为 0。

[b] 特定表示该参数的长度随参数内容而定。

表 103～表 105 给出了数据类型的使用。

表 103　首部（Slot1，Index0）的数据类型

Dir_ID	Dir_Rev_Num	Num_Dir_Obj	Num_Dir_Entry	First_Comp_List_Dir_Entry	Num_Comp_List_Dir_Entry
Unsigned16	Unsigned16	Unsigned16	Unsigned16	Unsigned16	Unsigned16

表 104　复合列表目录登录项（Slot1 固定；Index1；第 1 个和第 2 个目录登录项）

Begin_PB		Num_PB	Begin_TB		Num_TB
Index	Offset		Index	Offset	
高字节	低字节	Unsigned16	高字节	低字节	Unsigned16
Unsigned16			Unsigned16		
第 1 个 Directory_Entry			第 2 个 Directory_Entry		

表 105　复合列表目录登录项（Slot1 固定；Index1；第 3 个和第 4 个目录登录项）

Begin_FB		Num_FB	Begin_LO		Num_LO
Index	Offset		Index	Offset	
高字节	低字节	Unsigned16	高字节	低字节	Unsigned16
Unsigned16			Unsigned16		
第 3 个 Directory_Entry			第 4 个 Directory_Entry		

各参数说明如下：

——Directory_Entry（目录登录项）

- 目录中的逻辑字段，由一个引用和一个计数器组成，占 4 个字节；

- Composite_List_Directory_Entries(登录项的第 1 部分,占两个字节)引用 composite_Directory_Entries,并计数相同类型(物理块、功能块、转换块或链接对象)的 composite_Directory_Entries;
- Composite_Directory_Entries 引用块的第 1 个参数(登录项的第 1 部分,占两个字节),并计数块或对象内的参数。

——Index(目录对象编号)

- Index 是该参数的 read/write 服务的 Index 属性。Index 包含相应的 Composite_Directory_Entries 参数。有效范围是 1~13。

——Offset(目录登录项编号)

- Offset 是 Composite_Directory_Entries 的逻辑编号,在目录内计数,从第 1 个 composite_List_Directory_Entry 开始计为 1。

——Composite_Directory_Entries

- Slot1 Index 1(紧接在相同数组中的 composite_List_Directory_Entries 之后)。

表 106 和表 107 给出了 Composite_Directory_Entries 的使用。

表 106　复合目录登录项(Slot1 固定;Index1;第 5 个和第 6 个目录登录项)

<table>
<tr><th colspan="3">PB_ID</th><th colspan="3">TB_ID</th></tr>
<tr><th colspan="2">PB 指针</th><th rowspan="2">参数个数</th><th colspan="2">TB 指针</th><th rowspan="2">参数个数</th></tr>
<tr><th>Slot</th><th>Index</th><th>Slot</th><th>Index</th></tr>
<tr><td>高字节</td><td>低字节</td><td rowspan="2">Unsigned16</td><td>高字节</td><td>低字节</td><td rowspan="2">Unsigned16</td></tr>
<tr><td colspan="2">Unsigned16</td><td colspan="2">Unsigned16</td></tr>
</table>

第 5 个 Directory_Entry　　第 6 个 Directory_Entry

表 107　复合目录登录项(Slot1 固定;Index1;第 7 个和第 8 个目录登录项)

<table>
<tr><th colspan="3">FB_ID</th><th colspan="3">LO_ID</th></tr>
<tr><th colspan="2">FB 指针</th><th rowspan="2">参数个数</th><th colspan="2">LO 指针</th><th rowspan="2">参数个数</th></tr>
<tr><th>Slot</th><th>Index</th><th>Slot</th><th>Index</th></tr>
<tr><td>高字节</td><td>低字节</td><td rowspan="2">Unsigned16</td><td>高字节</td><td>低字节</td><td rowspan="2">Unsigned16</td></tr>
<tr><td colspan="2">Unsigned16</td><td colspan="2">Unsigned16</td></tr>
</table>

第 7 个 Directory_Entry　　第 8 个 Directory_Entry

——Slot/Index

- 对块(Block_Object)或对象(Link_Object)的第 1 个参数的引用。

PB_ID、TB_ID、FB_ID 和 LO_ID 是用于设计和组态的逻辑编号。TB_ID 用来计算由 FB 的 CHANNEL 参数引用的 TB 参数的绝对参数地址。

在一个目录内,xx_ID 的有效地址范围如下:

1≤PB_ID≤255

1≤TB_ID≤255

1≤FB_ID≤255

1≤LO_ID≤255

6.2.5.4 给出了 6.2.3 中所使用设备目录的示例。

PB_ID、TB_ID 和 FB_ID 是按在相应块对象类型的 Composite_Directory_Entries 中相应块的位置

来定义的(见块结构 DS-32 的第 2 个元素),以 1 开始。

6.2.5.4 设备管理目录的示例

6.2.5.4.1 具有一个 PB、一个 FB 和一个 TB 的设备

此示例是依据图 23 来组态的。设备管理参数在表 108～表 110 中给出。在同一数组中,Composite_Directory_Entries 紧接在 Composite_List_Directory_Entries 之后。

表 108 首部(Slot1;Index0)

Dir_ID	Dir_Rev_Num	Num_Dir_Obj	Num_Dir_Entry	First_Comp_List_Dir_Entry	Num_Comp_List_Dir_Entry
0	1	1	6	1	3

表 109 复合列表目录登录项(Slot1;Index1)

Begin_PB		Num_PB	Begin_TB		Num_TB	Begin_FB		Num_FB
Index	Offset		Index	Offset		Index	Offset	
1	4	1	1	5	1	1	6	1
第 1 个 Directory_Entry			第 2 个 Directory_Entry			第 3 个 Directory_Entry		

表 110 复合目录登录项(Slot1;Index1)

PB_ID=1			TB_ID=1			FB_ID=1		
PB 指针		PB 的参数个数	TB 指针		TB 的参数个数	FB 指针		FB 的参数个数
Slot	Index		Slot	Index		Slot	Index	
0	16	25	1	51	90	1	16	35
第 4 个 Directory_Entry			第 5 个 Directory_Entry			第 6 个 Directory_Entry		

6.2.5.4.2 具有一个 PB、一个 FB 和三个 TB 的设备

此示例是依据图 24 来组态的。设备管理参数在表 111～表 113 中给出。

表 111 首部(Slot1;Index0)

Dir_ID	Dir_Rev_Num	Num_Dir_Obj	Num_Dir_Entry	First_Comp_List_Dir_Entry	Num_Comp_List_Dir_Entry
0	1	2	8	1	3

表 112 复合列表目录登录项(Slot1;Index1)

Begin_PB		Num_PB	Begin_TB		Num_TB	Begin_FB		Num_FB
Index	Offset		Index	Offset		Index	Offset	
2	4	1	2	5	3	2	8	1
第 1 个 Directory_Entry			第 2 个 Directory_Entry			第 3 个 Directory_Entry		

表 113 复合目录登录项(Slot1;Index2,新参数)

PB_ID=1			TB_ID=1			FB_ID=2		
PB 指针		PB 的参数个数	TB_1 指针		TB_1 的参数个数	TB_2 指针		TB_2 的参数个数
Slot	Index		Slot	Index		Slot	Index	
0	16	25	1	51	90	2	0	115
第 4 个 Directory_Entry			第 5 个 Directory_Entry			第 6 个 Directory_Entry		

表 114 第 7 个和第 8 个复合目录登录项

TB_ID=3			FB_ID=1		
TB_3 指针		TB_3 的参数个数	FB 指针		FB 参数的个数
Slot	Index		Slot	Index	
2	115	<139	1	16	35
第 7 个 Directory_Entry			第 8 个 Directory_Entry		

6.2.5.4.3 具有一个 PB、两个 FB 和三个 TB 的设备

此示例是依据图 25 来组态的。设备管理参数在表 115～表 118 中给出。

表 115 首部(Slot1;Index0)

Dir_ID	Dir_Rev_Num	Num_Dir_Obj	Num_Dir_Entry	First_Comp_List_Dir_Entry	Num_Comp_List_Dir_Entry
0	1	2	9	1	3

表 116 复合列表目录登录项(Slot1;Index1)

Begin_PB		Num_PB	Begin_TB		Num_TB	Begin_FB		Num_FB
Index	Offset		Index	Offset		Index	Offset	
2	4	1	2	5	3	2	8	2
第 1 个 Directory_Entry			第 2 个 Directory_Entry			第 3 个 Directory_Entry		

表 117 复合目录登录项(Slot1;Index2,新参数)

PB_ID=1			TB_ID=1			TB_ID=2		
PB 指针		PB 的参数个数	TB_1 指针		TB_1 的参数个数	TB_2 指针		TB_2 的参数个数
Slot	Index		Slot	Index		Slot	Index	
0	16	25	1	51	90	2	76	115
第 4 个 Directory_Entry			第 5 个 Directory_Entry			第 6 个 Directory_Entry		

表 118　第 7、8、9 个复合目录登录项

TB_ID=3			FB_ID=1			FB_ID=2		
TB_3 指针		TB_3 的参数个数	FB_1 指针		FB_1 的参数个数	FB_2 指针		FB_2 的参数个数
Slot	Index		Slot	Index		Slot	Index	
3	0	<254	1	16	35	2	16	60
第 7 个 Directory_Entry			第 8 个 Directory_Entry			第 9 个 Directory_Entry		

6.2.5.4.4　具有一个 PB、两个 FB、三个 TB 和一个链接对象的设备

此示例是依据图 26 来组态的。设备管理参数在表 119～表 124 中给出。

表 119　首部(Slot1;Index0)

Dir_ID	Dir_Rev_Num	Num_Dir_Obj	Num_Dir_Entry	First_Comp_List_Dir_Entry	Num_Comp_List_Dir_Entry
0	1	2	11	1	4

表 120　复合列表目录登录项(Slot1;Index1)

Begin_PB		Num_PB	Begin_TB		Num_TB	Begin_FB		Num_FB
Index	Offset		Index	Offset		Index	Offset	
2	5	1	2	6	3	2	9	2
第 1 个 Directory_Entry			第 2 个 Directory_Entry			第 3 个 Directory_Entry		

表 121　具有可选 Begin_LO 的复合列表目录登录项

Begin_LO		Num_LO
Index	Offset	
2	11	1
第 4 个 Directory_Entry		

表 122　第 5、6、7 个目录登录项的复合目录登录项(Slot1;Index2,新参数)

PB_ID=1			TB_ID=1			TB_ID=2		
PB 指针		PB 的参数个数	TB_1 指针		TB_1 的参数个数	TB_2 指针		TB_2 的参数个数
Slot	Index		Slot	Index		Slot	Index	
0	16	25	1	51	90	2	76	115
第 5 个 Directory_Entry			第 6 个 Directory_Entry			第 7 个 Directory_Entry		

表 123　第 8、9、10 个复合目录登录项

TB_ID=3			FB_ID=1			FB_ID=2		
TB_3 指针		TB_3 的参数个数	FB_1 指针		FB_1 的参数个数	FB_2 指针		FB_2 的参数个数
Slot	Index		Slot	Index		Slot	Index	
3	0	80	1	16	35	2	16	60
第 8 个 Directory_Entry			第 9 个 Directory_Entry			第 10 个 Directory_Entry		

表 124　第 11 个复合目录登录项

LO_ID=1		
LO 指针		LO 的参数个数
Slot	Index	
3	80	1

第 11 个 Directory_Entry

6.3　通信行规

6.3.1　服务子集

通信协议服务子集的定义见 GB/T 20540.5。

6.3.2　返回错误代码

错误代码定义见 GB/T 20540.5 中的表 19。在本行规范围内使用的错误代码见表 125。

表 125　DPV1 响应代码

Error_Class（含义）	Error_Class（十进制）	Error_code（含义）	Error_Code（十进制）	描　述
应用（application）	10	读错误（read error）	0	不能从应用读取数据（如果在 EEPROM 或本地总线上有错误，则可能发生此错误）
		写错误（write error）	1	不能向应用写入数据（如果在 EEPROM 或本地总线上有错误，则可能发生此错误）
		模块故障（module failure）	2	如果设备中的一个模块不可用，则发生此错误
		保留（reserved）	3～6	—
		忙（busy）	7	在本行规范围内未使用
		版本冲突（version conflict）	8	在本行规范围内未使用
		特性不被支持（feature not supported）	9	不能写数据，因为该参数是只读的。例如动态测量变量和常量参数（制造商名称、HW 和 SW 版本等）
		制造商特定（manufacturer specific）	10～14	
		其他（other）	15	原因不确定

表 125（续）

Error_Class（含义）	Error_Class（十进制）	Error_code（含义）	Error_Code（十进制）	描　述
访问（access）	11	无效索引（invalid index）	0	该 Slot 存在（来自可用目录的引用），但没有为此 Index 定义参数
		写长度错误（write length error）	1	写请求中的长度与该参数的大小不匹配（较长或较短）
		无效槽（invalid slot）	2	访问一个不包含任何参数的 Slot
		类型冲突（type conflict）	3	在本行规范围内未使用
		无效区域（invalid area）	4	访问无效的 FI_Index
		状态冲突（state conflict）	5	该设备处于不能访问某些参数集的状态。例如，设备/块处于 AUTO 模式而操作员试图写输出参数（仅在 MAN 模式下才可写），或该设备被本地操作。因为该设备必须通过外部作用（操作员或工具）才能离开此状态，所以主机不应重试
		访问被拒绝（access denied）	6	不能写参数，因为设备被写保护。 写保护可通过以下机制实现： ——HW_WRITE_PROTECTION； ——WRITE_LOCKING； ——I PAR_ENABLE； 对于 PROFIsafe，PA 状态机的状态 INSPECTION="S2"或"S3"
		无效的范围（invalid range）	7	不能写入参数，因为该值超出范围。例如： ——不允许的组态（例如在 FB 与 TB 之间的固定通道）； ——不支持的命令（例如 FACTORY_RESET）； ——不支持的功能（例如 LIN_TYPE 范围、无效的 TARGET_MODE 值）； ——由于一致性原因，必须要求特定的写参数顺序； ——枚举的无效选择，或该值小于最小值，或该值大于最大值
		无效的参数（invalid parameter）	8	在本行规范围内未使用
		无效的类型（invalid type）	9	在本行规范围内未使用
		备份（backup）	10	在本行规范围内未使用
		暂时无效（temporal invalid）	11	在本行规范围内未使用
		制造商特定（manufacturer specific）	12～14	
		其他（other）	15	原因不确定

表 125（续）

Error_Class（含义）	Error_Class（十进制）	Error_code（含义）	Error_Code（十进制）	描　述
资源（resource）	12	读限制冲突（read constraint conflict）	0	在本行规范围内未使用
		写限制冲突（write constraint conflict）	1	在本行规范围内未使用
		资源忙（resource busy）	2	设备在某个时间段内忙（例如，正进行校准过程，EEPROM 访问，正被其他主站同时访问）。 因为设备无须通过外部作用（操作员或工具）就可离开此状态，所以主机应不断重试
		资源不可用（resource unavailable）	3	试图访问 upload/download 参数对象，但设备不支持 upload/download
		保留（reserved）	4～7	
		制造商特定（manufacturer specific）	8～14	
		其他（other）	15	原因不确定

6.3.3　使用 DP 服务以提供行规功能

6.3.3.1　Data_Exchange

此服务用于具有循环（cyclic）属性的块参数的循环数据交换。Data_Exchange 服务的当前结构由设备的块结构来规定，并由 Cfg_Data 来定义（见 6.3.3.2）。

如果选择了多个循环参数，那么在 Data_Exchange 中循环参数的顺序依据相应的参数属性表中参数的相对索引来确定，从相对索引最低的参数开始。

6.3.3.2　Chk_Cfg-REQ-PDU

6.3.3.2.1　一般定义

此服务发起 PROFIBUS PA 设备的功能块应用（即设备管理），以检查循环数据交换的主站与从站组态之间的一致性。

GB/T 20540.6 描述了服务参数 Cfg_Data 的结构和若干标识符的编码。标识符由表示循环输入和输出数据串组态的一个或多个八位位组组成，这些数据在 PROFIBUS DP 1 类主站与 PROFIBUS DP 从站间传输。依据本行规，每个功能块有其自己的标识符，它表示用于 PROFIBUS DP 通信组态的具有“cyclic”属性的所有参数（见每个 FB 的参数属性表）。

在组态之前，设备用表 127 和表 131 中粗体字表示的标识符对 Get_Cfg-REQ-PDU 进行响应。

Cfg_Data 的结构直接源于设备的块结构。设备的块结构在设备管理（DM）的目录中描述。在循环数据报文中循环参数的顺序与在 Slot 中功能块的顺序完全相同，即这些标识符字节依据在 Slot 中功能块的顺序来串接。根据图 25 的示例，下列 Cfg_Data 串对于设备是有效的（见表 127），假定功能块都是模拟输入块。

——Identifier_Format　　0x94，0x94

——Extended_Special_Identifier_Format　　0x42，0x84，0x08，0x05，0x42，0x84，0x08，0x05

在设备具有 4 个离散输出的情况下，以下组态是有效的，假定在循环数据报文中只有设定值(SP_D)参数。

——Identifier_Format　　0xA1,0xA1,0xA1,0xA1

对于功能块，在循环数据报文中可能有不同的参数组合。这种差异性源于不同用户对信息的必要范围(是否具有输出的实际位置反馈)和在控制任务中的集成方式(是否具有远程串级)的不同需要。在组态期间，由操作员选择参数的组合(见表 127)，由工具来串接相应的组态串。对于功能块，不同的参数组合用 Special_Identifier_Format 中的一个附加编号(见表 126)来标记。

表 126　循环参数标识

比特	AO 循环参数	DO 循环参数	TOT 循环参数	AI 循环参数	DI 循环参数
0	READBACK	READBACK_D	TOTAL	OUT	OUT_D
1	SP	SP_D	SET_TOT	[a]	[a]
2	RCAS_IN	RCAS_IN_D	MODE_TOT	[a]	[a]
3	RCAS_OUT	RCAS_OUT_D	[a]	[a]	[a]
4	CHECK_BACK	CHECK_BACK	[a]	[a]	[a]
5	POS_D	[a]	[a]	[a]	[a]
6	未使用或制造商特定	[a]	[a]	[a]	[a]
7	1	1	1	1	1
[a] 无关。					

表 127 定义了用于现有功能块的组态串。

表 127　功能块的组态串

FB	参数	Identifier_Format	Special_Identifier_Format/Extended_Special_Identifier_Format
模拟输入(AI)	OUT	0x94	0x42,0x84,0x08,0x05
模拟输出(AO)	SP	0xA4	0x82,0x84,0x08,0x05
	SP READBACK POS_D	0x96,0xA4	0xC6,0x84,0x86,0x08,0x05,0x08,0x05,0x05,0x05
	SP CHECK_BACK	0x92,0xA4	0xC3,0x84,0x82,0x08,0x05,0x0A
	SP READBACK POS_D CHECK_BACK	0x99,0xA4	0xC7,0x84,0x89,0x08,0x05,0x08,0x05,0x05,0x05,0x0A
	RCAS_IN RCAS_OUT	0xB4	0xC4,0x84,0x84,0x08,0x05,0x08,0x05
	RCAS_IN RCAS_OUT CHECK_BACK	0x97,0xA4	0xC5,0x84,0x87,0x08,0x05,0x08,0x05,0x0A
	SP READBACK RCAS_IN RCAS_OUT POS_D CHECK_BACK	0x9E,0xA9	0xCB,0x89,0x8E,0x08,0x05,0x08,0x05,0x08,0x05,0x08,0x05,0x05,0x05,0x0A

表 127（续）

FB	参数	Identifier_Format	Special_Identifier_Format/Extended_Special_Identifier_Format
离散输入（DI）	OUT_D	0x91	
离散输出（DO）	SP_D	0xA1	
	SP_D READBACK_D		0xC1,0x81,0x81,0x83
	SP_D CHECK_BACK		0xC1,0x81,0x82,0x92
	SP_D READBACK_D CHECK_BACK		0xC1,0x81,0x84,0x93
	RCAS_IN_D RCAS_OUT_D		0xC1,0x81,0x81,0x8C
	RCAS_IN_D RCAS_OUT_D CHECK_BACK		0xC1,0x81,0x84,0x9C
	SP_D READBACK_D RCAS_IN_D RCAS_OUT_D CHECK_BACK		0xC1,0x83,0x86,0x9F
累加块	TOTAL	—	0x41,0x84,0x85
	TOTAL SET_TOT	—	0xC1,0x80,0x84,0x85
	TOTAL SET_TOT MODE_TOT	—	0xC1,0x81,0x84,0x85
未使用		0x00	0x00

使用 PROFIBUS DP 空模块机制，可将 FB 从循环数据传输中移除。

6.3.3.2.2 多变量设备的行规特定标识符格式定义

多变量设备可以是紧凑型设备或模块化设备，其特征是功能块的个数是可变的，且功能块类型集也可能是可变的。固定功能块组合与设备类型之间的关系（例如，像温度或物位设备那样）是不可能的。一个多变量设备所使用的功能块组合是组态过程的结果（即取决于应用需求）。本行规不可能规定设备功能块所有有用的组合。如果技术创新和制造商特定的解决方案提供了特殊的附加功能，并且这些解决方案使用规定的功能块行为，那么这些解决方案必须在行规范围内是可组态的。这是使用模块化功能块模型的主要优点之一。

在组态期间，必须定义无歧义的功能块标识以及在循环报文中这些功能块的循环参数的标识。在 Chk_Cfg-REQ-PDU 数据串内，必须标识功能块的类型（功能块代码）以及所选的该特定功能块的循环参数组合。因此，在 CFG_Data 中的功能块代码以及所选循环参数组合必须与 Slot 中功能块的顺序相匹配（一个 Slot 只包含一个功能块）。此 CFG_Data 是使用 GSD 对设备组态的结果。因此，多变量设备有一个特定的 GSD 文件，这使得可以对所有由功能块驱动的设备进行所有可能的功能块组合的组态。

多变量设备的行规特定的标识格式应根据表 128 中的规则组成。

表 128 多变量设备标识格式的结构

Header	I/O	I/O(如必要)	Block Code	循环参数组合 ID
Special_Cfg_ Identifier	Length_Octet	Length_Octet	根据表 130 的 Manufacturer_ Specific_Data	根据表 126 的 Manufacturer_ Specific_Data

根据表 129 中的定义,标识格式的各字节代表了该格式的结构。

表 129 多变量设备标识格式的编码

字节	比特	元 素	描 述
1	7~6	Header(首部)	I/O 数据的长度八位位组的个数/类型
	5~4		固定为 0(Special_Identifier_Format)
	3~0		行规特定字节的个数
2	7~6	I/O	整体一致性和字节结构
	5~0		标识格式中 I/O 字节的个数
3	7~6	I/O	整体一致性和字节结构
	5~0		标识格式中 I/O 字节的个数(如果 I 和 O 都存在)
3 或 4	7~0	Block code(块代码)	见表 130
4 或 5	7~0	Cyc P ID (循环参数 ID)	见表 126

表 130 FB 代码的定义

功 能 块	块 代 码
AI	0x81
AO	0x82
DI	0x83
DO	0x84
TOTALIZER	0x85
PID	0x86
保留	0x87~0xEF
制造商特定	0xF0~0xFF

表 131 定义了多变量设备的标识格式,与在数据单中定义的一致。

表 131 多变量设备模块的标识格式

功 能 块	参 数	多变量设备的标识格式
模拟输入(AI)	OUT	0x42,0x84,0x81,0x81
模拟输出(AO)	SP	0x82,0x84,0x82,0x82
	SP READBACK POS_D	0xC2,0x84,0x86,0x82,0xA3

表 131(续)

功　能　块	参　　数	多变量设备的标识格式
模拟输出(AO)	SP CHECK_BACK	0xC2,0x84,0x82,0x82,0x92
	SP READBACK POS_D CHECK_BACK	0xC2,0x84,0x89,0x82,0xB3
	RCAS_IN RCAS_OUT	0xC2,0x84,0x84,0x82,0x8C
	RCAS_IN RCAS_OUT CHECK_BACK	0xC2,0x84,0x87,0x82,0x9C
	SP READBACK RCAS_IN RCAS_OUT POS_D CHECK_BACK	0xC2,0x89,0x8E,0x82,0xBF
离散输入(DI)	OUT_D	0x42,0x81,0x83,0x81
离散输出(DO)	SP_D	0x82,0x81,0x84,0x82
	SP_D READBACK_D	0xC2,0x81,0x81,0x84,0x83
	SP_D CHECK_BACK_D	0xC2,0x81,0x82,0x84,0x92
	SP_D READBACK_D CHECK_BACK_D	0xC2,0x81,0x84,0x84,0x93
	RCAS_IN_D RCAS_OUT_D	0xC2,0x81,0x81,0x84,0x8C
	RCAS_IN_D RCAS_OUT_D CHECK_BACK_D	0xC2,0x81,0x84,0x84,0x9C
	SP_D READBACK_D RCAS_IN_D RCAS_OUT_D CHECK_BACK_D	0xC2,0x83,0x86,0x84,0x9F
累加器(Totalisator)	TOTAL	0x42,0x84,0x85,0x81
	TOTAL SET_TOT	0xC2,0x80,0x84,0x85,0x83
	TOTAL SET_TOT MODE_TOT	0xC2,0x81,0x84,0x85,0x87
未使用		0x00

6.3.3.3 Get_Cfg-RES-PDU

此服务传送设备当前的 Cfg_Data(即 Data_Exchange 服务中循环数据的顺序)(见 6.3.3.2)。设备应在第一次组态之前返回表 131 中用粗体字表示的标识符。

6.3.3.4 Set_Prm-REQ-PDU

6.3.3.4.1 概述

此服务可使用应用特定的值来初始化参数。此服务的 User_Prm_Data 在 GB/T 20540.6 中定义,并可具有制造商特定的附加信息。这些附加信息在制造商特定的"GSD"文件中描述。

GB/T 20540.6 根据关于 PROFIBUS DP 的特殊定义规定了 3 个字节的 User_Prm_Data。出于兼容性原因,设备应接受 User_Prm_Data_Len=0 和 User_Prm_Data_Len ≥ 3。表 132 中给出的定义适用于符合本行规的设备。

表 132 User_Prm_Data 的 DPV1_Enable 定义

GSD 版本	GSD 关键字 DPV1-Slave	GSD 关键字 MS1-RW-Support	User_Prm_Data 的 DPV1_Enable 比特(仅对 MS1 连接有效)	说　明
3 和更高	0 (False)	0 (False)	0 (False)	不支持非循环 MS1 连接的设备,不必支持 DPV1 特定的 User_Prm_Data(仅为了与早期版本兼容)
3 和更高	1 (True)	0 (False)	0 (False)	不支持非循环 MS1 连接的设备,必须支持 DPV1 特定的 User_Prm_Data
3 和更高	0 (False)	1 (True)	—	此设备组态是无效的(GSD 错误)
3 和更高	1 (True)	1 (True)	1 (True)	支持非循环 MS1 连接的设备,将打开非循环 MS1 连接
3 和更高	1 (True)	1 (True)	0 (False)	支持非循环 MS1 连接的设备,将不使用非循环 MS1 连接

当设备接收到不符合表 134 定义的 User_Prm_Data 时,设备应将诊断的 Diag_Prm_Fault 置位。

只要未规定其他行为,通过 Set_Prm 的参数写访问不受任何写保护机制的影响。

6.3.3.4.2 带 PRM_COND 的行规特定 Prm_Structure

对此结构的支持是必须的。出于兼容性原因,如果未传输所描述的 Prm_Structure,则符合 5.3.4.3.2.3 的设备也应接受 Set_Prm 服务。在此情况下,设备的动作同当 PRM_COND=0(禁用浓缩状况)时一样。

PRM_COND 比特提供了启用或禁用浓缩状况的能力,它在 Prm_Structure 中传输。Prm_Structure 包含在 Set_Prm 服务中(见表 133)。

表 133 行规特定的 Prm_Structure

字节	名称	格式	描　述
0	Structure_Length	Unsigned8	指示此 Prm_Structure 的字节个数,包括 Structure_Length 字节本身。固定为 5
1	Structure_Type	Unsigned8	固定为 65=行规特定

表 133（续）

字节	名称	格式	描述
2	Slot_Number	Unsigned8	固定为 0。 意味着用此 Prm_Strcuture 进行的设置对整个设备都是有效的
3	reserved	Unsigned8	供将来使用 固定为 0
4	Options	OctetString(1)	Bit0：PRM_COND 0：禁用浓缩状况； 1：启用浓缩状况。 Bit1～Bit7：保留

仅支持浓缩状况的设备使用行规 GSD 文件时，应额外注意：尽管 Set_Prm 报文不包含 PRM_COND Prm_Structure，但设备应接受包含行规 Ident_Number 的 Set_Prm 报文。在此情况下，允许该设备发送浓缩状况来替代经典状况。

6.3.3.5 MS2_READ

此服务用于读具有非循环或循环属性的块参数。地址通过 Slot 号和 Index 号来定义。块中参数的 Slot 号和 Index 号的值可使用目录对象来计算。

6.3.3.6 MS2_WRITE

此服务用于写具有非循环或循环属性的块参数。地址通过 Slot 号和 Index 号来定义。块中参数的 Slot 号和 Index 号的值可使用目录对象来计算。

6.3.3.7 MS1_READ

如果支持 MS1_READ，那么为 MS2_READ 定义的相同映射规则是有效的。对 MS1_READ 的支持是可选的，并在 GSD 中定义。

6.3.3.8 MS1_WRITE

如果支持 MS1_WRITE，那么为 MS2_WRITE 定义的相同映射规则是有效的。对 MS1_WRITE 的支持是可选的，并在 GSD 中定义。

6.3.3.9 Diagnosis-RES-PDU

6.3.3.9.1 概述

设备能够通过发送具有高优先级的响应来指示诊断信息的变化。随后，主站向该设备请求 Diagnosis-RES-PDU。物理块的参数 DIAGNOSIS 被映射到 Diagnosis-RES-PDU（见表 134）。

表 134 DIAGNOSIS 到 Diagnosis-RES-PDU 服务数据结构的映射

字节	名称	比特	值	信息
1～6	Station_status_1， Station_status_2， Station_status_3， Diag_Master_Add， Ident_Number			用于设置 Station_status_1 中的 Diag. Ext_Diag（扩展诊断），见表 82

表 134（续）

字节	名称	比特	值	信息
7	Header_Octet	7	0	固定
		6	0	固定
		5～0	8 或可选	块长度
8	Status_Type	7	1	状况
		6～0	126	制造商特定状况的最大值。将来不再使用
9	Slot_Number	—	0	包含 DIAGNOSIS 的 PB
10	Specifier	7～2	0	保留
		1～0	1：状况出现 (status appears) 2：状况消失 (status disappears)	取决于诊断的内容
11～14	DIAGNOSIS			在 Slot 0 中 PB 的 DIAGNOSIS
15～20	DIAGNOSIS_EXTENSION			在 Slot 0 中 PB 的 DIAGNOSIS_EXTENSION(可选)
21～				制造商特定(可选)
注：如果使用行规特定的 Ident_Number，则不应传送 DIAGNOSIS_EXTENSION 和制造商特定的扩展。其他限制见 6.4。				

6.3.3.9.2 状况出现和状况消失

表 135 示出了如何处理“状况出现”比特和“状况消失”比特。

表 135 状况出现/消失

在 DIAGNOSIS 或 DIAGNOSIS_EXTENSION 中的比特 A	在 DIAGNOSIS 或 DIAGNOSIS_EXTENSION 中的比特 B	状况消失	状况出现
0	0	0	0
0→1	—[a]	0	1
1→0	0	1	0
—[a]	0→1	0	1
1→0	1	1	0
0	1→0	1	0
[a] 任意：状态 0 或 1，或转换 0→1 或 1→0。			

总之，这表示：

——比特“状况出现”和“状况消失”的缺省值为 0；

——每个新事件都被指示为“状况出现”，不论之前是否有一个事件或者另一个事件已过去（“状况出现”比“状况消失”具有更高的优先级）；

——如果一个或多个事件已过去，且没有新的事件出现，则此情况以“状况消失”来指示。

从 WAIT-PRM 到 DATA-EXCH 的转换应被认为是上电。有效的事件应被指示为正出现的事件。

6.3.3.10 Set_Slave_Add

符合本行规版本(3.02)的从站设备必须支持 DP 服务 Set_Slave_Add。如果这些设备还具有选择总线地址的硬件拨码开关,则必须遵从以下规则:

a) 如果硬件拨码开关提供了有效的地址,则设备使用此地址。设备拒绝 Set_Slave_Add。

b) 如果硬件拨码开关提供了无效的地址,则将其视为"地址不存在"。设备允许 Set_Slave_Add。

c) 如果硬件拨码开关从无效地址转变为有效地址,则设备采用硬件所选择的地址。

d) 如果硬件拨码开关从有效地址转变为无效地址,则设备采用缺省地址 126。参数 No_Add_Chg 应被复位。

e) 物理块参数 FACTORY_RESET 的编码 2712 将由 Set_Slave_Add 设置的地址复位(即使 No_Add_Chg 被置位)。

如果拨码开关提供的值在有效范围内(≤125),则地址有效。

如果拨码开关提供的值超出有效范围(>125),则地址无效。

另外,地址的有效性可通过其他方法提供(例如附加的拨码开关)。

6.3.4 循环通信丢失

循环通信丢失事件是指,由于丢失了与 DP 主站的循环数据交换而导致 DP 的看门狗(watchdog)定时器超时。

在启动期间无循环通信时,具有属性 I(input)和 cyc(cyclic)的参数的状况应被设为 BAD-no communication,no usable value(经典状况)/UNCERTAIN - substitute set(浓缩状况)。

在循环通信丢失后,具有属性 I(input)和 cyc(cyclic)的参数的状况应被设为 BAD-no communication,last usable value(经典状况)/UNCERTAIN - substitute set(浓缩状况)。

6.3.5 通信关系

在 GB/T 20540.5 和 GB/T 20540.6 中定义了 1 类主站、2 类主站同 DP 从站之间的服务访问点(SAP)以及所允许的服务。

符合本行规的设备应至少提供一个主/从非循环 2 类(MS2 关系)的通信关系。

GB/T 20540.5 规定了根据 Initiate 服务参数 API(应用程序接口)的取值,不同逻辑应用在一个设备内的使用。仅当 API=0 和 SCL=0 时(即 Initiate 的服务参数 API 应为 API=0 和 SCL=0),才可获得本行规定义的 PROFIBUS PA FB 应用。将 1≤API/SCL≤127 范围内的 API/SCL 保留供将来行规使用。大于 127 的 API/SCL 是制造商特定的。

此外,为符合本行规的设备定义了 Initiate 的参数 Profile_Ident_Number 和 Profile_Feature_Supported(见表 136)。如果 Initiate.req PDU 遵循 DPV1 定义,则不论 Initiate.req 中参数 Profile_Ident_Number 和 Profile_Feature_Supported 包含什么值,设备都必须用这些值来进行应答。

表 136 Initiate 的参数值

Initiate 参数	值
Profile_Ident_Number	0x9700
Profile_Feature_Supported	0x0000

6.3.6 通信参数(总线参数)的缺省值

6.3.6.1 RS-485

缺省通信参数由PI组织的工作组规定。这些参数是实现PROFIBUS站之间通信而无需第2层上额外组态(站地址除外)的基础。对于特定的应用目的,可进行优化。参数定义在GSD文件中获得。

6.3.6.2 IEC 61784-1中CP 3/2的MBP通信

缺省通信参数由PROFIBUS PI组织的DP规范工作组规定。这些参数是实现PROFIBUS站之间通信而无需第2层上额外组态(站地址除外)的基础。对于特定的应用目的,可进行优化。参数定义在GSD文件中获得。

6.4 Ident_Number的自动适应

6.4.1 概述

Ident_Number的自动适应提供了一种方便机制,以将PROFIBUS PA从站的Ident_Number调整到PROFIBUS主站对其的组态而无需额外的用户交互。在启动期间使用Set_Prm和/或Set_Slave_Add服务来组态有效的Ident_Number。此机制不需要任何额外的非循环参数设置。

对于符合本行规的所有设备,Ident_Number的自动适应是必备的。

6.4.2 一般规则

一般规则给出了支持Ident_Number自动适应的PA设备的一般行为概述。细节在状态机中规定见6.4.3。

——仅当物理块参数IDENT_NUMBER_SELECTOR被设为127(设备适应模式)时,Ident_Number的自动适应才被激活;否则该从站的Ident_Number是固定的,且不能通过6.4中描述的机制来改变。

——有效的Ident_Number可通过DP服务Set_Prm和/或Set_Slave_Add来改变。符合本行规的设备必须同时支持这两种方法。

——仅当设备处于MSCY1S状态机(见GB/T 20540.6)的WAIT-PRM状态时,才允许更改其Ident_Number。

——即使设备被写保护(例如,通过硬件写保护机制或通过物理块参数WRITE_LOCKING),也接受Ident_Number的更改。

——当Ident_Number被更改时,不改变静态参数。因此,不会产生更新事件,不增加参数ST_REV。

——在Set_Prm服务内的Ident_Number被MSCY1S状态机忽略(例如设置minT_{sdr})的情况下,即使传输的是有效的标识符,Ident_Number适应也忽略所传输的Ident_Number。

——如果Ident_Number被更改,则MS0组态被复位到相应的缺省设置,以便为后续的Get_Cfg服务提供有效的组态。

——修改被立即执行;也就是说,即使从站实际的Ident_Number与请求的Ident_Number不一致,第1个Set_Prm服务也应被接受。

——上电或复位后,应使用之前有效的Ident_Number。

——作为制造商特定的扩展,Ident_Number 可被提供作为动态只读的参数以使诊断和支持更容易。

——如果从站被设为 Ident_Number 自动适应,则当 MSCY1S 状态机处于 WAIT-PRM 状态时,它的 Diagnosis-RES-PDU 被限制为 6 个字节。即在此情况下,仅传输 Station_status_1、Station_status_2、Station_status_3、Diag_Master_Add 和实际的 Ident_Number。如果 PROFIBUS 主站因其所组态的 GSD 文件而希望减少诊断长度时,这将避免冲突。

——即使 USR_PRM_DATA 未被接受,也适应 Ident_Number。

6.4.3 状态机

6.4.3.1 概述

该状态机是对 GB/T 20540.6 的 4.6.1 中规定的 MSCY1S 状态机的适当抽取,它支持 Ident_Number 的自动适应。

6.4.3.2 本地变量

B Prm(OctetString):用于 Prm_data 的中间存储。

6.4.3.3 功能

表 137 包含了 MSCY1S 状态机使用的 GB/T 20540.6 中 4.6.1 规范以外的功能。

表 137 MSCY1S 所使用的附加功能

名　称	功　能
IDENT_NUMBER_OK	Ident_Number 等于该从站支持的 Ident_Number 列表中的一个登录项
PA_PRM_OK	Prm_Data.len 〉7 && Lock_Req=TRUE && Unlock_Req=FALSE && IDENT_NUMBER_OK=TRUE && (WD_On=FALSE || (WD_Fact_1〉0 && WD_Fact_2〉0)) && (Freeze_Req=FALSE || Freeze_Supported) && (Sync_Req=FALSE || Sync_Supported) && (Prm_Data[1].0,.1,.2=FALSE) && OPERATION_MODE_OK

6.4.3.4 状态转换

表 138 中列出的转换应替代 GB/T 20540.6 的 4.6.1 中规定的相应转换。该表仅包含因 Ident_Number 自动适应而修改的那些转换。其他转换不受影响。

注:转换的编号与 GB/T 20540.6 的 4.6.1 规范中使用的编号不相对应。

表 138 修改的 MSCY1S 状态转换

#	当前状态	事件/条件 =〉动作	下一状态
1	WAIT-PRM	MSCY1S Set Slave Diag. req(Ext Diag Flag,Ext Diag Overflow,Ext Diag_Data,Reference) =〉 Diag. Ext_Diag_Data :=Ext Diag Data Diag. Ext_Diag_Flag :=Ext Diag Flag Diag. Ext_Diag_Overflow :=Ext Diag Overflow Diag. Ext_Diag_Data :=NIL Diag. Ext_Diag_Flag :=FALSE Diag Data :=Diag Act_Ref :=Act_Ref+1 Act_Cnt :=Reference Ref_Cnt :=Act_Ref DMPMS Slave Diag Upd. req(Diag Data,Reference:=Act_Ref) MSCY1S Set Slave Diag. cnf(+)(Reference:=Act_Cnt)	WAIT-PRM
2	WAIT-PRM	DMPMS Set Slave Add. ind(New Slave Add,Ident_Number,No Add Chg,Rem Slave Data) /Real_No_Add_Chg=FALSE && IDENT_NUMBER_OK=TRUE && Diag. Ident_Number=Ident_Number && New_Slave_Add≤125 =〉 MSCY1S Set Slave Add. ind(New Slave Add,Ident_Number,No Add Chg,Rem Slave Data)	POWER-ON
3	WAIT-PRM	DMPMS Set Slave Add. ind(New Slave Add,Ident_Number,No Add Chg,Rem Slave Data) /Real_No_Add_Chg=FALSE && IDENT_NUMBER_OK=TRUE && Diag. Ident_Number〈〉Ident_Number && New_Slave_Add≤125 =〉 MSCY1S Set Slave Add. ind(New Slave Add,Ident_Number,No Add Chg,Rem Slave Data)[a]	POWER-ON
4	WAIT-PRM	DMPMS Set Slave Add. ind(New Slave Add,Ident_Number,No Add Chg,Rem Slave Data) /Real_No_Add_Chg=TRUE || IDENT_NUMBER_OK=FALSE || New_Slave_Add〉125 =〉 忽略(根据 GB/T 20540.6—2006)	WAIT-PRM
5	WAIT-PRM	DMPMS Set Prm. ind(Req Add,Prm Data) /Prm_Data. len≥7 && Lock_Req=TRUE && Unlock_Req=FALSE && (IDENT_NUMBER_OK=FALSE || OPERATION_MODE_OK=FALSE || WD_ON=TRUE && (WD_Fact_1=0 || WD_Fact_2=0)) =〉 Diag. Prm_Fault :=TRUE Diag Data :=Diag Act_Ref :=Act_Ref+1 DMPMS Slave Diag Upd. req(Diag Data,Reference :=Act_Ref)	WAIT-PRM

表 138（续）

#	当前状态	事件/条件 =〉动作	下一状态
6	WAIT-PRM	DMPMS Set Prm. ind(Req Add,Prm Data) /Prm_Data. len≥7 && Lock_Req=TRUE && Unlock_Req=FALSE && IDENT_NUMBER_OK=TRUE && OPERATION_MODE_OK=TRUE && (WD_On=FALSE || (WD_FACT_1〉0 && WD_FACT_2〉0))&& (Freeze_Req=TRUE && Freeze Supp=FALSE || Sync_Req=TRUE && Sync Supp=FALSE || Prm_Data[1].0,.1,.2=TRUE) =〉 Diag. Not_Supported :=TRUE Diag Data :=Diag Act_Ref :=Act_Ref+1 DMPMS Slave Diag Upd. req(Diag Data,Reference :=Act_Ref)	WAIT-PRM
7	WAIT-PRM	DMPMS Set Prm. ind(Req Add,Prm Data) /PA_PRM_OK = TRUE && Ident_Number = Diag. Ident_Number && Prm_Pending=0 =〉 Diag. Master_Add :=Req Add Check_Prm_Add :=Req Add FirstSynch :=TRUE SET_OPERATION_MODE SET_WD Active_Groups :=Group_Ident Diag. Prm_Fault :=FALSE Diag. Prm_Req :=FALSE Diag. Not_Supported :=FALSE Prm_Pending :=1 Parameter Data :=Prm Data SET_ALARM_CHKCFGM Input_Pending :=FALSE Diag Data :=Diag Act_Ref :=Act_Ref+1 DMPMS Slave Diag Upd. req(Diag Data,Reference :=Act_Ref) DMPMS Set minTsdr. req(minTsdr) MSCY1S Check User Prm. ind(Prm Structure,Parameter Data)[b]	WAIT-CFG
8	WAIT-PRM	DMPMS Set Prm. ind(Req Add,Prm Data) / PA_PRM_OK = TRUE && Ident_Number 〈 〉 Diag. Ident_Number && Prm_Pending=0 =〉 Diag. Master_Add :=Req Add Check_Prm_Add :=Req Add FirstSynch :=TRUE SET_OPERATION_MODE SET_WD Active_Groups :=Group_Ident	WAIT-CFG[d]

表 138（续）

#	当前状态	事件/条件 =〉动作	下一状态
8	WAIT-PRM	Diag. Prm_Fault :=FALSE Diag. Prm_Req :=FALSE Diag. Not_Supported :=FALSE Diag. Ident_Number :=Ident_Number Prm_Pending :=1 Parameter Data :=Prm Data SET_ALARM_CHKCFGM Input_Pending :=FALSE Diag Data :=Diag Act_Ref :=Act_Ref+1 DMPMS Slave Diag Upd. req(Diag Data, Reference :=Act_Ref) DMPMS Set minTsdr. req(minTsdr) MSCY1S Check User Prm. ind(Prm Structure, Parameter Data)[c]	WAIT-CFG[d]
9	WAIT-PRM	DMPMS Set Prm. ind(Req Add, Prm Data) /PA_PRM_OK = TRUE && Ident_Number = Diag. Ident_Number && Prm_Pending〉0 =〉 Diag. Master_Add :=Req Add Check_Prm_Add :=Req Add FirstSynch :=TRUE SET_OPERATION_MODE SET_WD Active_Groups :=Group_Ident Diag. Prm_Fault :=FALSE Diag. Prm_Req :=FALSE Diag. Not_Supported :=FALSE Prm_Pending :=2 B Prm :=Prm Data SET_ALARM_CHKCFGM Input_Pending :=FALSE Diag Data :=Diag Act_Ref :=Act_Ref+1 DMPMS Slave Diag Upd. req(Diag Data, Reference :=Act_Ref) DMPMS Set minTsdr. req(minTsdr)	WAIT-CFG
10	WAIT-PRM	DMPMS Set Prm. ind(Req Add, Prm Data) /PA_PRM_OK = TRUE && Ident_Number 〈〉 Diag. Ident_Number && Prm_Pending〉0 =〉 Diag. Master_Add :=Req Add Check_Prm_Add :=Req Add FirstSynch :=TRUE SET_OPERATION_MODE SET_WD Active_Groups :=Group_Ident Diag. Prm_Fault :=FALSE	WAIT-CFG[d]

表 138（续）

#	当前状态	事件/条件 =〉动作	下一状态
10	WAIT-PRM	Diag. Prm_Req :=FALSE Diag. Not_Supported :=FALSE Diag. Ident_Number :=Ident_Number Prm_Pending :=2 B Prm :=Prm Data SET_ALARM_CHKCFGM Input_Pending :=FALSE Diag Data :=Diag Act_Ref :=Act_Ref+1 DMPMS Slave Diag Upd. req(Diag Data,Reference :=Act_Ref) DMPMS Set minTsdr. req(minTsdr)	WAIT-CFG[d]
11	WAIT-CFG	MSCY1S Abort. req() =〉 Operation_Mode :=V0 Diag. Master_Add :=invalid Diag. Prm_Req :=TRUE Diag. Station_Not_Ready :=TRUE Diag. Ext_Diag_Data :=NIL Diag. Ext_Diag_Flag :=FALSE StopTimer(WD) Diag. WD_On :=FALSE STOP_C1 Diag Data :=Diag Act_Ref :=Act_Ref+1 DMPMS Slave Diag Upd. req(Diag Data,Reference :=Act_Ref)	WAIT-PRM
12	WAIT-CFG	MSCY1S Check User Prm Result. req(Prm_OK) /Prm_Pending=2 =〉 Status :=New Prm Prm_Pending :=1 Parameter Data :=B Prm MSCY1S Check User Prm Result. cnf(-)(Status) MSCY1S Check User Prm. ind(Prm Structure,Parameter Data)[e]	WAIT-CFG
13	WAIT-CFG	MSCY1S Check User Prm Result. req(Prm_OK) /Prm_Pending=1 && Diag. Master_Add=Check_Prm_Add && Prm_OK=FALSE =〉 Prm_Pending :=0 Diag. Prm_Fault :=TRUE Diag. Master_Add :=invalid Diag. Prm_Req :=TRUE StopTimer(WD)	WAIT-PRM

表 138（续）

#	当前状态	事件/条件 =〉动作	下一状态
13	WAIT-CFG	Diag. WD_On ：=FALSE Diag. Ext_Diag_Data ：=NIL Diag. Ext_Diag_Flag ：=FALSE STOP_C1 Diag Data ：=Diag Act_ref ：=Act_Ref+1 MSCY1S Check User Prm Result. cnf(+)() DMPMS Slave Diag Upd. req(Diag Data，Reference ：=Act_Ref)	WAIT-PRM
14	WAIT-CFG	MSCY1S Check Cfg Result. req(Cfg_OK，Input Data Len，Output Data Len)/Cfg_Pending=1 && Diag. Master_Add=Check_Cfg_Add && Cfg_OK=FALSE =〉 Cfg_Pending ：=0 Diag. Cfg_Fault ：=TRUE Diag. Prm_Req ：=TRUE Diag. Master_Add ：=invalid StopTimer(WD) Diag. WD_On ：=FALSE Diag. Ext_Diag_Data ：=NIL Diag. Ext_Diag_Flag ：=FALSE STOP_C1 Diag Data ：=Diag Act_Ref ：=Act_Ref+1 DMPMS Slave Diag Upd. req(Diag Data，Reference ：=Act_Ref) MSCY1S Check Cfg Result. cnf(+)()	WAIT-PRM
15	WAIT-CFG	MSAC1S Abort. ind() =〉 Operation_Mode ：=V0 Diag. Master_Add ：=invalid Diag. Prm_Req ：=TRUE StopTimer(WD) Diag. WD_On ：=FALSE Diag. Ext_Diag_Data ：=NIL Diag. Ext_Diag_Flag ：=FALSE STOP_C1 Diag Data ：=Diag Act_Ref ：=Act_Ref+1 DMPMS Slave Diag Upd. req(Diag Data，Reference ：=Act_Ref)	WAIT-PRM

表 138（续）

<table>
<tr><th>#</th><th>当前状态</th><th>事件/条件
=〉动作</th><th>下一状态</th></tr>
<tr><td>16</td><td>WAIT-CFG</td><td>DMPMS Set Prm. ind(Req Add,Prm Data)
/Prm_Data. len≥7 && Unlock_Req=TRUE && Diag. Master_Add=Req_Add
=〉
Diag. Master_Add :=invalid
Diag. Prm_Req :=TRUE
StopTimer(WD)
Diag. WD_On :=FALSE
Diag. Ext_Diag_Data :=NIL
Diag. Ext_Diag_Flag :=FALSE
STOP_C1
Diag Data :=Diag
Act_Ref :=Act_Ref+1
DMPMS Slave Diag Upd. req(Diag Data,Reference :=Act_Ref)</td><td>WAIT-PRM</td></tr>
<tr><td>17</td><td>WAIT-CFG</td><td>DMPMS Set Prm. ind(Req Add,Prm Data)
/Prm_Data. len≥7 && Unlock_Req=FALSE && Lock_Req=TRUE && Diag. Master_Add=Req_Add && (Ident_Number〈〉Diag. Ident_Number || OPERATION_MODE_OK=FALSE || WD_On=TRUE && (WD_Fact_1=0 || WD_Fact_2=0))
=〉
Diag. Prm_Fault :=TRUE
Diag. Master_Add :=invalid
Diag. Prm_Req :=TRUE
StopTimer(WD)
Diag. WD_On :=FALSE
Diag. Ext_Diag_Data :=NIL
Diag. Ext_Diag_Flag :=FALSE
STOP_C1
Diag Data :=Diag
Act_Ref :=Act_Ref+1
DMPMS Slave Diag Upd. req(Diag Data,Reference :=Act_Ref)</td><td>WAIT-PRM</td></tr>
<tr><td>18</td><td>WAIT-CFG</td><td>DMPMS Set Prm. ind(Req Add,Prm Data)
/Prm_Data. len≥7 && Unlock_Req=FALSE && Lock_Req=TRUE && Diag. Master_Add=Req_Add && Ident_Number=Diag. Ident_Number && OPERATION_MODE_OK=TRUE && (WD_On=FALSE || (WD_Fact_1〉0 && WD_Fact_2〉0)) && (Freeze_Req=TRUE && Freeze Supp=FALSE || Sync_Req=TRUE && Sync Supp=FALSE || Prm_Data[1]. 0,. 1,. 2=TRUE)
=〉
Diag. Not_Supported :=TRUE
Diag. Master_Add :=invalid</td><td>WAIT-PRM</td></tr>
</table>

表 138（续）

#	当前状态	事件/条件 =〉动作	下一状态
18	WAIT-CFG	Diag. Prm_Req ：=TRUE StopTimer(WD) Diag. WD_On ：=FALSE Diag. Ext_Diag_Data ：=NIL Diag. Ext_Diag_Flag ：=FALSE STOP_C1 Diag Data ：=Diag Act_Ref ：=Act_Ref+1 DMPMS Slave Diag Upd. req(Diag Data,Reference ：=Act_Ref)	WAIT-PRM
19	WAIT-CFG	WDTimer expired =〉 Diag. Master_Add ：=invalid Diag. Prm_Req ：=TRUE StopTimer(WD) Diag. WD_On ：=FALSE Diag. Ext_Diag_Data ：=NIL Diag. Ext_Diag_Flag ：=FALSE STOP_C1 Diag Data ：=Diag Act_Ref ：=Act_Ref+1 DMPMS Slave Diag Upd. req(Diag Data,Reference ：=Act_Ref)	WAIT-PRM
20	DATA-EXCH	MSCY1S Abort. req() =〉 Diag. Ext_Diag_Data ：=NIL Diag. Ext_Diag_Flag ：=FALSE LEAVE_MASTER Act_Ref ：=Act_Ref+1 DMPMS Slave Diag Upd. req(Diag Data,Reference ：=Act_Ref)	WAIT-PRM
21	DATA-EXCH	MSCY1S Set Cfg. req(Cfg Data) =〉 Diag. Cfg_Fault ：=TRUE Diag. Ext_Diag_Data ：=NIL Diag. Ext_Diag_Flag ：=FALSE LEAVE_MASTER Act_Ref ：=Act_Ref+1 DMPMS Get Cfg Upd. req(Cfg Data) MSCY1S Set Cfg. cnf(+)() DMPMS Slave Diag Upd. req(Diag Data,Reference ：=Act_Ref)	WAIT-PRM

表 138（续）

#	当前状态	事件/条件 =〉动作	下一状态
22	DATA-EXCH	MSCY1S Check Cfg Result. req(Cfg_OK, Input Data Len, Output Data Len) /Cfg_Pending＝1 && Diag. Master_Add＝Check_Cfg_Add && Cfg_OK＝TRUE && (Input Data Len〈〉Inp Data Len || Output Data Len〈〉Outp Data Len) =〉 Diag. Cfg_Fault :=TRUE Diag. Ext_Diag_Data :=NIL Diag. Ext_Diag_Flag :=FALSE LEAVE_MASTER Act_Ref :=Act_Ref+1 MSCY1S Check Cfg Result. cnf(+)() DMPMS Slave Diag Upd. req(Diag Data, Reference :=Act_Ref)	WAIT-PRM
23	DATA-EXCH	MSCY1S Check Cfg Result. req(Cfg_OK, Input Data Len, Output Data Len) /Cfg_Pending＝1 && Diag. Master_Add＝Check_Cfg_Add && Cfg_OK＝FALSE =〉 Diag. Cfg_Fault :=TRUE Diag. Ext_Diag_Data :=NIL Diag. Ext_Diag_Flag :=FALSE LEAVE_MASTER Act_Ref :=Act_Ref+1 MSCY1S Check Cfg Result. cnf(+)() DMPMS Slave Diag Upd. req(Diag Data, Reference :=Act_Ref)	WAIT-PRM
24	DATA-EXCH	MSAC1S Abort. ind() =〉 Diag. Ext_Diag_Data :=NIL Diag. Ext_Diag_Flag :=FALSE LEAVE_MASTER Act_Ref :=Act_Ref+1 DMPMS Slave Diag Upd. req(Diag Data, Reference :=Act_Ref)	WAIT-PRM
25	DATA-EXCH	DMPMS Set Prm. ind(Req Add, Prm Data) /Prm_Data. len≥7 && Unlock_Req＝TRUE && Diag. Master_Add＝Req_Add =〉 Diag. Ext_Diag_Data :=NIL Diag. Ext_Diag_Flag :=FALSE LEAVE_MASTER Act_Ref :=Act_Ref+1 DMPMS Slave Diag Upd. req(Diag Data, Reference :=Act_Ref)	WAIT-PRM

表 138（续）

<table>
<tr><th>#</th><th>当前状态</th><th>事件/条件
=〉动作</th><th>下一状态</th></tr>
<tr><td>26</td><td>DATA-EXCH</td><td>DMPMS Set Prm. ind(Req Add,Prm Data)
/Prm_Data. len≥7 && Unlock_Req=FALSE && Lock_Req=TRUE && Diag. Master_Add=Req_Add && (Ident_Number〈〉Diag. Ident_Number || OPERATION_MODE_OK=FALSE || WD_On=TRUE && (WD_Fact_1=0 || WD_Fact_2=0))
=〉
Diag. Prm_Fault :=TRUE
Diag. Ext_Diag_Data :=NIL
Diag. Ext_Diag_Flag :=FALSE
LEAVE_MASTER
Act_Ref :=Act_Ref+1
DMPMS Slave Diag Upd. req(Diag Data,Reference :=Act_Ref)</td><td>WAIT-PRM</td></tr>
<tr><td>27</td><td>DATA-EXCH</td><td>DMPMS Set Prm. ind(Req Add,Prm Data)
/Prm_Data. len≥7 && Unlock_Req=FALSE && Lock_Req=TRUE && Diag. Master_Add=Req_Add && Ident_Number=Diag. Ident_Number && OPERATION_MODE_OK=TRUE && (WD_On=FALSE || (WD_Fact_1〉0 && WD_Fact_2〉0)) && (Freeze_Req=TRUE && Freeze Supp=FALSE || Sync_Req=TRUE && Sync Supp=FALSE || Prm_Data[1]. 0,. 1,. 2=TRUE)
=〉
Diag. Not_Supported :=TRUE
Diag. Ext_Diag_Data :=NIL
Diag. Ext_Diag_Flag :=FALSE
LEAVE_MASTER
Act_Ref :=Act_Ref+1
DMPMS Slave Diag Upd. req(Diag Data,Reference :=Act_Ref)</td><td>WAIT-PRM</td></tr>
<tr><td>28</td><td>DATA-EXCH</td><td>DMPMS Set Prm. ind(Req Add,Prm Data)
/Diag. Master_Add=Req_Add && PA_PRM_OK=TRUE && PV0V0=FALSE && NOPRMCMD
=〉
Diag. Ext_Diag_Data :=NIL
Diag. Ext_Diag_Flag :=FALSE
LEAVE_MASTER
Act_Ref :=Act_Ref+1
DMPMS Slave Diag Upd. req(Diag Data,Reference :=Act_Ref)</td><td>WAIT-PRM</td></tr>
<tr><td>29</td><td>DATA-EXCH</td><td>DMPMS Data Exchange. ind(Outp Data)
/Outp_Data. len〈〉Outp Data Len && (Outp_Data. len〈〉0 || Fail_Safe_supp)
=〉
Diag. Ext_Diag_Data :=NIL
Diag. Ext_Diag_Flag :=FALSE</td><td>WAIT-PRM</td></tr>
</table>

表 138（续）

#	当前状态	事件/条件 =〉动作	下一状态
29	DATA-EXCH	LEAVE_MASTER Act_Ref ：=Act_Ref+1 DMPMS Slave Diag Upd. req(Diag Data, Reference ：=Act_Ref)	WAIT-PRM
30	DATA-EXCH	WDTimer expired =〉 Diag. Ext_Diag_Data ：=NIL Diag. Ext_Diag_Flag ：=FALSE LEAVE_MASTER Act_Ref ：=Act_Ref+1 DMPMS Slave Diag Upd. req(Diag Data, Reference ：=Act_Ref)	WAIT-PRM
31	DATA-EXCH	DMPMS Global Control. ind(Control Command, Group Select) /(Control Command. 0,. 6,. 7=TRUE) =〉 Diag. Ext_Diag_Data ：=NIL LEAVE_MASTER Act_Ref ：=Act_Ref+1 DMPMS Slave Diag Upd. req(Diag Data, Reference ：=Act_Ref)	WAIT-PRM
32	DATA-EXCH	DMPMS Set Ext Prm. ind(Req_Add, Ext Prm Data) /Diag. Master_Add=Req_Add =〉 Diag. Prm_Fault ：=TRUE Diag. Ext_Diag_Data ：=NIL Diag. Ext_Diag_Flag ：=FALSE LEAVE_MASTER Act_Ref ：=Act_Ref+1 DMPMS Slave Diag Upd. req(Diag Data, Reference ：=Act_Ref)	WAIT-PRM
33	DATA-EXCH	MSCY1S Check Ext User Prm Result. req(Ext_Prm_OK) /Ext_Prm_Pending=1 && Diag. Master_Add=Check_Ext_Prm_Add && Ext_Prm_OK=FALSE =〉 Diag. Cfg_Fault ：=TRUE Diag. Ext_Diag_Data ：=NIL Diag. Ext_Diag_Flag ：=FALSE LEAVE_MASTER Ext_Prm_Pending ：=0 Act_Ref ：=Act_Ref+1 MSCY1S Check Ext User Prm Result. cnf(+)() DMPMS Slave Diag Upd. req(Diag Data, Reference ：=Act_Ref)	WAIT-PRM

表 138（续）

#	当前状态	事件/条件 =〉动作	下一状态
34	CHECK-SYNC	/SYNC && Sync Supp=FALSE =〉 Diag. Ext_Diag_Data ：=NIL Diag. Ext_Diag_Flag ：=FALSE LEAVE_MASTER Act_Ref ：=Act_Ref+1 DMPMS Slave Diag Upd. req(Diag Data，Reference ：=Act_Ref)	WAIT-PRM
35	CHECK-FREEZE	/FREEZE && Freeze Supp=FALSE =〉 Diag. Ext_Diag_Data ：=NIL Diag. Ext_Diag_Flag ：=FALSE LEAVE_MASTER Act_Ref ：=Act_Ref+1 DMPMS Slave Diag Upd. req(Diag Data，Reference ：=Act_Ref)	WAIT-PRM

[a] 然后，应用必须用新 Ident_Number 和与此 Ident_Number 兼容的 Cfg_Data 来重新启动 MSCY1S 状态机。
[b] 然后，应用必须引发更新诊断数据以使 Ext_Diag_Data 可用。
[c] 然后，应用必须设置与新 Ident_Number 兼容的新 Cfg_Data。此外，应用必须引发更新诊断数据以使对应于新 Ident_Number 的 Ext_Diag_Data 可用。
[d] 在此情况下，如果该状态机进入下一状态 POWER-ON，这也是有效的行为。
[e] 如果 Ident_Number 被改变，则应用必须更新对应于新 Ident_Number 的 Cfg_Data。应用必须更新诊断数据以使对应于新 Ident_Number 的 Ext_Diag_Data 可用。

6.5 行规特定的通信定义

6.5.1 Ident_Number

行规为设备提供了它自己的 Ident_Number。表 139 规定了行规特定的 Ident_Number 分类。

表 139 行规特定的 Ident_Number 分类

设备类型	指定的 Ident_Numbers
变送器	0x9700～0x970F
执行器	0x9710～0x971F
离散输入	0x9720～0x972F
离散输出	0x9730～0x973F
变送器 AI+TOT	0x9740
变送器 2 AI+TOT	0x9741
变送器 3 AI+TOT	0x9742
分析仪器	0x9750
多变量	0x9760
保留	其他数保留，最大到 0x977F

如果使用 0x9700～0x9742 的 Ident_Number，则关于循环数据交换的可互换性原则上是可能的。可互换性的前提是功能块代表相同的测量和执行类型。可互换性包括以下情况(功能块的基本集)：

——每个测量和执行点有一个输入或输出功能块(例如温度)；

——对于多通道的设备，每个通道的测量和执行点有一个输入或输出功能块(例如离散输出)；

——特定且固定的功能块组合(例如流量)。

出于可互换性原因，提供这些功能块基本集的设备，至少应支持相应的 Ident_Number。如果一个设备提供比功能块基本集更多的功能块，则它还可以被组态为多变量设备。

具有一个或多个相同类型 FB 的设备，应采用以下 Ident_Number：

——Ident_Number 中的最低有效数字：

- 0：相同类型的一个 FB；
- 1：相同类型的两个 FB；
- …
- F：相同类型的 16 个 FB。

6.5.2 保留

注：本条为空，以符合 ISO/IEC 导则的编辑要求。

6.6 GSD 文件名称

6.6.1 行规 GSD 文件名称

GSD 文件名称的组成如下：

——PAyxnnnn. GSD，其中：

PA：行规 GSD 文件的固定标识

y：符合 GSD 规范的物理层标识

x：GSD 语言规范的版本号，即 x=3 表示 GSD V3

nnnn：Ident_Number(9700～970f，9710～)

GSD：文件扩展名

示例：

仅具有一个 AI FB 的变送器的 GSD 文件名称为“PA139700. gsd”。

行规 GSD 文件可在 PI 的 web 服务器(www. profibus. org)获得。

6.6.2 制造商特定的文件名称

GSD 文件名称应标识 GSD 文件的版本，就像设备版本表示的那样。

——xxrriiii. GS?，其中

xx：制造商名称的缩写

rr：版本计数——GSD 文件的版本，字母数字，制造商特定

iiii：PROFIBUS&PROFINET 国际(PI)组织分配给该设备的 Ident_Number

GS?：语言相关的 GSD 文件的扩展名。例如，GSG 用于德语，GSE 用于英语，GSF 用于法语，GSS 用于西班牙语，GSI 用于意大利语。此外，特定主站系统缺省需要扩展名为 GSD 的文件。

6.7 GSD 文件

符合此映射定义的 GSD 文件可在 PI 的 web 服务器(www. profibus. com)上获得。

对于制造商特定的 GSD，除 GB/T 20540.5 和 GB/T 20540.6 的定义外没有其他限制。

推荐只使用在本标准中有适当定义的数据类型。

行规 GSD 应覆盖所有设备。因此，有时设备不能满足行规 GSD 中描述的某些特性。例如，使用 RS-485 传输的一些设备不支持更高的波特率；或者，某个设备不支持行规 GSD 中规定的非循环数据的最大长度。

在 GSD 文件中必须进行以下修改，来支持包含 PRM_COND 的 Prm_Structure 的传输，以启用浓缩状况：

```
GSD_Revision =4    ;或更高。Prm_Structure 的支持从 GSD_Revision 4 开始。

DPV1_Slave =1      ;当使用 Prm_Structures 时，是必需的。

Max_User_Prm_Data_Len =8      ;或更高
;DPV1_Status_1～DPV1_Status_3 以及行规特定 Prm_Structure(长度=5 字节)。
;在 DPV1_Status_3 中比特 Prm_Structure(Bit3)必须被置位。
;如果从站支持更多的 Prm_Structures，则 User_Prm_Data 的长度更大。
;必须删除 GSD 文件中的关键字 User_Prm_Data_Len。

PrmText =1
Text (0)="Disabled"
Text (1)="Enabled"
EndPrmText

ExtUserPrmData =1   "Condensed Status"
Bit (0)1 0-1                ;PRM_COND
Prm_Text_Ref =1             ;引用 PrmText
EndExtUserPrmData

;该 Prm_Structure 从 User_Prm_Data 中 3 个字节偏移量后开始。
;这是因为 DPV1_Status_1～DPV1_Status_3 在前 3 个字节中传递
Ext_User_Prm_Data_Const (3)=0x05,0x41,0x00,0x00,0x01    ;缺省值
                                                        ;Structure_Length=5
                                                        ;Structure_Type=65(行规特定)
                                                        ;Slot_Number=0
                                                        ;reserved=0
                                                        ;PRM_COND=1(启用)
Ext_User_Prm_Data_Ref (7)=1;      ;对浓缩状况的比特 PRM_COND 的引用
Prm_Block_Structure_supp =1       ;启用扩展参数化的块结构
```

6.8 一致性声明

表 140 给出了一致性声明模板。

表 140 通信能力的一致性声明

项	一致性声明	子 元 素
通信能力	M	
MS0		M
MS1		O
MS2		M

7 变送器的设备数据单

7.1 物理块附加参数的参数描述

无附加参数。第1个制造商特定的块参数可以从相对索引33开始。

7.2 模拟输入功能块

7.2.1 模拟输入功能块概述

7.2.1.1 概述

模拟输入(AI)功能块表示变送器。图30示出了其参数。

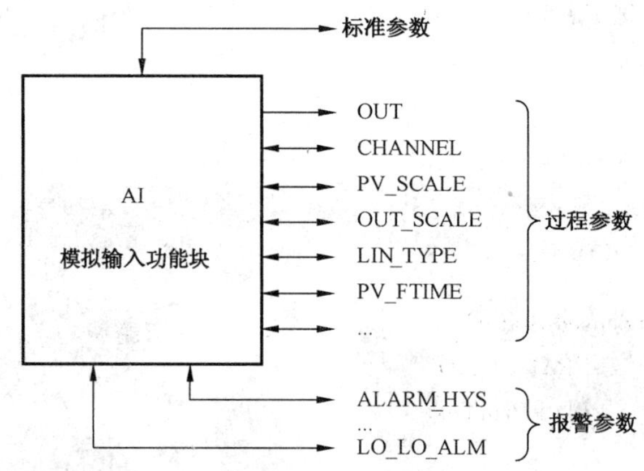

图30 模拟输入功能块的参数总览

图31示出了具有仿真、模式和状况的AI结构。AI参数间关系的详细描述见图32。

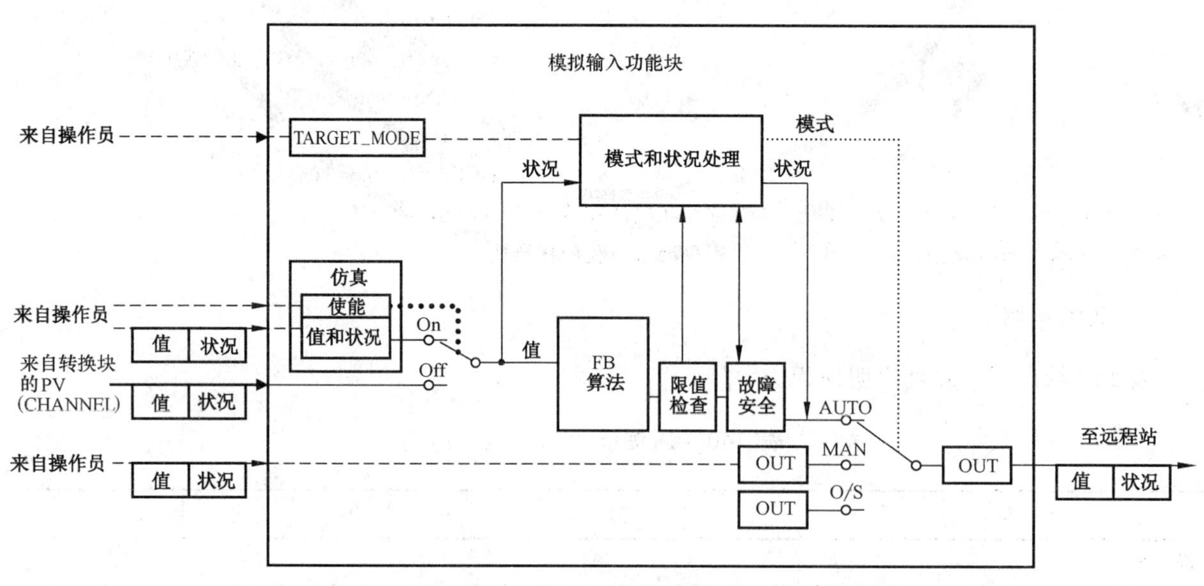

图31 模拟输入功能块的仿真、模式和状况框图

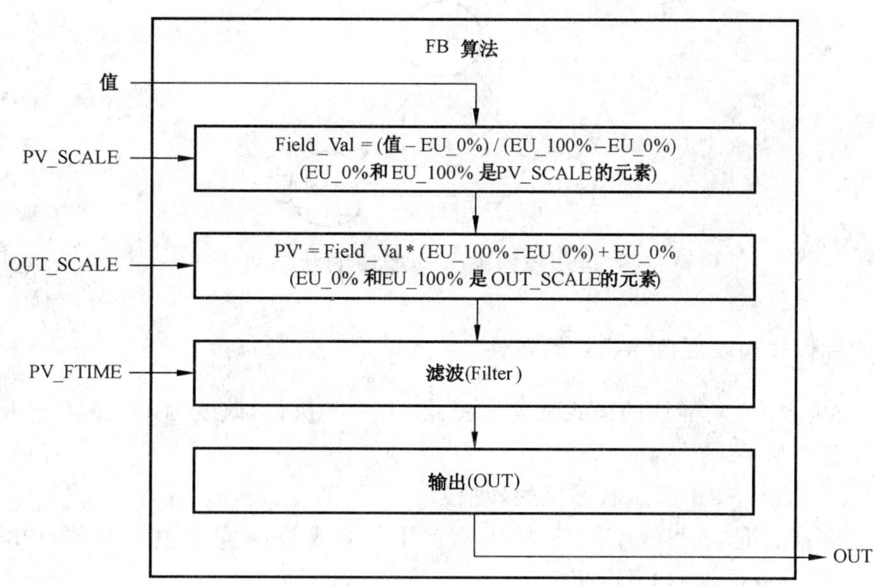

图 32 AI FB 的参数关系

图 33 给出了模式生成和状况生成的输入和输出概要。

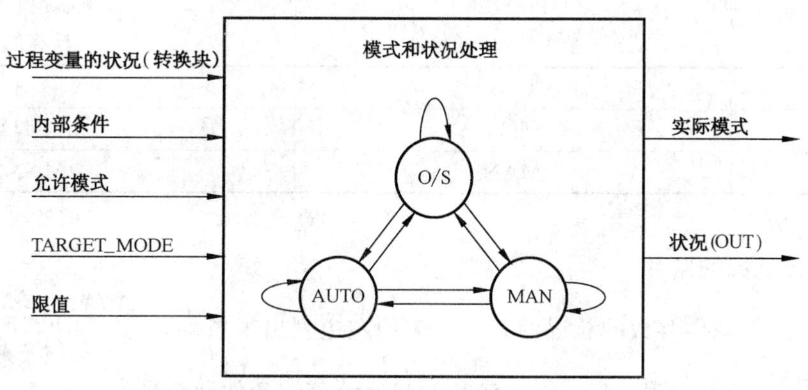

图 33 模式和状况生成的条件

允许模式(Permitted Mode)是 FB 参数 MODE_BLK 的一个元素。目标模式(Target Mode)由操作员设置,允许模式由设备制造商预定义(图 33)。关于输出值的上限值(HI_LIM,HI_HI_LIM)和下限值(LO_LIM,LO_LO_LIM)也影响输出的状况。

实际模式(Actual Mode)是 FB 参数 MODE_BLK 的一个属性,它是模式计算的结果。状况(OUT)与功能块的 OUT 参数(数据类型 101)相结合。

7.2.1.2 AI 状态机

依据 B 类设备的一致性要求,对于 AI FB,模式 O/S(Out of Service)、MAN(Manual)和 AUTO(Automatic)作为允许模式是必备的,如图 34 所示。

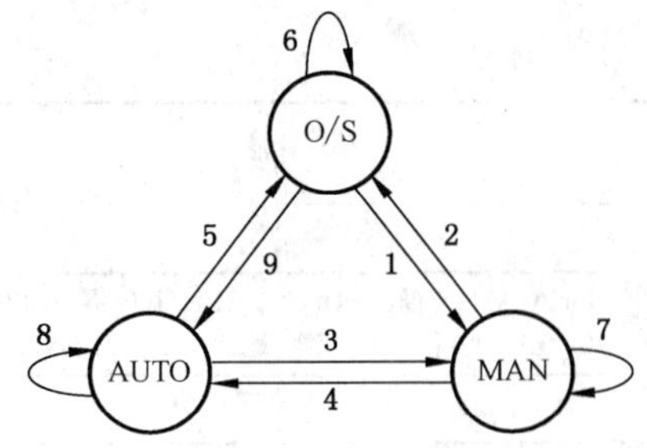

图 34 模拟输入功能块的状态机

7.2.1.3 计算实际模式和改变目标模式的条件

表 141 的左边包含 AI 功能块的模式从实际模式(上一次执行)改变为新实际模式所必需的所有条件,右边列出了计算的结果。

表 141 中第 1 列是图 34 中所示状态机的转换号。

通用条件:允许模式是 O/S(OUT 值为上一个可用值或故障安全值)、MAN(由操作员提供的 OUT 值)和 Auto(由设备提供的 OUT 值)。

表 141 实际模式计算的条件和结果

条　件		结　果
转换	目标模式 (操作员设置的)	实际模式 (计算的)
T2,T5,T6	O/S	O/S
T4,T8,T9	AUTO	AUTO
T1,T3,T7	MAN	MAN

7.2.1.4 产生输出状况的条件

表 142 给出了影响输出参数的状况的条件。表的左边列出了条件,右边为计算的结果。

表 142 输出参数的状况计算的条件和结果

条　件		结　果
实际模式	状况 (转换块输入)	状况 (输出)
O/S	[a]	BAD-out of service,constant(经典状况) BAD- Passivated,constant(浓缩状况)
MAN	[a]	由操作员写入
AUTO	BAD	受参数 FSAFE_TYPE 影响
AUTO	〈〉BAD	受以下参数影响: ——PV 子状况; ——报警(ST_REV,限值); ——内部 AI FB 条件; ——状况的优先级表(见通用要求)
[a] 无影响。		

7.2.2 模拟输入功能块的参数描述

模拟输入功能块的参数描述见表 143。

表 143 模拟输入功能块的参数描述

参　数	描　述
OUT	在自动(AUTO)模式下,功能块参数 OUT 包含以制造商特定的或组态调整的工程单位计量的当前测量值以及所属状态。在手动模式(MAN MODE)下,功能块参数 OUT 包含由操作员所设置的值和状态。
PV_SCALE	使用高、低标度值将过程变量转换成百分数。PV_SCALE 的高、低标度值的工程单位与所组态的转换块(通过 Channel 参数进行组态)的 PV_UNIT 直接有关。PV_SCALE 的高、低标度值自动地随着相关转换块中 PV_UNIT 的改变而改变,即转换块 PV_UNIT 的改变并不导致 AI 中 OUT 的扰动。也可能存在例外情况,例如,清洗分析仪器会要求扰动
OUT_SCALE	过程变量的标度。 功能块参数 OUT_SCALE 包括上限值和下限值的有效范围、过程变量工程单位的代码号,以及小数点右边的有效数字位数
LIN_TYPE	线性化类型。详细内容见表 50
CHANNEL	对有效转换块的引用,该转换块为功能块提供测量值。详见 5.1.5“通用要求定义”
PV_FTIME	过程变量的滤波时间。 功能块参数 PV_FTIME 包含当功能块输出达到 63.21%时的上升时间,为时间常量,这是输入值跃变的结果(PT1 滤波器)。该参数的工程单位为 s。
FSAFE_TYPE	定义当检测到故障时设备的反应。所计算的实际模式保持在 AUTO。 0:值 FSAFE_VALUE 被用作 OUT 　状况=UNCERTAIN-substitute value[b]。 1:使用上一次存储的有效 OUT 值 　状况=UNCERTAIN-last usable value 　(如果没有有效值可用,则应该使用 UNCERTAIN-initial value;在此情况下,OUT 值=初始值)[b] 2:OUT 具有错误的计算值和状况 　状况=BAD_([a]),([b]) [a] 计算出的。 [b] 此处使用经典状况定义,如使用浓缩状况定义见表 83。
FSAFE_VALUE	当检测到传感器或传感器电子元件故障时,用于 OUT 参数的缺省值。该参数的单位与 OUT 参数的单位相同
ALARM_HYS	滞后(Hysteresis) 在 PROFIBUS PA 变送器规范的范围内,有一些功能用于监视可调限值的超限(偏离限值条件)。也许一个过程变量的值恰恰与限值相同,并且该变量围绕限值上下波动,由此它可导致多次超限。 这将触发许多消息;因此,应有可能仅在超过可调的滞后之后才触发消息。触发报警消息的灵敏度是可调的。滞后值固定为 ALARM_HYS,这对于参数 HI_HI_LIM、HI_LIM、LO_LIM、LO_LO_LIM 是一样的。滞后被表示为以 xx_LIM 为工程单位计量的低于上限和高于下限的值

表 143（续）

参 数	描 述
HI_HI_LIM	上上限报警(upper limit of alarm)值 如果所测的变量等于或高于 HI_HI_LIM 值，则将 OUT 的状况字节的 Limit 比特设为"high limited"且 FB 参数 ALARM_SUM 中的 HI_HI_Alarm 比特必须变为 1。该参数的单位与 OUT 参数的单位相同
HI_LIM	上限报警(upper limit of warning)值 如果所测的变量等于或高于 HI_LIM 值，则将 OUT 的状况字节的 Limit 比特设为"high limited"且 FB 参数 ALARM_SUM 中的 HI_Alarm 比特必须变为 1。该参数的单位与 OUT 参数的单位相同
LO_LIM	下限报警(lower limit of warning)值 如果所测的变量等于或低于 LO_LIM 值，则将 OUT 的状况字节的 Limit 比特设为"low limited"和 FB 参数 ALARM_SUM 中的 LO_Alarm 比特必须变为 1。该参数的单位与 OUT 参数的单位相同
LO_LO_LIM	下下限报警(lower limit of alarm)值 如果所测的变量等于或低于 LO_LO_LIM 值，则将 OUT 的状况字节的 Limit 比特设为"low limited"且 FB 参数 ALARM_SUM 中的 LO_LO_Alarm 比特必须变为 1。该参数的单位与 OUT 参数的单位相同
HI_HI_ALM	上上限报警的状态 该参数包含上上限报警的状态和相关的时间戳。该时间戳表示所测变量已经等于或高于上上限报警值时的时间
HI_ALM	上限报警的状态 该参数包含上限报警的状态和相关的时间戳。该时间戳表示所测变量已经等于或高于上限报警值时的时间
LO_ALM	下限报警的状态 该参数包含下限报警的状态和相关的时间戳。该时间戳表示所测变量已经等于或低于下限报警值时的时间
LO_LO_ALM	下下限报警的状态 该参数包括下下限报警的状态和相关的时间戳。该时间戳表示所测变量已经等于或低于下下限报警值时的时间
SIMULATE	为了调试和测试的目的，可以修改从转换块进入模拟输入功能块 AI FB 的输入值。这意味着转换块与 AI FB 间的连接被断开
OUT_UNIT_TEXT	如果 OUT 参数的特定单位不在代码表内(见"通用要求")，则用户可以在此参数中写入特定文本。单位代码则等于"文本单位定义"

图 35 为一个使用模拟输入功能块参数的示例。

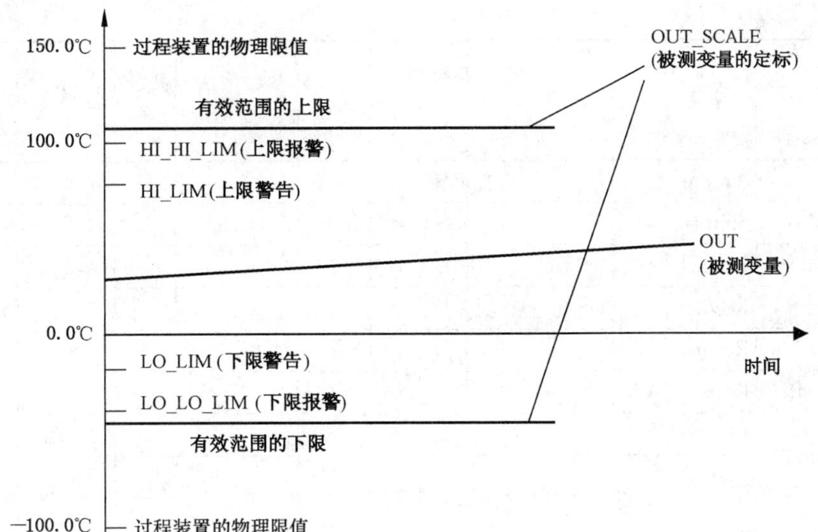

图 35 使用模拟输入功能块参数的示例

7.2.3 模拟输入功能块的参数属性

模拟输入功能块的参数属性见表 144。

表 144 模拟输入功能块的参数属性

相对索引	参数名称	对象类型	数据类型	存储	大小	访问	参数用法/传输类型	复位类别	缺省值	下载顺序	必备(M)/可选(O)(A类和B类)
...标准参数见通用要求											
附加的模拟输入功能块参数											
10	OUT	Record	101	D	5	r,w[a]	O/cyc	—	—	—	M (A,B)
11	PV_SCALE	Array[b]	Float	S	8	r,w	C/a	F	—[c]	1	M (A,B)
12	OUT_SCALE	Record	DS-36	S	11	r,w	C/a	F	—[c]	3	M (B)
13	LIN_TYPE	Simple	Unsigned8	S	1	r,w	C/a	F	0	2[d]	M (B)
14	CHANNEL	Simple	Unsigned16	S	2	r,w	C/a	F	—	—	M (B)
16	PV_FTIME	Simple	Float	S	4	r,w	C/a	F	0	—	M (A,B)
17	FSAFE_TYPE[e]	Simple	Unsigned8	S	1	r,w	C/a	F	1	—	O (B)
18	FSAFE_VALUE	Simple	Float	S	4	r,w	C/a	F	—	—	O (B)
19	ALARM_HYS	Simple	Float	S	4	r,w	C/a	F	范围的 0.5	—	M (A,B)
21	HI_HI_LIM	Simple	Float	S	4	r,w	C/a	F	最大值	4.1	M (A,B)
23	HI_LIM	Simple	Float	S	4	r,w	C/a	F	最大值	4.2	M (A,B)

表 144（续）

相对索引	参数名称	对象类型	数据类型	存储	大小	访问	参数用法/传输类型	复位类别	缺省值	下载顺序	必备(M)/可选(O)(A类和B类)
25	LO_LIM	Simple	Float	S	4	r,w	C/a	F	最小值	4.3	M (A,B)
27	LO_LO_LIM	Simple	Float	S	4	r,w	C/a	F	最小值	4.4	M (A,B)
30	HI_HI_ALM	Record	DS-39	D	16	r	C/a	—	0	—	O (A,B)
31	HI_ALM	Record	DS-39	D	16	r	C/a	—	0	—	O (A,B)
32	LO_ALM	Record	DS-39	D	16	r	C/a	—	0	—	O (A,B)
33	LO_LO_ALM	Record	DS-39	D	16	r	C/a	—	0	—	O (A,B)
34	SIMULATE	Record	DS-50	S	6	r,w	C/a	F	禁用	—	M (B)
35	OUT_UNIT_TEXT	Simple	OctetString	S	16	r,w	C/a	—	—	—	O (A,B)
36～44	PI 保留	—	—	—	—	—	—	—	—	—	M (A,B)
45	第 1 个制造商特定参数	—	—	—	—	—	—	—	—	—	O (A,B)

[a] 如果 AI FB 的实际模式 Actual Mode＝MAN，则 OUT 参数是可写的；

[b] 第一浮点值：100％的 EU 值（PV_SCALE. EU_at_100％），第二浮点值：0％的 EU 值（PV_SCALE. EU_at_0％）；

[c] OUT_SCALE 和 PV_SCALE 的值应该相等，即 PV_SCALE. EU_at_100％＝OUT_SCALE. EU_at_100％ 以及 PV_SCALE. EU_at_0％＝OUT_SCALE. EU_at_0％；

[d] 如果可用；

[e] 如果此参数未被实现，则 AI FB 的行为如同 FSAFE_TYPE＝1。

7.2.4 模拟输入功能块的视图对象

模拟输入功能块的视图对象见表 145。

表 145 模拟输入功能块的视图对象

			访问			
			r	r	r,w	保留
相对索引	参数名称	替代值	View_1	View_2	View_3	View_4
10	OUT		5	5		
11	PV_SCALE				8	
12	OUT_SCALE				11	
13	LIN_TYPE				1	
14	CHANNEL				2	
16	PV_FTIME				4	
17	FSAFE_TYPE				1	
18	FSAFE_VALUE				4	
19	ALARM_HYS				4	

表 145（续）

			访问			
			r	r	r,w	保留
相对索引	参数名称	替代值	View_1	View_2	View_3	View_4
21	HI_HI_LIM				4	
23	HI_LIM				4	
25	LO_LIM				4	
27	LO_LO_LIM				4	
30	HI_HI_ALM					
31	HI_ALM					
32	LO_ALM					
33	LO_LO_ALM					
34	SIMULATE			6		
35	OUT_UNIT_TEXT				16	
视图对象的字节总数(+ 标准参数字节数)			5+13	11+13	67+46	保留

7.2.5 关于 PV、OUT 和 LIMIT 参数用法说明

定标参数的说明见图 36。

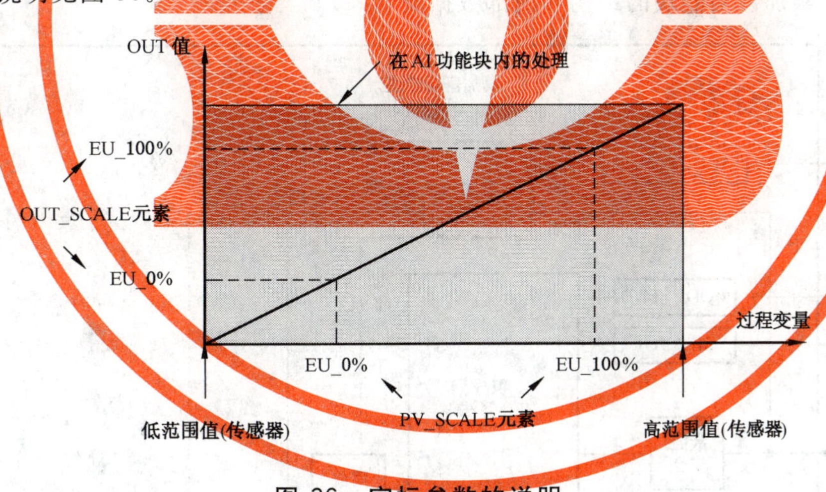

图 36 定标参数的说明

7.3 累加器功能块

7.3.1 累加器功能块概述

7.3.1.1 概述

累加器可用于各种应用，将速率或其他量（例如流速或功率）积分（“总计”，累加）成相应的总量（例如体积、质量或距离）。典型的累加器在流量设备中实现，以将体积流量或质量流量累加成为体积或质量。

速率的单位必须与被累加量的单位一致[例如，如果通道为质量流量(kg/s)，则被累加量的单位应

为质量千克、吨等]。被累加量的单位是通道值单位的累积，或与该累积相兼容（“兼容”是指：克、千克、吨等都是兼容的）。与累加量有关的所有值（例如滞后、限值）单位都为 UNIT_TOT。

使用 MODE_TOT 参数可使累加功能块适用于不同的应用。另外，参数 FAIL_TOT 决定此功能块的故障安全行为。报警参数与模拟输入功能块的参数是相同的，也可用于例如批处理功能等。由于通过给定的控制参数可以生成已定义的功能块输出，因此不定义仿真模式或测试模式。

对于 A 类设备，允许模式至少是 AUTO。根据 B 类设备的一致性要求，对于累加器 FB，模式 O/S (Out of Service)、MAN(Manual)和 AUTO(Automatic)作为允许模式是必备的。

图 37 给出了累加器功能块的参数总览。

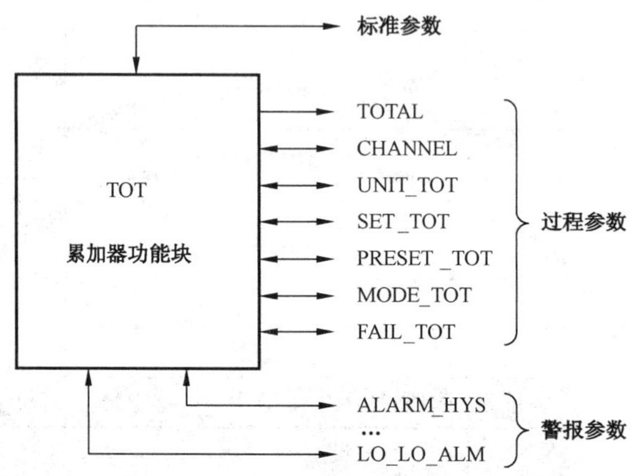

图 37 累加器功能块的参数总览

图 38 示出了累加器功能块的结构和内部数据流。

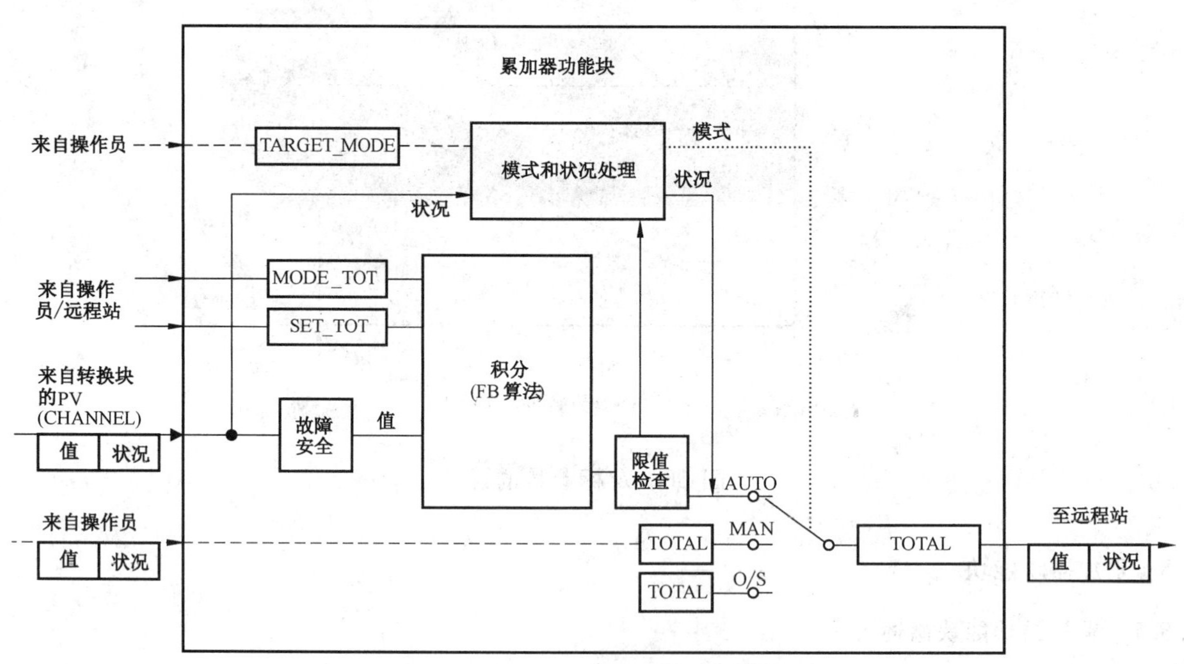

图 38 累加器功能块方块图

CHANNEL 为累加器提供速率(rate)信息，累加器根据控制参数的设置在不同阶段处理此输入信息。在经过前两个块（定义了功能块的故障安全行为和操作）之后，进入实际功能块算法。

累加器块将速率（在特定时间间隔 Δt 内所测量的速率）累积成一个总量。一般说来，积分时间间隔 Δt 对于某个变送器来说是特定的。此外，Δt 可以是常量或取决于变送器的某些参数、甚至数量级

(magnitude)或速率(rate)。在掉电的情况下,设备将 TOTAL 存储在非易失存储器中,并在上电后恢复。

限值报警影响输出的状况。

注:这与输入功能块相同。

7.3.1.2 累加器状态机

累加器功能块的状态机见图 39。

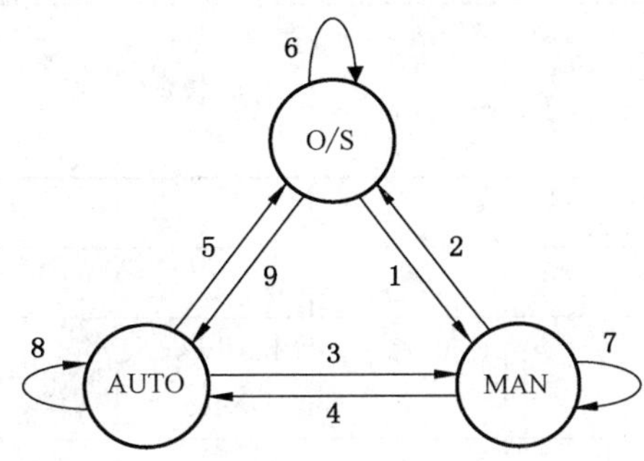

图 39 累加器功能块的状态机

图 39 描述了可能的转换。MODE 具有以下含义:

——O/S:停止累加。

——MAN:累加器功能块的 TOTAL 参数与积分块(见图 38)断开连接。操作员可直接写 TOTAL 参数。积分块仍然根据 FB 组态继续累加。

——AUTO:累加器功能块根据所有算法(累加、状况和模式计算、限值检查)处理来自变送器的值(PV)。

7.3.1.3 实际模式计算

累加器功能块的实际模式取决于参数 TARGET_MODE 和功能块的内部状态。在表 146 中,左边是要求累加器功能块改变模式的所有条件。右边列出了计算的结果。

表 146 实际模式计算的条件和结果

条 件		结 果
转换	目标模式 (操作员设置的)	实际模式 (计算的)
T2,T5,T6	O/S	O/S
T4,T8,T9	AUTO	AUTO
T1,T3,T7	MAN	MAN

表 146 的第 1 列包含图 39 中状态机的转换号。

通用条件:

——允许模式为 O/S(TOTAL 值为上一个可用值或故障安全值)、MAN(TOTAL 值由操作员提供)和 AUTO (TOTAL 值由设备提供)。

——正常模式为 AUTO 模式。

7.3.1.4 状况计算

表147列出了在经典状况下影响参数TOTAL状况的条件。浓缩状况行为见表84。表的左边列出了条件,右边是计算结果。

表 147 TOTAL 参数的标准状况计算条件和结果

<table>
<tr><th colspan="6">条 件</th><th colspan="3">结 果</th></tr>
<tr><th rowspan="2">实际模式</th><th rowspan="2">状况(输入)Quality</th><th rowspan="2">SET_TOT</th><th rowspan="2">MODE_TOT</th><th rowspan="2">FAIL_TOT</th><th rowspan="2">内部状态</th><th colspan="3">状况(总)</th></tr>
<tr><th>Quality</th><th>Subquality</th><th>Limits</th></tr>
<tr><td>O/S</td><td>[a]</td><td>[a]</td><td>[a]</td><td>[a]</td><td>[a]</td><td>BAD</td><td>Out of Service</td><td>const.</td></tr>
<tr><td>MAN</td><td>[a]</td><td>[a]</td><td>[a]</td><td>[a]</td><td>[a]</td><td colspan="3">与操作员写入值相同</td></tr>
<tr><td rowspan="9">AUTO</td><td>[a]</td><td>[a]</td><td>[a]</td><td>[a]</td><td>hardware defect</td><td>BAD</td><td>Device Failure</td><td>ok.</td></tr>
<tr><td>[a]</td><td>[a]</td><td>[a]</td><td>[a]</td><td>inconsistent unit[d]</td><td>BAD</td><td>Congiguration Error</td><td>ok.</td></tr>
<tr><td>[a]</td><td><> TOTALIZE</td><td>[a]</td><td>[a]</td><td>ok.[c]</td><td>UNCERTAIN</td><td>Initial Value</td><td>const.[b]</td></tr>
<tr><td>[a]</td><td>TOTALIZE</td><td>HOLD</td><td>[a]</td><td>ok.[c]</td><td colspan="2">在MODE_TOT被设为HOLD之前,冻结上一次的状况</td><td>const.[b]</td></tr>
<tr><td>BAD</td><td>TOTALIZE</td><td><>HOLD</td><td>HOLD</td><td>ok.[c]</td><td>UNCERTAIN</td><td>Last Usable Value</td><td>const.[b]</td></tr>
<tr><td>BAD</td><td>TOTALIZE</td><td><>HOLD</td><td>MEM</td><td>ok.[c]</td><td>UNCERTAIN</td><td>Non Specific</td><td>ok.[b]</td></tr>
<tr><td>BAD</td><td>TOTALIZE</td><td><>HOLD</td><td>RUN</td><td>ok.[c]</td><td>UNCERTAIN</td><td>Non Specific</td><td>ok.[b]</td></tr>
<tr><td>UNCERTAIN</td><td>TOTALIZE</td><td><>HOLD</td><td>[a]</td><td>ok.[c]</td><td colspan="3">受以下参数影响(设备特定):
——PV子状况;
——更新事件;
——限值检查;
——状况的优先级表(见通用要求)。</td></tr>
<tr><td>GOOD</td><td>TOTALIZE</td><td><>HOLD</td><td>[a]</td><td>ok.[c]</td><td colspan="3">受以下参数影响(设备特定):
——PV子状况;
——更新事件;
——限值检查;
——状况的优先级表(见通用要求)。</td></tr>
<tr><td colspan="9">[a] 无影响(无关);
[b] 依据累加器限值检查,Limit比特可被改变为“high limited”或“low limited”;
[c] ok.意指在UNIT_TOT的组态中,硬件无缺陷和无不一致的单位;
[d] 累加器的变换器输出(PV)与UNIT_TOT的单位类之间不一致性。</td></tr>
</table>

7.3.2 累加器功能块的参数描述

累加器功能块的参数描述见表148。

表 148　累加器功能块的参数描述

参　　数	描　　述
TOTAL	功能块参数 TOTAL 包括由 CHANNEL 和相关状况所提供的速率参数的积分量
UNIT_TOT	累加量的单位
CHANNEL	对向功能块提供测量值的有效转换块的引用
SET_TOT	将功能块算法的内部值复位至 0，或将此值设置为 PRESET_TOT。功能块参数 SET_TOT 立即影响当前的累加值。该功能的执行取决于 SET_TOT 的取值。当 SET_TOT 被设为 RESET 或 PRESET 时，累加值的状况应是“UNCERTAIN-initial value”。 若功能块处于 AUTO 模式，则参数 TOTAL 受影响。 以下是可能选择的功能块参数： 0：　TOTALIZE，累加器的“正常”运作； 1：　RESET，给累加器赋值“0”； 2：　PRESET，给累加器赋值 PRESET_TOT
MODE_TOT	该功能块参数控制累加的行为。以下是可能的选择： 0：　BALANCED，将输入的速率值进行纯算术积分。 1：　POS_ONLY，仅累加正的输入速率值。 2：　NEG_ONLY，仅累加负的输入速率值。 3：　HOLD，停止累加
FAIL_TOT	累加器功能块的故障安全模式。该参数在输入值的状况为 BAD 期间管理功能块的行为。以下是可能的选择： 0：RUN，尽管状况为 BAD，但仍使用输入值继续累加。该状况被忽略。 1：HOLD，在出现输入值的状况为 BAD 期间停止累加。 2：MEMORY，在第一次出现 BAD 状况之前，基于上一个状况为 GOOD 的输入值继续累加
PRESET_TOT	该值用作 FB 算法的内部值的预设值。若使用 SET_TOT 功能，则该值生效
ALARM_HYS	滞后（Hysteresis） 在 PROFIBUS PA 变送器规范的范围内，有一些功能用于监视可调限值的超限（偏离限值条件）。也许一个过程变量的值恰恰与限值相同，并且该变量围绕限值上下波动，由此它可多次出现超限。 这将触发许多消息；因此，应有可能仅在越过可调节的滞后之后才触发消息。触发报警消息的灵敏度是可调的。滞后值固定为 ALARM_HYS，这对于参数 HI_HI_LIM、HI_LIM、LO_LIM、LO_LO_LIM 是一样的。滞后被表示为以 xx_LIM 为工程单位计量的低于上限和高于下限的值

表 148（续）

参　　数	描　　述
HI_HI_LIM	上上限报警(upper limit of alarm)值 如果所测的变量等于或高于 HI_HI_LIM 的值，则将 OUT 的状况字节的 Limit 比特设为“high limited”且 FB 参数 ALARM_SUM 中的 HI_HI_Alarm 比特必须变为 1。该参数的单位与 OUT 参数的单位相同
HI_LIM	上限报警(upper limit of warning)值 如果所测的变量等于或高于 HI_LIM 值，则将 OUT 的状况字节的 Limit 比特设为“high limited”且 FB 参数 ALARM_SUM 中的 HI_Alarm 比特必须变为 1。该参数的单位与 OUT 参数的单位相同
LO_LIM	下限报警(lower limit of warning)值 如果所测的变量等于或低于 LO_LIM 值，则将 OUT 的状况字节的 Limit 比特设为“low limited”且 FB 参数 ALARM_SUM 中的 LO_Alarm 比特必须变为 1。该参数的单位与 OUT 参数的单位相同
LO_LO_LIM	下下限报警(lower limit of alarm)值 如果所测的变量等于或低于 LO_LO_LIM 值，则将 OUT 的状况字节的 Limit 比特设为“low limited”且 FB 参数 ALARM_SUM 中的 LO_LO_Alarm 比特必须变为 1。该参数的单位与 OUT 参数的单位相同
HI_HI_ALM	上上限报警的状态 该参数包含上上限报警的状态和相关的时间戳。该时间戳表示所测变量已经等于或高于上上限报警值时的时间
HI_ALM	上限报警的状态 该参数包含上限报警的状态和相关的时间戳。该时间戳表示所测变量已经等于或高于上限报警值时的时间
LO_ALM	下限报警的状态 该参数包含下限报警的状态和相关的时间戳。该时间戳表示所测变量已经等于或低于下限报警值时的时间
LO_LO_ALM	下下限报警的状态 该参数包括下下限报警的状态和相关的时间戳。该时间戳表示所测变量已经等于或低于下下限报警值时的时间

7.3.3　累加器功能块的参数属性

累加器功能块的参数属性见表 149。

表 149 累加器功能块的参数属性

相对索引	参数名称	对象类型	数据类型	存储	大小	访问	参数用法/传输类型	复位类别	缺省值	下载顺序	必备(M)/可选(O)(A类和B类)
...标准参数见"通用要求"											
附加的累加器功能块参数											
10	TOTAL	Record	101	N	5	r,w[a]	O/cyc	—	0	—	M (A,B)
11	UNIT_TOT	Simple	Unsigned16	S	2	r,w	C/a	F	通道值单位的直接累加	1	M (A,B)
12	CHANNEL	Simple	Unsigned16	S	2	r,w	C/a	F	—	2	M (B)
13	SET_TOT	Simple	Unsigned8 0:TOTALIZE 1:RESET 2:PRESET	N	1	r,w	I/cyc	F	0:TOTALIZE	—	M (B)
14	MODE_TOT	Simple	Unsigned8 0:BALANCED 1:POS_ONLY 2:NEG_ONLY 3:HOLD	N	1	r,w	I/cyc	F	0:BALANCED	3	M (B)
15	FAIL_TOT	Simple	Unsigned8 0:RUN 1:HOLD 2:MEMORY	S	1	r,w	C/a	F	0:RUN	4	M (B)
16	PRESET_TOT	Simple	Float	S	4	r,w	C/a	F	0	8	M (B)
17	ALARM_HYS	Simple	Float	S	4	r,w	C/a	F	0	5	M (A,B)
18	HI_HI_LIM	Simple	Float	S	4	r,w	C/a	F	最大值	6	M (A,B)
19	HI_LIM	Simple	Float	S	4	r,w	C/a	F	最大值	7	M (A,B)
20	LO_LIM	Simple	Float	S	4	r,w	C/a	F	最小值	9	M (A,B)
21	LO_LO_LIM	Simple	Float	S	4	r,w	C/a	F	最小值	10	M (A,B)
22	HI_HI_ALM	Record	DS-39	D	16	r	C/a	—	0	—	O (A,B)
23	HI_ALM	Record	DS-39	D	16	r	C/a	—	0	—	O (A,B)
24	LO_ALM	Record	DS-39	D	16	r	C/a	—	0	—	O (A,B)
25	LO_LO_ALM	Record	DS-39	D	16	r	C/a	—	0	—	O (A,B)
26～35	PI 保留										M (A,B)
36	第 1 个制造商特定参数										O (A,B)

[a] 如果 TOT FB 的实际模式 Actual Mode=MAN,则 TOTAL 参数是可写的,如同在 AI FB 中对 OUT 完成的。

7.3.4 累加器功能块的视图对象

累加器功能块的视图对象见表 150。

表 150 累加器功能块的视图对象

			访问			
			r	r	r,w	r
相对索引	参数名称	替代值	View_1	View_2	View_3	View_4
10	TOTAL		5	5		
11	UNIT_TOT				2	
12	CHANNEL				2	
13	SET_TOT				1	
14	MODE_TOT				1	
15	FAIL_TOT				1	
16	PRESET_TOT				4	
17	ALARM_HYS				4	
18	HI_HI_LIM				4	
19	HI_LIM				4	
20	LO_LIM				4	
21	LO_LO_LIM				4	
22	HI_HI_ALM					
23	HI_ALM					
24	LO_ALM					
25	LO_LO_ALM					
视图对象的字节总数(+标准参数字节数)			5+13	5+13	31+46	保留

7.4 转换块

7.4.1 概述

转换块(TB)包括测量特定参数。在本行规中定义了可供选择的测量原则。图 40 中给出了所选择的原则。

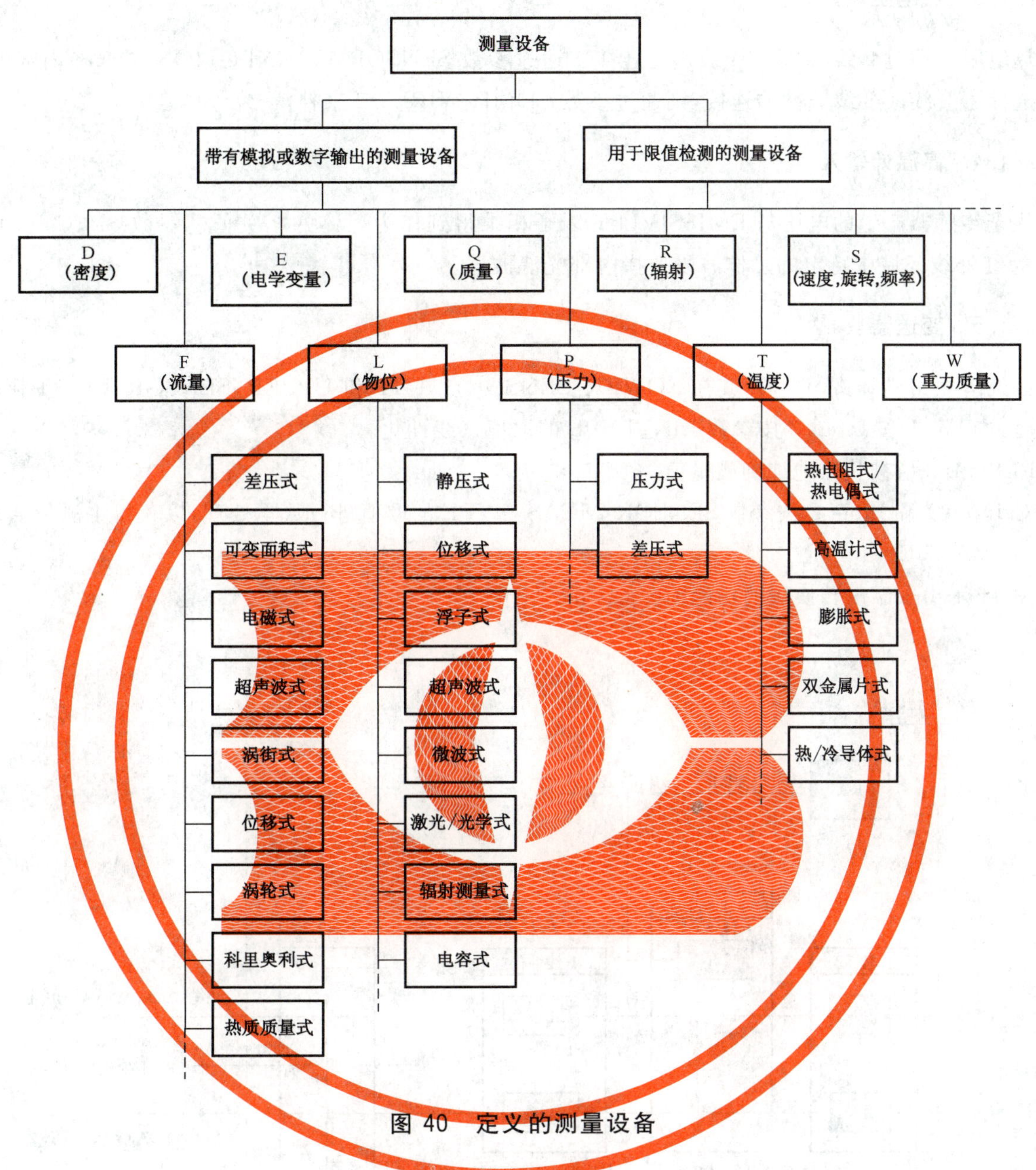

图 40 定义的测量设备

7.4.2 温度

7.4.2.1 温度转换块

7.4.2.1.1 温度转换块概述

在 7.4.2 中,通过三种不同的基本元件,热电偶(thermocouple)、热电阻(thermoresistance)和高温计(pyrometer),描述了过程控制中所使用的温度测量的特殊方面。图 41 提供了温度转换块的功能图。

7.4.2.1.2 热电偶输入

从热电偶产生的电压通过参考端值(内部值或固定值 EXTERNAL_RJ_VALUE)进行补偿。补偿类型取决于 RJ_TYPE 参数的取值。

7.4.2.1.3 热电阻输入

热电阻可通过2线、3线或4线进行连接。通过参数SENSOR_CONNECTION来选择内部电路。如果选择了2线或3线类型的连接，则通过参数COMP_WIRE1/2来补偿。

7.4.2.1.4 高温计输入

从光传感器产生的电压与EMISSIVITY因子相乘得到作为黑体的相关值。参数SPECT_FILT_SET为红外线区域中特定的工作波段选择内部光滤波器。

7.4.2.1.5 变送器块

在处理短路或开路，并判断其在LOWER_SENSOR_LIMIT和UPPER_SENSOR_LIMIT限定范围之后，Input 1和Input 2按参数LIN_TYPE的取值来线性化。

BIAS_1/2值被代数地加到测量值。

对Input 1和Input 2按参数SENSOR_MEAS_TYPE的取值进行数学处理，以获得主测量值PRIMARY_VALUE。

图41示出了温度转换块的功能图。

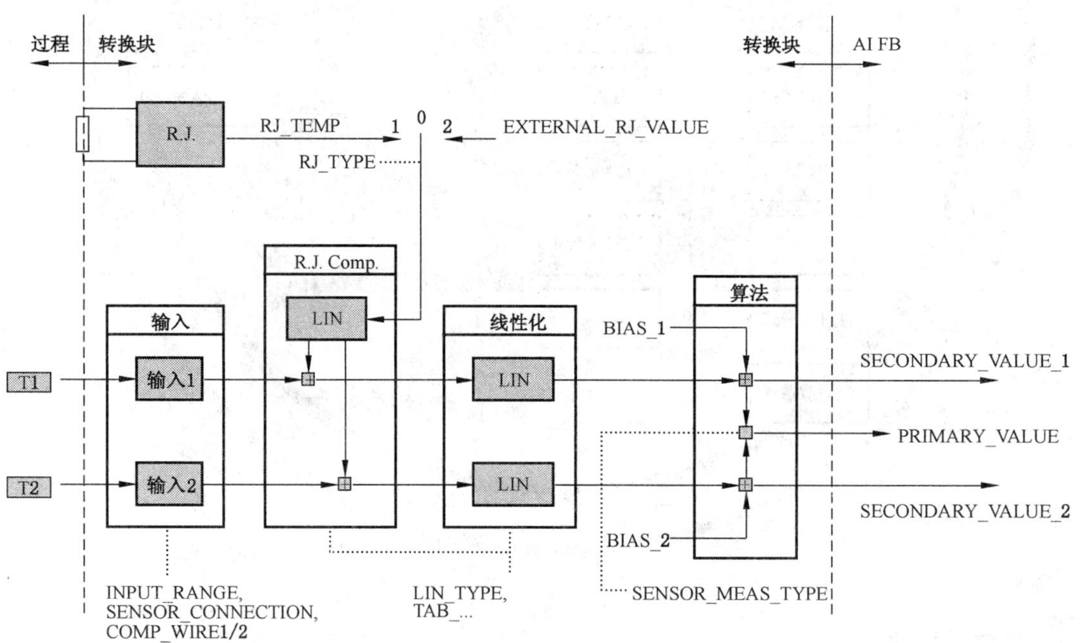

图41 温度转换块的功能图

在光学高温计变换器中可能有更多功能，例如峰值采集探测器或跟踪和保持功能。

7.4.2.2 温度转换块的参数描述

7.4.2.2.1 温度转换块的通用参数描述

温度转换块的通用参数描述见表151。

表 151 温度转换块的通用参数描述

参 数	描 述
BIAS_1	偏差(修正值),它可被代数地加到通道 1 的过程值上。 BIAS_1 的单位是 PRIMARY_VALUE_UNIT
BIAS_2	偏差(修正值),它可被代数地加到通道 2 的过程值上。 BIAS_2 的单位是 PRIMARY_VALUE_UNIT
INPUT_FAULT_GEN	输入故障:涉及所有值的差错诊断对象 0: 设备 OK Bit 0 RJ 错误 Bit 1 硬件错误 Bit 2～4 保留 Bit 5～7 制造商特定
INPUT_FAULT_1	输入故障:与 SV_1 有关的差错诊断对象 0: 输入 OK Bit 0 在范围内 Bit 1 超出范围 Bit 2 断线(lead breakage) Bit 3 短路 Bit 4～5 保留 Bit 6～7 制造商特定
INPUT_FAULT_2	输入故障:涉及 SV_2 的差错诊断对象 比特定义见 INPUT_FAULT_1
INPUT_RANGE	电气输入范围和模式。范围是制造商特定的,但如果一个输入模式支持一个以上的范围(例如,范围 1=0...400 Ω,范围 2=0...4 kΩ),则范围 n 小于范围 n+1。 通道 1 和通道 2 的 INPUT_RANGE 是相同的。 编码(其他编码被保留): 0: mV 范围 1 1: mV 范围 2 ... 9: mV 范围 10 128: Ω 范围 1 129: Ω 范围 2 ... 137: Ω 范围 10 192: mA 范围 1 193: mA 范围 2 ... 201: mA 范围 10 240: 制造商特定的 ... 249: 制造商特定的 250: 未使用 251: 无意义 252: 未知 253: 特殊 **注**:当使用编码 240～249(制造商特定)时,不可能实现可互换性

表 151（续）

参　　数	描　　述
LIN_TYPE	选择热电偶、Rtd、高温计的传感器类型或线性化类型(编码)。 详见表 50
LOWER_SENSOR_LIMIT	传感器的物理下限功能(例如 Pt100＝－200 ℃)和输入范围。在多通道测量的情况下(例如,差分测量),LOWER_SENSOR_LIMIT 是指一个通道的限值,而不是所计算的两个通道的限值。 LOWER_SENSOR_LIMIT 的单位是 PRIMARY_VALUE_UNIT
MIN_SENSOR_VALUE_1	保持最小的 SECONDARY_VALUE_1。其单位在 SECONDARY_VALUE_1 中定义
MAX_SENSOR_VALUE_2	见 MAX_SENSOR_VALUE_1
MIN_SENSOR_VALUE_2	见 MIN_SENSOR_VALUE_1
PRIMARY_VALUE	过程值,SECONDARY_VALUE_1/2 的函数。 PRIMARY_VALUE 的单位是 PRIMARY_VALUE_UNIT
PRIMARY_VALUE_UNIT	选择 PRIMARY_VALUE 和其他值的单位代码。 单位代码的最小集： 1000：　K （绝对温度） 1001：　℃ （摄氏度） 1002：　℉ （华氏度） 1003：　Rk（兰金） 根据所支持的 INPUT_RANGE 编码(当 LIN_TYPE＝0 时),应支持电学单位
SECONDARY_VALUE_1 (SV_1)	与通道 1 连接并由 BIAS_1 校正的过程值。 SECONDARY_VALUE_1 的单位是 PRIMARY_VALUE_UNIT
SECONDARY_VALUE_2 (SV_2)	与通道 2 连接并由 BIAS_2 校正的过程值。 SECONDARY_VALUE_2 的单位是 PRIMARY_VALUE_UNIT
SENSOR_MEAS_TYPE	计算 PRIMARY_VALUE(PV)的数学函数。 编码： 0：　PV＝SV_1 1：　PV＝SV_2 128：　PV＝SV_1-SV_2　差值 129：　PV＝SV_2-SV_1　差值 192：　PV＝1/2×(SV_1＋SV_2)　平均值 193：　PV＝1/2×(SV_1＋SV_2)　平均值,但若其中一个值有错误,则取另一个值(SV_1 或 SV_2) 194～219:保留 220～239:制造商特定 240～255:保留 **注：**如果未执行测量通道,则其相应的 SV_it 的状况应被设置为： "BAD- Passivated,constant"(如果使用浓缩状态)或 "BAD-out of service,constant"(如果使用经典状态)
SENSOR_WIRE_CHECK_1	启用传感器 1 的断线和短路检测。 有效值表： 0：　启用断线和短路检测 1：　启用断线检测,禁用短路检测 2：　禁用断线检测,启用短路检测 3：　禁用断线和短路检测

表 151（续）

参　　数	描　　述
SENSOR_WIRE_CHECK_2	启用传感器 2 的断线和短路检测 有效值见 SENSOR_WIRE_CHECK_1
TAB_ACTUAL_NUMBER	见表 50
TAB_ENTRY	见表 50
TAB_MAX_NUMBER	见表 50
TAB_MIN_NUMBER	见表 50
TAB_OP_CODE	见表 50
TAB_STATUS	见表 50
TAB_X_Y_VALUE	见表 50
UPPER_SENSOR_LIMIT	传感器的物理上限功能(例如 Pt100=850 ℃)和输入范围。在多通道测量的情况下(例如差分测量),UPPER_SENSOR_LIMIT 是指一个通道的限值,而不是所计算的两个通道的限值。 UPPER_SENSOR_LIMIT 的单位是 PRIMARY_VALUE_UNIT

7.4.2.2.2　热电偶设备的附加参数描述

热电偶设备温度转换块的参数描述见表 152。

表 152　热电偶设备温度转换块的参数描述

参　　数	描　　述
RJ_TEMP	参考端温度。RJ_TEMP 的单位是 PRIMARY_VALUE_UNIT。如果 PRIMARY_VALUE_UNIT 不是温度单位(例如 mV),则将 RJ_TEMP 的单位规定为℃
RJ_TYPE	选择内部的参考端为固定值。 编码: 0:无引用　　不使用补偿(例如,对于 TC 类型 B)。 1:内部　　参考端温度由设备本身通过内部或外部安装的传感器测量。 2:外部　　使用固定值 EXTERNAL_RJ_VALUE 进行补偿。参考端必须保持在恒温(例如通过参考端恒温器)
EXTERNAL_RJ_VALUE	外部参考端的固定温度值。EXTERNAL_RJ_VALUE 的单位是 PRIMARY_VALUE_UNIT。如果 PRIMARY_VALUE_UNIT 不是温度单位(例如 mV),则将 EXTERNAL_RJ_VALUE 的单位规定为℃

7.4.2.2.3　热电阻设备的附加参数描述

热电阻设备温度转换块的参数描述见表 153。

表 153　热电阻设备温度转换块的参数描述

参　　数	描　　述
SENSOR_CONNECTION	与传感器的连接方式,可选择 2 线、3 线和 4 线连接。 编码: 0:　2 线 1:　3 线 2:　4 线

表 153（续）

参　　数	描　　述
COMP_WIRE1	当热电阻 1 使用 2 线或 3 线连接时，用以补偿线路阻抗的值（单位为 Ω）
COMP_WIRE2	当热电阻 2 使用 2 线或 3 线连接时，用以补偿线路阻抗的值（单位为 Ω）

7.4.2.2.4　光学高温计设备的附加参数描述

光学高温计设备温度转换块的参数描述见表 154。

表 154　光学高温计设备温度转换块的参数描述

参　　数	描　　述
EMISSIVITY	辐射系数补偿：以百分数（0 至 100%）的值去补偿过程值作为黑体
PEAK_TRACK	选择是否插入正常测量，或峰值采集（3 种类型），或跟踪和保持。 编码： 0：　无峰值和无跟踪 1：　峰值“A” 2：　峰值“B” 3：　峰值“C”模式 1 4：　峰值“C”模式 2 5：　跟踪和保持
DECAY_RATE	以度每分为单位的衰减率（与峰值采集一起使用）
PEAK_TIME	峰值采集类型“C”的时间（单位：s）
TRACK_HOLD	跟踪测量和保持的逻辑值（仅使用跟踪和保持） 编码： 0：　保持 1：　跟踪
SPECT_FILT_SET	选择过滤器的类型。 编码： 0：　无选择 1：　过滤器 Nr. 1 2：　过滤器 Nr. 2 3：　过滤器 Nr. 3 ... N：过滤器 Nr. N

7.4.2.3　温度转换块的参数属性

7.4.2.3.1　温度转换块的通用参数属性

温度转换块通用参数的参数属性见表 155。

表 155 温度转换块通用参数的参数属性

相对索引	参数名称	对象类型	数据类型	存储	大小	访问	参数用法/传输类型	复位类别	缺省值	下载顺序	必备(M)/可选(O)(A类和B类)
...标准参数见"通用要求"											
附加的温度转换块参数											
8	PRIMARY_VALUE	Record	101	D	5	r	C/a	—			M
9	PRIMARY_VALUE_UNIT	Simple	Unsigned16	S	2	r,w	C/a	F		2	M
10	SECONDARY_VALUE_1	Record	101	D	5	r	C/a	—			M
11	SECONDARY_VALUE_2	Record	101	D	5	r	C/a	—			O
12	SENSOR_MEAS_TYPE	Simple	Unsigned8	S	1	r,w	C/a	F		3	M
13	INPUT_RANGE	Simple	Unsigned8	S	1	r,w	C/a	F		4	M
14	LIN_TYPE	见 2.2.7.2,表 51.								1	M
19	BIAS_1	Simple	Float	S	4	r,w	C/a	F	0.0	5	M
20	BIAS_2	Simple	Float	S	4	r,w	C/a	F	0.0		O
21	UPPER_SENSOR_LIMIT	Simple	Float	N	4	r	C/a	—			M
22	LOWER_SENSOR_LIMIT	Simple	Float	N	4	r	C/a	—			M
24	INPUT_FAULT_GEN	Simple	Unsigned8	D	1	r	C/a	—			M
25	INPUT_FAULT_1	Simple	Unsigned8	D	1	r	C/a	—			M
26	INPUT_FAULT_2	Simple	Unsigned8	D	1	r	C/a	—			O
27	SENSOR_WIRE_CHECK_1	Simple	Unsigned8	S	1	r,w	C/a	F			O
28	SENSOR_WIRE_CHECK_2	Simple	Unsigned8	S	1	r,w	C/a	F			O
29	MAX_SENSOR_VALUE_1	Simple	Float	N	4	r,w	C/a	I			O
30	MIN_SENSOR_VALUE_1	Simple	Float	N	4	r,w	C/a	I			O
31	MAX_SENSOR_VALUE_2	Simple	Float	N	4	r,w	C/a	I			O
32	MIN_SENSOR_VALUE_2	Simple	Float	N	4	r,w	C/a	I			O
33～44	...	见表 156,表 157 和表 158									
45	TAB_ENTRY	见表 51									O[a]
46	TAB_X_Y_VALUE	见表 51									O[a]
47	TAB_MIN_NUMBER	见表 51									O[a]
48	TAB_MAX_NUMBER	见表 51									O[a]
49	TAB_OP_CODE	见表 51									O[a]
50	TAB_STATUS	见表 51									O[a]
51	TAB_ACTUAL_NUMBER	见表 51									O[a]
52～61	PNO 保留										M
62	第 1 个制造商特定参数										O

[a] 如果支持 LIN_TYPE=1(线性化表),这些参数是必备的。

7.4.2.3.2 热电偶设备附加参数属性

热电偶设备附加参数的参数属性见表 156。

表 156 热电偶设备附加参数的参数属性

相对索引	参数名称	对象类型	数据类型	存储	大小	访问	参数用法/传输类型	复位类别	缺省值	下载顺序	必备(M)/可选(O)(A 类和 B 类)
...标准参数见"通用要求"											
...通用的温度转换块参数											
热电偶设备的附加参数											
33	RJ_TEMP	Simple	Float	D	4	r	C/a	—			O
34	RJ_TYPE	Simple	Unsigned8	S	1	r,w	C/a	F		6	M
35	EXTERNAL_RJ_VALUE	Simple	Float	S	4	r,w	C/a	F			O[a]
36~44	PI 保留[b]										

[a] 如果支持 RJ_TYPE=2(外部),则 EXTERNAL_RJ_VALUE 是必备的。

[b] 可以选择性地使用热电阻设备和光学高温计设备的附加参数。否则不得使用这些索引。

7.4.2.3.3 热电阻设备附加参数属性

热电阻设备附加参数的参数属性见表 157。

表 157 热电阻设备附加参数的参数属性

相对索引	参数名称	对象类型	数据类型	存储	大小	访问	参数用法/传输类型	复位类别	缺省值	下载顺序	必备(M)/可选(O)(A 类和 B 类)
...标准参数见"通用要求"											
...通用的温度转换块参数											
热电阻设备的附加参数											
33~35	PI 保留[a]										
36	SENSOR_CONNECTION	Simple	Unsigned8	S	1	r,w	C/a	F		7	M
37	COMP_WIRE1	Simple	Float	S	4	r,w	C/a	F	0.0	8	M
38	COMP_WIRE2	Simple	Float	S	4	r,w	C/a	F	0.0		O[b]
39~44	PI 保留[c]										

[a] 可以选择性地使用热电偶设备的附加参数。否则不得使用这些索引。

[b] 如果支持 SENSOR_MEAS_TYPE≥128,则 COMP_WIRE2 是必备的。

[c] 可以选择性地使用光学高温计设备的附加参数。否则不得使用这些索引。

7.4.2.3.4 光学高温计设备附加参数的参数属性

光学高温计设备附加参数的参数属性见表 158。

表 158 光学高温计设备附加参数的参数属性

相对索引	参数名称	对象类型	数据类型	存储	大小	访问	参数用法/传输类型	复位类别	缺省值	下载顺序	必备(M)/可选(O)(A 类和 B 类)
...标准参数见"通用要求"											
...通用的温度转换块参数											
附加的光学高温计设备参数											
33～38	PI 保留[a]										
39	EMISSIVITY	Simple	Float	S	4	r,w	C/a	F	100.0	9	M
40	PEAK_TRACK	Simple	Unsigned8	S	1	r,w	C/a	F	0	10	M
41	DECAY_RATE	Simple	Float	S	4	r,w	C/a	F		11	M
42	PEAK_TIME	Simple	Float	S	4	r,w	C/a	F		12	M
43	TRACK_HOLD	Simple	Unsigned8	S	1	r,w	C/a	F	0	13	M
44	SPECT_FILT_SET	Simple	Unsigned8	S	1	r,w	C/a	F	0	14	M

[a] 可以选择性地使用热电偶设备和热电阻设备的附加参数。否则不得使用这些索引。

7.4.2.4 温度转换块的视图对象

温度转换块的视图对象见表 159。

表 159 温度转换块的视图对象

			访问			
			r	r	r,w	保留
相对索引	参数名称	替代值	View_1	View_2	View_3	View_4
8	PRIMARY_VALUE		5	5		
9	PRIMARY_VALUE_UNIT			2	2	
10	SECONDARY_VALUE_1			5		
11	SECONDARY_VALUE_2			5		
12	SENSOR_MEAS_TYPE			1	1	
13	INPUT_RANGE				1	
14	LIN_TYPE				1	
19	BIAS_1				4	
20	BIAS_2				4	
21	UPPER_SENSOR_LIMIT			4		

表 159（续）

			访问			
			r	r	r，w	保留
相对索引	参数名称	替代值	View_1	View_2	View_3	View_4
22	LOWER_SENSOR_LIMIT			4		
24	INPUT_FAULT_GEN		1	1		
25	INPUT_FAULT_1		1	1		
26	INPUT_FAULT_2			1		
27	SENSOR_WIRE_CHECK_1				1	
28	SENSOR_WIRE_CHECK_2				1	
29	MAX_SENSOR_VALUE_1			4		
30	MIN_SENSOR_VALUE_1			4		
31	MAX_SENSOR_VALUE_2			4		
32	MIN_SENSOR_VALUE_2			4		
33	RJ_TEMP			4		
34	RJ_TYPE			1	1	
35	EXTERNAL_RJ_VALUE			4	4	
36	SENSOR_CONNECTION				1	
37	COMP_WIRE1					
38	COMP_WIRE2					
39	EMISSIVITY				4	
40	PEAK_TRACK				1	
41	DECAY_RATE				4	
42	PEAK_TIME				4	
43	TRACK_HOLD				1	
44	SPECT_FILT_SET				1	
45	TAB_ENTRY					
46	TAB_X_Y_VALUE					
47	TAB_MIN_NUMBER					
48	TAB_MAX_NUMBER					
49	TAB_OP_CODE					
50	TAB_STATUS					
51	TAB_ACTUAL_NUMBER					
视图对象的字节总数(＋标准参数字节数)			7＋13	54＋13	36＋36	保留

7.4.3 压力

7.4.3.1 压力转换块

7.4.3.1.1 概述

本节描述在过程控制中所使用的压力测量的特殊方面。

标准压力行规描述了压力测量通用的基本参数集和特性。这里所描述的转换器限于单一类型的测量。

压力转换器使用主传感器数据和参数计算其输出。可使用下列步骤对此类计算进行模型化:制造商特定的信号补偿和线性化处理、整理、限值检查、主值对工程单位的转换和报警处理。

图 42 示出了压力转换块。

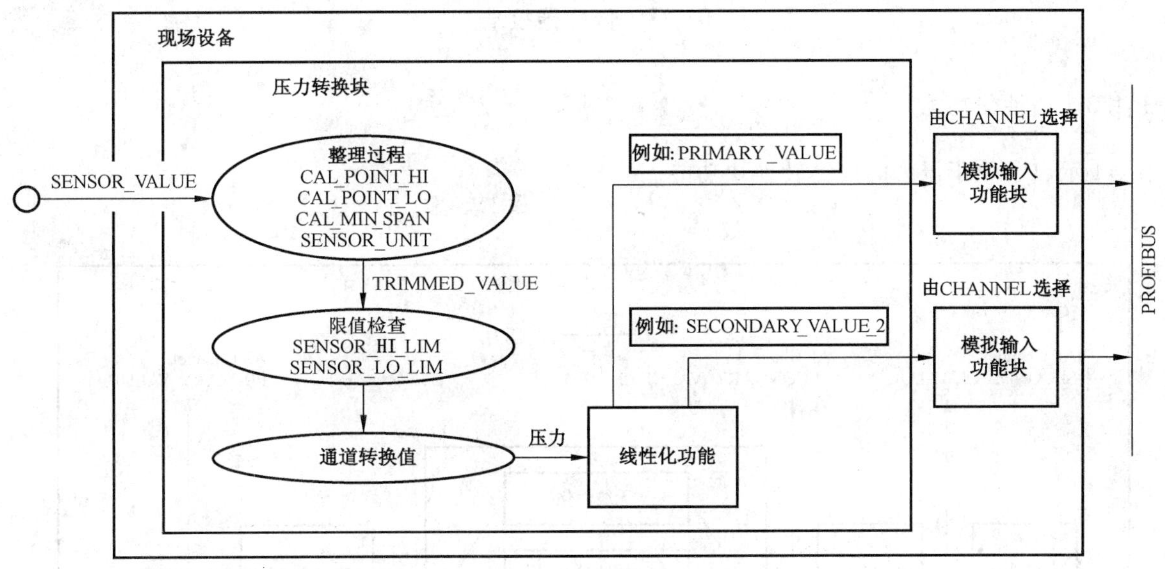

图 42 压力转换块

7.4.3.1.2 校准(Calibration)

本条为压力变送器的公共用户校准方法推荐参数。

校准过程用于使读取的通道值与所应用的输入相匹配。传感器本身的校准是出厂前完成的,因此是不可改变的。为组态此过程需定义 6 个参数,即:CAL_POINT_HI、CAL_POINT_LO、CAL_MIN_SPAN、SENSOR_UNIT、SENSOR_HI_LIM 和 SENSOR_LO_LIM。参数 CAL_* 定义了此传感器的最高、最低校准值,以及校准的最小允许跨度值(如果必要)。SENSOR_UNIT 允许用户为校准选择不同于由 PRIMARY_VALUE_UNIT 定义的单位。

根据所使用的参数 SENSOR_UNIT,如图 43 中所示,参数 SENSOR_HI_LIM 和 SENSOR_LO_LIM 定义了传感器能够测量的最大值和最小值。

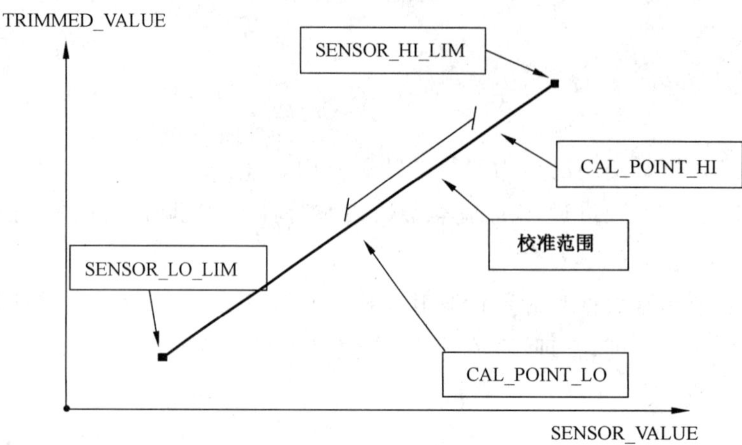

图 43 传感器校准

7.4.3.1.3 线性化功能

图 44 示出了关于压力的压力转换块功能。

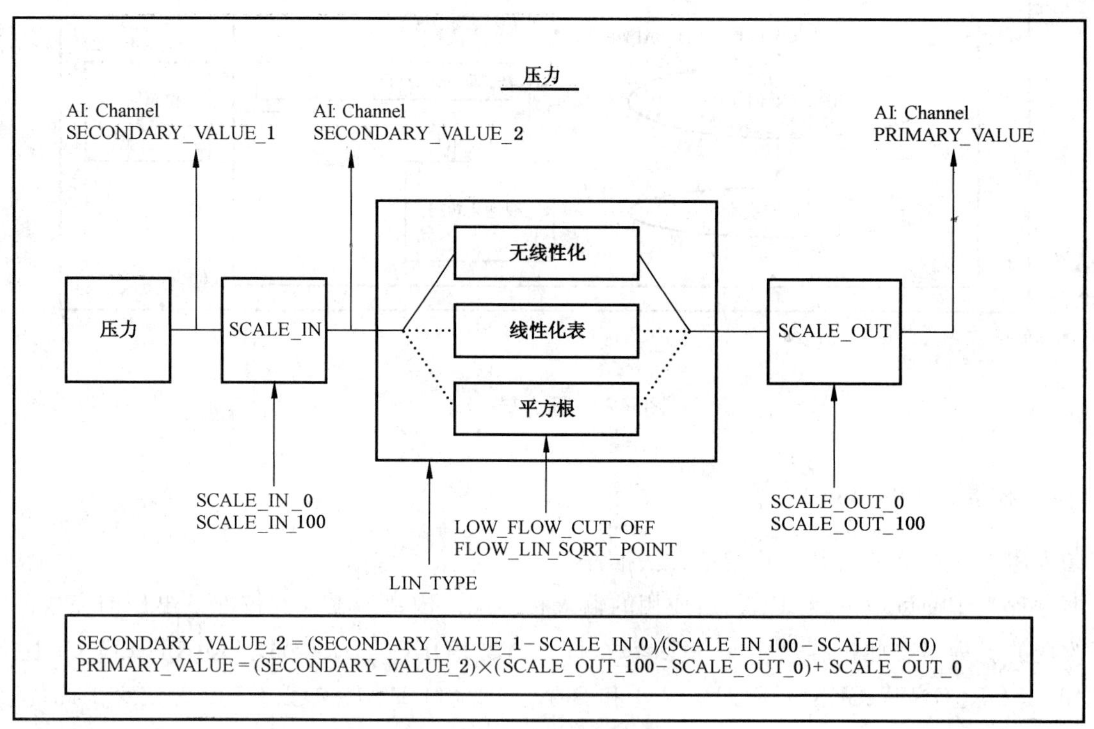

图 44 压力转换块功能:压力

图 45 示出了关于流量的压力转换块功能。

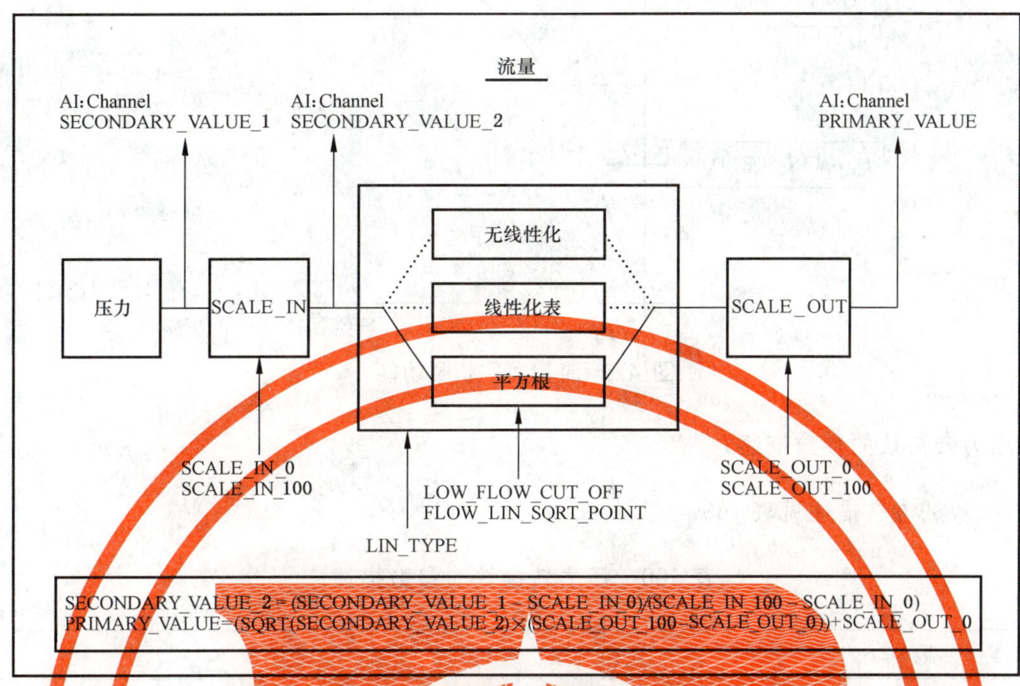

图 45 压力转换块功能:流量

图 46 示出了关于物位的压力转换块功能。

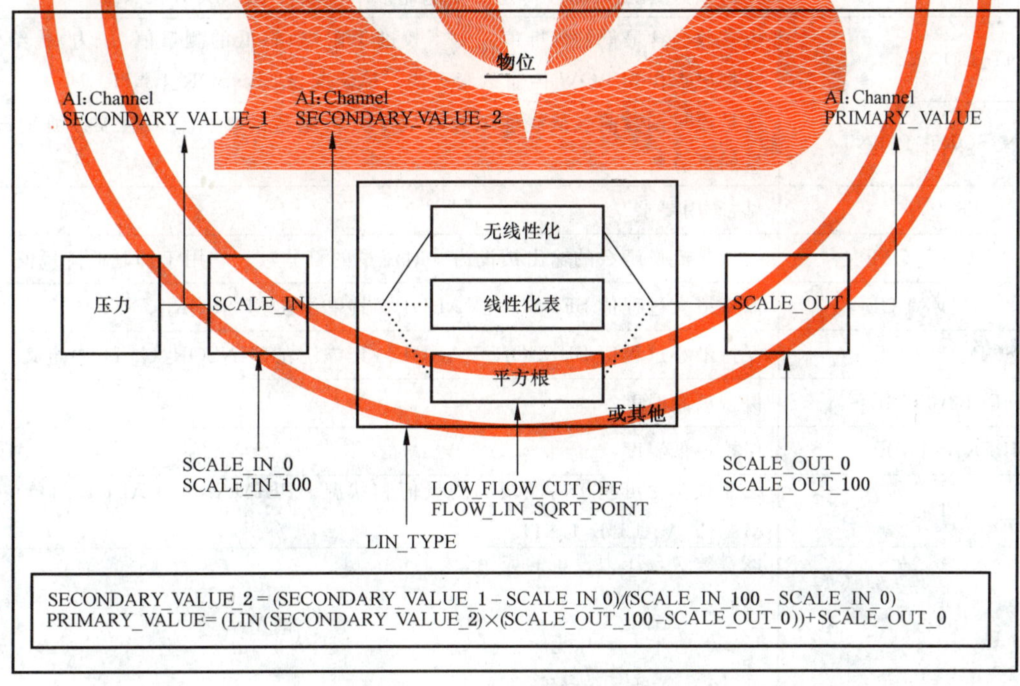

图 46 压力转换块功能:物位

图 47 示出了流量的平方根功能。

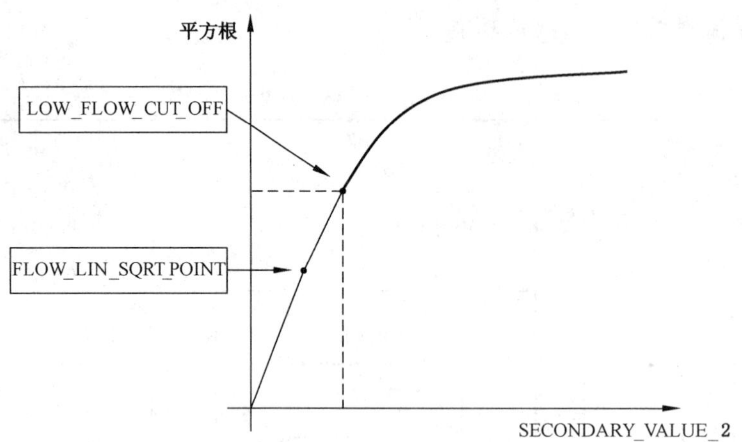

图 47 流量:平方根功能

7.4.3.2 压力转换块的参数描述

压力转换块的参数描述见表 160。

表 160 压力转换块的参数描述

参 数	描 述
CAL_MIN_SPAN	该参数包含所允许的最小校准跨度值。为了保证当完成校准时,两个校准点(高和低)不会相距太近,此最小跨度信息是必须的。单位取自 SENSOR_UNIT
CAL_POINT_HI	该参数包含最高的校准值。为了校准上限点,将高的测量值(压力)传给传感器,并将该点作为 HIGH 传送给变送器。单位取自 SENSOR_UNIT
CAL_POINT_LO	该参数包含最低的校准值。为了校准下限点,将低的测量值(压力)传给传感器,并将该点作为 LOW 传输给变送器。单位取自 SENSOR_UNIT
FLOW_LIN_SQRT_POINT	这是流量函数曲线从线性函数转成平方根函数的转折点。输入必须是归一化流量的百分数
LIN_TYPE	见“通用要求”
LOW_FLOW_CUT_OFF	该点是流量函数的输出被设为 0 时流量的百分数。它用于抑制低流量值
MAX_SENSOR_VALUE	保持最大过程值 SENSOR_VALUE。其单位在 SENSOR_UNIT 中定义
MIN_SENSOR_VALUE	保持最小过程值 SENSOR_VALUE。其单位在 SENSOR_UNIT 中定义
MAX_TEMPERATURE	保持最高温度
MIN_TEMPERATURE	保持最低温度
PRIMARY_VALUE	该参数包含可用于功能块的测量值和状况。PRIMARY_VALUE 的单位是 PRIMARY_VALUE_UNIT
PRIMARY_VALUE_TYPE	该参数包含压力设备的应用。 编码: 0: 压力 1: 流量 2: 物位 3: 体积 4～127: 保留 > 128: 制造商特定的

表 160(续)

参　　数	描　　述
PRIMARY_VALUE_UNIT	该参数包含依据 PRIMARY_VALUE_TYPE 的主值(PV)的工程单位代码。在这些设备内的 PRIMARY_VALUE_UNIT 的自动调整是可选的。 压力的单位代码的最小集合为:kPa(1133),bar(1137),psi(1141),inHg(1155)。如果设备支持流量测量或物位测量,则也必须支持相应的单位。体积流量单位代码的最小集合是:m^3/h(1349),L/s(1351),ft^3/min(1357),gal/min(1363)。质量流量单位代码的最小集合是:kg/s(1322),lb/s(1330)。物位单位代码的最小集合是:%(1342),m(1010),ft(1018)。体积单位代码的最小集合是:m^3(1034),L(1038),ft^3(1043),gal(1048)。上述代码符合"通用要求"中给出的单位代码表
PROCESS_ CONNECTION_MATERIAL	该参数包含过程连接材料的索引编码。该编码符合"通用要求"中给出的材料代码表
PROCESS_ CONNECTION_TYPE	该参数包含过程连接类型的材料编码。该索引编码是制造商特定的
SCALE_IN	这是使用高、低标度值将压力转换成 SECONDARY_VALUE_2 的输入转换。相关单位是 SECONDARY_VALUE_1_UNIT
SCALE_OUT	这是使用高、低标度值进行线性化值的输出转换。相关单位是 PRIMARY_VALUE_UNIT。它符合"通用要求"中给出的单位代码表
SECONDARY_VALUE_1	该参数包含可用于功能块的压力值和状况
SECONDARY_VALUE_1_UNIT	该参数包含 SECONDARY_VALUE_1 的压力单位。压力单位代码的最小集合是:kPa(1133),bar (1137),psi(1141),inHg(1155)。它符合"通用要求"中给出的单位代码表
SECONDARY_VALUE_2	该参数包含输入定标后的测量值以及对功能块可用的状况。该参数包含无工程单位的归一化的压力值
SECONDARY_VALUE_2_UNIT	该参数包含 SECONDARY_VALUE_2 的单位。它固定为"无意义",即该参数的值等于 1997
SENSOR_DIAPHRAGM_ MATERIAL	该参数包含与过程介质接触的隔膜材料的索引编码
SENSOR_FILL_FLUID	该参数包含传感器内填充液体的索引编码。该索引编码是制造商特定的
SENSOR_HI_LIM	该参数包含传感器的上限值。单位取自 SENSOR_UNIT
SENSOR_LO_LIM	该参数包含传感器的下限值。单位取自 SENSOR_UNIT
SENSOR_MAX_STATIC_ PRESSURE	该参数包含传感器的最大静压值。单位取自 SENSOR_UNIT
SENSOR_O_RING_ MATERIAL	该参数包含在隔膜与过程连接之间的 O 型圈材料的索引编码
SENSOR_SERIAL_ NUMBER	该参数包含传感器序列号
SENSOR_TYPE	该参数包含制造商特定表格中所描述的传感器类型的索引代码
SENSOR_UNIT	该参数包含用于校准值的工程单位的索引代码。SENSOR_UNIT 应为压力装置的可互换部分的子集
SENSOR_VALUE	该参数包含传感器的原始值。这是来自传感器的未校准的测量值,单位取自 SENSOR_UNIT
TAB_ACTUAL_NUMBER	见表 50
TAB_INDEX	见表 50
TAB_MAX_NUMBER	见表 50
TAB_MIN_NUMBER	见表 50

表 160（续）

参　数	描　述
TAB_OP_CODE	见表 50
TAB_STATUS	见表 50
TAB_X_Y_VALUE	见表 50
TEMPERATURE	该参数包含温度(例如用于测量补偿的传感器温度)以及在转换器内使用的相关状况。TEMPERATURE 的单位是 TEMPERATURE_UNIT
TEMPERATURE_UNIT	该参数包含温度的单位。温度单位代码的最小集合是：K(1000)，℃(1001)，℉(1002)。这些编码符合"通用要求"中给出的单位代码表
TRIMMED_VALUE	该参数包含调整处理之后传感器的值。单位取自 SENSOR_UNIT

7.4.3.3 压力转换块的参数属性

压力转换块的参数属性见表 161。

表 161　压力转换块的参数属性

相对索引	参数名称	对象类型	数据类型	存储	大小	访问	参数用法/传输类型	复位类别	缺省值	下载顺序	必备(M)/可选(O)(A 类和 B 类)
...标准参数见"通用要求"											
附加的压力转换块参数											
8	SENSOR_VALUE	Simple	Float	D	4	r	C/a	—	—	—	M (B)
9	SENSOR_HI_LIM	Simple	Float	N	4	r	C/a	—	—	—	M (B)
10	SENSOR_LO_LIM	Simple	Float	N	4	r	C/a	—	—	—	M (B)
11	CAL_POINT_HI	Simple	Float	S	4	r,w	C/a	F	—	—	M (B)
12	CAL_POINT_LO	Simple	Float	S	4	r,w	C/a	F	—	—	M (B)
13	CAL_MIN_SPAN	Simple	Float	N	4	r	C/a	—	—	—	M (B)
14	SENSOR_UNIT	Simple	Unsigned16	S	2	r,w	C/a	F	—	2	M (B)
15	TRIMMED_VALUE	Record	101	D	5	r	C/a	—	—	—	M (B)
16	SENSOR_TYPE	Simple	Unsigned16	N	2	r	C/a	—	—	—	M (B)
17	SENSOR_SERIAL_NUMBER	Simple	Unsigned32	N	4	r	C/a	—	—	—	M (B)
18	PRIMARY_VALUE	Record	101	D	5	r	C/a	—	—	—	M (B)
19	PRIMARY_VALUE_UNIT	Simple	Unsigned16	S	2	r,w	C/a	F	—	3	M (B)
20	PRIMARY_VALUE_TYPE	Simple	Unsigned16	S	2	r,w	C/a	I	—	—	M (B)
21	SENSOR_DIAPHRAGM_MATERIAL	Simple	Unsigned16	S	2	r,w	C/a	I	—	—	O (B)
22	SENSOR_FILL_FLUID	Simple	Unsigned16	S	2	r,w	C/a	I	—	—	O (B)
23	SENSOR_MAX_STATIC_PRESSURE	Simple	Float	N	4	r	C/a	—	—	—	O (B)
24	SENSOR_O_RING_MATERIAL	Simple	Unsigned16	S	2	r,w	C/a	I	—	—	O (B)

表 161(续)

相对索引	参数名称	对象类型	数据类型	存储	大小	访问	参数用法/传输类型	复位类别	缺省值	下载顺序	必备(M)/可选(O)(A类和B类)
25	PROCESS_CONNECTION_TYPE	Simple	Unsigned16	S	2	r,w	C/a	I	—	—	O (B)
26	PROCESS_CONNECTION_MATERIAL	Simple	Unsigned16	S	2	r,w	C/a	I	—	—	O (B)
27	TEMPERATURE	Record	101	D	5	r	C/a	—	—	—	O (B)
28	TEMPERATURE_UNIT	Simple	Unsigned16	S	2	r,w	C/a	F	—	4	O (B)
29	SECONDARY_VALUE_1	Record	101	D	5	r	C/a	—	—	—	O (B)
30	SECONDARY_VALUE_1_UNIT	Simple	Unsigned16	S	2	r,w	C/a	F	—	5	O (B)
31	SECONDARY_VALUE_2	Record	101	D	5	r	C/a	—	—	—	O (B)
32	SECONDARY_VALUE_2_UNIT	Simple	Unsigned16	S	2	r,w	C/a	F	—	6	O (B)
33	LIN_TYPE	见 2.2.7.2,表 51								1	M (B)
34	SCALE_IN	Array	Float[b]	S	8	r,w	C/a	F	—	7	O (B)
35	SCALE_OUT	Array	Float[b]	S	8	r,w	C/a	F	—	8	O (B)
36	LOW_FLOW_CUT_OFF	Simple	Float	S	4	r,w	C/a	F	—	—	O (B)
37	FLOW_LIN_SQRT_POINT	Simple	Float	S	4	r,w	C/a	F	—	—	O (B)
38	TAB_ACTUAL_NUMBER	见表 51	—	O(B)[a]							
39	TAB_ENTRY	见表 51	—	O(B)[a]							
40	TAB_MAX_NUMBER	见表 51	—	O(B)[a]							
41	TAB_MIN_NUMBER	见表 51	—	O(B)[a]							
42	TAB_OP_CODE	见表 51	—	O(B)[a]							
43	TAB_STATUS	见表 51	—	O(B)[a]							
44	TAB_X_Y_VALUE	见表 51	—	O(B)[a]							
45	MAX_SENSOR_VALUE	Simple	Float	N	4	r,w	C/a	I	—	—	O (B)
46	MIN_SENSOR_VALUE	Simple	Float	N	4	r,w	C/a	I	—	—	O (B)
47	MAX_TEMPERATURE	Simple	Float	N	4	r,w	C/a	I	—	—	O (B)
48	MIN_TEMPERATURE	Simple	Float	N	4	r,w	C/a	I	—	—	O (B)
49~58	PNO 保留	—	—	—	—	—	—		—	—	—

[a] 如果支持 LIN_TYPE=1(线性化表),则这些参数是必备的。

[b] 第 1 个浮点值:与 100%对应的 EU 值,第 2 个浮点值:与 0%对应的 EU 值。

7.4.3.4 压力转换块的视图对象

压力转换块的视图对象见表 162。

表 162 压力转换块的视图对象

			访问			
			r	r	r,w	保留
相对索引	参数名称	替代值	View_1	View_2	View_3	View_4
8	SENSOR_VALUE			4		
9	SENSOR_HI_LIM			4		
10	SENSOR_LO_LIM			4		
11	CAL_POINT_HI			4		
12	CAL_POINT_LO			4		
13	CAL_MIN_SPAN			4		
14	SENSOR_UNIT			2	2	
15	TRIMMED_VALUE			4		
16	SENSOR_TYPE			2		
17	SENSOR_SERIAL_NUMBER			4		
18	PRIMARY_VALUE		5	5		
19	PRIMARY_VALUE_UNIT			2	2	
20	PRIMARY_VALUE_TYPE			2	2	
21	SENSOR_DIAPHRAGM_MATERIAL				2	
22	SENSOR_FILL_FLUID				2	
23	SENSOR_MAX_STATIC_PRESSURE			4		
24	SENSOR_O_RING_MATERIAL				2	
25	PROCESS_CONNECTION_TYPE				2	
26	PROCESS_CONNECTION_MATERIAL				2	
27	TEMPERATURE			5		
28	TEMPERATURE_UNIT			2	2	
29	SECONDARY_VALUE_1			5		
30	SECONDARY_VALUE_1_UNIT			2		
31	SECONDARY_VALUE_2			5		
32	SECONDARY_VALUE_2_UNIT			2		
33	LIN_TYPE				1	
34	SCALE_IN				8	
35	SCALE_OUT				8	
36	LOW_FLOW_CUT_OFF				4	
37	FLOW_LIN_SQRT_POINT				4	
38	TAB_ACTUAL_NUMBER					
39	TAB_INDEX					
40	TAB_MAX_NUMBER					
41	TAB_MIN_NUMBER					
42	TAB_OP_CODE					
43	TAB_STATUS					
44	TAB_X_Y_VALUE					
45	MAX_SENSOR_VALUE			4		
46	MIN_SENSOR_VALUE			4		
47	MAX_TEMPERATURE			4		
48	MIN_TEMPERATURE			4		
视图对象的字节总数(+ 标准参数字节数)			5+13	86+13	43+36	保留

7.4.3.5 压力设备的动态变量分配

压力设备的动态变量分配见表 163。

表 163 压力设备的动态变量分配

应用	转换器输出			
PRIMARY_VALUE_TYPE	PRIMARY_VALUE	SECONDARY_VALUE_1	SECONDARY_VALUE_2	TEMPERATURE
压力	压力	—	—	温度
流量	流量	压力	—	温度
物位	物位	压力	—	温度
体积	体积	压力	归一化压力	温度

7.4.4 物位

7.4.4.1 物位转换块概述

物位转换块描述了物位设备的基本参数集。图 48 定义了这些参数的基本功能关系。

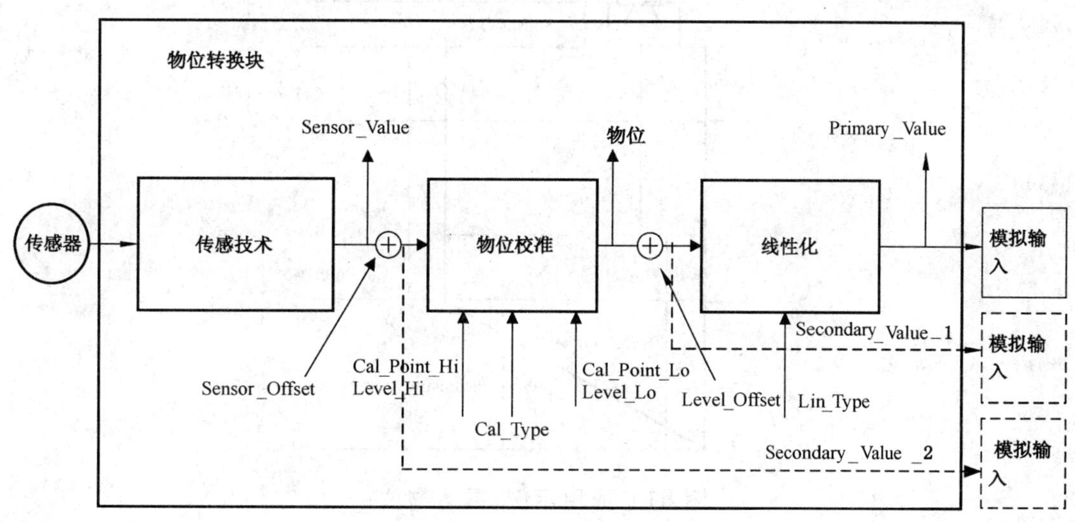

图 48 物位转换块的功能图

图 49 示出了物位校准传递函数。

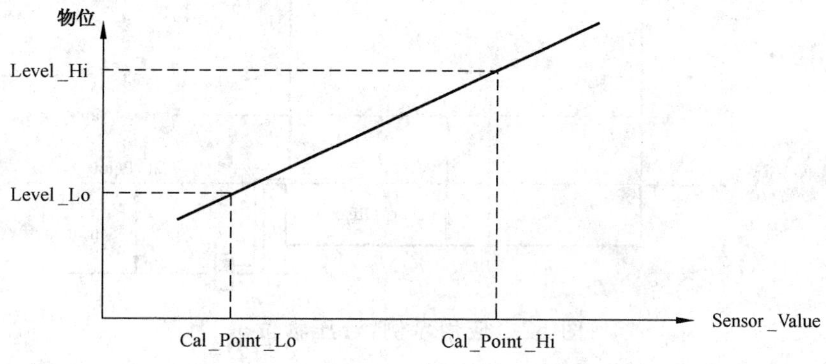

图 49 物位校准传递函数

图 50 示出了线性化功能图。

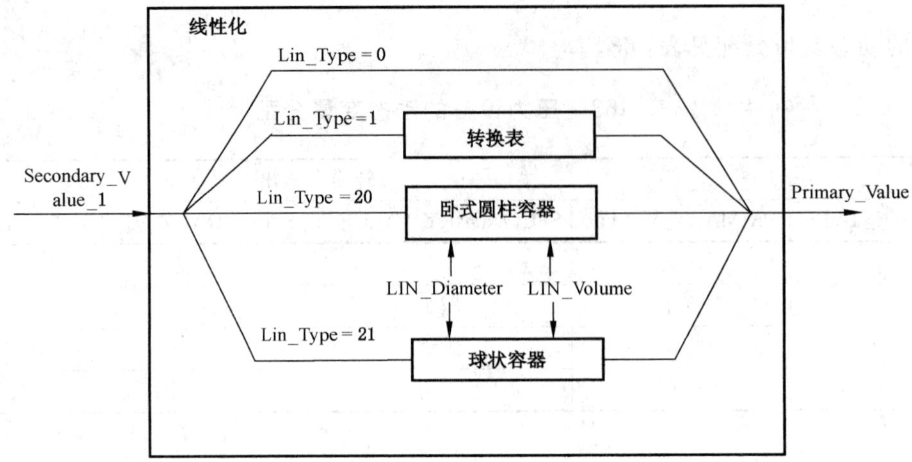

图 50 线性化功能图

图 51 给出一个雷达物位的应用示例。

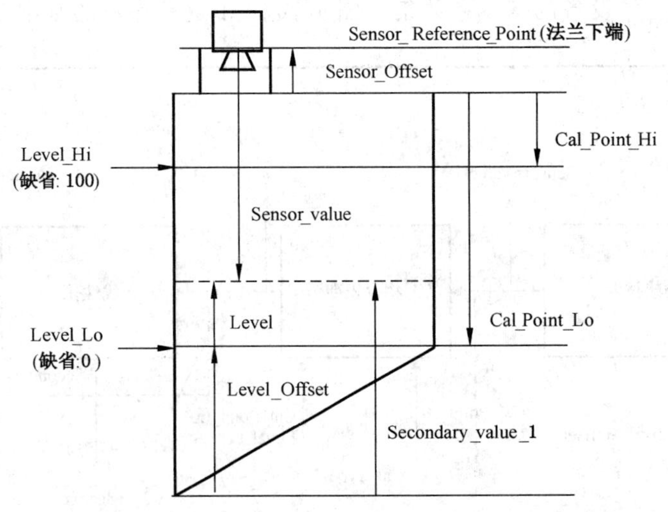

图 51 应用示例：雷达物位

图 52 给出一个液压物位的应用示例。

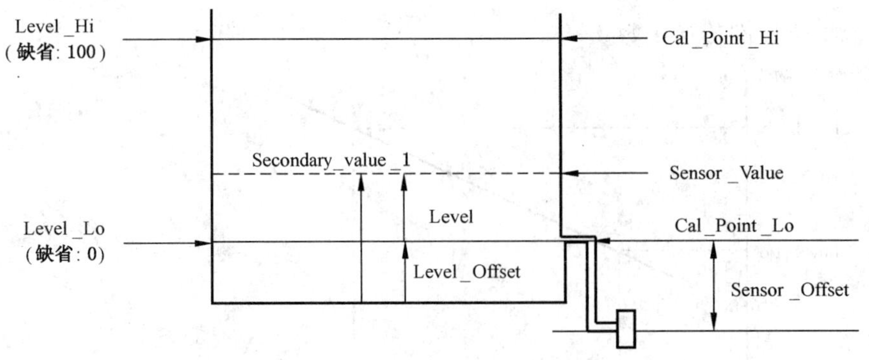

图 52 应用示例：液压物位

液压物位设备可以在线或离线校准(SENSOR_VALUE 用于物位校准；CAL_TYPE ＝ 1，在线)。

图 53 给出一个电容物位的应用示例。

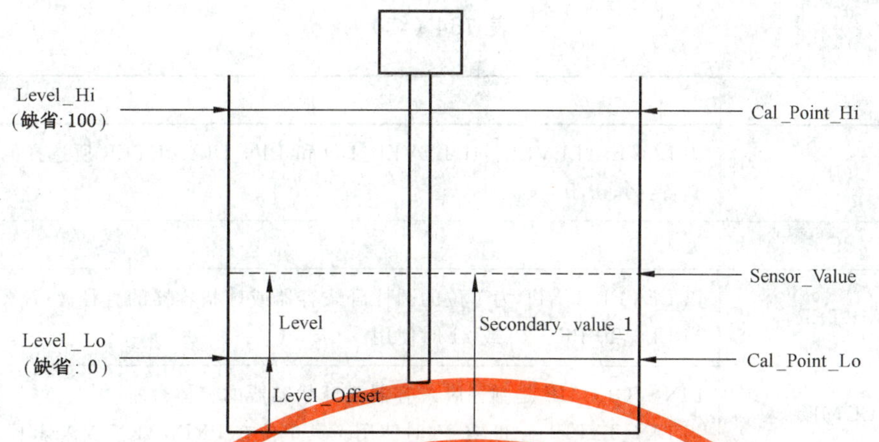

图 53 应用示例:电容物位

电容物位设备需在线校准(SENSOR_VALUE 用于物位校准;CAL_TYPE = 1,在线)。

7.4.4.2 物位转换块的参数描述

物位转换块的参数描述见表 164。

表 164 物位转换块的参数描述

参数	描述
CAL_POINT_HI	CAL_POINT_HI 是 SENSOR_VALUE 的高校准点。它对应于 LEVEL_HI。其单位在 SENSOR_UNIT 中定义
CAL_POINT_LO	CAL_POINT_LO 是 SENSOR_VALUE 的低校准点。它对应于 LEVEL_LO。其单位在 SENSOR_UNIT 中定义
CAL_TYPE	定义校准类型。 编码: 0: 离线;传感器的值对物位校准无影响。对于雷达设备是必备的。 1: 在线;传感器的当前值决定物位校准
LEVEL	由 SENSOR_VALUE 经线性转换直接导出的物位,该线性转换通过使用 LEVEL_HI、LEVEL_LO、CAL_POINT_HI、CAL_POINT_LO 和 LEVEL_OFFSET 实现。其单位在 LEVEL_UNIT 中定义
LEVEL_HI	LEVEL_HI 是处于 CAL_POINT_HI 时的物位值。其单位在 LEVEL_UNIT 中定义。 在写入 LEVEL_HI 和 CAL_TYPE = 1 时,CAL_POINT_HI 自动被设为 SENSOR_VALUE
LEVEL_LO	LEVEL_LO 是处于 CAL_POINT_LO 时的物位值。其单位在 LEVEL_UNIT 中定义。 在写入 LEVEL_LO 和 CAL_TYPE = 1 时,CAL_POINT_LO 自动被设为 SENSOR_VALUE
LEVEL_OFFSET	LEVEL_OFFSET 是在物位校准的传送功能之后添加的常数偏移量。其单位在 LEVEL_UNIT 中定义

表 164(续)

参　数	描　述
LEVEL_UNIT	为 LEVEL、LEVEL_HI、LEVEL_LO 和 LIN_DIAMETER 所选择的单位代码。 必备:%,m,ft
LIN_TYPE	见表 50
LIN_DIAMETER	以 LEVEL_UNIT 为单位的圆柱卧式容器或球状容器的直径。 当 LIN_TYPE=20 或 21 时使用
LIN_VOLUME	LIN_VOLUME 是圆柱卧式容器或球状容器的整体容量。 当 LIN_TYPE = 20 或 21 时使用。其单位在 PRIMARY_VALUE_UNIT 中定义
MAX_SENSOR_VALUE	最大的过程值 SENSOR_VALUE。其单位在 SENSOR_UNIT 中定义
MIN_SENSOR_VALUE	最小的过程值 SENSOR_VALUE。其单位在 SENSOR_UNIT 中定义
MAX_TEMPERATURE	最大的过程温度
MIN_TEMPERATURE	最小的过程温度
PRIMARY_VALUE	PRIMARY_VALUE 是转换块的过程值和状况,它是模拟输入块的输入。当线性化类型=0 时,PRIMARY_VALUE 包含与物位相同的值。其单位在 PRIMARY_VALUE_UNIT 中定义
PRIMARY_VALUE_UNIT	为 PRIMARY_VALUE 和 LIN_VOLUME 所选择的单位代码。 必备:%,m,ft
SECONDARY_VALUE_1	SECONDARY_VALUE_1 是 LEVEL + LEVEL_OFFSET,以及转换块的状况。其单位在 SECONDARY_VALUE_1_UNIT 中定义。它能与第 2 个模拟输入块连接
SECONDARY_VALUE_1_UNIT	为 SECONDARY_VALUE_1 所选择的单位代码,与在 LEVEL_UNIT 中定义的相同。 必备:%,m,ft
SECONDARY_VALUE_2	SECONDARY_VALUE_2 是 SENSOR_VALUE + SENSOR_OFFSET,以及转换块的状况。其单位在 SECONDARY_VALUE_2_UNIT 中定义。它能与第 3 个模拟输入块连接
SECONDARY_VALUE_2_UNIT	为 SECONDARY_VALUE_2 所选择的单位代码,与在 SENSOR_UNIT 中定义的相同。 必备的压力单位:Pa,mbar,psi;必备的距离单位:m,ft
SENSOR_HIGH_LIMIT	传感器的过程上限,其单位在 SENSOR_UNIT 中定义
SENSOR_LOW_LIMIT	传感器的过程下限,其单位在 SENSOR_UNIT 中定义
SENSOR_OFFSET	SENSOR_OFFSET 是给 SENSOR_VALUE 添加的常数偏移量。其单位在 SENSOR_UNIT 中定义
SENSOR_UNIT	用于 SENSOR_VALUE、SENSOR_LOW_LIMIT、SENSOR_HIGH_LIMIT、AL_POINT_HI、CAL_POINT_LO、MAX_SENSOR_VALUE 和 MIN_SENSOR_VALUE 的单位。 必备的压力单位:Pa,mbar,psi;必备的距离单位:m,ft

表 164（续）

参　数	描　述
SENSOR_VALUE	传感器的物理值
TEMPERATURE	过程温度
TEMPERATURE_UNIT	温度单位。为 TEMPERATURE、MAX_TEMPERATURE、MAX_TEMPERATURE 所选择的单位编码
TAB_ENTRY	见表 50
LIN_TYPE	见表 50
TAB_X_Y_VALUE	见表 50
TAB_MIN_NUMBER	见表 50
TAB_MAX_NUMBER	见表 50
TAB_OP_CODE	见表 50
TAB_STATUS	见表 50
TAB_ACTUAL_NUMBER	见表 50

7.4.4.3 物位转换块的参数属性

物位转换块的参数属性见表 165。

表 165 物位转换块的参数属性

相对索引	参数名称	对象类型	数据类型	存储	大小	访问	参数用法/传输类型	复位类别	缺省值	下载顺序	必备(M)/可选(O)(A 类和 B 类)
...标准参数见“通用要求”											
附加的物位转换块参数											
8	PRIMARY_VALUE	Record	101	D	5	r	C/a	—	—	—	M (B)
9	PRIMARY_VALUE_UNIT	Simple	Unsigned16	S	2	r,w	C/a	F	%	2	M (B)
10	LEVEL	Simple	Float	D	4	r	C/a	—	—	—	M (B)
11	LEVEL_UNIT	Simple	Unsigned16	S	2	r,w	C/a	F	%	3	M (B)
12	SENSOR_VALUE	Simple	Float	D	4	r	C/a	—	—	—	M (B)
13	SENSOR_UNIT	Simple	Unsigned16	S	2	r,w	C/a	F	—	4	M (B)
14	SECONDARY_VALUE_1	Record	101	D	5	r	C/a	—	—	—	O (B)
15	SECONDARY_VALUE_1_UNIT	Simple	Unsigned16	S	2	r,w	C/a	F	—	—	O (B)

表 165（续）

相对索引	参数名称	对象类型	数据类型	存储	大小	访问	参数用法/传输类型	复位类别	缺省值	下载顺序	必备(M)/可选(O)(A类和B类)
16	SECONDARY_VALUE_2	Record	101	D	5	r	C/a	—	—	—	O (B)
17	SECONDARY_VALUE_2_UNIT	Simple	Unsigned16	S	2	r,w	C/a	F	—	—	O (B)
18	SENSOR_OFFSET	Simple	Float	S	4	r,w	C/a	F	0	5	M (B)
19	CAL_TYPE	Simple	Unsigned8	S	1	r,w	C/a	F	—	7[a]	M (B)
20	CAL_POINT_LO	Simple	Float	S	4	r,w	C/a	F	—	8[a]	M (B)
21	CAL_POINT_HI	Simple	Float	S	4	r,w	C/a	F	—	9[a]	M (B)
22	LEVEL_LO	Simple	Float	S	4	r,w	C/a	F	0	10[a]	M (B)
23	LEVEL_HI	Simple	Float	S	4	r,w	C/a	F	100	11[a]	M (B)
24	LEVEL_OFFSET	Simple	Float	S	4	r,w	C/a	F	0	6	M (B)
25	LIN_TYPE	见 2.2.7.2,表 51								1	M (B)
26	LIN_DIAMETER	Simple	Float	S	4	r,w	C/a	F	100	—	O (B)
27	LIN_VOLUME	Simple	Float	S	4	r,w	C/a	F	100	—	O (B)
28	SENSOR_HIGH_LIMIT	Simple	Float	C	4	r	C/a	—	—	—	O (B)
29	SENSOR_LOW_LIMIT	Simple	Float	C	4	r	C/a	—	—	—	O (B)
30	MAX_SENSOR_VALUE	Simple	Float	N	4	r,w	C/a	I	—	—	O (B)
31	MIN_SENSOR_VALUE	Simple	Float	N	4	r,w	C/a	I	—	—	O (B)
32	TEMPERATURE	Simple	Float	D	4	r	C/a	—	—	—	O (B)
33	TEMPERATURE_UNIT	Simple	Unsigned16	S	2	r,w	C/a	F	℃	—	O (B)
34	MAX_TEMPERATURE	Simple	Float	N	4	r,w	C/a	I	—	—	O (B)
35	MIN_TEMPERATURE	Simple	Float	N	4	r,w	C/a	I	—	—	O (B)
36	TAB_ENTRY	见表 51								—	O (B)[b]
37	TAB_X_Y_VALUE	见表 51								—	O (B)[b]
38	TAB_MIN_NUMBER	见表 51								—	O (B)[b]
39	TAB_MAX_NUMBER	见表 51								—	O (B)[b]
40	TAB_OP_CODE	见表 51								—	O (B)[b]
41	TAB_STATUS	见表 51								—	O (B)[b]
42	TAB_ACTUAL_NUMBER	见表 51								—	O (B)[b]

表 165（续）

相对索引	参数名称	对象类型	数据类型	存储	大小	访问	参数用法/传输类型	复位类别	缺省值	下载顺序	必备(M)/可选(O)(A 类和 B 类)
43～52	PI 保留										M (A,B)
53	第 1 个制造商特定参数										O (A,B)

[a] 仅当 CAL_TYPE ＝ 0 时才允许下载；

[b] 如果支持 LIN_TYPE ＝ 1（线性化表），则这些参数是必备的。

7.4.4.4 物位转换块的视图对象

物位转换块的视图对象见表 166。

表 166 物位转换块的视图对象

			访问			
			r	r	r,w	保留
相对索引	参数名称	替代值	view_1	view _2	view _3	view_4
8	PRIMARY_VALUE		5	5		
9	PRIMARY_VALUE_UNIT			2	2	
10	LEVEL		4	4		
11	LEVEL_UNIT			2	2	
12	SENSOR_VALUE			4		
13	SENSOR_UNIT			2	2	
14	SECONDARY_VALUE_1			5		
15	SECONDARY_VALUE_1_UNIT			2	2	
16	SECONDARY_VALUE_2			5		
17	SECONDARY_VALUE_2_UNIT			2	2	
18	SENSOR_OFFSET				4	
19	CAL_TYPE			1		
20	CAL_POINT_LO			4		
21	CAL_POINT_HI			4		
22	LEVEL_LO			4		
23	LEVEL_HI			4		
24	LEVEL_OFFSET				4	
25	LIN_TYPE				1	
26	LIN_DIAMETER				4	

表 166（续）

			访问			
			r	r	r,w	保留
相对索引	参数名称	替代值	view_1	view _2	view _3	view_4
27	LIN_VOLUME				4	
28	SENSOR_HIGH_LIMIT			4		
29	SENSOR_LOW_LIMIT			4		
30	MAX_SENSOR_VALUE			4		
31	MIN_SENSOR_VALUE			4		
32	TEMPERATURE			4		
33	TEMPERATURE_UNIT			2	2	
34	MAX_TEMPERATURE			4		
35	MIN_TEMPERATURE			4		
36	TAB_ENTRY					
37	TAB_X/Y_VALUE					
38	TAB_MIN_NUMBER					
39	TAB_MAX_NUMBER					
40	TAB_OP_CODE					
41	TAB_STATUS					
42	TAB_ACTUAL_NUMBER					
视图对象的字节总数(＋标准参数字节数)			9 ＋ 13	80 ＋ 13	29 ＋ 36	保留

7.4.5 流量

7.4.5.1 流量转换块概述

流量转换块描述流量设备的基本参数集。在7.4.5中描述了用于若干测量原理的必备参数集。图54示出了这些参数的功能性相互关系。

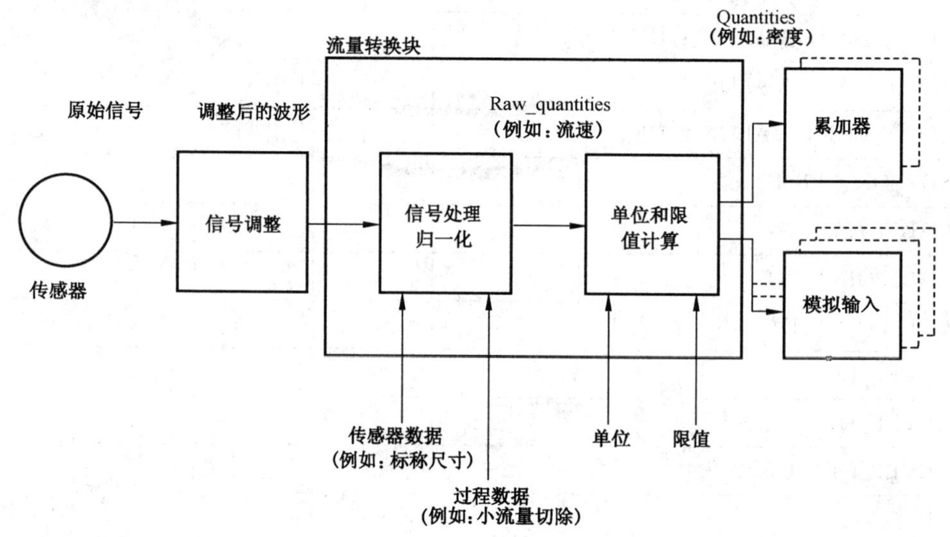

图 54 流量转换块的功能框图

7.4.5.2 流量转换块的参数描述

7.4.5.2.1 概述

流量转换块的参数取决于流量计的类型。表 167 概述了这些参数的分配。定义这些参数用于电磁流量计、科里奥利流量计、涡流流量计、热流量计、超声波流量计，以及可变面积流量计。为差压变送器的流量转换块定义最小参数集是不可能的。该转换块主变量(质量流量或体积流量)的输出类型取决于应用。差压变送器转换块应传送传感器下限和上限范围值及相应单位。

表 167 将每个参数指定用于一种流量计类型。对于这些类型，所有的参数都是必备的。

表 167 流量设备转换块的参数总览

参　　数	流量计类型					
	电磁流量计	科里奥利流量计	涡流流量计	热质量流量计	超声波流量计	可变面积流量计
CALIBR_FACTOR	M	M	M	M	M	M
NOMINAL_SIZE	M	M	M	M	M	M
NOMINAL_SIZE_UNITS	M	M	M	M	M	M
LOW_FLOW_CUTOFF	M	M	M	M	M	M
FLOW_DIRECTION	M	M	O	O	M	O
ZERO_POINT	O	O	O	O	O	O
ZERO_POINT_ADJUST	O	O	O	O	O	O
ZERO_POINT_UNIT	O	O	O	O	O	O
MEASUREMENT_MODE	M	M	O	O	M	O
SAMPLING_FREQUENCY	M	O	O	O	O	O
SAMPLING_FREQ_UNITS	M	O	O	O	O	O
VOLUME_FLOW	M	O	M	O	M	M
VOLUME_FLOW_LO_LIMIT	M	O	M	O	M	M
VOLUME_FLOW_HI_LIMIT	M	O	M	O	M	M
VOLUME_FLOW_UNITS	M	O	M	O	M	M
MASS_FLOW	O	M	O	M	O	O
MASS_FLOW_LO_LIMIT	O	M	O	M	O	O
MASS_FLOW_HI_LIMIT	O	M	O	M	O	O
MASS_FLOW_UNITS	O	M	O	M	O	O
DENSITY	O	M	O	O	O	O
DENSITY_LO_LIMIT	O	M	O	O	O	O
DENSITY_HI_LIMIT	O	M	O	O	O	O
DENSITY_UNITS	O	M	O	O	O	O
TEMPERATURE	O	M	O	O	O	O

表 167（续）

参数	流量计类型					
	电磁流量计	科里奥利流量计	涡流流量计	热质量流量计	超声波流量计	可变面积流量计
TEMPERATURE_LO_LIMIT	O	M	O	O	O	O
TEMPERATURE_HI_LIMIT	O	M	O	O	O	O
TEMPERATURE_UNITS	O	M	O	O	O	O
VORTEX_FREQUENCY	O	O	M	O	O	O
VORTEX_FREQ_LO_LIMIT	O	O	M	O	O	O
VORTEX_FREQ_HI_LIMIT	O	O	M	O	O	O
VORTEX_FREQ_UNITS	O	O	M	O	O	O
SOUND_VELOCITY	O	O	O	O	M	O
SOUND_VELOCITY_LO_LIMIT	O	O	O	O	M	O
SOUND_VELOCITY_HI_LIMIT	O	O	O	O	M	O
SOUND_VELOCITY_UNITS	O	O	O	O	M	O
M——必备的； O——可选的。						

7.4.5.2.2 流量转换块的参数描述

流量转换块的参数描述见表 168。

表 168 流量转换块的参数描述

参数	描述
CALIBR_FACTOR	流量传感器的增益补偿值，以使得流量指示达到制造商规定的精度（传感器特定的，不应被下载）
NOMINAL_SIZE	用于插入型流量变送器的测量管道的理想尺寸或过程管道尺寸
NOMINAL_SIZE_UNITS	所选的 NOMINAL_SIZE 参数的单位。 1013：mm 1019：inch
LOW_FLOW_CUTOFF	如果 PV 绝对值小于 LOW_FLOW_CUTOFF，则将 PV 设为 0。该值可以有一个滞后。如果该值有一个滞后，则 LOW_FLOW_CUTOFF 定义更低的切换点。LOW_FLOW_CUTOFF 的单位是该 PV 的单位
FLOW_DIRECTION	对测量的 PV 值指定一个任意的正或负符号。 0：正 1：负
ZERO_POINT	流量传感器的偏移补偿值。在无流量时，可以指示真正的零流量值（传感器特定，不应被下载）

表 168（续）

参 数	描 述
ZERO_POINT_ADJUST	启动设备特定的调整周期。在无流量过程条件下，它决定真正的 ZERO_POINT 值。结果保存在 ZERO_POINT 中。 0：取消 1：执行
ZERO_POINT_UNIT	所选的 ZERO_POINT 参数的单位代码。 1062：mm/s
MEASUREMENT_MODE	流量测量模式，单向测量或双向测量。 0：单向 1：双向
SAMPLING_FREQ	指示传感器的现场采样频率(field frequency)(传感器特定，不应被下载)
SAMPLING_FREQ_UNITS	所选的参数 SAMPLING_FREQ 的单位代码。 1077：Hz
VOLUME_FLOW	体积流量的测量值
VOLUME_FLOW_LO_ LIMIT	传感器的下限范围值(体积流量)的绝对值
VOLUME_FLOW_HI_ LIMIT	传感器的上限范围值(体积流量)的绝对值
VOLUME_FLOW_UNITS	所选的参数 VOLUME_FLOW、VOLUME_FLOW_LO_LIMIT 和 VOLUME_FLOW_HI_LIMIT 的单位代码。 1349：m^3/h 1351：L/s 1357：ft^3/s(立方英尺每秒) 1363：gal/min[加仑(美制)每分钟]
MASS_FLOW	质量流量的测量值
MASS_FLOW_HI_LIMIT	传感器的上限范围值(质量流量)的绝对值
MASS_FLOW_LO_LIMIT	传感器的下限范围值(质量流量)的绝对值
MASS_FLOW_UNITS	所选的参数 MASS FLOW、MASS_FLOW_HI_LIMI 和 MASS_FLOW_LO_LIMIT 的单位代码。 1322：kg/s 1330：lb/s
DENSITY	介质密度的测量值
DENSITY_HI_LIMIT	传感器的上限范围值(密度)
DENSITY_LO_LIMIT	传感器的下限范围值(密度)
DENSITY_UNITS	所选的参数 DENSITY、DENSITY_HI_LIMIT 和 DENSITY_LO_LIMIT 的单位代码。 1103：kg/L 1107：lb/ft^3
TEMPERATURE	传感器的温度测量值

表 168（续）

参　数	描　述
TEMPERATURE UNITS	所选的参数 TEMPERATURE、TEMPERATURE_HI_LIMIT 和 TEMPERATURE_LO_LIMIT 的单位代码。 1000:K 1001:℃ 1002:℉
TEMPERATURE_HI_ LIMIT	传感器的上限范围值(温度)
TEMPERATURE_LO_ LIMIT	传感器的下限范围值(温度)
VORTEX_FREQ	涡流频率测量值,与流量速度成比例
VORTEX_FREQ_HI_LIMIT	传感器的上限范围值(涡流频率)
VORTEX_FREQ_LO_LIMIT	传感器的下限范围值(涡流频率)
VORTEX_FREQ_UNITS	所选的参数 VORTEX_FREQ、VORTEX_FREQ_LO_LIMIT 和 VORTEX_FREQ_HI_LIMIT 的单位代码。 1077:Hz
SOUND_VELOCITY	介质的声速
SOUND_VELOCITY_HI_ LIMIT	传感器的上限范围值(声速)
SOUND_VELOCITY_LO_ LIMIT	传感器的下限范围值(声速)
SOUND_VELOCITY_ UNITS	所选的参数 SOUND_VELOCITY、SOUND_VELOCITY_LO_LIMIT 和 SOUND_VELOCITY_HI_LIMIT 的单位代码。 1061:m/s 1067:ft/s

7.4.5.3　流量转换块的参数属性

流量转换块的参数属性见表 169。

表 169　流量转换块的参数属性

相对索引	参数名称	对象类型	数据类型	存储	大小	访问	参数用法/传输类型	复位类别	缺省值	下载顺序	必备(M)/可选(O)(A类和B类)
...标准参数见"通用要求"											
附加的流量转换块参数											
8	CALIBR_FACTOR	Simple	Float	S	4	r,w	C/a	F	传感器特定	—	[a]
9	LOW_FLOW_CUTOFF	Simple	Float	S	4	r,w	C/a	F	0	12	[a]

表 169（续）

相对索引	参数名称	对象类型	数据类型	存储	大小	访问	参数用法/传输类型	复位类别	缺省值	下载顺序	必备(M)/可选(O)(A类和B类)
10	MEASUREMENT_MODE	Simple	Unsigned8	S	1	r,w	C/a	F	0	1	a
11	FLOW_DIRECTION	Simple	Unsigned8	S	1	r,w	C/a	F	0	2	a
12	ZERO_POINT	Simple	Float	S	4	r,w	C/a	F	传感器特定	—	a
13	ZERO_POINT_ADJUST	Simple	Unsigned8	N	1	r,w	C/a	—	0	—	a
14	ZERO_POINT_UNIT	Simple	Unsigned16	S	2	r,w	C/a	—	1062	3	a
15	NOMINAL_SIZE	Simple	Float	S	4	r,w	C/a	F	—	—	a
16	NOMINAL_SIZE_UNITS	Simple	Unsigned16	S	2	r,w	C/a	—	1013	4	a
17	VOLUME_FLOW	Record	101	D	5	r	C/a	—	—	—	a
18	VOLUME_FLOW_UNITS	Simple	Unsigned16	S	2	r,w	C/a	F	1349	5	a
19	VOLUME_FLOW_LO_LIMIT	Simple	Float	S	4	r,w	C/a	F	—	—	a
20	VOLUME_FLOW_HI_LIMIT	Simple	Float	S	4	r,w	C/a	F	—	—	a
21	MASS_FLOW	Record	101	D	5	r	C/a	—	—	—	a
22	MASS_FLOW_UNITS	Simple	Unsigned16	S	2	r,w	C/a	F	1322	6	a
23	MASS_FLOW_LO_LIMIT	Simple	Float	S	4	r,w	C/a	F	—	—	a
24	MASS_FLOW_HI_LIMIT	Simple	Float	S	4	r,w	C/a	F	—	—	a
25	DENSITY	Record	101	D	5	r	C/a	—	—	—	a
26	DENSITY_UNITS	Simple	Unsigned16	S	2	r,w	C/a	F	1103	7	a
27	DENSITY_LO_LIMIT	Simple	Float	S	4	r,w	C/a	F	—	—	a
28	DENSITY_HI_LIMIT	Simple	Float	S	4	r,w	C/a	F	—	—	a
29	TEMPERATURE	Record	101	D	5	r	C/a	—	—	—	a

表 169（续）

相对索引	参数名称	对象类型	数据类型	存储	大小	访问	参数用法/传输类型	复位类别	缺省值	下载顺序	必备(M)/可选(O)(A 类和 B 类)
30	TEMPERATURE_UNITS	Simple	Unsigned16	S	2	r,w	C/a	F	1000	8	[a]
31	TEMPERATURE _ LO _LIMIT	Simple	Float	S	4	r,w	C/a	F	—	—	[a]
32	TEMPERATURE _ HI _LIMIT	Simple	Float	S	4	r,w	C/a	F	—	—	[a]
33	VORTEX_FREQ	Record	101	D	5	r	C/a	—	—	—	[a]
34	VORTEX_FREQ_ UNITS	Simple	Unsigned16	S	2	r,w	C/a	F	1077	9	[a]
35	VORTEX_FREQ_LO_ LIMIT	Simple	Float	S	4	r,w	C/a	F	—	—	[a]
36	VORTEX_FREQ_HI_ LIMIT	Simple	Float	S	4	r,w	C/a	F	—	—	[a]
37	SOUND_VELOCITY	Record	101	D	5	r	C/a	—	—	—	[a]
38	SOUND_VELOCITY_ UNITS	Simple	Unsigned16	S	2	r,w	C/a	F	1061	10	[a]
39	SOUND _ VELOCITY _ LO_LIMIT	Simple	Float	S	4	r,w	C/a	F	—	—	[a]
40	SOUND _ VELOCITY _ HI_LIMIT	Simple	Float	S	4	r,w	C/a	F	—	—	[a]
41	SAMPLING_FREQ	Record	101	D	5	r	C/a	—	—	—	[a]
42	SAMPLING_FREQ_ UNITS	Simple	Unsigned16	S	2	r,w	C/a	—	1077	11	[a]
43～52	PNO 保留										M (A,B)
53	第 1 个制造商特定的参数										O (A,B)

[a] 见表 167。

7.4.5.4 流量转换块的视图对象

流量转换块的视图对象见表 170。

表 170 流量转换块的视图对象

相对索引	参数名称	访问					
		r					
		View_1 和 View_2					
		电磁流量计	科里奥利流量计	涡流流量计	热质量流量计	超声波流量计	可变面积流量计
8	CALIBR_FACTOR						
9	LOW_FLOW_CUTOFF						
10	MEASUREMENT_MODE						
11	FLOW_DIRECTION						
12	ZERO_POINT						
13	ZERO_POINT_ADJUST						
14	ZERO_POINT_UNIT						
15	NOMINAL_SIZE						
16	NOMINAL_SIZE_UNITS						
17	VOLUME_FLOW	5		5		5	5
18	VOLUME_FLOW_UNITS						
19	VOLUME_FLOW_LO_LIMIT						
20	VOLUME_FLOW_HI_LIMIT						
21	MASS_FLOW		5		5		
22	MASS_FLOW_UNITS						
23	MASS_FLOW_LO_LIMIT						
24	MASS_FLOW_HI_LIMIT						
25	DENSITY		5				
26	DENSITY_UNITS						
27	DENSITY_LO_LIMIT						
28	DENSITY_HI_LIMIT						
29	TEMPERATURE		5				
30	TEMPERATURE_UNITS						
31	TEMPERATURE_LO_LIMIT						
32	TEMPERATURE_HI_LIMIT						
33	VORTEX_FREQ			5			
34	VORTEX_FREQ_UNITS						
35	VORTEX_FREQ_LO_LIMIT						
36	VORTEX_FREQ_HI_LIMIT						
37	SOUND_VELOCITY					5	
38	SOUND_VELOCITY_UNITS						

表 170（续）

		访问					
		r					
相对索引	参数名称	View_1 和 View_2					
		电磁流量计	科里奥利流量计	涡流流量计	热质量流量计	超声波流量计	可变面积流量计
39	SOUND_VELOCITY_LO_LIMIT						
40	SOUND_VELOCITY_HI_LIMIT						
41	SAMPLING_FREQ	5					
42	SAMPLING_FREQ_UNITS						
视图对象的字节总数(＋ 标准参数字节数)		10 ＋ 13	15 ＋ 13	10 ＋ 13	5 ＋ 13	10 ＋ 13	5 ＋ 13

流量转换块的 View_3 对象见表 171。

表 171　流量转换块的 View_3 对象

		访问						
		r，w						
相对索引	参数名称	替代值	View_3					
			电磁流量计	科里奥利流量计	涡流流量计	热质量流量计	超声波流量计	可变面积流量计
8	CALIBR_FACTOR		4	4	4	4	4	4
9	LOW_FLOW_CUTOFF		4	4	4	4	4	4
10	MEASUREMENT_MODE		1	1			1	
11	FLOW_DIRECTION		1	1			1	
12	ZERO_POINT							
13	ZERO_POINT_ADJUST							
14	ZERO_POINT_UNIT		2	2		2	2	2
15	NOMINAL_SIZE		4	4	4	4	4	4
16	NOMINAL_SIZE_UNITS		2	2	2	2	2	2
17	VOLUME_FLOW							
18	VOLUME_FLOW_UNITS		2		2		2	2
19	VOLUME_FLOW_LO_LIMIT		4		4		4	4
20	VOLUME_FLOW_HI_LIMIT		4		4		4	4
21	MASS_FLOW							
22	MASS_FLOW_UNITS			2		2		
23	MASS_FLOW_LO_LIMIT			4		4		
24	MASS_FLOW_HI_LIMIT			4		4		
25	DENSITY							

表 171（续）

相对索引	参数名称	访问						
		r,w						
		替代值	View_3					
			电磁流量计	科里奥利流量计	涡流流量计	热质量流量计	超声波流量计	可变面积流量计
26	DENSITY_UNITS			2				
27	DENSITY_LO_LIMIT			4				
28	DENSITY_HI_LIMIT			4				
29	TEMPERATURE							
30	TEMPERATURE_UNITS			2				
31	TEMPERATURE_LO_LIMIT			4				
32	TEMPERATURE_HI_LIMIT			4				
33	VORTEX_FREQ							
34	VORTEX_FREQ_UNITS				2			
35	VORTEX_FREQ_LO_LIMIT				4			
36	VORTEX_FREQ_HI_LIMIT				4			
37	SOUND_VELOCITY							
38	SOUND_VELOCITY_UNITS						2	
39	SOUND_VELOCITY_LO_LIMIT						4	
40	SOUND_VELOCITY_HI_LIMIT						4	
41	SAMPLING_FREQ							
42	SAMPLING_FREQ_UNITS		2					
视图对象的字节总数(十标准参数字节数)			30 + 36	48 + 36	30 + 36	26 + 36	38 + 36	26 + 36

保留 View_4 的参数分配。

7.4.6 块的顺序和分配

7.4.6.1 概述

流量设备分为三类，类别描述了流量转换块的动态变量与后续块（模拟输入块和累加器块）之间的关系（连接顺序）。

流量转换块的类别见表 172。

表 172 流量转换块的类别

类别	动态转换块输出变量			
	块 1	块 2	块 3	块 4
1 类	PV	TOT		
2 类	PV	SV	TOT	
3 类	PV	SV	TV	TOT

PV——主变量；
SV——第二变量；
TV——第三变量；
TOT——累加器块。

7.4.6.2 流量设备的动态变量分配

流量设备的动态变量的分配见表173。

表173 动态变量的分配

设备类型 (在转换块类别中的编码)	转换块输出		
	PV	SV	TV
科里奥利流量计	质量流量	密度	温度
电磁流量计	体积流量	—	—
热质量流量计	质量流量	—	—
超声波流量计	体积流量	声速	—
可变面积流量计	体积流量	—	—
涡流流量计	体积流量	涡流频率	—

7.5 一致性声明

表174给出了变送器组件的一致性声明模板。

表174 变送器组件的一致性声明

项	一致性声明	子元素
物理块	M	
功能块	M	
模拟输入功能块		M
累加器功能块		O
其他功能块		O
转换块	O(A类) M(B类)	
温度转换块		O(A类) S(B类)
压力转换块		O(A类) S(B类)
物位转换块		O(A类) S(B类)
流量转换块		O(A类) S(B类)
其他转换块		O(A类) S(B类)

8 离散输入的设备数据单

8.1 物理块附加参数的参数描述

无附加参数。第1个制造商特定的块参数从相对索引33开始。

8.2 离散输入功能块

8.2.1 概述

图55示出离散输入(DI)功能块,例如:感应开关、光开关、电容式开关、超声波开关和接近开关等。

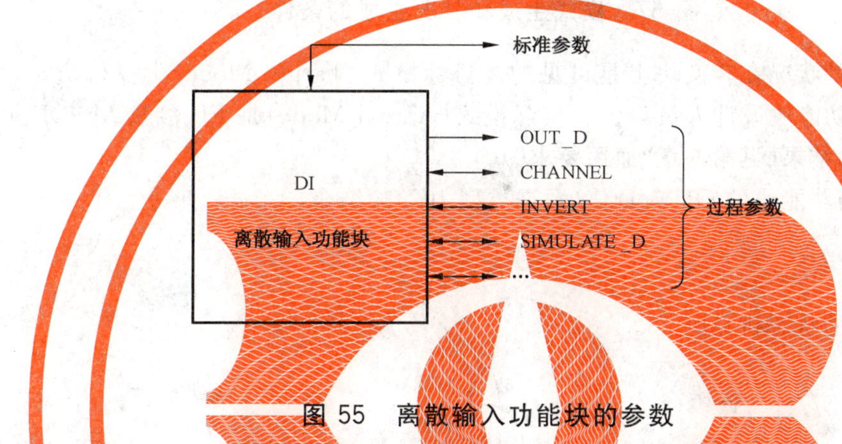

图55 离散输入功能块的参数

图56示出了MODE的结构和DI的仿真特性。

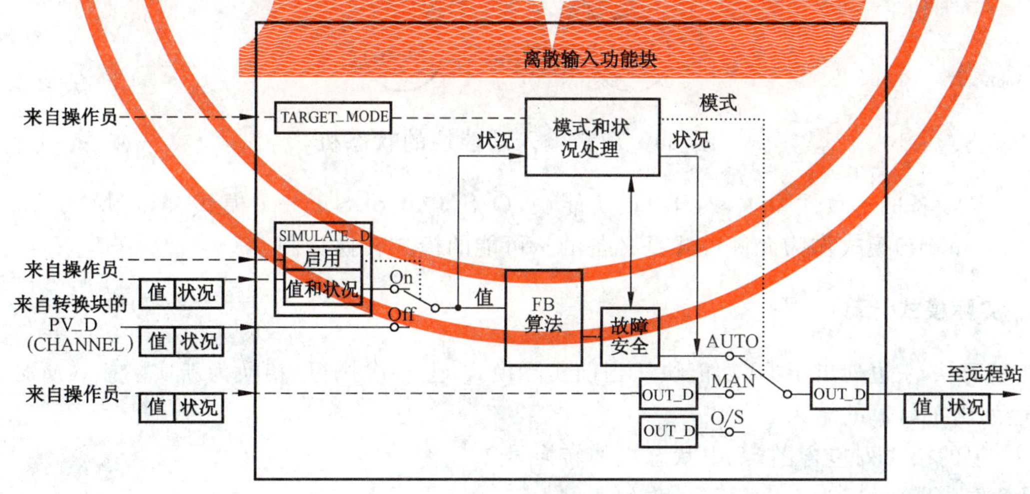

图56 离散输入功能块的仿真、模式和状态框图

图57给出了模式生成和状况生成的输入和输出概要。

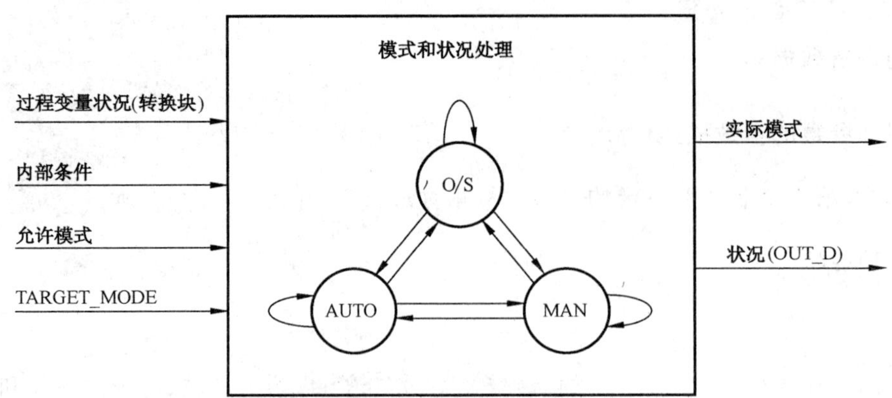

图 57　模式生成和状况生成的条件

转换块过程变量的状况在转换块上是可见的。目标模式(Target Mode)由操作员设定,允许模式(Permitted Mode)由功能块设计人员设定。实际模式(Actual Mode)是 FB 参数 MODE_BLK 的一个属性,它是模式计算的结果(见第 5 章"通用要求")。

状况(OUT_D)与功能块的 OUT_D 值(数据类型 102)相结合。

8.2.1.1　DI 状态机

离散输入功能块的状态机见图 58。

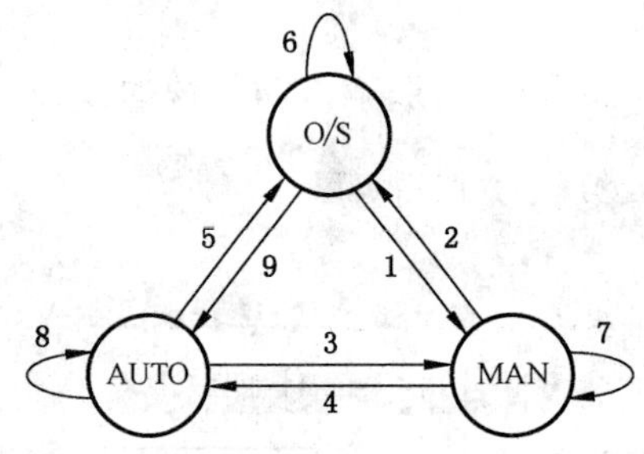

图 58　离散输入功能块的状态机

根据 B 类设备的一致性要求,对于 DI 功能块,O/S(Out of Service)模式、MAN(Manual)模式和 AUTO(Automatic)模式作为允许模式是必备的。可能的模式转换见图 58。

8.2.1.2　实际模式计算

在表 175 中,左边列出了 DI 功能块从当前实际模式(上一次执行)转换为新实际模式所必需的所有条件,右边列出了计算的结果。

表 175 中的第 1 列包含图 58 中状态机的转换号。

通用条件:允许模式为 O/S、Man 和 Auto。

表 175　实际模式计算的条件和结果

条件		结果
转换	目标模式(操作员设置)	实际模式(计算的)
T2,T5,T6	O/S	O/S
T4,T8,T9	AUTO	AUTO
T1,T3,T7	MAN	MAN

8.2.1.3 输出状况计算

表176列出了影响输出参数的状况的条件。表的左边列出了所有这些条件,表的右边列出了结果。

表176 输出参数状况计算的条件和结果

条件		结果
实际模式	状况(转换块输出)	状况(OUT_D)
O/S	[a]	BAD-Out of Service,constant
MAN	[a]	由操作员写入
AUTO	BAD	受以下参数的影响: ——FSAFE_TYPE
AUTO	〈〉BAD	受以下参数的影响 ——PV子状况; ——报警(ST_REV,Limits); ——内部DI FB条件; ——状况的优先级表(见"通用要求")
[a] 无影响。		

8.2.2 离散输入功能块的参数描述

离散输入功能块的参数描述见表177。

表177 离散输入功能块的参数描述

参数	描 述
CHANNEL	向功能块提供测量值的有效转换块的索引。详见"通用要求定义"
INVERT	在PV_D的输入值被保存在OUT_D之前,指示是否应对其进行逻辑反转。 编码: 0:不反转 1: 反转
FSAFE_TYPE	定义在检测到故障时设备的反应。 编码: 0: 将值FSAFE_VALUE作为OUT_D使用 状况=UNCERTAIN-substitute value[b] 1: 使用上一次保存的OUT_D有效值 状况=UNCERTAIN-last usable value (如果无有效值可用,则应使用UNCERTAIN-Initial value)[b] 2: OUT_D具有错误的计算值和状态 状态= BAD—([a]),([b]) [a] 如所计算的; [b] 此处使用经典状况定义;如果使用浓缩状况见表83

表 177（续）

参数	描述
FSAFE_VAL_D	当检测出传感器故障或传感器电子故障时，参数 OUT_D 的缺省值
OUT_D	OUT_D 是功能块的输出。在 Man 模式下，该值由操作员设置
SIMULATE_D	为了便于调试和测试，离散输入功能块 DI FB 中来自转换块的输入值可通过该参数进行修改。此时，断开转换块与 DI FB 的连接

8.2.3 离散输入功能块的参数属性

离散输入功能块的参数属性见表 178。

表 178 离散输入功能块的参数属性

相对索引	参数名称	对象类型	数据类型	存储	大小	访问	参数用法/传输类型	复位类别	缺省值	必备(M)/可选(O)(A 类和 B 类)
...标准参数见“通用要求”										
附加的离散输入功能块参数										
10	OUT_D	Record	102	D	2	r,w[a]	O/cyc	—	—	M
14	CHANNEL	Simple	Unsigned16	S	2	r,w	C/a	F	—	O(A),M(B)
15	INVERT	Simple	Unsigned8	S	1	r,w	C/a	F	0	M
20	FSAFE_TYPE	Simple	Unsigned8	S	1	r,w	C/a	F	—	O(A),M(B)
21	FSAFE_VAL_D	Simple	Unsigned8	S	1	r,w	C/a	F	0	M
24	SIMULATE	Record	DS-51	S	3	r,w	C/a	F	禁止	O(A),M(B)
25～34	PI 保留									M
35	第 1 个制造商特定参数									O
[a] 如果 AI FB 的实际模式 Actual Mode = MAN，则参数 OUT_D 是可写的。										

8.2.4 离散输入功能块的视图对象

离散输入功能块的视图对象见表 179。

表 179　离散输入功能块的视图对象

			访问			
			r	r	r,w	保留
相对索引	参数名称	替代值	view_1	view _2	view _3	view _4
10	OUT_D		2	2		
14	CHANNEL				2	
15	INVERT				1	
20	FSAFE_TYPE				1	
21	FSAFE_VAL_D				1	
24	SIMULATE			3	3	
视图对象的字节总数(+ 标准参数字节数)			2 + 13	5 + 13	8 + 46	保留

8.3　转换块

8.3.1　离散输入转换块的参数描述

离散输入转换块的参数描述见表 180。

表 180　离散输入转换块的参数描述

参　　数	描　　述
SENSOR_WIRE_CHECK	启用断线和短路检测。 编码: 0:　启用断线和短路检测 1:　启用断线检测,禁用短路检测 2:　禁用断线检测,启用短路检测 3:　禁用断线和短路检测
SENSOR_SER_NUM	传感器的序列号
SENSOR_ID	传感器(类型)的标识
SENSOR_MAN	传感器的制造商
PV_D	包含功能块可用的测量值和状况

8.3.2　离散输入转换块的参数属性

离散输入转换块的参数属性见表 181。

表 181 离散输入转换块的参数属性

相对索引	参数名称	对象类型	数据类型	存储	大小	访问	参数用法/传输类型	复位类别	缺省值	必备(M)/可选(O)(A类和B类)
...标准参数见“通用要求”										
离散输入转换块的附加参数										
8	SENSOR_WIRE_CHECK	Simple	Unsigned8	S	1	r,w	C/a	F	—	O
9	SENSOR_ID	Simple	OctetString	S	16	r,w	C/a	I	—	O
10	SENSOR_SER_NUM	Simple	OctetString	S	16	r,w	C/a	I	—	O
11	SENSOR_MAN	Simple	OctetString	S	16	r,w	C/a	I	—	O
12	PV_D	Record	102	D	2	r	C/a	—	—	M (B)
13～22	PI 保留									M
23	第 1 个制造商特定的参数									O

8.3.3 离散输入转换块的视图对象

离散输入转换块的视图对象见表 182。

表 182 离散输入转换块的视图对象

			访问			
			r	r	r,w	保留
相对索引	参数名称	替代	view_1	view _2	view _3	view _4
8	SENSOR_WIRE_CHECK	250			1	
9	SENSOR_ID				16	
10	SENSOR_SER_NUM				16	
11	SENSOR_MAN				16	
12	PV_D		2	2		
视图对象的字节总数(+ 标准参数字节数)			2 + 13	2 + 13	49 + 36	保留

8.4 一致性声明

表 183 给出了一致性声明模板。

表 183 离散输入组件的一致性声明

参数	一致性声明	子元素
物理块	M	
功能块	M	
离散输入功能块		M
其他功能块		O
转换块	O (A类),M (B类)	
离散输入转换块		O (A类),S (B类)
其他转换块		O (A类),S (B类)

9 离散输出的设备数据单

9.1 物理块附加参数的参数描述

无附加参数。第1个制造商特定的块参数从相对索引33开始。

9.2 离散输出功能块

9.2.1 概述

9.2.1.1 总览

本行规适用于各种离散输出。因此,本节仅以阀作为示例。

离散输出功能块表示诸如离散阀、继电器输出、晶体管输出等。

图59给出了离散输出功能块的参数概要。

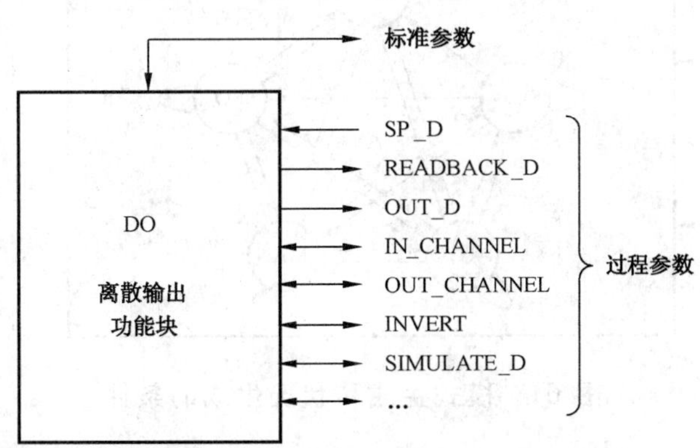

图 59 离散输出功能块的参数概要

图60示出具有仿真、模式和状况的DO结构。

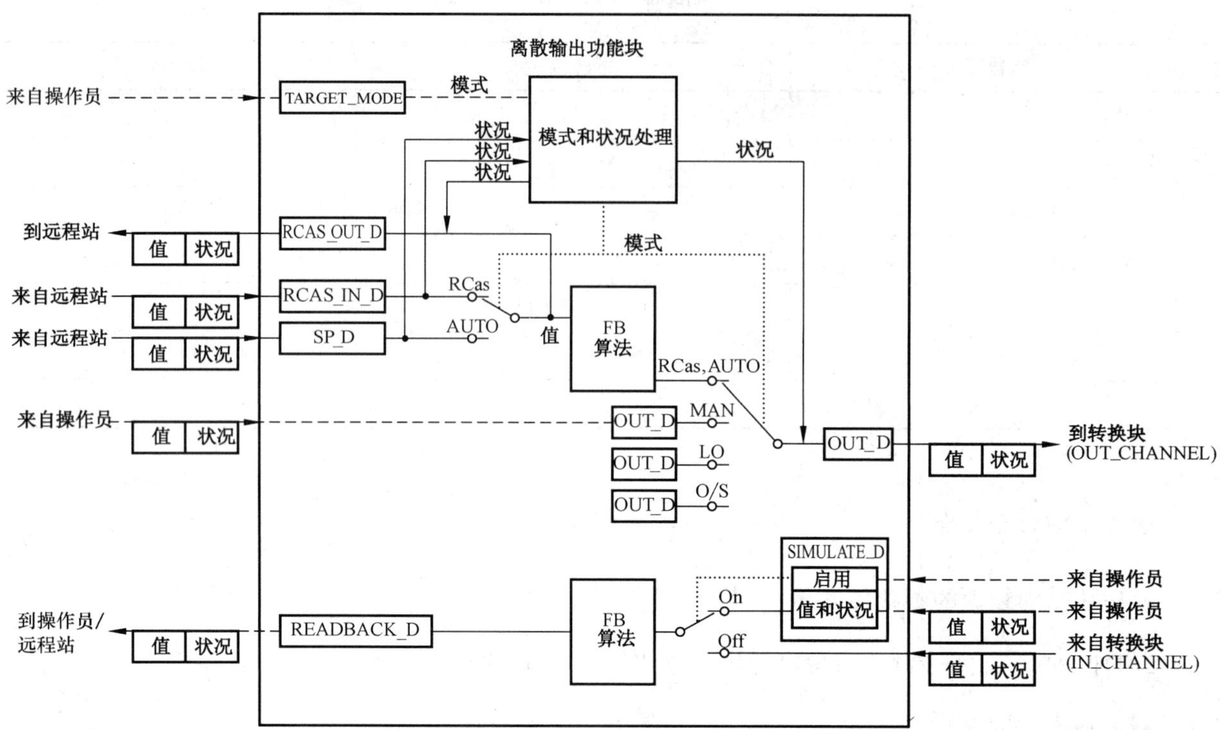

图 60 离散输出功能块的仿真、模式和状况图

图 61 给出了模式生成和状况生成所需考虑的所有因素的概要。

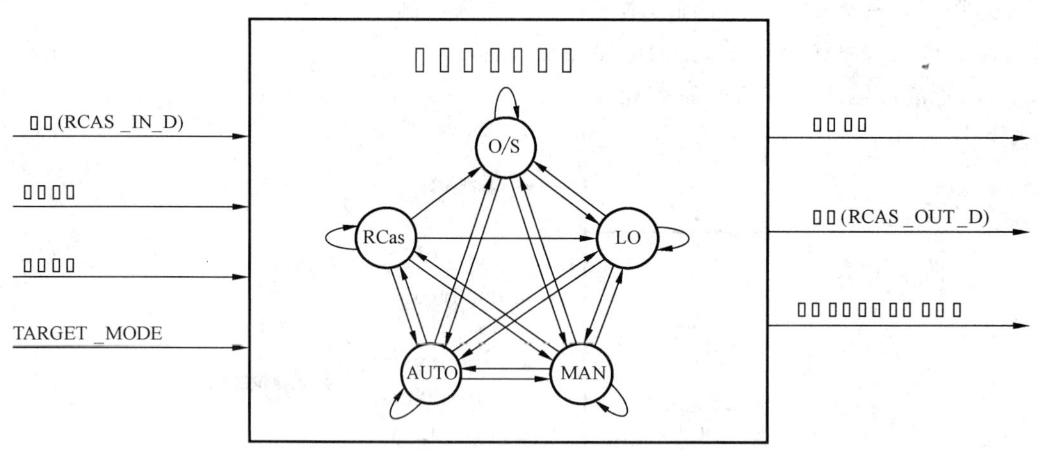

图 61 模式生成和状况生成的条件

状况(RCAS_IN_D)与由监控主机为目标设定值所提供的值相结合。

实际模式(Actual Mode)是 FB 参数 MODE_BLK 的一个属性,它是模式计算的结果。状况(RCAS_OUT_D)与来自功能块的 RCAS_OUT_D 值(数据类型 102)相结合,被提供给监控主机。到转换块的过程状况与从功能块到转换块的主输出值(数据类型 102)相结合。

9.2.1.2 DO 状态机

离散输出功能块的状态机见图 62。

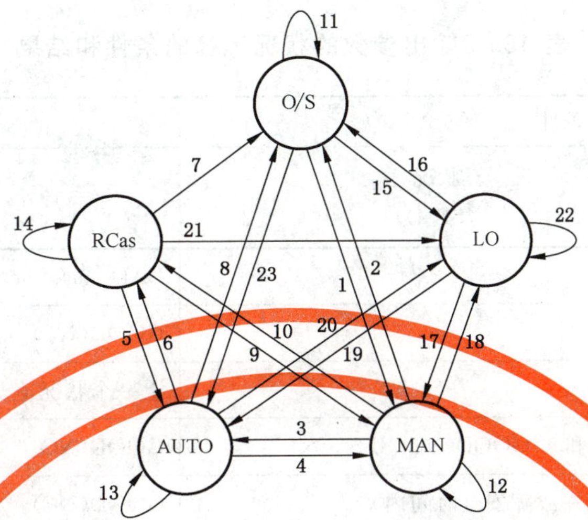

图 62 离散输出功能块的状态机

根据 B 类设备的一致性要求，对于 DO 功能块，模式 O/S(OUT OF SERVICE)、MAN(MANUAL)和 AUTO(AUTOMATIC)作为允许模式是必备的。模式 LO(本地超驰)和 RCas(远程级联)是可选的。图 62 列出了可能的模式转换。

9.2.1.3 计算实际模式和改变目标模式的条件

在表 184 中，左边列出了 DO 块从实际模式(上一次执行)转换为新的实际模式及目标模式所必需的所有条件。右边列出了计算的结果。表 184 中的第 1 列是图 62 中状态机的转换号。

表 184 实际模式计算的条件和结果

条件					结果
转换	目标模式(操作员)	实际模式(上一次执行)	状况(RCAS_IN_D)	RCAS_IN_D 的状况<>GOOD(C)的时间超过 FSAFE_TIME	实际模式(计算的)
2,7,8,11,16	O/S	[a]	[a]	[a]	O/S
15,18,20,21,22	LO	[a]			LO
1,4,9,12,17	MAN	[a]	[a]	[a]	MAN
3,5,13,19,23	AUTO	[a]	[a]	[a]	AUTO
19	RCas	LO	[a]	[a]	AUTO
23	RCas	O/S	o. k.	[a]	AUTO
6	RCas	AUTO	GOOD(C)-IA	[a]	RCas
13	RCas	AUTO	o. k.	[a]	AUTO
10	RCas	MAN	GOOD(C)-IA	[a]	RCas
12	RCas	MAN	〈〉GOOD(C)-IA	[a]	MAN
14	RCas	RCas	〈〉GOOD(C)	否	RCas
5	RCas	RCas	〈〉GOOD(C)	是	AUTO
14	RCas	RCas	GOOD(C)	[a]	RCas
5	RCas	RCas	GOOD(C)-IFS	[a]	AUTO

[a] 无影响。

9.2.1.4 产生输出状况的条件

表 185 和表 186 给出了影响输出参数的状况的条件。

表 185 输出参数的状况计算的条件和结果

条件		结果
实际模式 (计算的)	状况 (SP_D)	状况 (OUT_D)
O/S	[a]	BAD-out of service,constant
LO	[a]	GOOD(NC)-ok,constant
MAN	[a]	上一个状况值及常量,或由操作员写入
AUTO	〈〉BAD 和 〈〉GOOD(NC)-IFS	GOOD(NC)
AUTO	BAD(仍在故障安全时间内)	GOOD(NC)
AUTO	BAD(故障安全时间结束)或 GOOD(NC)-IFS	见 FAIL_SAFE_TYPE
RCas	[a]	GOOD(NC)-ok
[a] 无影响。		

表 186 级联处理的状况计算的条件和结果

条件			结果
实际模式 (计算的)	目标模式	状况(RCAS_IN_D)	状况(RCAS_OUT_D)
LO	[a]	[a]	GOOD(C)-local override,constant
MAN	〈〉RCas	[a]	GOOD(C)-not invited,constant
AUTO	〈〉RCas	[a]	GOOD(C)-not invited
MAN	RCas	〈〉GOOD(C)-initialization acknowledge	GOOD(C)-initialization request,constant
MAN	RCas	GOOD(C)-initialization acknowledge	GOOD(C)-ok
AUTO	RCas	〈〉GOOD(C)-initialization acknowledge	GOOD(C)-initialization request
AUTO	RCas	GOOD(C)-initialization acknowledge	GOOD(C)-ok
RCas	RCas	GOOD(C)-[a]	GOOD(C)-ok
[a] 无影响。			

9.2.2 离散输出功能块的参数描述

离散输出功能块的参数描述见表 187。

表 187 离散输出功能块的参数描述

参数	描　述
CHECKBACK	设备的详细信息,按位编码。同时可能有多个消息
CHECK_BACK_MASK	定义是否支持 CHECK_BACK 的信息比特。 每个比特的编码: 0: 不支持 1: 支持
FSAFE_TIME	从检测出实际使用的设定值错误(SP_D = BAD 或 RCAS_IN 〈〉GOOD)到功能块动作(该错误条件仍然存在)所需的时间,以 s 计。 **注**:通信超时将使所传输的设定值状况改变为 BAD(见 6.3.4)
FSAFE_TYPE	在 FSAFE_TIME 之后仍然检测到实际使用的设定值错误的情况下,或者在实际使用的设定值的状况为"Initiate Fail Safe"情况下,定义设备的反应。 计算的实际模式为 AUTO(见 5.2.3.6)。 编码: 0: 值 FSAFE_VALUE_D 用作设定值 OUT_D 的状况=UNCERTAIN-substitute value 1: 使用上一个有效设定值 OUT_D 的状况=UNCERTAIN-Last usable Value 或 BAD-No communication,no LUV 2: 执行器进入由 ACTUATOR_ACTION 所定义的故障安全位置, OUT_D 的状况=BAD - non specific
FSAFE_VAL_D	如果 FSAFE_TYPE=0 且 FSAFE 被激活,则 OUT_D 传递该值
IN_CHANNEL	对有效的转换块及其参数的引用,它提供了最终控制元件(FEEDBACK_VALUE_D)的实际位置。更多描述见"通用要求"(CHANNEL)
INVERT	指示在模式 AUTO 或 RCAS 下写 OUT_D 之前是否应将 SP_D 逻辑取反。 编码: 0: 不取反 1: 取反
OUT_CHANNEL	对有效的转换块及其参数的引用,它提供了最终控制元件(POSITIONING_VALUE_D)的实际位置。更多描述见"通用要求"(CHANNEL)
OUT_D	在 AUTO、RCas 模式下该参数是离散输出功能块的过程变量,在 MAN 和 LO 模式下该参数是由操作员/工程师设定的值。在 BAD 状况下,阀进入 ACTUATOR_ACTION 所规定的位置
READBACK_D	最终控制元件及其传感器的实际位置
RCAS_IN_D	监控主机提供给处于 RCAS 模式下的离散输出功能块的目标设定值和状况
RCAS_OUT_D	向监控主机提供的功能块的设定值和状况,用于监控/反向计算(back calculation),以允许在受限条件或模式变化的情况下采取行动
SIMULATE_D	用于调试和维护,可通过定义值和状况来仿真 READBACK。此时,转换块和 DO FB 的连接被断开
SP_D	AUTO 模式下所用的功能块的设定值

9.2.3 离散输出功能块的参数属性

离散输出功能块的参数属性见表 188。

表 188 离散输出功能块的参数属性

相对索引	参数名称	对象类型	数据类型	存储	大小	访问	参数用法/传输类型	复位类别	缺省值	必备(M)/可选(O)(A 类和 B 类)
...标准参数见“通用要求”										
离散输出功能块的附加参数										
9	SP_D	Record	102	D	2	r,w	I/a,cyc	—	—	M
10	OUT_D	Record	102	D	2	r,w	C/a	—	—	O(A),M(B)
12	READBACK_D	Record	102	D	2	r	O/a,cyc	—	—	O
14	RCAS_IN_D	Record	102	D	2	r,w	I/a,cyc	—	—	O
17	CHANNEL	Simple	Unsigned16	S	2	r,w	C/a	F	—	O(A),M(B)
18	INVERT	Simple	Unsigned8	S	1	r,w	C/a	F	0	M
19	FSAFE_TIME	Simple	Float	S	4	r,w	C/a	F	0	O(A),M(B)
20	FSAFE_TYPE	Simple	Unsigned8	S	1	r,w	C/a	F	—	O(A),M(B)
21	FSAFE_VAL_D	Simple	Unsigned8	S	1	r,w	C/a	F	0	O(A),M(B)
22	RCAS_OUT_D	Record	102	D	2	r	O/a,cyc	—	—	O
24	SIMULATE	Record	DS-51	S	3	r,w	C/a	F	disabled	O(A),M(B)
33	CHECK_BACK	Simple	OctetString	D	3	r	C/a,cyc	—	—	M
34	CHECK_BACK_MASK	Simple	OctetString	Cst	3	r	C/a	—	—	M
35～44	PI 保留							—		M
45	第 1 个制造商特定参数							—		O

9.2.4 离散输出功能块的视图对象

离散输出功能块的视图对象见表 189。

表 189 离散输出功能块的视图对象

			访问			
			r	r	r,w	保留
相对索引	参数名称	替代值	view_1	view _2	view _3	view _4
9	SP_D		2	2		
10	OUT_D		2	2		
12	READBACK_D			2		

表 189（续）

			访问			
			r	r	r,w	保留
相对索引	参数名称	替代值	view_1	view _2	view _3	view _4
14	RCAS_IN_D		2	2		
17	CHANNEL				2	
18	INVERT				1	
19	FSAFE_TIME				4	
20	FSAFE_TYPE				1	
21	FSAFE_VAL_D				1	
22	RCAS_OUT_D		2	2		
24	SIMULATE			3	3	
33	CHECK_BACK		3	3		
34	CHECK_BACK_MASK			3		
35	OUT_CHANNEL				2	
视图对象的字节总数(＋ 标准参数字节数)			11 ＋ 13	19 ＋ 13	14 ＋ 46	保留

9.2.5 离散输出 FB 参数 CHECK_BACK 的编码

Bitstring 到 OctetString 的映射见 5.2.3.1 和表 2。

离散输出 FB 的参数 CHECK_BACK 的编码见表 190。

表 190 离散输出 FB 的参数 CHECK_BACK 的编码

比特	CHECK_BACK 助记符	描述	指示类别
0	CB_FAIL_SAFE	现场设备处于故障安全激活状态	R
1	CB_REQ_LOC_OP	请求设备中的本地操作	R
2	CB_LOCAL_OP	现场设备处于本地控制下	R
3	CB_OVERRIDE	激活紧急超驰	R
4	CB_DISC_DIR	实际位置的反馈，不同于所期望的位置	R
5	CB_LEAD_BREAK_VALVE	指示阀连接断路	R
6	CB_SHORT_CIRCUIT_VALVE	指示阀连接短路	R
7	未使用		
8	CB_ACT_OPEN	执行器转向开方向	R
9	CB_ACT_CLOSE	执行器转向关方向	R
10	CB_UPDATE_EVT	由 FB 和 TB 的静态数据的任何改变所产生的警报	A
11	CB_SIMULATE	启用过程值的仿真	R

表 190（续）

比特	CHECK_BACK 助记符	描述	指示类别
12	未使用		
13	CB_CONTR_ERR	内部控制回路受干扰	R
14	CB_CONTR_INACT	阀处于无效状态(OUT_D具有"BAD"状况)	R
15	CB_SELFTEST	设备处于自检状态	R
16	CB_TOT_VALVE_TRAV	指示已超过阀的全行程限值	R
17	CB_BREAK_TIME_OPEN_TO_CLOSE	从 OPEN 变换成 CLOSE 的转向时间超限	R
18	CB_BREAK_TIME_CLOSE_TO_OPEN	从 CLOSE 变换成 OPEN 的转向时间超限	R
19	CB_CYCLE_TEST	内部周期测试中出现差错	R
20	CB_TRAVEL_TIME_OPEN_TO_CLOSE	从 OPEN 变成 CLOSE 的时间超限	R
21	CB_TRAVEL_TIME_CLOSE_TO_OPEN	从 CLOSE 变成 OPEN 的时间超限	R
22	CB_TRAVEL_BLOCKED	阀机械阻塞	R
23	CB_ZERO_POINT_ERROR	不能到达零点位置	R
CHECK_BACK 比特的值： 0:不置位 1:置位 指示类别： R:只要引起消息的原因存在,指示就保持有效。 A:在 20 s 后指示将被自动复位。			

9.3 转换块

9.3.1 离散阀控制转换块的参数描述

转换块的输出是 READBACK_D,用于离散阀的控制应用。对于每个离散输出可使用两个接近开关输入。输入信号指示阀的 ON/OFF 状态。

离散阀控制转换块的参数描述见表 191。

表 191 离散阀控制转换块的参数描述

参数	描 述
ACTUATOR_ACTION	阀及其执行器掉电时的故障安全位置： 编码： 0： 未初始化 1： 打开 2： 关闭
ACTUATOR_MAN	执行器制造商的名称
ACTUATOR_SER_NUM	设备执行器的序列号
ACTUATOR_ID	执行器(类型)的标识

表 191（续）

参数	描　述
TRAVEL_COUNT	从 OPEN 转换至 CLOSE 以及从 CLOSE 转换至 OPEN 的循环次数(两者之和)
TRAVEL_COUNT_LIM	TRAVEL_COUNT 的限值
BREAK_TIME_OPEN_CLOSE	从转变为 CLOSE 状态到指示阀离开 OPEN 状态之间的时间设定值,分辨率为 10 ms
BREAK_TIME_CLOSE_OPEN	从转变为 OPEN 状态到指示阀离开 CLOSE 状态之间的时间设定值,分辨率为 10 ms
BREAK_TIME_OPEN_CLOSE_ACT	从转变为 CLOSE 状态到指示阀离开 OPEN 状态之间的实际时间,分辨率为 10 ms
BREAK_TIME_CLOSE_OPEN_ACT	从转变为 OPEN 状态到指示阀离开 CLOSE 状态之间的实际时间,分辨率为 10 ms
BREAK_TIME_OPEN_CLOSE_TOL	允许的 BREAK_TIME_OPEN_CLOSE 与 BREAK_TIME_OPEN_CLOSE_ACT 之间的最大时差
BREAK_TIME_CLOSE_OPEN_TOL	允许的 BREAK_TIME_CLOSE_OPEN 与 REAK_TIME_CLOSE_OPEN_ACT 之间的最大时差
CYCLE_TEST_CMD	启用/禁用内部功能测试规程。该功能定义是制造商特定的。 编码： 0：禁用 1：启用
CYCLE_TEST_TIME	两次内部测试周期之间的时间,以 s 计
FEEDBACK_VALUE_D	最终控制元件的实际位置。 在阀门控制的情况下,此对象指出离散阀的位置和传感器状态。 Bit0(LSB)和 Bit1:0=未初始化,1=关闭,2=打开,3=中间 Bit2:传感器 1 的状态 Bit3:传感器 1 短路,1=短路,0=不短路 Bit4:传感器 1 断路,1=断路,0=不断路 Bit5:传感器 2 的状态 Bit6:传感器 2 短路,1=短路,0=不短路 Bit7(MSB):传感器 2 断路,1=断路,0=不断路
POSITIONING_VALUE_D	用于最终控制元件的实际命令变量
SELF_CALIB_CMD	启动设备特定的校准规程,制造商特定。 0:缺省值
SELF_CALIB_STATUS	设备特定的校准规程的结果或状态,制造商特定。 0:缺省值
TRAVEL_TIME_CLOSE_OPEN	状态从 CLOSE 转换为 OPEN 的时间的设定值,分辨率为 10 ms
TRAVEL_TIME_OPEN_CLOSE	状态从 OPEN 转换为 CLOSE 的时间的设定值,分辨率为 10 ms
TRAVEL_TIME_CLOSE_OPEN_ACT	状态从 CLOSE 到 OPEN 的上一个行程时间,分辨率为 10 ms

表 191（续）

参数	描　述
TRAVEL_TIME_OPEN_CLOSE_ACT	状态从 OPEN 到 CLOSE 的上一个行程时间，分辨率为 10 ms
TRAVEL_TIME_CLOSE_OPEN_TOL	允许的 TRAVEL_TIME_CLOSE_OPEN 与 TRAVEL_TIME_CLOSE_OPEN_ACT 之间的最大时差
TRAVEL_TIME_OPEN_CLOSE_TOL	允许的 TRAVEL_TIME_OPEN_CLOSE 与 TRAVEL_TIME_OPEN_CLOSE_ACT 之间的最大时差
VALVE_MAN	阀制造商的名称
VALVE_SER_NUM	设备阀的序列号
VALVE_ID	阀(类型)的标识
SENSOR_WIRE_CHECK	启用断路检测和短路检测。 编码： 0：　启用断路检测和短路检测。 1：　启用断路检测，禁用短路检测 2：　禁用断路检测，启用短路检测 3：　禁用断路检测和短路检测

9.3.2 离散阀控制转换块的参数属性

离散阀控制转换块的参数属性见表 192。

表 192　离散阀控制转换块的参数属性

相对索引	参数名称	对象类型	数据类型	存储	大小	访问	参数用法/传输类型	复位类别	缺省值	必备(M)/可选(O)(A 类和 B 类)
...标准参数见“通用要求”										
离散阀控制设备的附加转换块参数										
8	VALVE_MAN	Simple	OctetString	S	16	r,w	C/a	I	—	O (B)
9	ACTUATOR_MAN	Simple	OctetString	S	16	r,w	C/a	I	—	O (B)
10	VALVE_SER_NUM	Simple	OctetString	S	16	r,w	C/a	I	—	O (B)
11	ACTUATOR_SER_NUM	Simple	OctetString	S	16	r,w	C/a	I	—	O (B)
12	VALVE_ID	Simple	OctetString	S	16	r,w	C/a	I	—	O (B)
13	ACTUATOR_ID	Simple	OctetString	S	16	r,w	C/a	I	—	O (B)
14	ACTUATOR_ACTION	Simple	Unsigned8	S	1	r,w	C/a	F	—	M (B)
15	TRAVEL_COUNT	Simple	Unsigned32	N	4	r,w	C/a	[a]	—	O (B)
16	TRAVEL_COUNT_LIM	Simple	Unsigned32	S	4	r,w	C/a	F	—	O (B)
17	BREAK_TIME_OPEN_CLOSE	Simple	Unsigned16	S	2	r,w	C/a	F	—	O (B)

表 192(续)

相对索引	参数名称	对象类型	数据类型	存储	大小	访问	参数用法/传输类型	复位类别	缺省值	必备(M)/可选(O)(A类和B类)
18	BREAK_TIME_CLOSE_OPEN	Simple	Unsigned16	S	2	r,w	C/a	F	—	O (B)
19	BREAK_TIME_OPEN_CLOSE_ACT	Simple	Unsigned16	D	2	r	C/a	—	—	O (B)
20	BREAK_TIME_CLOSE_OPEN_ACT	Simple	Unsigned16	D	2	r	C/a	—	—	O (B)
21	BREAK_TIME_OPEN_CLOSE_TOL	Simple	Unsigned16	S	2	r,w	C/a	F	—	O (B)
22	BREAK_TIME_CLOSE_OPEN_TOL	Simple	Unsigned16	S	2	r,w	C/a	F	—	O (B)
23	CYCLE_TEST_CMD	Simple	Unsigned8	S	1	r,w	C/a	F	—	O (B)
24	CYCLE_TEST_TIME	Simple	Unsigned16	S	2	r,w	C/a	F	—	O (B)
25	TRAVEL_TIME_CLOSE_OPEN	Simple	Unsigned16	S	2	r,w	C/a	F	—	O (B)
26	TRAVEL_TIME_OPEN_CLOSE	Simple	Unsigned16	S	2	r,w	C/a	F	—	O (B)
27	TRAVEL_TIME_CLOSE_OPEN_ACT	Simple	Unsigned16	D	2	r	C/a	—	—	O (B)
28	TRAVEL_TIME_OPEN_CLOSE_ACT	Simple	Unsigned16	D	2	r	C/a	—	—	O (B)
29	TRAVEL_TIME_CLOSE_OPEN_TOL	Simple	Unsigned16	S	2	r,w	C/a	F	—	O (B)
30	TRAVEL_TIME_OPEN_CLOSE_TOL	Simple	Unsigned16	S	2	r,w	C/a	F	—	O (B)
31	SELF_CALIB_CMD	Simple	Unsigned8	N	1	r,w	C/a	—	—	M (B)
32	SELF_CALIB_STATUS	Simple	Unsigned8	N	1	r	C/a	—	—	M (B)
33	SENSOR_WIRE_CHECK	Simple	Unsigned8	S	1	r,w	C/a	F	—	O (B)
34	POSITIONING_VALUE_D	Record	102	D	2	r	C/a	—	—	O (B)
35	FEEDBACK_VALUE_D	Record	102	D	2	r	C/a	—	—	O (B)
36～43	PI 保留									

[a] 制造商特定。

9.3.3 离散阀控制转换块的视图对象

离散阀控制转换块的视图对象见表 193。

表 193 离散阀控制转换块的视图对象

			访问			
			r	r	r,w	r,w
相对索引	参数名称	替代值	View_1	View_2	View_3	View_4
8	VALVE_MAN					16
9	ACTUATOR_MAN					16
10	VALVE_SER_NUM					16
11	ACTUATOR_SER_NUM					16
12	VALVE_ID					16
13	ACTUATOR_ID					16
14	ACTUATOR_ACTION				1	
15	TRAVEL_COUNT			4		
16	TRAVEL_COUNT_LIM				4	
17	BREAK_TIME_OPEN_CLOSE				2	
18	BREAK_TIME_CLOSE_OPEN				2	
19	BREAK_TIME_OPEN_CLOSE_ACT			2		
20	BREAK_TIME_CLOSE_OPEN_ACT			2		
21	BREAK_TIME_OPEN_CLOSE_TOL				2	
22	BREAK_TIME_CLOSE_OPEN_TOL				2	
23	CYCLE_TEST_CMD					
24	CYCLE_TEST_TIME				2	
25	TRAVEL_TIME_CLOSE_OPEN				2	
26	TRAVEL_TIME_OPEN_CLOSE				2	
27	TRAVEL_TIME_CLOSE_OPEN _ACT			2		
28	TRAVEL_TIME_OPEN_CLOSE _ACT			2		
29	TRAVEL_TIME_CLOSE_OPEN _TOL				2	
30	TRAVEL_TIME_OPEN_CLOSE _TOL				2	
31	SELF_CALIB_CMD					
32	SELF_CALIB_STATUS			1		
33	SENSOR_WIRE_CHECK				1	
34	POSITIONING_VALUE_D			2		
35	FEEDBACK_VALUE_D			2		
视图对象的字节总数(+标准参数字节数)			0+13	17+13	24+36	96+0

9.4 一致性声明

表194给出了一致性声明模板。

表194 离散输出组件的一致性声明

参数	一致性声明	子元素
物理块	M	
功能块	M	
离散输出功能块		M
其他功能块		O
转换块	O (A类),M (B类)	
离散阀控制转换块		O (A类),S (B类)
其他转换块		O (A类),S (B类)

10 执行器的设备数据单

10.1 物理块附加参数的参数描述

无附加参数。第1个制造商特定块参数可从相对索引33开始。

10.2 模拟输出功能块

10.2.1 概述

本文本中的模拟输出功能块表示用于执行最终控制的定位器或阀。图63中示出了这些参数。

变速电机驱动器(例如泵、通风机、驱动器等)不属于这类设备数据单的范围。

模拟输出功能块也可用于阀以外的其他模拟输出。在此情况下,与阀有关的所有参数的用法都必须符合此应用中所使用的转换块。

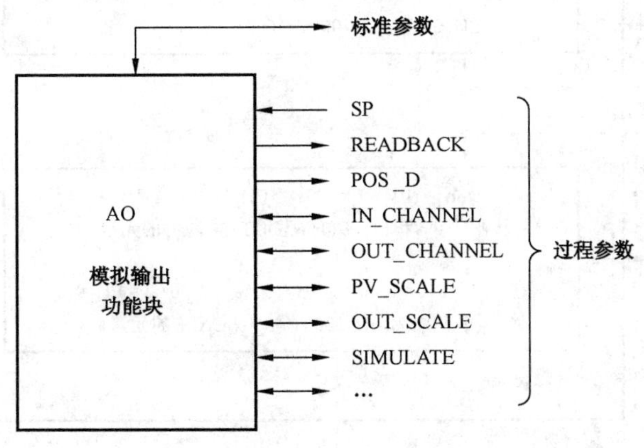

图63 模拟输出功能块的参数概要

10.2.2 模拟输出功能块的结构

图 64 示出了具有仿真、模式和状况的 AO 结构。图 65 示出了一些 AO 参数之间关系的详细情况。

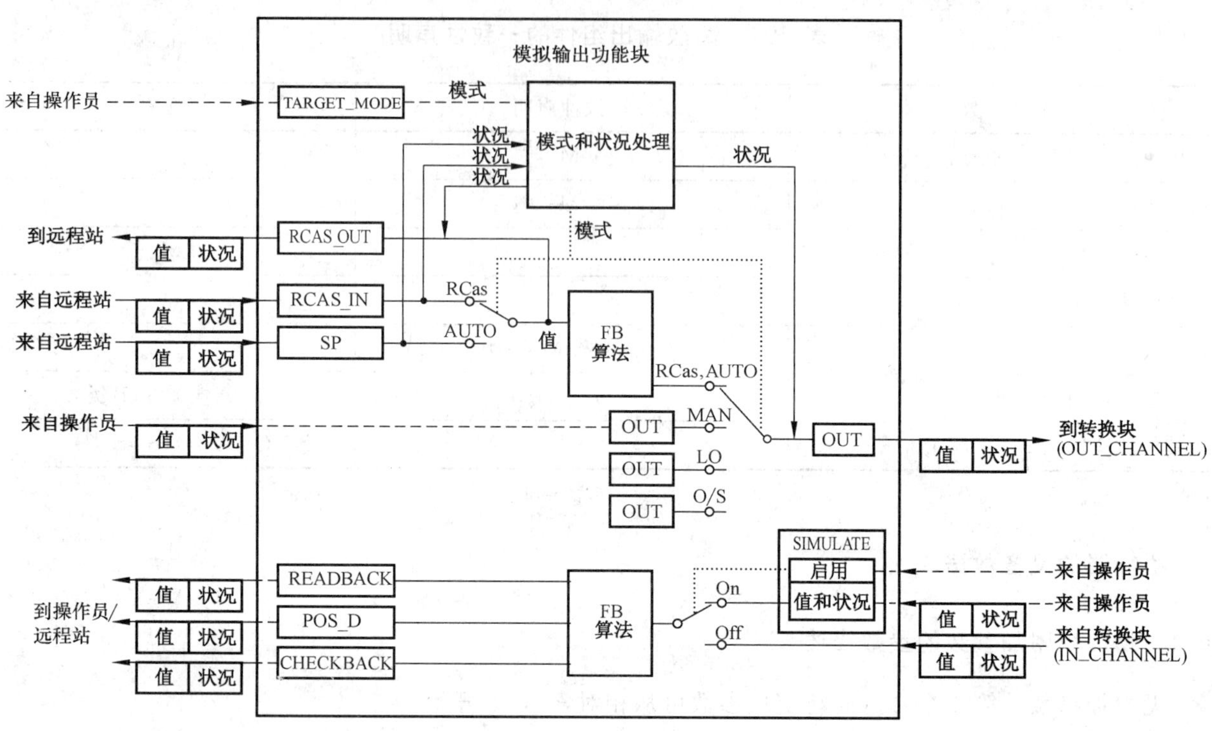

图 64 模拟输出功能块的模式和仿真图

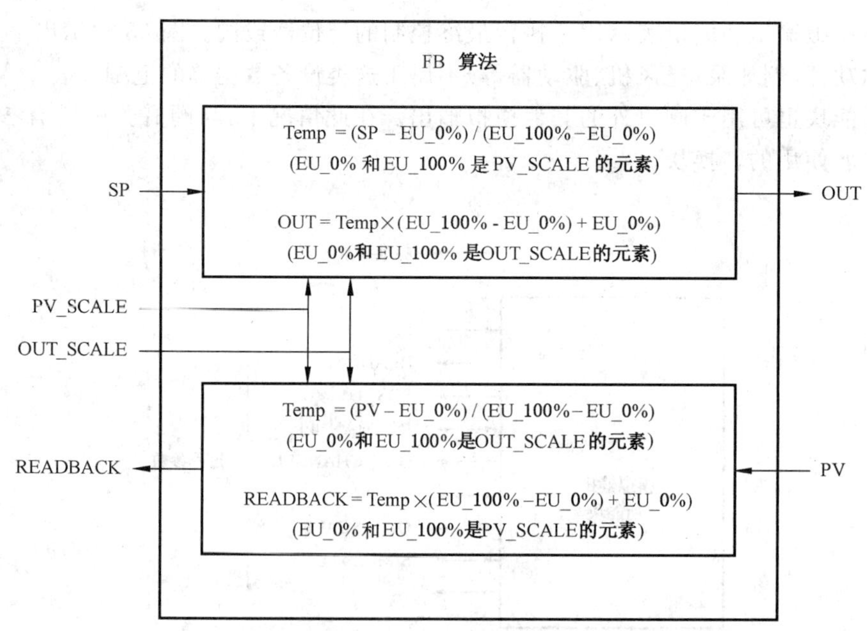

图 65 模拟输出功能块的参数关系

10.2.3 模拟输出功能块状态机

10.2.3.1 概述

图66示出了模式生成和状况生成所有应考虑因素的概要。

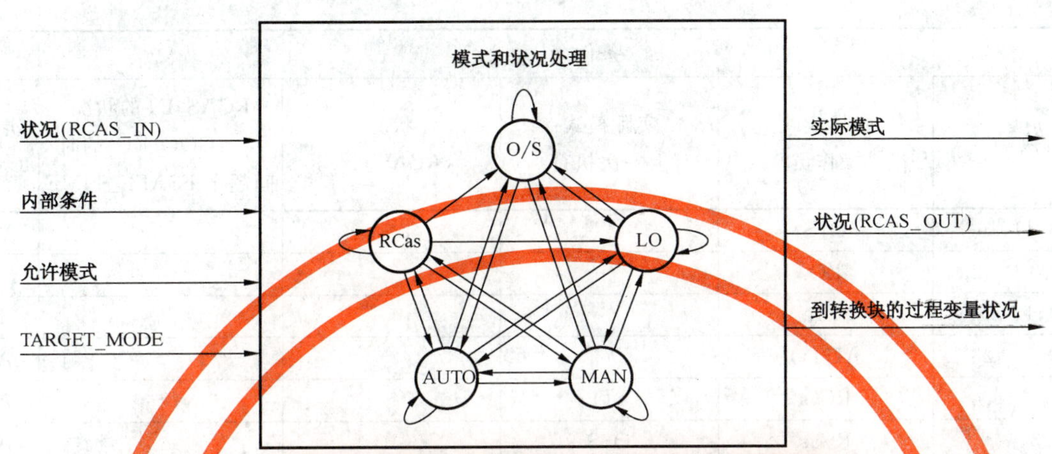

图66 模式生成和状况生成的条件

状况(RCAS_IN)与由监控主机提供的值相结合,用于目标设定值。目标模式(Target Mode)由操作员设置,允许模式(Permitted Mode)由功能块的设计人员设置。实际模式(Actual Mode)是FB参数MODE_BLK的一个属性,它是模式计算的结果。状况(RCAS_OUT)与来自该块的RCAS_OUT值(数据类型101)相结合,提供给监控主机。转换块的过程状况与从该功能块向转换块的主输出值(数据类型101)相结合。

模拟输出功能块的状态机见图67。

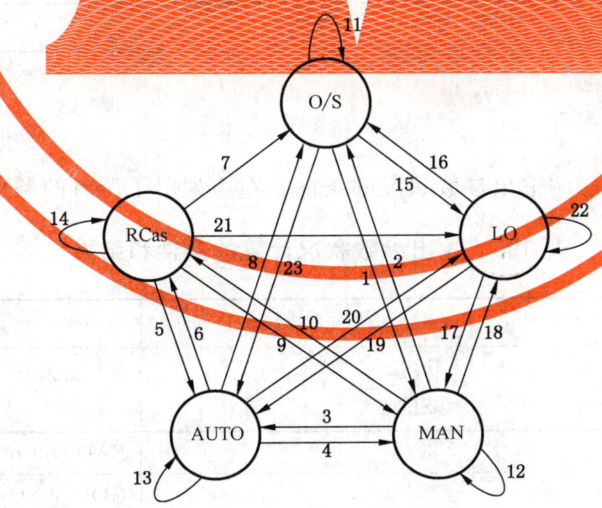

图67 模拟输出功能块的状态机

根据B类设备的一致性要求,对于AO功能块,模式O/S(非服务)、MAN(手动)和AUTO(自动)作为允许模式是必备的。模式LO(本地超驰)和Rcas(远程级联)是可选的。图67列出了可能的模式转换。

10.2.3.2 实际模式计算和目标模式改变的条件

在表195中，左边列出了AO功能块模式从实际模式(上一次执行)转变为新的实际模式和目标模式的所有必须条件。右边列出了计算的结果。表195中左边第1列是图67所示状态机中的转换号。

表195 实际模式计算的条件和结果

条件					结果
转换	目标模式 (操作员)	实际模式 (上一次执行)	状况 (RCAS_IN)	RCAS_IN的状况<>GOOD(C)的时间超出FSAFE_TIME	实际模式 (计算的)
2,7,8,11,16	O/S	[a]	[a]	[a]	O/S
15,18,20,21,22	LO	[a]			LO
1,4,9,12,17	MAN	[a]	[a]	[a]	MAN
3,5,13,19,23	AUTO	[a]	[a]	[a]	AUTO
19	RCas	LO	[a]	[a]	AUTO
23	RCas	O/S	[a]	[a]	AUTO
6	RCas	AUTO	GOOD(C)-IA	[a]	RCas
13	RCas	AUTO	<>GOOD(C)-IA	[a]	AUTO
10	RCas	MAN	GOOD(C)-IA	[a]	RCas
12	RCas	MAN	<>GOOD(C)-IA	[a]	MAN
14	RCas	RCas	<>GOOD(C)	否	RCas
5	RCas	RCas	<>GOOD(C)	是	AUTO
14	RCas	RCas	GOOD(C)	[a]	RCas
5	RCas	RCas	GOOD(C)-IFS	[a]	AUTO

[a] 无影响。

10.2.3.3 产生输出状况的条件

表196和表197列出了影响输出参数状况的条件。左边列出了所有的条件，右边列出了结果。

表196 输出参数状况计算的条件和结果

条件		结果
实际模式 (计算的)	状况 (SP)	状况 (OUT)
O/S	[a]	BAD-Out of Service,constant
LO	[a]	GOOD(NC)-ok,constant
MAN	[a]	上一次状况值和常量，或由操作员写入
AUTO	<>BAD且<>GOOD(NC)-IFS	GOOD(NC)
AUTO	BAD(仍在故障安全时间内)	GOOD(NC)
AUTO	BAD(故障安全时间结束)或GOOD(NC)-IFS	见 FAIL_SAFE_TYPE
RCas	[a]	GOOD(NC)-ok

[a] 无影响。

表 197　级联处理的状况计算的条件和结果

条件			结果
实际模式（计算的）	目标模式	状况（RCAS_IN）	状况（RCAS_OUT）
O/S	[a]	[a]	BAD-Out of Service,constant
LO	[a]	[a]	GOOD(C)-Local Override,constant
MAN	<>RCas	[a]	GOOD(C)-Not Invited,constant
AUTO	<>RCas	[a]	GOOD(C)-Not Invited
MAN	RCas	<>Initialization acknowledge	GOOD(C)-Initialization request,constant
MAN	RCas	Initialization acknowledge	GOOD(C)-ok
AUTO	RCas	<>Initialization acknowledge	GOOD(C)- Initialization request
AUTO	RCas	Initialization acknowledge	GOOD(C)-ok
RCas	RCas	GOOD(C)-[a]	GOOD(C)-ok

[a] 无影响。

10.2.4　模拟输出功能块的参数描述

表 198 列出了模拟输出功能块的参数描述。

表 198　模拟输出功能块的参数描述

参数	描　述
CHECK_BACK	设备的详细信息，按位编码。同时可以有多个信息
CHECK_BACK_MASK	定义是否支持 CHECK_BACK 的信息比特。 编码： 0：不支持 1：支持
FSAFE_TIME	从检测出实际使用的设定值错误（SP_D ＝ BAD 或 RCAS_IN <>GOOD）到功能块动作（该错误条件仍然存在）所需的时间，以 s 计。 注：通信超时将使所传输的设定值状况改变为 BAD（见映射）
FSAFE_TYPE	在 FSAFE_TIME 之后仍然检测到实际使用的设定值错误的情况下，或者在实际使用的设定值的状况为“Initiate Fail Safe”情况下，定义设备的反应。 计算的实际模式分别为 AUTO 或 RCAS（见 5.2.3.6）。 编码： 0：　值 FSAFE_VALUE _D 用作设定值 OUT 的状况＝UNCERTAIN-substitute value 1：　使用上一个有效设定值 OUT 的状况＝UNCERTAIN-Last Usable Value 或 BAD-No communication，no LUV 2：　执行器进入由 ACTUATOR_ACTION 所定义的故障-安全位置（仅可用于具有弹性恢复的执行器），OUT 的状况＝BAD-non specific

表 198（续）

参数	描　述
FSAFE_VALUE	如果 FSAFE_TYPE=0 且 FSAFE 被激活，则使用该设定值
INCREASE_CLOSE	在 RCAS 和 AUTO 模式下，定义的相对于设定值的执行器运动方向。 编码： 0：上升(设定值的增加导致阀开启—OPENNING) 1：下降(设定值的增加导致阀关闭—CLOSING) INCREASE_ CLOSE 的设置会影响下列参数：READBACK、POS _ D、OUT 和 CHECKBACK
IN_CHANNEL	对有效的转换块及其参数的引用，它提供了最终控制元件(FEEDBACK_VALUE_D)的实际位置。更多描述见“通用要求”(CHANNEL)
OUT	此参数是 AUTO 和 RCas 模式下模拟输出块的过程变量，以工程单位计。其值由操作员/工程师在 MAN 和 LO 模式下设定
OUT_CHANNEL	对有效的转换块及其参数的引用，它提供了最终控制元件(POSITIONING_VALUE_D)的实际位置。更多描述见“通用要求”(CHANNEL)
OUT_SCALE	将功能块中以百分数计的 OUT 转换成以工程单位计的 OUT，作为该功能块的输出值。其组成有：低标度值、高标度值、工程单位代码和十进制小数点右边的位数。至少应支持以下单位：mm、°(度)、%(取决于 VALVE_TYPE)
POS_D	阀的当前位置(离散)。 编码： 0：未初始化 1：关闭 2：打开 3：中间位置
PV_SCALE	将以工程单位计的 PV 转换成以百分数计的 PV，作为功能块的输入值。其组成有：低标度值、高标度值、工程单位代码和十进制小数点右边的位数
RCAS_IN	在 RCas 模式下，以 PV_SCALE 为单位的目标设定值，以及由监控主机向模拟控制或输出块提供的状况
RCAS_OUT	以 PV_SCALE 为单位的功能块的设定值和状况。将它们提供给监控主机，用于监控/反向计算，以允许在受限条件或在模式改变情况下采取行动
READBACK	在行程跨度范围内(在位置 OPEN 与 CLOSE 之间)最终控制元件的实际位置，以 PV_SCALE 为单位
SETP_DEVIATION	OUT 信号与反馈位置之间的差异，以行程跨度的百分数计(在位置 OPEN 与 CLOSE 之间)
SIMULATE	由于调试和维护原因，可通过定义值和状况来仿真 READBACK。此时，将断开从转换块到 AO FB 之间的信号路径
SP	设定值。在 AUTO 模式下，定义行程跨度范围内(在位置 OPEN 与 CLOSE 之间)最终控制元件的位置，以 PV_SCALE 的单位计

10.2.5 模拟输出功能块的参数属性

表 199 列出了模拟输出功能块的参数属性。

表 199 模拟输出功能块的参数属性

相对索引	参数名称	对象类型	数据类型	存储	大小	访问	参数用法/传输类型	复位类别	缺省值	必备(M)/可选(O)(A类和B类)
...标准参数见"通用要求"										
附加的模拟输出功能块参数										
9	SP	Record	101	D	5	r,w	I/cyc	—	—	M
11	PV_SCALE	Record	DS-36	S	11	r,w	C/a	F	100,0,%	M
12	READBACK	Record	101	D	5	r	O/cyc	—	—	O (A),M (B)
14	RCAS_IN	Record	101	D	5	r,w	I/cyc	—	—	O (B)
21	IN_CHANNEL	Simple	Unsigned16	S	2	r,w	C/a	F	—	O (A),M (B)
22	OUT_CHANNEL	Simple	Unsigned16	S	2	r,w	C/a	F	—	O (A),M (B)
23	FSAFE_TIME	Simple	Float	S	4	r,w	C/a	F	0	O (A),M (B)
24	FSAFE_TYPE	Simple	Unsigned8	S	1	r,w	C/a	F	2	O (A),M (B)
25	FSAFE_VALUE	Simple	Float	S	4	r,w	C/a	F	0	O (A),M (B)
27	RCAS_OUT	Record	101	D	5	r	O/cyc	—	—	O (B)
31	POS_D	Record	102	D	2	r	O/cyc	—	—	M
32	SETP_DEVIATION	Simple	Float	D	4	r	C/a	—	—	O
33	CHECK_BACK	Simple	OctetString	D	3	r	O/cyc	—	—	O (A),M (B)
34	CHECK_BACK_MASK	Simple	OctetString	Cst	3	r	C/a	—	—	O (A),M (B)
35	SIMULATE	Record	DS-50	S	6	r,w	C/a	F	禁止	O (A),M (B)
36	INCREASE_CLOSE	Simple	Unsigned8	S	1	r,w	C/a	F	0	O (A),M (B)

表 199（续）

相对索引	参数名称	对象类型	数据类型	存储	大小	访问	参数用法/传输类型	复位类别	缺省值	必备(M)/可选(O)(A类和B类)
37	OUT	Record	101	D	5	r,w	C/a	—	—	O (A),M (B)
38	OUT_SCALE	Record	DS-36	S	11	r,w	C/a	F	—	M
39～48	PI 保留									M
49	第 1 个制造商特定参数									O

10.2.6 模拟输出功能块的视图对象

表 200 列出了模拟输出功能块的视图对象。

表 200 模拟输出功能块的视图对象

			访问			
			r	r	r,w	保留
相对索引	参 数 名 称	替代值	View_1	View_2	View_3	View_4
9	SP			5		
11	PV_SCALE				11	
12	READBACK		5	5		
14	RCAS_IN			5		
21	IN_CHANNEL				2	
22	OUT_CHANNEL				2	
23	FSAFE_TIME				4	
24	FSAFE_TYPE				1	
25	FSAFE_VALUE				4	
27	RCAS_OUT			5		
31	POS_D		2	2		
32	SETP_DEVIATION			4		
33	CHECK_BACK		3	3		
34	CHECK_BACK_MASK			3		
35	SIMULATE			6		
36	INCREASE_CLOSE				1	
37	OUT			5		
38	OUT_SCALE				11	
视图对象的字节总数(＋标准参数字节数)			10 ＋ 13	43 ＋ 13	36 ＋ 46	保留

10.2.7 模拟输出 FB 参数 CHECK_BACK 的编码

Bitstring 到 Octet 的映射见 5.2.3.1 和表 2。

表 201 列出了模拟输出 FB 参数 CHECK_BACK 的编码。

表 201 模拟输出 FB 参数 CHECK_BACK 的编码

比特	CHECKBACK 助记符	描述	指示类别
0	CB_FAIL_SAFE	现场设备处于故障安全状态	R
1	CB_REQ_LOC_OP	请求本地操作	R
2	CB_LOCAL_OP	现场设备处于本地控制下，LOCKED OUT 开关正常	R
3	CB_OVERRIDE	处于紧急超驰状态	R
4	CB_DISC_DIR	实际位置反馈与所期望的位置有差异	R
5	CB_TORQUE_D_OP	指示 OPEN 方向的转矩超限	R
6	CB_TORQUE_D_CL	指示 CLOSE 方向的转矩超限	R
7	CB_TRAV_TIME	指示行程监控装置的状况，若为 YES，则已超出执行器的行程时间	A
8	CB_ACT_OPEN	执行器正转向 OPEN 方向	R
9	CB_ACT_CLOSE	执行器正转向 CLOSE 方向	R
10	CB_UPDATE_EVT	由静态数据（功能块和转换块）的任何变化而产生的警报	A
11	CB_SIMULATE	启动仿真过程值	R
12	未使用	—	—
13	CB_CONTR_ERR	内部控制回路受到干扰	R
14	CB_CONTR_INACT	定位器处于无效状态（OUT 的状况＝BAD）	R
15	CB_SELFTEST	设备处于自检测状态	R
16	CB_TOT_VALVE_TRAV	指示超出阀的整个行程限值	R
17	CB_ADD_INPUT	指示激活附加输入（即诊断）	R
18～21	制造商特定	—	
22	保留供行规使用		
23	CB_ZERO_POINT_ERROR	不能到达零点位置	R

CHECK_BACK 比特的取值：
0：不置位
1：置位
指示类别：
R：只要引起消息的原因存在，指示就保持有效。
A：在 20 s 后，指示将自动复位。

10.3 转换块

10.3.1 执行器转换块概述

10.3 描述电动/电气转换块的参数。

10.3.2 执行器转换块的参数描述

表 202 列出了执行器转换块的参数描述。

表 202 执行器转换块的参数描述

参数	描述
ACTUATOR_ SER_NUM	属于定位器或电子设备的执行器的序列号
ACTUATOR_ACTION	对应于阀的执行器掉电的故障安全位置： 编码： 0：未初始化 1：打开（100%） 2：关闭（0%） 3：不在实际位置/保持在实际位置
ACTUATOR_MAN	执行器制造商的名称`
ACTUATOR_TYPE	执行器的类型。 编码： 0：电气 1：电动 2：电液 3：其他
ACT_ROT_DIR	执行器旋向 OPEN 方向。 编码： 0：顺时针旋向 OPEN 1：逆时针旋向 OPEN
ACT_STROKE_TIME_DEC	对于整个系统(定位器、执行器和阀)而言，从 OPEN 位置到 CLOSE 位置的最小时间(以 s 计)。在调试时测量
ACT_STROKE_TIME_INC	对于整个系统(定位器、执行器和阀)而言，从 CLOSE 位置到 OPEN 位置的最大时间(以 s 计)。在调试时测量
ACT_TRAV_TIME	行程时间限值检测。在调试时测量
ADD_GEAR_ID	安装在执行器和阀之间的附加组件(例如变速箱、调压器)的制造商特定的类型标识
ADD_GEAR_INST_DATE	安装在执行器和阀之间的附加组件(例如变速箱、调压器)的安装日期
ADD_GEAR_MAN	安装在执行器和阀之间的附加组件(例如变速箱、调压器)的制造商名称
ADD_GEAR_SER_NUM	安装在执行器和阀之间的附加组件(例如变速箱、调压器)的序列号

表 202（续）

参　　数	描　　述
ANTI_PUMP_CL	带有非自锁变速箱的快速移动电动执行器通常需要"防喘振(Anti-pumping)"特性,以避免喘振的影响。如果在电机关闭期间执行器略有返回时就释放限位开关,则可能出现上述情况。该变量定义与极限位置 CLOSE 间的距离,在此极限位置处启动"防喘振"
ANTI_PUMP_OP	带有非自锁变速箱的快速移动电动执行器通常需要"防喘振"特性,以避免喘振的影响。如果在电机关闭期间执行器略有返回时就释放限位开关,则可能出现上述情况。该变量定义与极限位置 OPEN 间的距离,在此极限位置处启动"防喘振"
BREAK_STRENGTH	执行器制动的功率,取决于制动器工作的制动方式(时间、电流等)
BYPASS_SETP_CL	当开始从极限位置 CLOSE 转向 OPEN 方向时,旁路的启动允许最大转矩值在短时间内超限
BYPASS_SETP_OP	在开始从极限位置 OPEN 转向 CLOSE 方向时,旁路的启动允许最大转矩值在短时间内超限
DEADBAND	死区,按行程范围的百分数计。行程范围对应于 OUT_SCALE
DEVICE_CALIB_DATE	设备上一次校准的日期
DEVICE_CONFIG_DATE	设备上一次组态的日期
LIN_TYPE	见"通用要求"
FEEDBACK_VALUE	最终控制元件的实际位置,以 OUT_SCALE 的单位计
MAX_TORQUE	所允许的执行器的最大转矩
MOTOR_ON_TIME	电机运行时间,以小时计
NUM_LIMIT_CUT_OFF	限位开关相关的执行器断开的总次数
NUM_MOT_ON_CYC	电机的启停周期的总数
NUM_MOT_ON_HOUR	在上一小时内电机启停的周期数
NUM_TORQ_CUT_OFF	转矩相关的执行器断开的总次数
POSITIONING_VALUE	最终控制元件的实际命令变量,以 OUT_SCALE 的单位计。状况 BAD 将使执行器进入由 ACTUATOR_ACTION 定义的故障安全位置
RATED_TRAVEL	阀的额定行程,以 OUT_SCALE 的单位计
SELF_CALIB_CMD	启动设备特定(制造商特定)的校准过程。 编码: 0:　缺省值;现场设备无反应(必备) 1:　开始零点调整(可选) 2:　开始自校准/初始化(可选) 7:　复位"超出阀的总行程限值"CB_TOT_VALVE_TRAV (可选) 　　并复位"累加的阀行程"TOTAL_VALVE_TRAVEL (可选) 10:复位"受干扰的内部控制回路"CB_CONTR_ERR (可选) 255:异常中止当前校准过程(可选)

表 202(续)

参　　数	描　　述
SELF_CALIB_STATUS	设备特定(制造商特定)的校准过程的结果或状况。 编码: 0:　未确定(必备) 1:　保留 2:　异常中止(可选) 3:　保留 4:　机械系统的差错(可选) 5~10:　保留 11:　超时(可选) 12~19:　保留 20:　通过“紧急超驰激活”CB_OVERRIDE 来异常中止(可选) 21~29:　保留 30:　零点差错(可选) 31~127:　保留 128~249:　制造商特定(可选) 250~253:　保留 254:　成功(可选) 255:　无有效数据(可选)
SERVO_GAIN_1 SERVO_GAIN_2	两个移动方向的比例作用系数。仅具有一个伺服增益的执行器使用 SERVO_GAIN_1
SERVO_RATE_1 SERVO_RATE_2	两个移动方向的微分作用系数。仅具有一个伺服增益的执行器使用 SERVO_RATE_1
SERVO_RESET_1 SERVO_RESET_2	两个移动方向的积分作用系数。仅具有一个伺服增益的执行器使用 SERVO_RESET_1
SETP_CUTOFF_DEC	当参考变量超过输入值时,阀向对应于 0%参考变量的最终位置转动。 电-气执行器完全充满空气或完全排出空气(取决于故障安全位置)。 电动执行器的电机将阀驱动到相应的最终位置
SETP_CUTOFF_INC	当参考变量超过输入值时,阀向对应于 100%参考变量的最终位置转动。 电-气执行器完全充满空气或完全排出空气(取决于故障安全位置)。 电动执行器的电机将阀驱动到相应的最终位置
SETP_CUTOFF_MODE	选择与行程相关的断开或与转矩相关的断开(分别用于运行的每个方向)。 编码: 0:　OPEN 方向的转矩,CLOSE 方向的转矩 1:　OPEN 方向的转矩,CLOSE 方向的行程 2:　OPEN 方向的行程,CLOSE 方向的转矩 3:　OPEN 方向的行程,CLOSE 方向的行程
TAB_ENTRY	见表 50
TAB_X_Y_VALUE	见表 50

表 202（续）

参　数	描　述
TAB_MIN_NUMBER	见表 50
TAB_MAX_NUMBER	见表 50
TAB_ACTUAL_NUMBER	见表 50
TAB_OP_CODE	见表 50
TAB_STATUS	见表 50
TORQUE_ACTUAL	指示实际的转矩值，以工程单位计
TORQUE_LIM_CL	以工程单位计的设定值。确定在 CLOSE 方向上断开(switch off)的转矩限值
TORQUE_LIM_OP	以工程单位计的设定值。确定在 OPEN 方向上断开(switch off)的转矩限值
TORQUE_UNIT	转矩或力的工程单位
TOTAL_VALVE_TRAVEL	累积的阀行程，按标称占空比计
TOT_VALVE_TRAV_LIM	对于 TOTAL_VALVE_TRAVEL 的限值，按标称占空比计
TRAVEL_LIMIT_LOW	以行程范围的百分数表示的阀位置的下限。行程范围对应于 OUT_SCALE
TRAVEL_LIMIT_UP	以行程范围的百分数表示的阀位置的上限。行程范围对应于 OUT_SCALE
TRAVEL_RATE_DEC	可组态的阀从全开到全闭的时间，以 s 计
TRAVEL_RATE_INC	可组态的阀从全闭到全开的时间，以 s 计
VALVE_MAINT_DATE	阀的上一次维护日期
VALVE_MAN	阀制造商的名称
VALVE_SER_NUM	属于定位器或电子设备的阀的序列号
VALVE_TYPE	阀的类型。 编码： 0：　直行程阀，滑动阀 1：　角行程阀(part-turn) 2：　多转式角行程阀(multi-turn)

10.3.3　电动执行器转换块

10.3.3.1　电动执行器转换块的参数属性

表 203 列出了电动执行器转换块的参数属性。

表 203 电动执行器转换块的参数属性

相对索引	参数名称	对象类型	数据类型	存储	大小	访问	参数用法/传输类型	复位类别	缺省值	必备(M)/可选(O)(A类和B类)
...标准参数见"通用描述"										
电动执行器的附加转换块参数										
8	ACT_ROT_DIR	Simple	Unsigned8	S	1	r,w	C/a	F	0	O (B)
9	ACT_STROKE_TIME_DEC	Simple	Float	S	4	r	C/a	制造商特定	—	O (B)
10	ACT_STROKE_TIME_INC	Simple	Float	S	4	r	C/a	制造商特定	—	O (B)
11	ACT_TRAV_TIME	Simple	Float	S	4	r	C/a	制造商特定	—	O (B)
12	ANTI_PUMP_CL	Simple	Float	S	4	r,w	C/a	F	—	O (B)
13	ANTI_PUMP_OP	Simple	Float	S	4	r,w	C/a	F	—	O (B)
14	BREAK_STRENGTH	Simple	Float	S	4	r,w	C/a	F	—	O (B)
15	BYPASS_SETP_CL	Simple	Float	S	4	r,w	C/a	F	—	O (B)
16	BYPASS_SETP_OP	Simple	Float	S	4	r,w	C/a	F	—	O (B)
17	TAB_ENTRY	见表 51								O (B)
18	TAB_X_Y_VALUE	见表 51								O (B)
19	TAB_MIN_NUMBER	见表 51								O (B)
20	TAB_MAX_NUMBER	见表 51								O (B)
21	TAB_ACTUAL_NUMBER	见表 51								O (B)
22	DEADBAND	Simple	Float	S	4	r,w	C/a	F	—	O (B)
23	DEVICE_CALIB_DATE	Simple	OctetString	S	16	r,w	C/a	I	—	O (B)
24	DEVICE_CONFIG_DATE	Simple	OctetString	S	16	r,w	C/a	I	—	O (B)
25	LIN_TYPE	见表 51								M (B)
26	MAX_TORQUE	Simple	Float	S	4	r,w	C/a	F	—	O (B)
27	MOTOR_ON_TIME	Simple	Float	D	4	r	C/a	制造商特定	—	O (B)
28	NUM_LIMIT_CUT_OFF	Simple	Float	D	4	r	C/a	制造商特定	—	O (B)

表 203（续）

相对索引	参数名称	对象类型	数据类型	存储	大小	访问	参数用法/传输类型	复位类别	缺省值	必备(M)/可选(O)(A类和B类)
29	NUM_MOT_ON_CYCL	Simple	Float	D	4	r	C/a	制造商特定	—	O (B)
30	NUM_MOT_ON_HOUR	Simple	Unsigned8	D	1	r	C/a	制造商特定	—	O (B)
31	NUM_TORQ_CUT_OFF	Simple	Float	D	4	r	C/a	制造商特定	—	O (B)
32	RATED_TRAVEL	Simple	Float	S	4	r,w	C/a	F	—	M (B)
33	SELF_CALIB_CMD	Simple	Unsigned8	N	1	r,w	C/a	—	0	M (B)
34	SELF_CALIB_STATUS	Simple	Unsigned8	N	1	r	C/a	—	0	M (B)
35	SERVO_GAIN_1	Simple	Float	S	4	r,w	C/a	F	—	O (B)
36	SERVO_RATE_1	Simple	Float	S	4	r,w	C/a	F	—	O (B)
37	SERVO_RESET_1	Simple	Float	S	4	r,w	C/a	F	—	O (B)
38	SETP_CUTOFF_DEC	Simple	Float	S	4	r,w	C/a	F	—	M (B)
39	SETP_CUTOFF_INC	Simple	Float	S	4	r,w	C/a	F	—	M (B)
40	SETP_CUTOFF_MODE	Simple	Unsigned8	S	1	r,w	C/a	F	3	O (B)
41	TORQUE_ACTUAL	Record	101	D	5	r	C/a	—	—	O (B)
42	TORQUE_LIM_CL	Simple	Float	S	4	r,w	C/a	F	—	O (B)
43	TORQUE_LIM_OP	Simple	Float	S	4	r,w	C/a	F	—	O (B)
44	TORQUE_UNIT	Simple	Unsigned16	S	2	r,w	C/a	F	—	O (B)
45	TOTAL_VALVE_TRAVEL	Simple	Float	D[a]	4	r,w	C/a	制造商特定	—	O (B)
46	TOT_VALVE_TRAV_LIM	Simple	Float	S	4	r,w	C/a	F	—	O (B)
47	TRAVEL_LIMIT_LOW	Simple	Float	S	4	r,w	C/a	F	0	M (B)
48	TRAVEL_LIMIT_UP	Simple	Float	S	4	r,w	C/a	F	100	M (B)
49	TRAVEL_RATE_DEC	Simple	Float	S	4	r,w	C/a	F	—	M (B)
50	TRAVEL_RATE_INC	Simple	Float	S	4	r,w	C/a	F	—	M (B)
51	VALVE_MAINT_DATE	Simple	OctetString	S	16	r,w	C/a	I	—	O (B)
55	TAB_OP_CODE	见表 51								O (B)
56	TAB_STATUS	见表 51								O (B)

表 203（续）

相对索引	参数名称	对象类型	数据类型	存储	大小	访问	参数用法/传输类型	复位类别	缺省值	必备(M)/可选(O)(A类和B类)
57	POSITIONING_VALUE	Record	101	D	5	r	C/a	—	—	M (B)
58	FEEDBACK_VALUE	Record	101	D	5	r	C/a	—	—	M (B)
59	VALVE_MAN	Simple	OctetString	S	16	r,w	C/a	I	—	M (B)
60	ACTUATOR_MAN	Simple	OctetString	S	16	r,w	C/a	I	—	O (B)
61	VALVE_TYPE	Simple	Unsigned8	S	1	r,w	C/a	F	—	M (B)
62	ACTUATOR_TYPE	Simple	Unsigned8	Cst	1	r	C/a	—	—	M (B)
63	ACTUATOR_ACTION	Simple	Unsigned8	S	1	r,w	C/a	制造商特定	—	M (B)
64	VALVE_SER_NUM	Simple	OctetString	S	16	r,w	C/a	I	—	O (B)
65	ACTUATOR_SER_NUM	Simple	OctetString	S	16	r,w	C/a	I	—	O (B)
66	ADD_GEAR_SER_NUM	Simple	OctetString	S	16	r,w	C/a	I	—	O (B)
67	ADD_GEAR_MAN	Simple	OctetString	S	16	r,w	C/a	I	—	O (B)
68	ADD_GEAR_ID	Simple	OctetString	S	16	r,w	C/a	I	—	O (B)
69	ADD_GEAR_INST_DATE	Simple	OctetString	S	16	r,w	C/a	I	—	O (B)
70～79	PI 保留									M (B)
80	第 1 个制造商特定的参数									O (B)

[a] 应该被存储为非易失的。

10.3.3.2 电动执行器转换块的视图对象

表 204 列出了电动执行器转换块的视图对象。

表 204 电动执行器转换块的视图对象

			访问			
			r	r	r,w	r,w
相对索引	参数名称	替代值	View_1	View_2	View_3	View_4
8	ACT_ROT_DIR				1	
9	ACT_STROKE_TIME_DEC			4		
10	ACT_STROKE_TIME_INC			4		
11	ACT_TRAV_TIME			4		
12	ANTI_PUMP_CL				4	
13	ANTI_PUMP_OP				4	

表 204（续）

			访问			
			r	r	r,w	r,w
相对索引	参数名称	替代值	View_1	View_2	View_3	View_4
14	BREAK_STRENGTH				4	
15	BYPASS_SETP_CL				4	
16	BYPASS_SETP_OP				4	
17	TAB_ENTRY					
18	TAB_X_Y_VALUE					
19	TAB_MIN_NUMBER					
20	TAB_MAX_NUMBER					
21	TAB_ACTUAL_NUMBER					
22	DEADBAND				4	
23	DEVICE_CALIB_DATE			16		
24	DEVICE_CONFIG_DATE					16
25	LIN_TYPE				1	
26	MAX_TORQUE				4	
27	MOTOR_ON_TIME			4		
28	NUM_LIMIT_CUT_OFF			4		
29	NUM_MOT_ON_CYCL			4		
30	NUM_MOT_ON_HOUR			1		
31	NUM_TORQ_CUT_OFF			4		
32	RATED_TRAVEL				4	
33	SELF_CALIB_CMD					
34	SELF_CALIB_STATUS			1		
35	SERVO_GAIN_1				4	
36	SERVO_RATE_1				4	
37	SERVO_RESET_1				4	
38	SETP_CUTOFF_DEC				4	
39	SETP_CUTOFF_INC				4	
40	SETP_CUTOFF_MODE				1	
41	TORQUE_ACTUAL			5		
42	TORQUE_LIM_CL				4	
43	TORQUE_LIM_OP				4	
44	TORQUE_UNIT				2	
45	TOTAL_VALVE_TRAVEL			4		

表 204（续）

			访问			
			r	r	r,w	r,w
相对索引	参数名称	替代值	View_1	View_2	View_3	View_4
46	TOT_VALVE_TRAV_LIM				4	
47	TRAVEL_LIMIT_LOW				4	
48	TRAVEL_LIMIT_UP				4	
49	TRAVEL_RATE_DEC				4	
50	TRAVEL_RATE_INC				4	
51	VALVE_MAINT_DATE					16
55	TAB_OP_CODE					
56	TAB_STATUS					
57	POSITIONING_VALUE			5		
58	FEEDBACK_VALUE			5		
59	VALVE_MAN					16
60	ACTUATOR_MAN					16
61	VALVE_TYPE					16
62	ACTUATOR_TYPE			1		
63	ACTUATOR_ACTION				1	
64	VALVE_SER_NUM					16
65	ACTUATOR_SER_NUM					16
66	ADD_GEAR_SER_NUM					
67	ADD_GEAR_MAN					
68	ADD_GEAR_ID					
69	ADD_GEAR_INST_DATE					
视图对象的字节总数(+标准参数字节数)			0+13	66+13	86+36	112+0

10.3.4 电-气执行器转换块

10.3.4.1 电-气执行器转换块的参数属性

表 205 列出了电-气执行器转换块的参数属性。

表 205 电-气执行器转换块的参数属性

相对索引	参数名称	对象类型	数据类型	存储	大小	访问	参数用法/传输类型	复位类别	缺省值	必备(M)/可选(O)(A类和B类)
...标准参数见"通用要求"										
电-气执行器的附加转换块参数										
9	ACT_STROKE_TIME_DEC	Simple	Float	S	4	r	C/a	制造商特定	—	O (B)
10	ACT_STROKE_TIME_INC	Simple	Float	S	4	r	C/a	制造商特定	—	O (B)
17	TAB_ENTRY	见表 51								O (B)
18	TAB_X_Y_VALUE	见表 51								O (B)
19	TAB_MIN_NUMBER	见表 51								O (B)
20	TAB_MAX_NUMBER	见表 51								O (B)
21	TAB_ACTUAL_NUMBER	见表 51								O (B)
22	DEADBAND	Simple	Float	S	4	r,w	C/a	F	—	O (B)
23	DEVICE_CALIB_DATE	Simple	OctetString	S	16	r,w	C/a	I	—	O (B)
24	DEVICE_CONFIG_DATE	Simple	OctetString	S	16	r,w	C/a	I	—	O (B)
25	LIN_TYPE	见表 51								M (B)
32	RATED_TRAVEL	Simple	Float	S	4	r,w	C/a	F	—	M (B)
33	SELF_CALIB_CMD	Simple	Unsigned8	N	1	r,w	C/a	—	0	M (B)
34	SELF_CALIB_STATUS	Simple	Unsigned8	N	1	r	C/a	—	0	M (B)
35	SERVO_GAIN_1	Simple	Float	S	4	r,w	C/a	F	—	O (B)
36	SERVO_RATE_1	Simple	Float	S	4	r,w	C/a	F	—	O (B)
37	SERVO_RESET_1	Simple	Float	S	4	r,w	C/a	F	—	O (B)
38	SETP_CUTOFF_DEC	Simple	Float	S	4	r,w	C/a	F	—	M (B)
39	SETP_CUTOFF_INC	Simple	Float	S	4	r,w	C/a	F	—	M (B)
45	TOTAL_VALVE_TRAVEL	Simple	Float	D[a]	4	r	C/a	制造商特定	—	O (B)
46	TOT_VALVE_TRAV_LIM	Simple	Float	S	4	r,w	C/a	F	—	O (B)
47	TRAVEL_LIMIT_LOW	Simple	Float	S	4	r,w	C/a	F	0	M (B)
48	TRAVEL_LIMIT_UP	Simple	Float	S	4	r,w	C/a	F	100	M (B)

表 205（续）

相对索引	参数名称	对象类型	数据类型	存储	大小	访问	参数用法/传输类型	复位类别	缺省值	必备(M)/可选(O)(A类和B类)
49	TRAVEL_RATE_DEC	Simple	Float	S	4	r,w	C/a	F	—	M (B)
50	TRAVEL_RATE_INC	Simple	Float	S	4	r,w	C/a	F	—	M (B)
51	VALVE_MAINT_DATE	Simple	OctetString	S	16	r,w	C/a	I	—	O (B)
52	SERVO_GAIN_2	Simple	Float	S	4	r,w	C/a	F	—	O (B)
53	SERVO_RATE_2	Simple	Float	S	4	r,w	C/a	F	—	O (B)
54	SERVO_RESET_2	Simple	Float	S	4	r,w	C/a	F	—	O (B)
55	TAB_OP_CODE	见表 51								O(B)
56	TAB_STATUS	见表 51								O(B)
57	POSITIONING_VALUE	Record	101	D	5	r	C/a	—	—	M (B)
58	FEEDBACK_VALUE	Record	101	D	5	r	C/a	—	—	M (B)
59	VALVE_MAN	Simple	OctetString	S	16	r,w	C/a	I	—	M (B)
60	ACTUATOR_MAN	Simple	OctetString	S	16	r,w	C/a	I	—	M (B)
61	VALVE_TYPE	Simple	Unsigned8	S	1	r,w	C/a	F	—	M (B)
62	ACTUATOR_TYPE	Simple	Unsigned8	Cst	1	r	C/a	—	—	M (B)
63	ACTUATOR_ACTION	Simple	Unsigned8	S	1	r,w	C/a	制造商特定	—	M (B)
64	VALVE_SER_NUM	Simple	OctetString	S	16	r,w	C/a	I	—	O (B)
65	ACTUATOR_SER_NUM	Simple	OctetString	S	16	r,w	C/a	I	—	O (B)
66	ADD_GEAR_SER_NUM	Simple	OctetString	S	16	r,w	C/a	I	—	O (B)
67	ADD_GEAR_MAN	Simple	OctetString	S	16	r,w	C/a	I	—	O (B)
68	ADD_GEAR_ID	Simple	OctetString	S	16	r,w	C/a	I	—	O (B)
69	ADD_GEAR_INST_DATE	Simple	OctetString	S	16	r,w	C/a	I	—	O (B)
70～79	PI 保留									M (B)
80	第 1 个制造商特定的参数									O (B)
[a] 应该被存储为非易失的。										

10.3.4.2 电-气执行器转换块的视图对象

表 206 列出了电-气执行器转换块的视图对象。

表 206 电-气执行器转换块的视图对象

			访问			
			r	r	r,w	r,w
相对索引	参数名称	替代值	View_1	View_2	View_3	View_4
9	ACT_STROKE_TIME_DEC			4		
10	ACT_STROKE_TIME_INC			4		
17	TAB_ENTRY					
18	TAB_X_Y_VALUE					
19	TAB_MIN_NUMBER					
20	TAB_MAX_NUMBER					
21	TAB_ACTUAL_NUMBER					
22	DEADBAND				4	
23	DEVICE_CALIB_DATE			16		
24	DEVICE_CONFIG_DATE					16
25	LIN_TYPE				1	
32	RATED_TRAVEL				4	
33	SELF_CALIB_CMD					
34	SELF_CALIB_STATUS			1		
35	SERVO_GAIN_1				4	
36	SERVO_RATE_1				4	
37	SERVO_RESET_1				4	
38	SETP_CUTOFF_DEC				4	
39	SETP_CUTOFF_INC				4	
45	TOTAL_VALVE_TRAVEL			4		
46	TOT_VALVE_TRAV_LIM				4	
47	TRAVEL_LIMIT_LOW				4	
48	TRAVEL_LIMIT_UP				4	
49	TRAVEL_RATE_DEC				4	
50	TRAVEL_RATE_INC				4	
51	VALVE_MAINT_DATE					16
52	SERVO_GAIN_2				4	
53	SERVO_RATE_2				4	
54	SERVO_RESET_2				4	
55	TAB_OP_CODE					
56	TAB_STATUS					
57	POSITIONING_VALUE			5		

表 206（续）

			访问			
			r	r	r,w	r,w
相对索引	参数名称	替代值	View_1	View_2	View_3	View_4
58	FEEDBACK_VALUE			5		
59	VALVE_MAN					16
60	ACTUATOR_MAN					16
61	VALVE_TYPE					1
62	ACTUATOR_TYPE			1		
63	ACTUATOR_ACTION				1	
64	VALVE_SER_NUM					16
65	ACTUATOR_SER_NUM					16
66	ADD_GEAR_SER_NUM					
67	ADD_GEAR_MAN					
68	ADD_GEAR_ID					
69	ADD_GEAR_INST_DATE					
视图对象的字节总数(＋标准参数字节数)			0＋13	40＋13	62＋36	97＋0

10.3.5 电-液执行器转换块

未做规定。

10.4 参数的下载顺序

如果必须向设备写入一组参数，则应遵循特定的顺序。所有其他参数必须在这些参数之后写入。对于本数据单中所描述的设备，其顺序如下：

——VALVE_TYPE；

——RATED_TRAVEL；

——OUT_SCALE。

10.5 一致性声明

表 207 给出了一致性声明模板。

表 207 执行器组件的一致性声明

参　数	一致性声明	子元素
物理块	M	
功能块	M	
模拟输出功能块		M
其他功能块		O
转换块	O (A 类),M (B 类)	
电-气执行器转换块		O (A 类),S (B 类)
电动执行器转换块		O (A 类),S (B 类)
电-液执行器转换块		O (A 类),S (B 类)
其他转换块		O (A 类),S (B 类)

11 分析仪器的设备数据单

11.1 分析仪器现场设备的功能块模型的使用

分析仪器现场设备的参数结构与第5章"通用要求"中的块模型一致。分析仪器设备由一个物理块以及若干转换块和功能块的实例组成。这些块因它们所包含的参数而异。对于模拟输入(AI)、模拟输出(AO)、离散输入(DI)和离散输出(DO)功能块的使用,按照本标准其他章节的定义。

本章定义分析仪器现场设备的附加块。分析转换块包含一个通用参数集,它对于本行规所有分析仪器设备是统一的。分析转换块通过参数值来完成对特定传感器类型的匹配。变换转换块(Transfer Transducer Block)为过程值的预计算提供了可串接的功能(例如滤波、均值、积分和校正)。控制转换块(Control Transducer Block)用于启动和停止设备的多项功能,如"初始化"、"测量"和"校准"等。另外,设备还可具有多点采样功能块和日志功能块。报警转换块(Alarm Transducer Blocks)包含关于设备特定事件或过程特定事件的信息(例如超限或短路)。

图68示出了分析仪器设备的块结构。

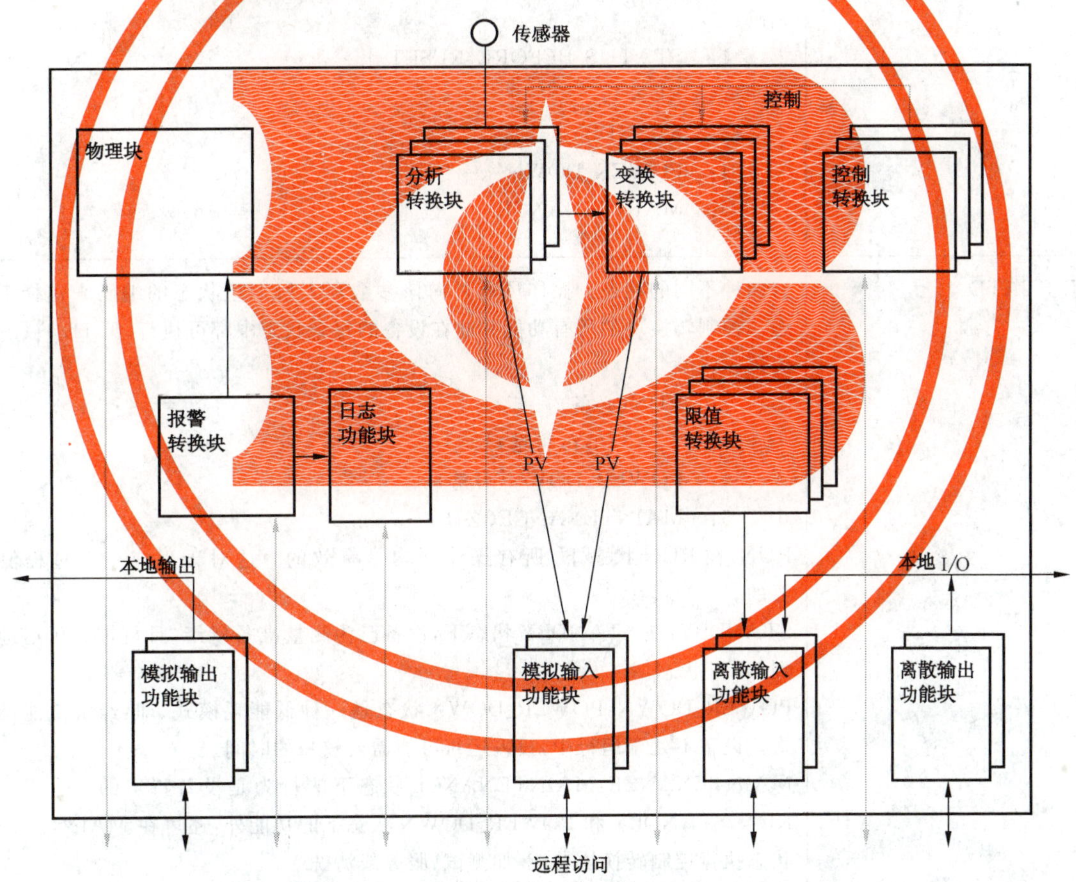

图68 分析仪器设备的块结构

图68的块模型定义了仅一个物理块和任意个数的转换块和功能块及其组合。大部分块类型可被实例化若干次。

每个块的规范都以带图形的简短概述开始。这些块的所有参数都通过文本来描述,必要时还通过一些有具体含义的特殊编码进行描述。以下各表列出了所有参数及其特殊属性,如数据类型、访问权限和缺省值。

11.2 附加的物理块参数

11.2.1 概述

分析仪器使用第5章"通用要求"中所定义的物理块。另外,物理块包含11.2中定义的参数。

11.2.2 附加物理块参数的参数描述

附加物理块参数的参数描述见表208。

表208 附加物理块参数的参数描述

参数	描述
DEVICE_CONFIGURATION	其功能单元组态的文字性描述
INIT_STATE	在复位和设备特定的初始化阶段之后,设备停止在参数化状态中。该状态可以是以下两种状态之一:DEVICE_STATE或STATUS_BEFORE_RESET。 编码: 1: STATUS_BEFORE_RESET 2: RUN 3: STANDBY 4: POWER_DOWN 5: MAINTENANCE
DEVICE_STATE	有四种不同的状态。操作员通过向该参数写入所期望状态的编码来选择新的状态。控制转换块的所有功能并非在设备的每个状态中都可执行(见11.5)。 编码: 2: RUN(必备) 3: STANDBY(可选) 4: POWER_DOWN(可选) 5: MAINTENANCE(必备) RUN:在RUN状态下,所有操作项均是有效的。这对于生成一个过程值是必要的。 STANDBY:在STANDBY状态下,设备已为测量准备就绪,且可被无延迟地切换到RUN状态。 POWER_DOWN:POWER_DOWN状态是一种低能耗模式,即:经济节能操作模式。设备不处于运行中,投入运行可能需要较长的时间。 MAINTENANCE:MAINTENANCE状态下的行为是设备特定的。除了可执行RUN、STANDBY和POWER_DOWN状态下的功能外,还可在MAINTENANCE状态执行控制转换块功能,如测试、服务或清洗
GLOBAL_STATUS	见11.7.2,表224

11.2.3 附加物理块参数的参数属性

附加物理块参数的参数属性见表209。

表 209　附加物理块参数的参数属性

相对索引	参数名称	对象类型	数据类型	存储	大小	访问	参数用法/传输类型	复位类别	缺省值	必备(M)/可选(O)(A类和B类)
...标准参数见"通用要求"										
附加物理块参数										
33～35	PI保留									
36	DEVICE_CONFIGURATION	Simple	VisibleString	N	32	r	C/a	—	—	M
37	INIT_STATE	Simple	Unsigned8	S	1	r,w	C/a	F	—	M
38	DEVICE_STATE	Simple	Unsigned8	D	1	r,w	C/a	F	—	M
39	GLOBAL_STATUS	Simple	Unsigned16	D	2	r	C/a	—	0	M
40～47	PI保留									M
48	第1个制造商特定的参数									O

11.2.4　物理块的视图对象

物理块的视图对象见表210。

表 210　物理块的视图对象

			访问			
			r	r	r,w	保留
相对索引	参数名称	替代值	View_1	View_2	View_3	View_4
36	DEVICE_CONFIGURATION					
37	INIT_STATE					
38	DEVICE_STATE		1	1		
39	GLOBAL_STATUS		2	2		
视图对象的字节总数(＋通用物理块字节数＋标准参数字节数)			3＋4＋13	3＋21＋13	0＋82＋36	保留

11.3　分析转换块

11.3.1　概述

分析转换块的参数结构见图69。

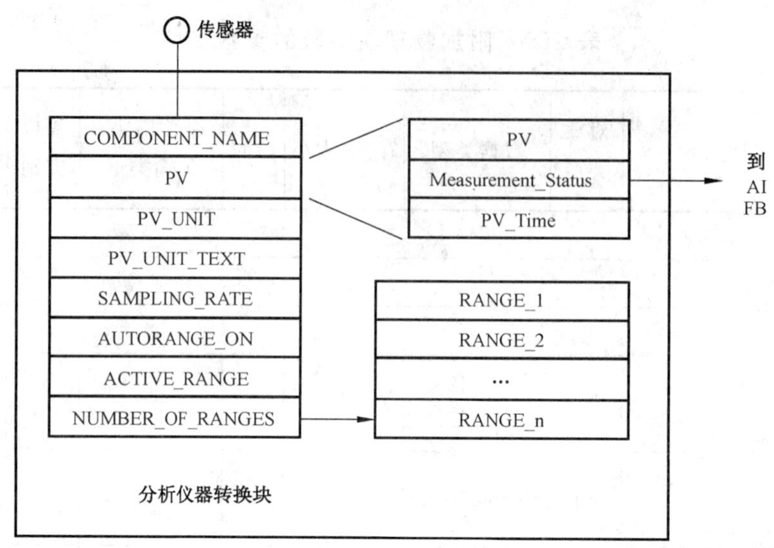

图 69　分析转换块的参数结构

分析仪器设备中每个现有的测量值都是通过一个分析转换块来表示的。该块包括以某种方式描述的测量值的一个参数集，该描述方式可由远程站来解释。

11.3.2　分析转换块的参数描述

分析转换块的参数描述见表 211。

表 211　分析转换块的参数描述

参　　数	描　　述
COMPONENT_NAME	可读的 ASCII 文本的测量值描述
PV	主(primary)值是设备用户主要关注的内容。所有结果都可作为已被定标的且表达物理过程量的值。原始数据和内部的中间结果对通信系统是不可见的。 测量值是由传感器生成的原始数据。该原始数据是动态值。可通过使用标准化和非标准化的算法对动态值作进一步计算处理。这些功能属于变换转换块的范围(见 11.4)。PV 是只读的。PV 是使用标准化和非标准化算法计算的结果，其构成如下： ——PV：结果值。对于解释该值所必需的所有伴随信息，属于分析转换块的其他参数的范围； ——Measurement_Status：结果的状态。在采样时进行计算(编码见"通用要求")； ——PV_Time：测量值的采样时间。 **注**：没有时钟的设备使用值 0
Pv_Unit	测量值的工程单位(编码见"通用要求")
Pv_Unit_Text	附加的制造商特定的工程单位
Active_Range	有效的量程号。该量程在本功能块中的相应参数数组中定义。 编码： 1：　RANGE_1 2：　RANGE_2 n：　RANGE_n

表 211（续）

参　数	描　述
Autorange_On	开启和关闭自动量程选择。 有两个定标参数：一个在分析转换块中，另一个在模拟输入功能块(AI)中。出于一致性原因，AI 的 PV_SCALE 参数应使用分析转换块的 RANGE_n 参数。 以下两种方法都是有效的：如果转换块使用自动量程选择(AUTORANGE_ON=TRUE)，那么所连接的 AI 应使用具有最宽测量范围的转换块 RANGE_n 进行定标。如果转换块只使用固定的测量范围(AUTORANGE_ON=FALSE)，那么所连接的 AI 应使用由 ACTIVE_RANGE 所选择的转换块 RANGE_n 进行定标
Sampling_Rate	测量值是采样设备特定和测量类型特定的。该参数包含两次采样之间的时间
Number_Of_Ranges	该参数包含该设备所支持的量程的个数
RANGE_n	每个量程都是包含值 Begin_of_Range 和 End_of_Range 的记录。工程单位与分析转换块中测量值的单位相同

11.3.3　分析转换块的参数属性

分析转换块的参数属性见表 212。

表 212　分析转换块的参数属性

相对索引	参数名称	对象类型	数据类型	存储	大小	访问	参数用法/传输类型	复位类别	缺省值	必备(M)/可选(O)(A类和B类)
...标准参数见"通用要求"										
附加的分析转换块参数										
8	COMPONENT_NAME	Simple	OctetString	S	32	r,w	C/a	I	—	M
9	PV	Record	DS-60	D	12	r	C/a	—	—	M
10	PV_UNIT[a]	Simple	Unsigned16	S	2	r,w	C/a	F	—	M
11	PV_UNIT_TEXT	Simple	OctetString	S	8	r,w	C/a	—	—	M
12	ACTIVE_RANGE	Simple	Unsigned8	S	1	r,w	C/a	F	—	M
13	AUTORANGE_ON	Simple	Boolean	S	1	r,w	C/a	F	—	M
14	SAMPLING_RATE	Simple	Time_ Difference	S	4	r,w	C/a	F	—	M
15～24	PI 保留									M
25	NUMBER_OF_RANGES	Simple	Unsigned8	N	1	r	C/a	—	—	M
26	RANGE_1	Record	DS-61	N	8	r,w	C/a	F	—	M
...										
25+n	RANGE_n	Record	DS-61	N	8	r,w	C/a	F	—	O
25+n+1	第 1 个制造商特定参数									O

[a] 现有单位代码中不存在的工程单位必须使用编码 1995。应在参数 PV_UNIT_TEXT 中保存工程单位。

11.3.4 分析转换块的视图对象

分析转换块的视图对象见表 213。

表 213 分析转换块的视图对象

			访问			
			r	r	r,w	保留
相对索引	参数名称	替代值	View_1	View_2	View_3	View_4
8	COMPONENT_NAME				32	
9	PV		12	12		
10	PV_UNIT			2	2	
11	PV_UNIT_TEXT			8	8	
12	ACTIVE_RANGE		1	1	1	
13	AUTORANGE_ON				1	
14	SAMPLING_RATE				4	
15～24	Reserved by PI					
25	NUMBER_OF_RANGES			1		
26	RANGE_1				8	
...						
25+n	RANGE_n					
视图对象的字节总数(+标准参数字节数)			13+13	24+13	56+36	保留

11.4 变换转换块

11.4.1 概述

在被模拟输入功能块(AI FB)使用之前,必须预先计算转换块的结果。该任务由提供均值、积分、校正和滤波功能的变换转换块来完成。这些功能可以被串接成级联的结构。变换转换块的CHANNEL 参数指向其 PV 值需要预先计算的分析转换块。串级的功能结构中各级的时间条件是设备特定的,因此不属于本行规范围。变换转换块在参数 PV 中提供计算值。

11.4.2 变换转换块的参数描述

变换转换块的参数描述见表 214。

表 214 变换转换块的参数描述

参　数	描　述
CHANNEL	参数 CHANNEL 定义其 PV 需要预计算的转换块(编码见"通用要求")
PV	该参数包含变换转换块的计算值。该值可以由其他块使用
PV_UNIT	测量值的工程单位(编码见"通用要求")
PV_UNIT_TEXT	附加的制造商特定的工程单位

表 214（续）

参　　数	描　　述
STATIC_VALUE	用于校正的固定值
CORRECTION_CHANNEL	该参数定义用于 PV 校正的转换块(编码与参数 CHANNEL 一样)
FB_VALUE	用于校正的另一个块(本地或远程)的输出参数。该参数用作 FB 输入参数,即:FB 输出参数与该参数之间的连接由链接对象(Link Object)处理
NUMBER_OF_CALCULATION	该块中串接的预计算的次数
CALCULATION_N	该参数结构包含被用于预计算的功能编码。预计算的执行顺序是在变换转换块中预计算(Precalculation)结构中"相对索引"属性的顺序。 对于子参数 Choice,值 0 是必备的

图 70 给出一个控制转换块、变换转换块、分析转换块和模拟输入功能块之间协同工作的示例。

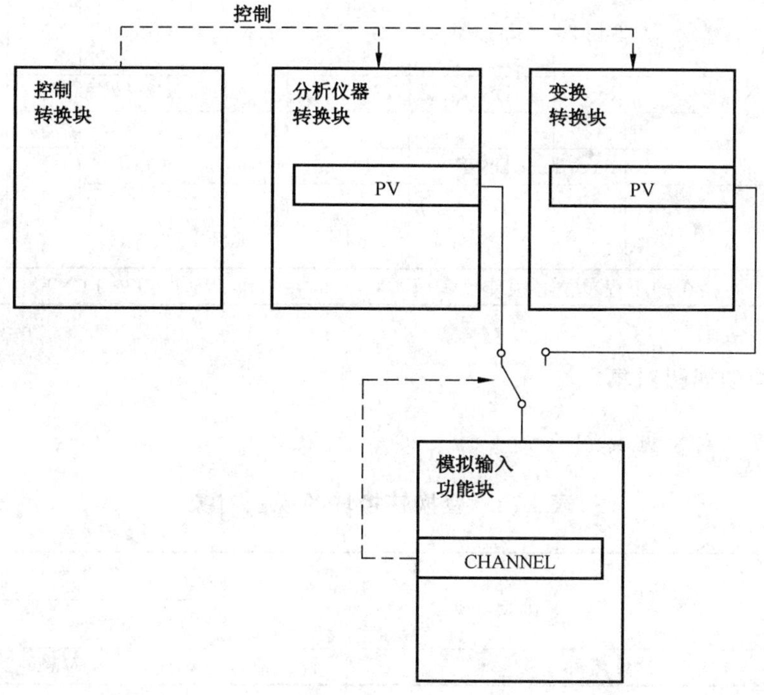

图 70　控制转换块、变换转换块、分析转换块和模拟输入功能块之间协同工作的示例

11.4.3　变换转换块的参数属性

变换转换块的参数属性见表 215。

表 215 变换转换块的参数属性

相对索引	参数名称	对象类型	数据类型	存储	大小	访问	参数用法/传输类型	复位类别	缺省值	必备(M)/可选(O)(A 类和 B 类)
...标准参数见"通用要求"										
附加的变换转换块参数										
9	CHANNEL	Simple	Unsigned16	S	2	r,w	C/a	F	—	M
10	PV	Record	DS-60	D	12	r	C/a	—	—	M
11	PV_UNIT[a]	Simple	Unsigned16	S	2	r,w	C/a	F	—	M
12	PV_UNIT_TEXT	Simple	OctetString	S	8	r,w	C/a	—	—	M
13	STATIC_VALUE	Simple	Float	S	4	r,w	C/a	F	—	M
14	CORRECTION_CHANNEL	Simple	Unsigned16	S	2	r,w	C/a	F	—	M
15	FB_VALUE	Record	101	S	5	r,w	C/a	F	0	M
16～25	PI 保留									M
26	NUMBER_OF_CALCULATION	Simple	Unsigned8	S	1	r,w	C/a	F	—	M
27	CALCULATION_1	Record	DS-65	S	3	r,w	C/a	F	—	M
...										
26+n	CALCULATION_n	Record	DS-65	S	3	r,w	C/a	F	—	M
26+n+1	第 1 个制造商特定参数									O
[a] 现有单位代码中不存在的工程单位必须使用编码 1995。应在参数 PV_UNIT_TEXT 中保存工程单位。										

11.4.4 变换转换块的视图对象

变换转换块的视图对象见表 216。

表 216 变换转换块的视图对象

			访问			
			r	r	r,w	保留
相对索引	参数名称	替代值	View_1	View_2	View_3	View_4
9	CHANNEL				2	
10	PV		12	12		
11	PV_UNIT			2	2	
12	PV_UNIT_TEXT			8	8	
13	STATIC_VALUE				4	
14	CORRECTION_CHANNEL				2	
15	FB_VALUE			5		
16～25	PI 保留					
26	NUMBER_OF_CALCULATION				1	
27	CALCULATION_1				3	
...						
26+n	CALCULATION_n					
视图对象的字节总数(+标准参数字节数)			12+13	27+13	22+36	保留

11.5 控制转换块

11.5.1 概述

控制转换块(CTB)是仅具有内含参数的转换块,执行分析仪器设备的一般初始化和控制功能。根据所选的功能(见参数 BLOCK_TYPE),它影响设备其他转换块。影响的详细内容是设备特定的,因此不属于本行规的范围。这些功能由具有通用名称的代码表示。控制转换块与其他块之间不可能存在用于参数互连的链接对象。

在控制转换块中存在功能特定的参数,即不是所有的参数都被用于所有功能。图 71 给出了概述。

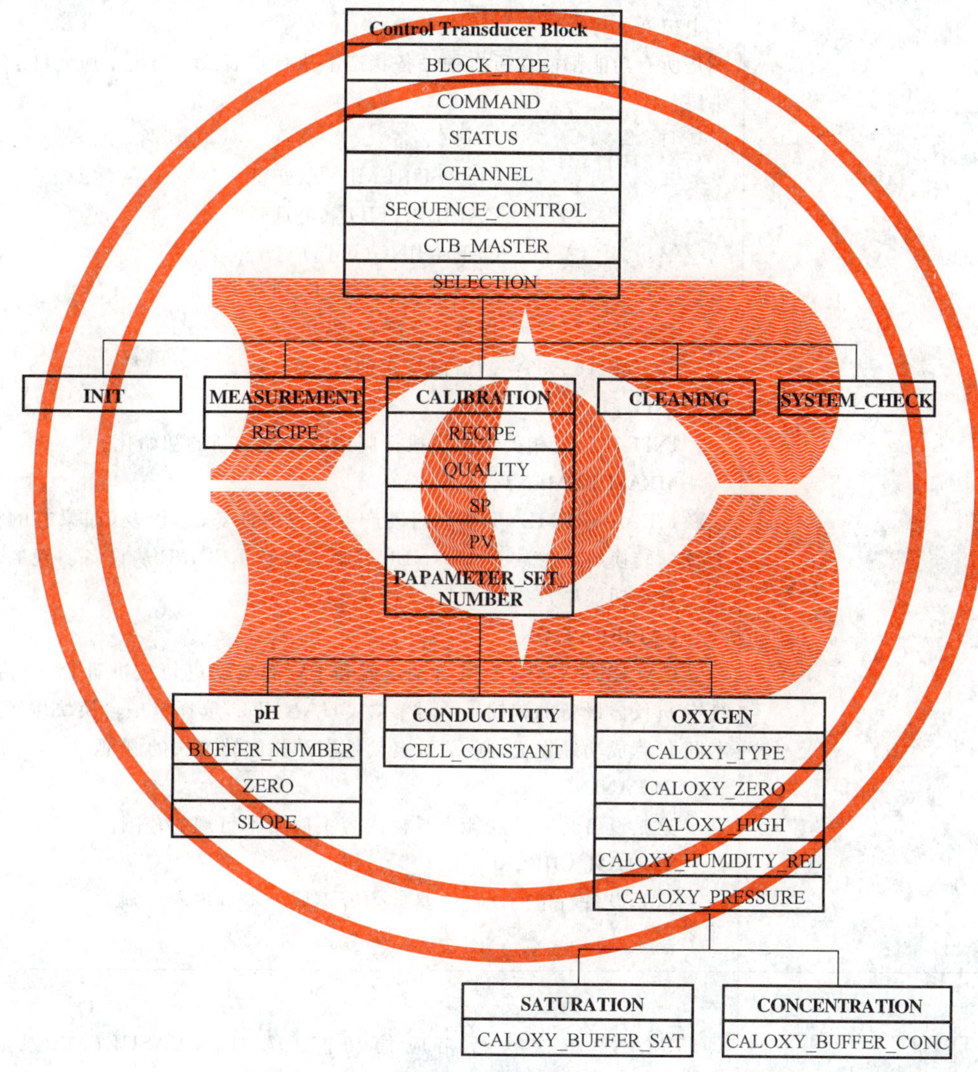

图 71 控制转换块的参数层次结构

11.5.2 控制转换块的参数描述

11.5.2.1 概述

表 217 规定了控制转换块的参数。

表 217　控制转换块的参数描述

参　　数	描　　述
BLOCK_TYPE	——**BLOCK_TYPE** BLOCK_TYPE 决定控制转换块必须执行的功能。控制转换块在一个时刻只能执行一种功能类型。在每种操作状态下，可以切换到另一个块类型。图 71 根据块的类型列出了控制转换块的有效参数。 设备特定的控制转换块类型的选择是制造商特定的，或者可能在本行规的未来版本中扩展。 不是所有功能都能在所有的设备状态下执行。表 218 列出了所允许的组合。 编码： 1：　INIT(必备) 2：　MEASUREMENT(必备) 3：　CALIBRATION(可选) 4：　CLEANING(可选) 5：　SYSTEM_CHECK(可选) 6～32767：　保留 32768～65535：制造商特定的(可选) ——**INIT** INIT 功能对相关转换块执行制造商特定的新的初始化。 ——**MEASUREMENT** MEASUREMENT 功能启动产生过程值的算法，以及(如果有的话)预计算。相关的转换块由参数 CHANNEL 选择。参数 RECIPE 从设备实现的若干可选的信号计算功能中选择一个。 ——**CALIBRATION** CALIBRATION 对来自设定值和 PV 的数据进行校准计算。校正数据将用于分析仪器设备的调校。通过参数 CHANNEL，选择单一转换块用于校准。如果校准计算成功地完成，则 CTB 自动地启动相应转换块的测量。 ——**CLEANING** 这是设备特定的功能。具体内容不属于本行规的范围。 ——**SYSTEM_CHECK** 这是设备特定的功能。具体内容不属于本行规的范围
COMMAND	COMMAND 单次执行相应的功能(例如：MEASUREMENT，SYSTEM_CHECK，...)。参数 COMMAND 比 SEQUENCE_CONTROL 具有更高优先级，即：仅当 COMMAND 等于 0 时 SEQUENCE_CONTROL 的功能才是有效的。 编码： 0：　RESET　COMMAND 功能不是有效的(必备) 5：　START　执行设备功能(必备) 6：　STOP　中断设备功能，功能保持在当前状态(可选) 7：　RESUME　功能从当前状态继续执行(可选) 8：　CANCEL　禁用设备功能，将功能设置为初始状态(必备)

表 217（续）

参　　数	描　　述
STATUS	STATUS 提供该功能执行的当前状态或结果。 编码： 0：　READY　功能已被成功地执行 1：　NO_INIT　功能未进行初始化 2：　IDLE　功能是无效的 3：　RUNNING　功能当前是有效的 4：　INTERRUPTED 功能当前被中断 5：　TIME_OUT　功能执行超时 6～127：　保留 128～255：制造商特定的
CHANNEL	参数 CHANNEL 定义由控制转换块所控制的转换块(编码见“通用要求”)
SEQUENCE_CONTROL	参数 SEQUENCE_CONTROL 提供由循环时间事件、或所定义的日期、或时间所触发的控制转换块的自动执行，例如： ——每隔 8 小时自动校准； ——1992 年 4 月 3 号上午 7 点半启动 Init 功能； ——通过设备内部事件启动清洗功能。 该参数是包含所有必要信息的记录
RECIPE	参数 RECIPE 提供在控制转换块功能的不同子版本之间进行选择的可能性，该控制转换块由 BLOCK_TYPE 选择。RECIPE 的编码取决于 BLOCK_TYPE： MEASUREMENT 信号处理方式的编号。缺省值为 0。 CALIBRATION 1：　所有校准都是自动的(必备) 2：　计算正在工作的探测器的当前值，并将其存储在位置 1(可选) 3：　计算正在工作的探测器的当前值，并将其存储在位置 2(可选) 4：　计算正在工作的探测器的当前值，并将其存储在位置 3(可选) 5：　用位置 1 评估平行度(可选) 6：　用位置 1 和位置 2 评估倾斜度(可选) 7：　3 点校准(可选) 8：　检查平行度(可选) 9：　检查倾斜度(可选) 10：　检查 3 点校准(可选) 11～32767：　保留 32768～65535：非标准化的 RECIPE(制造商特定)
QUALITY	参数 QUALITY 包含 RECIPE 检查校准的结果。它通过对比设备的 SP 和 PV 来计算出来
SP	根据校准方法，转换块的校准需要一对或多对 SP/PV。因此，参数 SP 是包含设定值的数组。SP 按升序填入数组。SP 的工程单位与转换块的工程单位相同

表 217（续）

参　数	描　述
PV	根据校准方法，转换块的校准需要一对或多对 SP/PV。因此，参数 PV 是包含当前值的数组。PV 按所属设定值的相同顺序填入。PV 的工程单位与转换块的工程单位相同
CTB_MASTER	主 CTB 用于同时控制一组其他的 CTB。这表示，主 CTB 的参数 COMMAND 适用于参数 SELECTION 中列出的所有从 CTB。STATE 和所有其他参数在每个被控从 CTB 中单独维护。主 CTB 是一个附加的 CTB。在一个设备中可以有多个主 CTB。 编码： TRUE：　主 CTB FALSE：　从 CTB
SELECTION	参数 SELECTION 仅对主 CTB 有效(CTB_MASTER = TRUE)。它包含指向由此主 CTB 控制的从 CTB 的指针数组。指针具有与参数 CHANNEL 的相同编码
PARAMETER_SET_NUMBER	设备特定或测量特定的块参数集的选择。所选择的块参数集被映射到 PARAMETER_SET_NUMBER 索引之上的相对索引。该映射为将来集成其他参数集提供了可能性。 编码： 1：　pH 2：　CONDUCTIVITY 3：　OXYGEN
NUMBER_PARAMETERS	包含属于由 PARAMETER_SET_NUMBER 所选参数集的参数个数
BUFFER_NUMBER	从设备可用的缓冲器列表中所选的有效缓冲器。如果该参数值等于 0，则无缓冲器可用
ZERO	零点的工程单位与相关分析仪器或变换转换块的工程单位相同
SLOPE	传感器特性的斜率(Slope)。工程单位为 mV/pH
CELL_CONSTANT	传感器的斜率(Slope)
CALOXY_TYPE	选择校准的类型。 编码： 1：　SATURATION(饱和度) 2：　CONCENTRATION(浓度)
CALOXY_ZERO	传感器零点电流。值和状况由校准设定。单位代码与相关转换块的代码相同
CALOXY_HIGH	在正常条件下(例如：1 013.25 hPa，25 ℃，100% RH)传感器的高点电流。值和状况由校准设定。单位代码与相关转换块的代码相同
CALOXY_HUMIDITY_REL	校准空气湿度。值由校准设定。单位代码为 1342 [%]
CALOXY_PRESSURE	校准压力。值由校准设定。单位代码与相关转换块的代码相同
CALOXY_TEMP	校准温度。值由校准设定。单位代码与相关转换块的代码相同
CALOXY_BUFFER_SAT	手动饱和度校准缓冲器。值由校准设定。单位代码为 1342 [%]
CALOXY_BUFFER_CONC	手动浓度校准缓冲器。值由校准设置。单位代码与相关转换块的代码相同

11.5.2.2 COMMAND/STATUS 参数描述

参数 COMMAND 控制图 72 中的状态机。通过 COMMAND 值的改变来激活这些转换。

参数 STATUS 包含实际状态。其他状态是制造商特定的。

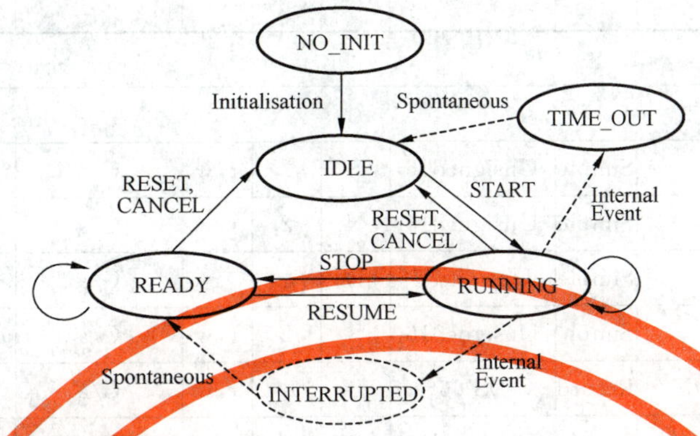

图 72 控制转换块的状态图——COMMAND 参数

11.5.2.3 CTB_MASTER 描述

控制分析仪器功能的方法有两种。参数 COMMAND 根据状态图切换功能。参数 SEQUENCE_CONTROL 控制执行的时间。参数 SEQUENCE_CONTROL 的 Element COMMAND 具有低于控制转换块的 COMMAND 参数的优先级。作为主 CTB 中 COMMAND 改变的结果，CTB_MASTER 机制能同时控制多个转换块。参数 SELECTION 包含由主 CTB 的 COMMAND 参数所控制的从 CTB 列表。

11.5.2.4 分析仪器功能的执行

分析仪器功能的执行见表 218。

表 218 分析仪器功能的执行

分析仪器功能	DEVICE_STATE RUN	DEVICE_STATE STANDBY	DEVICE_STATE POWER_DOWN	DEVICE_STATE MAINTENANCE
INIT	X	X	X	X
MEASUREMENT	X	—	—	X
CALIBRATION	X	—	—	X
CLEANING	X	—	—	X
SYSTEM_CHECK		—	—	X
注：X 表示允许的功能执行。				

11.5.3 控制转换块的参数属性

控制转换块的参数属性见表 219。

表 219 控制转换块的参数属性

相对索引	参数名称	对象类型	数据类型	存储	大小	访问	参数用法/传输类型	复位类别	缺省值	必备(M)/可选(O)(A 类和 B 类)
...标准参数见“通用要求”										
附加的控制转换块参数										
9	BLOCK_TYPE	Simple	Unsigned16	S	2	r,w	C/a	F	—	M
10	COMMAND	Simple	Unsigned16	N	2	r,w	C/a	F	—	M
11	STATUS	Simple	Unsigned8	D	1	r	C/a	—	—	M
12	CHANNEL	Simple	Unsigned16	S	2	r,w	C/a	F	—	M
13	SEQUENCE_CONTROL	Record	DS-66	S	14	r,w	C/a	F	—	M
14	RECIPE	Simple	Unsigned16	S	2	r,w	C/a	F	—	M
15	QUALITY	Array	Float	N	制造商特定	r	C/a	—	—	O
16	SP	Array	Float	N	制造商特定	r,w	C/a	F	—	O
17	PV	Array	Float	N	制造商特定	r	C/a	—	—	O
18	CTB_MASTER	Simple	Unsigned8	N	1	r,w	C/a	F	—	O
19	SELECTION	Array	Unsigned16	N	制造商特定	r,w	C/a	F	—	O
20～29	PI 保留									M
30	PARAMETER_SET_NUMBER	Simple	Unsigned8	N	1	r	C/a	—	—	M
31	NUMBER_PARAMETERS	Simple	Unsigned8	N	1	r	C/a	—	—	O
用于 pH 的参数集										
32	BUFFER_NUMBER	Simple	Unsigned8	N	1	r,w	C/a	F	—	O
33	ZERO	Simple	Float	S	4	r,w	C/a	—	—	O
34	SLOPE	Simple	Float	S	4	r,w	C/a	—	—	O

表 219（续）

相对索引	参数名称	对象类型	数据类型	存储	大小	访问	参数用法/传输类型	复位类别	缺省值	必备(M)/可选(O)(A类和B类)
用于传导率的参数集										
32	CELL_CONSTANT	Simple	Float	S	4	r,w	C/a	—	—	O
用于氧的参数集										
32	CALOXY_TYPE	Simple	Unsigned8	S	1	r,w	C/a	F	—	O
33	CALOXY_ZERO	Record	101	S	5	r,w	C/a	—	—	O
34	CALOXY_HIGH	Record	101	S	5	r,w	C/a	—	—	O
36	CALOXY_HUMIDITY_REL	Simple	Float	S	4	r,w	C/a	F	—	O
37	CALOXY_PRESSURE	Simple	Float	S	4	r,w	C/a	F	—	O
38	CALOXY_TEMP	Simple	Float	S	4	r,w	C/a	F	—	O
39	CALOXY_BUFFER_SAT	Simple	Float	S	4	r,w	C/a	F	—	O
40	CALOXY_BUFFER_CONC	Simple	Float	S	4	r,w	C/a	F	—	O
31+n+1	第 1 个制造商特定的参数									O

11.5.4 控制转换块的视图对象

控制转换块的视图对象见表 220。

表 220 控制转换块的视图对象

			访问			
			r	r	r,w	保留
相对索引	参数名称	替代值	View_1	View_2	View_3	View_4
9	BLOCK_TYPE				2	
10	COMMAND					
11	STATUS		1	1		
12	CHANNEL				2	
13	SEQUENCE_CONTROL				14	
14	RECIPE				2	
15	QUALITY					
16	SP					
17	PV					
18	CTB_MASTER				1	
19	SELECTION					

表 220（续）

			访问			
			r	r	r,w	保留
相对索引	参数名称	替代值	View_1	View_2	View_3	View_4
20～29	PI 保留					
30	PARAMETER_SET_NUMBER			1		
31	NUMBER_PARAMETERS			1		
用于 pH 的参数集						
32	BUFFER_NUMBER					
33	ZERO					
34	SLOPE					
用于传导率的参数集						
32	CELL_CONSTANT					
用于氧的参数集						
32	CALOXY_TYPE					
33	CALOXY_ZERO					
34	CALOXY_HIGH					
36	CALOXY_HUMIDITY_REL					
37	CALOXY_PRESSURE					
38	CALOXY_TEMP					
39	CALOXY_BUFFER_SAT					
40	CALOXY_BUFFER_CONC					
视图对象的字节总数(＋标准参数字节数)			1＋13	3＋13	21＋36	保留

11.6 限值转换块

11.6.1 概述

限值转换块用于观察转换块的 PV 值是否已超出可组态的限值(THRESHOLD)。限值检查的结果保存在 LIMIT_STATUS 中,并能通过离散输入功能块(DI FB)将其集成到循环数据传输中(这是通过将 DI 的 CHANNEL 参数设置为限值转换块的 LIMIT_STATUS 参数来完成的)。设备可提供多次限值检查。

11.6.2 限值转换块的参数描述

限值转换块的参数描述见表 221。

表 221 限值转换块的参数描述

参　数	描　述
CHANNEL	CHANNEL 参数定义了依照 THRESHOLD 对其进行检查的转换块的 PV 值(编码见“通用要求”)
THRESHOLD	THRESHOLD 包含限值,其工程单位与相关分析转换块或变换转换块的工程单位相同
HYSTERESIS	切换滞后的绝对值,其工程单位与相关分析转换块或变换转换块的工程单位相同
DIRECTION	当 PV 值高于或低于限值时,DIRECTION 确定限值检查的结果。 编码: 0: 值低于限值(PV<THRESHOLD) 1: 值超出限值(PV>THRESHOLD)
ON_DELAY	ON_DELAY 定义了在 LIMIT_STATUS 切换到有效之前,PV 应持续超限的一段时间
OFF_DELAY	OFF_DELAY 定义了在 LIMIT_STATUS 切换回无效之前,超限消失需持续的一段时间
RESET	使用该参数可冻结 LIMIT_STATUS 的有效性,即在超限结束后 LIMIT_STATUS 不返回到无效。 编码: 0: 不断刷新 LIMIT_STATUS 1: 当 LIMIT_STATU 有效时,将其冻结
CONFIRMATION	该参数用于复位 LIMIT_STATUS 参数。复位的缺省值是 0x42。在 LIMIT_STATUS 已复位到无效之后,该参数将由限值转换块设为 0
LIMIT_STATUS	限值检查的结果。 LIMIT_STATUS. Value 的编码: 0: 限值条件是无效的 1: 限值条件是有效的 LIMIT_STATUS. Status 由相关转换块给出

11.6.3 限值转换块的参数属性

限值转换块的参数属性见表 222。

表 222 限值转换块的参数属性

相对索引	参数名称	对象类型	数据类型	存储	大小	访问	参数用法/传输类型	复位类别	缺省值	必备(M)/可选(O)(A 类和 B 类)
...标准参数见“通用要求”										
附加的限值转换块参数										
9	CHANNEL	Simple	Unsigned16	S	2	r,w	C/a	F	—	M
10	THRESHOLD	Simple	Float	S	4	r,w	C/a	F	—	M
11	HYSTERESIS	Simple	Float	S	4	r,w	C/a	F	—	M
12	DIRECTION	Simple	Unsigned8	S	1	r,w	C/a	F	—	M
13	ON_DELAY	Simple	Time_Difference	S	4	r,w	C/a	F	—	M

表 222（续）

相对索引	参数名称	对象类型	数据类型	存储	大小	访问	参数用法/传输类型	复位类别	缺省值	必备(M)/可选(O)(A类和B类)
14	OFF_DELAY	Simple	Time_Difference	S	4	r,w	C/a	F	—	M
15	RESET	Simple	Unsigned8	S	1	r,w	C/a	F	—	M
16	CONFIRMATION	Simple	Unsigned8	S	1	r,w	C/a	—	—	M
17	LIMIT_STATUS	Simple	102	S	2	r	C/a	—	—	M
18～27	PI 保留									M
从 28 开始	制造商特定的参数									O

11.6.4 限值转换块的视图对象

限值转换块的视图对象见表 223。

表 223 限值转换块的视图对象

			访问			
			r	r	r,w	保留
相对索引	参数名称	替代值	View_1	View_2	View_3	View_4
9	CHANNEL				2	
10	THRESHOLD				4	
11	HYSTERESIS				4	
12	DIRECTION				1	
13	ON_DELAY				4	
14	OFF_DELAY				4	
15	RESET				1	
16	CONFIRMATION					
17	LIMIT_STATUS		2	2		
视图对象的字节总数(+标准参数字节数)			2+13	2+13	20+36	保留

11.7 报警转换块——二进制警报状况

11.7.1 报警转换块的参数结构

报警转换块由分层的若干对象组成。此层次结构的顶层是所有类别特定状态的汇总，包含每个类别信息的“或(OR)”值。通过低层的对象，用户可获得关于报警的详细信息，例如报警源或原因(见图 73)。

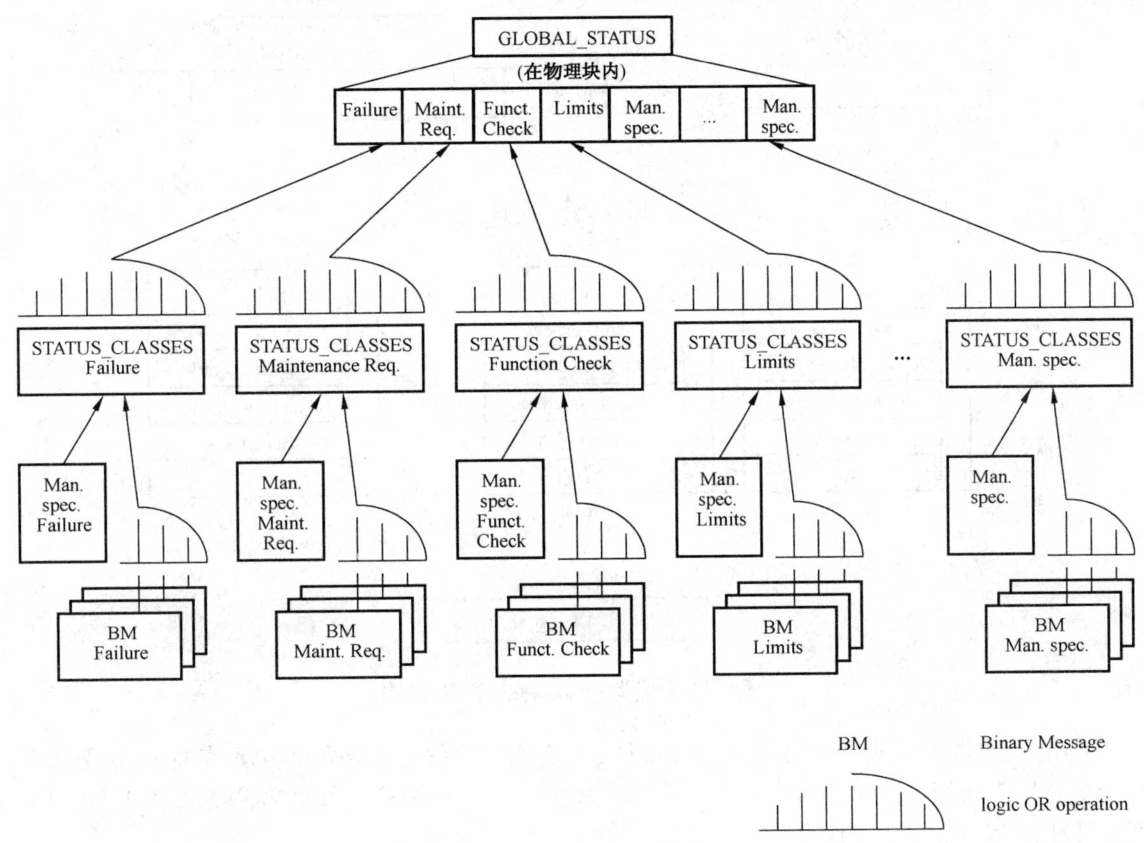

图 73 报警信息的层次结构

GLOBAL_STATUS 参数是设备所有状态的汇总，因此位于物理块中。

图 74 示出了报警转换块的参数结构。

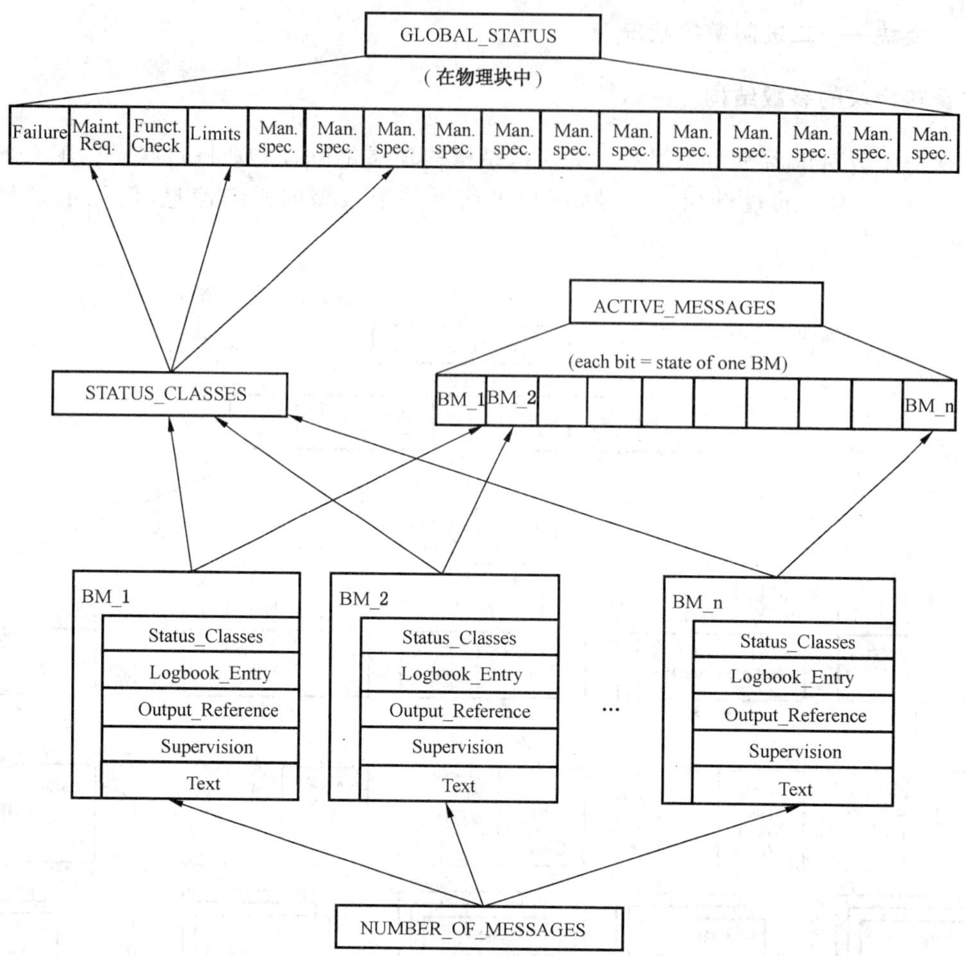

图 74　报警转换块的参数结构

二进制消息(BM)是报警信息的最低层,反映了不受其他信号影响的单独设备的状态或过程状态。所有 BM 都从 1 开始按升序编号。参数 NUMBER_OF_MESSAGES 指出当前 BM 的个数。BM 状态的改变可被保存在日志功能块中。

11.7.2　报警转换块的参数描述

报警转换块的参数描述见表 224。

表 224　报警转换块的参数描述

参　数	描　述
GLOBAL_STATUS	该参数位于状况分层结构的顶层。它指出任何一个状况类是否存在有效的消息。参数 GLOBAL_STATUS 的每个比特都是相关状况类的“或(OR)”组合。GLOBAL_STATUS 是物理块的元素,其各比特定义如下: Bit0:　故障 Bit1:　需要维护 Bit2:　功能检查 Bit3:　限值(该类用于转换块的结果和/或模拟输入/输出块的 OUT 参数) Bit4～Bit15:　制造商特定

表 224（续）

参　　数	描　　述
STATUS_CLASSES	该数组包含每个状况类的一个元素(Unsigned16)。每个元素的 Bit0 到 Bit14 反映各个二进制消息或设备特定事件的状态。Bit15(MSB)是属于该状况类(见"二进制消息状况分类")的所有二进制消息的"或(OR)"组合,表示是否至少有一个二进制消息是有效的。读取参数 STATUS_CLASSES 为查找当前哪些二进制消息处于有效状态提供了一种快捷方式。 表 225 列出了状况类到 STATUS_CLASSES 元素的分配。未使用的 STATUS_CLASSES 元素被设 0。 每个STATUS_CLASSES 元素的 Bit15 的编码: 0:　该状况类没有有效的二进制消息 1:　该状态类至少有一个有效的二进制消息 Status Class Failure(故障状况类) 该状况类与设备的故障有关。 Bit0～Bit14:　未标准化 Bit15:　保留用于 BM 的汇总 Status Class Maintenance Required(需要维护状况类) 该状况类与设备的需要维护有关。 Bit0～Bit14:　未标准化 Bit15:　保留用于 BM 的汇总 Status Class Function Check(功能检查状况类) 状况类功能检查提供了关于分析仪器设备的当前模式和状态信息。如果测量装置不能按要求提供过程属性,则必须生成 Function Check(功能检查)消息。 下列情况下可生成状况 Function Check: ——当设备处于禁止过程属性测量的模式时。每个设备可提供用于生成状况 Function Check 的模式列表。 ——至少有一个与状况类 Function Check 有关的二进制消息是有效的。 Bit0:　备用 Bit1:　断电 Bit2:　保持 Bit3:　停止测量 Bit4:　人工维护 Bit5:　自动维护 Bit6:　人工校准 Bit7:　自动校准 Bit8～Bit14:　保留 Bit15:　保留用于 BM 的汇总 Status Class Limits(状况类限值) 该状况类与测量值的超限有关。 Bit0:　AI 块超出 HI_HI_LIM Bit1:　AI 块超出 HI_LIM Bit2:　AI 块超出 LO_LIM Bit3:　AI 块超出 LO_LO_LIM Bit4～Bit14:　保留 Bit15:　保留用于 BM 的汇总

表 224（续）

参　数	描　述
ACTIVE_MESSAGES	该位串包含所有组态的二进制消息，即每个 BM 由一个比特表示。所有有效的 BM 都被标记。位串中各比特的顺序号与报警转换块的块参数列表中 BM 的顺序相同。BM 的个数是设备特定的。对该参数的读访问可获得在特定时间内关于所有有效 BM 的汇总信息。 每个比特的编码： 0　BM_NOT_ACTIVE　二进制消息是无效的 1　BM_ACTIVE　二进制消息是有效的
NUMBER_OF_MESSAGES	设备中可组态的二进制消息的个数
BM_n	该参数包含二进制消息的属性(编码见“通用要求”)

状况类到 STATUS_CLASSES 的数组元素的映射见表 225。

表 225　状况类到 STATUS_CLASSES 的数组元素的映射

STATUS_CLASSES 数组元素(比特编号)	状况类
0	Failure(故障)
1	Maintenance Required(需要维护)
2	Function Check(功能检查)
3	Limits(限值)
4～15	制造商特定

11.7.3　报警转换块的参数属性

报警转换块的参数属性见表 226。

表 226　报警转换块的参数属性

相对索引	参数名称	对象类型	数据类型	存储	大小	访问	参数用法/传输类型	复位类别	缺省值	必备(M)/可选(O)(A类和B类)
...标准参数见“通用要求”										
附加的报警转换块参数										
8	STATUS_CLASSES	Array	Unsigned16	D	32	r	C/a	—	0,...,0	M
9	ACTIVE_MESSAGES	Array	BitString	D	32	r	C/a	—	0,0,0	M
10～14	PI 保留									M
15	NUMBER_OF_MESSAGES	Simple	Unsigned16	N	2	r	C/a	—	—	M
16	BM_1	Record	DS-62	N	21	r,w	C/a	F	—	M
...										
15+n	BM_n	Record	DS-62	N	21	r,w	C/a	F	—	O
15+n+1	第 1 个制造商特定的参数									O

11.7.4 报警转换块的视图对象

报警转换块的视图对象见表 227。

表 227 报警转换块的视图对象

			访问			
			r	r	r,w	保留
相对索引	参数名称	替代值	View_1	View_2	View_3	View_4
8	STATUS_CLASSES		32	32		
9	ACTIVE_MESSAGES		32	32		
10～14	PI 保留					
15	NUMBER_OF_MESSAGES			2		
16	BM_1					
...						
15+n	BM_n					
视图对象的字节总数(+标准参数字节数)			64+13	66+13	0+36	保留

11.8 多点采样功能块

11.8.1 概述

分析仪器设备可提供多点采样功能块。此功能块逐个执行样本表中描述的所有采样。每个采样的执行时间在 Sample 结构的相应参数元素中组态。设备可包含 n 个采样。每个采样可用于不同的应用。在分析仪器设备中最多只有一个多点采样功能块。

使用 START 和 STOP 命令可启动和停止多点采样功能块。

图 75 示出了多点采样功能块。

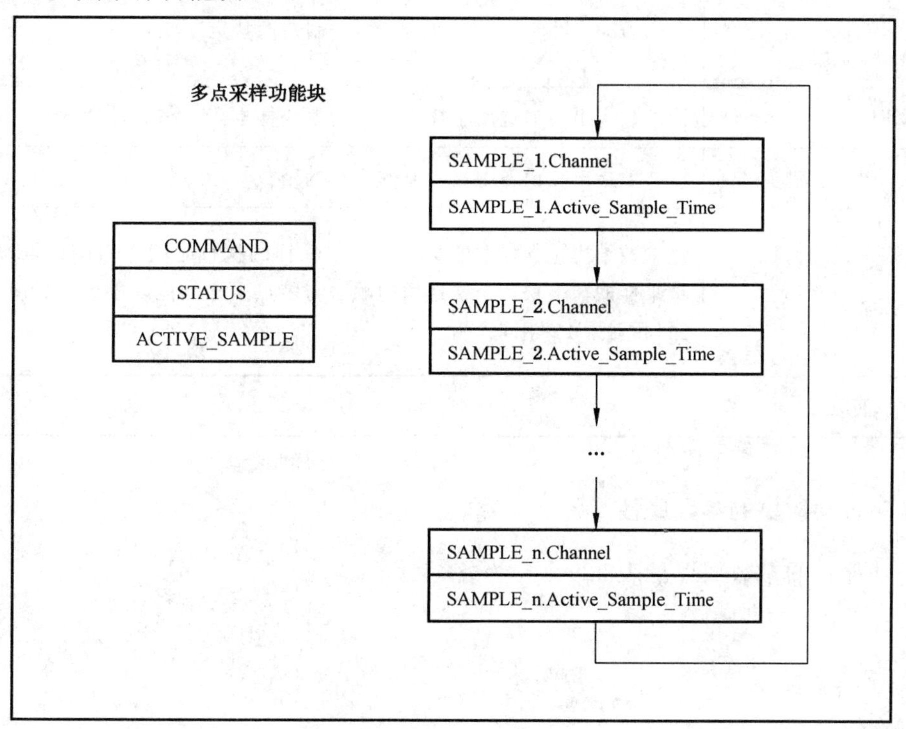

图 75 多点采样功能块

11.8.2 多点采样功能块的参数描述

多点采样功能块的参数描述见表228。

表228 多点采样功能块的参数描述

参数	描述
COMMAND[a]	参数COMMAND控制采样活动。 编码： 0： RESET COMMAND功能是无效的(必备) 5： START 激活该设备功能(必备) 6： STOP 中断该设备功能(可选) 7： RESUME 重新激活被中断的设备功能(可选) 8： CANCEL 停止该设备功能(必备)
STATUS[a]	参数STATUS反映当前正在执行功能的状态，或表示执行的结果。 编码： 0： READY 功能的执行被成功停止 1： NO_INIT 功能未被初始化 2： IDLE 功能是无效的 3： RUNNING 功能当前是有效的 4： INTERRUPTED 功能的执行当前被中断 5： TIME_OUT 功能执行的时间已结束 6～127： 保留 128～255： 制造商特定
ACTIVE_SAMPLE	该参数指出当前选用了样本表中的哪个样本
NUMBER_SAMPLES	该参数指出在设备中被组态的样本的个数
SAMPLE_n	该参数结构包含样本的引用和每个采样的执行时间。CHANNEL结构元素指向被采样的转换块。采样选用的顺序与多点采样功能块中SAMPLE_n块参数的顺序(相对索引)相同

[a] 更多细节，见11.5.2.2。

11.8.3 多点采样功能块的参数属性

多点采样功能块的参数属性见表229。

表 229　多点采样功能块的参数属性

相对索引	参数名称	对象类型	数据类型	存储	大小	访问	参数用法/传输类型	复位类别	缺省值	必备(M)/可选(O)(A类和B类)
...标准参数见"通用要求"										
附加的多点采样功能块参数										
9	COMMAND	Simple	Unsigned16	N	2	r,w	C/a	F	—	M
10	STATUS	Simple	Unsigned8	D	1	r	C/a	—	—	M
11～20	PI 保留									M
21	ACTIVE_SAMPLE	Simple	Unsigned16	D	2	r	C/a	—	—	M
22	NUMBER_SAMPLES	Simple	Unsigned16	N	2	r	C/a	—	—	M
23	SAMPLE_1	Record	DS-63	N	6	r,w	C/a	F	—	M
...										
22+n	SAMPLE_n	Record	DS-63	N	6	r,w	C/a	F	—	O
22+n+1	第 1 个制造商特定的参数									O

11.8.4　多点采样功能块的视图对象

多点采样功能块的视图对象见表 230。

表 230　多点采样功能块的视图对象

			访问			
			r	r	r,w	保留
相对索引	参数名称	替代值	View_1	View_2	View_3	View_4
9	COMMAND					
10	STATUS		1	1		
11～20	PI 保留					
21	ACTIVE_SAMPLE		2	2		
22	NUMBER_SAMPLES			2		
23	SAMPLE_1					
...						
22+n	SAMPLE_n					
视图对象的字节总数(+ 标准参数字节数)			3+13	5+13	0+46	保留

11.9 日志功能块——存档功能

11.9.1 概述

二进制消息和状况信息可存储在日志功能块中。二进制消息或状况信息发生变化时(即二进制消息或状况信息出现和消失),该变化与其时间戳一起被保存于日志中。日志中登录项的个数是由设备制造商限定和配置的。读服务可访问单个登录项。第1个登录项的编号为1。每个新登录项被保存在环形存储队列中的下一个位置,直至达到最高位置SIZE_OF_ENTRIES。之后,每个新登录项将覆盖日志中最早保存登录项。分析仪器设备对日志功能的支持是可选的。COMMAND参数和二进制消息的参数化决定是否在日志中保存事件以及以何种方式保存。

每个日志登录项的数据结构是DS-64。该数据结构的第1个元素是登录项的类型,即指出登录项是二进制消息还是某一状况类的状况信息。第2个元素是二进制消息的个数或相关状况类的总数。第3个元素指出二进制消息是有效的还是无效的。如果登录项是状况信息,则第3个元素没有意义。最后的元素包含状态变化的时间戳。

11.9.2 日志功能块的参数描述

11.9.2.1 概要

表231规定了日志功能块的参数描述。

表231 日志功能块的参数描述

参数	描述
COMMAND[a]	参数COMMAND用于开启/关闭以及重新开始或复位日志功能块。 编码: 0: RESET 复位(必备) 5: START 启动(必备) 6: STOP 停止(可选) 7: RESUME 重新开始(可选)
STATUS[a]	参数STATUS包含当前正在执行功能的状态或提供执行的结果。 编码: 0: READY 功能的执行被成功停止 1: NO_INIT 功能未被初始化 2: IDLE 功能是无效的 3: RUNNING 功能当前是有效的 4～127: 保留 128～255: 制造商特定
SIZE_OF_ENTRIES	该参数说明在同一时刻日志可包含不同登录项的个数
NUMBER_OF_ENTRIES	该参数包含日志中登录项的实际个数
TURN_NUMBER	该参数计数日志被填满的次数

表 231（续）

参　数	描　述
NEWEST_ENTRY	该参数包含日志中最新的登录项。只要日志中未保存登录项，则 NEWEST_ENTRY 应指向以下二进制消息（DS-62）： Status_Class＝0 Logbook_Entry＝TRUE Output_Reference＝0 Supervision＝0 Text＝"Empty Logbook" 该二进制消息未被列入参数 STATUS_CLASSES 和 ACTIVE_MESSAGES 中，并被第 1 个日志登录项所覆盖
OLDEST_ENTRY	该参数包含日志中最早的登录项
ACTUAL_POST_READ_NUMBER	该参数指出对参数 POST_READ_ENTRY 的下一次读访问应返回的日志登录项的编号。该参数提供了对日志登录项访问的流控。它随着每次 POST_READ_ENTRY 读访问而减少。如果最早的登录项已被读取，则该参数切换至最新的登录项编号。 如果向 ACTUAL_POST_READ_NUMBER 写入值 0，则参数 POST_READ_ENTRY 被设为最新的登录项
POST_READ_ENTRY	对该参数的读访问将返回由 ACTUAL_POST_READ_NUMBER 给出编号的日志登录项。每次读访问将使 ACTUAL_POST_READ_NUMBER 自动减 1，即将读指针移到下一个较早的登录项。这样，日志中的每个登录项都能被依次读取
[a] 更多细节，见 11.5.2.2.	

11.9.2.2 COMMAND/STATUS 参数描述

COMMAND 参数控制图 76 中的状态机。COMMAND 值的变化将引起转换。

STATUS 参数包含实际状态。其他状态是制造商特定的。

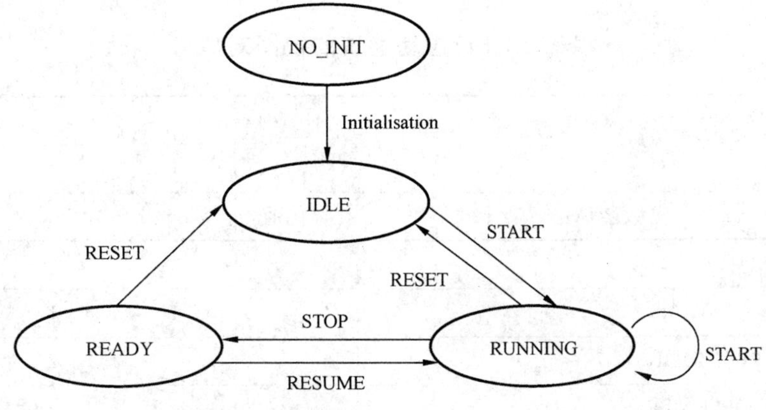

图 76　日志功能块的状态图——COMMAND 参数

11.9.3 日志功能块的参数属性

日志功能块的参数属性见表232。

表232 日志功能块的参数属性

相对索引	参数名称	对象类型	数据类型	存储	大小	访问	参数用法/传输类型	复位类别	缺省值	必备(M)/可选(O)(A类和B类)
...标准参数见"通用要求"										
附加的日志功能块参数										
9	COMMAND	Simple	Unsinged16	S	2	r,w	C/a	F	5	M
10	STATUS	Simple	Unsigned8	D	1	r	C/a	—	—	M
11	SIZE_OF_ENTRIES	Simple	Unsigned16	N	2	r	C/a	—	—	M
12	NUMBER_OF_ENTRIES	Simple	Unsigned16	N	2	r	C/a	—	0	M
13	TURN_NUMBER	Simple	Unsigned16	N	2	r	C/a	—	0	M
14	NEWEST_ENTRY	Record	DS-64	N	11	r	C/a	—	[a]	M
15	OLDEST_ENTRY	Record	DS-64	N	11	r	C/a	—	[a]	M
16	ACTUAL_POST_READ_NUMBER	Simple	Unsigned16	D	2	r,w	C/a	F	0	M
17	POST_READ_ENTRY	Record	DS-64	D	11	r	C/a	—	[a]	M
18～27	PI保留								—	M
28	第1个制造商特定参数									O

[a] 有效的缺省值见表231中的NEWEST_ENTRY参数。

11.9.4 日志功能块的视图对象

日志功能块的视图对象见表233。

表233 日志功能块的视图对象

			访问			
			r	r	r,w	保留
相对索引	参数名称	替代值	View_1	View_2	View_3	View_4
9	COMMAND					
10	STATUS		1	1		
11	SIZE_OF_LOGBOOK			2		
12	NUMBER_OF_ENTRIES			2		
13	TURN_NUMBER			2		
14	NEWEST_ENTRY		11	11		

表 233（续）

			访问			
			r	r	r,w	保留
相对索引	参数名称	替代值	View_1	View_2	View_3	View_4
15	OLDEST_ENTRY			11		
16	ACTUAL_POST_READ_NUMBER					
17	POST_READ_ENTRY					
18～27	Reserved by PI					
视图对象的字节总数(＋标准参数字节数)			12＋13	29＋13	0＋46	保留

11.10 一致性声明

表 234 给出了一致性声明模板。

表 234 块的一致性声明

描　　述	一致性声明	子元素
物理块	M	
功能块	M	
模拟输入功能块		M
多点采样功能块		O
日志功能块		O
其他功能块		O
转换块	O (A 类),M (B 类)	
分析转换块		O (A 类),S (B 类)
变换转换块		O (A 类),S (B 类)
控制转换块		O (A 类),S (B 类)
限值转换块		O (A 类),S (B 类)
报警转换块		O (A 类),S (B 类)
其他转换块		O (A 类),S (B 类)

12 多变量设备的通用功能集

有些设备类型包含大量多样的硬件配置和功能。这样的设备类型是不同块类型的组合。这些设备类型可以是 PROFIBUS PA 设备数据单中所规定的一个或多个块的选集。子集的选择遵循表 235 中一致性声明所规定的一些规则。

表 235 多变量设备的一致性声明

参　　数	一致性声明	子元素
物理块	M	
功能块	M	
模拟输入功能块		S
模拟输出功能块		S
离散输入功能块		S
离散输出功能块		S
累加器功能块		S
日志功能块		S
多点采样功能块		S
其他功能块		S
转换块	M	
温度转换块		S
压力转换块		S
物位转换块		S
流量转换块		S
电-气执行器转换块		S
电动执行器转换块		S
电-液执行器转换块		S
分析转换块		S
变换转换块		S
控制转换块		S
报警转换块		S
限值转换块		S
其他转换块		S

13 标识和维护功能(I&M)

13.1 概述

I&M 规定了用于快速获得设备有关信息的不同类型的功能。在 PNO/TC3-05-0002a《PROFIBUS 行规导则第 1 部分:标识和维护功能》中规定了 I&M 的通用规范。I&M 功能对于 Slot 0 是必备的,对于 Slot1～Slot 254 是可选的。使用 GB/T 20540.5 的 6.2.8.3.6 中定义的 Call 服务来访问这些功能。未使用的 VisibleString 参数的字符应被设为 0x20(空格)。未使用或保留的 OctetString 的字节应被设为 0x00(0)。

13.2 参数描述

13.2.1 I&M0

FI_Index=65 000

I&M 数据集长度=64 字节。

I&M0 的参数见表 236。

表 236 I&M0 的参数

元素	参数名称	描　述	PA 行规的映射参数	数据类型(大小)
0	Header	保留	—	OctetString (10)
1	MANUFACTURER_ID	PA 设备的制造商标识代码。	PB. DEVICE_MAN_ID	Unsigned16
2	ORDER_ID	PNO/TC3-05-0002a《PROFIBUS 行规导则第 1 部分:标识和维护功能》规定 PA 设备的订货号必须存储在此参数中。PROFIBUS PA 行规未规定这样的参数。 依据制造商的网站结构,映射应是制造商/设备特定的	制造商特定	VisibleString (20)
3	SERIAL_NUMBER	惟一的序列号	PB. DEVICE_SER_NUM	VisibleString (16)
4	HARDWARE_REVISION	此参数的数据类型与 PROFIBUS PA 行规规范不兼容。可使用 0xFFFF 来指示行规特定信息	该映射是制造商特定的。如果未使用制造商特定的映射,则该参数应固定为 0xFFFF 以引用 PA_IM0	Unsigned16
5	SOFTWARE_REVISION	此参数的数据类型与 PROFIBUS PA 行规规范不兼容。可使用 V255. 255. 255 来指示行规特定信息	该映射是制造商特定的。如果未使用制造商特定的映射,则该参数应固定为 V, 0xFF, 0xFF, 0xFF (V255. 255. 255) 以引用 PA_IM0	Record VisibleString (1) Unsigned8 (3)
6	REV_COUNTER	依据 PNO/TC3-05-0002a《PROFIBUS 行规导则第 1 部分:标识和维护功能》。如果在相应 Slot 中改变具有静态属性的参数内容,或更换模块,则增加 REV_COUNTER。 Slot 0 中有一个 REV_COUNTER 用于计数整个设备静态参数的所有改变	制造商特定	Unsigned16

表 236（续）

元素	参数名称	描　述	PA 行规的映射参数	数据类型(大小)
7	PROFILE_ID	对于 PA 设备，固定为 0x9700。	0x9700	Unsigned16
8	PROFILE_SPECIFIC_ TYPE	规定在此 Slot 中被使用的块。如果在此 Slot 中有多个块，则按以下规则决定哪个块的信息必须被映射： 1. 物理块(如果可用) 2. 功能块(如果可用) 3. 转换块	字节 0： BLOCK_OBJECT. Block-Object Byte1： BLOCK_OBJECT. Parent-Class	OctetString (2)
9	IM_VERSION	支持的 PNO/TC3-05-0002a《PROFIBUS 行规导则第 1 部分：标识和维护功能》的版本。所支持的版本是制造商特定的。最低要求是版本 1.1	制造商特定	Unsigned8 (2)
10	IM_SUPPORTED	此参数指示 I&M 记录的可用性： Byte 0： 2^7：I&M15 (保留供将来使用) 2^6：I&M14 (保留供将来使用) 2^5：I&M13 (保留供将来使用) 2^4：I&M12 (保留供将来使用) 2^3：I&M11 (保留供将来使用) 2^2：I&M10 (保留供将来使用) 2^1：I&M9 (保留供将来使用) 2^0：I&M8 (保留供将来使用) Byte 1： 2^7：I&M7 (保留供将来使用) 2^6：I&M6 (保留供将来使用) 2^5：I&M5 (保留供将来使用) 2^4：I&M4 (未使用) 2^3：I&M3 (可选) 2^2：I&M2 (必备) 2^1：I&M1(必备) 2^0：行规特定 I&M (PA_I&M…)(必备)	根据左列的描述，是固定的	OctetString(2)

13.2.2 I&M1

FI_Index＝65 001

I&M 数据集长度＝64 字节。

I&M1 的参数见表 237。

表 237 I&M1 的参数

元素	参数名称	描　述	PA 行规的映射参数	数据类型(大小)
0	Header	保留	—	OctetString(10)
1	TAG_FUNCTION	该 Slot 模块功能的用户标识描述	FB/TB/PB:TAG_DESC[a]	VisibleString(32)
2	TAG_LOCATION	该 Slot 模块位置的用户标识描述	无映射,用空格填充	VisibleString(22)

[a] 如果有功能块位于相关 Slot 中,则必须使用相应的参数 TAG_DESC。如果没有功能块位于相关 Slot 中,则必须使用转换块的参数 TAG_DESC。对于 Slot 0,必须使用物理块的参数 TAG_DESC。

13.2.3 I&M2

FI_Index=65002

I&M 数据集长度=64 字节。

I&M2 的参数见表 238。

表 238 I&M2 的参数

元素	参数名称	描　述	PA 行规的映射参数	数据类型(大小)
0	Header	保留		OctetString(10)
1	INSTALLATION_DATE	设备的安装日期	PB.DEVICE_INSTALL_DATE[a]	VisibleString(16)
2	保留			OctetString(38)

[a] 如果有物理块位于此 Slot 中,则使用此物理块的相应参数。如果没有物理块位于此 Slot 中,则使用相关物理块的相应参数。

13.2.4 I&M3

FI_Index=65 003

I&M 数据集长度=64 字节。

I&M3 的参数见表 239。

表 239 I&M3 的参数

元素	参数名称	描　述	PA 行规的映射参数	数据类型(大小)
0	Header	保留	—	OctetString(10)
1	DESCRIPTOR	此注释字段允许客户存储任何各自的附加信息和注释	PB.DESCRIPTOR[a]	VisibleString(54)

[a] 如果有物理块位于此 Slot 中,则使用此物理块的相应参数。如果没有物理块位于此 Slot 中,则使用相关物理块的相应参数。

13.2.5 I&M4

现在 SIGNATURE 的用法是未知的。因此,PA 设备不支持此记录。将来如果规定了 SIGNA-

TURE 的定义和用法,则 PA 设备可通过同时设置 I&M0 IM_supported 中的相应比特来支持此记录。

13.2.6 PA_I&M0

FI_Index=65016

I&M 数据集长度=64 字节。

PA_I&M0 的参数见表 240。

表 240 PA_I&M0 的参数

元素	参数名称	描述	PA 行规的映射参数	数据类型(大小)
0	Header	保留	—	OctetString(10)
1	PA_IM_VERSION	I&M 的过程设备行规特定扩展的版本。Octet 1(MSB)=主版本号,例如:版本 1.0 中的 1 Octet 2(LSB)=次版本号,例如,版本 1.0 中的 0	固定为 1 和 0(版本 1.0)	Unsigned8(2)
2	HARDWARE_REVISION	相应物理组件的硬件版本	物理块: HARDWARE_REVISION[a]	VisibleString (16)
3	SOFTWARE_REVISION	相应物理组件的固件版本	物理块: SOFTWARE_REVISION[a]	VisibleString (16)
4	保留			OctetString(18)
5	PA_IM_SUPPORTED	Byte 0: 2^7:PA I&M15(保留) 2^6:PA I&M14(保留) 2^5:PA I&M13(保留) 2^4:PA I&M12(保留) 2^3:PA I&M11(保留) 2^2:PA I&M10(保留) 2^1:PA I&M9(保留) 2^0:PA I&M8(保留) Byte 1: 2^7:PA I&M7(保留) 2^6:PA I&M6(保留) 2^5:PA I&M5(保留) 2^4:PA I&M4(保留) 2^3:PA I&M3(保留) 2^2:PA I&M2(保留) 2^1:PA I&M1(保留) 2^0:制造商特定 I&M PA I&M1~15 保留供将来使用	根据左列的描述,是常量	OctetString(2)

[a] 如果有物理块位于此 Slot 中,则使用此物理块的相应参数。如果没有物理块位于此 Slot 中,则使用相关物理块的相应参数。

13.3 一致性声明

13.3.1 I&M 参数的支持和访问属性

标识和维护功能的一致性声明见表 241。

表 241 标识和维护功能的一致性声明

项	一致性声明	访　问
I&M0	M	R
I&M1	M	R
I&M2	M	R
I&M3	O	R
I&M4	—	—
PA_I&M0	M	R

13.3.2 I&M 参数的位置

I&M 参数位置的一致性声明见表 242。

表 242 I&M 参数位置的一致性声明

项	一致性声明
用于 Slot 0 的 I&M 参数	M
用于 Slot 1 和更高 Slot 的 I&M 参数	O

这是指：

——在读访问情况下，设备必须至少支持用于 Slot 0 的 I&M 参数 I&M0、I&M1、I&M2 和 PA_I&M0；

——如果设备要支持 Slot 0 以外其他 Slot 的 I&M 参数，则 I&M0，I&M1，I&M2 和 PA_I&M0 必须是可读的。

参 考 文 献

[1] ISO/IEC Directives

[2] IEC (60) 584, NIST MN 175, DIN 43710, BS 4937, ANSI MC96. 1, JIS C1602, NF C42-321, Thermocouples

[3] IEC 60584-1, Thermocouples—Part 1: Reference tables

[4] IEC 60584-2, Thermocouples—Part 2: Tolerances

[5] IEC 60751, Industrial platinum resistance thermometers and platinum temperature sensors

[6] IEC 61804-3, Function blocks (FB) for process control—Part 3: Electronic Device Description Language (EDDL)

[7] IEC 62453-2, Field Device Tool (FDT) interface specification—Part 2: Concepts and detailed description

[8] ASTM E988, Standard Temperature—Electromotive Force (EMF) Tables for Tungsten—Rhenium Thermocouples

[9] ASTM E1751, Standard Guide for Temperature Electromotive Force (emf) Tables for Non—Letter Designated Thermocouple Combinations

[10] DIN V 19259-2, Documentation of devices—Standard data element types with associated classification for valves

[11] IPTS-68 International Practical Temperature Scale of 1968

[12] MIL-T-24388, Thermocouple and resistance temperature detector assemblies, general specification for (naval shipboard)

[13] NAMUR NE53, Software of Field Devices and Signal Processing Devices with Digital Electronices, http://www. namur. de/index. php? id=104&no_cache=1

[14] NAMUR NE107, Self-Monitoring and Diagnosis of Field Devices, http://www. namur. de/index. php? id=104&no_cache=1

[15] PNO/TC4-05-0002, PROFIBUS Specification Device Integration Volume 1: GSD, Version 5. 04, July 2005 (Order No: 2. 122)

[16] SAMA RC21-4-1966 TEMPERATURE-RESISTANCE VALUES FOR RESISTANCE THERMOMETER ELEMENT OF PLATINUM, NICKLE AND COPPER (SAMA=Scientific Apparatus Makers Association)

[17] VDI/VDE-GMA-Guideline 2650 Blatt 1, Requirements regarding self-monitoring and diagnosis in field instrumentation—General requirements

[18] VDI/VDE-GMA-Guideline 2650 Blatt 2, Requirements regarding self-monitoring and diagnosis in field instrumentation—General faults and fault conditions